高职高专土建类精品规划教材

建筑工程施工技术与组织

主　编　朱正国　徐猛勇　宋文学
副主编　吴　瑞　董　伟　林金钱
主　审　史康立

中国水利水电出版社
www.waterpub.com.cn

内 容 提 要

本教材是高职高专土建类精品规划教材，是根据国家教育部土建学科教学指导委员会关于高职高专教材的编写要求，结合高职高专教育的特点编写而成。全书主要介绍土方工程、地基处理工程、基础工程、砌筑工程、混凝土结构工程、预应力混凝土工程、结构安装工程、防水工程、装饰工程、施工组织概述、流水施工原理、网络计划技术、施工组织总设计、单位工程施工组织与设计及《混凝土结构施工图平面整体表示方法》简摘等内容。

本教材既可作为高职高专建筑工程施工技术、建筑工程监理、建筑工程管理、工程造价等专业的教材及相关专业的教学参考书，也可供从事水利水电工程建设的专业技术人员、管理人员参考。

图书在版编目（CIP）数据

建筑工程施工技术与组织/朱正国，徐猛勇，宋文学主编．—北京：中国水利水电出版社，2011.1（2022.1重印）
高职高专土建类精品规划教材
ISBN 978-7-5084-8303-0

Ⅰ.①建… Ⅱ.①朱…②徐…③宋… Ⅲ.①建筑工程-工程施工-施工技术-高等学校：技术学校-教材②建筑工程-施工组织-高等学校：技术学校-教材 Ⅳ.①TU7

中国版本图书馆CIP数据核字（2011）第001861号

书 名	高职高专土建类精品规划教材 **建筑工程施工技术与组织**
作 者	主 编 朱正国 徐猛勇 宋文学 副主编 吴 瑞 董 伟 林金钱 主 审 史康立
出版发行	中国水利水电出版社 （北京市海淀区玉渊潭南路1号D座 100038） 网址：www.waterpub.com.cn E-mail：sales@waterpub.com.cn 电话：（010）68367658（营销中心）
经 售	北京科水图书销售中心（零售） 电话：（010）88383994、63202643、68545874 全国各地新华书店和相关出版物销售网点
排 版	中国水利水电出版社微机排版中心
印 刷	清淞永业（天津）印刷有限公司
规 格	184mm×260mm 16开本 29印张 724千字
版 次	2011年1月第1版 2022年1月第9次印刷
印 数	26001—28500册
定 价	**69.5**元

高职高专土建类精品规划教材
编 审 委 员 会

前言

“建筑工程施工技术”与“建筑工程施工组织”是土建专业的两门主要技术应用型专业课程，它的任务是研究建筑工程施工的局部性规律和全局性规律。

局部性的施工规律，是指每一个工种工程的工艺原理、施工方法、操作技术、机械选用、劳动组织、工作场地布置等方面的规律。

全局性的施工规律，是指凡是涉及项目施工中的各个方面和各个阶段的联系配合问题，诸如全场性的施工部署、施工方案的优选、开工程序、进度安排、资源的配置、生产和生活基地的规划、科学的组织和管理以及实现现代化管理的方法和手段等问题。

只有掌握施工局部性和全局性的规律，才能有效地、科学地组织施工，从而保证人尽其才，物尽其用，以最少的消耗取得最大的成果，充分发挥基本建设的投资效益。本教材的编写意图正是基于这两点。

本教材在编写时，取材上力图反映国内外先进技术水平和管理水平；内容上尽量符合实际需要；文字上深入浅出，图文并茂，通俗易懂；并在每章附有思考题或习题，以便于组织教学和自学。

本教材具有应用性知识突出、可操作性较强、重点突出等特点，尤其适用于高职高专土建类学生的学习，也适用于建筑工程施工第一线人员的自学，使用价值较高。

本教材由杨凌职业技术学院史康立教授担任主审。

本教材由朱正国、徐猛勇、宋文学任主编，由吴瑞、董伟、林金钱任副主编，编写分工如下：南宁职业技术学院朱正国编写第 3、6、10、13、14 章；湖南水利水电职业技术学院徐猛勇编写第 1、5 章；安徽水利水电职业技术学院宋文学编写第 4、9、11、12 章；福建水利电力职业技术学院林金钱编写第 2 章；湖北水利水电职业技术学院董伟编写第 7 章；安徽水利水电职业技术学院吴瑞编写第 8 章；广西建设职业技术学院唐未平老师编写附录。

由于编者水平有限，书中难免有不足之处，诚挚地希望广大读者提出宝贵意见。

编　者

2016 年 6 月

目录

第1章　土　方　工　程

1.1　概　　述

1.1.1　土方工程的施工内容和特点

1.1.1.1　施工内容

（1）场地平整。指将天然地面改造成设计要求的平面所进行的土方施工过程。其中包括确定场地设计标高，计算挖、填土方量，合理进行土方调配等。

（2）土方的开挖、填筑和运输等主要施工，以及排水、降水和土壁边坡和支护结构等。

（3）土方回填与压实。包括土料选择、填土压实的方法及密实度的检验等。

1.1.1.2　特点

土方工程是建筑施工中的主要分部工程之一，也是建筑工程施工过程中的第一道工序。它包括场地平整、基坑（槽）开挖、土方填筑与压实，降低地下水位和基坑土壁支护等辅助工作。

土方工程按施工内容和方法不同，一般包括以下几项。

1. 场地平整

场地平整是将天然地面改造成符合设计要求的平面。其特点是面广量大，工期长，施工条件复杂，受气候、水文、地质等影响因素多。因此，施工前应深入调查，详尽地掌握以上各种资料，根据施工工程的特点、规模，拟定合理的施工方案，尽可能采用新技术和机械化施工，为整个工程的后续工作提供一个平整、坚实、干燥的施工场地，并为基础工程施工做好准备。

2. 基坑（槽）及管沟开挖

基坑（槽）及管沟开挖是指在地面以下为浅基础、桩承台及地下管道等施工而进行的土方开挖。其特点是要求开挖的断面、标高、位置准确，它受气候影响较大，所以施工前必须做好施工准备，制定合理的开挖方案，以加快施工进度，保证施工质量。

3. 地下大型土方开挖

地下大型土方开挖是指在地面以下如人防工程、大型建筑物的地下室、深基础及大型设备基础等而进行的土方开挖。它涉及降低地下水位、边坡稳定及支护、临近建筑物的安全防护等问题，因此在开挖土方前，应进行认真研究，制定切实可行的施工技术措施，组织施工。

1.1.2　土的工程分类

土的种类繁多，其分类方法各异。土方工程施工中，按土的开挖难易程度分为8类，见表1.1。表中一类至四类为土，五类至八类为岩石。在选择挖土施工机械和套用建筑安装工程劳动定额时要依据土的工程类别而定。

表1.1　　　土 的 工 程 分 类

土的分类	土的级别	土 的 名 称	密度（kg/m^3）	开挖方法及工具
一类土（松软土）	Ⅰ	砂土，粉土，冲积砂土层，疏松的种植土，淤泥（泥炭）	600～1500	用锹、锄头挖掘，少许用脚蹬
二类土（普通土）	Ⅱ	粉质黏土，潮湿的黄土，夹有碎石、卵石的砂，粉土混卵（碎）石，种植土，填土	1100～1600	用锹、锄头挖掘、少许用镐翻松
三类土（坚土）	Ⅲ	软及中等密实黏土，重粉质黏土，砾石土，干黄土、含有碎石卵石的黄土，粉质黏土，压实的填土	1750～1900	主要用镐、少许用锹、锄头挖掘，部分用撬棍
四类土（砂砾坚土）	Ⅳ	坚硬密实的黏性土或黄土，含碎石、卵石的中等密实的黏性土或黄土，粗卵石，天然级配砂石，软泥灰岩	1900	整个先用镐、撬棍，后用锹挖掘，部分用楔子及大锤
五类土（软石）	Ⅴ	硬质黏土，中密的页岩、泥灰岩、白垩土，胶结不紧的砾岩，软石灰岩及贝壳石灰岩	1100～2700	用镐或撬棍、大锤挖掘，部分使用爆破方法
六类土（次坚石）	Ⅵ	泥岩，砂岩，砾岩，坚实的页岩、泥灰岩，密实的石灰岩，风化花岗岩，片麻岩及正长岩	2200～2900	用爆破方法开挖，部分用风镐
七类土（坚石）	Ⅶ	大理岩，辉绿岩，粉岩，粗、中粒花岗岩，坚实的白云岩、砂岩、砾岩、片麻岩、石灰岩，微风化安山岩，玄武岩	2500～3100	用爆破方法开挖
八类土（特坚石）	Ⅷ	安山岩，玄武岩，花岗片麻岩，坚实的细粒花岗岩、闪长岩、石英岩、辉长岩、角闪岩、玢岩、辉绿岩	2700～3300	用爆破方法开挖

1.1.3　土的工程性质

1. 土的天然含水量

土的天然含水量W是土中水的质量与固体颗粒质量之比，即

$$W=\frac{m_W}{m_S}\times 100\% \tag{1.1}$$

式中　W——土的天然含水量，%；

m_W——土中水的质量，kg；

m_S——固体颗粒的质量，kg。

土的含水量随气候条件、雨雪和地下水的影响而变化，对土方边坡的稳定性及填方压实程度有直接的影响。

2. 土的天然密度和干密度

土在天然状态下单位体积的质量，称为土的天然密度。土的天然密度用ρ表示

$$\rho=\frac{m}{V} \tag{1.2}$$

式中　ρ——土的天然密度，g/cm^3 或 kg/m^3；

m——土的总质量，kg；

V——土的天然体积，m^3。

单位体积中土的固体颗粒的质量称为土的干密度，土的干密度用ρ_d表示

$$\rho_d=\frac{m_S}{V} \tag{1.3}$$

式中 ρ_d——土的干密度，kg/m^3；

m_S——土中固体颗粒质量，kg；

V——土的天然体积，m^3。

土的干密度越大，表示土越密实。工程上常把土的干密度作为评定土体密实程度的标准，以控制填土工程的压实质量。土的干密度 ρ_d 与土的天然密度 ρ 之间有如下关系

$$\rho_d=\frac{\rho}{1+W} \tag{1.4}$$

3. 土的可松性

土具有可松性，即自然状态下的土经开挖后，其体积因松散而增大，以后虽经回填压实，仍不能恢复其原来的体积。土的可松性程度用可松性系数表示，即

$$K_S=\frac{V_2}{V_1}$$

$$K'_S=\frac{V_3}{V_1} \tag{1.5}$$

式中 K_S、K'_S——土的最初、最终可松性系数；

V_1——土在天然状态下的体积，m^3；

V_2——土挖出后在松散状态下的体积，m^3；

V_3——土经压（夯）实后的体积，m^3。

土的可松性对确定场地设计标高、土方量的平衡调配、计算运土机具的数量和弃土坑的容积，以及计算填方所需的挖方体积等均有很大影响。各类土的可松性参考值见表 1.2。

表 1.2　　各类土的可松性参考值

土 的 类 别	体积增加百分数（%）		可松性系数	
	最初	最后	K_S	K'_S
一类土（种植土除外）	8～17	1～2.5	1.08～1.17	1.01～1.03
一类土（植物性土、泥炭）	20～30	3～4	1.20～1.30	1.03～1.04
二类土	14～28	2.5～5	1.14～1.28	1.02～1.05
三类土	24～30	4～7	1.24～1.30	1.04～1.07
四类土（泥灰岩、蛋白石除外）	26～32	6～9	1.26～1.32	1.06～1.09
四类土（泥灰岩、蛋白石）	33～37	11～15	1.33～1.37	1.11～1.15
五类土至七类土	30～45	10～20	1.30～1.45	1.10～1.20
八类土	45～50	20～30	1.45～1.50	1.20～1.30

4. 土的渗透性

土的渗透性指水流通过土中孔隙的难易程度，水在单位时间内穿透土层的能力称为渗透系数，用 k 表示，单位为 m/d。地下水在土中渗流速度一般可按达西定律计算，其计算公式如下

$$v=\frac{k(H_A-H_B)}{L}=\frac{kh}{L}=ki$$

$$i=\frac{(H_1-H_2)}{L} \tag{1.6}$$

式中 v——水在土中的渗透速度，m/d；

i——水力坡度，A、B两点水头差与其水平距离之比；

H_A、H_B——A点和B点的水头，m；

h——A、B两点水头差，m；

k——土的渗透系数，m/d；

L——渗流路程，m。

从达西公式可以看出渗透系数的物理意义：当水力坡度i等于1时的渗透速度v即为渗透系数k，单位同样为m/d。k值的大小反映土体透水性的强弱，影响施工降水与排水的速度；土的渗透系数可以通过室内渗透试验或现场抽水试验测定，一般土的渗透系数见表1.3。

表1.3 土的渗透系数

土的名称	渗透系数（m/d）	土的名称	渗透系数（m/d）
黏土	<0.005	中砂	5.0～20.0
粉质黏土	0.005～0.10	均质中砂	35～50
粉土	0.10～0.50	粗砂	20～50
黄土	0.25～0.50	圆砾	50～100
粉砂	0.50～1.00	卵石	100～500
细砂	1.00～5.00	无填充物卵石	500～1000

1.2 土方工程量计算

1.2.1 基坑、基槽和路堤土方量计算

基坑土方量可按立体几何中的拟柱体（由两个平行的平面做底的一种多面体）体积公式计算，如图1.1所示，即

$$V=\frac{H(A_1+4A_0+A_2)}{6} \tag{1.7}$$

式中 V——土方工程量，m^3；

H——基坑深度，m；

A_1、A_2——基坑上底、下底的面积，m^2；

A_0——基坑中截面的面积，m^2。

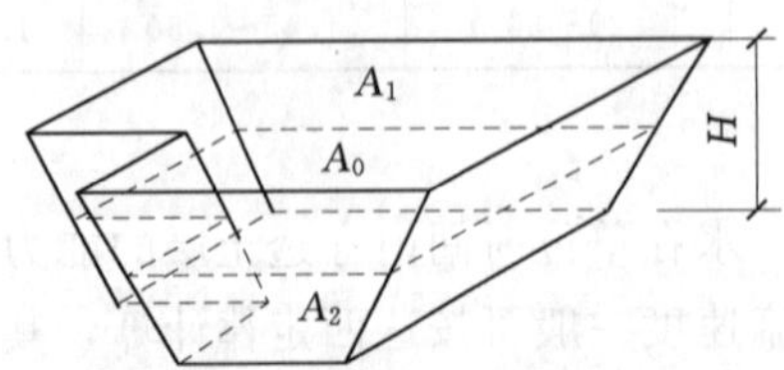

图1.1 基坑土方量计算

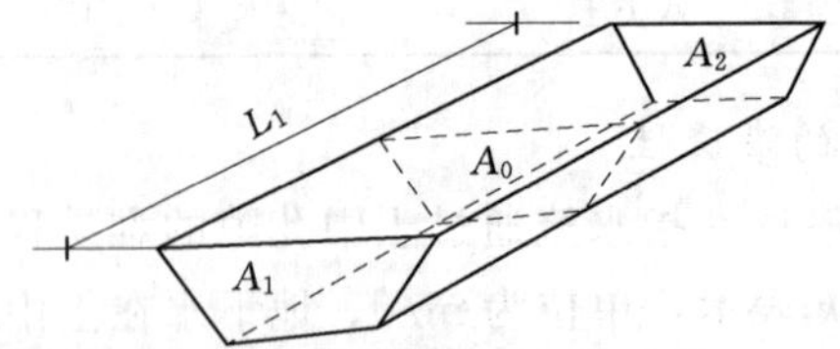

图1.2 基槽土方量计算

基槽和路堤的土方量可以沿长度方向分段后，再用同样方法计算，如图1.2所示。

$$V_1=\frac{L_1(A_1+4A_0+A_2)}{6}$$

式中 V_1——第一段的土方量，m^3；

L_1——第一段的长度，m。

将各段土方量相加即得总土方量

$$V=V_1+V_2+V_3+\cdots+V_n$$

式中 V_1，V_2，…，V_n——各分段的土方量，m^3。

1.2.2 场地平整土方量计算

1.2.2.1 场地设计标高的确定

对较大面积的场地平整，合理地确定场地的设计标高，对减少土方量和加速工程进度具有重要的经济意义。一般来说应考虑以下因素：满足生产工艺和运输的要求；尽量利用地形，分区或分台阶布置，分别确定不同的设计标高；场地内挖填方平衡，土方运输量最少；要有一定泄水坡度（≥2‰），能满足排水要求；要考虑最高洪水水位的影响。

场地设计标高一般应在设计文件上规定，若设计文件对场地设计标高没有规定，可按下述步骤来确定。

初步计算场地设计标高的原则是场地内挖填方平衡，即场地内挖方总量等于填方总量。计算场地设计标高时，首先将场地的地形图根据要求的精度划分为10～40m的方格网，如图1.3（a）所示，然后求出各方格角点的地面标高。地形平坦时，可根据地形图上相邻两等高线的标高，用插入法求得；地形起伏较大或无地形图时，可在地面用木桩打好方格网，然后用仪器直接测出。

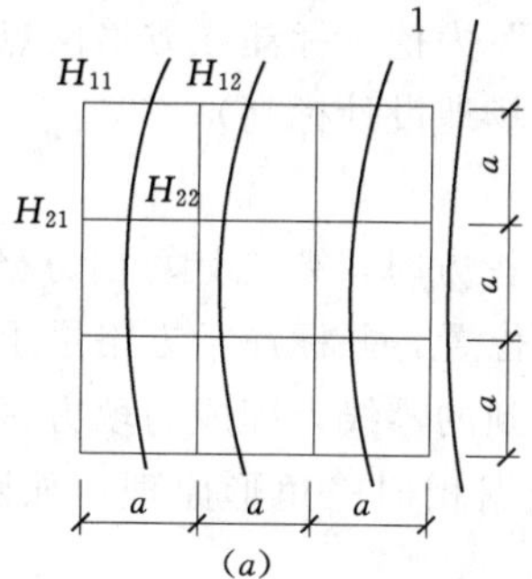

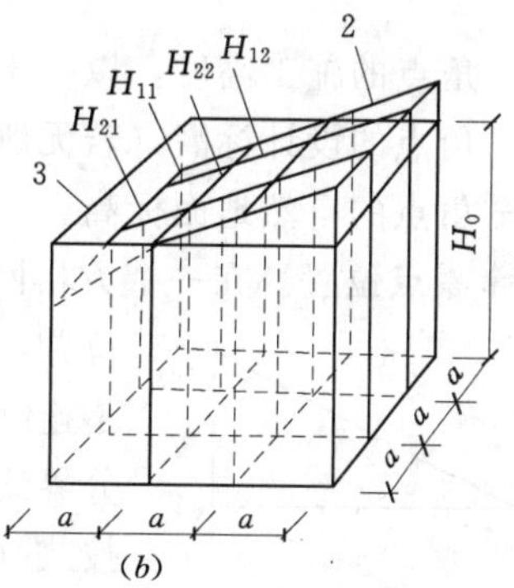

图1.3 场地设计标高计算简图

（a）方格网划分；（b）场地设计标高示意

1—等高线；2—自然地面；3—场地设计标高平面

按照场地内土方的平整前及平整后相等，即挖填方平衡的原则，如图1.3（b）所示。场地设计标高可按式（1.8）计算

$$H_0na^2=\sum\left(a^2\frac{H_{11}+H_{12}+H_{21}+H_{22}}{4}\right)$$

$$H_0=\frac{\sum(H_{11}+H_{12}+H_{21}+H_{22})}{4n}\tag{1.8}$$

式中 H_0——所计算的场地设计标高，m；

a——方格边长，m；

n——方格数；

H_{11}、H_{12}、H_{21}、H_{22}——任一方格的4个角点的标高，m。

从图1.3（a）可以看出，H_{11}系一个方格的角点标高，H_{12}及H_{21}系相邻两个方格的公共角点标高，H_{22}系相邻的4个方格的公共角点标高。如果将所有方格的4个角点相加，则类似H_{11}这样的角点标高加1次，类似H_{12}、H_{21}的角点标高需加2次，类似H_{22}的角点标高要加4次。

如令H_1为1个方格仅有的角点标高；H_2为2个方格共有的角点标高；H_3为3个方格共有的角点标高；H_4为4个方格共有的角点标高。则场地设计标高H_0的计算公式（1.8）可改写为下列形式

$$H_0=\frac{\sum H_1+2\sum H_2+3\sum H_3+4\sum H_4}{4n} \tag{1.9}$$

1.2.2.2　场地土方工程量计算

场地土方量的计算方法，通常有方格网法和断面法两种。方格网法适用于地形较为平坦、面积较大的场地；断面法则多用于地形起伏变化较大或地形狭长的地带。

1. *方格网法*

（1）划分方格网并计算场地各方格角点的施工高度。根据已有地形图（一般用1：500的地形图）划分成若干个方格网，尽量与测量的纵横坐标网对应，方格一般采用10m×10m～40m×40m，将角点自然地面标高和设计标高分别标注在方格网点的左下角和右下角。角点设计标高与自然地面标高的差值即各角点的施工高度，表示为

$$h_n=H_{dn}-H_n \tag{1.10}$$

式中　h_n——角点的施工高度，以“+”为填，以“-”为挖（标注在方格网点的右上角）；

H_{dn}——角点的设计标高（若无泄水坡度时，即为场地设计标高）；

H_n——角点的自然地面标高。

（2）计算零点位置。在一个方格网内同时有填方或挖方时，要先计算出方格网边的零点位置，即不挖不填点的位置，并标注于方格网上。由于地形是连续的，连接零点得到的零线，即成为填方区与挖方区的分界线。零点的位置依据相似三角形原理，如图1.4所示，按式（1.11）计算

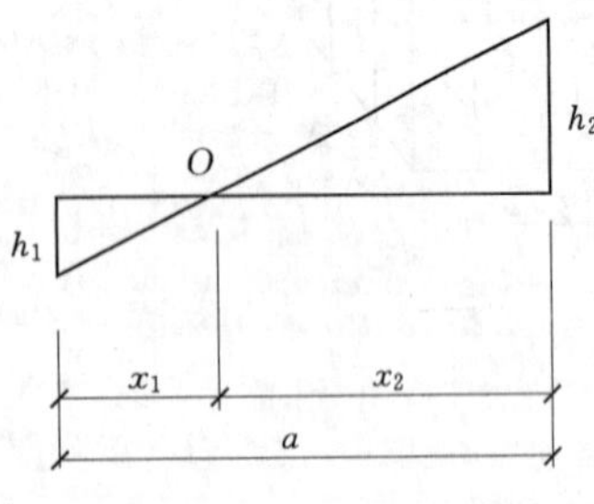

图1.4　求零点的图解法

$$x_1=\frac{h_1}{h_1+h_2}a,x_2=\frac{h_2}{h_1+h_2}a \tag{1.11}$$

式中　x_1、x_2——角点至零点的距离；

h_1、h_2——相邻两角点的施工高度，均用绝对值；

a——方格网的边长。

（3）计算方格土方工程量。按方格网底面积图形采用四棱柱法计算，逐一计算每个方格内的挖方或填方量。

场地各方格的土方量，一般可分为下述3种不同类型进行计算：

1）方格4个角点全部为挖或填方时，如图1.5所示，其挖方或填方体积为

$$V=\frac{1}{4}a^2(h_1+h_2+h_3+h_4) \tag{1.12}$$

式中　h_1、h_2、h_3、h_4——方格4个角点挖或填的施工高度，以绝对值代入；

a——方格边长。

2）方格4个角点中，两点是挖方或填方时，如图1.6所示。

$$\left.\begin{aligned} V_{挖} &= \frac{1}{4}a^2\left(\frac{h_1^2}{h_2+h_4}+\frac{h_2^2}{h_2+h_3}\right) \\ V_{填} &= \frac{1}{4}a^2\left(\frac{h_3^2}{h_2+h_3}+\frac{h_4^2}{h_1+h_4}\right) \end{aligned}\right\} \tag{1.13}$$

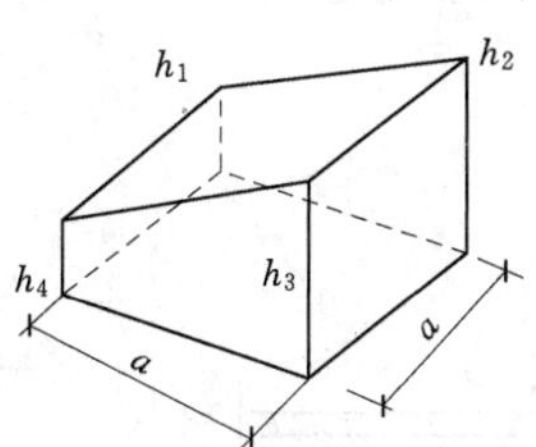

图1.5　角点全填或全挖

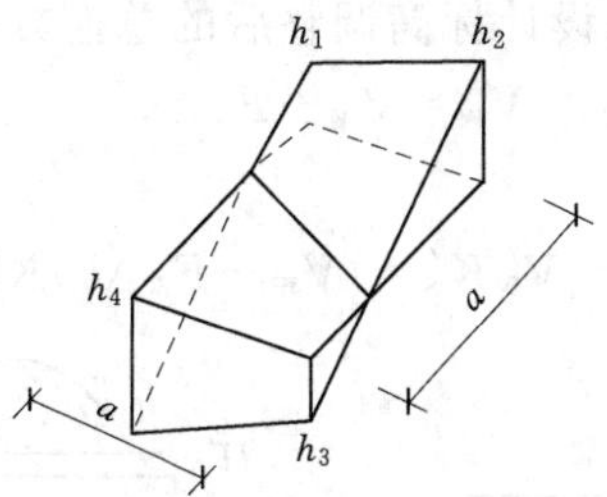

图1.6　角点二填或二挖

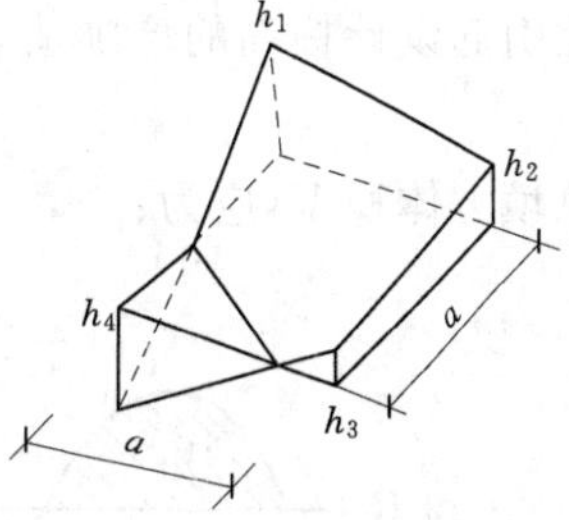

图1.7　角点一填三挖或一挖三填

3）方格3个角点为挖方或填方，另一个角点为挖方或填方时，如图1.7所示。

其填方体积为：　$V_4=\frac{1}{6}\frac{a^2h_4^3}{(h_1+h_4)(h_3+h_4)}$

其挖方体积为：　$V_{1、2、3}=\frac{1}{6}a^2(2h_1+h_2+2h_3-h_4)+V_4$　　(1.14)

沿场地的纵向或相应方向取若干个相互平行的断面（可利用地形图定出或实地测量定出），将所取的每个断面（包括边坡）划分成若干个三角形和梯形，如图1.8所示，对于某一断面，其中三角形和梯形的面积为

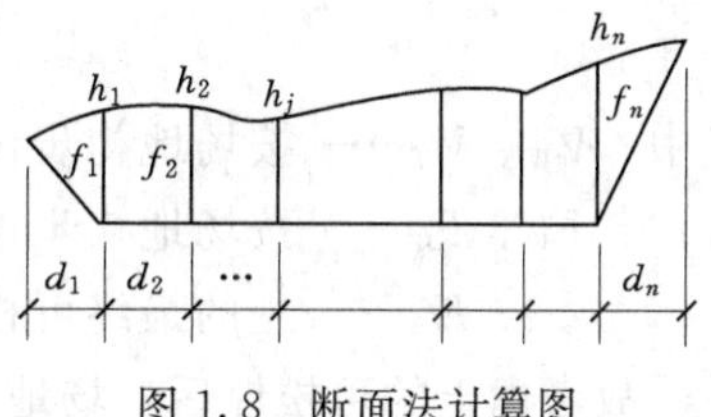

图1.8　断面法计算图

$$f_1=\frac{h_1}{2}d_1,\ f_2=\frac{h_1+h_2}{2}d_2,\ \cdots,\ f_n=\frac{h_n}{2}d_n$$

该断面面积为

$$F_i=f_1+f_2+\cdots+f_n$$

若

$$d_1=d_2=\cdots=d_n=d$$

则

$$F_i=d(h_1+h_2+\cdots+h_n)$$

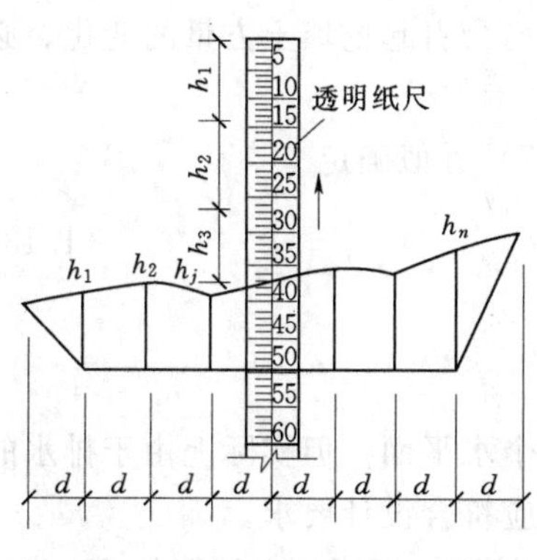

图1.9　用累高法求断面面积

各个断面面积求出后，即可计算土方体积。设各断面面积分别为F_1，F_2，…，F_n，相邻两断面之间的距离依次为l_1，l_2，…，l_n，则所求土方体积为

$$V=\frac{F_1+F_2}{2}l_1+\frac{F_2+F_3}{2}l_2+\cdots+\frac{F_{n-1}+F_n}{2}l_n \tag{1.15}$$

图1.9所示的是用断面法求面积的一种简便方法，称为累高法。此法不需用公式计算，只要将所取的断面绘于普通坐标纸上（d取等值），用透明纸尺从h_0开始，依次量出（用大头针向上拨动透明纸尺）各点标高（h_0、

h_1、…），累计得出各点标高之和，然后将此值与 d 相乘，即可得出所求断面面积。

1.2.2.3 场地设计标高的调整

按公式计算的场地设计标高仅为一个理论值，在实际运用中还须考虑以下因素进行调整。

1. 土的可松性影响

由于土具有可松性，如按挖填方平衡计算得到的场地设计标高进行挖填施工，填土多少有富余，特别是当土的最后可松性系数较大时更不容忽视。如图 1.10 所示，设 Δh 为土的可松性引起设计标高的增加值，则设计标高调整后的总挖方体积 V'_W 应为

$$V'_W = V_W - F_W \Delta h$$

总填方体积 V'_T 应为：

$$V'_T = V'_W K'_S = (V_W - F_W \Delta h) K'_S$$

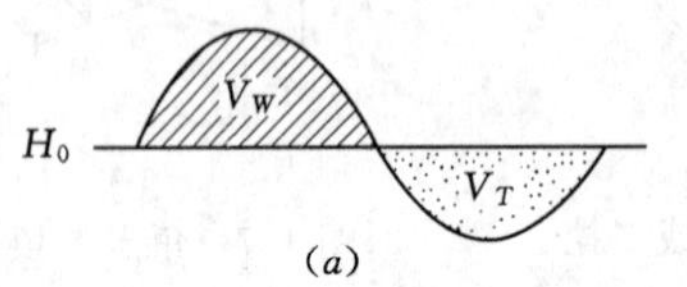

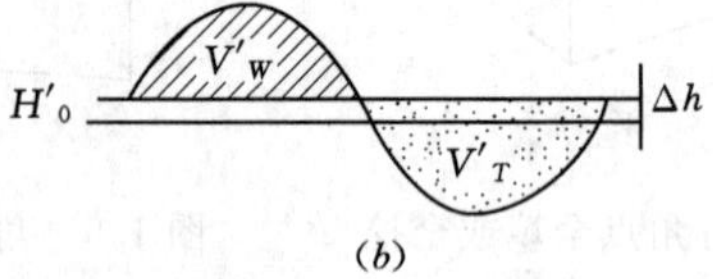

图 1.10 设计标高调整计算示意图

此时，填方区的标高也应与挖方区一样提高 Δh，即

$$\Delta h = \frac{V'_T - V_T}{F_T} = \frac{(V_W - F_W \Delta h) K'_S - V_T}{F_T}$$

移项整理简化得（当 $V_T = V_W$ 时）

$$\Delta h = \frac{V_W (K'_S - 1)}{F_T + F_W K'_S} \tag{1.16}$$

式中 V_W、V_T——按场地初步设计标高（H_0）计算得出的总挖方、总填方体积；

F_W、F_T——按场地初步设计标高（H_0）计算得出的挖方区、填方区总面积；

K'_S——土的最终可松性系数。

故考虑土的可松性后，场地设计标高调整为

$$H'_0 = H_0 + \Delta h \tag{1.17}$$

2. 场地挖方和填方的影响

由于场地内大型基坑挖出的土方、修筑路堤填高的土方，以及经过经济比较而将部分挖方就近弃土于场外或将部分填方就近从场外取土，上述做法均会引起挖填土方量的变化。必要时，也需调整设计标高。

为了简化计算，场地设计标高 H'_0 的调整值可按式（1.17）近似确定

$$H'_0 = H_0 + \frac{Q}{na^2} \tag{1.18}$$

式中 Q——场地根据 H_0 平整后多余或不足的土方量。

3. 场地泄水坡度的影响

按上述计算和调整后的场地设计标高，平整后场地是一个水平面。但实际上由于排水的要求，场地表面均有一定的泄水坡度。平整场地的表面坡度应符合设计要求。

如无设计要求时，一般应向排水沟方向做成不小于 2‰的坡度。所以，在计算的 H_0 或经

调整后的H_0'基础上，要根据场地要求的泄水坡度，最后计算出场地内各方格角点实际施工时的设计标高。当场地为单向泄水及双向泄水时，场地各方格角点的设计标高求法如下：

（1）单向泄水时场地各方格角点的设计标高如图1.11（*a*）所示。

以计算出的设计标高H_0或调整后的设计标高H_0'作为场地中心线的标高，场地内任意一个方格点的设计标高为

$$H_{dn}=H_0\pm li \tag{1.19}$$

式中　H_{dn}——场地内任意一点方格角点的设计标高，m；

l——该方格角点至场地中心线的距离，m；

i——场地泄水坡度（不小于2‰）。

该点比H_0高则取"+"，反之取"－"。

例如，图1.11（*a*）中场地内角点10的设计标高为

$$H_{d10}=H_0-0.5ai$$

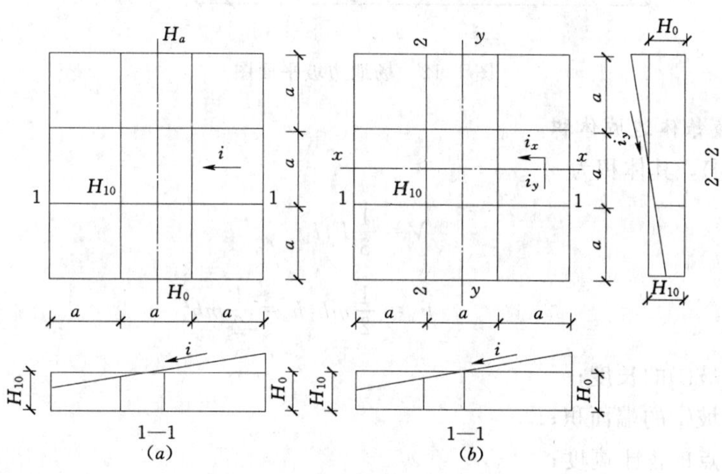

图1.11　场地泄水坡度示意图

（*a*）单向泄水；（*b*）双向泄水

（2）双向泄水时场地各方格角点的设计标高，如图1.11（*b*）所示。

以计算出的设计标高或调整后的标高作为场地中心点的标高，场地内任意一个方格角点的设计标高为

$$H_{dn}=H_0\pm l_x i_x\pm l_y i_y \tag{1.20}$$

式中　l_x、l_y——该点于$x-x$、$y-y$方向上距场地中心线的距离，m；

i_x、i_y——场地在$x-x$、$y-y$方向上泄水坡度。

例如，图1.11（*b*）中场地内角点10的设计标高为

$$H_{d10}=H_0-0.5ai_x-0.5ai_y$$

1.2.2.4　边坡土方量计算

为了维持土体的稳定，场地的边沿不管是挖方区还是填方区均需做成相应的边坡，因此在实际工程中还需要计算边坡的土方量。边坡土方量计算比较简单。

图1.12所示的是场地边坡的平面示意图，从图中可以看出，边坡的土方量可以划分为两种近似的几何形体进行计算，一种为三角形棱锥体（图1.12中①②③…），另一种为三角

棱柱体（图 1.12 中的④）。

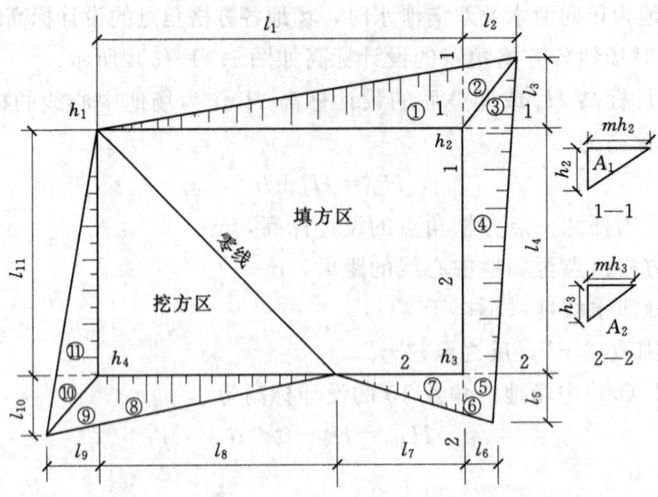

图 1.12 场地边坡平面图

1. 三角形棱锥体边坡体积

图 1.12 中①，其体积为

$$V=\frac{1}{3}F_1 l_1$$

$$F_1=\frac{1}{2}mh_2h_2=\frac{1}{2}mh_2^2$$

式中 l_1——边坡①的长度；

F_1——边坡①的端面积；

h_2——角点的挖土高度；

m——边坡的坡度系数。

2. 三角棱柱体边坡体积

图 1.12 中④，其体积为

$$V_4=\frac{F_3+F_5}{2}l_4$$

当两端横断面面积相差很大的情况下，则

$$V_4=\frac{l_4}{6}(F_3+4F_0+F_5)$$

式中 l_4——边坡④的长度；

F_3、F_5、F_0——边坡④的两端及中部横断面面积。

【例 1.1】 某建筑场地的地形图和方格网，如图 1.13 所示，方格边长为 20m×20m，x—x、y—y 方向上泄水坡度分别为 3‰和 2‰。由于土建设计、生产工艺设计和最高洪水位等方面均无特殊要求，试根据挖填方平衡原则（不考虑可松性）确定场地设计标高，并计算填、挖土方量（不考虑边坡土方量）。

解 (1) 计算角点的自然地面标高。根据地形图上标设的等高线，用插入法求出各方格角点的自然地面标高。由于地形是连续变化的，可以假定两等高线之间的地面高低是呈直线

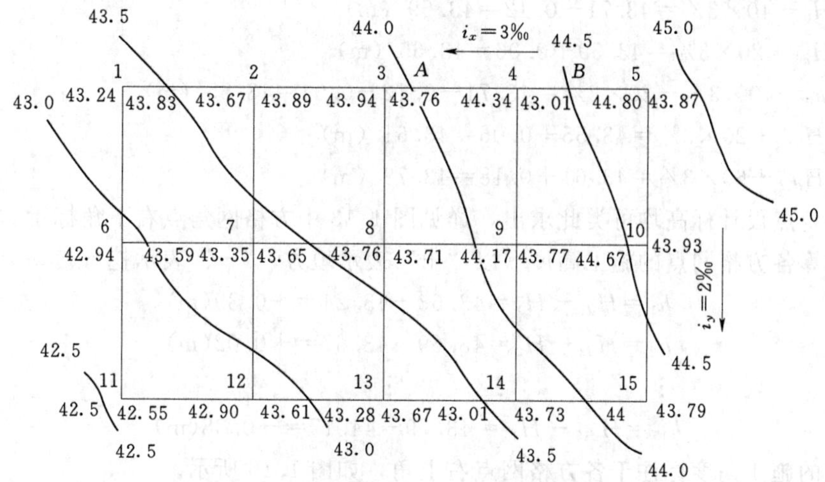

图 1.13 某建筑场地方格网布置图

变化的。如角点 4 的地面标高，是处于两等高线相交的 AB 直线上，如图 1.14 所示，根据相似三角形特性，可写出 $h_x:0.5=x:l$，则 $h_x=\frac{0.5}{l}x$，得 $H_4=44.00+h_x$。

（2）计算场地设计标高 H_0。

$$\sum H_1=43.24+44.80+44.17+42.58=174.79(\text{m})$$

$$2\sum H_2=2\times(43.67+43.94+44.34+43.67+43.23+42.90+42.94+44.67)=698.72(\text{m})$$

$$4\sum H_4=4\times(43.35+43.76+44.17)=525.12(\text{m})$$

$$H_0=\frac{\sum H_1+2\sum H_2+4H_4}{4n}=\frac{174.79+698.72+525.12}{4\times 8}=43.71(\text{m})$$

（3）按照要求的泄水坡度计算各方格角点的设计标高。以场地中心点即角点 8 为 H_0，如图 1.13 所示，各角点的设计标高为：

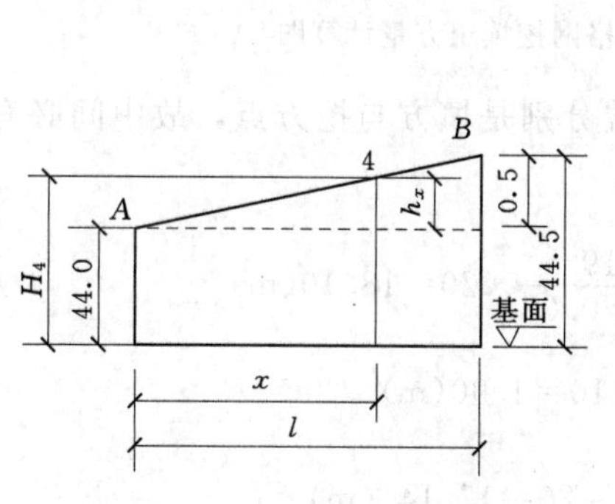

图 1.14 插入法计算标高简图

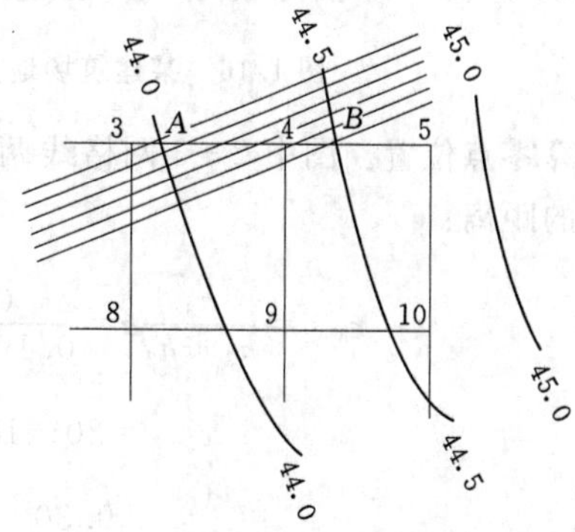

图 1.15 插入法的图解法

$H_{d8}=H_0=43.71$（m）

$H_{d1}=H_0-l_xi_x+l_yi_y=43.71-40\times 3‰+20\times 2‰=43.71-0.12+0.04=43.63$（m）

$H_{d2}=H_1+20\times 3‰=43.63+0.06=43.69$（m）

$H_{d5}=H_2+60\times 3‰=43.69+0.18=43.87$（m）

$H_{d6}=H_0-40\times3‰=43.71-0.12=43.59$（m）

$H_{d7}=H_{d6}+20\times3‰=43.59+0.06=43.65$（m）

$H_{d11}=h_0-40\times3‰-20\times2‰=43.71-0.12-0.04=43.55$（m）

$H_{d12}=H_{d11}+20\times3‰=43.55+0.06=43.61$（m）

$H_{d15}=H_{d12}+60\times3‰=43.61+0.18=43.79$（m）

其余各角点设计标高均可类此求出，详见图1.13中方格网角点右下角标示。

(4) 计算各方格网点的施工高度（以“+”表示填方、“-”表示挖方）。

$$h_1=H_{d1}-H_1=43.63-43.24=+0.39(\text{m})$$

$$h_2=H_{d2}-H_2=43.69-43.67=+0.02(\text{m})$$

$$\vdots \qquad \vdots \qquad \vdots \qquad \vdots$$

$$h_{15}=H_{d15}-H_{15}=43.79-44.17=-0.38(\text{m})$$

各角点的施工高度标注于各方格网点右上角，如图1.16所示。

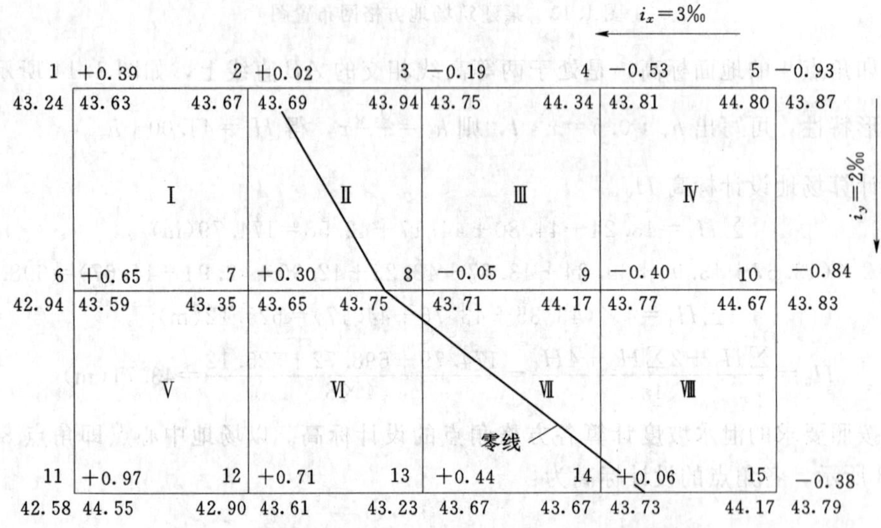

图1.16 某建筑场地方格网挖填土方量计算图

(5) 计算零点位置。图中2-3网格线两端分别是填方与挖方点，故中间必有零点，零点至角点3的距离：

$$x_{3-2}=\frac{h_3}{h_3+h_2}a=\frac{0.19}{0.19+0.02}\times20=18.10(\text{m})$$

$$x_{2-3}=20-18.10=1.90(\text{m})$$

同理

$$x_{7-8}=\frac{0.30}{0.30+0.05}\times20=17.14\ (\text{m})$$

$$x_{8-7}=20-17.14=2.86\ (\text{m})$$

$$x_{13-8}=\frac{0.44}{0.44+0.05}\times20=17.96\ (\text{m})$$

$$x_{8-13}=20-17.96=2.04\ (\text{m})$$

$$x_{9-14}=\frac{0.40}{0.40+0.06}\times 20=17.39\ (\text{m})$$

$$x_{14-9}=20-17.39=2.61\ (\text{m})$$

$$x_{15-14}=\frac{0.38}{0.38+0.06}\times 20=17.27\ (\text{m})$$

$$x_{14-15}=20-17.27=2.73\ (\text{m})$$

连接零点得到的零线即成为填方区与挖方区的分界线，如图 1.16 所示。

(6) 计算方格土方工程量。第一种类型的方格，即全填或全挖的方格，其土方工程量为

$$V_{\text{I}}=h_1+h_2+h_3+h_4=39+2+30+65=+136\ (\text{m}^3)$$

$$V_{\text{II}}=65+30+71+97=+263\ (\text{m}^3)$$

$$V_{\text{III}}=19+53+40+5=-117\ (\text{m}^3)$$

$$V_{\text{IV}}=53+93+84+40=-270\ (\text{m}^3)$$

第二种类型的方格，其土方工程量为

$$V_{\text{II}}^{填}=\frac{h_1^2}{h_1+h_4}+\frac{h_2^2}{h_2+h_3}=\frac{30^2}{30+5}+\frac{2^2}{2+19}=+25.90\ (\text{m}^3)$$

$$V_{\text{II}}^{挖}=\frac{h_3^2}{h_1+h_3}+\frac{h_4^2}{h_1+h_4}=\frac{19^2}{2+19}+\frac{5^2}{30+5}=-17.90\ (\text{m}^3)$$

$$V_{\text{VI}}^{填}=\frac{6^2}{6+40}+\frac{44^2}{44+5}=+40.28\ (\text{m}^3)$$

$$V_{\text{VI}}^{挖}=\frac{5^2}{44+5}+\frac{40^2}{6+40}=-35.29\ (\text{m}^3)$$

第三种类型的方格，其土方工程量为

$$V_{\text{VI}}^{挖}=\frac{2}{3}\frac{h_4^3}{(h_1+h_4)(h_3+h_4)}=\frac{2}{3}\times\frac{5^3}{(44+5)(30+5)}=-0.05(\text{m}^3)$$

$$V_{\text{VI}}^{填}=\frac{2}{3}(2h_1+h_2+2h_3-h_4)+V_{\text{VI}}^{挖}=\frac{2}{3}(2\times 44+71+2\times 30-5)+0.05$$
$$=+142.71(\text{m}^3)$$

$$V_{\text{VII}}^{填}=\frac{2}{3}\times\frac{6^3}{(40+6)(38+6)}=+0.07(\text{m}^3)$$

$$V_{\text{VII}}^{挖}=\frac{2}{3}\times(2\times 40+84+2\times 38-6)+0.07=-156.07(\text{m}^3)$$

场地各方格土方工程量总计：

填方＝136＋263＋25.9＋40.28＋142.71＋0.07＝607.96 (m^3)

挖方＝－ (117＋270＋17.9＋35.29＋0.05＋156.07) ＝－596.31 (m^3)

且 $\Delta=\frac{|\text{填方}-\text{挖方}|}{\max(\text{填方},\text{挖方})}\times 100\%=\frac{607.96-596.31}{607.96}\times 100\%=1.91\%<2\%$，满足误差要求。

1.2.3 土方调配

1.2.3.1 土方调配原则

土方工程量计算完成后，即可着手对土方进行平衡与调配。土方调配原则如下：

（1）应力求达到挖填平衡和运输量最小的原则，这样可以降低土方工程的成本。

（2）应考虑近期施工与后期利用相结合的原则。

（3）尽可能与大型地下建筑物的施工相结合。

（4）调配区大小的划分应满足主要土方施工机械工作面大小（如铲运机铲土长度）的要求，使土方机械发挥效益。

1.2.3.2 土方调配区的划分

场地土方平衡与调配，需编制相应的土方调配图表，以便施工中使用。

（1）划分调配区。在场地平面图上先划出挖方区、填方区的分界线（零线），然后在挖方区和填方区适当地分别划出若干个调配区。划分时应注意以下几点：划分应与建筑物的平面位置相协调，并考虑开工顺序、分期开工顺序；调配区的大小应满足土方机械的施工要求；调配区范围应与场地土方量计算的方格网相协调，一般可由若干个方格组成一个调配区；当土方运距较远或场地范围内土方调配不能达到平衡时，可考虑就近借土或弃土，一个借土区或一个弃土区可作为一个独立的调配区。

（2）计算土方量。计算各调配区的土方量，并将它标注于图上。

（3）求出每对调配区之间的平均运距。平均运距即挖方区土方重心至填方区土方重心的距离。因此，求平均运距，需先求出每个调配区的土方重心。其方法如下：取场地或方格网中的纵横两边为坐标轴，以一个角作为坐标原点，分别求出各区土方的重心坐标 X_0、Y_0

$$X_0=\frac{\sum(x_iV_i)}{\sum V_i},Y_0=\frac{\sum(y_iV_i)}{\sum V_i}$$

式中 x_i、y_i——i 块方格的重心坐标；

V_i——i 块方格的土方量。

填方区、挖方区之间的平均运距 L_0 为

$$L_0=\sqrt{(x_{0t}-x_{0w})^2+(y_{0t}-y_{0w})^2}$$

式中 x_{0t}、y_{0t}——填方区的重心坐标；

x_{0w}、y_{0w}——挖方区的重心坐标。

1.2.3.3 最优土方调配方案

最优土方调配方案的求解，是以线性规划为理论基础，常用表上作业法求解。

1.2.3.4 绘制土方调配图或土方调配平衡表

根据表上作业法求得的最优土方调配方案，在场地地形图上绘出土方调配图，并标出土方调配图，如图1.17所示。

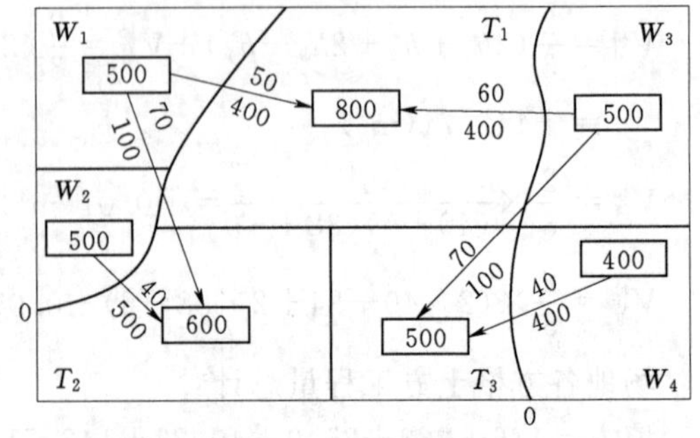

图1.17 土方调配图

（注：箭头上面数量表示平均运距；箭头下面数量表示土方调配量；W 为挖方区；T 为填方区。）

土方调配平衡表可根据土方调配图编制，见表1.4。

表 1.4 土方调配平衡表

挖方区编号	填方数量（m^3）	各填方区填方数量（m^3）			
		T_1	T_2	T_3	合计
		800	600	500	1900
W_1	500	400 50	100 70		
W_2	500		500 40		
W_3	500	400 60		100 70	
W_4	400			400 40	
合计	1900				

1.3 施工准备与辅助工作

1.3.1 施工准备

1.3.1.1 场地清理

在施工前应拆除旧有房屋等，拆迁或改建通信、电力设备、上下水道以及地下建筑物，迁移树木等。

1.3.1.2 排除地面水

场地内低洼地区的积水必须排除，同时应注意雨水的排除，使场地保持干燥，以利土方施工。地面水的排除一般采用排水沟、截水沟、挡水土坝等措施。

应尽量利用自然地形来设置排水沟，使水直接排至场外，或流向低洼处再用水泵抽走。主排水沟最好设置在施工区域的边缘或道路的两旁，其横断面和纵向坡度应根据最大流量确定。一般排水沟的横断面不小于0.5m×0.5m，纵向坡度一般不小于2‰。场地平整过程中，要注意排水沟保持畅通，必要时应设置涵洞。山区的场地平整施工，应在较高一面的山坡上开挖截水沟。在低洼地区施工时，除开挖排水沟外，必要时应修筑挡水土坝，以阻挡雨水的流入。

1.3.1.3 修筑临时设施

修筑好临时道路及供水、供电等临时设施，做好材料、机具及土方机械的进场工作。

1.3.1.4 土方工程的测量和放灰线

放灰线时，可用装有石灰粉末的长柄勺靠着木质板侧面，边撒边走，在地上撒出灰线，标出基础挖土的界线。

1. 基槽放线

根据房屋主轴线控制点，首先将外墙轴线的交点用木桩测设在地面上，并在桩顶钉上铁钉作为标志。房屋外墙轴线测定以后，再根据建筑物平面图，将内部开间所有轴线都一一测出。最后根据中心轴线用石灰在地面上撒出基槽开挖边线。同时在房屋四周设置龙门板，如图1.18所示；或者在轴线延长线上设置轴线控制桩（又称引桩），如图1.19所示，以便于基础施工时复核轴线位置。附近若有已建的建筑物，也可用经纬仪将轴线投测在建筑物的墙上。恢复轴线时，只要将经纬仪安置在某轴线一端的控制桩上，瞄准另一端的控制桩，该轴线即可恢复。

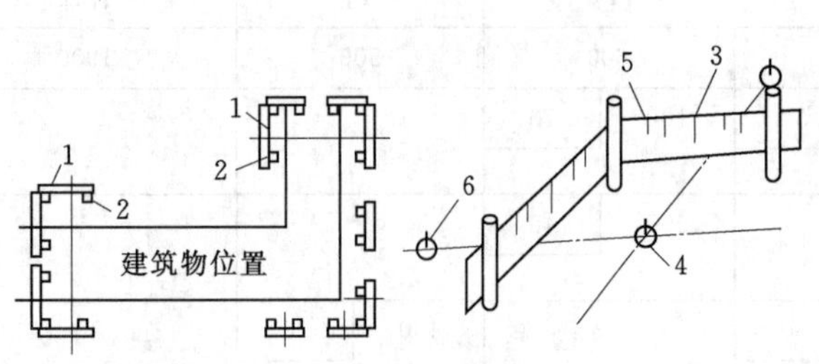

图 1.18 龙门板的设置

1—龙门板；2—龙门桩；3—轴线钉；4—角桩；5—灰线钉；6—轴线控制桩（引桩）

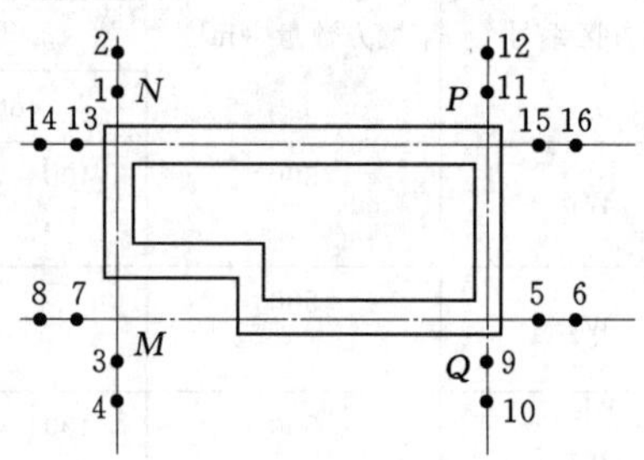

图 1.19 轴线控制桩（引桩）平面布置图

为了控制基槽开挖深度，当快挖到槽底设计标高时，可用水准仪根据地面±0.00 水准点，在基槽壁上每隔 2～4m 及拐角处打一水平桩，如图 1.20 所示。

2. *柱基放线*

在基坑开挖前，从设计图上查对基础的纵横轴线编号和基础施工详图，根据柱子的纵横轴线，用经纬仪在矩形控制网上测定基础中心线的端点，同时在每个柱基中心线上，测定基础定位桩，每个基础的中心线上设置 4 个定位木桩，其桩位离基础开挖线的距离为 0.5～1.0m。若基础之间的距离不大，可每隔 1～2 个或几个基础打一定位桩，但两定位桩的间距以不超过 20m 为宜，以便拉线恢复中间柱基的中线。桩顶上钉上钉子，标明中心线的位置。然后按施工图上柱基的尺寸和已经确定的挖土边线的尺寸，放出基坑上口挖土灰线，标出挖土范围。当基坑挖到一定深度时，应在坑壁四周离坑底设计高程 0.3～0.5m 处测设几个水平桩，如图 1.20、图 1.21 所示，作为基坑修坡和检查坑深的依据。

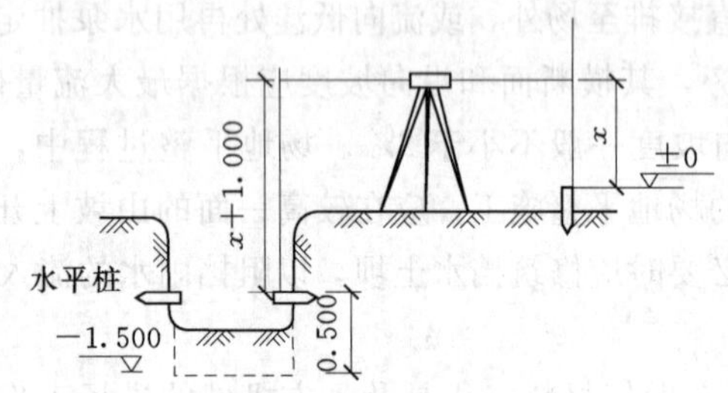

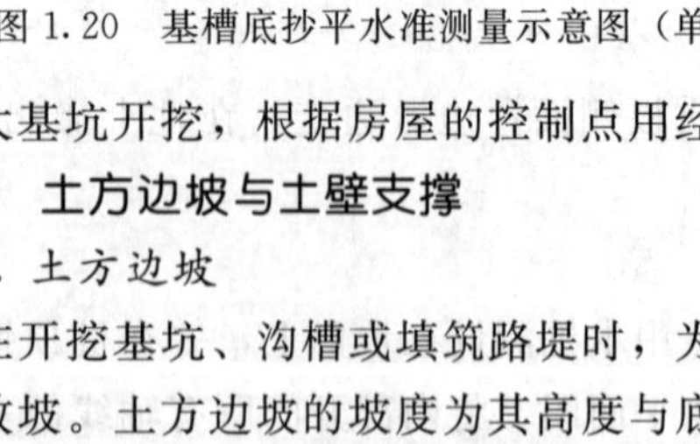

图 1.20 基槽底抄平水准测量示意图（单位：m）

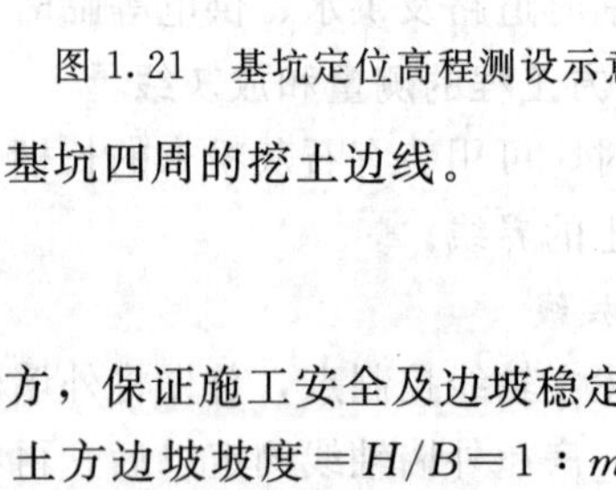

图 1.21 基坑定位高程测设示意图

大基坑开挖，根据房屋的控制点用经纬仪放出基坑四周的挖土边线。

1.3.2 土方边坡与土壁支撑

1. *土方边坡*

在开挖基坑、沟槽或填筑路堤时，为了防止塌方，保证施工安全及边坡稳定，其边沿应考虑放坡。土方边坡的坡度为其高度与底宽之比。土方边坡坡度$=H/B=1:m$；土方边坡坡度大小的留设应根据土质、开挖深度、开挖方法、施工工期、地下水水位、坡顶荷载及气候条件等因素确定。一般情况下，黏性土的边坡可陡些，砂性土则应平缓些。挖方深度在 5m 以内的基坑（槽）、管沟边坡的最陡坡度见表 1.5。

表 1.5　　　挖方深度在 5m 以内的基坑（槽）、管沟边坡的最陡坡度

土的类别	边坡坡度（高：宽）		
	坡顶无荷载	坡顶有静荷	坡顶有动荷
中密的砂土	1：1.00	1：1.25	1：1.50
中密的碎石类土（充填物为砂土）	1：0.75	1：1.00	1：1.25
硬塑的粉土	1：0.67	1：0.75	1：1.00
中密的碎石类土（充填物为黏性土）	1：0.50	1：0.67	1：0.75
硬塑的粉质黏土、黏土	1：0.33	1：0.50	1：0.67
老黄土	1：0.10	1：0.25	1：0.33
软土（经井点降水后）	1：1.00	—	—

注　1. 静荷指堆土或材料等，动荷指机械挖土或汽车运输作业等。静荷或动荷距挖方边缘的距离应保证边坡和直立壁的稳定，堆土或材料应距挖方边缘 0.8m 以外，高度不应超过 1.5m。

2. 当有成熟施工经验时，可不受本表限制。

2. 土壁支撑

为了缩小施工面，减少土方，或受场地的限制不能放坡时，则可设置土壁支撑。一般沟槽支撑方法，主要采用横撑式支撑；一般浅基坑支撑方法，主要采用结合上端放坡并加以拉锚等单支点板桩或悬臂式板桩支撑，或采用重力式支护结构。深基坑的支撑方法，主要采用多支点板桩。

1.3.3　施工降水与排水

在开挖基坑或沟槽时，土壤的含水层常被切断，地下水将会不断地渗入坑内。雨季施工时，地面水也会流入坑内。为了保证施工的正常进行，防止边坡塌方和地基承载能力的下降，必须做好基坑降水工作。降水方法可分为明排水法（如集水井、明渠等）和人工降低地下水法两种。

1.3.3.1　明排水法

现场常采用的方法是截流、疏导、抽取。截流是将流入基坑的水流截住；疏导是将积水疏干；抽取方法是在基坑或沟槽开挖时，在坑底设置集水井，并沿坑底的周围或中央开挖排水沟，使水由排水沟流入集水井内，然后用水泵抽出坑外，如图 1.22 所示。

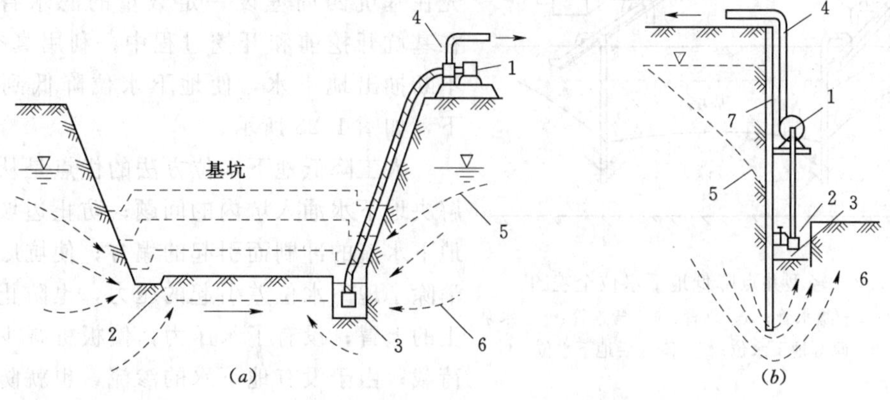

图 1.22　集水井降低地下水位

(a) 斜坡边沟；(b) 直坡边沟

1—水泵；2—排水沟；3—集水井；4—压力水管；5—降落曲线；6—水流曲线；7—板桩

四周的排水沟及集水井一般应设置在基础范围以外，地下水流的上游。基坑面积较大时，可在基础范围内设置盲沟排水。根据地下水量、基坑平面形状及水泵能力，集水井每隔20～40m设置一个。

集水井的直径或宽度，一般为0.6～0.8m；其深度随着挖土的加深而加深，要始终低于挖土面0.7～1.0m，井壁可用竹、木等简易加固。当基坑挖至设计标高后，井底应低于坑底1～2m，并铺设0.3m碎石滤水层，以免在抽水时将泥沙抽出，并防止井底的土被搅动。

排水沟和集水井应随挖土加深而加深，以保持水流畅通。明排水法设备简单，使用广泛。但当地下水位较高、涌水量较大或土质为细沙、粉沙时，易产生流沙、边坡塌方及管涌等现象，影响正常施工，甚至会引起附近建筑物下沉，此时应采用人工降低地下水位。

流沙现象及其防治：流沙现象产生的原因，是水在土中渗流所产生的动水压力对土体作用的结果。防治流沙的方法主要有以下几种：

(1) 水下挖土法。不排水施工，使坑内外的水压互相平衡，不致形成动水压力。如沉井施工，不排水下沉，进行水中挖土、水下浇筑混凝土，是防治流沙的有效措施。

(2) 打板桩法。将板桩沿基坑周围打入不透水层，便可起到截住水流的作用；或者打入坑底面一定深度，这样将地下水引至桩底以下才流入基坑，不仅增加了渗流长度，而且改变了动水压力方向，从而可达到减小动水压力的目的。

(3) 抢挖法。抛大石块、抢速度施工。如在施工过程中发生局部的或轻微的流沙现象，可组织人力分段抢挖，挖至标高后，立即铺设芦席并抛大石块，增加土的压重以平衡动水压力，力争在未产生流沙现象之前，将基础分段施工完毕。

(4) 地下连续墙法。此法是沿基坑的周围先浇筑一道钢筋混凝土的地下连续墙，从而起到承重、截水和防流沙的作用，它又是深基础施工的可靠支护结构。

(5) 枯水期施工法。选择枯水期间施工，因为此时地下水位低，坑内外水位差小，动水压力减小，从而可预防和减轻流沙现象。

(6) 人工降低地下水位。

1.3.3.2　人工降低地下水位

人工降低地下水位就是在基坑开挖前，预先在基坑四周埋设一定数量的滤水管（井），在基坑开挖前和开挖过程中，利用真空原理，不断抽出地下水，使地下水位降低到坑底以下，如图1.23所示。

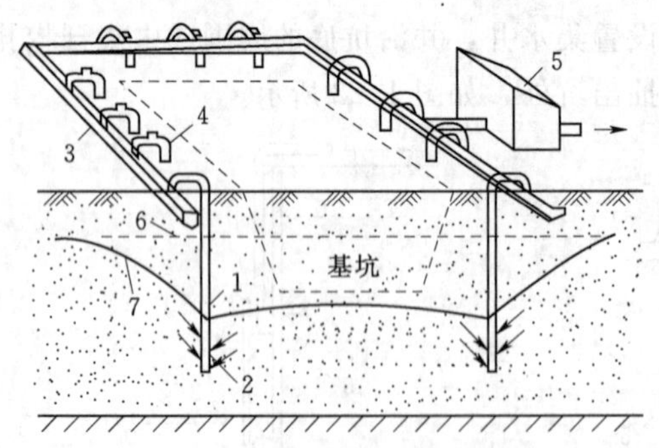

图1.23　轻型井点降低地下水位全貌图
1—井点管；2—滤水管；3—总管；4—弯连管；5—水泵房；6—原有地下水位；7—降低后地下水位

人工降低地下水位方法的优点是从根本上解决地下水涌入坑内的问题；防止边坡由于受地下水流的冲刷而引起的塌方；使坑底的土层消除了地下水位差引起的压力，也防止了坑底土的上冒；没有了水压力，使板桩减少了横向荷载；由于没有地下水的渗流，也就防止了流沙现象的产生。降低地下水位后，由于土体固结，还能使土层密实，增加地基土的承载能力。

井点降水有两类：一类为轻型井点（包括电渗井点与喷射井点）；另一类为管井井点

（包括深井泵）。井点降水的作用如图 1.24 所示，其适用范围见表 1.6。

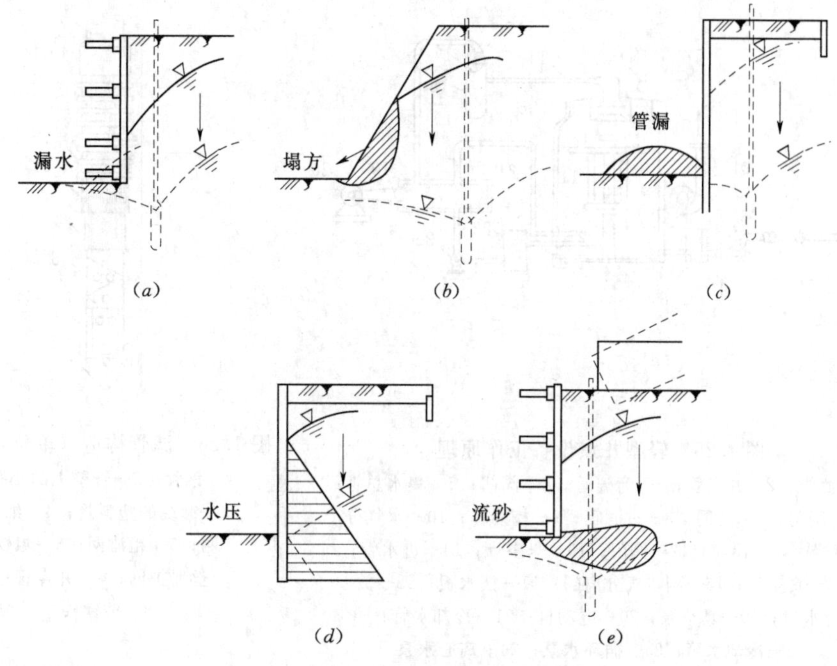

图 1.24 井点降水的作用

(a) 防止涌水；(b) 使边坡稳定；(c) 防止土的上冒；(d) 减少横向荷载；(e) 防止流砂

表 1.6　各种井点的适用范围

井点类型		土层渗透系数（m/d）	降低水位深度（m）
轻型井点	一级轻型井点	0.1～50	3～6
	二级轻型井点	0.1～50	6～12
	喷射井点	0.1～5	8～20
	电渗井点	<0.1	根据选用的井点确定
管井类	管井井点	20～200	3～5
	深井井点	10～250	>15

1. 轻型井点降低地下水位

(1) 轻型井点设备。轻型井点设备由管路系统和抽水设备组成，如图 1.25 所示，管路系统包括滤管、井点管、弯连管及集水总管等。如图 1.26 所示，滤管为进水设备，通常采用长 1.0～1.5m、直径 38mm 或 51mm 的无缝钢管，管壁钻有直径为 12～18mm 的呈梅花形排列的滤孔，滤孔面积为滤管表面积的 20%～25%。骨架管外面包以两层孔径不同的滤网，内层为 30～50 孔/m^2 的黄铜丝或尼龙丝布的细滤网，外层为 3～10 孔/m^2 的同样材料粗滤网或棕皮。为使流水畅通，在骨架管与滤管之间用塑料管或梯形铅丝隔开，塑料管沿骨架管绕成螺旋形。滤网外面再绕一层粗铁丝保护网，滤管下端为一铸铁塞头。滤管上端与井点管连接。

水总管为直径 100～127mm 的无缝钢管，每段长 4m，其上装有与井点管连接的短

接头。

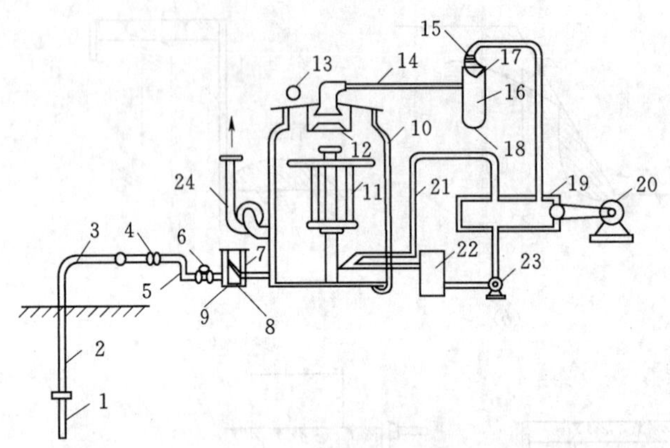

图 1.25 轻型井点设备工作原理

1—滤管；2—井点管；3—弯连管；4—阀门；5—集水总管；6—闸门；7—滤网；8—过滤箱；9—掏沙孔；10—水气分离器；11—浮筒；12—阀门；13—真空计；14—进水管；15—真空计；16—副水气分离器；17—挡水板；18—放水口；19—真空泵；20—电动机；21—冷却水管；22—冷却水箱；23—循环水泵；24—离心水泵

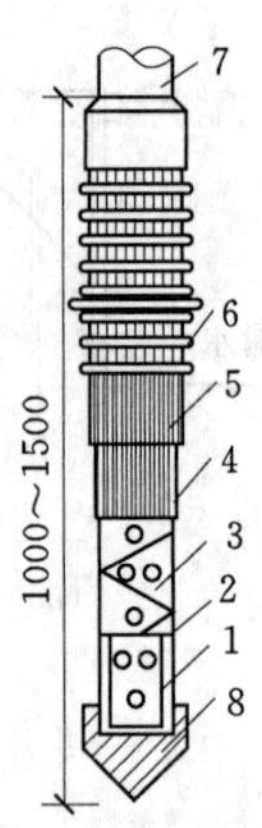

图 1.26 滤管构造（单位：mm）

1—钢管；2—管壁上的小孔；3—缠绕的塑料管；4—细滤网；5—粗滤网；6—粗铁丝保护网；7—井点管；8—铸铁头

（2）轻型井点的布置。井点系统的布置，应根据基坑大小与深度、土质、地下水位高低与流向、降水深度要求等而定。

1）平面布置。当基坑或沟槽宽度小于 6m，且降水深度不超过 5m 时，可用单排线状井点，如图 1.27 所示。

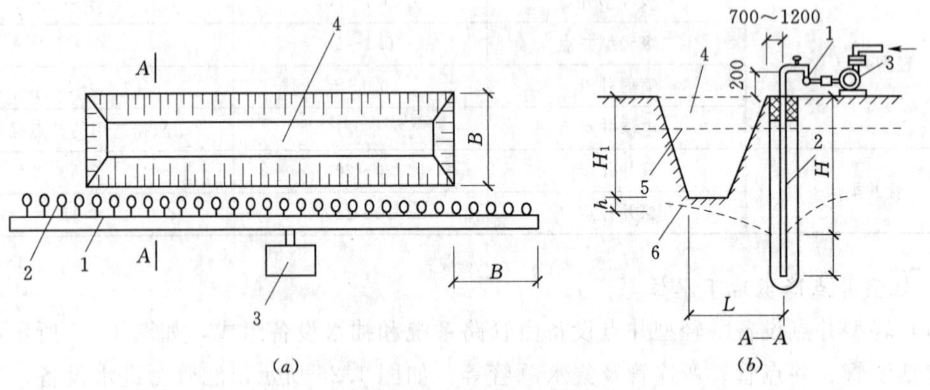

图 1.27 单排线状井点布置（单位：mm）

(a) 平面布置；(b) 高程布置

1—集水总管；2—井点管；3—抽水设备；4—基坑；5—原地下水位线；6—降低后地下水位线

如宽度大于 6m 或深度大于 5m 或土质不良，则用双排线状井点或环排井点，如图 1.28、图 1.29 所示。

2）高程布置。轻型井点的降水深度，从理论上讲可达 10m，但由于管路系统的水头损失，其实际降水深度不超过 6m。

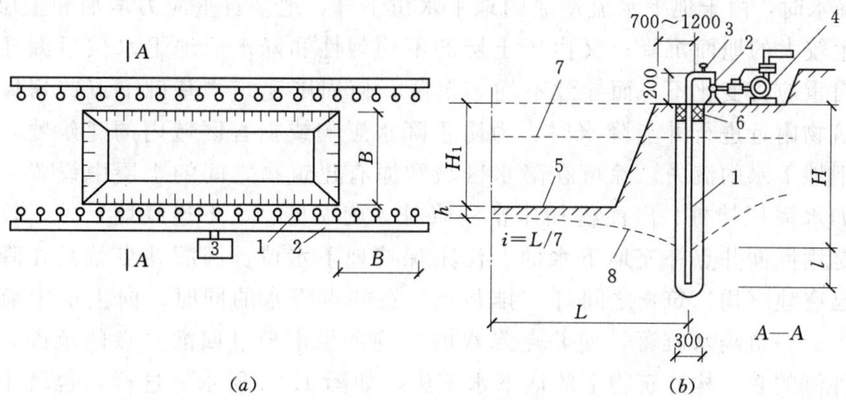

图 1.28 双排线状井点布置

(a) 平面布置；(b) 高程布置

1—井点管；2—集水总管；3—弯连管；4—抽水设备；5—基坑；6—黏土封孔；7—原地下水位线；8—降低后地下水位线

$$H \geqslant H_1 + h + iL \tag{1.21}$$

式中 H_1——井点管埋设面至基坑底面的距离；

h——降低后的地下水位至基坑中心底面的距离，一般取 0.5～1.0m；

i——水力坡度，根据实测，单排井点为 1/4～1/5，双排井点为 1/7，环状井点为 1/10～1/12；

L——井点管至基坑中心的水平距离，当井点管为单排布置时，L 为井点管至对边坡脚的水平距离。

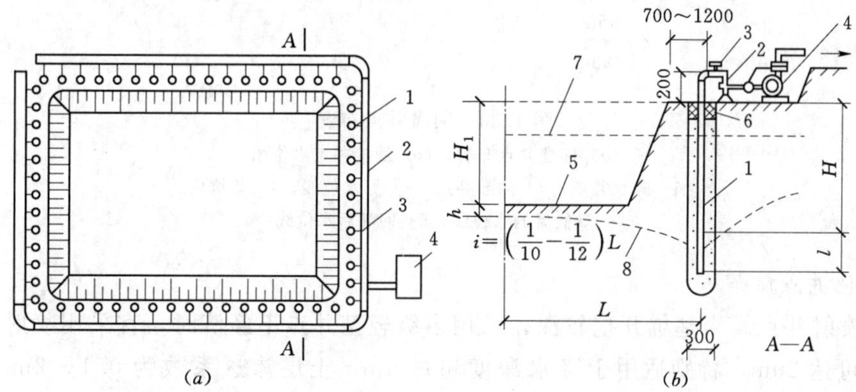

图 1.29 环形井点布置图（单位：mm）

(a) 平面布置；(b) 高程布置

1—井点管；2—集水总管；3—弯连管；4—抽水设备；5—基坑；6—黏土封孔；7—原地下水位线；8—降低后地下水位线

2. 回灌井点法

轻型井点降水有许多优点，在基础施工中广泛应用，但其影响范围较大，影响半径可达百米甚至数百米，且会导致周围土壤固结而引起地面沉陷。特别是在弱透水层和压缩性大的黏土层中降水时，由于地下水流造成的地下水位下降、地基自重应力增加和土层压缩等原因，会产生较大的地面沉降；又由于土层的不均匀性和降水后地下水位呈漏斗曲线，四周土层的自重应力变化不一而导致不均匀沉降，使周围建筑物基础下沉或房屋开裂。因此，在建筑物附近进行井点降水时，为防止降水影响或损害区域内的建筑物，就必须阻止建筑物下地下水的流失。除可在降水区域和原有建筑物之间的土层中设置一道固体抗渗屏幕（如水泥搅拌桩、灌注桩加压密注浆桩、旋喷桩、地下连续墙）外，较经济也比较常用的是用回灌井点补充地下水的办法来保持地下水位。回灌井点就是在降水井点与要保护的已有建（构）筑物之间打一排井点，在井点降水的同时，向土层中灌入足够数量的水，形成一道隔水帷幕，使井点降水的影响半径不超过回灌井点的范围，从而阻止回灌井点外侧的建（构）筑物下的地下水流失，如图 1.30 所示。这样，也就不会因降水而使地面沉降，或减小沉降值。

为了防止降水和回灌两井相通，回灌井点与降水井点之间应保持一定的距离，一般不宜小于 6m，否则基坑内水位无法下降，失去降水的作用。回灌井点的深度一般应控制在长期降水曲线下 1m 为宜，并应设置在渗透性较好的土层中。

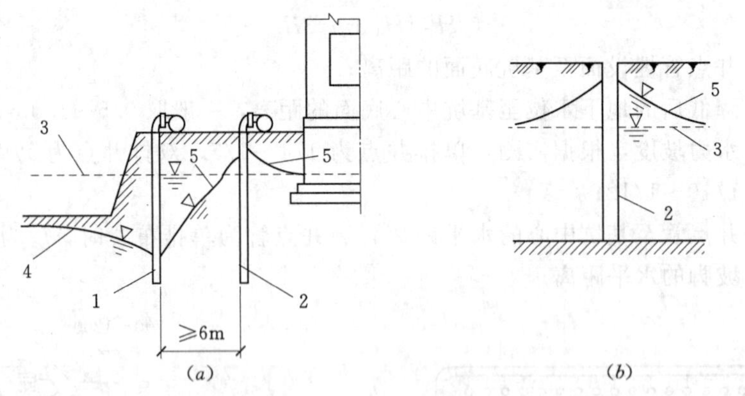

图 1.30 回灌井点布置

(*a*) 回灌井点布置；(*b*) 回灌井点水位图

1—降水井点；2—回灌井点；3—原水位线；4—基坑内降低后的水位线；5—回灌后水位线

3. 其他井点简介

(1) 喷射井点。当基坑开挖较深，采用多级轻型井点不经济时，宜采用喷射井点，其降水深度可达 20m，特别适用于降水深度超过 6m，土层渗透系数为 0.1～2m/d 的弱透水层。

喷射井点根据其工作时使用液体和气体的不同，分为喷水井点和喷气井点两种。其设备主要由喷射井管、高压水泵（或空气压缩机）和管路系统组成，如图 1.31 所示。喷射井管由内管和外管组成，在内管下端装有喷射扬水器与滤管相连。当高压水（0.7～0.8MPa）经内外管之间的环形空间通过扬水器侧孔流向喷嘴喷出时，在喷嘴处由于过水断面突然收缩变小，使工作水流具有极高的流速（30～60m/s），在喷口附近造成负压形成一定真空，因而将地下水经滤管吸入混合室与高压水汇合；流经扩散管时，由于截面扩大，水流速度相应减小，压力使水位逐渐升高，沿内管上升经排水总管排出。

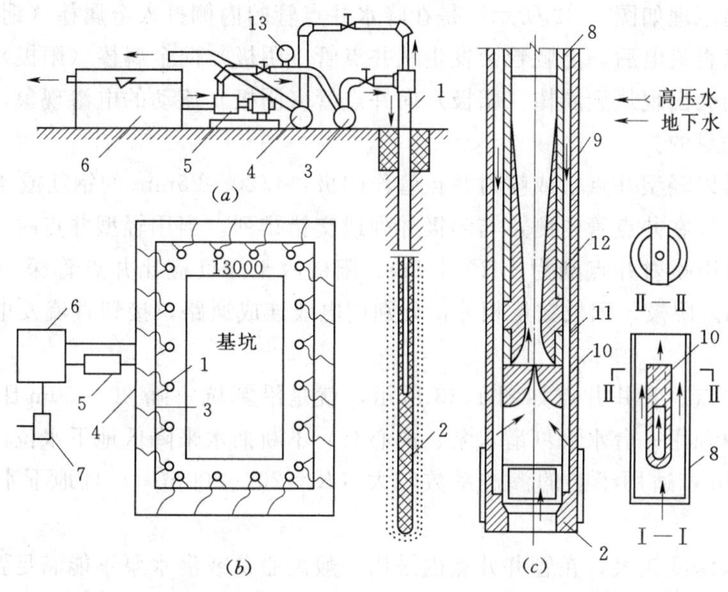

图 1.31 喷射井点设备及平面布置简图

(a) 喷射井点设备简图；(b) 喷射井点平面布置；(c) 喷射扬水器详图

1—喷射井管；2—滤管；3—进水总管；4—排水总管；5—高压水泵；6—集水池；7—水泵；8—内管；9—外管；10—喷嘴；11—混合室；12—扩散管；13—压力表

(2) 电渗井点。电渗井点适用于土的渗透系数小于 0.1m/d，用一般井点不可能降低地下水位的含水层中，尤其宜用于淤泥排水。

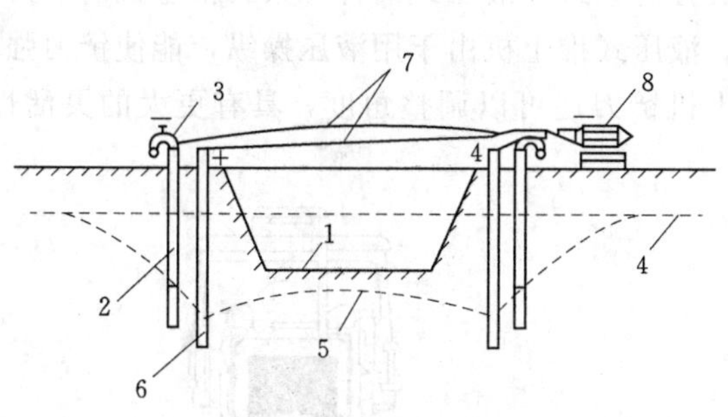

图 1.32 电渗井点降水示意图

1—基坑；2—井点管；3—集水总管；4—原地下水位；5—降低后地下水位；6—钢管或钢筋；7—线路；8—直流发电机或电焊机

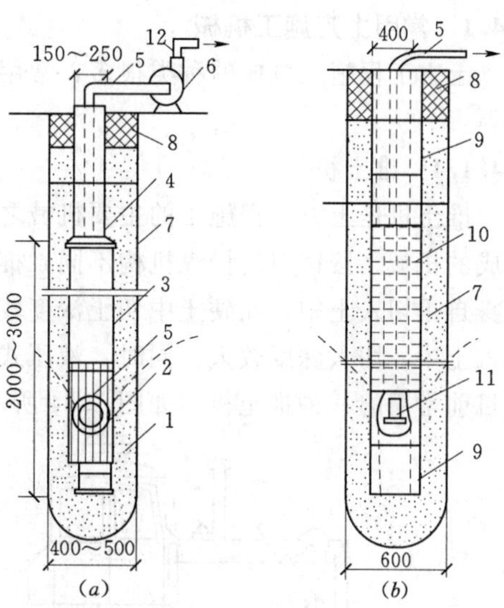

图 1.33 管井井点

(a) 钢管管井；(b) 混凝土管管井

1—沉砂管；2—钢筋焊接骨架；3—滤网；4—管身；5—吸水管；6—离心泵；7—小砾石过滤层；8—黏土封口；9—混凝土实管；10—混凝土过滤管；11—潜水泵；12—出水管

电渗井点的原理如图 1.32 所示，是在降水井点管的内侧打入金属棒（钢管或钢筋），连以导线，当通以直流电后，土颗粒会发生从井点管（阴极）向金属棒（阳极）移动的电泳现象，而地下水则会出现从金属棒（阳极）向井点管（阴极）流动的电渗现象，从而达到软土地基易于排水的目的。

电渗井点是以轻型井点管或喷射井点管作阴极，4.20～25mm 的钢筋或 4.50～75mm 的钢管为阳极，埋设在井点管内侧，与阴极并列或交错排列。当用轻型井点时，两者的距离为 0.8～1.0m；当用喷射井点则为 1.2～1.5m。阳极入土深度应比井点管深 500mm，露出地面 200～400mm。阴极、阳极数量相等，分别用电线连成通路，接到直流发电机或直流电焊机的相应电极上。

(3) 管井井点。管井井点如图 1.33 所示，就是沿基坑每隔 20～50m 距离设置一个管井，每个管井单独用一台水泵（潜水泵、离心泵）不断抽水来降低地下水位。用此法可降低地下水位 5～10m，适用于土的渗透系数较大（$K=20\sim200$m/d）且地下水量大的砂类土层中。

如要求降水深度较大，在管井井点内采用一般离心泵或潜水泵不能满足要求时，可采用特制的深井泵，其降水深度可达 50m。

1.4　土方工程机械化施工

由于土方工程量大、劳动繁重，施工时应尽可能采用机械化、半机械化施工，以减轻繁重的体力劳动，加快施工进度，降低工程造价。

1.4.1　常用土方施工机械

土方工程施工机械的种类很多，常用的施工机械有推土机、铲运机、单斗挖土机、装载机等。

1.4.1.1　推土机

推土机是土方工程施工的主要机械之一，是在履带式拖拉机上安装推土铲刀等工作装置而成的机械。按铲刀的操纵机构不同，推土机分为索式和液压式两种。索式推土机的铲刀借本身自重切入土中，在硬土中切土深度较小。液压式推土机由于用液压操纵，能使铲刀强制切入土中，切入深度较大。同时，液压式推土机铲刀还可以调整角度，具有更大的灵活性，是目前常用的一种推土机，如图 1.34 所示。

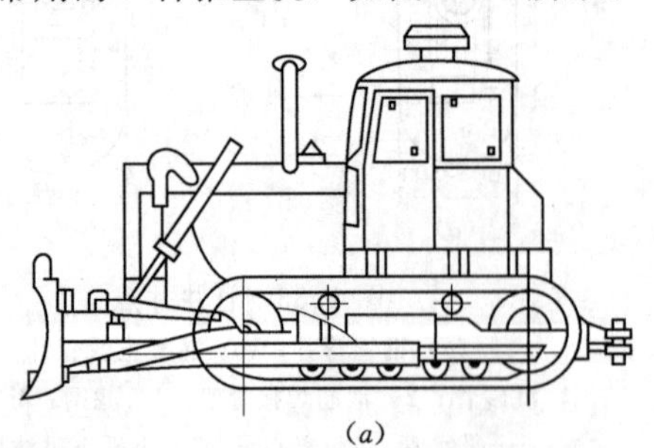
(a)

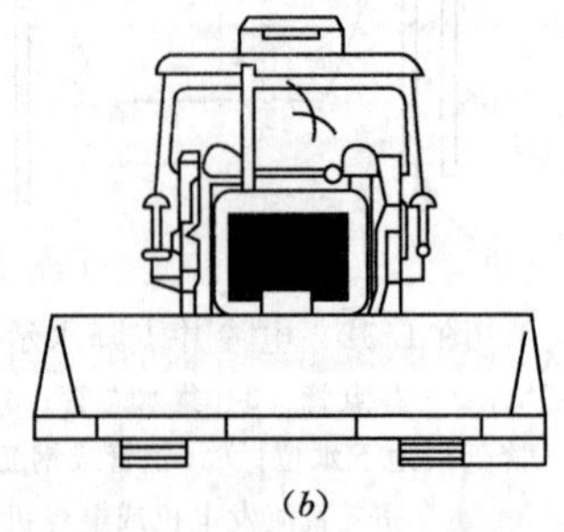
(b)

图 1.34　液压式推土机外形图
(a) 侧视外形；(b) 正视外形

推土机操纵灵活，运转方便，所需工作面较小，行驶速度快，易于转移，能爬30°左右的缓坡，因此应用范围较广。适用于开挖一类土至三类土。多用于挖土深度不大的场地平整，开挖深度不大于1.5m的基坑，回填基坑和沟槽，堆筑高度在1.5m以内的路基、堤坝，平整其他机械卸置的土堆；推送松散的硬土、岩石和冻土，配合铲运机进行助铲；配合挖土机施工，为挖土机清理余土和创造工作面。此外，将铲刀卸下后，还能牵引其他无动力的土方施工机械，如拖式铲运机、松土机、羊足碾等，进行土方其他施工过程的施工。

推土机的运距宜在100m以内，效率最高的推运距离为40～60m。为提高生产率，可采用下述方法施工。

(1) 下坡推土。如图1.35所示，推土机顺地面坡势沿下坡方向推土，借助机械往下的重力作用，可增大铲刀切土深度和运土数量，可提高推土机能力和缩短推土时间，一般可提高生产率30%～40%。但坡度不宜大于15°，以免后退时爬坡困难。

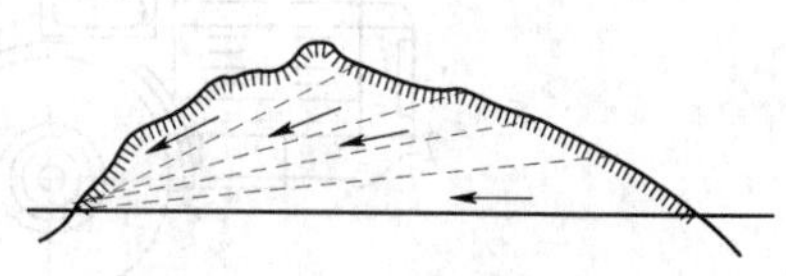

图1.35 下坡推土

(2) 槽形推土。如图1.36所示，当运距较远，挖土层较厚时，利用已推过的土槽再次推土，可以减少铲刀两侧土的散漏。这样作业可提高效率10%～30%。槽深1m左右为宜，槽间土埂宽约0.5m。在推出多条槽后，再将土埂推入槽内，然后运出。

此外，对于推运疏松土壤，且运距较大时，还应在铲刀两侧装置挡土板，以增加铲刀前土的体积，减少土向两侧散失。在土层较硬的情况下，则可在铲刀前面装置活动松土齿，当推土机倒退回程时，即可将土翻松。这样，便可减少切土时的阻力，从而可提高切土运行速度。

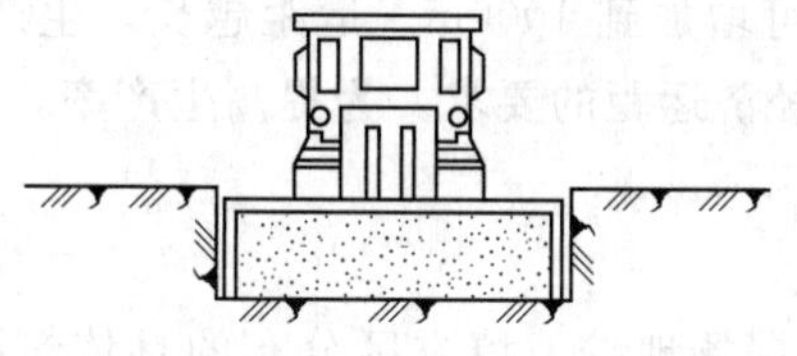

图1.36 槽形推土

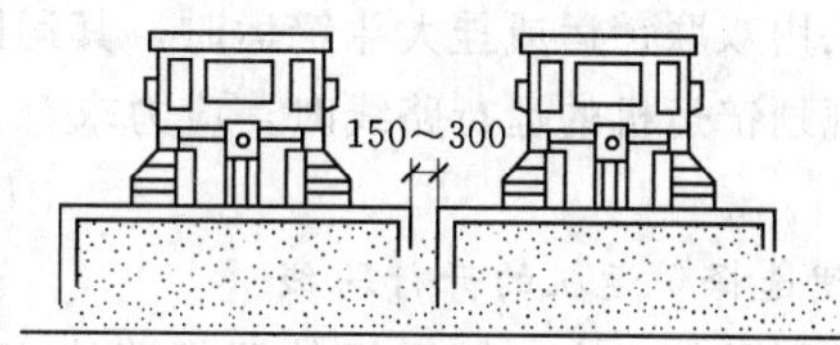

图1.37 并列推土（单位：mm）

(3) 并列推土。如图1.37所示，对于大面积的施工区，可用2～3台推土机并列推土。推土时两铲刀相距150～300mm，这样可以减少土的散失而增大推土量，能提高生产率15%～30%。但平均运距不宜超过50～75m，也不宜小于20m；且推土机数量不宜超过3台，否则倒车不便，行驶不一致，反而影响生产率的提高。

(4) 分批集中，一次推送。若运距较远而土质又比较坚硬时，由于切土的深度不大，宜采用多次铲土、分批集中、再一次推送的方法，使铲刀前保持满载，以提高生产率。

1.4.1.2 铲运机

铲运机是一种能够独立完成铲土、运土、卸土、填筑、整平的土方机械。按行走机构可分为拖式铲运机和自行式铲运机两种，如图1.38和图1.39所示。拖式铲运机由拖拉机牵引，自行式铲运机的行驶和作业都靠本身的动力设备。

铲斗前方有一个能开启的斗门，铲斗前设有切土刀片。切土时，铲斗门打开，铲斗下降，刀片切入土中。

铲运机对行驶的道路要求较低，操纵灵活，生产率较高。可在一类土、二类土、三类土中直接挖土、运土，常用于坡度在20°以内的大面积土方挖、填、平整和压实以及大型基

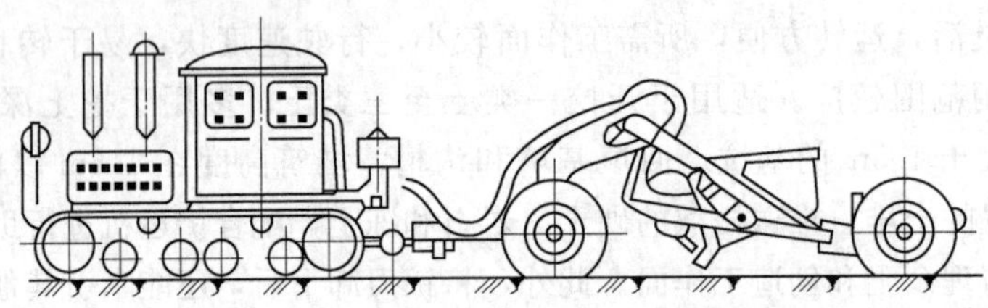

图 1.38 C_6-2.5 型拖式铲运机外形图

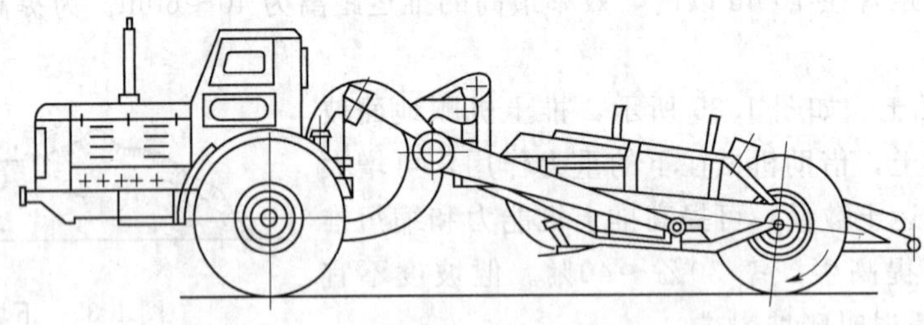

图 1.39 C_3-6 型自行式铲运机外形图

坑、沟槽的开挖，路基和堤坝的填筑，不适于砾石层、冻土地带及沼泽地区使用。坚硬土开挖时要用推土机助铲或用松土机配合。

土方工程中，常用的铲运机的铲斗容量为 2.5～8m³；自行式铲运机适用于运距 800～3500m 的大型土方工程施工，以运距在 800～1500m 的范围内的生产效率最高；拖式铲运机适用于运距为 80～800m 的土方工程施工，而运距在 200～350m 时效率最高。

如果采用双联铲运或挂大斗铲运时，其运距可增加到 1000m。运距越长，生产率越低。因此，在规划铲运机的运行路线时，应力求符合经济运距的要求。为提高生产率，一般采用下述方法。

1. 合理选择铲运机的开行路线

在场地平整施工中，铲运机的开行路线应根据场地挖、填方区分布的具体情况合理选择，这对提高铲运机的生产率有很大关系。铲运机的开行路线，一般有以下几种：

(1) 环形路线。当地形起伏不大，施工地段较短时，多采用环形路线，如图 1.40 (*a*)、(*b*) 所示。环形路线每一循环只完成一次铲土和卸土、挖土和填土交替；挖填之间距离较短时，则可采用大循环路线，如图 1.40 (*b*) 所示，一个循环能完成多次铲土和卸土，这样可减少铲运机的转弯次数，提高工作效率。

(2) "8"字形路线。施工地段较长或地形起伏较大时，多采用"8"字形开行路线，如图 1.40 (*c*) 所示。这种开行路线，铲运机在上下坡时是斜向行驶，受地形坡度限制小；一个循环中两次转弯方向不同，可避免机械行驶时的单侧磨损；一个循环完成两次铲土和卸土，减少了转弯次数及空车行驶距离，从而也可缩短运行时间，提高生产率。

应该指出，铲运机应避免在转弯时铲土，否则，会因铲刀受力不均易引起翻车事故。因此，为了充分发挥铲运机的效能，保证能在直线段上铲土并装满土斗，要求铲土区应有足够的最小铲土长度。

2. 铲运机的施工方法

(1) 下坡铲土法。铲运机利用地形进行下坡推土，借助铲运机的重力，加深铲斗切土深度，缩短铲土时间；但纵坡不得超过 25°横坡不大于 5°，铲运机不能在陡坡上急转弯。

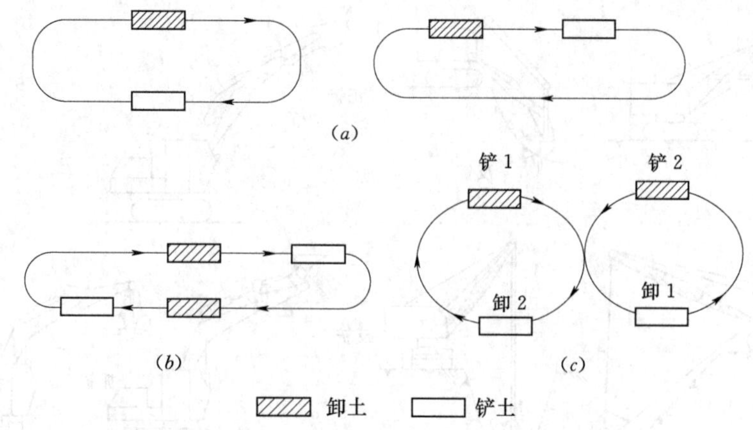

图 1.40　铲运机开行路线

(a) 环形路线；(b) 大环形路线；(c)“8”字形路线

(2) 跨铲法。铲运机间隔铲土，预留土埂。这样，在间隔铲土时由于形成一个土槽，减少向外撒土量；铲土埂时，铲土阻力减小。一般土埂高不大于 300mm，宽不大于拖拉机两履带间的净距。如图 1.41 所示。

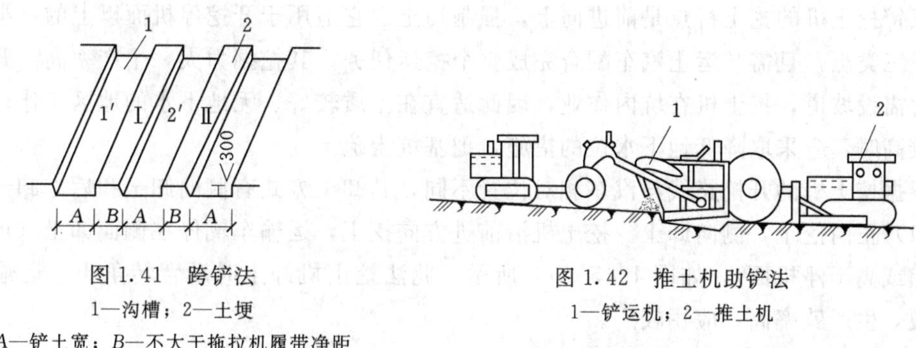

图 1.41　跨铲法

1—沟槽；2—土埂

A—铲土宽；B—不大于拖拉机履带净距

图 1.42　推土机助铲法

1—铲运机；2—推土机

(3) 推土机助铲法。地势平坦、土质较坚硬时，可用推土机在铲运机后面顶推。缩短铲土时间，提高生产率，如图 1.42 所示。双联铲运法，当拖式铲运机的动力有富裕时，可在拖拉机后面串联两个铲斗双联铲运。即两个斗同时铲土。如图 1.43 所示。

图 1.43　双联铲运法

(4) 挂大斗铲运。在土质松软地区，可改挂大型铲土斗，以充分利用拖拉机的牵引力来提高工效。

1.4.1.3　单斗挖土机

单斗挖土机是土方开挖常用的一种机械。按其行走装置的不同，分为履带式和轮胎式。根据工作的需要其工作装置可以更换。依工作方式的不同，分为正铲、反铲、拉铲、抓铲。单斗挖土机如图 1.44 所示。

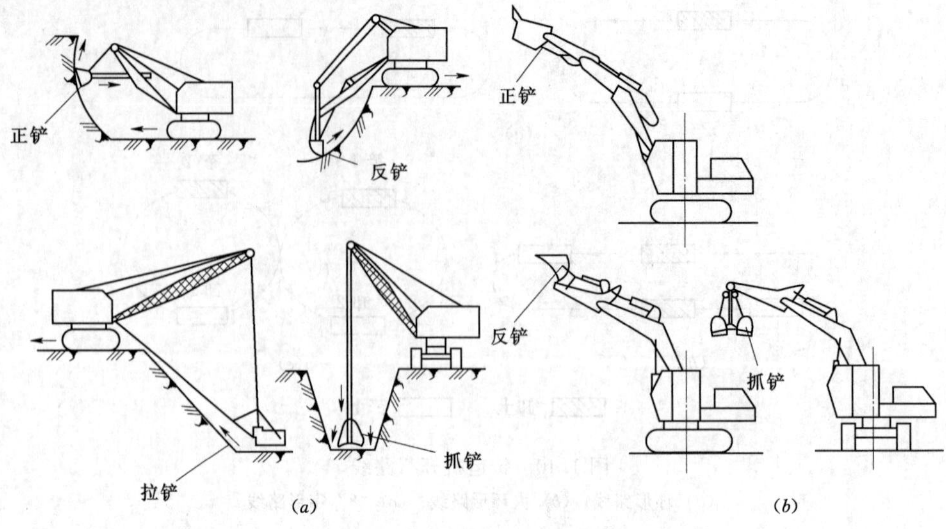

图 1.44　单斗挖土机

(a) 机械式；(b) 液压式

1. 正铲挖土机

正铲挖土机的挖土特点是前进向上，强制切土。它适用于开挖停机面以上的一类土、二类土、三类土，且需与运土汽车配合完成整个挖运任务，其挖掘力大，生产率高。开挖大型基坑时需设坡道，挖土机在坑内作业，因此适宜在土质较好、无地下水的地区工作；当地下水位较高时，应采取降低地下水位的措施，把基坑土疏干。

根据挖土机的开挖路线与汽车相对位置不同，其卸土方式有侧向卸土和后方卸土两种。

(1) 正向挖土，侧向卸土。挖土机沿前进方向挖土，运输车辆停在侧面卸土（可停在停机面上或高于停机面），如图 1.45 (a) 所示。此法挖土机卸土时动臂转角小，运输车辆行驶方便，生产效率高，应用较广。

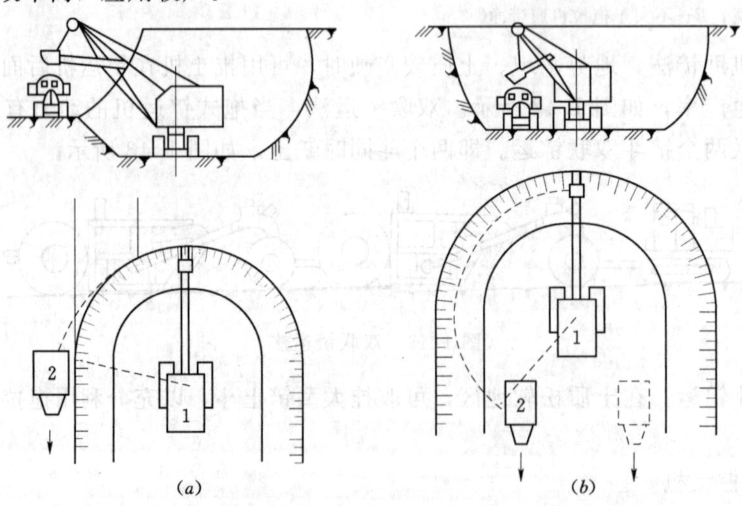

图 1.45　正铲挖土机开挖方式

(a) 侧向开挖；(b) 正向开挖

1—正铲挖土机；2—自卸汽车

(2) 正向挖土，后方卸土。挖土机沿前进方向挖土，运输车辆停在挖土机后方装土，如图 1.45 (b) 所示。此法挖土机卸土时动臂转角大、生产率低，运输车辆要倒车进入。一般在基坑窄而深的情况下采用。

2. 反铲挖土机

反铲挖土机的挖土特点是后退向下，强制切土。其挖掘力比正铲小，能开挖停机面以下的一类土、二类土、三类土（机械传动反铲只宜挖一类土、二类土）。不需设置进出口通道，适用于一次开挖深度在 4m 左右的基坑、基槽、管沟，也可用于地下水位较高的土方开挖；在深基坑开挖中，依靠止水挡土结构或井点降水，反铲挖土机通过下坡道，采用台阶式接力方式挖土也是常用的方法。反铲挖土机可以与自卸汽车配合，装土运走，也可弃土于坑槽附近。履带式机械传动反铲挖土机如图 1.46 所示，履带式液压反铲挖土机如图 1.47 所示。反铲挖土机的作业方式可分为沟端开挖和沟侧开挖两种，如图 1.48 所示。

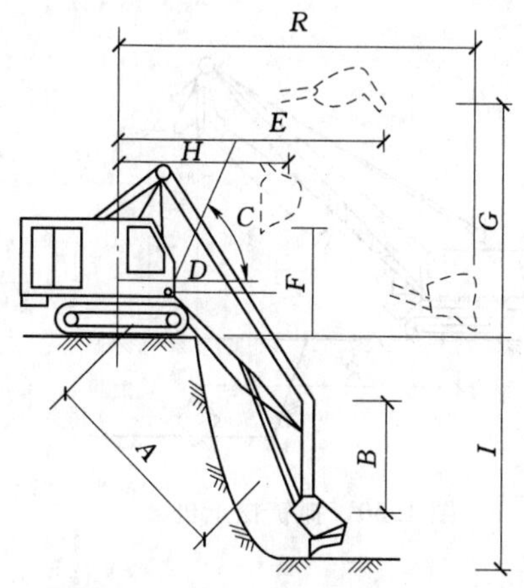

图 1.46　履带式机械传动反铲挖土机

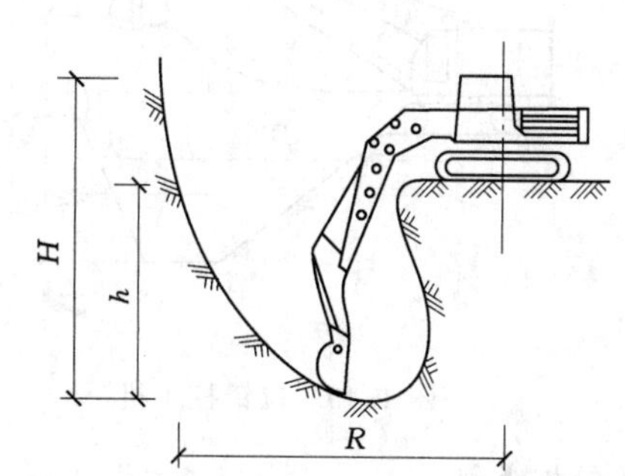

图 1.47　履带式液压反铲挖

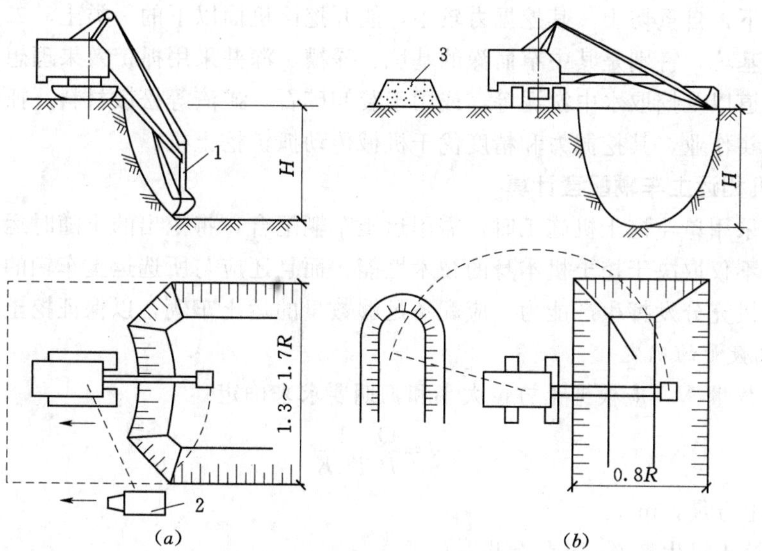

图 1.48　反铲挖土机开挖方式

(a) 沟端开挖；(b) 沟侧开挖

1—反铲挖土机；2—自卸汽车；3—弃土堆

(1) 沟端开挖。推土机停在基坑（槽）的端部，向后倒退挖土，汽车停在基槽两侧装土。挖土机停放平稳，装土回转角度小，挖土效率高。

(2) 沟侧开挖。挖土机沿基槽的一侧移动挖土，将土弃于距基槽较远处。沟侧开挖时开挖方向与挖土机移动方向相垂直，所以稳定性较差，而且挖的深度和宽度均较小，一般只在无法采用沟端开挖或挖土不需运走时采用。

3. 拉铲挖土机

拉铲挖土机的土斗用钢丝绳悬挂在挖土机长臂上，挖土时土斗在自重作用下落到地面切入土中，如图1.49所示。其挖土特点是后退向下，自重切土；其挖土深度和挖土半径均较大，能开挖停机面以下的一类土、二类土，但不如反铲动作灵活准确。适用于开挖较深较大的基坑（槽）、沟渠，挖取水中泥土以及填筑路基、修筑堤坝等。拉铲挖土机的开挖方式与反铲挖土机的开挖方式相似，可沟侧开挖也可沟端开挖。

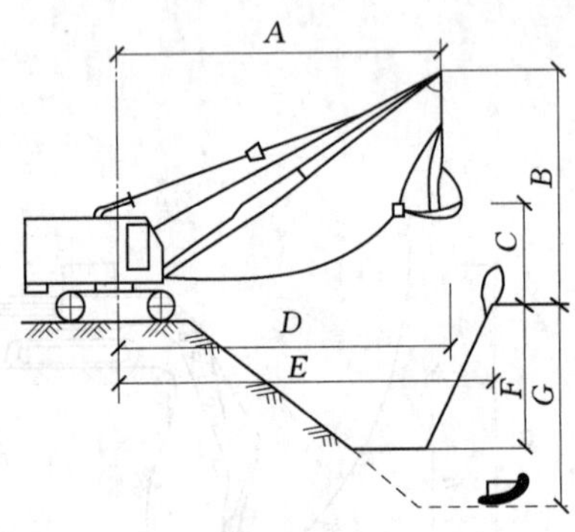

图1.49 拉铲挖土机

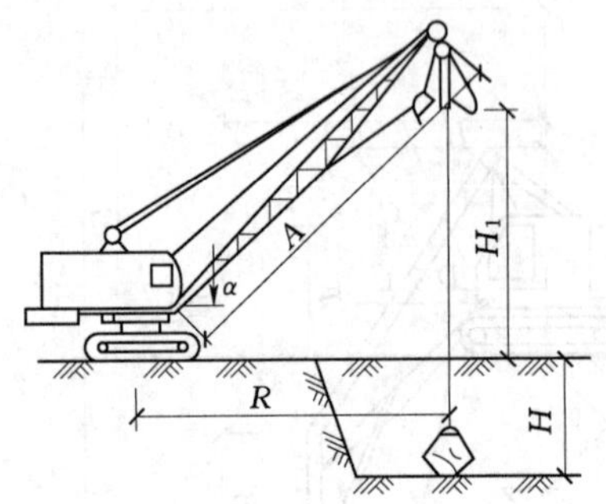

图1.50 抓铲挖土机

4. 抓铲挖土机

机械传动抓铲挖土机是在挖土机臂端用钢丝绳吊装一个抓斗，如图1.50所示。其挖土特点是直上直下，自重切土。其挖掘力较小，能开挖停机面以下的一类土、二类土。适用于开挖软土地基基坑，特别是其中窄而深的基坑、深槽、深井采用抓铲效果理想；抓铲还可用于疏通旧有渠道以及挖取水中淤泥等，或用于装卸碎石、矿渣等松散材料。抓铲也有采用液压传动操纵抓斗作业，其挖掘力和精度优于机械传动抓铲挖土机。

1.4.2 挖土机和运土车辆配套计算

基坑开挖采用单斗挖土机施工时，需用运土车辆配合，将挖出的土随时运走。因此，挖土机的生产率不仅取决于挖土机本身的技术性能，而且还应与所选运土车辆的运土能力相协调。为使挖土机充分发挥生产能力，应配备足够数量的运土车辆，以保证挖土机连续工作。

1. 挖土机数量的确定

挖土机的数量 N，应根据土方量大小和工期要求来确定

$$N=\frac{Q}{P}\frac{1}{TCK} \tag{1.22}$$

式中 Q——土方量，m^3；

P——挖土机生产率，m^3/台班；

T——工期（工作日）；

C——每天工作班数；

K——时间利用系数，一般取0.8～0.9。

单斗挖土机的生产率P，可查定额手册或按式（1.23）计算

$$P=\frac{8\times3600}{t}q\frac{K_C}{K_S}K_B\quad(\text{m}^3/\text{台班})\tag{1.23}$$

式中　t——挖土机每斗作业循环延续时间，s，如W100型正铲挖土机为25～40s；

q——挖土机斗容量，m^3；

K_C——土斗的充盈系数，0.8～1.1；

K_S——土的最初可松性系数（查表1.2）；

K_B——工作时间利用系数，0.7～0.9。

在实际施工中，若挖土机的数量已经确定，也可利用公式来计算工期。

2. 运土车辆配套计算

运土车辆的数量N_1，应保证挖土机连续作业，可按式（1.24）计算

$$N_1=\frac{T_1}{t_1}\tag{1.24}$$

$$T_1=t_1+\frac{2l}{V_c}+t_2+t_3$$

$$t_1=nt$$

$$n=\frac{Q_1}{q\frac{K_C}{K_S}r}$$

式中　T_1——运土车辆每一运土循环延续时间，min；

t_1——运土车辆每车装车时间，min；

n——运土车辆每车装土次数；

t_2——卸土时间，一般为1min；

t_3——操纵时间（包括停放待装、等车、让车等），一般取2～3min；

l——运土距离，m；

V_c——重车与空车的平均速度，m/min，一般取20～30km/h；

Q_1——运土车辆的载重量；

r——实土重度，一般取1.7t/m^3。

【例1.2】 某工程基坑土方开挖，土方量为9640m^3，现有WY100型反铲挖土机可租用，斗挖方量1m^3，为减少基坑暴露时间挖土工期限制在7d。挖土采用载重量8t的自卸汽车配合运土，要求运土车辆数能保证挖土机连续作业，已知$l=1.3$km，$V_c=20$km/h，$K_C=0.9$，$K_S=1.15$，$K=K_B=0.85$，$t=40$s。

试求：(1) 试选择WY100型反铲挖土机数量；

(2) 运土车辆数N。

解　(1) 准备采取两班制作业，则挖土机数量N按式（1.22）计算：

$$N=\frac{Q}{PCKT}$$

$$P=\frac{8\times3600}{t}q\frac{K_C}{K_S}K_B=\frac{8\times3600}{40}\times1\times\frac{0.9}{1.15}\times0.85=479\quad(\text{m}^3/\text{台班})$$

则挖土机数量

$$N=\frac{9640}{479\times2\times0.85\times7}=1.69\text{（台）（取 2 台）}$$

（2）每台挖土机运土车辆数 N_1 按式（1.24）求出

$$N_1=\frac{T_1}{t_1}$$

每车装土次数

$$n=\frac{Q_1}{q\dfrac{K_C}{K_S}r}=\frac{8}{1\times\dfrac{0.9}{1.15}\times1.7}=6.0\text{（取 6 次）}$$

每次装车时间

$$t_1=nt=6\times40=240\text{（s）}=4\text{（min）}$$

运土车辆每一个运土循环延续时间

$$T_1=t_1+\frac{2l}{V_c}+t_2+t_3=4+\frac{2\times1.3\times60}{20}+1+3=15.8\text{（min）}$$

则每台挖土机运土车辆数量

$$N_1=\frac{15.8}{4}=3.95\text{（辆）（取 4 辆）}$$

2 台挖土机所需运土车辆数量

$$N=2N_1=2\times4=8\text{（辆）}$$

机械开挖应根据工程地下水位高低、施工机械条件、进度要求等合理地选用施工机械，以充分发挥机械效率，节省机械费用，加速工程进度。一般深度 2m 以内、基坑不太长时的土方开挖，宜采用推土机或装载机推土和装车；深度在 2m 以内长度较大的基坑，可用铲运机铲运土或加助铲铲土；对面积大且深的基坑，且有地下水或土的湿度大，基坑深度不大于 5m 可采用液压反铲挖掘机在停机面一次开挖；深 5m 以上，通常采用反铲分层开挖并开坡道运土。如土质好且无地下水也可开沟道，用正铲挖土机下入基坑分层开挖，多采用 $0.5m^3$、$1.0m^3$ 斗容量的液压正铲挖掘。在地下水中挖土可用拉铲或抓铲，效率较高。

1.5 土方填筑与压实

1.5.1 土料选择与填筑要求

对填方土料应按设计要求验收后方可填入。如设计无要求，一般按下述原则进行，以保证填土的强度和稳定性。

（1）含有大量有机物、石膏和水溶性硫酸盐（含量大于 5%）的土以及淤泥、冻土、膨胀土等，均不应作为填方土料；以黏土为土料时，应检查其含水量是否在控制范围内，含水量大的黏土不宜作填土用；一般碎石类土、砂土和爆破石渣可作表层以下填料，其最大粒径不得超过每层铺垫厚度的 2/3。

（2）填土应按整个宽度水平分层进行，并尽量采用同类土填筑。如采用不同土填筑时，应将透水性较大的土层置于透水性较小的土层之下，不能将各种土混杂在一起使用，以免填方内形成水囊。

(3) 当填方位于倾斜的山坡时，应将斜坡修筑成 1：2 阶梯形边坡后施工，以免填土横向移动，并尽量用同类土填筑。回填基坑和管沟时，应从四周或两侧均匀地分层进行，以防基础和管道在土压力作用下产生偏移或变形。

(4) 回填以前，应清除填方区的积水和杂物，如遇软土、淤泥，必须进行换土回填。在回填时，应防止地面水流入，并预留一定的下沉高度（一般不得超过填方高度的 3%）。

1.5.2 填土压实方法

填土的压实方法一般有碾压、夯实、振动压实以及利用运土工具压实。对于大面积填土工程，多采用碾压和利用运土工具压实。对较小面积的填土工程，则宜用夯实机具进行压实。

1. 碾压法

碾压法是利用机械滚轮的压力压实土壤，使之达到所需的密实度，适用于大面积填土工程。碾压机械有平碾、羊足碾和气胎碾。碾压机械进行大面积填方碾压，宜采用“薄填、低速、多遍”的方法。

平碾又称光碾压路机，是一种以内燃机为动力的自行式压路机，如图 1.51 所示。按重量等级分为轻型（30～50kN）、中型（60～90kN）和重型（100～140kN）三种，适于压实砂类土和黏性土，适用土类范围较广。轻型平碾压实土层的厚度不大，但土层上部变得较密实，当用轻型平碾初碾后，再用重型平碾碾压松土，就会取得较好的效果。如直接用重型平碾碾压松土，则由于强烈的起伏现象，其碾压效果较差。

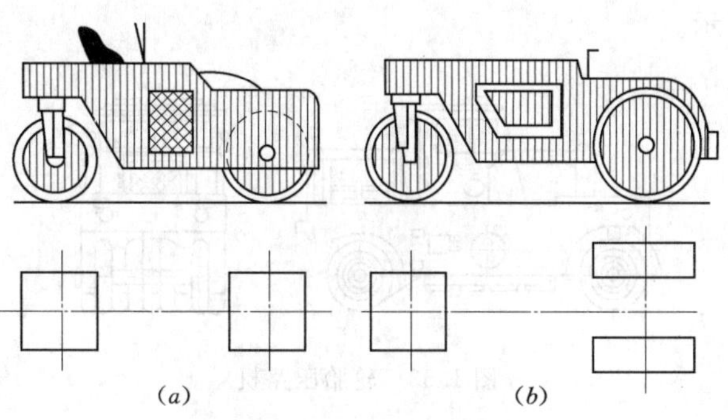

图 1.51 光轮压路机

(a) 两轴两轮；(b) 两轴三轮

羊足碾一般无动力而靠拖拉机牵引，有单筒、双筒两种。根据碾压要求，可分为空筒及装砂、注水三种。羊足碾虽然与土接触面积小，但对单位面积的压力比较大，土的压实效果好。羊足碾只能用来压实黏性土。单筒羊足碾构造如图 1.52 所示。

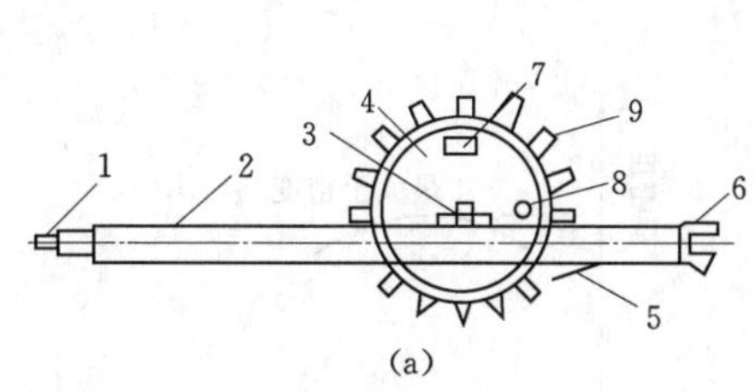

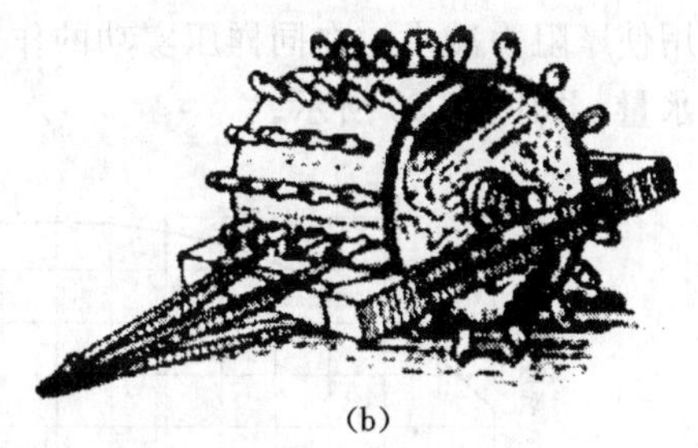

图 1.52 单筒羊足碾构造示意图

1—前拉头；2—机架；3—轴承座；4—碾筒；5—铲刀；6—后拉头；7—装砂口；8—水口；9—羊足头

气胎碾又称轮胎压路机，如图 1.53 所示，它的前后轮分别密排着 4 个或 5 个轮胎，既是行驶轮，也是碾压轮。由于轮胎弹性大，在压实过程中，土与轮胎都会发生变形，而随着几遍碾压后铺土密实度的提高，沉陷量逐渐减少，因而轮胎与土的接触面积逐渐缩小，但接触应力则逐渐增大，最后使土料得到压实。由于在工作时是弹性体，其压力均匀，填土质量较好。

用碾压法压实填土时，铺土应均匀一致，碾压遍数要一样，碾压方向应从填土区的两边逐渐压向中心，每次碾压应有 15～20cm 的重叠；碾压机械开行速度不宜过快，一般平碾不应超过 2km/h，羊足碾控制在 3km/h 之内，否则会影响压实效果。

2. 夯实法

夯实法是利用夯锤自由下落的冲击力来夯实土壤，主要用于小面积的回填土或作业面受到限制的环境下。夯实法分人工夯实和机械夯实两种。人工夯实所用的工具有木夯、石夯等；常用的夯实机械有夯锤、内燃夯土机、蛙式打夯机和利用挖土机或起重机装上夯板后的夯土机等，其中蛙式打夯机轻巧灵活，构造简单，在小型土方工程中应用最广，如图 1.54 所示。

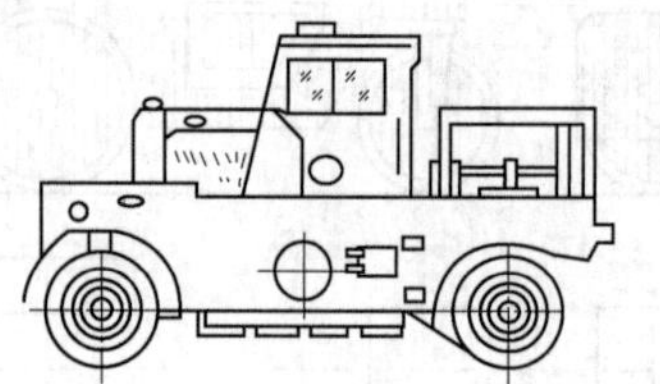

图 1.53 轮胎压路机

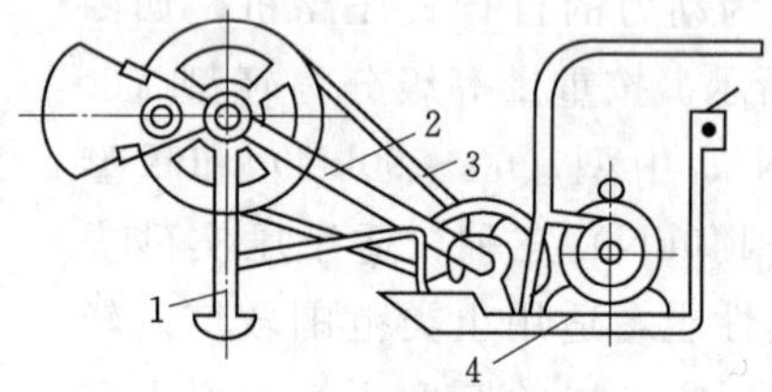

图 1.54 蛙式打夯机

1—夯头；2—夯架；3—三角胶带；4—底盘

3. 振动压实法

振动压实法是将振动压实机放在土层表面，借助振动机构使压实机振动土颗粒，土的颗粒发生相对位移而达到紧密状态。用这种方法振实非黏性土效果较好。

1.5.3 填土压实的影响因素

(1) 压实功的影响。

(2) 填土含水量的影响。填土含水量的大小直接影响碾压（或夯实）遍数和质量。较为干燥的土，由于摩阻力较大，而不易压实；当土具有适当含水量时，土的颗粒之间因水的润滑作用使摩阻力减小，在同样压实功的作用下，得到最大的密实度，这时土的含水量称作最佳含水量，如图 1.55 所示。

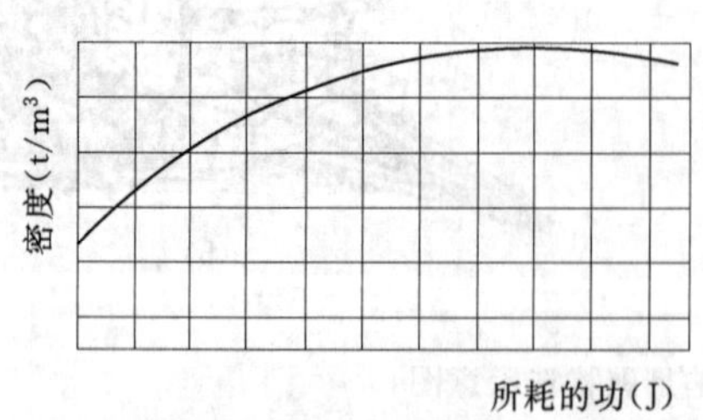

图 1.55 土的密度与压实功的关系示意图

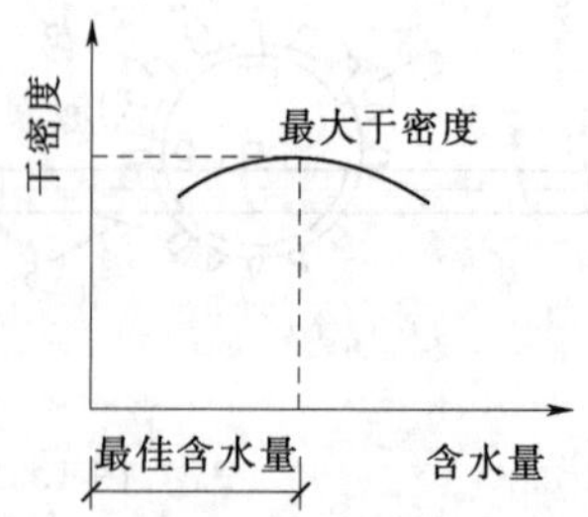

图 1.56 土的干密度与含水量关系

各种土的最佳含水量和最大干密度见表 1.7。干密度与含水量关系如图 1.56 所示。

表 1.7　土的最佳含水量和最大干密度

序号	土的种类	变动范围	
		最佳含水量（%）（质量分数）	最大干密度（g/cm³）
1	砂土	8～12	1.80～1.88
2	黏土	19～23	1.58～1.70
3	粉质黏土	12～15	1.85～1.95
4	粉土	16～22	1.61～1.80

(3) 铺土厚度的影响。在压实功作用下，土中的应力随深度增加而逐渐减小，其压实作用也随土层深度的增加而逐渐减小，如图 1.57 所示。

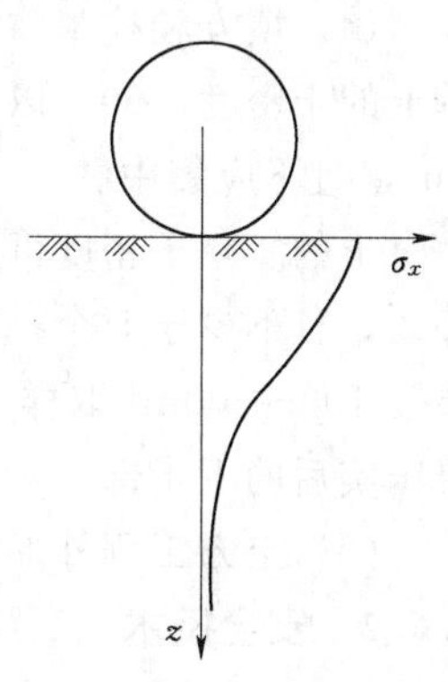

图 1.57　压实作用沿深度的变化

各种压实机械的压实影响深度与土的性质和含水量等因素有关。

对于重要填方工程，其达到规定密实度所需的压实遍数、铺土厚度等应根据土质和压实机械在施工现场的压实试验决定。若无试验依据应符合相关规定，见表 1.8。

(4) 填土质量检查。填土压实后必须要达到密实度要求，填土密实度以设计规定的控制干密度 P_0（或规定的压实系数 A）作为检查标准。土的控制干密度与最大干密度之比称为压实系数。

表 1.8　填土施工时的分层厚度及压实遍数

压实机具	分层厚度（mm）	每层压实遍数
平碾	250～300	6～8
振动压实机	250～350	3～4
柴油打夯机	200～250	3～4
人工打夯	＜200	3～4

土的最大干密度乘以规范规定或设计要求的压实系数，即可计算出填土控制干密度 P_0 的值。

土的实际干密度可用“环刀法”测定。填方施工结束后，应检查标高、边坡坡度、压实程度等，检验标准应符合表 1.9 的规定。

表 1.9　填土工程质量检验标准

项目	序号	检查项目	允许偏差或允许值（mm）					检查方法
			桩基基坑基槽	场地平整		管沟	地路面基础层	
				人工	机械			
主控项目	1	标高	−50	±30	±50	−50	−50	水准仪
	2	分层压实系数	设计要求					按规定方法
一般项目	1	回填土料	设计要求					取样检查或直观鉴别
	2	分层厚度及含水量	设计要求					水准仪及抽样检查
	3	表面平整度	20	20	30	20	20	用靠尺或水准仪

1.6　土方工程质量标准与安全技术

1.6.1　质量标准

(1) 柱基、基坑、基槽和管沟基底的土质，必须符合设计要求，并严禁扰动。

(2) 填方的基底处理，必须符合设计要求或施工规范规定。

(3) 填方柱基、坑基、基槽、管沟回填的土料必须符合设计要求和施工规范。

(4) 填方和柱基、基坑、基槽、管沟的回填，必须按规定分层夯压密实。取样测定压实后土的干密度，90%以上符合设计要求，其余10%的最低值与设计值的差不应大于0.089/cm^3，且不应集中。

土的实际干密度可用“环刀法”测定。其取样组数：柱基回填取样不少于柱基总数的10%，且不少于5个；基槽、管沟回填每层按长度20～50m取样一组；基坑和室内填土每层按100～500m^2取样一组；场地平整填土每层按400～900m^2取样一组，取样部位应在每层压实后的下半部。

(5) 土方工程外形尺寸的允许偏差和检验方法应符合规定。

1.6.2　安全技术

基坑开挖时，两人操作间距应大于2.5m，多台机械开挖，挖土机间距应大于10m。挖土应由上而下，逐层进行，严禁采选挖空底脚（挖神仙土）的施工方法。

基坑开挖应严格按要求放坡。操作时应随时注意土壁变动情况，如发现有裂纹或部分坍塌现象，应及时进行支撑或放坡，并注意支撑的稳固和土壁的变化。

基坑（槽）挖土深度超过3m以上，使用吊装设备吊土时，起吊后，坑内操作人员应立即离开吊点的垂直下方，起吊设备距坑边一般不得少于1.5m，坑内人员应戴安全帽。用手推车运土，应先铺好道路。卸土回填，不得放手让车自动翻转。用翻斗汽车运土，运输道路的坡度、转弯半径应符合有关安全规定。深基坑上下应先挖好阶梯或设置靠梯，或开斜坡道，采取防滑措施，禁止踩踏支撑上下。坑四周应设安全栏杆或悬挂危险标志。土方工程外形尺寸的允许偏差和检验方法见表1.10。

表1.10　土方工程外形尺寸的允许偏差和检验方法

项次	项　目	允许偏差（mm）					检验方法
		柱基、基坑、基槽、管沟	挖方、填方、场地平整		排水沟	地基（路）	
			人工施工	机械施工			
1	标高	+0 −50	±50	±100	+0 −50	+0 −50	用水准仪检查
2	长度、宽度（由设计中心线向两边量）	不应偏小			+100 −0	—	用经纬仪、拉线和尺量检查
3	边坡坡度	不应偏陡				—	观察或用坡度尺检查
4	表面平整度	—	—	—	—	20	用2m靠尺和楔形塞尺检查

基坑（槽）设置的支撑应经常检查是否有松动变形等不安全迹象，特别是雨后更应加强

检查。坑（槽）沟边1m以内不得堆土、堆料和停放机具，1m以外堆土，其高度不宜超过1.5m。坑（槽）、沟与附近建筑物的距离不得小于1.5m，危险时必须加固。

1.7 爆 破 工 程

在土方施工中，爆破技术采用得很广泛，如场地平整、地下工程中石方开挖、基坑（槽）或管沟挖土中岩石的炸除、施工现场树根和障碍物的清除以及冻土开挖等，都要用爆破。此外，在改建工程中，对于清除旧的结构或构筑物，也可采用爆破。

1.7.1 爆破原理

埋在介质内的炸药引爆后，将原来一定体积的炸药，在极短的时间内由固体（或液体）状态转变为气体状态，体积增加数百倍甚至上千倍，从而产生了很大的压力和冲击力，同时还产生很高的温度，使周围的介质受到各种不同程度的破坏，就叫做爆破。

1. 爆破作用圈

爆破时距离爆破中心近的，受到的破坏大；远的，受到的破坏小。通常将爆破影响的范围分为以下几个爆破作用圈，如图1.58所示。

（1）压缩圈。在压缩圈范围内的土石直接受到药包爆炸产生的巨大的作用力，如若为可塑性土，便会遭到压缩而形成孔穴；若为坚硬的岩石便会粉碎，故压缩圈又称为破碎圈。

（2）抛掷圈。在抛掷圈范围内的土石受到的破坏力较压缩圈小，但土石的原有结构受到破坏，分裂成各种尺寸、形状的碎块，并且破碎作用力尚有余力，足以使这些碎块获得运动速度，若这个范围的某一处处于临空的状态下，便会产生抛掷现象。

（3）松动圈。处于松动圈范围的土石，其结构受到不同程度的破坏，但没有余力使之产生抛掷。

（4）振动圈。在这个范围内，土石结构不产生破坏，只发生振动。

2. 爆破漏斗

当埋设在地下的药包爆炸后，地面就会出现一个爆破坑，一部分炸碎了的介质被抛至坑外，一部分仍坠落在坑内，形成爆破漏斗，如图1.59所示。

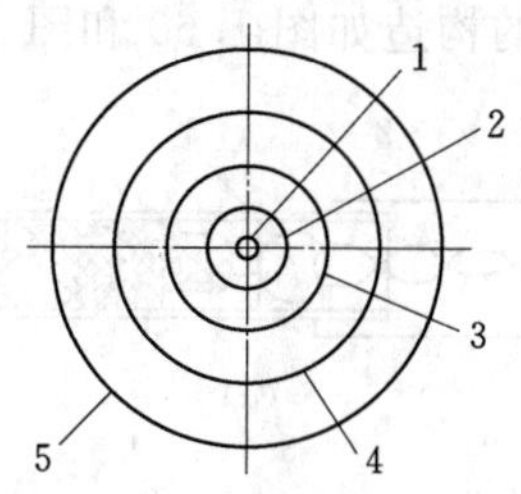

图1.58 爆破作用圈

1—药包；2—飞渣回落充填体；3—坑外堆积体；4—松动圈；5—振动圈

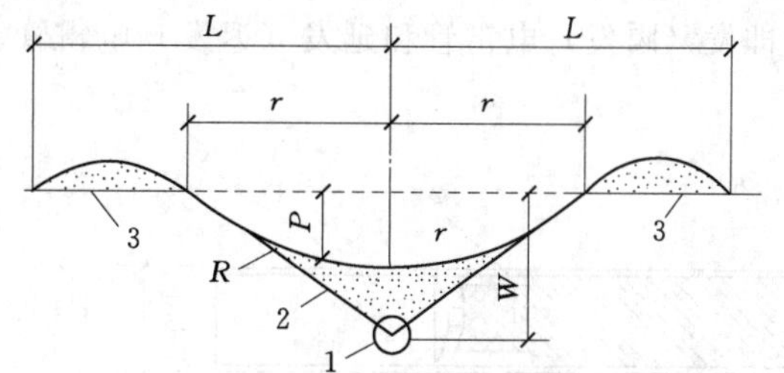

图1.59 爆破漏斗

1—药包；2—压缩圈；3—抛掷圈

爆破漏斗可用下面几个参数来表明其特征：

（1）最小抵抗线W：从药包中心到临空面的最短距离。

(2) 爆破漏斗半径 r：漏斗上口的圆周半径。

(3) 最大可见深度 h：从坠落在坑内的介质表面到临空面最大距离。

(4) 爆破作用半径 R：从药包中心到爆破漏斗上口边沿的距离。

爆破漏斗的大小一般以爆破作用指数（n）来表示，即 $n=\frac{r}{W}$。

当 $n=1$ 时，称为标准抛掷爆破漏斗；$n<1$ 时，称为减弱抛掷爆破漏斗；$n>1$ 时，称为加强抛掷爆破漏斗。n 是计算药包量、决定漏斗大小和药包距离的重要参数。

1.7.2 爆破材料

1. 炸药

工程中常用的炸药有以下几种：

(1) 硝铵炸药。它是硝酸铵、TNT 和少量木粉的混合物。工程中常用的 2 号岩石硝铵炸药，其配合比例为 85∶11∶4，其受潮和结块后，爆破性能会降低。

(2) TNT（三硝基甲苯）。它呈结晶粉末状，淡黄色，压制后呈黄色，熔铸块呈褐色，不吸湿，爆炸威力大。但本身含氧不足，爆炸时产生有毒的一氧化碳气体，不宜用于地下及通风不良的环境下作业。当掺有砂石粉类固体杂质时，对撞击和摩擦有较高的敏感度。

(3) 胶质炸药。它是由硝化甘油和硝酸铵（有时用硝酸钾或硝酸钠）的混合物，另加入一些木屑和稳定剂制成的。它的爆炸威力大，不吸湿，有较高密度和可塑性，适用于水下和坚硬岩石爆破。

(4) 铵油炸药。它是硝酸铵和柴油（或加木粉）的混合物，两者的比例通常为 94.5∶5.5，当加木粉时，其比例为 92∶4∶4（称为 1 号铵油炸药）。铵油炸药取材方便、成本低廉、使用安全，但具有吸湿结块性，不能久存，最好现拌现用。

(5) 黑火药。用硝酸钾、硫磺和木炭按一定比例（最佳为 75∶10∶15）混合而成。好的黑火药为深灰色的颗粒，不沾手。对火星和撞击极敏感，吸湿性强，威力低，适用于开采石料。

2. 起爆材料

(1) 雷管。雷管是用来起爆炸药或起爆传爆线的。雷管是一种起爆装置，利用它产生的爆炸能起爆炸药。雷管按起爆方式不同，可分为火雷管（普通雷管）和电雷管两种。电雷管又分为即发（瞬发）电雷管和延发（迟发）电雷管。它们的构造如图 1.60 和图 1.61 所示。

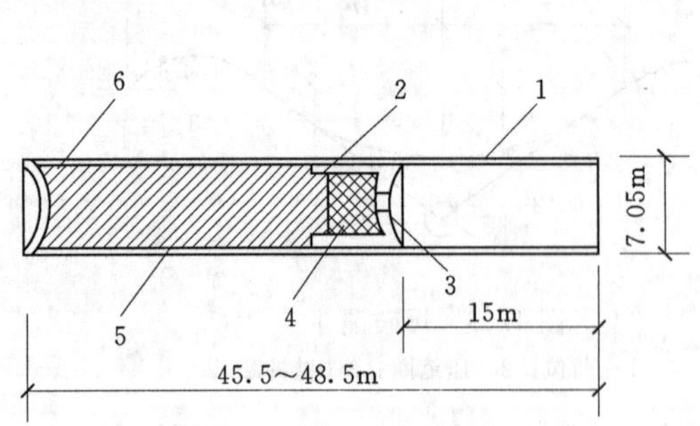

图 1.60 火雷管构造

1—外壳；2—加强帽；3—帽孔；4—正起爆炸药；5—副起爆炸药；6—窝槽

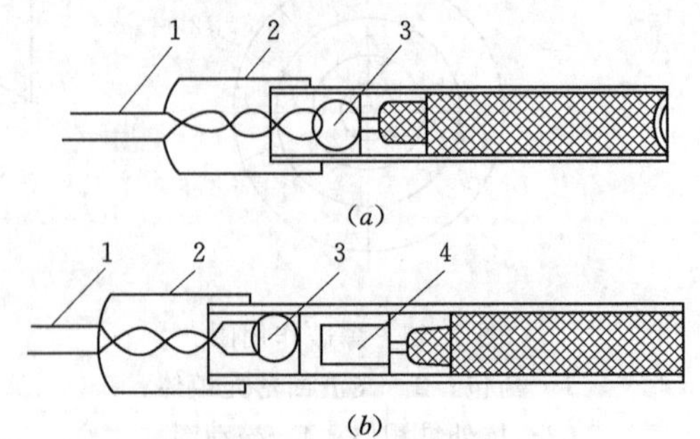

图 1.61 电雷管构造

(a) 即发电雷管；(b) 延发电雷管

1—脚线；2—绝缘涂料；3—球形发火剂；4—缓燃剂

（2）导火索。导火索又称导火线，是用于一般爆破环境中（有瓦斯的场所、洞库工程除外）传递火焰、起爆火雷管或引燃黑火药包等。根据燃烧速度的不同，分为正常燃烧导火索及缓燃导火索两种。

（3）导爆索。导爆索又称为导爆线、传爆线，外表与导火索相似，但其性质与作用与导火索不同。导火索传导火焰，导爆索传导爆轰波，具有爆速快、引燃药卷不用雷管等特点。

（4）导爆管。导爆管是一种半透明的内涂有一层高燃混合炸药的塑料软管起爆材料。起爆时，以1700m/s左右的速度通过软管而引爆火雷管，但软管并不破坏。这种材料具有抗火、抗电、抗冲击、抗水以及传爆安全等性能，因此是一种安全的导爆材料。

1.7.3 爆破药包量计算

药包的质量叫做药包量。药包量的大小，与岩石的软硬、缝隙情况、临空面的多少、预计爆破的石方体积有关。

（1）标准抛掷药包量按式（1.25）计算。

$$Q=qW^3e \tag{1.25}$$

式中 Q——药包量，kg；

q——标准抛掷药包的炸药单位消耗量，按所爆除的岩石的体积计，kg/m^3；

e——炸药换算系数。

（2）加强抛掷药包量按式（1.26）计算。

$$Q=(0.4+0.6n^3)qW^3e \tag{1.26}$$

式中 n——爆破作用指数。

松动药包量按式（1.27）计算。

$$Q=0.33qW^3e \tag{1.27}$$

式（1.25）～式（1.27）中，爆破技术参数W、n、q、e应根据工程实际情况合理选择，以便取得更好的爆破效果，必要时应由实验来确定。

1.7.4 爆破安全措施

（1）装药必须用木棒把炸药轻轻压入炮眼，严禁使用金属棒。

（2）眼深度超过4m时，须用两个雷管起爆；如深度超过10m，则不得用火花起爆。

（3）在雷雨天气，禁止装药、安装电雷管，工作人员应立即离开装药地点。

（4）爆破警戒范围，裸露药包、深眼法、洞室法不小于400m；炮眼法、药壶法不小于200m。警戒范围立好标志，并有专人警戒。

（5）如遇瞎炮，则必须采取以下安全措施：

①可用木制或竹制工具将堵塞物轻轻掏出，另装入雷管或起爆药卷重新起爆，绝对禁止拉动导火线或雷管脚线，以及掏动炸药内的雷管。

②如系硝铵炸药，可在清除部分堵塞物后，向炮眼内灌水，使炸药溶解。

③距炮眼近旁600mm处打一平行于原炮眼的炮眼，装药爆破。

（6）爆破器材的安全运送与储存雷管和炸药必须分开运送，运输汽车，相距不小于50m，中途停车地点须离开民房、桥梁、铁路200m以上。搬运人员须彼此相距10m以上，严禁把雷管放在口袋内。

（7）爆破器材仓库必须远离（800m以上）生产和生活区，要有专人保卫。库内必须干燥、通风、备有消防设备，温度保持在18～30℃。仓库周围清除一切树木和干草。

(8) 炸药和雷管须分开存放。

思考题

1.1 试述土的基本工程性质、土的工程分类及其对土方施工的影响。

1.2 什么是土的可松性？土的可松性对土方施工有何影响？

1.3 试述场地平整土方量计算的步骤和方法。

1.4 常用的土方施工机械有哪些？试述它们的工作特点和适用范围。

1.5 试述明沟排水的施工方法。

1.6 何为流砂？简述流沙发生的原因及在施工中如何防治流砂。

1.7 试述轻型井点降水法的设备组成及布置方案。

1.8 试述土方边坡的表示方法及影响边坡的因素。

1.9 试分析土壁塌方的原因和预防措施。

1.10 深基坑支护结构的型式有哪些？各有何特点？适用范围如何？

1.11 如何进行土方开挖施工？

1.12 填土压实有哪些方法？各有什么特点？影响填土压实的主要因素有哪些？怎样检查填土压实的质量？

习题

1.1 某工程基础（地下室）外围尺寸为40m×25m，埋深4.8m，为满足施工要求，基坑底面积尺寸在基础外每侧留0.5m宽的工作面；基坑长短边均按1∶0.5（已知$K_S=1.25$，$K_S'=1.05$）。试计算：

(1) 基坑开挖土方量。

(2) 现场留回填土用的土方量。

(3) 若多余土用容量为$5m^3$自卸汽车外运，应运多少车次？

1.2 某场地方格网及角点自然标高如图1.62所示，方格网边长30m，设计要求场地泄水坡度沿长度方向为2‰，沿宽度方向为3‰，泄水方向视地形情况确定。试确定场地设计标高（不考虑土的可松性影响，如有余土，用以加宽边坡），并计算填、挖土方工程量。

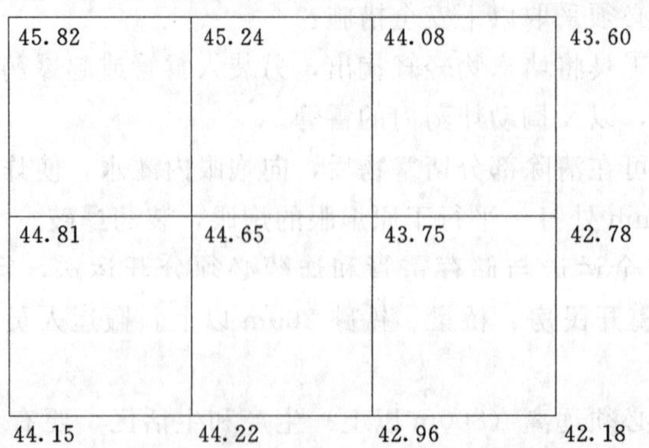

图1.62 某场地方格网及角点自然标高

1.3　对习题1的基础工程施工，地下水位在地面下1.5m，不渗水层在地下10m，地下水为无压水，渗透系数 $K=15\text{m/d}$，现采用轻型井点降低地下水位。

(1) 绘制轻型井点系统的平面和高程布置。

(2) 计算涌水量。

第2章 地基处理工程

2.1 土的生成与工程性质

建筑工程中遇到的地基土，多数属于第四纪沉积物，它是原岩受到风化作用，经剥蚀、搬运、沉积而未结硬的松散沉积物。按其成因类型分为残积土、坡积土、冲积土、淤积土、冰积土和风积土等。

1. 残积土

残积土是岩石经物理风化而残留于原地的碎屑堆积物。其成分与母岩相关，由于未经搬运，碎屑物呈棱角状，不均匀，无层理，具有较大的孔隙。

2. 坡积土

风化碎屑物由水流沿斜坡搬运，或由本身重力作用在斜坡上或坡脚处堆积而成。坡积土颗粒分选性差，层理不明显，厚度变化较大，在陡坡上较薄，坡脚地段较厚。由于坡积土堆积于倾斜的山坡上，容易沿基岩面发生滑动，为不良地质条件。

3. 冲积土

分洪积和冲积两类。由于暴雨或融雪等暂时性洪流，把山区或高地堆积的风化碎屑物携带到山谷冲沟出口处或山前平原堆积而成的土为洪积土。

这类土的主要特征是颗粒具有一定的分选性：在洪积扇顶部颗粒较粗，而边缘处颗粒较细。由于历次洪水能量不尽相同，因此洪积物常具有不规则的交错状层理、透镜体和夹层。一般离山前较近的洪积土具有较高的强度，常为较好的地基；离山前较远的地段，颗粒较细，成分均匀，厚度较大，地下水埋藏较深，通常也是较好的地基。但在上述两部分之间的地区，常因地下水溢出地面而形成沼泽地带，是不良的建筑地基。

河流流水冲刷两岸基岩及其上的覆盖物，经搬运沉积在河流坡降平缓地带而形成的土为冲积土。冲积土的主要特征，在河流上游颗粒较粗，向下逐渐变细，分选性和磨圆度较好，具有明显的层理构造。冲积土又可分为山区河流冲积土、平原河流冲积土和三角洲冲积土等类型。

山区河谷两岸陡峭，河流流速很大，故沉积物颗粒较粗，大多为砂粒所充填的卵石、圆砾等。河谷宽阔处有河漫滩冲积物，多为含黏土的砾石层，有倾斜层理，厚度不大。土的透水性大，压缩性小，是良好的建筑物地基。

平原河床两侧是宽广的河漫滩。河流受地壳运动而变化时，形成平台状河流阶地。河床沉积物特征大多为中密的砂砾，压缩性较低，承载力较高。河漫滩沉积物下层常为砂、卵石层与河床沉积物相连，上层为河流泛滥的沉积物，颗粒较细并夹有局部淤泥、泥炭等软弱土层，地下水埋藏浅，压缩性大、承载力低，是不良的建筑地基。河流阶地沉积物是河床沉积物和河漫滩沉积物上升演变而来的，由于经过干燥作用，土的强度一般较高。

在河流入湖或入海口，携带的大量细小颗粒沉积下来，形成面积广而厚度很大的三角洲沉积土，在三角洲地带，地下水位很高，水系密布，沉积土由含水量较大的软黏性土所组

成，呈饱和状态，压缩性高，承载力低，作为建筑物地基时应慎重对待。

4. 淤积土

在静水或缓慢的流水环境下沉积，并伴有生物化学作用而形成的土为淤积土。如海相、湖泊相、沼泽相沉积的土。土的颗粒以粉粒和黏粒为主，且含有一定数量的有机质或盐类；土质松软，含水量高，有时为淤泥质结性土、粉土与粉砂互层，具有清晰的薄层理。沼泽土主要由半腐烂的植物残余体（泥炭）组成，含水量极高（可超过百分之百），压缩性高且不均匀。因此，永久性建筑物不宜以泥炭层作为地基。

5. 冰积土和风积土

由冰川搬运堆积而成的土称为冰积土。这类土的颗粒以巨大块石、碎石、砂、粉土、黏性土混合组成，分选性极差，无层理。

风积土是在干旱气候条件下，碎屑物被风吹扬，降落堆积而成。颗粒以粉粒为主，土质均匀、孔隙大，结构松散。

2.2 软土地基处理

地基是承受建筑物荷载的岩土（包括基础下的、基础周围的），如图 2.1 所示。

按地质情况分类，有土基（又称覆盖层地基）和岩基。按设计施工情况分类，有天然地基和人工地基之分。不需人工处理改善原来物理力学性能就能满足设计要求的称为天然地基，否则属于人工地基。

地基持力层是位于基础下的第一层岩土。建基面是持力层顶面，下卧层是持力层下的岩土层。

基础是建筑物与岩土直接接触的支承体。基础是建筑物的组成部分，其作用是将上部结构荷载扩散，减小应力强度并传给地基。

任何建筑物都必须有可靠的地基和基础。建筑物的稳定取决于基础和地基的强度和稳定性，关键在于地基与基础对建筑物的适宜性。也就是要根据建筑物的类型及对地基的不同要求、覆盖层地基和岩基各自的不同特点，合理选择最优的地基处理方案，保证建造的基础和地基满足运用要求，这需要勘察、设计和施工各方面的共同努力。

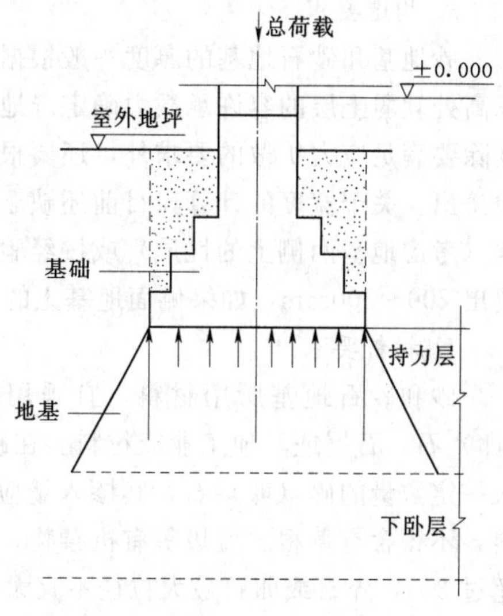

图 2.1　地基、基础与荷载的关系

建筑物的全部重量（包括各种荷载）最终将通过基础传给地基，所以，对某些地基的处理及加固就成为了基础工程施工中的一项重要内容。

地基处理，就是为提高地基的承载、抗渗能力，防止过量或不均匀沉陷，以及处理地基的缺陷而采取的加固、改进措施。

软弱地基是指主要由淤泥、淤泥质土地、冲填土地、杂填土或其他高压缩性土构成的地基。在软弱地基上建造建筑物或构筑物，利用天然地基有时不能满足设计要求，需要对地基进行人工处理，以满足结构对基地的要求，常用的人工地基处理方法有换土地基、重锤夯

实、强夯、振冲、砂桩挤密、深层搅拌、堆载预压、化学加固等。

2.2.1 换土地基

当建筑物基础下的持力层比较软弱，不能满足上部荷载对地基的要求时，常采用换土地基来处理软弱地基。这时先将基础下一定范围内承载力低的软土层挖去，然后回填强度较大的砂、碎石或灰土等，并夯至密实。实践证明：换土地基可以有效地处理某些荷载不大的建筑物地基问题，例如：一般的三、四层房屋、路堤、油罐和水闸等的地基，换土地基按其回填的材料可分为砂地基、碎（砂）石地基、灰土地基等。

2.2.1.1 砂地基和砂石地基

1. 方法

砂地基和砂石地基是将基础下一定范围内的土层挖去，然后用强度较大的砂或碎石等回填，并经分层夯实至密实，以起到提高地基承载力、减少沉降、加速软弱土层的排水固结、防止冻胀和消除膨胀土的胀缩等作用。

2. 适用

该地基具有施工工艺简单、工期短、造价低等优点。适用于处理透水性强的软弱黏性土地基，但不宜用于湿陷性黄土地基和不透水的黏性土地基，以免聚水而引起地基下沉和降低承载力。

3. 构造要求

砂地基和砂石地基的厚度一般根据地基底面处土的自重应力与附加应力之和不大于同一标高处软弱土层的容许承载力确定。地基厚度一般不宜大于3m，也不宜小于0.5m。地基宽度除要满足应力扩散的要求外，还要根据地基侧面土的容许承载力来确定，以防止地基向两边挤出。关于宽度的计算，目前还缺乏可靠的理论方法，在实践中常常按照当地某些经验数据（考虑地基两侧土的性质）或按经验方法确定。一般情况下，地基的宽度应沿基础两边各放出200～300mm，如果侧面地基土的土质较差时，还要适当增加。

4. 材料要求

砂和砂石地基所用材料，宜采用颗粒级配良好、质地坚硬的中砂、粗砂、砾砂、碎（卵）石、石屑或其他工业废粒料。在缺少中、粗砂和砾砂的地区可采用细砂，但宜同时掺入一定数量的碎（卵）石，其掺入量应符合地基材料含石量不大于50%的要求。所用砂石料，不得含有草根、垃圾等有机杂物，含泥量不应超过5%，兼作排水地基时，含泥量不宜超过3%，碎石或卵石最大粒径不宜大于50mm。

5. 施工要点

（1）铺筑地基前应验槽，先将基底表面浮土、淤泥等杂物清除干净，边坡必须稳定，防止塌方。基坑（槽）两侧附近如有低于地基的孔洞、沟、井和墓穴等，应在未做换土地基前加以处理。

（2）砂和砂石地基底面宜铺设在同一标高上，如深度不同时，施工应按先深后浅的程序进行。土面应挖成踏步或斜坡搭接，搭接处应夯压密实。分层铺筑时，接头应做成斜坡或阶梯形搭接，每层错开0.5～1.0m，并注意充分捣实。

（3）人工级配的砂、石材料，应按级配拌和均匀，再进行铺填捣实。

（4）换土地基应分层铺筑，分层夯（压）实，每层的铺筑厚度不宜超过表2.1规定的数值，分层厚度可用样桩控制。施工时应对下层的密实度检验合格后，方可进行上层施工。

(5) 在地下水位高于基坑（槽）底面施工时，应采取排水或降低地下水位的措施，使基坑（槽）保持无积水状态。如用水撼法或插入振动法施工时，应有控制地注水和排水。

(6) 冬期施工时，不得采用夹有冰块的砂石作地基，并应采取措施防止砂石内水分冻结。

表 2.1　砂和砂石地基每层铺筑厚度及最佳含水量

压实方法	每层铺筑厚度（mm）	施工时最优含水量（%）	施工说明	备注
平振法	200～250	15～20	用平板式振捣器往复振捣	不宜使用干细砂或含泥量较大的砂铺筑的砂地基
插振法	振捣器插入深度	饱和	1. 用插入式振捣器； 2. 插入点间距可根据机械振幅大小决定； 3. 不应插至下卧黏性土层； 4. 插入振捣器完毕后所留的孔洞，应用砂填实	不宜使用干细砂或含泥量较大的砂铺筑的砂地基
水撼法	250	饱和	1. 注水高度应超过每次铺筑面层； 2. 用钢叉摇撼捣实，插入点间距 100mm； 3. 钢叉分四齿，齿的间距为 80mm，长 300mm	
夯实法	150～200	8～12	1. 用木夯或机械夯； 2. 木夯重 40kg，落距 400～500mm； 3. 一夯压半夯，全面夯实	
碾压法	150～350	8～12	6～2t 压路机往复碾压	使用于大面积施工的砂和砂石地基

注　在地下水位以下的地基，其最下层的铺筑厚度可比表中数值增加 50mm。

6. 质量验收标准和方法

(1) 砂和砂石地基的质量验收标准。砂和砂石地基的质量验收标准应符合表 2.2 的规定。

表 2.2　砂（砂石）地基质量检验标准

项	序	检查项目	允许偏差或允许值	检查方法
主控项目	1	地基承载力	设计要求	按规定方法
	2	配合比	设计要求	检查拌和时的体积比或重量比
	3	压实系数	设计要求	现场实测
一般项目	1	砂石料有机质含量	≤5%	焙烧法
	2	石料含泥量	≤5%	水洗法
	3	石料粒径	≤100mm	筛分法
	4	含水量（与最优含水量比较）	±2%	烘干法
	5	分层厚度（与设计要求比较）	±50%	水准仪

(2) 砂和砂石地基密实度现场实测方法。砂和砂石地基密实度主要通过现场测定其干密度来鉴定，常用方法有环刀取样法和贯入测定法。

1) 环刀取样法。在捣实后的砂地基中，用容积不小于 200cm^3 的环刀取样，测定其干密度，以不小于通过试验所确定的该砂料在中密状态时的干密度数值为合格。若系砂石地基，可在地基中设置纯砂检查点，在同样施工条件下取样检查。

2）贯入测定法。检查时先将表面的砂刮去 30mm 左右，用直径为 20mm、长 1250mm 的平头钢筋举离砂层面 700mm 自由下落，或用水撼法使用的钢叉举离砂层面 500mm 自由下落。以上钢筋或钢叉的插入深度，可根据砂的控制干密度预先进行小型试验确定。

2.2.1.2　灰土地基

1. 方法

灰土地基是将基础底面下一定范围内的软弱土层挖去，用按一定体积配合比的石灰和黏性土拌和均匀，在最优含水量情况下分层回填夯实或压实而成。其承载能力可达 300kP，具有一定的强度、水稳定性和抗渗性，施工工艺简单，取材容易，费用较低。

2. 适用

一般黏性土地基加固，处理 1～4m 厚的软弱土层。

3. 构造要求

灰土地基厚度确定原则同砂地基。地基宽度一般为灰土顶面基础砌体宽度加 2.5 倍灰土厚度之和。

4. 材料要求

（1）土料。采用就地挖出的黏性土及塑性指数大于 4 的粉土，土内不得含有松软杂质或使用耕植土；使用前土料须过筛，其颗粒不应大于 15mm。

（2）石灰。应用Ⅲ级以上新鲜的块灰，含氧化钙、氧化镁愈高愈好，使用前 1～2d 消解并过筛，其颗粒不得大于 5mm，且不应夹有未熟化的生石灰块粒及其他杂质，也不得含有过多的水分。

（3）灰土配合比。要满足规定，一般体积比为 3∶7 或 2∶8。

5. 施工要点

（1）施工前应先检查基槽，清除松土，如发现局部有软弱土层或孔洞，应及时挖除后用灰土分层回填夯实，待合格后方可施工。

（2）施工时，应将灰土拌和均匀，颜色一致，并适当控制其含水量。现场检验方法是用手将灰土紧握成团，两指轻捏能碎为宜，如土料水分过多或不足时，应晾干或洒水湿润。灰土拌好后及时铺好夯实，不得隔日夯打。

（3）铺灰应分段分层夯筑，每层虚铺厚度应按所用夯实机具参照表 2.3 选用。每层灰土的夯打遍数，应根据设计要求的干密度由现场试验确定。

（4）在地下水位以下的基坑（槽）内施工时，应采取排水措施。夯实后的灰土，在 3d 内不得受水浸泡。灰土地基打完后，应及时进行基础施工和回填土，否则要做临时遮盖，防止日晒雨淋。刚打完毕或尚未夯实的灰土，如遭受雨淋浸泡，则应将积水及松软灰土除去并补填夯实，受浸湿的灰土，应在晾干后在夯打密实。

表 2.3　灰土最大虚铺厚度

夯实机具种类	重量（t）	厚度（mm）	备　注
石夯、木夯	0.04～0.08	200～250	人力送夯，落距 400～500mm，每夯搭接半夯
轻型夯实机械	0.12～0.4	200～250	蛙式打夯机或柴油打夯机
压路机	6～10	200～300	双轮

（5）灰土分段施工时，不得在墙角、柱墩及承重窗间墙下接缝，上下错缝不小于

500mm，接缝隙处的灰土应充分夯实。

(6) 冬季施工时，应采取有效的防冻措施，不得采用冻土或夹有冻土的土料。

6. 质量验收标准和方法

(1) 灰土地基的质量验收标准。灰土地基的质量验收标准应符合表 2.4 的规定。

表 2.4　　灰土地基质量检验标准

项	序	检查项目	允许偏差或允许值	检查方法
主控项目	1	地基承载力	设计要求	按规定方法
	2	配合比	设计要求	检查拌合时的体积比
	3	压实系数	设计要求	现场实测
一般项目	1	石灰粒径	≤5mm	筛分法
	2	土料有机质含量	≤5%	实验室焙烧法
	3	土颗粒粒径	≤15mm	筛分法
	4	含水量（与要求的最优含水量比较）	±2%	烘干法
	5	分层厚度偏差（与设计要求比较）	±50mm	水准仪

(2) 灰土地基压实系数现场实测方法。灰土地基的质量检查，宜用环刀取样，测定其干密度。质量标准可按压实系数 λ_c 鉴定，一般为 0.93～0.95。

压实系数的计算公式

$$\lambda_c=\frac{\rho_d}{\rho_{d\max}} \tag{2.1}$$

式中　λ_c——压实系数；

ρ_d——土在施工时实际达到的干密度；

$\rho_{d\max}$——室内采用击实试验得到的最大干密度。

如无设计规定时，也可按表 2.5 的要求执行。如用贯入仪检查灰土质量时，应先进行现场试验以确定贯入度的具体要求。

表 2.5　　灰土质量标准

土料种类	黏土	粉质黏土	粉土
灰土最小干密度（t / m³）	1.45	1.50	1.55

2.2.2 夯实地基

2.2.2.1 重锤夯实地基

1. 方法

重锤夯实是用起重机械将夯锤提升到一定高度后，利用自由下落时的冲击能来夯实基土表面，使其形成一层较为均匀的硬壳层，从而使地基得到加固。

2. 适用

重锤夯实法施工简便、费用较低，但布点较密、夯击遍数多、施工期相对较长，同时夯击能量小，孔隙水难以消散，加固深度有限，当土的含水量稍高时，易夯成橡皮土，处理较困难。适用于处理地下水位以上稍湿的黏性土、砂土、湿陷性黄土、杂填土和分层填土地基。但当夯击振动对邻近的建筑物、设备以及施工中的砌筑工程或浇筑混凝土等产生有害影响时，或地下水位高于有效夯实深度以及在有效深度内存在软黏土层时，不宜采用。

3. 机具设备

(1) 起重机械。起重机械可采用配置有摩擦式卷扬机的履带式起重机、打桩机、龙门式起重机或悬臂式桅杆起重机等。其起重能力：当采用自动脱钩时，应大于夯锤重量的1.5倍；当直接用钢丝绳悬吊夯锤时，应大于夯锤重量的3倍。

(2) 夯锤。夯锤形状宜采用截头圆锥体，可用C20钢筋混凝土制作，其底部可填充废铁并设置钢底板以使重心降低。锤重宜为1.5～3.0t，底直径1.0～1.5m，落距一般为2.5～4.5m，锤底面单位静压力宜为15～20kPa。吊钩宜采用自制半自动脱钩器，以减少吊索的磨损和机械振动。

4. 施工要点

(1) 施工前应在现场进行试夯，选定夯锤重量、底面直径和落距，以便确定最后下沉量及相应的夯击遍数和总下沉量。最后下沉量系指最后两击平均每击土面的夯沉量，对黏性土和湿陷性黄土取10～20mm；对砂土取5～10mm。通过试夯可确定夯实遍数，一般试夯约6～10遍，施工时可适当增加1～2遍。

(2) 采用重锤夯实分层填土地基时，每层的虚铺厚度以相当于锤底直径为宜，夯击遍数由试夯确定，试夯层数不宜少于两层。

(3) 基坑（槽）的夯实范围应大于基础底面，每边应比设计宽度加宽0.3m以上，以便于底面边角夯打密实。基坑（槽）边坡应适当放缓，夯实前坑（槽）底面应高出设计标高，预留土层的厚度可为试夯时的总下沉量再加50～100mm。

(4) 夯实时地基土的含水量应控制在最优含水量范围以内。如土的表层含水量过大，可采用铺撒吸水材料（如干土、碎砖、生石灰等）或换土等措施；如土的含水量过低，应适当洒水，加水后待全部渗入土中，一昼夜后方可夯打。

(5) 在大面积基坑或条形基槽内夯击时，应按一夯挨一夯顺序进行［图2.2 (*a*)］。在一次循环中同一夯位应连夯两遍，下一循环的夯位，应与前一循环错开1/2锤底直径，落锤应平稳，夯位应准确。在独立柱基基坑内夯击时，可采用先周边后中间［图2.2 (*b*)］或先外后里的跳打法［图2.2 (*c*)］进行。基坑（槽）底面的标高不同时，应按先深后浅的顺序逐层夯实。

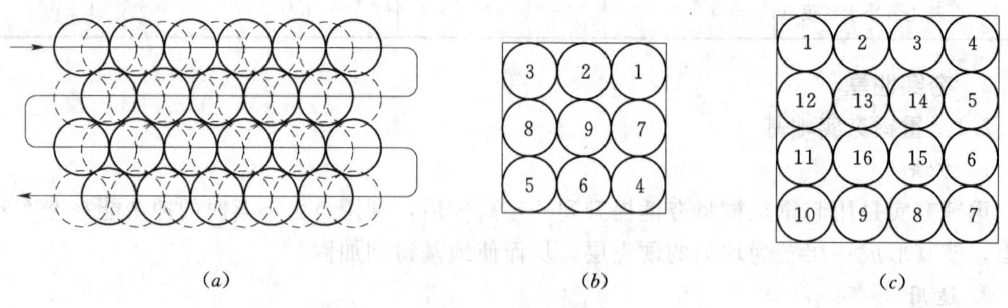

图2.2 夯打顺序

(6) 夯实完后，应将基坑（槽）表面修整至设计标高。冬期施工时，必须保证地基在不冻的状态下进行夯击。否则应将冻土层挖去或将土层融化。若基坑挖好后不能立即夯实，应采取防冻措施。

5. 质量检查

重锤夯实后应检查施工记录，除应符合试夯最后下沉量的规定外，还应检匿坑（槽）表面的总下沉量，以不小于试夯总下沉量的90%为合格。也可采用在地基上选点夯击检查最后下沉量。夯击检查点数：独立基础每个不少于1处，基槽每20m不少于1处，整片地基每$50m^2$不少于1处。检查后如质量不合格，应进行补夯，直至合格为止。

2.2.2.2 强夯地基

1. 方法

强夯地基是用起重机械将重锤（一般8～30t）吊起从高处（一般6～30m）自由落下，给地基以冲击力和振动，从而提高地基土的强度并降低其压缩性的一种有效的地基加固方法。

2. 特点及适用范围

该法具有效果好、速度快、节省材料、施工简便，但施工时噪声和振动大等特点。适用于碎石土、砂土、黏性土、湿陷性黄土及填土地基等的加固处理。

3. 机具设备

（1）起重机械。起重机宜选用起重能力为150kN以上的履带式起重机，也可采用专用三角起重架或龙门架作起重设备。起重机械的起重能力为：当直接用钢丝绳悬吊夯锤时，应大于夯锤的3～4倍；当采用自动脱钩装置，起重能力取大于1.5倍锤重。

（2）夯锤。夯锤可用钢材制作，或用钢板作为外壳，内部焊接钢筋骨架后浇筑C30混凝土制成。夯锤底面有圆形和方形两种，圆形不易旋转，定位方便，稳定性和重合性好，应用较广。锤底面积取决于表层土质，对砂土一般为$3～4m^2$，黏性土或淤泥质土不宜小于$6m^2$。夯锤中宜设置若干个上下贯通的气孔，以减少夯击时空气阻力。

（3）脱钩装置。脱钩装置应具有足够强度，且施工灵活。常用的工地自制自动脱钩器由吊环、耳板、销环、吊钩等组成，系由钢板焊接制成。

4. 施工要点

（1）强夯施工前，应进行地基勘察和试夯。通过对试夯前后试验结果对比分析，确定正式施工时的技术参数。

（2）强夯前应平整场地，周围做好排水沟，按夯点布置测量放线确定夯位。地下水位较高时，应在表面铺0.5～2.0m中（粗）砂或砂石地基，其目的是在地表形成硬层，可用以支承起重设备，确保机械通行、施工，又可便于强夯产生的孔隙水压力消散。

（3）强夯施工须按试验确定的技术参数进行。一般以各个夯击点的夯击数为施工控制值，也可采用试夯后确定的沉降量控制。夯击时，落锤应保持平稳，夯位准确，如错位或坑底倾斜过大，宜用砂土将坑底整平，才可进行下一次夯击。

（4）每夯击一遍完后，应测量场地平均下沉量，然后用土将夯坑填平，方可进行下一遍夯击。最后一遍的场地平均下沉量，必须符合要求。

（5）强夯施工最好在干旱季节进行，如遇雨天施工，夯击坑内或夯击过的场地有积水时，必须及时排除。冬期施工时，应将冻土击碎。

（6）强夯施工时应对每一夯实点的夯击能量、夯击次数和每次夯沉量等做好详细的现场记录。

5. 强夯地基质量检验标准及方法

强夯地基的质量检验标准应符合表2.6的规定。

表 2.6 强夯地基质量检验标准

项	序	检查项目	允许偏差或允许值	检查方法
主控项目	1	地基强度	设计要求	现场实测方法
	2	地基承载力	设计要求	按规定方法
一般项目	1	夯锤落距	±300mm	钢索设标志
	2	锤重	±100kg	称重
	3	夯击遍数及顺序	设计要求	计数法
	4	夯点间距	±500mm	用钢尺量
	5	夯击范围（超出基础范围距离）	设计要求	用钢尺量
	6	分层厚度偏差（与设计要求比较）	设计要求	

强夯地基应检查施工记录及各项技术参数，并应在夯击过的场地选点做检验。一般可采用标准贯入、静力触探或轻便触探等方法，符合试验确定的指标时即为合格。

检查点数，每个建筑物的地基不少于3处，检测深度和位置按设计要求确定。

2.2.3 振冲地基

1. 方法

振冲地基，又称振冲桩复合地基，是以起重机吊起振冲器，启动潜水电机带动偏心块，使振冲器产生高频振动，同时开动水泵，通过喷嘴喷射高压水成孔，然后分批填以砂石骨料形成一根根桩体，桩体与原地基构成复合地基以提高地基的承载力，减少地基的沉降和沉降差的一种快速、经济有效的加固方法。该法具有技术可靠、机具设备简单、操作技术易于掌握、施工简便、节省材料、加固速度快、地基承载力高等特点。

2. 适用

根据振冲地基按加固机理和效果的不同，可分为振冲置换法和振冲密实法两类。前者适用于处理不排水、抗剪强度小于20kPa的黏性土、粉土、饱和黄土及人工填土等地基。后者适用于处理砂土和粉土等地基，不加填料的振冲密实法仅适用于处理黏土粒含量小于10%的粗砂、中砂地基。

3. 机具设备

(1) 振冲器。宜采用带潜水电机的振冲器，其功率、振动力、振动频率等参数，可按加固的孔径大小、达到的土体密实度选用。

(2) 起重机械。起重能力和提升高度均应符合施工和安全要求，起重能力一般为80～150kN。

(3) 水泵及供水管道：供水压力宜大于0.5MPa，供水量宜大于$20m^3/h$。

(4) 加料设备。可采用翻斗车、手推车或皮带运输机等，其能力须符合施工要求。

(5) 控制设备。控制电流操作台，附有150A以上容量的电流表（或自动记录电流计）500V电压表等。

4. 施工要点

(1) 施工前应先在现场进行振冲试验，以确定成孔合适的水压、水量、成孔速度、填料方法、达到土体密实时的密实电流值、填料量和留振时间。

(2) 振冲前，应按设计图定出冲孔中心位置并编号。

(3) 启动水泵和振冲器，水压可用400～600kPa，水量可用200～400L/min，使振冲器以1～2m/min的速度徐徐沉入土中。每沉入0.5～1.0m，宜留振5～10s进行扩孔，待孔内泥浆溢出时再继续沉入。当下沉达到设计深度时，振冲器应在孔底适当停留并减小射水压力，以便排除泥浆进行清孔。成孔也可将振冲器以1～2m/min的速度连续沉至设计深度以上0.3～0.5m时，将振冲器往上提到孔口，再同法沉至孔底。如此往复1～2次，使孔内泥浆变稀，排泥清孔1～2min后，将振冲器提出孔口。

(4) 填料和振密方法，一般采取成孔后，将振冲器提出孔口，从孔口往下填料，然后再下降振冲器至填料中进行振密（图2.3)，待密实电流达到规定的数值，将振冲器提出孔口。如此自下而上反复进行直至孔口，成桩操作即告完成。

(5) 振冲桩施工时桩顶部约1m范围内的桩体密实度难以保证，一般应予挖除，另做地基，或用振动碾压使之压实。

(6) 冬期施工应将表层冻土破碎后成孔。每班施工完毕后应将供水管和振冲器水管内积水排净，以免冻结影响施工。

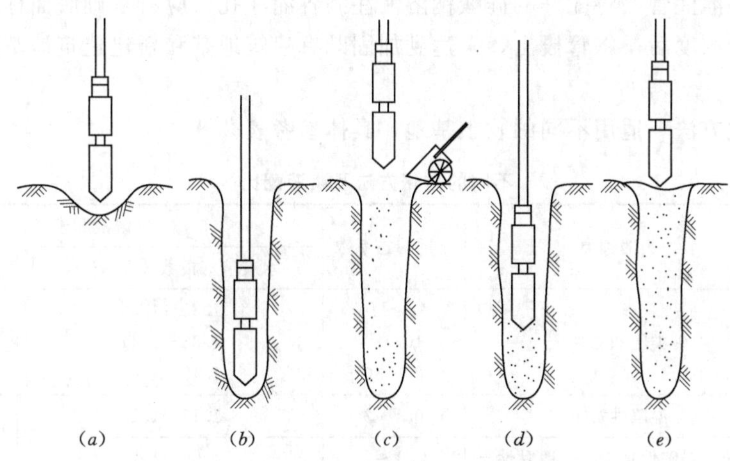

图2.3 振冲法制桩施工工艺

(a) 定位；(b) 振冲下沉；(c) 加填料；(d) 振密；(e) 成桩

5. 振冲地基质量检验标准及方法

(1) 振冲地基的质量检验标准。振冲地基的质量检验标准应符合表2.7的规定。

表2.7　振冲地基质量检验标准

项	序	检查项目	允许偏差或允许值	检查方法
主控项目	1	填料粒径	设计要求	抽样检查
	2	密实电流（黏性土） 密实电流（砂性土或粉土） （以上为功率30kW振冲器） 密实电流（其他类型振冲器）	50～55A 40～50A (1.5～2.0) A_0A	电流表读数 电流表读数，A_0为空振电流
	3	压实系数	设计要求	现场实测

续表

项	序	检查项目	允许偏差或允许值	检查方法
一般项目	1	石灰粒径	≤5mm	筛分法
	2	土料有机质含量	≤5%	实验室焙烧法
	3	土颗粒粒径	≤15mm	筛分法
	4	含水量（与要求的最优含水量比较）	±2%	烘干法
	5	分层厚度偏差（与设计要求比较）	±50mm	水准仪

（2）振冲地基的质量检验方法。施工前应检查振冲器的性能，电流表、电压表的准确度及填料的性能；施工中应检查密实电流、供水压力、供水量、填料量、孔底留振时间、振冲点位置、振冲器施工参数等（施工参数由振冲试验或设计确定）；施工结束后，应在有代表性的地段做地基强度或地基承载力检验。

2.2.4 化学加固地基

2.2.4.1 硅化法

1. 方法

向土中打入灌注管，将配好的硅酸钠溶液注满各灌注孔，应自基础底面标高起向下分层进行，达到设计浓度后，将管拔出，来达到加固既有建筑地基和新建建筑地基的效果。

2. 适用

不同的硅化方法，适用不同的软土基地，具体参考表2.8。

表2.8　不同的硅化方法及浆液配比

硅化方法	土的种类	土的渗透系数	溶液和密度	
			水玻璃（模数2.5～3.3）	氧化钙
压力双液硅化	砂类土和黏性土	0.1～10 10～20 20～30	1.35～1.38 1.38～1.41 1.45～1.44	1.26～1.28
压力单液硅化	湿陷性黄土	0.1～2	1.13～1.25	
加气硅化	砂土、湿陷性黄土、一般黏性土	0.1～2	1.09～1.21	

3. 主要机工具

（1）机具设备。振动打拔管机（振动钻或三角架穿心锤）。

（2）主要工具。注浆花管、压力胶管、42mm连接钢管，齿轮泵或手摇泵，压力泵、磅秤、浆液搅拌机、贮液罐、三角架、倒链等。

4. 施工要点

（1）作业条件。应具有岩土工程勘察报告，基础施工图，地下埋设物位置资料及设计对地基加固的要求等。机具设备已经备齐，并经试用处于良好状态。

（2）进行现场试验，已优选确定各项施工工艺参数，包括注浆孔间距、平面布置、注浆打管（钻）深度、注浆量、浆液浓度、灌浆压力、灌浆速度、灌浆方法、加固体的物理力学性质等。

（3）钻机工电工和焊工应持证上岗，其余工种经过严格的专业技术和安全培训，并接受了施工技术交底。

(4) 施工工艺。

1) 单液注浆工艺流程如下:

机具设备安装 → 定位打管(钻) → 封孔 → 配制浆液、注浆 → 拔管 → 管子冲洗、填孔 → 辅助工作

2) 双液注浆工艺流程如下:

机具设备安装 → 定位打管(钻) → 封孔 → 配制浆液、注浆 → 拔管 → 管子冲洗、填孔 → 辅助工作

3) 加气硅化学系工艺流程如下:

机具设备安装 → 定位打管(钻) → 封孔 → 加气 → 配制浆液、注浆 → 加气 → 拔管 → 管子冲洗、填孔 → 辅助工作

(5) 操作工艺。

1) 机具设备安装程序。先将钻机或三角架安放于预定孔位，调好高度和角度，然后将注浆泵及管路（包括出浆管、吸浆管、回浆管）连接好；再安装压力表，并检查是否完好，然后进行试运转。

2) 压力灌注溶液的施工步骤。向土中打入灌注管和灌注溶液，应自基础底面标高起向下分层进行，达到设计浓度后，将管拔出，清洗干净可继续使用；加固既有建筑物地基时，在基础侧向应先施工外排，后施工内排。灌注溶液的压力值由小逐渐增大，但最大压力不宜超过 200kPa。

3) 溶液自渗的施工步骤。在基础侧向，将设计布置的灌注孔分批或全部打（或钻）至设计深度。将配好的硅酸钠溶液注满各灌注孔，溶液宜高出基础底面标高 0.50m，使溶液自选渗入土中；在溶液自渗过程中，每隔 2～3h，向孔添加一次溶液，防止孔内溶液渗干。

4) 打管（钻）、封孔程序为：根据注浆深度及每根管的长度进行配管；再根据钻或三角架的高度，将配好的管借打入法或钻孔法逐节沉入土中，保持垂直和距离正确，管子四周空隙用土填塞夯实。

5) 硅化加固的土层以上应保留 1m 厚的不加固土层，以防溶液上冒，必要时须夯填素土或灰土。加气硅化在注浆管周围挖一高 150mm、直径 150～250mm 倒锥圆台形填封孔桩，用水泥加水玻璃快速搅拌填满封孔坑，硬化后即可加气注浆。

6) 配制浆液的程序是：先用波美计量测原液密度和波美度，并做好记录；然后根据设计配制使其达到要求的密度；砂土、湿陷性黄土及一般黏性土的硅化加固，可参考表 2.9 的数据配制溶液，配制好的溶液应保持干净，不得含有杂质。

5. 质量标准

(1) 砂土硅化加固后，取试块做无侧限抗压试验，其值不得低于设计强度的 90%，其变形指标应符合设计要求。

(2) 黏性土硅化后，应按加固前后沉降观测的变化，或使用触探法探测加固前后土中阻力的变化，以确定其质量符合设计要求。黄土硅化后的质量可视具体情况，采用上述两种方法之一检验。

(3) 硅化加固作防渗帷幕时，应对帷幕本身作压水试验，检查不透水性，单位吸水率不得大于设计要求的25%。

表2.9 单液硅化地基质量检验标准

项	序	检查项目		允许偏差或允许值	检查方法
主控项目	1	原材料检验	水玻璃：模数	2.5～3.3	抽样送检
			其他化学浆液	设计要求	查产品合格证书或抽检送检
	2	注浆体强度		设计要求	取样检验
	3	地基承载力		设计要求	按规定方法
一般项目	1	各种注浆材料称量		<3%	抽查
	2	注浆孔位		±20mm	用钢尺量
	3	注浆孔深		±100mm	量测注浆管长度
	4	注浆压力（与设计参数比）		±10%	检查压力表读数

(4) 硅酸钢溶液灌注完毕，应在7～10d后，对加固的地基土进行检验。

(5) 单液硅化法处理后的地基竣工验收，承载力及其均匀性应采用动力触探或其他原位测试试验。必要时，尚应在加固土的全部深度内每隔1m取土样进行室内试验，测定其压缩性和湿陷性。

(6) 地基加固结束后，尚应对已加固地基的建（构）筑物设备基础进行沉降观测，直至沉降稳定，观测时间不应少于半年。

2.2.4.2 高压旋喷法

高压喷射注浆法是利用高压射流切割原理，通过带有喷射嘴的注浆管在土层的预定深度以高压设备使浆液或水成为200MPa左右或更高的高压射流从喷嘴中喷射出来，冲击切割土体，当喷射流的动压超过土体结构强度时，土粒便从土体中剥离。一部分细小的颗粒随浆液冒出地面，其余土粒在喷射流的冲击力、离心力和重力的作用下，与浆液搅拌混合，并按一定的浆土比例和质量大小有规律地重新排列，浆液凝固后，便在土中形成一个固结体。固结体是浆液与土以半置换的方式凝固而成的。

2.2.4.3 深层搅拌法

水泥土搅拌桩地基系利用水泥、石灰等材料作为固化剂，通过特制的深层搅拌机械，在地基深处就地将软土和固化剂（浆液或粉体）强制搅拌，利用固化剂和软土之间所产生的一系列物理、化学反应，使软土硬结成具有一定强度的优质地基。本法具有无振动、无噪声、无污染、无侧向挤压，对邻近建筑物影响很小，且施工期较短、造价低廉、效益显著等特点。适用于加固较深较厚的淤泥、淤泥质土、粉土和含水量较高且地基承载力不大于120kPa的黏性土地基，对超软土效果更为显著。多用于墙下条形基础、大面积堆料厂房地基，在深基开挖时用于防止坑壁及边坡塌滑、坑底隆起等，以及做地下防渗墙等工程。

2.2.5 其他软土地基加固方法

1. 砂桩地基

砂桩地基是采用类似沉管灌注桩的机械和方法，通过冲击和振动把砂挤入土中而成的。这种方法经济、简单且有效。对于砂土地基，可通过振动或冲击的挤密作用，使地基达到密实，从而增加地基承载力，降低孔隙比，减少建筑物沉降，提高砂基抵抗震动液化的能力。

对于黏性土地基，可起到置换和排水砂井的作用，加速土的固结，形成置换桩与固结后软黏土的复合地基，显著地提高地基抗剪强度。这种桩适用于挤密松散砂土、素填土和杂填土等地基。对于饱和软黏土地基，由于其渗透性较小，抗剪强度较低，灵敏度又较大，要使砂桩本身挤密并使地基土密实往往较困难，相反地，却破坏了土的天然结构，使抗剪强度降低，因而对这类工程要慎重对待。

2. 堆载预压地基

预压地基是在建筑物施工前，在地基表面分级堆土或其他荷重，使地基土压密、沉降、固结，从而提高地基强度和减少建筑物建成后的沉降量。待达到预定标准后再卸载，建造建筑物。本法使用材料、机具方法简单直接，施工操作方便，但堆载预压需要一定的时间，对深厚的饱和软土，排水固结所需的时间很长，同时需要大量堆载材料等。适用于各类软弱地基，包括天然沉积土层或人工冲填土层，较广泛地用于冷藏库、油罐、机场跑道、集装箱码头、桥台等沉降要求较低的地基。实践证明，利用堆载预压法能取得一定的效果，但能否满足工程要求的实际效果，则取决于地基土层的固结特性、土层的厚度、预压荷载的大小和预压时间的长短等因素。因此在使用上受到一定的限制。

2.3 地基局部处理方法

2.3.1 松土坑、古墓、坑穴

2.3.1.1 松土坑在基槽中范围内（图 2.4）

将坑中松软土挖除，使坑底及四壁均见天然土为止，回填与天然土压缩性相近的材料。当天然土为砂土时，用砂或级配砂石回填；当天然土为较密实的黏性土，用 3：7 灰土分层回填夯实；天然土为中密可塑的黏性土或新近沉积黏性土，可用 1：9 或 2：8 灰土分层回填夯实，每层厚度不大于 20cm。

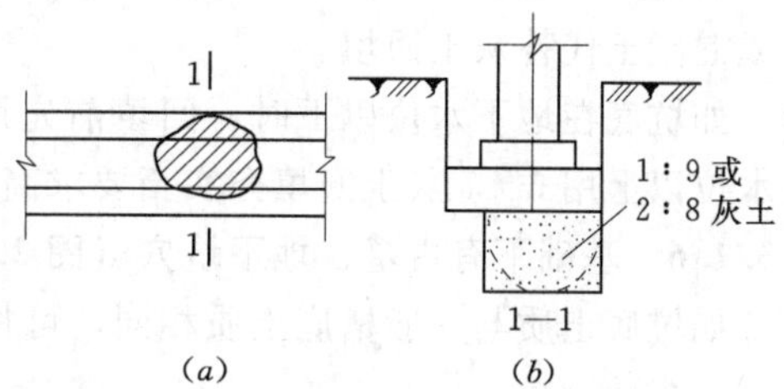

图 2.4 松土坑在基槽中范围内处理方法

2.3.1.2 松土坑在基槽中范围较大且超过基槽边沿（图 2.5）

因条件限制，槽壁挖不到天然土层时，则应将该范围内的基槽适当加宽，加宽部分的宽度可按下述条件确定：当用砂土或砂石回填时，基槽壁边均应按 $l_1 : h_1 = 1 : 1$ 坡度放宽；用 1：9 或 2：8 灰土回填时，基槽每边应按 $b : h = 0.5 : 1$ 坡度放宽；用 3：7 灰土回填时，如坑的长度不大于 2m，基槽可不放宽，但灰土与槽壁接触处应夯实。

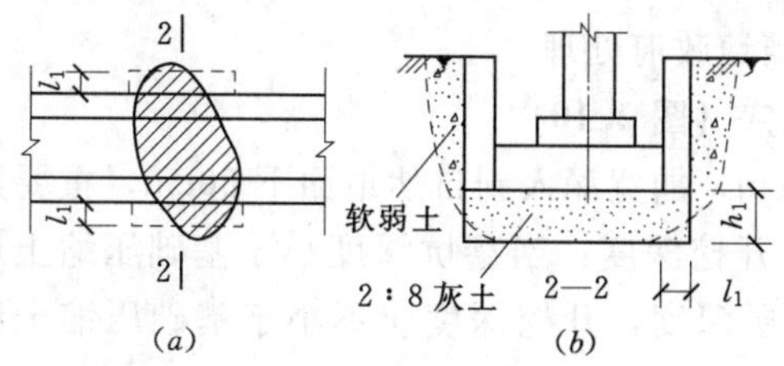

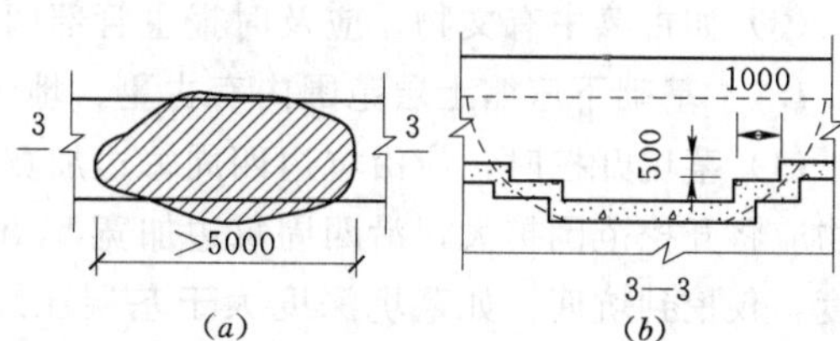

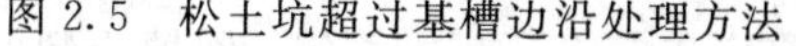

图 2.5 松土坑超过基槽边沿处理方法

图 2.6 松土坑长度超过 5m 处理方法（单位：mm）

2.3.1.3 松土坑范围较大且长度超过 **5m**（图 **2.6**）

如坑底土质与一般槽底土质相同，可将此部分基础加深，做 1：2 踏步与两端相接。每步高不大于 50cm，长度不小于 100cm，如深度较大，用灰土分层回填夯实至坑（槽）底平。

2.3.1.4 松土坑较深且大于槽宽或 **1.5m**（图 **2.7**）

按以上要求处理挖到老土，槽底处理完毕后，还应适当考虑加强上部结构的强度，方法是在灰土基础上 1～2 皮砖处（或混凝土基础内）、防潮层下 1～2 皮砖处及首层顶板处，加配 4Φ8～Φ12 钢筋跨过该松土坑两端各 1m，以防产生过大的局部不均匀沉降。

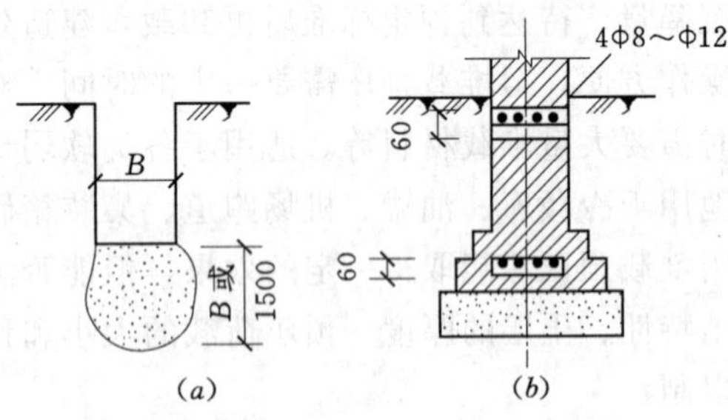

图 2.7 松土坑大于槽宽或 1.5m 处理方法（单位：mm）

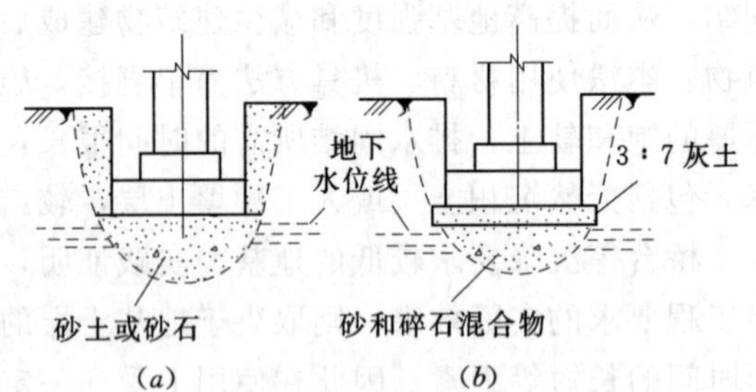

图 2.8 松土坑下水位较高处理方法

2.3.1.5 松土坑下水位较高（图 **2.8**）

当地下水位较高，坑内无法夯实时，可将坑（槽）中软弱的松土挖去后，再用砂土、砂石或混凝土代替灰土回填。

如坑底在地下水位以下时，回填前先用粗砂与碎石（比例为 1：3）分层回填夯实；地下水位以上用 3：7 灰土回填夯实至要求高度。

2.3.1.6 基础下有古墓、地下坑穴（图 **2.9**）

如坑底土质与一般槽底土质相同，可将此部分基础加深，做 1：2 踏步与两端相接。每步高不大于 50cm，长度不小于 100cm，如深度较大，用灰土分层回填夯实至坑（槽）底平。

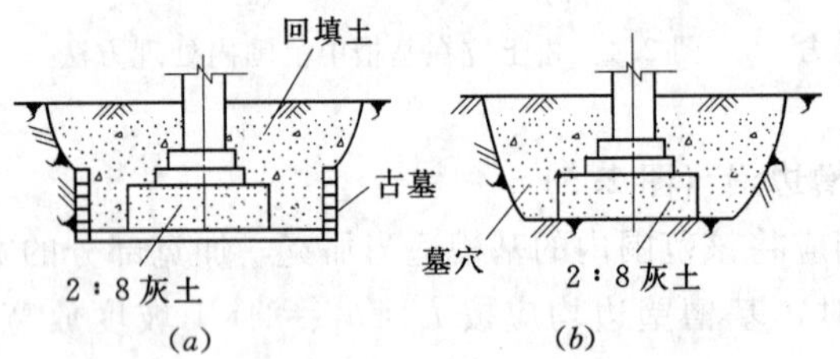

图 2.9 基础下有古墓、地下坑穴处理方法

（1）墓穴中填充物如已恢复原状结构的可不处理。

（2）墓穴中填充物如为松土，应将松土杂物挖出，分层回填素土或 3：7 灰土夯实到土的密度达到规定要求。

（3）如古墓中有文物，应及时报主管部门或当地政府处理。

2.3.1.7 基础下压缩土层范围内有古墓、地下坑穴（图 **2.10**）

（1）墓坑开挖时，应沿坑边四周每边加宽 50cm，加宽深入到自然地面下 50cm，重要建筑物应将开挖范围扩大，沿四周每边加宽 50cm。开挖深度：当墓坑深度小于基础压缩土层深度，仅挖到坑底；如墓坑深度大于基层压缩土层深度，开挖深度应不小于基础压缩土层深度。

（2）墓坑和坑穴用 3：7 的灰土回填夯实；回填前应先打 2～3 遍底夯，回填土料宜选用粉质黏土分层回填，每层厚 20～30cm，每层夯实后用环刀逐点取样检查，土的密度应不小于 1.55t/m³。

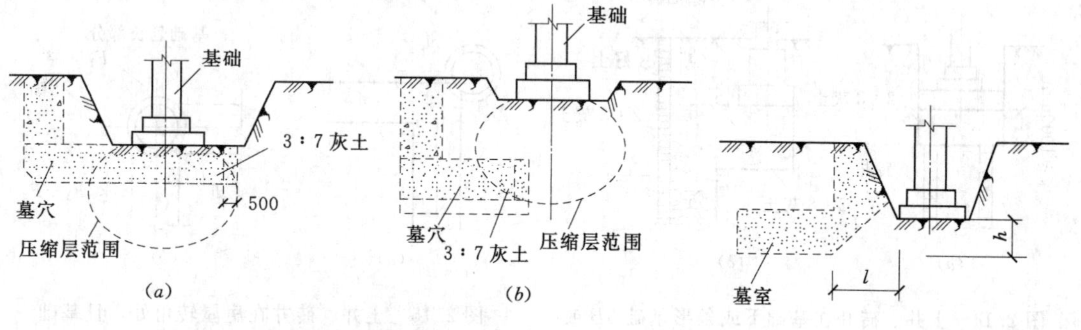

图 2.10 基础下压缩土层范围内有古墓、地下坑穴处理方法

图 2.11 基础下有古墓、地下坑穴处理方法

2.3.1.8 基础下有古墓、地下坑穴（图 2.11）

（1）将墓室、墓道内全部充填物清除，对侧壁和底部清理面要切入原土 150mm 左右，然后分别以纯素土或 3：7 灰土分层回填夯实。

（2）墓室、坑穴位于墓坑平面轮廓外时，如 $l/h>1.5$，则可不作专门处理。

2.3.2 土井、砖井、废矿井

2.3.2.1 土井、砖井在室外，距基础边缘 5m 以内（图 2.12）

先用素土分层夯实，回填到室外地坪以下 1.5m 处，将井壁四周砖圈拆除或松软部分挖去，然后用素土分层回填并夯实。

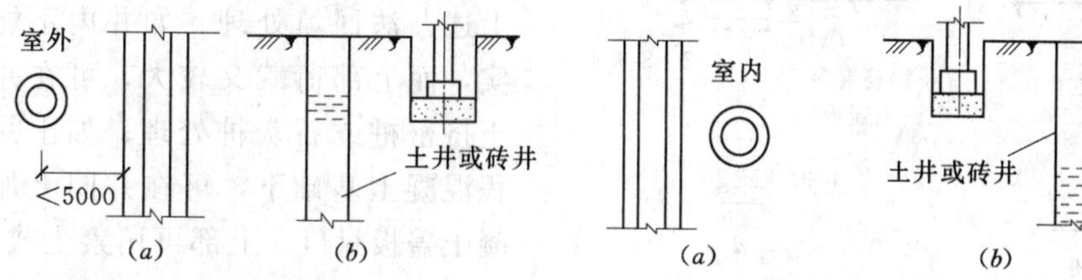

图 2.12 土井、砖井在室外，距基础边缘 5m 以内处理方法

图 2.13 土井、砖井在室内基础附近处理方法

2.3.2.2 土井、砖井在室内基础附近（图 2.13）

将水位降低到最低可能的限度，用中、粗砂及块石、卵石或碎砖等回填到地下水位以上 50cm。砖井应将四周砖圈拆至坑（槽）底以下 1m 或更深些，然后再用素土分层回填并夯实，如井已回填，但不密实或有软土，可用大块石将下面软土挤紧，再分层回填素土夯实。

2.3.2.3 土井、砖井在基础下或条形基础 3*B* 或柱基 2*B* 范围内（图 2.14）

先用素土分层回填夯实，至基础底下 2m 处，将井壁四周松软部分挖去，有砖井圈时，将井圈拆至槽底以下 1～1.5m。当井内有水，应用中、粗砂及块石、卵石或碎砖回填至水位以上 50cm，然后再按上述方法处理；当井内已填有土，但不密实，且挖除困难时，可在部分拆除后的砖石井圈上加钢筋混凝土盖封口，上面用素土或 2：8 灰土分层回填、夯实至槽底。

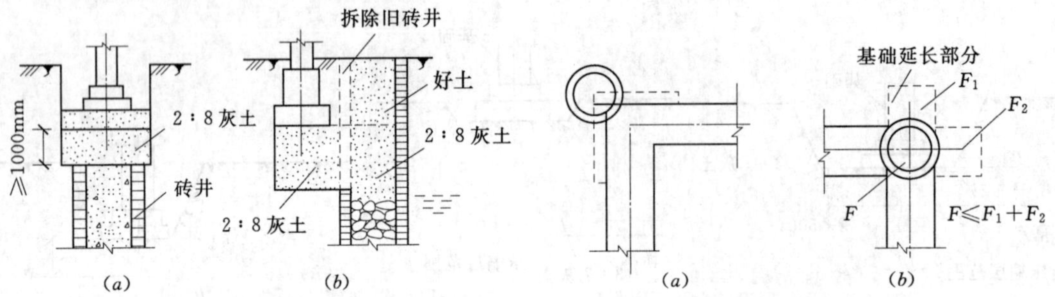

图 2.14 土井、砖井在基础下或条形基础 $3B$ 或柱基 $2B$ 范围内处理方法

图 2.15 土井、砖井在房屋转角处，且基础部分或全部压在井上处理方法

2.3.2.4 土井、砖井在房屋转角处，且基础部分或全部压在井上（图 2.15）

除用以上办法回填处理外，还应对基础加固处理。当基础压在井上部分较少，可采用从基础中挑钢筋混凝土梁的办法处理。当基础压在井上部分较多，用挑梁的方法较困难或不经济时，则可将基础沿墙长方向向外延长出去，使延长部分落在天然土上，落在天然土上基础总面积应等于或稍大于井圈范围内原有基础的面积，并在墙内配筋或用钢筋混凝土梁来加强。

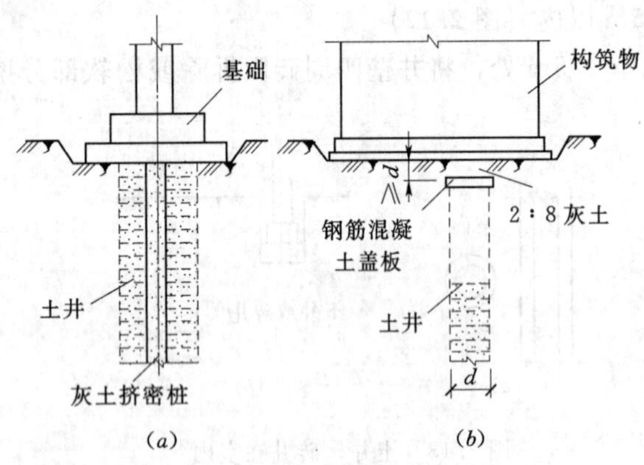

图 2.16 土井、砖井已淤填，但不密实处理方法

2.3.2.5 土井、砖井已淤填，但不密实（图 2.16）

可用大块石将下面软土挤密，再用上述办法回填处理。如井内不能夯填密实，而上部荷载又较大，可在井内设灰土挤密桩或石灰桩处理；如土井在大体积混凝土基础下，可在井圈上加钢筋混凝土盖板封口，上部再用素土或 2∶8 灰土回填密实的办法处理，使基土内附加应力传布范围比较均匀，但要求盖板到基底的高差 $h > d$。

2.3.2.6 废矿井在基础下存在采矿废井，基础部分或全部压在废矿井上（图 2.17）

废矿井处理可用以下 3 种方法：

（1）瓶井法。将井口挖成倒圆台形的瓶塞状，通过计算可得出 a 和 h，将井口上部的载荷分布到井壁四周。瓶塞用毛石混凝土浇筑而成或用 3∶7 灰土分层夯成，应视井口的大小及计算而定，较大的井口还应配筋。

（2）过梁法。遇到建筑物轴线通过井口，在上部做钢筋混凝土过梁跨过井口，但应有适当的支承长度 a。

（3）换填法。井深在 3～5m 可直接采用换填的方法，将井内的松土全部挖去，用 3∶7 灰土分层夯实至设计基底标高。

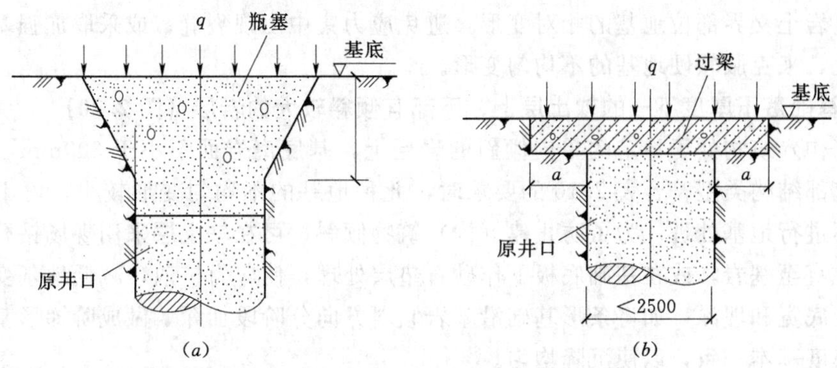

图 2.17 废矿井在基础下存在采矿废井，基础部分或全部压在废矿井上处理方法

2.3.3 软硬地基

2.3.3.1 基础下局部遇基岩、旧墙基、大孤石、老灰土或圬工构筑物（图 2.18）

尽可能挖去，以防建筑物由于局部落于坚硬地基上，造成不均匀沉降而使建筑物开裂；或将坚硬地基部分凿去 30～50cm 深，再回填土砂混合物或砂作软性褥垫，使软硬部分可起到调整地基变形作用，避免裂缝。

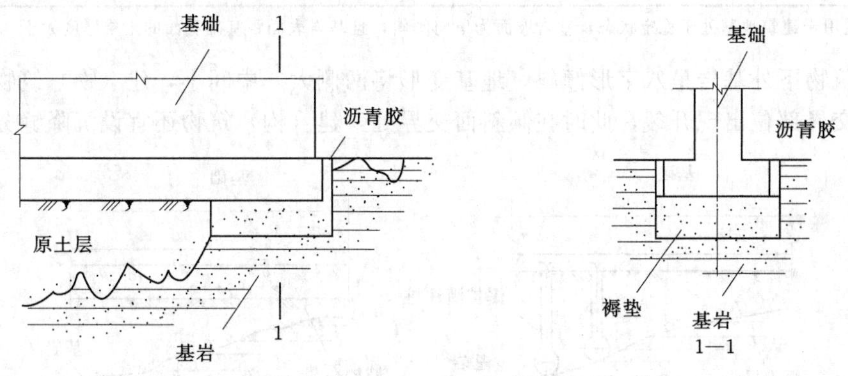

图 2.18 基础下局部遇基岩、旧墙基、大孤石、老灰土或圬工构筑物处理方法

2.3.3.2 基础一部分落于基岩或硬土层上，一部分落于软弱土层上，基岩表面坡度较大(图 2.19)

在软土层上采用现场钻孔灌筑桩至基岩；或在软土部位作混凝土或砌块石支承墙（或支墩）至基岩；或将基础以下基岩凿去 30～50cm 深，填以中粗砂或土砂混合物作软性褥垫，

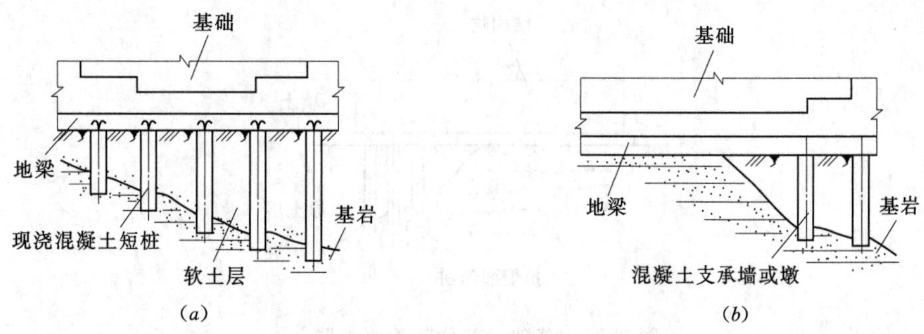

图 2.19 基础一部分落于基岩，一部分落于软弱土层上处理方法

使之能调整岩土交界部位地基的相对变形，避免应力集中出现裂缝；或采取加强基础和上部结构的刚度，来克服软硬地基的不均匀变形。

2.3.3.3 基础落于厚度不一的软土层上，下部有倾斜较大的岩层（图**2.20**）

如建（构）筑物处于稳定的单向倾斜的岩层上，基底离岩面不小于300mm，且岩层表面坡度及上部结构类型符合表2.10的要求时，此种地基的不均匀变形较小，可不作变形验算，也可不进行地基处理。为了防止建（构）筑物倾斜，可在软土层采用现场钻孔灌筑钢筋混凝土短桩直至基岩，或在基础底板下作砂石垫层处理，使应力扩散，减低地基变形；亦可调整基础的底宽和埋深，如将条形基础沿基岩倾斜方向分阶段加深，做成阶梯形基础，使其下部土层厚度基本一致，以使沉降均匀。

表2.10 下卧基岩表面允许坡度值

上覆土层的承载力标准值 f_k（kPa）	四层和四层以下的砌体承重结构，三层和三层以下的框架结构	具有15t和15t以下吊车的一般单层排架结构	
		带墙的边柱和山墙	无墙的中柱
⩾150	⩽15%	⩽15%	⩽30%
⩾200	⩽25%	⩽30%	⩽50%
⩾300	⩽40%	⩽50%	⩽70%

注 本表适用于建筑地基处于稳定状态，基岩坡面为单向倾斜，且基岩表面距基础底面的土层厚度大于0.3m时。

如建筑物下外基岩呈八字形倾斜，地基变形将两侧大、中间小，建（物）筑物较易在两个倾斜面交界部位出现开裂，此时在倾斜面交界处，建（构）筑物还宜设沉降缝分开。

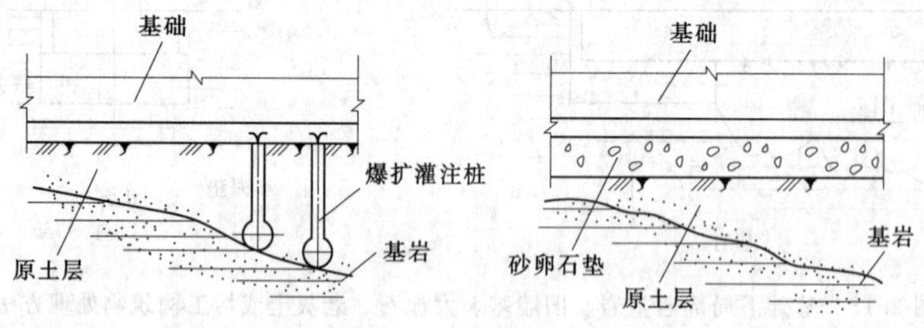

图2.20 基础落于厚度不一的软土层上处理方法

2.3.3.4 基础一部分落于原土层上，一部分落于回填土地基上（图**2.21**）

在填土部位用现场钻孔灌筑桩或钻孔爆扩桩直至原土层，使该部位上部荷载直接传至原土层，以避免地基的不均匀沉降。

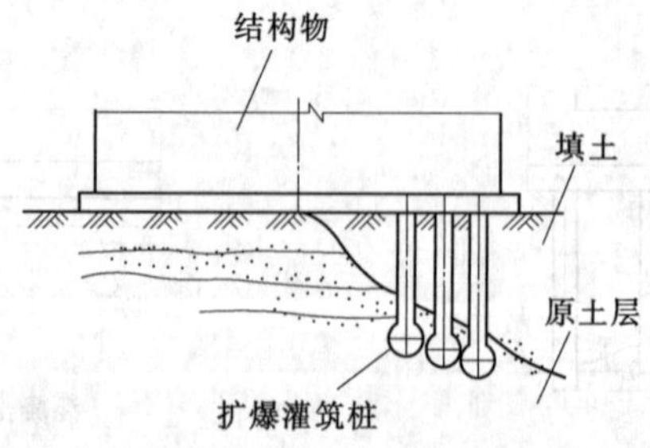

图2.21 基础一部分落于原土层上，一部分落于回填土地基上处理方法

思 考 题

2.1 土按其成型分类可分几种？各有什么工程性质？

2.2 地基处理方法一般有哪几种？各有什么特点？

2.3 试述换土地基的适用范围、施工要点与质量检查。

2.4 试述局部地基处理的方法。

第3章 基 础 工 程

3.1 浅 基 础

浅基础是指基础埋深在5m范围以内的基础，根据使用材料性能不同可分为无筋扩展基础（刚性基础）和扩展基础（柔性基础）。按构造形式不同可分为独立基础、条形基础（包括墙下条形基础与柱下条形基础）、筏板基础、箱形基础等。

3.1.1 无筋扩展基础

无筋扩展基础又称刚性基础，一般包括由砖、石、素混凝土、灰土和三合土等材料建造的墙下条型基础或柱下独立基础。其特点是抗压强度高，而抗拉、抗弯、抗剪性能差，适用于6层和6层以下的民用建筑和轻型工业厂房。

3.1.1.1 构造要求

无筋扩展基础的截面尺寸有矩形、阶梯形和锥形等，图3.1所示为阶梯形基础。为保证无筋扩展基础内的拉应力及剪应力不超过基础的允许抗拉、抗剪强度，一般基础的刚性角及台阶宽高比应满足规范要求，见表3.1。

表3.1　　无筋扩展基础台阶宽高比的允许值

基础材料	质量要求	台阶宽高比的允许值		
		$P_k \leqslant 100$	$100 < P_k \leqslant 200$	$200 < P_k \leqslant 300$
混凝土基础	C15混凝土	1:1.00	1:1.00	1:1.25
毛石混凝土基础	C15混凝土	1:1.00	1:1.25	1:1.50
砖基础	砖不低于MU10、砂浆不低于M5	1:1.50	1:1.50	1:1.50
毛石基础	砂浆不低于M5	1:1.25	1:1.50	—
灰土基础	体积比为3:7或2:8的灰土，其最小密度：粉土1.55t/m³，粉质黏土1.50t/m³，黏土1.45t/m³	1:1.25	1:1.50	—
三合土基础	体积比为（1:2:4）～（1:3:6）（石灰:砂:骨料），每层约虚铺220mm，夯至150mm	1:1.50	1:2.00	—

注 1. M为荷载效应标准组合时基础底面处的平均压力值（kPa）。
2. 阶梯形毛石基础的每阶伸出宽度不宜大于200mm。
3. 当基础由不同材料叠合组成时，应对接触部分作抗压验算。
4. 基础底面处的平均压力值超过300kPa的混凝土基础，尚应进行抗剪验算。

同时，基础底面宽度b应符合式（3.1）的要求

$$b \leqslant b_0 + 2H_0 \tan\alpha \tag{3.1}$$

式中 b——基础底面宽度；

b_0——基础顶面的墙体宽度或柱脚宽度；

H_0——基础高度；

$\tan\alpha$——基础台阶的宽高比$b_0 : H_0$，其允许值可按表3.1选用。

采用无筋扩展基础的钢筋混凝土柱，其柱脚高度h_1不得小于b_1（图3.1），并不应小于

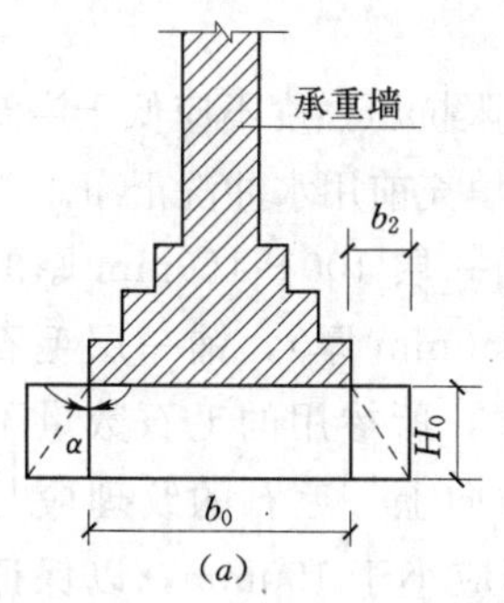

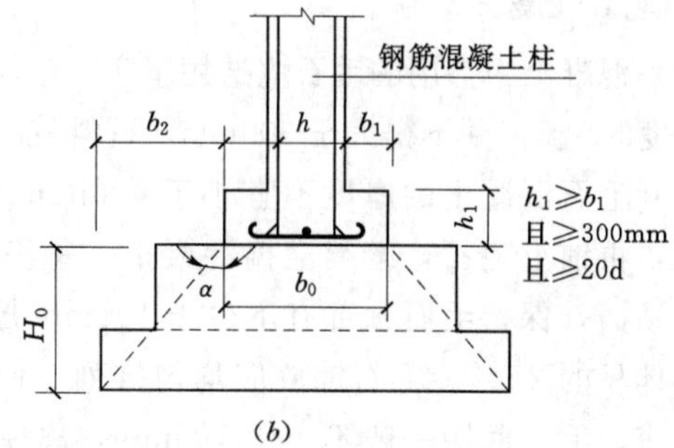

图 3.1 无筋扩展基础截面形式

(a) 墙下基础；(b) 柱下基础

300mm，且不小于 $20d$（d 为柱中的纵向受力钢筋的最大直径）。当柱纵向钢筋在柱脚内的竖向锚固长度不满足锚固要求时，可沿水平方向弯折，弯折后的水平锚固长度不应小于 $10d$ 也不应大于 $20d$。

3.1.1.2 施工要点

1. *砖基础*

（1）基础弹线。基础开挖与垫层施工完毕后，应根据基础平面图尺寸，用钢尺量出各墙的轴线位置及基础的外边沿线，并用墨斗弹出。基础放线尺寸的允许偏差应符合表 3.2 中的有关规定。

（2）基础砌筑。砖基础砌筑方法、质量要求详见第 4 章砌体工程。

表 3.2 基础放线尺寸的允许偏差

长度 L、宽度 b 的尺寸（m）	允许偏差（mm）
$L(b) \leqslant 30$	±5
$30 < L(b) \leqslant 60$	±10
$60 < L(b) \leqslant 90$	±15
$L(b) > 90$	±20

2. *料石、毛石基础*

（1）料石基础的第一皮料石应坐浆丁砌，以上各层料石可按一顺一丁进行砌筑。阶梯形料石基础，上级阶梯的料石至少应压砌下级阶梯料石的 1/3，如图 3.2（a）所示。

（2）毛石基础的第一皮石块应坐浆，并将石块大面朝下，转角处、交接处应用较大的平毛石砌筑。毛石基础的扩大部分，如为阶梯形，上级阶梯的石块应至少压砌下级阶梯石块的 1/2，相邻阶梯的毛石应相互错缝搭砌，如图 3.2（b）所示。

毛石基础必须设置拉结石，且应均匀分布，同皮内每隔 2m 左右设置一块拉结石，其长度为：如基础宽度等于或小于 400mm，应与基础同宽；如基础宽度大于 400mm，可用两块拉结石内外搭接，搭接长度不应小于 150mm，且其中一块拉结石长度不应小于基础宽度的 2/3。

（3）料石、毛石砌体砌筑均应采用铺浆法砌筑。砂浆必须饱满，叠砌面的黏灰面积应大于 80%。

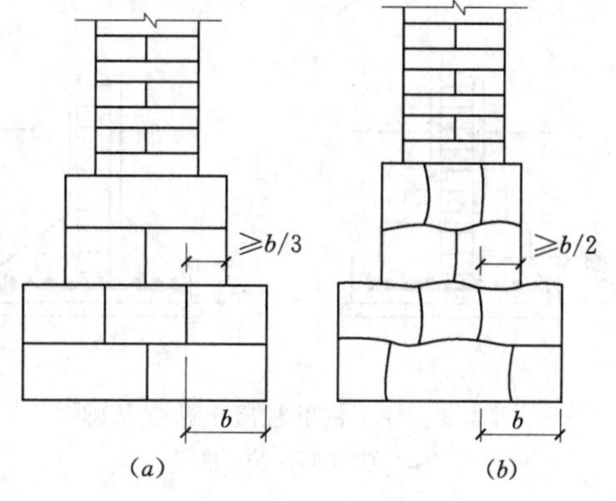

图 3.2 石材基础

(a) 料石基础；(b) 毛石基础

3. 毛石混凝土基础

(1) 混凝土中掺用的毛石应选用坚实、未风化的石料，其极限抗压强度不应低于浇筑部位最小宽度的1/3，并不得大于300mm，石料表面污泥、水锈应在填充前用水冲洗干净。

(2) 毛石混凝土的厚度不宜小于400mm。灌筑前，应先铺一层100～150mm厚的混凝土打底，再铺上毛石，继续浇捣混凝土，每浇捣一层（200～250mm厚），铺一层毛石，直至基础顶面，保持毛石顶部有不少于100mm厚的混凝土覆盖层，所掺用的毛石数量不得超过基础体积的25%。毛石铺放应均匀排列，使大面向下、小面向上，毛石的纹理应与受力方向垂直。毛石间距一般不小于100mm，离模板或槽壁距离不应小于150mm，以保证每块毛石均被混凝土包裹，使振动棒能在其中进行振捣。振捣时应避免振捣棒触及毛石和模板。对阶梯基础，每一阶高内应整分浇筑层，每阶顶面要基本抹平；对锥形基础，应注意保持锥形斜面坡度的正确与平整。

(3) 混凝土应连续浇筑完毕，如必须留设施工缝时，应留在混凝土与毛石交接处，使毛石露出混凝土面一半，并按有关要求进行接缝处理。浇捣完毕，混凝土终凝后，外露部分加以覆盖，并适当洒水养护。

4. 混凝土基础

(1) 混凝土浇筑前应进行验槽，轴线、基坑（槽）尺寸和土质等均应符合设计要求。

(2) 基坑（槽）内浮土、积水、淤泥、杂物等均应清除干净。基底局部软弱土层应挖去，用灰土或砂砾回填夯实至基底相平。混凝土浇筑方法可参见本书有关章节。

(3) 质量检查。混凝土的质量检查，主要包括施工过程中的质量检查和养护后的质量检查。施工过程中的质量检查，即在制备和浇筑过程中对原材料的质量、配合比、坍落度等的检查。养护后的质量检查，即混凝土的强度、外观质量、构件的轴线、标高、断面尺寸等的检查。

3.1.2 扩展基础

扩展基础系指柱下钢筋混凝土独立基础和墙下钢筋混凝土条形基础。柱下独立基础，常为阶梯形或锥形，基础底板常为方形和矩形，如图3.3所示。建筑结构承重墙下多为混凝土条形基础，根据受力条件，可分为不带肋和带肋两种，如图3.4所示。

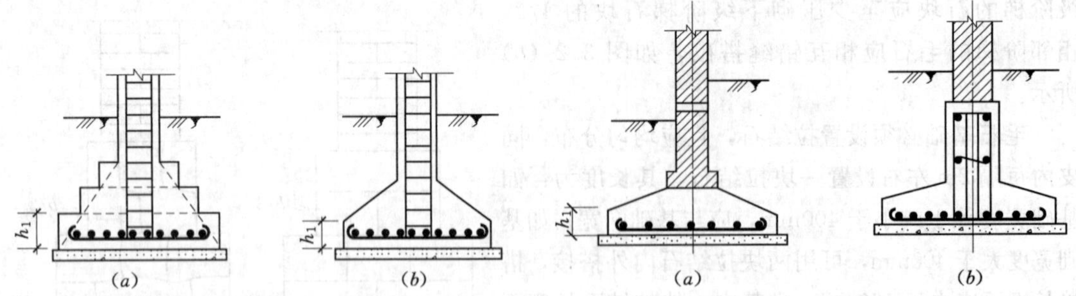

图3.3 柱下钢筋混凝土独立基础

(a) 阶梯形；(b) 锥形

图3.4 墙下钢筋混凝土条形基础

(a) 板式；(b) 梁板结合式

1. 构造要求

(1) 扩展基础的基本构造要求见表3.3。

表 3.3 扩展基础的基本构造要求

序号	项 目	内 容 与 要 求
1	锥形基础边缘高度	边缘高度 h 不宜小于 200mm
2	阶梯形基础每阶高度	宜为 300～500mm
3	垫层厚度	不宜小于 70mm，一般采用 100mm
4	底板受力钢筋最小直径与间距	底板受力钢筋的最小直径不宜小于 10mm，间距不宜大于 200mm，也不宜小于 100mm，墙下钢筋混凝土条基纵向分布钢筋直径不小于 8mm，间距不大于 300mm
5	钢筋保护层厚度	当有垫层时钢筋保护层的厚度不宜小于 40mm，无垫层时不宜小于 70mm
6	垫层混凝土强度等级	可采用 C10（方便施工泵送常用 C15）
7	基础混凝土强度等级	不应低于 C20
8	基础插筋	对于现浇柱的基础，如与柱子不同时浇灌时，其插筋的数目和直径与柱内纵向受力钢筋相同。插筋的锚固长度及与柱的纵向受力钢筋的搭接长度，应符合有关规定

(2) 当柱下钢筋混凝土独立基础的边长和墙下钢筋混凝土条形基础的宽度大于或等于 2500 mm 时，底板受力钢筋的长度可取边长或宽度的 0.9 倍，并宜交错布置，如图 3.5 (*a*) 所示。

(3) 钢筋混凝土条形基础底板在 T 形及十字形交接处，底板横向受力钢筋仅沿一个主要受力方向通长布置，另一方向的横向受力钢筋可布置到主要受力方向底板宽度 1/4 处，如图 3.5 (*b*) 所示。在拐角处底板横向受力钢筋应沿两个方向布置，如图 3.5 (*c*) 所示。

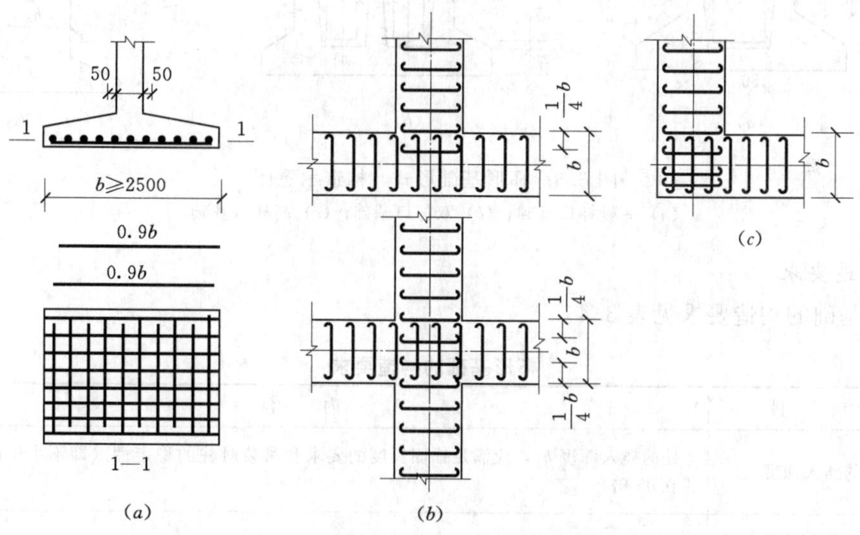

图 3.5 扩展基础底板受力钢筋布置示意图（单位：mm）

2. 施工要点

(1) 基坑验槽与混凝土垫层。基坑验槽清理同刚性基础。垫层混凝土在验槽后应立即灌筑，以保护地基。混凝土宜用表面振动器进行振捣，要求表面平整，内部密实。

(2) 弹线、支模与铺设钢筋网片。混凝土垫层达到一定强度后，在其上弹线、支模、铺放钢筋网片，底部用与混凝土保护层同厚度的水泥砂浆块垫铺，以保证位置正确。

（3）浇筑混凝土。在浇筑混凝土前，模板和钢筋上的灰浆、泥土和钢筋上的锈皮油污等杂物，应清除干净，木模板应浇水加以湿润。基础混凝土宜分层连续浇灌完成，对于阶梯形基础，每一台阶高度内应整层作为一个浇筑层，每浇灌完一台阶应稍停0.5～1h，使其初步获得沉实，再浇筑上层，以防止下台阶混凝土溢起，在上台阶根部出现"烂脖子"，并使每个台阶上表面基本平整。对于锥形基础，应注意控制锥体斜面坡度正确，斜面模板应随混凝土浇筑分层支设，并顶紧。边角处的混凝土必须捣实，严禁斜面部分不支模，只用铁锹拍实。

（4）钢筋混凝土条形基础可留设垂直和水平施工缝。但留设位置、处理方法必须符合规范规定。

（5）基础上插筋与养护。基础上有插筋时，其插筋的数量、直径及钢筋种类应与柱内纵向受力钢筋相同，插筋的锚固长度应符合设计要求。施工时，对插筋要加以固定，以保证插筋位置正确，防止浇捣混凝土时发生移位。混凝土浇灌完毕，外露表面应覆盖浇水养护，养护时间不少于7d。

3.1.3　杯形基础

杯形基础常用于装配式钢筋混凝土柱的基础，形式有一般杯口基础、双杯口基础、高杯口基础等，如图3.6所示。

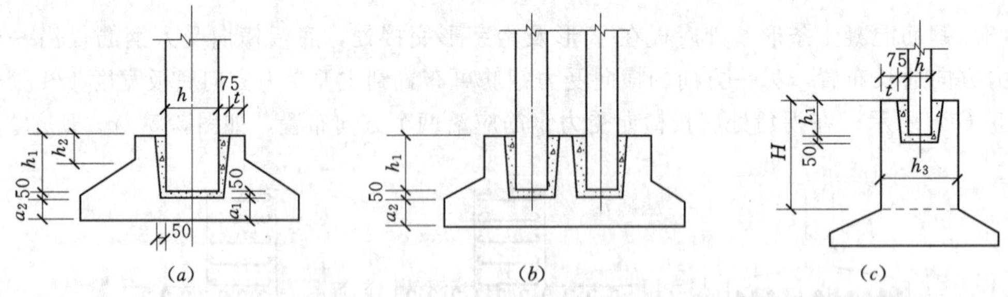

图3.6　杯形基础形式、构造示意图

（a）一般杯口基础；（b）双杯口基础；（c）高杯口基础

1. 构造要求

杯形基础的构造要求见表3.4。

表3.4　　杯形基础的构造要求

序号	项　目	内　容
1	柱的插入深度	柱的插入深度 h_1，应满足锚固长度的要求和吊装时柱的稳定性（即不小于吊装时柱长的0.05倍）
2	基础的杯底厚度和杯壁厚度	基础的杯底厚度和杯壁厚宽，可按现行《建筑地基基础设计规范》选用
3	杯壁配筋规定	当柱为轴心或小偏心受压且 $t/h_2 \geqslant 0.65$ 时或大偏心受压且 $t/h_2 \geqslant 0.75$ 时，杯壁可不配筋；当柱为轴心或小偏心受压，且 $0.5 \leqslant t/h_2 < 0.65$ 时，杯壁可按现行《建筑地基基础设计规范》规定配筋
4	高杯口基础	预制钢筋混凝土柱（包括双支柱）与高杯口基础的连接，应符合上述规范规定

2. 施工要点

(1) 杯口模板。杯口模板可用木模板或钢模板，可做成整体式，也可做成两半形式，中间各加楔形板一块，拆模时，先取出楔形板，然后分别将两半杯口模板取出。为便于拆模，杯口模板外可包钉薄铁皮一层。支模时杯口模板要固定牢固。在杯口模板底部留设排气孔，避免出现空鼓，如图 3.7 所示。

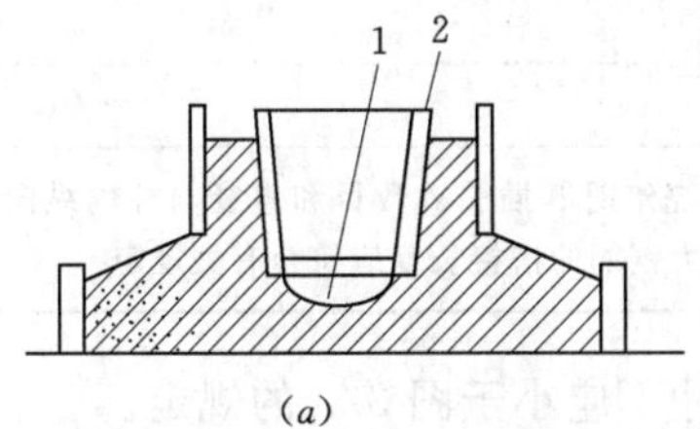

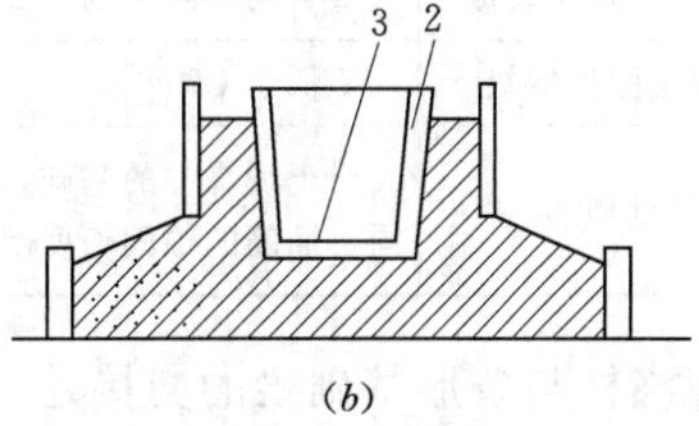

图 3.7 杯口内模板排气孔不意图

1—空鼓；2—杯口模板；3—底板留排气孔

(2) 混凝土浇筑。混凝土要先浇筑至杯底标高，方可安装杯口内模板，以保证杯底标高准确，一般在杯底均留有 50mm 厚的细石混凝土找平层，在浇筑基础混凝土时，要仔细控制标高。浇筑杯口时，一要对称下料，避免杯口位移；二要注意振捣，避免杯口模板上浮。混凝土应按台阶分层浇灌。对高杯口基础的高台阶部分按整段分层浇灌，不留施工缝。基础浇捣完毕，混凝土终凝前将杯口模板取出（用倒链），并将杯口内侧表面混凝土凿毛。

3.1.4 柱下条形基础

柱下钢筋混凝土条形基础是由单向梁或交叉梁及其横向伸出的翼板组成，其横断面一般呈倒 T 形，基础截面下部向两侧伸出部分为翼板。中间梁腹部分为肋梁，常用于上部结构荷载较大、地基土承载力较低的基础，如图 3.8 所示。

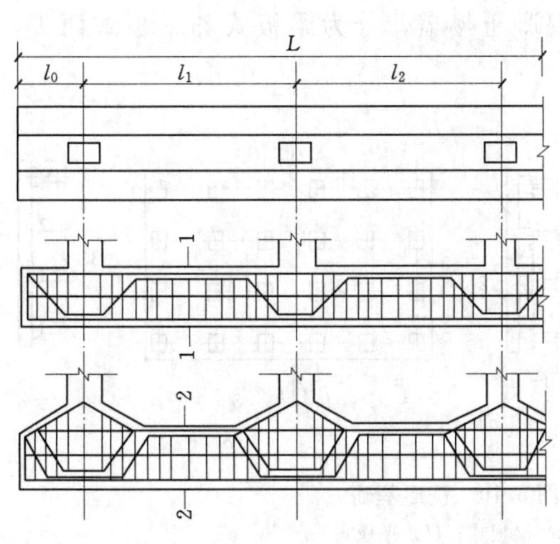

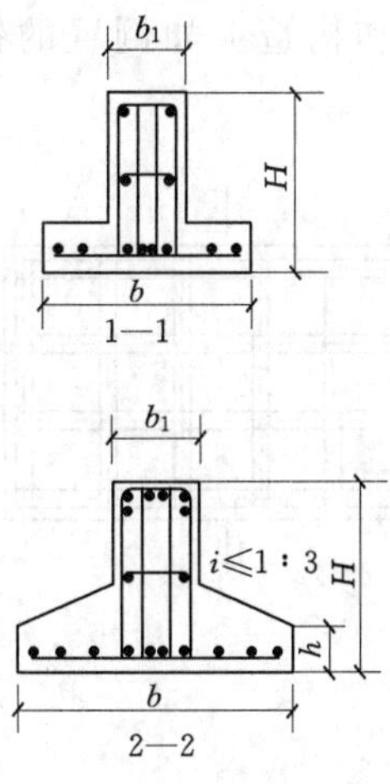

图 3.8 柱下条形基础

1. 构造要求

(1) 柱下条形基础的构造除满足一般扩展基础的构造要求外，还应符合表 3.5 的规定。

表 3.5 柱下条形基础的构造要求

序号	项 目	内 容 与 要 求
1	基础梁的高度	宜为柱距的 1/4～1/8
2	翼板厚度	不小于 200mm，当翼板厚度大于 250mm 时，宜采用变厚度翼板，其坡度宜小于或等于 1∶3
3	端部向外伸出长度	宜为第一跨距的 0.25 倍
4	混凝土强度等级	不低于 C20
5	基础插筋	对于现浇柱的基础，如与柱不同时浇筑时其插筋的数目和直径与柱内纵向受力钢筋相同，插筋的锚固长度及与柱的纵向受力钢筋的搭接长度应符合有关规定

（2）现浇柱与条形基础梁的交接处，其平面尺寸不应小于图 3.9 的规定。

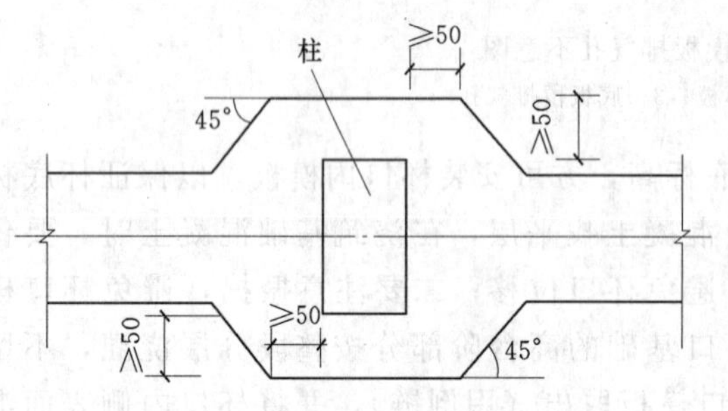

图 3.9 现浇柱与基础梁交接处平面尺寸（单位：mm）

2. 施工要点

当基槽验收合格后，应立即浇筑混凝土垫层，以保护地基。垫层混凝土应采用平板式振动器进行振捣，要求垫层混凝土密实，表面平整，待垫层强度达到设计强度的 70%，即在其上弹线、支模、绑扎钢筋网片，并支设水泥砂浆垫块，做好浇筑混凝土的准备。钢筋绑扎必须牢固，位置准确，垫块厚度必须符合保护层的要求。钢筋经验收合格后，应立即浇筑混凝土，混凝土浇筑要求及施工缝留设等同扩展基础。

3.1.5 筏形基础

筏形基础是由整板式钢筋混凝土板（平板式）或由钢筋混凝土底板、梁整体（梁板式）两种类型组成，适用于有地下室或地基承载能力较低而上部荷载较大的基础，筏形基础在外形和构造上如倒置的钢筋混凝土楼盖，分为梁板式和平板式两类，如图 3.10 所示。

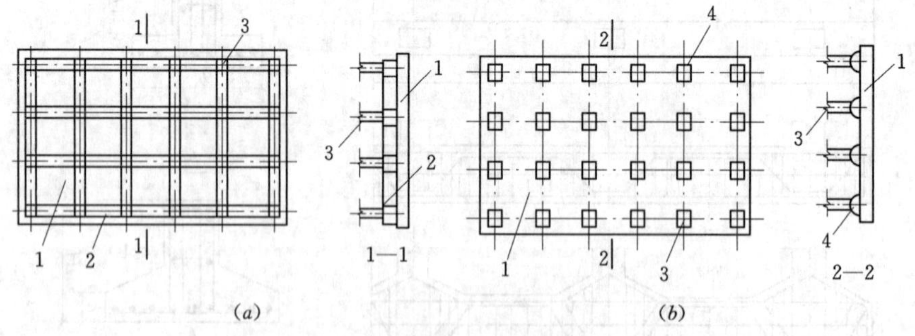

图 3.10 筏形基础

（a）梁板式；（b）平板式

1—底板；2—梁；3—柱；4—支墩

1. 构造要求

筏形基础的一般构造要求见表 3.6。

表 3.6 筏形基础的一般构造要求

序号	项 目	技 术 要 求
1	基础厚度	一般为等厚，平面应大致对称，尽量减少基础承受偏心力矩
2	底板厚度	不应小于 300mm，且板厚与板格的最小跨度之比不宜小于 1/20
3	梁截面	梁截面按计算确定，梁高出板的顶面一般不小于 300mm，梁宽不小于 250mm
4	配筋及保护层厚度	钢筋宜用 HPB235，HRB335，钢筋保护层厚度不宜小于 40mm
5	混凝土强度等级	垫层混凝土宜为 C15，厚度为 100mm，每边伸出基础底板不小于 100mm，筏形基础混凝土强度等级不应低于 C30

2. 施工要点

(1) 根据地质勘探和水文资料，地下水位较高时，应采用降低水位的措施，使地下水位降低至基底以下不少于 500mm；保证在无水情况下进行基坑开挖和钢筋混凝土筏体施工。

(2) 根据筏体基础结构情况、施工条件等确定施工方案。一般有两种方法：一是先铺设垫层，在垫层上绑扎底板、梁的钢筋和柱子锚固插筋，可先浇筑底板混凝土，待其强度达到设计强度的 25%时，再在底板支梁模板，继续浇筑梁部分混凝土；二是将底板和梁模板一次支好，将混凝土一次浇筑完成。筏形混凝土基础应一次连续浇筑完成，不宜留设施工缝。必须留设时，应按施工缝的要求留设，并进行处理，同时应有止水技术措施，并做好沉降观测。在浇筑混凝土时，应在基础底板上预埋好沉降观测点，定期进行观测，做好观测记录。

(3) 加强养护。混凝土筏形基础施工完毕后，表面应加以覆盖和洒水养护，以保证混凝土的质量。

3.1.6 箱形基础

箱形基础是由钢筋混凝土底板、顶板、侧墙及一定数量的内隔墙构成封闭的箱体。它的整体性和刚度都比较好，有调整不均匀沉降的能力，抗震能力较强，可以消除因地基变形而使建筑物开裂的缺陷，也可以减少基底处原有地基的自重应力，降低总沉降量。箱形基础适用于作为软弱地基上面积较小、平面形状简单、荷载较大或上部结构分布不均的高层建筑物的基础，如图 3.11 所示。

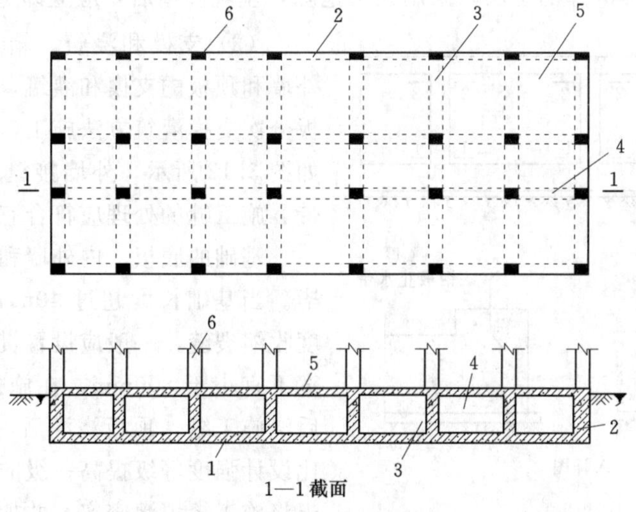

图 3.11 箱形基础

1—底板；2—外墙；3—内横隔墙；4—内纵隔墙；5—顶板；6—柱

1. 构造要求

箱形基础的构造要求见表3.7。

表3.7 箱形基础的构造要求

序号	项 目	内 容
1	平面布置	为避免基础出现过度倾斜，箱形基础在平面布置上尽可能对称，以减少荷载的偏心距，偏心距一般不宜大于0.1ρ，ρ为与偏心距方向一致的基础底板面边缘抵抗矩对基础底面积之比。 箱形基础的内、外墙应沿上部结构柱网和剪力墙纵横均匀布置，墙体水平截面面积不宜小于箱形基础外墙外包尺寸的水平投影面积的1/10。对基础平面长宽比大于4的箱形基础，其纵墙水平截面面积不得小于箱基外包尺寸水平投影面积的1/18。计算墙体水平截面积时，不扣除洞口部分
2	高度及基础埋置深度	箱形基础的高度应满足结构承载力和刚度的要求，其值不宜小于箱形基础长度的1/20，并不宜小于3m。箱形基础的长度不包括底板悬挑部分。 高层建筑同一结构单元内，箱形基础的埋置深度宜一致，且不得局部采用箱形基础
3	底、顶板厚度	底、顶的厚度应满足柱或墙冲切验算要求，根据实际受力情况通过计算确定。底板厚度一般取隔墙间距的1/10～1/8，为300～1000mm，顶板厚度为200～400mm，内墙厚度不宜小于200mm，外墙厚度不应小于250mm
4	混凝土强度等级	箱形基础的混凝土强度等级不应低于C20；桩箱基础的混凝土强度等级不应低于C30。当采用防水混凝土时，防水混凝土的抗渗等级应根据其厚度及地下水的最大水头的比值，按有关规定选用，且其抗渗等级不应小于0.6N/mm²
5	墙体	为保证箱形基础的整体刚度，对其墙体的数量应有一定的限制，即平均每平方米基础面积上墙体长度不得小于400mm，或墙体水平截面积不得小于基础面积的1/10，其中纵墙配置量不得小于墙体总配置量的3/5

2. 施工要点

(1) 基坑处理。基坑开挖如有地下水，应将地下水位降低至设计底板以下500mm处。当地质为粉质砂土有可能产生流砂现象时，不得采用明沟排水，宜采用井点降水措施，并应设置水位降低观测孔。注意保持基坑底土的原状结构，采用机械开挖基坑时，应在基坑底面以上保留200～400mm厚的土层，采用人工挖除，基坑验槽后，应立即进行基础施工。

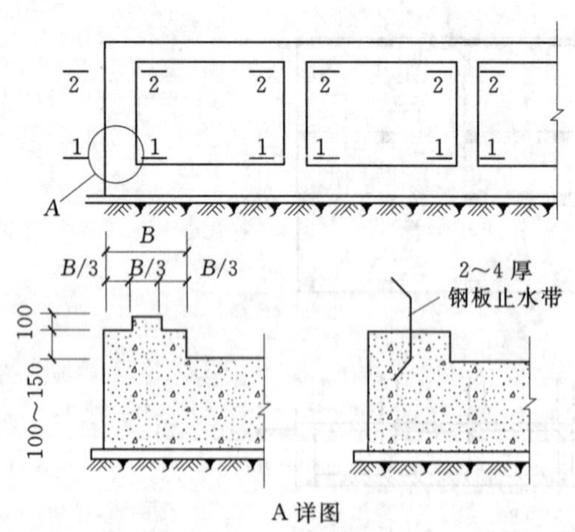

图3.12 箱形基础施工缝留设位置（单位：mm）
1—1、2—2—施工缝位置

(2) 支模和浇筑。箱形基础的底板、内外墙和顶板的支模和灌筑，可采取内外墙作顶板分次支模灌筑方法施工，其施工缝留设位置如图3.12所示，外墙接缝应设榫接或设止水带。施工缝的处理应符合有关规定。

基础的底板、内外墙和顶板宜连续浇灌完毕。当基础长度超过40m时，为防止出现温度收缩裂缝，一般应设置贯通后浇施工缝，缝宽不宜小于800mm，在施工缝处钢筋应贯通后浇施工缝，顶板浇灌后，相隔14～28d，用比设计强度等级提高一级的微膨胀的细石混凝土将施工缝填灌密实，并加强养护。当有可靠的基础防裂措施时，可不设后浇施工缝。对超厚、超长的整体钢筋混凝土结构，由于其结构截面大、水泥用量多，水泥水化后释放的水化热会产生较大的温度变化和收缩作用，会导致混凝土产生表面裂缝和贯穿性裂缝，影响结构的整体性、耐久性和防水性，影响正常使用。因此对大体积（实体最小尺寸等于或大于1m）混凝土，在浇灌前应对结构进行必要的裂缝控制计算，估算混凝土灌筑后可能产生的最大水化热温升值、温度差和温度收缩应力，以便在施工期采取有效的技术措施，预防温度收缩裂缝，保证混凝土工程质量。

基础施工完毕，应抓紧基坑四周的回填土工作。停止降水时，应验算箱形基础抗浮稳定性，地下水对基础的浮力，抗浮稳定系数不宜小于1.1，以防出现基础上浮或倾斜的重大事故。如抗浮稳定系数不能满足要求时，应继续抽水，直到施工上部结构荷载加上后能满足抗浮稳定系数要求为止，或在基础内采取灌水或加重物等措施。

3.2 桩 基 础

3.2.1 桩的分类

桩基础是一种常用的基础形式，当天然地基上的浅基础沉降量过大或地基的承载力不能满足设计要求时，往往采用桩基础。

1. 按承载性状分类

（1）摩擦型桩。它指桩顶荷载全部或主要由桩侧阻力承担的桩；根据桩侧阻力承担荷载的份额，摩擦桩又分为纯摩擦桩和端承摩擦桩。如图3.13（*a*）所示。

（2）端承型桩。它指桩顶荷载全部或主要由桩端阻力承担的桩；根据桩端阻力承担荷载的份额，端承桩又分为纯端承桩和摩擦端承桩。如图3.13（*b*）所示。

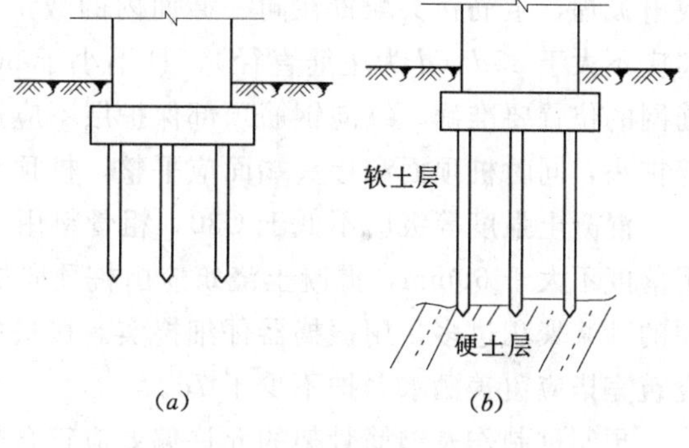

图3.13 摩擦桩和端承桩

（3）复合受荷载桩。即承受竖向、水平荷载均较大的桩。

2. 按成桩方法分类

（1）非挤土桩，如干作业法桩、混浆护壁法桩、套管护壁法桩、人工挖孔桩、爆扩桩。

（2）部分挤土桩，如部分挤土灌筑桩、预钻孔打入式预制桩、打入式开口钢管桩、H形钢桩、螺旋成孔桩等。

（3）挤土桩，如挤土灌筑桩、挤土预制混凝土桩（打入式桩、振入式桩、压入式桩）等。

3. 按桩制作工艺分类

（1）预制桩，在现场或加工厂预制。

（2）现场灌注桩，在施工现场根据设计要求灌注成桩。

3.2.2 钢筋混凝土预制桩施工

钢筋混凝土预制桩是我国广泛应用的桩型之一，它具有承载能力较大、坚固耐久、施工速度快、制作容易、施工简单等优点，但施工时噪声较大，对周围环境影响较严重，在城市施工受到很大限制。钢筋混凝土预制桩分为方形实心断面桩和圆柱体空心断面桩两种，最常用的是前者。

3.2.2.1 预制桩的制作、运输、堆放

1. 制作程序

现场制作场地压实、整平—场地地坪作三七灰土或浇筑混凝土—支模—绑扎钢筋骨架、安设吊环—浇筑混凝土—养护至30%强度拆模—支间隔端头模板、刷隔离剂、绑钢筋—浇筑间隔桩混凝土—同法间隔重叠制作第二层桩—养护至70%强度起吊—达100%强度后运输、堆放。

2. 制作方法

混凝土预制桩可在工厂或施工现场预制。现场预制多采用工具式木模板或钢模板，支在坚实平整的地坪上，模板应平整牢靠，尺寸准确。用间隔重叠法生产，桩头部分使用钢模堵头板，并与两侧模板相互垂直，桩与桩间应涂刷隔离剂，邻桩与上层桩的混凝土浇筑必须待邻桩或下层桩的混凝土达到设计强度的30%进行，重叠层数一般不宜超过四层。长桩可分节制作，单节长度应满足桩架的有效高度、制作场地条件、运输与装卸能力等方面的要求，并应避免在桩尖接近硬持力层或桩尖处于硬持力层中接桩。

桩中的钢筋应严格保证位置的正确，桩尖应对准纵轴线，钢筋骨架主筋连接宜采用对焊或电弧焊，主筋接头配置在同一截面内的数量不得超过50%，相邻两根主筋接头截面的距离应不大于35d（d为主筋直径），且不小于500mm。桩顶1m范围内不应有接头。桩顶钢筋网的位置要准确，纵向钢筋顶部保护层不应过厚，钢筋网格的距离应正确，以防锤击时打碎桩头，同时桩顶面和接头端面应平整，桩顶平面与桩纵轴线倾斜不应大于3mm。

混凝土强度等级应不低于C30，粗骨料用5～40mm的碎石或卵石，用机械拌制混凝土，坍落度不大于60mm，混凝土浇筑应由桩顶向桩尖方向连续浇筑，不得中断，并应防止另一端的砂浆聚积过多，用振捣器仔细捣实。接桩的接头处要平整，使上下桩能互相贴合对准。浇筑完毕应覆盖洒水养护不少于7d。

预制桩制作及钢筋骨架的允许偏差应符合规范规定。

3. 起吊、运输和堆放

预制桩达到设计强度70%后方可起吊，达到设计强度100%后方可进行运输。桩在起吊和搬运时，吊点应符合设计规定，如无吊环，设计又未作规定时，应符合起吊弯矩最小原则（即正负弯矩绝对值相等），按图3.14所示的位置捆绑。钢丝绳与桩之间应加衬垫以免损坏棱角。起吊时应平稳提升，吊点同时离地。经过搬运的桩，还应进行质量复查。

桩堆放时，地面必须平整、坚实，垫木间距应根据节点确定。各层垫木应位于同一垂直线上，最下层垫木应适当加宽，堆放层数不宜超过4层。不同规格的桩，应分别堆放。

3.2.2.2 打桩前的准备

（1）整平场地，清除桩基范围内的高空、地面、地下障碍物；架空高压线距打桩架不得小于10m；修设桩机进出、行走道路，做好排水措施。

（2）按图纸布置进行测量放线，定出桩基轴线，先定出中心，再引出两侧，并将桩的准确位置测设到地面，每一个桩位打一个小木桩；并测出每个桩位的实际标高，场地外设2～3个水准点，以便随时检查之用。

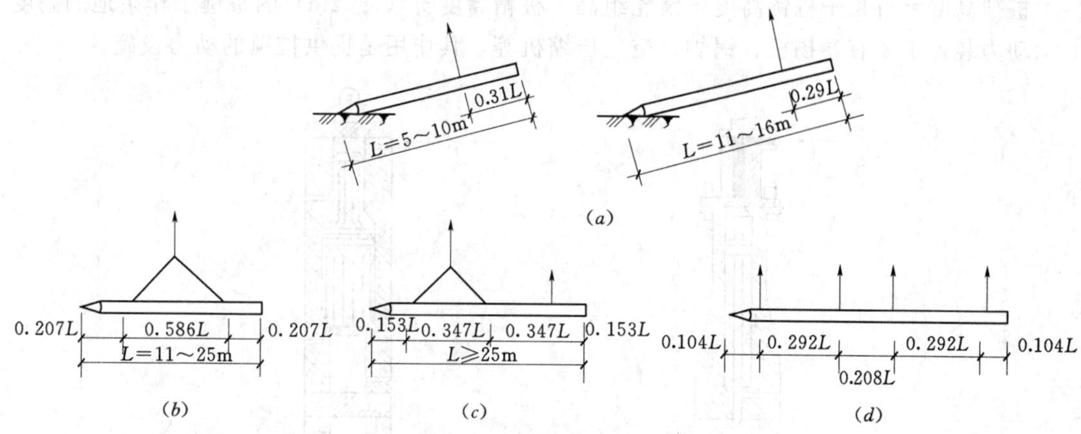

图 3.14 吊点的合理位置

(*a*) 一点吊法；(*b*) 二点吊法；(*c*) 三点吊法；(*d*) 四点吊法

(3) 检查桩的质量，将需用的桩按平面布置图堆放在打桩机附近，不合格的桩不能运至打桩现场。

(4) 检查打桩机设备及起重工具；铺设水电管网，进行设备架立组装和试打桩。在桩架上设置标尺或在桩的侧面画上标尺，以便能观测桩身入土深度。

(5) 打桩场地建（构）筑物有防震要求时，应采取必要的防护措施。

(6) 学习、熟悉桩基施工图纸，并进行会审；做好技术交底，特别是地质情况、设计要求、操作规程和安全措施的交底。

(7) 准备好桩基工程沉桩记录和隐蔽工程验收记录表格，并安排好记录和监理人员等。

3.2.2.3 打（沉）桩方法

打（沉）桩的方法主要包括锤击沉桩法、振动沉桩法、静力压桩法等。以锤击沉桩法应用最普遍。

1. 锤击沉桩法

锤击沉桩法，又称打入桩法，是利用桩锤下落产生的冲击能量，克服土体对桩的阻力，将桩沉入土中，它是钢筋混凝土预制桩最常用的沉桩方法（图 3.15）。该方法施工速度快、机械化程度高，适应范围广。但施工时极易产生挤土、噪音和振动现象，应加以限制。

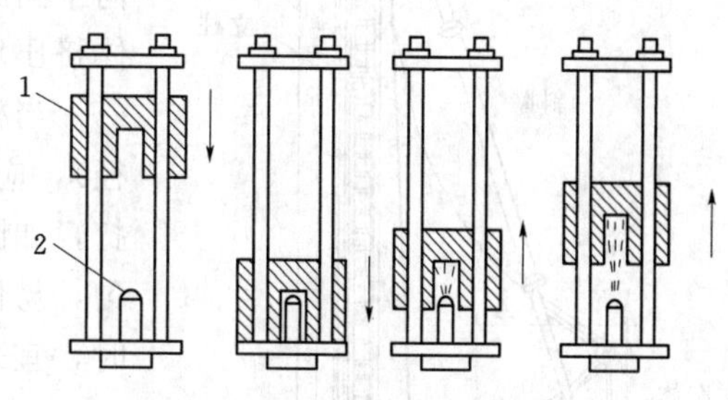

图 3.15 柴油打桩锤的工作原理

1—汽缸；2—喷嘴

(1) 打桩设备及选用。打桩所用的机具设备主要包括桩锤、桩架及动力装置三个部分。

桩锤主要有落锤、单动气锤（图 3.16）、双动气锤（图 3.17）、柴油打桩锤等，其作用是对桩施加冲击力，将桩打入土中。桩架主要有滚动式、轨道式、步履式、履带式等。其作用是支持桩身和桩锤，将桩吊到打桩位置，并在打入过程中引导桩的方向，保证桩锤沿着所要求的方向冲击，图 3.18 所示为步履式打桩架。桩架的选用，应考虑桩锤的类型、桩的长度和施工件等因素。桩架的高度应由桩的长度、桩锤高度、桩帽厚度滑轮组的高度以及桩锤的工作余地高度来确定，即

桩架高度＝桩长＋桩锤高度＋滑轮组高＋桩帽高度＋（1～2m）的桩锤工作余地的高度

动力装置主要有卷扬机、锅炉、空气压缩机等，其作用是提供桩锤的动力设施。

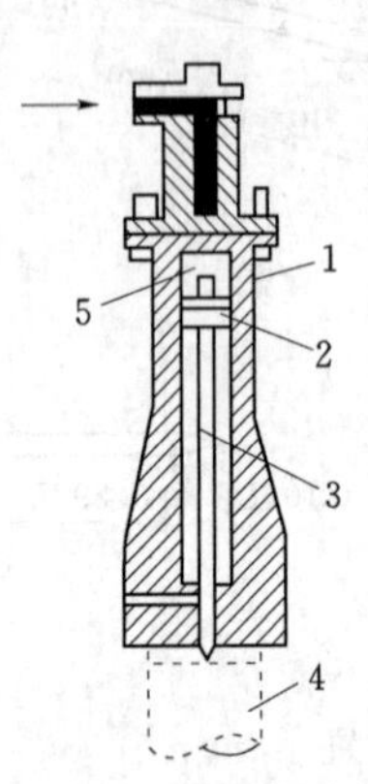

图 3.16 单动汽锤

1—汽缸；2—活塞；3—活塞杆；4—桩；5—活塞上部空间

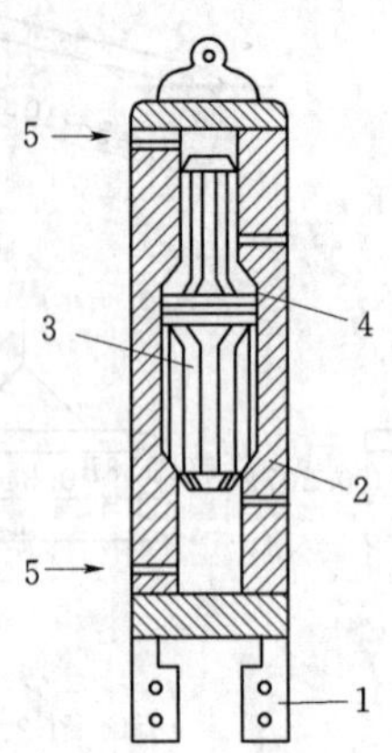

图 3.17 双动汽锤

1—桩帽；2—汽缸；3—活塞；4—活塞杆；5—进汽阀

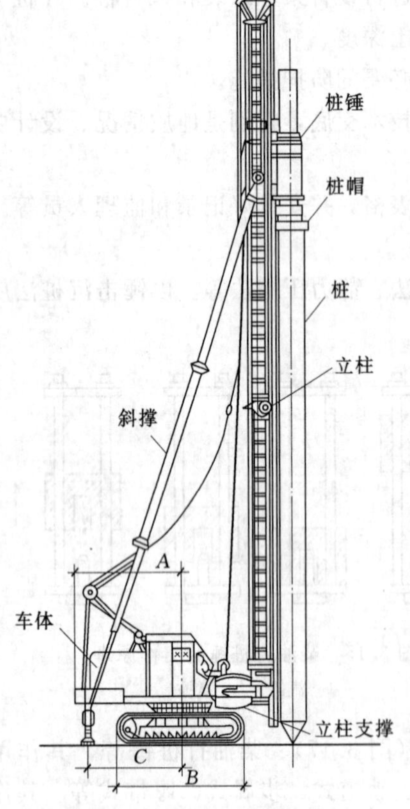

图 3.18 履带式打桩架

（2）打桩顺序。打桩时，由于桩对土体的挤密作用，先打入的桩会因水平推挤而造成偏移和变位，或被垂直挤拨造成浮桩；后打入的桩难以达到设计标高或入土深度，造成土体隆起和挤压，上部被截去的桩过多。所以，施打群桩时，应根据桩的密集程度、桩的规格、桩的长短等正确选择打桩顺序，以保证施工质量和进度。当桩较稀时（桩中心距大于4倍桩边长或桩径），可采用一侧向单一方面逐排施打，或由两侧同时向中间施打，如图 3.19（*a*）、（*b*）所示。这种方法土体挤压均匀，易保证施工质量。

当桩较密时（桩中心距小于等于4倍桩边长或桩径），应由中间向两侧对称施打，或由中间向四周施打，如图 3.19（*c*）、（*d*）所示。这种方法土体挤压均匀，易保证施工质量。当桩的规格、埋深、长度不同时，宜采用先大后小、先深后浅、先长后短的原则施打。

（3）沉桩工艺。沉桩施工工艺过程一般包括定桩位、桩架移动、吊桩和定桩、打桩、接桩、截桩。

在桩架就位后即可吊桩，垂直对准桩位中心，缓缓放下插入土中，桩插入时的垂直度偏差不超过0.5%。桩就位后，在桩顶安上桩帽，然后放下桩锤轻轻压住桩帽。桩锤、桩帽和桩身中心线应在同一条垂线上。在桩的自重和锤重作用下，桩向土沉入一定深度而达到稳定位置。这时，再校正一次桩的垂直度，即可进行打桩。为了防止

击碎桩顶，在桩锤与桩帽、桩帽与桩之间应放上硬木、粗草纸或麻袋等桩垫作为缓冲层。

打桩时采用“重锤低击”，可取得良好效果。桩开始打入时，桩锤落距宜低，一般为0.6～0.8m，以便使桩能正常地沉入土中，待桩入土到一定深度（1～2m）桩尖不易发生偏移时，可适当增大落距，并逐渐提高到规定的数值，继续锤击。打桩系隐蔽工程施工，应做好记录，作为工程验收时鉴定桩的质量的依据之一。打桩的质量要求包括两个方面：①能否满足贯入度或标高的设计要求；②打入后的偏差是否在施工及验收规范允许的范围以内。打桩对周围的影响，主要是噪声、振动和土体挤压的影响，为减小噪声的影响，尽量选用液压桩锤，或在桩顶、桩帽上加垫缓冲材料；为减少振动的影响，可采用液压桩锤，也可开挖防振沟；为消除土体挤压的影响，可采取预钻孔打桩工艺，合理安排沉桩顺序。

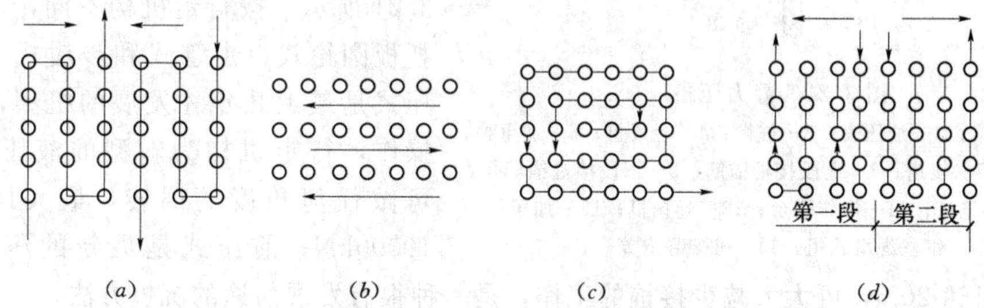

图 3.19 打桩顺序

(*a*) 从两侧向中间打设；(*b*) 逐排打设；(*c*) 自中部向四周打设；(*d*) 由中间向两侧打设

2. 振动沉桩法

振动沉桩法的原理是借助固定于桩头上的振动沉桩机（图 3.20）所产生的振动力，以减小桩与土壤颗粒之间的摩擦力，使桩在自重与机械力的作用下沉入土中。振动沉桩机由电动机、弹簧支撑、偏心振动块和桩帽组成。振动机内的偏心振动块分左右对称两组，其旋转速度相同，方向相反。因此，当工作时，两组偏心块的离心力的水平分力相抵消，而垂直分力相叠加，形成垂直方向的振动力。由于桩体与振动是刚性连接在一起，所以也将随着振动力沿垂直方向上下振动而下沉。振动沉桩法主要适用于砂石、黄土、软土、亚黏土地基，在含水砂层中的效果更为显著。但在砂砾层中采用振动沉桩法时，施工比较困难，还需要配以水冲沉桩法。在沉桩施工过程中，必须连续进行，以防间歇过久难以沉桩。

图 3.20 振动沉桩机

1—电动机；2—传动齿轮；3—轴；4—偏心块；5—箱壳；6—桩

3. 静力压桩法

静力压桩法是在软土地基上，利用静力压桩机或液压压桩机用无振动的静压力，将预制桩压入土中的一种沉桩工艺，它可以消除噪声和振动的公害。近几年来，液压静力压桩机发展很快，有的压力已达 7000kN 以上。静力压桩一般是分节压入，当每一节桩压入土中后，在其上端距地面 2m 左右时，将第二节桩接上，如此反复进行。

静力压桩施工工艺流程：场地清理、测量定位、尖桩就位（包括对中和调直）、压桩、接桩、再压桩、截桩等。最重要的是测量定位、尖桩就位、压桩和接桩四大施工过程，这是

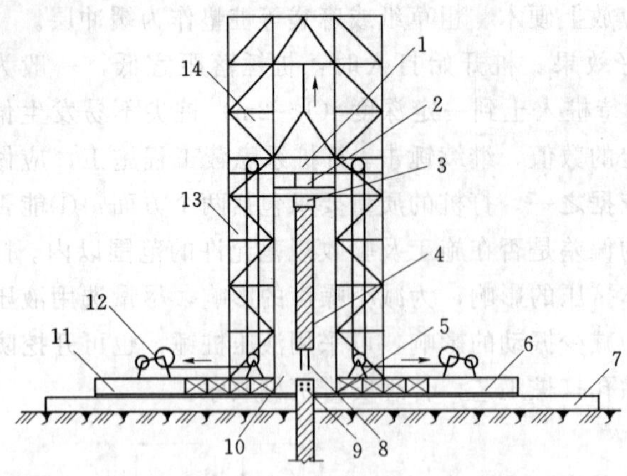

图 3.21 静力压桩

1—活动压梁；2—油压表；3—桩帽；4—上段桩；5—加重物；6—底盘；7—轨道；8—上段接桩锚筋；9—下段接桩锚筋孔；10—导笼口；11—操作平台；12—卷扬机；13—加压钢丝绳滑轮组；14—桩架导向笼

保证压桩质量的关键。静力沉桩法具有无噪声、无振动、无冲击、施工应力小等优点，可减少打桩振动对地基和邻近建筑物的影响，桩顶不易损坏，沉桩精度较高，节省制桩材料，降低工程成本，施工质量较高。

静力压桩机有顶压式、箍压式和前压式三种类型。顶压式由桩架、压梁、桩帽、卷扬机、滑轮组等组成，如图3.21所示，按行走机构不同，又可分为托板圆轮式、走管式和步履式三种，箍压式是最近几年才发展的机型，全液压操作，行走机构为新型的液压步履机，可做任何角度的回转，最大压力可达10000kN；前压式是最新的压桩机型、压桩高度可达20m，可大大减少接桩的工作，是一种很有发展前途的沉桩方法。

4. 射水沉桩

射水沉桩是锤击沉桩的一种辅助方法。利用高压水流经过桩侧面或空心桩内部的射水管冲击桩尖附近土层，便于锤击。一般是边冲水边打桩，当沉桩至最后 1～2 m 时停止冲水，用锤击至规定标高。此法适用于砂土和碎石土，有时对于特长的预制桩，单靠锤击有困难时，亦用此法辅助之。

3.2.3 混凝土灌筑桩施工

混凝土灌筑桩是直接在施工现场桩位上成孔，然后在孔内安放钢筋笼，浇筑混凝土成桩。与预制桩相比，具有施工噪声低、振动小、挤土影响小、单桩承载力大、钢材用量小、设计变化自如等优点。但成桩工艺复杂，施工速度较慢，质量影响因素较多。灌筑桩按成孔的方法分为：干作业成孔灌注桩、泥浆护壁成孔灌筑桩、沉管灌筑桩、爆扩成孔灌筑桩和人工挖孔灌筑桩等。灌注桩能适应地层的变化，无需接桩，施工时无振动、无挤压，噪音小，适用于建筑物密集区使用。但其操作要求严格，施工后需一定的养护期，不能立即承受荷载。

3.2.3.1 干作业成孔灌注桩

干作业成孔灌注桩适用于地下水位较低、在成孔深度内无地下水的土质，勿需护壁可直接取土成孔。目前常用螺旋钻机成孔，亦有用洛阳铲成孔的。

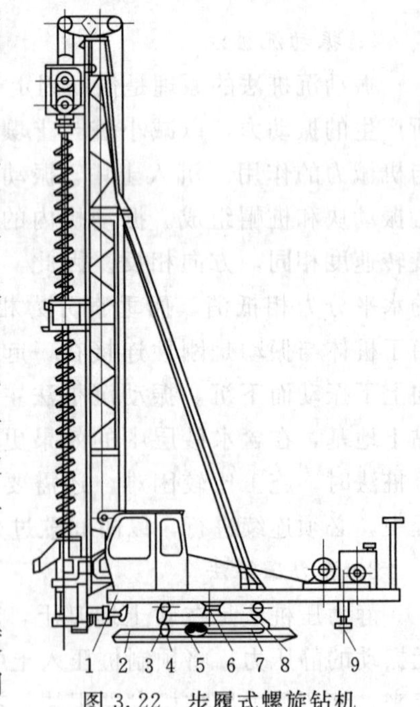

图 3.22 步履式螺旋钻机

1—上盘；2—下盘；3—回转滚轮；4—行走滚轮；5—钢丝滑轮；6—回转中心轴；7—行车油缸；8—中盘；9—支承盘

螺旋钻机利用动力旋转钻杆，使钻头的螺旋叶片旋转削土，土块沿螺旋叶片上升排出孔外（图3.22）。在软塑土层含水量大时，可用疏纹叶片钻杆，以便较快地钻进。

一节钻杆钻入后，应停机接上第二节，继续钻到要求深度，操作时要求钻杆垂直，钻孔过程中如发现钻杆摇晃或难钻进时，可能遇到石块等异物，应立即停车检查。全叶片螺旋钻机成直径一般为300～600mm，钻孔深度8～12m。在钻进过程中，应随时清理孔口积土，遇有塌孔、缩孔等异常情况，应及时研究解决。钢筋笼应一次绑扎好，放入孔内后再次测量虚土厚度。混凝土应连续浇筑，每次浇筑高度不得大于1.5m。如为扩底桩，则需于桩底部用扩孔刀片切削扩孔，扩底直径应符合设计要求。孔底虚土厚度，对以摩擦力为主的桩，不得大于300mm；对以端承力为主的桩，则不得大于100mm。

3.2.3.2 泥浆护壁成孔灌筑桩

泥浆护壁成孔灌筑桩是利用原土自然造浆或人工造浆浆液进行护壁，通过循环泥浆将被钻头切下的土块挟带出孔外成孔，然后安放绑扎好的钢筋笼，水下灌筑混凝土成桩。此法适用于地下水位较高的黏性土、粉土、砂土、填土、碎石土及风化岩层，也适用于地质情况复杂、夹层较多、风化不均、软硬变化较大的岩层。但在岩溶发育地区要慎重使用。

1. 施工工艺

泥浆护壁成孔灌筑桩施工工艺流程图如图3.23所示。

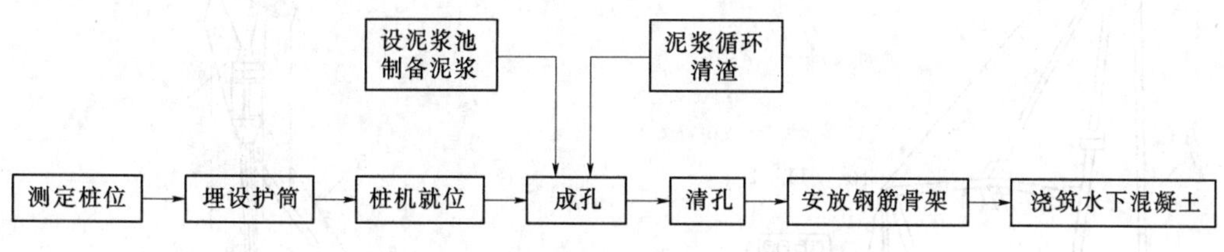

图3.23 泥浆护壁成孔灌筑桩施工工艺流程图

2. 埋设护筒

护筒是大直径泥浆护壁成孔灌筑桩特有的一种装置，常用3～5mm钢板制成的圆筒。其内径比钻头直径大100～200mm，埋设护筒时，先挖去桩孔处表面土，将护筒埋入土中，并保证其准确、稳定。护筒中心与桩位中心的偏差不得大于50mm，护筒与坑壁之间用黏土填实，以防漏水。护筒的埋设深度，在黏土中不宜小于1.0m，在砂土中不宜小于1.5m，护筒顶面应高于地面0.5m左右，并应保持孔内泥浆面高出地下水位1～2m。其上部宜开设1～2个溢浆孔。护筒的作用是：固定桩孔位置；防止地面水流入，保护孔口；增高桩孔内水压力，防止塌孔。

3. 泥浆制备

泥浆是此种施工方法不可缺少的材料，它具有稳固土壁、防止塌孔和携砂排土的作用，另外还有对钻机钻头冷却和润滑的作用。

制备泥浆的方法应根据土质的实际情况而确定。在黏性土中成孔，可在孔中直接注入清水，钻机不停地回转，就可把切下的土屑造成泥浆，泥浆的相对密度宜控制在1.1～1.2。在其他土层中成孔，泥浆制备应当用高塑性土或膨润土在孔外泥浆池中进行，在砂质土层中，泥浆的相对密度应控制在1.1～1.3；在容易塌孔的土层中，泥浆的相对密度、黏度、含砂率、胶体率等指标，是确保泥浆质量的标准。

4. 钻孔

泥浆护壁成孔灌筑桩有潜水钻机钻孔、冲击钻机钻孔等不同方式。如图3.24、图3.25

所示。

(1) 潜水钻机钻孔。它是一种将动力变速机构与钻头连在一起加以密封，潜入水中工作的一种体积小、质量轻的钻机。这种钻机由桩架及钻杆定位，钻孔时钻杆不旋转，仅钻头部分旋转，切削下来的泥渣通过泥浆循环排出孔外，该钻机桩架轻便，移动灵活，噪声低，速度快，钻孔直径为600～1500mm，钻孔深度可达40m，潜水钻机适用于在黏性土、淤泥质土及砂土中钻孔，尤其适用于地下水位较高的土层。钻机的钻头有笼式钻头和筒式钻头等多种，可根据不同土层进行选用。

潜水电钻同样使用泥浆护壁成孔，泥浆的功能和组成与其他钻机基本相同，其出渣的方式也有正循环与反循环两种。

1) 正循环排渣法。采用3PN泥浆泵将泥浆水或清水压向钻机中心送水管，然后下放钻杆进土中，当钻到设计标高后，电机停转，但3PN泥浆泵仍继续工作。正循环排泥，直到孔内泥浆相对密度为1.1～1.15kg/L，方停泵提升钻机，然后迅速移位，进行下道工序。

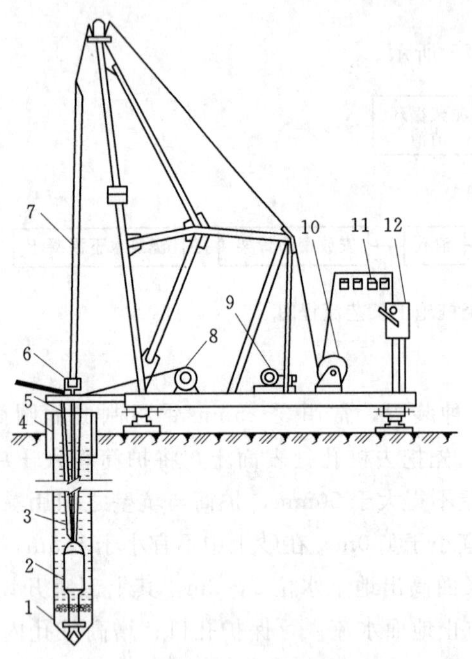

图 3.24 潜水钻机示意图

1—钻头；2—潜水钻机；3—电缆；4—护筒；5—水管；6—滚轮（支点）；7—钻杆；8—电缆盘；9—0.5t卷扬机；10—1t卷扬机；11—电流电压表；12—启动开关

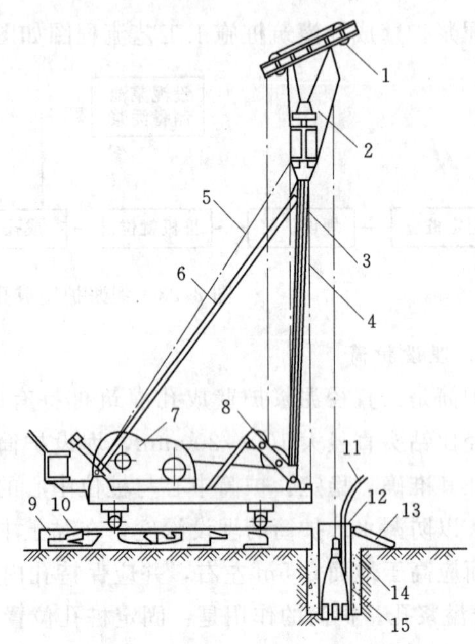

图 3.25 冲击钻成孔示意图

1—副滑轮；2—主滑轮；3—主杆；4—前拉索；5—后拉索；6—斜撑；7—双滚筒卷扬机；8—导向轮；9—垫木；10—钢管；11—供浆管；12—溢流口；13—泥浆流槽；14—护筒回填土；15—钻头

2) 反循环排渣法。目前常用的反循环排渣法，它是将潜水泵同主机连接，开钻时采用正循环开孔，当钻深超过砂石泵叶轮位置后，即可启动砂石泵机，开始循环作业。当钻至设计标高后，停止钻进，砂石泵继续排泥，一直达到要求浓度为止。

循环排渣方法，如图3.26所示。

(2) 冲击钻机钻孔。冲击钻成孔是将带钻刃的冲锥式钻头提升到一定高度，靠自由下落

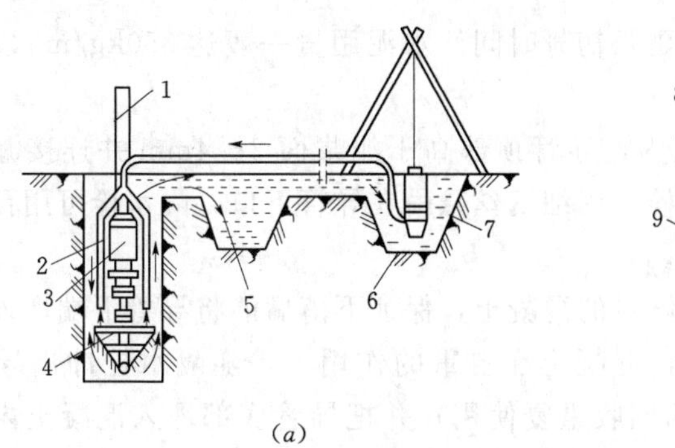

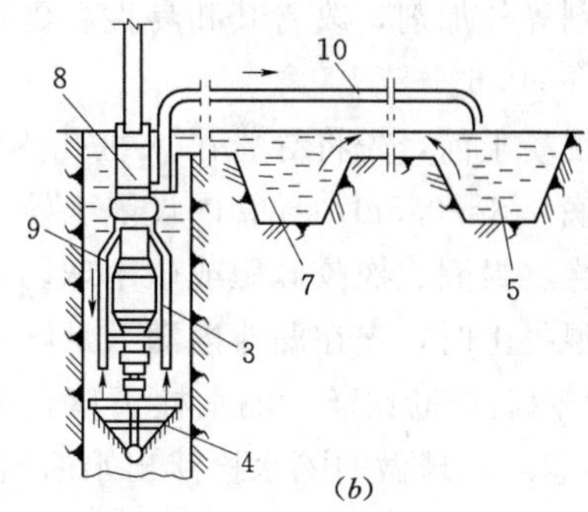

图 3.26 循环排渣方法

(a) 正循环排渣；(b) 反循环排渣

1—钻杆；2—送水管；3—主机；4—钻头；5—沉淀池；6—潜水泥浆泵；
7—泥浆池；8—砂石浆；9—抽渣管；10—排渣胶管

的冲击力来破碎岩层或冲挤土层，然后用掏渣筒掏取孔内的渣浆而成孔。此种成孔方法适用于碎石土、砂土、黏性土及风化的岩层等，桩径可达 600～1500mm。

5. 清孔

当钻孔达到设计深度后，应进行验孔和清孔，清孔的目的是清除孔底的沉渣和淤泥，以减少桩基的沉降量，从而提高承载能力。

在清孔时，应保持孔内泥浆面高出地下水位 1.0m 以上；当受水位涨落影响时，泥浆面应高出最高水位 1.5m 以上。清孔之后，浇筑混凝土之前，孔底 500mm 以内的泥浆相对密度应小于 1.25kg/L，黏度小于 28Pa·s，含砂率小于 8%。孔底沉渣的厚度，应符合下列规定：端承桩＜50mm；摩擦端承桩、端承摩擦桩＜100mm；摩擦桩＜300mm。

6. 安放钢筋骨架

桩孔清孔符合要求后，应立即吊放钢筋骨架。吊放时，要防止扭转、弯曲和碰撞，要吊直扶稳，缓缓下落，避免碰撞孔壁。钢筋骨架下放到设计位置后，应立即固定。为保证钢筋骨架位置正确，可在钢筋笼上设置钢筋环或混凝土块，以确保保护层的厚度。

钢筋笼制作应分段进行，接头宜采用焊接，主筋一般不设弯钩，加劲箍筋设在主筋外侧，钢筋笼的外形尺寸，应严格控制在比孔径小 110～120mm 以内。

7. 灌筑混凝土

钢筋骨架固定之后，在 4h 之内必须灌筑混凝土。混凝土选用的粗骨料粒径，不宜大于 30mm，并不宜大于钢筋间最小净距的 1/3，坍落度为 160～220mm，含砂率宜为 40%～50%，细骨料宜采用中砂。

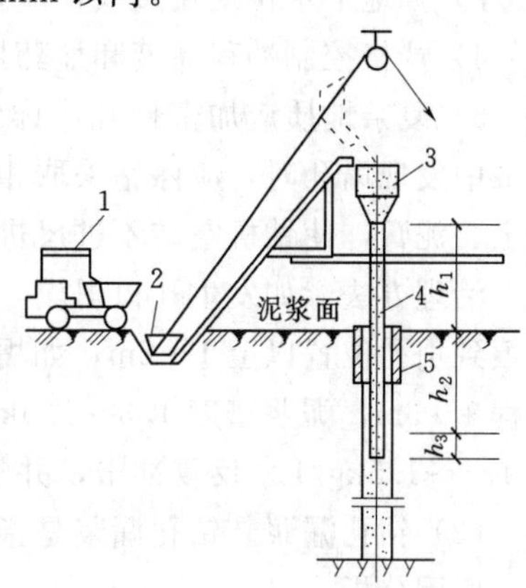

图 3.27 水下灌筑混凝土示意图

1—翻斗车；2—料斗；3—储料漏斗；
4—导管；5—护筒

混凝土灌筑，通常采用导管法，如图 3.27 所示。灌筑混凝土的导管，可用钢管制成。壁厚不宜小于 3mm，直径为 200～250mm，直径制作偏差不超过±2mm，导管的分节长度视具体情况定，一般小于 3m，底管长度不宜小于 4m，两管的接头宜用法兰或双螺纹方扣快速接头，接口要严密，不漏水漏浆。水下灌筑混凝土要求混凝土流动性好，坍落度应控制在 160～220mm，用掺加木钙、糖蜜、加气剂等外加剂，改善其和易性和延长初凝时间。水泥用量一般达 350kg/m³ 以上，水灰比为 0.5～0.6。

灌筑混凝土前，先将导管吊入桩孔内，导管顶部高于泥浆面 3～4mm 并连接漏斗，底部距桩孔底 0.3～0.5m，导管内设隔水栓，用细钢丝悬吊在导管下口，隔水栓可用预制混凝土四周加橡皮封圈、橡胶球胆或软木球。

灌筑混凝土时，先在漏斗内灌入足够量的混凝土，保证下落后能将导管下端埋入混凝土 0.6～1m，然后剪断铁丝，隔水栓下落，混凝土在自重的作用下，随隔水栓冲出导管下口（用橡胶球胆或木球做的隔水栓浮出水面回收重复使用）并把导管底部埋入混凝土内，然后连续灌筑混凝土，当导管埋入混凝土达 2～2.5m 时，即可提升导管，提升速度不宜过快，应保持导管埋在混凝土内 1m 以上，这样连续灌筑，直到桩顶为止。桩身混凝土必须留置试块，每浇注 50m³ 必须有一组试件，小于 50m³ 的桩，每根桩必须有一组试件。

8. “泥浆护壁成孔灌注桩”施工的成桩事故分析与处理

（1）坍孔。是指在成孔过程中或成孔后，孔壁坍落，造成钢筋笼放不到底，桩底部有很厚的泥夹层。

原因分析：

1）泥浆密度不够，起不到可靠的护壁作用。

2）孔内水头高度不够或孔内出现承压水，降低了静水压力。

3）护筒埋置太浅，下端孔坍塌。

4）在松散砂层中钻进时，进尺速度太快或停在一处空转时间太长，转速太快。

5）冲击（抓）锥或掏渣筒倾倒，撞击孔壁。

6）用爆破处理孔内孤石、探头石时，炸药量过大，造成很大振动。

7）勘探孔较少，对地质与水文地质描述欠缺。

预防措施：

1）在松散砂土或流砂中钻进时，应控制进尺，选用较大密度、黏度、胶体率的优质浆。

2）投入黏土掺片、卵石，低锤冲击，使黏土膏、片、卵石挤入孔壁。冲程 1m 左右，泥浆密度 1.1～1.3；土层不好时，宜提高泥浆密度，必要时加入小片石和黏土块。

3）如地下水位变化过大，应采取升高护筒，增大水头，或用虹吸管连接。

4）严格控制冲程高度和炸药用量。

5）复杂地质应加密探孔，详细描述地质与水文地质情况，以便预先制定出技术措施，施工中发现塌孔时，应停钻采取相应措施后再行钻进（如加大泥浆密度稳定孔壁，也可投入黏土、泥膏，使钻机空转不进尺进行固壁）。

治理方法：如发生孔口坍塌，应先探明坍塌位置，将砂和黏土（或砂砾和黄土）混合物回填到坍孔位置以上 1～2m，如坍孔严重，应全部回填，等回填物沉积密实后再进行钻孔，冲程 1～3m，泥浆密度 1.3～1.5kg/L，冲程 1～4m，泥浆密度 1.2～1.4kg/L 冲程 1m，密度 1.3～1.5kg/L。反复冲击，并补充黏土块及片石。

（2）钻孔漏浆。钻孔漏浆是指在成孔过程中或成孔后，泥浆向孔外漏失。

原因分析：

1）遇到透水性强或有地下水流动的土层。

2）护筒埋设太浅，回填土不密实或护筒接缝不严密，会在护筒刃脚或接缝处漏浆。

3）水头过高使孔壁渗浆。

防治措施：

1）加稠泥浆或倒入黏土，慢速转动，或在回填土内掺片、卵石，反复冲击，增强护壁。

2）在有护筒防护范围内，接缝处可由潜水工用棉絮堵塞，封闭接缝，稳住水头。

3）在容易产生泥浆渗漏的土层中应采取维持孔壁稳定的措施。

4）在施工期间护筒内的泥浆面应高出地下水位 1.0m 以上，在受水位涨落影响时，泥浆面应高出最高水位 1.5m 以上。

（3）桩孔偏斜。桩孔偏斜是指孔成孔后孔不直，出现较大垂直偏差。

原因分析：

1）钻孔中遇较大的孤石或探头石。

2）在有倾斜度的软硬地层交界处、岩石倾斜处，或在粒径大小悬殊的卵石层中钻进，钻头所受的阻力不均。

3）扩孔较大，钻头偏离方向。

4）钻机底座安置不平或产生不均匀沉陷。

5）钻杆弯曲，接头不直。

预防措施：

1）安装钻机时要使转盘、底座水平，起重滑轮缘、固定钻杆的卡孔和护筒中心三者应在同一轴线上，并经常检查校正。

2）由于主动钻杆较长，转动时上部摆动过大，必须在钻架上增添导向架，控制钻杆上的提引水龙头，使其沿导向架向下钻进。

3）钻杆、接头应逐个检查，及时调整。发现主动钻杆弯曲，要用千斤顶及时调直或更换钻杆。

4）在有倾斜的软、硬地层钻进时，应吊住钻杆控制进尺，低速钻进，或回填片石、卵石，冲平后再钻进。

5）钻孔机具及工艺的选择，应根据桩型、钻孔深度、土层情况、泥浆排放及处理条件综合确定。

6）为了保证桩孔垂直度，钻机应设置相应的导向装置。

7）钻进过程中，如发生斜孔、塌孔等现象时，应停钻，采取相应措施再行施工。

治理方法：

1）在偏斜处吊住钻头，上下反复扫孔，使孔校直。

2）在偏斜处回填砂黏土，待沉积密实后再钻。

（4）缩孔。是指成孔的孔径小于设计孔径的现象。

原因分析：

1）塑性土膨胀，造成缩孔。

2）选用机具、工艺不合理。

防治方法：

1）采用上下反复扫孔的办法，以扩大孔径。

2）根据不同的土层，应选用相应的机具、工艺。

3）成孔后立即验孔，安放钢筋笼，浇筑桩身混凝土。

（5）梅花孔。是指孔断面形状不规则，呈梅花形。

原因分析：

1）由于转向装置失灵，泥浆太稠，阻力大，冲击锥不能自由转动。

2）冲程太小，冲击锥刚提起又落下，得不到足够的转动时间，变换不了冲击位置。

防治措施：

1）经常检查转向装置是否灵活。

2）选用适当黏度和密度的泥浆，适时掏渣。

3）用低冲程时，隔一段时间要更换高一些的冲程，使冲击锥有足够的转动时间。

（6）钢筋笼放置与设计要求不符。是指钢筋笼变形，保护层不够，深度、位置不符合要求。

原因分析：

1）堆放、起吊、运输没有严格执行规程，支垫数量不够或位置不当，造成变形。

2）钢筋笼吊放入孔时不是垂直缓缓放下，而是斜插入孔内。

3）清孔时孔底沉渣或泥浆没有清理干净，造成实际孔深与设计要求不符，钢筋笼放不到设计深度。

防治措施：

1）如钢筋笼过长，应分段制作，吊放钢筋笼入孔时再分段焊接。

2）钢筋笼在运输和吊放过程中，每隔2.0～2.5m设置加劲箍一道，并在钢筋笼内每隔3～4m装一个可拆卸的十字形临时加劲架，在钢筋笼吊放入孔后再拆除。

3）在钢筋笼周围主筋上每隔一定间距设置混凝土垫块，混凝土垫块根据保护层的厚度及孔径设计。

4）用导向钢管控制保护层厚度，钢筋笼由导管中放入，导向钢管长度宜与钢筋笼长度一致，在浇筑混凝土过程中再分段拔出导管或浇筑完混凝土后一次拔出。

5）清孔时应把沉渣清理干净，保证实际有效孔深满足设计要求。

6）钢筋笼应垂直缓慢放入孔内，防止碰撞孔壁。钢筋笼放入孔内后，要采取措施，固定好位置。

7）钢筋笼吊放完毕，应进行隐蔽工程验收，合格后应立即浇筑水下混凝土。

（7）断桩。是指成桩后，检测出桩身中部没有混凝土，夹有泥土。

原因分析：

1）混凝土较干，骨料太大或未及时提升导管以及导管位置倾斜等，使导管堵塞，形成桩身混凝土中断。

2）混凝土搅拌机发生故障，使混凝土不能连续浇筑，中断时间过长。

3）导管挂住钢筋笼，提升导管时没有扶正，以及钢丝绳受力不均匀等。

防治措施：

1）混凝土坍落度应严格按设计或规范要求控制。

2）浇筑混凝土前应检查混凝土搅拌机，保证混凝土搅拌时能正常运转，必要时应有备用搅拌机一台，以防万一。

3）边灌混凝土边拔套管，做到连续作业，一气呵成。浇筑时勤测混凝土顶面上升高度，

随时掌握导管埋入深度，避免导管埋入过深或导管脱离混凝土面。

4）钢筋笼主筋接头要焊平，导管法兰连接处罩以圆锥形白铁罩，底部与法兰大小一致，并在套管头上卡住，避免提导管时，法兰挂住钢筋笼。

5）水下混凝土的配合比应具备良好的和易性，配合比应通过试验确定，坍落度宜为180～220mm，水泥用量应不少于360kg/m^3，为了改善和易性和缓凝，水下混凝土宜掺加外加剂。

6）开始浇筑混凝土时，为使隔水栓顺利排出，导管底部至孔底距离宜为300～500mm，孔径较小时可适当加大距离，以免影响桩身混凝土质量。

治理方法：

1）当导管堵塞而混凝土尚未初凝时，可采用下列两种方法：

a）用钻机起吊设备，吊起一节钢轨或其他重物在导管内冲击，把堵塞的混凝土冲击开。

b）迅速提出导管，用高压水冲通导管，重新下隔水球灌注。浇筑时，当隔水球冲出导管后，应将导管继续下降，直到导管不能再插入时，然后再少许提升导管，继续浇筑混凝土，这样新浇筑的混凝土能与原浇筑的混凝土结合良好。

2）当混凝土在地下水位以上中断时，如果桩直径较大（一般在1m以上），泥浆护壁较好，可抽掉孔内水，用钢筋笼（网）保护，对原混凝土面进行人工凿毛并清洗钢筋，然后再继续浇筑混凝土。

3）当混凝土在地下水位以下中断时，可用较原桩径稍小的钻头在原桩位上钻孔，至断桩部位以下适当深度时（可由验算确定），重新清孔，在断桩部位增加一节钢筋笼，其下部埋入新钻的孔中，然后继续浇筑混凝土。

4）当导管接头法兰挂住钢筋笼时，如果钢筋笼埋入混凝土不深，则可提起钢筋笼，转动导管，使导管与钢筋笼脱离；否则只好放弃导管。

3.2.3.3 沉管灌筑桩

沉管灌筑桩也是目前建筑工程常用的一种灌筑桩。按其施工方法不同可分为锤击沉管灌筑桩、静压沉管灌筑桩、沉管夯扩灌筑桩和振动冲击沉管灌筑桩等。沉管灌筑桩的施工工艺主要包括：就位—沉钢管—放钢筋笼—灌筑混凝土—拔钢管。

1. 锤击沉管灌筑桩

锤击沉管灌筑桩的机械设备示意图如图3.28所示。施工时，用桩架吊起钢桩管，对准预先设在桩位处的预制钢筋混凝土桩靴或活瓣式桩靴，如图3.29、图3.30所示。桩管与桩靴连接处要垫以麻、草绳，以防止地下水渗入桩管。然后缓缓放下桩管，套入桩靴压进土中，校正垂直度后即可锤击桩管。先用低锤轻击，观察无偏移后，再进行正常施打。桩管打入至要求的贯入度或标高后，停止锤击，在管内放入钢筋笼。同时，用吊砣检查管内有无泥浆或渗水，然后用吊斗将混凝土通过漏斗灌入桩管内，待桩管灌满后，开始拔管，拔管要均匀，不宜过快，对一般土层，以1m/min为宜，对淤泥和淤泥质软土以不大于0.8m/min为宜，在软弱土层

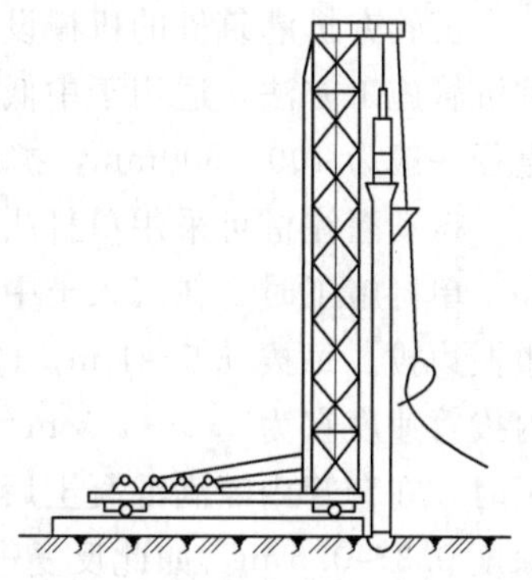

图3.28 锤击沉管灌筑桩的机械设备示意图

和软硬土层交界处，可控制在0.3～0.8m/min，拔管高度一次也不宜过高，应保持桩管内的混凝土高度不少于2m，然后再灌筑混凝土。拔管时应保持连续密锤低击不停，从而将混凝土振实，这样一直到全管拔出为止。

锤击沉管灌筑桩适用于一般性黏性土、淤泥质土、砂土和人工填土地基。

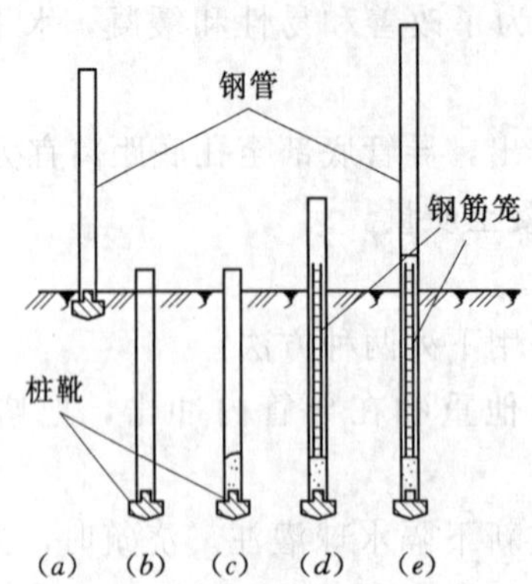

图3.29 沉管灌筑桩施工过程

(a) 就位；(b) 沉套管；(c) 开始灌注混凝土；(d) 下钢筋骨架继续浇灌混凝土；(e) 拔管成型

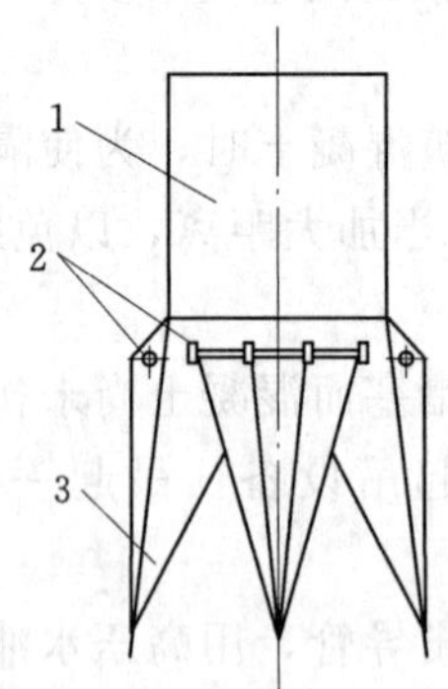

图3.30 活瓣桩尖示意图

1—桩管；2—锁轴；3—活瓣

2. 振动沉管灌筑桩

振动沉管灌筑桩采用激振器或振动冲击锤沉管。施工时，先安装好桩机，将桩靴对准桩位，徐徐放下桩管，压入土中，校正垂直度后即可开动激振器沉管。当桩管沉到设计标高时，停止振动，用吊斗将混凝土灌入桩管内，然后，再开动激振器和卷扬机拔出钢管，边振边拔，从而使混凝土得到振实。

振动灌筑桩适用于软土、淤泥和人工填土地基。

3. 沉管夯扩灌筑桩

沉管夯扩灌筑桩，是在锤击沉管筑桩的基础上发展起来的一种施工方法。它利用打桩锤将内、外桩管同步沉入土层中，通过锤击内桩管夯扩端部混凝土，使桩端形成一个扩大头，然后再灌注桩身混凝土。在上拔外桩管时，用内桩管和桩锤顶压在管内混凝土面上，使桩身混凝土密实。

沉管夯扩灌筑桩的机械设备与锤击沉管灌筑桩相同，常用D25型或D40型柴油锤。此种沉管施工方法，适用于中低压缩性黏土、粉土、砂土、碎石土、强风化岩等土层。其桩身直径一般为400～600mm，扩大头直径可达500～900mm，桩长不宜超过20m。

振动灌注桩可采用单打法、反插法或复打法施工。

单打施工时，在沉入土中的套管内灌满混凝土，开动激振器，振动5～10 s，开始拔管，边振边拔。每拔0.5～1 m，停拔振动5～10 s，如此反复，直到套管全部拔出。在一般土层内拔管速度宜为1.2～1.5 m/min，在较软弱土层中，不得大于0.8～1.0 m/min。反插法施工时，在套管内灌满混凝土后，先振动再开始拔管，每次拔管高度0.5～1.0 m，向下反插深度0.3～0.5 m。如此反复进行并始终保持振动，直到套管全部拔出地面。反插法能使桩的截面增大，从而提高桩的承载力，宜在较差的软土地基上应用。

复打法要求与锤击灌注桩相同。

振动灌注桩的适用范围除与锤击灌注桩相同外，并适用于稍密及中密的碎石土地基。

4. 成管灌注桩易产生的质量问题及处理

(1) 断桩。断桩一般常见于地面下 1～3m 的不同软硬层交接处。其裂痕呈水平或略倾斜，一般都贯通整个截面。其原因主要有：桩距过小，邻桩施打时土的挤压所产生的水平横向推力和隆起上拔力的影响；软硬土层间传递水平力大小不同，对桩产生剪应力；桩身混凝土终凝不久，强度弱，承受不了外力的影响。避免断桩的措施有：桩的中心距宜大于 3.5 倍桩径；考虑打桩顺序及桩架行走路线时，应注意减少对新打桩的影响；采用跳打法或控制时间法以减少对邻桩的影响。断桩检查，在 2～3 m 深度内可用木锤敲击桩头侧面，同时用脚踏在桩头上，如桩已断，会感到浮振。亦可用动测法，由波形曲线和频波曲线图形判断断桩的质量与完整程度。断桩一经发现，应将断桩段拔出，将孔清理干净后，略增大面积或加上铁箍连接，再重新灌注混凝土补做桩身。

(2) 缩颈。缩颈的桩又称瓶颈桩。部分桩颈缩小，截面积不符合要求。其原因是：在含水量大的黏性土中沉管时，土体受强烈扰动和挤压，产生很高的孔隙水压力，桩管拔出后，这种水压力便作用到新灌注的混凝土桩上，使桩身发生不同程度的颈缩现象；拔管过快，混凝土量少，或和易性差，使混凝土出管时扩散差等。施工中应经常测定混凝土的落下情况，发现问题及时纠正，一般可用复打法处理。

(3) 吊脚桩即桩底部混凝土隔空，或混凝土中混进泥砂而形成松软层。原因为桩靴强度不够，沉管时被破坏变形，水或泥砂进入桩管，或活瓣未及时打开。处理办法：将桩管拔出，纠正桩靴或将砂回填桩孔后重新沉管。

(4) 桩靴进水进泥。桩靴进水进泥常发生在地下水位高或饱和淤泥或粉砂土层中。原因为桩靴活瓣闭合不严、预制桩靴被打坏或活瓣变形。处理方法：拔出桩管，清除泥砂，整修桩靴活瓣，用砂回填后重打。地下水位高时，可待桩管沉至地下水位时，先灌入 0.5m 厚的水泥砂浆作封底，再灌 1m 高混凝土增压，然后再继续沉管。

3.2.3.4 爆扩成孔灌注桩

爆扩成孔灌注桩是用钻孔爆扩成孔，孔底放入炸药，再灌入适量的混凝土，然后引爆使孔底形成扩大头。再放置钢筋笼，浇筑桩身混凝土制成的桩（图 3.31）。

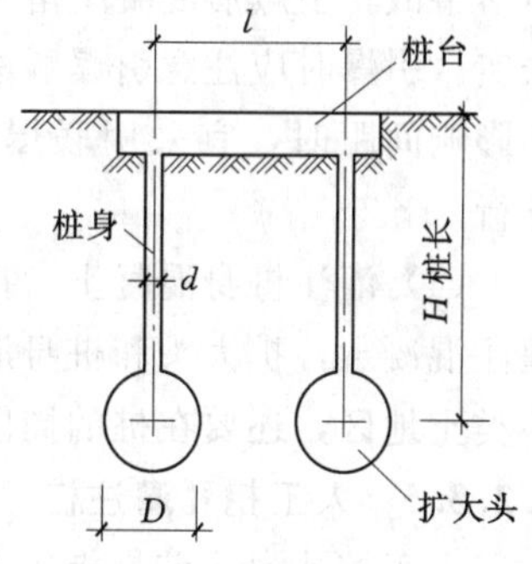

图 3.31 爆扩桩示意图

爆扩桩在黏性土层中使用效果较好，但在软土及砂土中不易成型，桩长 H 一般为 3～6m，最大不超过 10m。扩大头直径 D 为 2.5～3.5d。这种桩具有成孔简单、节省劳力和成本低等优点。但检查质量不便，施工质量要求严格。

爆扩大头的施工要点如下。

(1) 炸药用量。炸药用量与爆扩大头尺寸和土质有关，应就地通过试验来决定，或参考下式计算

$$D=K\sqrt[3]{C}$$

式中 D——扩大头直径，m；

C——硝铵炸药用量，kg，见表 3.8；

K——土质影响系数，见表 3.9。

表 3.8 爆扩大头用药量参考表

扩大头直径（m）	0.6	0.7	0.8	0.9	1.0	1.1	1.2
炸药用量（kg）	0.30～0.45	0.45～0.60	0.60～0.75	0.75～0.90	0.90～1.10	1.10～1.30	1.30～1.50

注 1. 表内数值适用于地面以下深度3.5～9.0m的黏性土，土质松软时采用小的数值，坚硬时采用大的数值。

2. 在地面以下2.0～3.0m的土层中爆扩时，用药量应较表值减少20%～30%。

3. 在砂类土中爆扩时用药量应较表值增加10%。

表 3.9 土质影响系数 K 值表

项次	土的类别	变形模量 E (MPa)	天然地基计算强度 R_B(MPa)	土质影响系数 K	项次	土的类别	变形模量 E (MPa)	天然地基计算强度 R_B(MPa)	土质影响系数 K
1	坡积黏土	50	0.40	0.7～0.9	7	沉积可塑亚黏土	8	0.20	1.03～1.21
2	坡积黏土、亚黏土	14	—	0.8～0.9	8	黄土类亚黏土	—	0.12～0.14	1.19
3	亚黏土	13.4	—	1.0～1.1	9	卵石层	—	0.60	1.07～1.18
4	冲积黏土	12	0.15	1.25～1.30	10	松散角砾			0.04～0.99
5	残积可塑亚黏土	13	0.2～0.25	1.15～1.30	11	稍湿亚黏土			0.8～1.0
6	沉积可塑亚黏土	24	0.25	4.92					

（2）安放药包。把确定的炸药量用塑料布紧密包扎成药包，每个药包放2个雷管，用并联法与引爆线路连接；用绳将药包吊放到桩孔底正中，其上盖15～20cm砂，保护药包不被混凝土冲破。

（3）灌压爆混凝土及引爆。压爆混凝土灌入量为扩大头体积的一半，混凝土坍落度在黏性土层中宜为10～12cm，在砂土及人工填土中宜为12～14cm，骨料直径不宜大于25mm；压爆混凝土灌注完毕后，应立即进行引爆，时间间隔不宜超过30min，否则容易出现混凝土拒落事故；引爆后混凝土落入扩大头空腔底部，然后检查扩大头尺寸，用软轴接长的振动棒振实。引爆时应注意引爆顺序：桩距大于爆扩影响间距时，可采用单爆方式；当桩距小于爆扩影响间距时，宜采用联爆方式；相邻桩扩大头不在同一标高时，引爆顺序应先深后浅进行。

（4）灌注桩身混凝土。扩大头底部混凝土振实后，立即将钢筋骨架垂直放入桩孔，然后灌注混凝土，扩大头和桩身混凝土一次灌注完。桩顶加盖草袋，终凝后浇水养护。在干燥的砂类土地区，还要在桩的周围浇水养护。

3.2.3.5 人工挖孔灌注桩

人工挖孔灌注桩是指用人工挖土成孔，灌注混凝土而成的桩；当需扩大桩底的断面尺寸时，则称挖孔扩底灌注桩。这类桩单桩承载力大，受力性能好，质量可靠，沉降量小，施工操作工艺简单，无需大型机械设备，无振动、噪声，无环境污染，在荷载大的重型结构和超高层建筑深基础中得到广泛应用。挖孔桩的直径一般为800～2000mm，最大直径可达3500mm，桩长（埋深）一般在20m左右，最深可达40m。但挖孔桩施工，工人在井下作业，劳动条件差，生产效率低，安全性较差。施工中应特别注意塌方、流沙、有害气体等影响，应严格按操作规程施工，制定可靠的安全措施。

人工挖孔桩预防孔壁坍塌的措施有采用现浇混凝土护圈、钢套管和沉井三种。图3.32

即为常用的混凝土护圈挖孔桩，其施工方法是分段开挖（每段为1m），分段浇筑护圈混凝土直至设计深度后，再将桩的钢筋骨架放入护圈井筒内，然后浇筑井筒桩身混凝土。当工程地质有承压水的含水层或软土层时，为防止产生管涌、流沙，则可采用钢套管护壁，利用钢套管切断承压含水层或软土层。在软土层地基也有的采用沉井连续下沉方法进行挖孔桩施工。

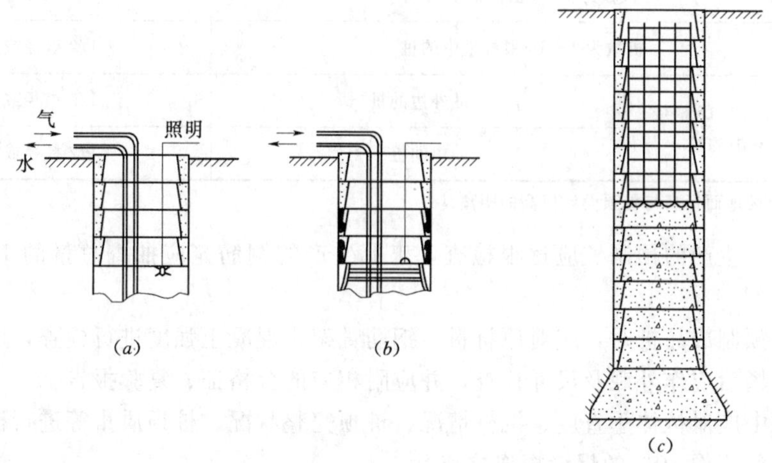

图3.32　混凝土护圈挖孔桩

(a) 在护圈保护下开挖土方；(b) 支模浇筑混凝土护圈；(c) 浇筑桩身混凝土

3.2.4　桩基工程质量检查及检测

3.2.4.1　打（沉）桩的质量控制

（1）桩端（指桩的全截面）位于一般土层时，以控制桩端设计标高为主，贯入度可作参考。

（2）桩端达到坚硬、硬塑的黏性土，中密以上粉土、砂土、碎石类土、风化岩时，以贯入度控制为主，桩端标高可作参考。

（3）当贯入度已达到，而桩端标高未达到时，应继续锤击3阵，按每阵10击的贯入度不大于设计规定的数值加以确认。

（4）振动法沉桩是以振动箱代替桩锤，其质量控制是以最后3次振动（加压），每次10min或5min，测出每分钟的平均贯入度，以不大于设计规定的数值为合格，而摩擦桩则以沉到设计要求的深度为合格。

3.2.4.2　打（沉）桩验收要求

（1）打（沉）入桩的桩位偏差按表3.10控制，桩顶标高的允许偏差为－50mm、＋100mm；斜桩倾斜度的偏差不得大于倾斜角正切值的15%（倾斜角系桩的纵向中心线与铅垂线间夹角）。

（2）施工结束后应对承载力进行检查。桩的静载荷试验根数应不少于总桩数的1%，且不少于3根，当总桩数少于50根时，应不少于2根；当施工区域地质条件单一，又有足够的实际经验时，可根据实际情况由设计人员酌情而定。

（3）桩身质量应进行检验，对多节打入桩不应少于桩总数的15%，且每个柱子承台不得少于1根。

表 3.10　　　　预制桩桩位的允许偏差

项次	检 查 项 目		允许偏差（mm）
1	盖有基础梁的桩	垂直基础梁的中心线	100+0.01H
		沿基础梁的中心线	150+0.01H
2	桩数为 1～3 根桩基中的桩		100
3	桩数为 4～16 根桩基中的桩		1/2 桩径或边长
4	桩数大于 16 根桩基中的桩	最外边的桩	1/3 桩径或边长
		中间桩	1/2 桩径或边长

注　H 为施工现场地面标高与桩顶设计标高的距离。

(4) 由工厂生产的预制桩应逐根检查，工厂生产的钢筋笼应抽查总量的 10%，但不少于 10 根。

(5) 现场预制成品桩时，应对原材料、钢筋骨架、混凝土强度进行检查，用工厂生产的成品桩时，进场后应作外观及尺寸检查，并应附相应的合格证、复验报告。

(6) 旋工中应对桩体垂直度、沉桩情况、桩顶完整状况、桩顶质量等进行检查，对电焊接桩、重要工程应作 10%的焊缝探伤检查。

(7) 施工结束后，应对承载力及桩体质量做检验。

(8) 钢筋混凝土预制桩的质量检验标准见表 3.11。

表 3.11　　　　钢筋混凝土预制桩的质量检验标准

项	序	检 查 项 目		允许偏差或允许值	检 查 方 法
主控项目	1	桩体质量检验		按桩基检测技术规范	按桩基检测技术规范
	2	桩位偏差		见表 3.10	用钢尺量
	3	承载力		按桩基检测技术规范	按桩基检测技术规范
一般项目	1	砂、石、水泥、钢材等原材料（现场预制时）		符合设计要求	查出厂质保文件或抽样送检
	2	混凝土配合比及强度（现场预制时）		符合设计要求	检查称量及查试块记录
	3	成品桩外形		表面平整，颜色均匀，掉角深度<10mm，蜂窝面积小于总面积 0.5%	直观
	4	成品桩裂缝（收缩裂缝或起吊、装运、堆放引起的裂缝）		深度<20mm，宽度<0.25mm，横向裂缝不超过边长的一半	裂缝测定仪，该项在地下水有侵蚀地区及锤击数超过 500 击的长桩不适用
	5	成品桩尺寸	横截面边长	±5mm	用钢尺量
			桩顶对角线差	<10mm	用钢尺量
			桩尖中心线	<10mm	用钢尺量
			桩身弯曲矢高	<1/1000l	用钢尺量，l 为桩长
			桩顶平整度	<2mm	用水平尺量

续表

项	序	检查项目		允许偏差或允许值	检查方法
一般项目	6	电焊接桩	焊缝质量	见现行相关规范	见有关规范
			电焊结束后停歇时间	＞1.0min	秒表测定
			上下节平面偏差	＜10mm	用钢尺量
			节点弯曲矢高	＜1/1000l	用钢尺量，l 为两节桩长
	7	硫磺胶泥接桩	胶泥浇注时间	＜2min	秒表测定
			浇筑后停歇时间	＞7min	秒表测定
	8	桩顶标高		±50mm	水准仪
	9	停锤标准		设计要求	现场实测或查沉桩记录

3.2.4.3 灌筑桩质量要求及验收

(1) 灌筑桩的平面位置和垂直度的允许偏差应符合表 3.12 规定，桩顶标高至少要比设计标高高出 0.5m。

(2) 灌筑桩的沉渣厚度。当以摩擦桩为主时，不得大于 150mm，当以端承力为主时，不得大于 50mm，套管成孔的灌筑桩不得有沉渣。

(3) 灌筑桩每灌筑 50m^3 应有一组试块，小于 50m^3 的桩应每根桩有一组试块。

(4) 桩的静载荷载试验根数应不少于总桩数的 1%，且不少于 3 根，当总桩数少于 50 根时，应不少于 2 根。

表 3.12　灌筑桩的平面位置和垂直度的允许偏差

序号	成孔方法		桩径允许偏差（mm）	垂直度允许偏差（%）	桩位允许偏差（mm）	
					1～3 根、单排桩基垂直于中心线方向和群桩基础的边桩	条形桩基沿中心线方向和群基础的中间桩
1	泥浆护壁灌筑桩	D≤1000mm	±50	＜1	D/6 且不大于 100	D/4 且不大于 150
		D＞1000mm	±50		100＋0.01H	150＋0.01H
1	套管成孔灌筑桩	D≤500mm	−20	＜1	70	150
		D＞500mm			100	150
3	干成孔灌筑桩		−20	＜1	70	150
4	人工挖孔桩	混凝土护壁	＋50	＜0.5	50	150
		钢套管护壁	＋50	＜1	100	200

注　1. 桩径允许偏差的负值是指个别断面。
2. 采用复打、反插法施工的桩径允许偏差不受本表限制。
3. H 为施工现场地面标高与桩顶设计标高的距离，D 为设计桩径。

(5) 桩身质量应进行检验，检验数不应少于总数的 20%，并不应少于 10 根，且每个柱子承台下不得少于 1 根。

(6) 对砂子、石子、钢材、水泥等原材料的质量，检验项目、批量和检验方法，应符合国家现行有关标准的规定。

(7) 施工中应对成孔、清渣、放置钢筋笼，灌筑混凝土等全过程检查；人工挖孔桩尚应

复验孔底持力层土（岩）性。嵌岩桩必须有桩端持力层的岩性报告。

（8）施工结束后，应检查混凝土强度，并应进行桩体质量及承载力检验。

（9）混凝土灌筑桩的质量检验标准见表3.13。

表3.13　　混凝土灌筑桩质量检验标准

项	序	检查项目		允许偏差或允许值	检查方法
主控项目	1	桩位		见表3.12	基坑开挖前量护筒，开挖后量桩中心
	2	孔深		+300mm	只深不浅，用重锤测，或测钻杆、套管长度，嵌岩桩应确保进入设计要求的嵌岩深度
	3	桩体质量检验		按基桩检测技术规范。如钻芯取样，大直径嵌岩桩应钻至桩尖下50cm	按基桩检测技术规范
	4	混凝土强度		设计要求	试件报告或钻芯取样送检
	5	承载力		按基桩检测技术规范	按基桩检测技术规范
一般项目	1	垂直度		见表3.12	测套管或钻杆，或用超声波探测，干施工时吊垂球
	2	桩径		见表3.12	井径仪或超声波检测，干施工时用钢尺量，人工挖孔桩不包括内衬厚度
	3	泥浆相对密度（黏土或砂性土中）		1.15～1.20	用比重计测，清孔后在距孔底50cm处取样
	4	泥浆面标高（高于地下水位）		0.5～1.0m	目测
	5	沉渣厚度	端承桩	≤50mm	用沉渣仪或重锤测量
			摩擦桩	≤150mm	
	6	混凝土坍落度	水下灌筑	160～220mm	坍落度仪
			干施工	70～100mm	
	7	钢筋笼安装深度		±100mm	用钢尺量
	8	混凝土充盈系数		>1	检查每根桩的实际灌筑量
	9	桩顶标高		+30mm −50mm	水准仪，需扣除桩顶浮浆层及劣质桩体

3.2.4.4　桩的质量检测

桩的质量检测有两种基本方法：一类是静载载荷试验法；另一类为动测法。现以单桩竖向抗压静载试验为例进行介绍。

1. 试验目的

静载试验的目的，是采用接近于桩的实际工作条件，通过静载加压，确定单桩的极限承载力，作为设计依据，或对工程桩的承载力进行抽样检验和评价。

桩的静载试验，是模拟实际荷载情况，通过静载加压，得出一系列关系曲线，综合评定确定其容许承载力，它能较好地反映单桩的实际承载力。荷载试验有多种，通常多采用单桩竖向抗压静载试验，单桩、竖向抗拔静载试验和单桩水平静载试验。

2. 试验装置

单桩竖向抗压静载试验一般采用油压千斤顶加载，千斤顶的加载反力装置根据现场实际条件有三种形式：锚桩横梁反力装置（图 3.33）、压重平台反力装置和锚桩压重联合反力装置。千斤顶平放于试桩中心，当采用两个以上千斤顶加载时，应将千斤顶并联同步工作，并使千斤顶的合力通过试桩中心。

荷载与沉降量测仪表：荷载可用放置于千斤顶上的压力环，应变式压力传感器直接测定，或采用连接于千斤顶的压力表测定油压，根据千斤顶率定曲线换算荷载。试桩沉降一般采用百分表或电子位移计测量。试桩、锚桩和基准桩之间的中心距离应符合表 3.14 中的规定。

表 3.14　试桩、锚桩和基准桩之间的中心距离

反力系统	试桩与锚桩（或压重平台支墩边）	试桩与基础桩	基准桩与锚桩（或压重平台支墩边）
锚桩横梁反力装置 压重平台反力装置	$\geqslant 4d$ 且不小于 2.0m	$\geqslant 4d$ 且不小于 2.0m	$\geqslant 4d$ 且不小于 2.0m

注　d 为试桩或锚桩的设计直径，取其较大者（如试桩或锚桩为扩底桩时，试桩与锚桩的中心距不应小于 2 倍扩大端直径）。

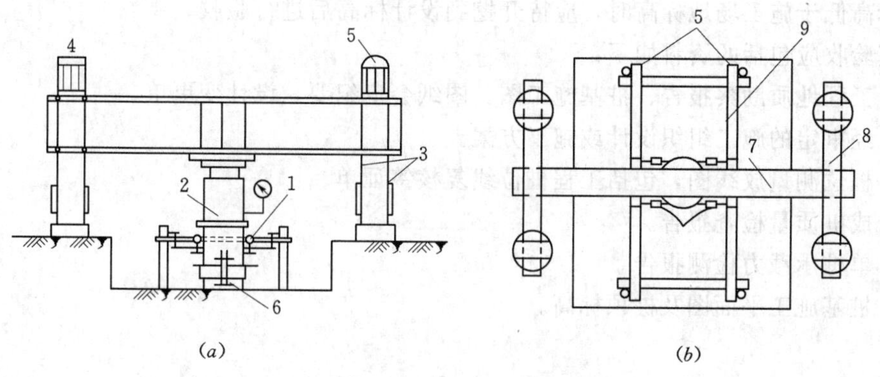

图 3.33　竖向静载试验装置

1—百分表；2—千斤顶；3—钢筋；4—厚钢板；5—硬木包钢皮；6—基准桩；7—主梁；8—次梁；9—基准梁

3. 加卸方式与沉降观测

(1) 试验加载方式。采用慢速维持荷载法，即逐级加载，每级荷载达到相对稳定后加下一级荷载，直到破坏，然后分级卸载到零。也可采用多循环加载、卸载法或快速维持荷载法加载。

(2) 加载分级。试验时加载分级不应小于 8 级，每级加载为预估极限荷载的 1/10～1/15，第一级可按 2 倍分级荷载加荷。

(3) 沉降观测。每级加载后间隔 5min、10min、15min 各测读一次，以后每隔 15min 测读一次，累计 1h 后每隔 30min 测读一次，每次测读值记入试验记录表。

(4) 沉降相对稳定标准。每 1h 的沉降不超过 0.1mm，并连续出现两次（由 1.5h 内连续 3 次观测值计算），认为已达到相对稳定，可加下一级荷载。

(5) 终止加载条件。当出现下列情况之一时，即可终止加载：某级荷载作用下，桩的沉降量为前一级荷载作用下沉降量的5倍；某级荷载作用下，桩的沉降量大于前一级荷载作用下沉降量的2倍，且经24h尚未达到相对稳定；已达到锚桩最大抗拔力或压重平台的最大重力时。

(6) 卸载与卸载沉降观测。每级卸载值为每级加载值的2倍。每级卸载后隔15min测读一次残余沉降，读两次后，隔30min再读一次，即可卸下一级荷载，全部卸载后。隔3～4h再读一次。

4. 单桩竖向极限承载力的确定

根据沉降随荷载的变化特征确定极限承载力：对于陡降型 $Q—S$ 曲线，取 $Q—S$ 曲线发生明显陡降的起始点。

根据沉降量确定极限承载力：对于缓变型 $Q—S$ 曲线，一般可取 $S=40\sim60$mm 对应的荷载；对于大直径可取 $S=0.03\sim0.06D$（D 为桩端直径）所对应的荷载；对于细长桩（$L/d>80$）可取 $S=60\sim80$mm 对应的荷载。

单桩竖向极限承载力标准值应根据试桩位置、实际地质条件、施工情况等综合确定。当各试桩条件基本相同时，单桩竖向极限预载力标准值可取试桩结果统计特征值。

5. 桩基验收资料

当桩顶设计标高与施工场地面标高接近时，桩基工程的验收应待成桩完毕后验收，当桩顶设计标高低于施工场地标高时，应待开挖到设计标高后进行验收。

桩基验收应包括的资料如下：

(1) 工程地质勘察报告、桩基施工图、图纸会审纪要、设计变更单。

(2) 经审定的施工组织设计或施工方案。

(3) 桩位测量放线图，包括工程桩位线复核签证单。

(4) 成桩质量检查报告。

(5) 单桩承载力检测报告。

(6) 桩基施工平面图及桩顶标高。

思　考　题

3.1　简述杯口基础的施工要点。

3.2　简述柱下条形基础及墙下条形基础的施工要点。

3.3　简述筏形基础的构造及施工要点。

3.4　打桩对周围有哪些影响，如何防止？

3.5　如何确定打桩的顺序？

3.6　试述钢筋混凝土预制桩的制作、起吊、运输、堆放等环节的主要工艺要求。

3.7　试分析打桩顺序、土壤挤压与桩距的关系。

3.8　端承桩和摩擦桩的质量控制以什么为主？

3.9　什么是沉管灌注桩的复打法？起什么作用？

3.10　套管成孔灌注桩施工中常遇到哪些质量问题？如何处理？

3.11　人工挖孔灌注桩有哪些特点？如何预防孔壁坍塌？

第4章 砌 筑 工 程

4.1 脚手架与垂直运输

4.1.1 脚手架的基本要求与分类

脚手架是为建筑施工而搭设的上料，堆料与施工作业用的临时结构架，也是施工作业中必不可少的工具和手段，在工程建造中占有相当重要的地位。

1. 脚手架的基本要求

脚手架的正确选择和使用，关系到施工安全和施工作业的顺利与否，关系到施工进度，同时也对工程质量和企业效益产生直接的影响。因此，脚手架须满足以下基本要求：

（1）要有足够的搭设宽度和高度，能够满足工人操作、材料堆置以及运输方便的要求。

（2）应具有足够的承载力和稳定性，能确保在各种荷载和气候条件下，不超过允许变形，不倾倒、不摇晃，并有可靠的防护设施，以确保在架设、使用和拆除过程中的安全可靠性。

（3）应搭设简单、拆除方便，易于搬运，能够多次周转使用。

（4）应与楼层作业面高度相统一，并与垂直运输设施（如施工电梯、井字架等）相适应，以满足材料由垂直运输转入楼层水平运输的需要。

2. 脚手架的分类

脚手架按构架方式可分为多立杆式脚手架、框架组合式脚手架（如门式脚手架）、格构件组合式脚手架和台架等；按支固方式可分为落地式脚手架、悬挑式脚手架、悬吊式脚手架（吊篮）、附墙悬挑式脚手架；按用途可分为结构脚手架、装修脚手架和支撑脚手架等；按搭设位置又可分为外脚手架和里脚手架。下面仅介绍几种常用的脚手架。

4.1.2 外脚手架

多立杆式脚手架主要由立杆（立柱）、纵向水平杆（大横杆）、横向水平杆（小横杆）、底座、支撑与脚手板构成受力骨架和作业层，再加上安全防护设施而组成。常用的有扣件式钢管脚手架和碗扣式钢管脚手架两种。

4.1.2.1 扣件式钢管脚手架

扣件式钢管脚手架的组成如图4.1所示，它具有承载能力大、拆装方便、搭设高度大、周转次数多、摊销费用低等优点而被广泛应用。

1. 扣件式钢管脚手架的主要组成部件及其作用

（1）钢管。脚手架钢管应选用现行国家标准中Q235－A级钢管，其材质性能应符合GB/T 700《碳素结构钢》的有关规定。其尺寸应按表4.1选用。每根钢管质量不应大于25kg。

根据钢管在脚手架中的位置和作用不同，可分为立杆、纵向水平杆、横向水平杆、连墙杆、剪刀撑、水平斜拉杆等。

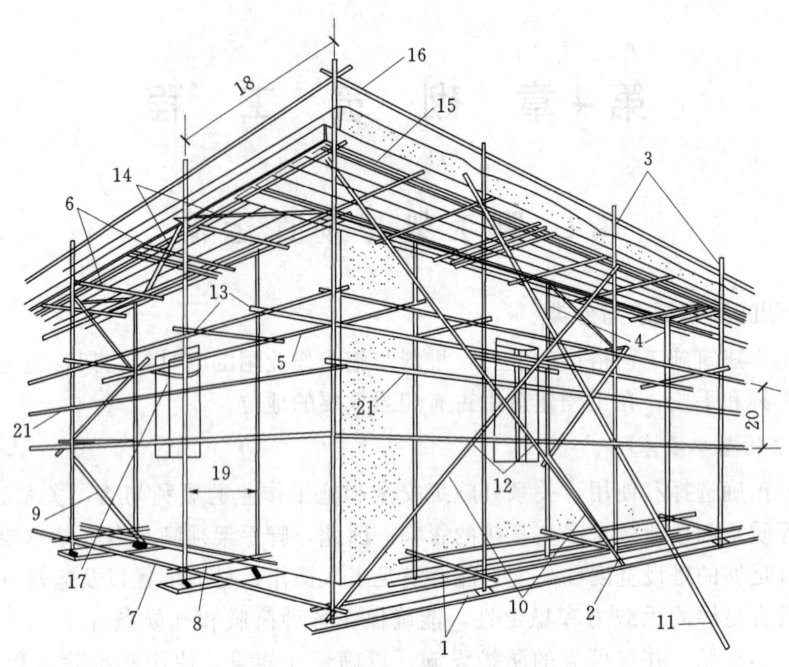

图 4.1 扣件式钢管脚手架的组成

1—垫板；2—底座；3—外立柱；4—内立柱；5—纵向水平杆；6—横向水平杆；7—纵向扫地杆；8—横向扫地杆；9—横向斜撑；10—剪刀撑；11—抛撑；12—旋转扣件；13—直角扣件；14—水平斜撑；15—挡脚板；16—防护栏杆；17—连墙固定件；18—纵距（l_a=1.2～2m）；19—横距（l_b=0.9～1.5m）；20—步距（h≤1.8m）；21—扶手杆

1）立杆。立杆平行于建筑物并垂直于地面，将脚手架荷载传递给基础。

2）纵向水平杆（大横杆）。大横杆平行于建筑物并在纵向水平连接各立杆，承受、传递荷载给立杆。从第二个步距开始，在每个步距中间外侧加设一道大横杆，亦称“扶手杆”。

3）横向水平杆（小横杆）。小横杆垂直于建筑物并在横向连接内、外立杆，承受、传递荷载给立杆。

4）剪刀撑。设在脚手架外侧面并与墙面平行的十字交叉斜杆，可增强脚手架的纵向刚度。

5）连墙杆。连接脚手架与建筑物，承受并传递荷载，且可防止脚手架横向失稳。

表 4.1 脚手架钢管尺寸 单位：mm

截面尺寸		最大长度	
外径 ϕ	壁厚 t	横向水平杆	其他杆
48	3.5	2200	6500
51	3.0		

6）水平斜拉杆。设在有连墙杆的脚手架内、外立柱间的步架平面内的“之”字形斜杆，可增强脚手架的横向刚度。

7）纵向水平扫地杆。采用直角扣件固定在距底座上皮不大于 200mm 处的立杆上，起

约束立杆底端在纵向发生位移的作用。

8）横向水平扫地杆。采用直角扣件固定在紧靠纵向扫地杆下方的立杆上的横向水平杆，起约束立杆底端在横向发生位移的作用。

（2）扣件。扣件是钢管与钢管之间的连接件，其基本形式有三种，如图 4.2 所示。

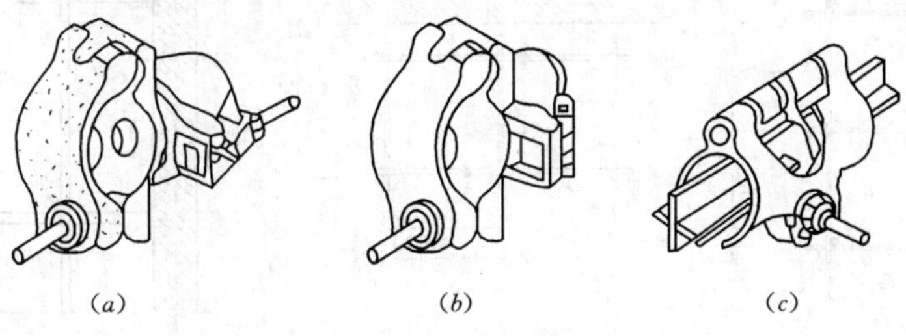

图 4.2　扣件形式
（a）旋转扣件；（b）直角扣件；（c）对接扣件

（3）脚手板。脚手板是提供施工作业条件并承受和传递荷载给水平杆的板件，可用钢、木、竹等材料制成。脚手板若设于非操作层起安全防护作用。

（4）底座。设在立杆下端，承受并传递立杆荷载给地基。

（5）安全网。用来防止人、物坠落，或用来避免、减轻坠落及物击伤害的网具。按其功能分为安全平网、安全立网及密目式安全立网。

2. 扣件式钢管脚手架的构造

扣件式钢管脚手架的基本构造形式有单排架和双排架两种构造形式。单排架和双排架一般用于外墙砌筑与装饰。

（1）立杆。横距为 0.9～1.50m，纵距为 1.20～2.0m。每根立杆均应设置标准底座。由标准底座底面向上 200mm 处，必须设置纵、横向扫地杆，用直角扣件与立杆连接固定。立杆接长除顶层可以采用搭接外，其余各层必须采用对接扣件连接。立杆的对接、搭接应满足下列要求：

1）立杆上的对接扣件应交错布置，两相邻立杆的接头应错开一步，其错开的垂直距离不应小于 500mm，且与相近的纵向水平杆距离应小于 1/3 步距。

2）对接扣件距主节点（立杆、大、小、横杆三者的交点）的距离不应大于 1/3 步距。

3）立杆的搭接长度不应小于 1m，用不少于两个旋转扣件固定，端部扣件盖板的边沿至杆端距离不应小于 100mm。

（2）纵向水平杆（大横杆）。纵向水平杆的构造应符合下列规定：

1）纵向水平杆宜设置在立杆内侧，其长度不宜小于 3 跨。

2）纵向水平杆接长宜采用对接扣件连接，也可采用搭接。对接、搭接应符合下列规定：

（a）纵向水平杆的对接扣件应交错布置：两根相邻纵向水平杆的接头不宜设置在同步或同跨内；不同步或不同跨两个相邻接头在水平方向错开的距离不应小于 500mm；各接头中心至最近主节点的距离不宜大于纵距的 1/3（图 4.3）。

（b）搭接长度不应小于 lm，应等间距设置 3 个旋转扣件固定，端部扣件盖板边缘至搭接纵向水平杆杆端的距离不应小于 100 mm。

（c）当使用冲压钢脚手板、木脚手板、竹串片脚手板时，纵向水平杆应作为横向水平杆

的支座，用直角扣件固定在立杆上；当使用竹笆脚手板时，纵向水平杆应采用直角扣件固定在横向水平杆上，并应等间距设置，间距不应大于400mm（图4.4）。

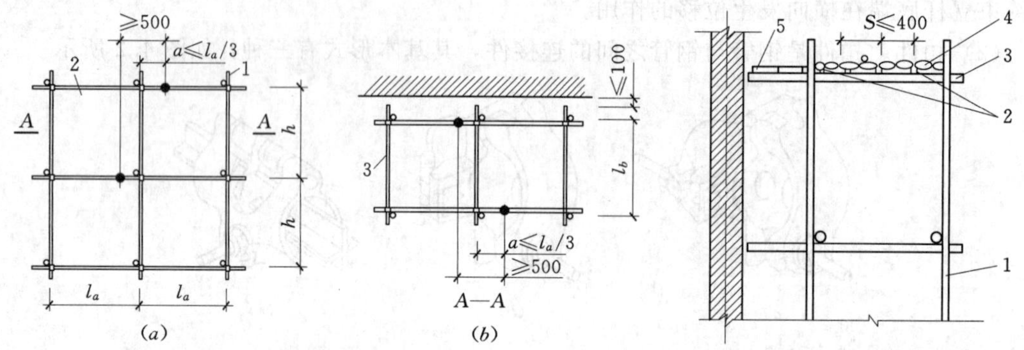

图4.3　纵向水平杆对接接头布置（单位：mm）

（*a*）接头不在同步内（立面）；（*b*）接头不在同跨内（平面）
1—立杆；2—纵向水平杆；3—横向水平杆

图4.4　铺竹笆脚手板时大横杆的构造（单位：mm）

1—立杆；2—大横杆；3—小横杆；
4—竹笆脚手板；5—其他脚手板

（3）横向水平杆（小横杆）。在主节点处必须设置横向水平杆。横向水平杆应放置在纵向水平杆上部，靠墙一端至墙装饰面距离不宜大于100mm。

（4）脚手板。脚手板的设置应符合下列规定：

1）作业层脚手板应铺满、铺稳，离开墙面120～150mm。

2）冲压钢脚手板、木脚手板、竹串片脚手板等，应设置在三根横向水平杆上。当脚手板长度小于2m时，可采用两根横向水平杆支承，但应将脚手板两端与其可靠固定，严防倾翻。这三种脚手板的铺设可采用对接平铺，亦可采用搭接铺设。脚手板对接平铺时，接头处必须设两根横向水平杆，脚手板外伸长应取130～150mm，两块脚手板外伸长度的和不应大于300mm，如图4.5（*a*）所示；脚手板搭接铺设时，接头必须支在横向水平杆上，搭接长度应大于200mm，其伸出横向水平杆的长度不应小于100mm，如图4.5（*b*）所示。

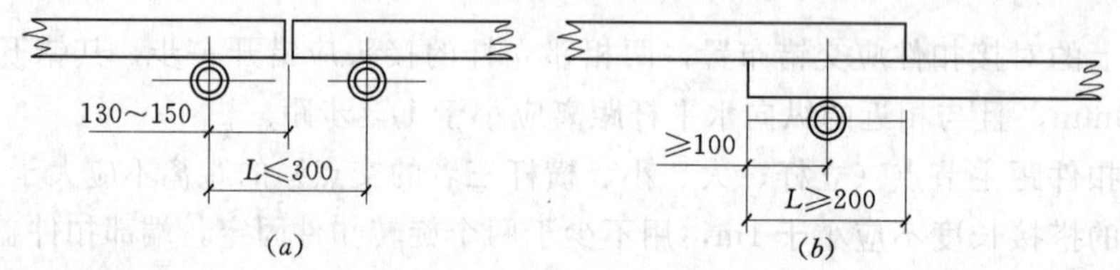

图4.5　脚手板对接、搭接（单位：mm）

（*a*）脚手板对接；（*b*）脚手板搭接

（5）剪刀撑和横向支撑。剪刀撑是在脚手架外侧面成对设置的交叉斜杆，可增强脚手架的纵向刚度。横向支撑也叫“之”字撑，是与脚手架内、外立杆或水平杆斜交呈“之”字形的斜杆，可增强脚手架的横向刚度。双排脚手架应设剪刀撑与横向支撑，单排脚手架应设剪刀撑。

剪刀撑的设置应符合下列要求：

1）每道剪刀撑跨越立杆的根数宜在5～7根，斜杆与地面的倾角宜在45°～60°之间。

2）高度在24m以上的双排脚手架应在外侧立面整个长度和高度上连续设置剪刀撑。

3）高度在24m以下的单、双排脚手架，均必须在外侧立面的两端各设置一道剪刀撑，并应由底至顶连续设置，剪刀撑之间的净距不应大于15m（图4.6）。

4）剪刀撑斜杆的接长宜采用搭接，搭接用旋转扣件不少于两个，搭接长度不小于1m。

5）剪刀撑斜杆应用旋转扣件固定在与之相交的小横杆的伸出端或立杆上，旋转扣件中心线距主节点的距离不宜大于150mm。

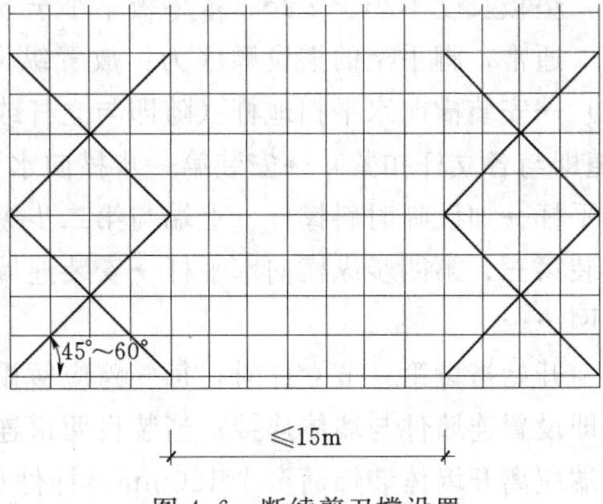

图4.6 断续剪刀撑设置

横向支撑的设置应符合下列要求：

1）横向支撑的每一道斜杆应在1～2步内，由底至顶呈“之”字形连续布置，两端用旋转扣件固定在立杆上或小横杆上。

2）一字形、开口型双排脚手架的两端均必须设置横向斜撑。

3）高度在24m以下的封闭型双排脚手架可不设横向斜撑，高度在24m以上者，除拐角应设置横向支撑外，中间应每隔6跨设置一道。

（6）连墙件。又称连墙杆，是连接脚手架与建筑物的部件，既要承受、传递风荷载，又要防止脚手架横向失稳或倾覆。

连墙件的布置形式、间距大小对脚手架的承载能力有很大影响，它不仅可以防止脚手架的倾覆，而且还可加强立杆的刚度和稳定性。连墙件的布置间距可参考表4.2。

表4.2　连墙件布置最大间距

脚手架高度		竖向间距 h	水平间距 l_a	每根连墙件覆盖面积（m²）
双排	≤50m	$3h$	$3l_a$	≤40
	>50m	$2h$	$3l_a$	≤27
单排	≤24m	$3h$	$3l_a$	≤40

连墙件根据传力性能和构造形式的不同，可分为刚性连墙件和柔性连墙件。通常采用刚性连墙件，使脚手架与建筑物连接可靠（图4.7）。

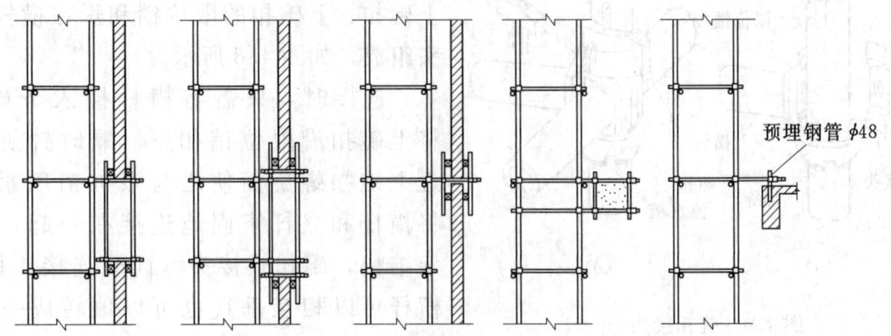

图4.7 连墙件常用做法

3. 扣件式钢管脚手架的搭设与拆除

（1）扣件式钢管脚手架的搭设。脚手架的搭设要求钢管的规格相同，地基平整夯实；对高层建筑物脚手架的基础要进行验算，脚手架地基的四周排水畅通，立杆底端要设底座或垫木，垫板长度不小于2跨，木垫板不小于50mm厚，也可用槽钢。

通常，脚手架的搭设顺序为：放置纵向水平扫地杆→逐根树立立杆（随即与扫地杆扣紧）→安装横向水平扫地杆（随即与立杆或纵向水平扫地杆扣紧）→安装第一步纵向水平杆（随即与各立杆扣紧）→安装第一步横向水平杆→安装第二步纵向水平杆→安装第二步横向水平杆→加设临时斜撑杆（上端与第二步纵向水平杆扣紧，在装设两道连墙杆后可拆除）→安装第三、第四步纵横向水平杆→安装连墙杆、接长立杆，加设剪刀撑→铺设脚手板→挂安全网……

开始搭设第一节立杆时，每6跨应暂设一根抛撑；当搭设至设有连墙件的构造点时，应立即设置连墙件与墙体连接；当装设两道连墙件后抛撑便可拆除；双排脚手架的小横杆靠墙一端应离开墙体装饰面至少100mm，杆件相交的伸出端长度不小于100mm，以防止杆件滑脱；扣件规格必须与钢管外径相一致，扣件螺栓拧紧，扭力矩为40～65N·m；除操作层的脚手板外，宜每隔1.2m高满铺一层脚手板，在脚手架全高或高层脚手架的每个高度区段内，铺板不多于6层，作业不超过3层，或者根据设计搭设。

对于单排架的搭设应在墙体上留脚手眼，但不得在下列墙体或部位留脚手眼：120mm厚墙、料石清水墙和独立柱；过梁上与过梁成60°角的三角形范围内及过梁净跨度1/2的高度范围内；宽度小于1m的窗间墙；梁或梁垫下及其两侧各500mm的范围内；砌体的门窗洞口两侧200mm（其他砌体为300mm）和墙转角处450mm（石砌体为600mm）的范围内；独立或附墙砖柱；设计上不允许留脚手眼的部位。

(2) 扣件式脚手架的拆除。扣件式脚手架的拆除应按由上而下、后搭者先拆、先搭者后拆的顺序进行；严禁上下同时拆除，以及先将整层连墙件或数层连墙件拆除后再拆其余杆件；如果采用分段拆除，其高差不应大于2步架；当拆除至最后一节立杆时，应先搭设临时抛撑加固后，再拆除连墙件；拆下的材料应及时分类集中运至地面，严禁抛扔。

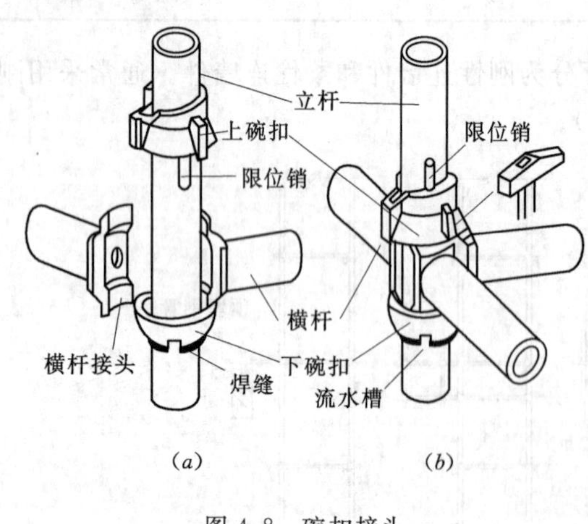

图4.8 碗扣接头
(a) 连接前；(b) 连接后

4.1.2.2 碗扣式钢管脚手架

碗扣式钢管脚手架的核心部件是碗口接头，它是由焊在立杆上的下碗扣、可滑动的上碗扣、上碗扣的限位销和焊在横杆上的接头组成，如图4.8所示。

连接时，只需将横杆插入下碗扣内，将上碗扣沿限位销扣下，顺时针旋转，靠近上碗扣螺旋面使之与限位销顶紧，从而将横杆和立杆牢固地连接在一起，形成框架结构，碗扣式接头可同时连接4根横杆，横杆可以相互垂直也可以偏转成一定的角度，位置随需要确定。该脚手架具有多功能、高功效、承载力大、安全可靠、便于管理等优点。

1. 碗扣式钢脚手架构配件规格及用途

碗扣式钢脚手架的杆件、配件按其用途可分为主要构件、辅助构件和专用构件三类。

(1) 主构件。

1) 立杆。由一定长度 ϕ48mm×3.5mm 钢管上每隔 600mm 安装碗扣接头，并在其顶端焊接立杆焊接管制成，用作脚手架的垂直承力杆。

2) 顶杆。即顶部立杆，在顶端设有立杆的连接管，以便在顶端插入托撑。用作支撑架(柱)、物料提升架等顶端的垂直承力杆。

3) 横杆。由一定长度的 ϕ48mm×3.5mm 钢管两端焊接横杆接头制成，用作立杆横向连接管或框架水平承力杆。

4) 单横杆。仅在 ϕ48mm×3.5mm 钢管一端焊接横杆接头，用作单排脚手架横向水平杆。

5) 斜杆。用于增强脚手架的稳定强度，提高脚手架的承载力。

6) 底座。安装在立杆的根部，用作防止立杆下沉并将上部荷载分散传递给地基的构件。

(2) 辅助构件。用于作业面及附壁拉结等的杆部件。

1) 间横杆。为满足普通钢或木脚手板的需要而专设的杆件，可搭设于主架横杆之间的任意部位，用以减小支承间距和支撑挑头脚手板。

2) 架梯。由钢踏步板焊在槽钢上制成，两端带有挂钩，可牢固地挂在横杆上，用于作业人员上下脚手架的通道。

3) 连墙撑。该构件为脚手架与墙体结构间的连接件，用以加强脚手架抵抗风载及其他永久性水平荷载的能力，提高其稳定性，防止倒塌。

(3) 专用构件。

1) 悬挑架。由挑杆和撑杆用碗扣接头固定在楼层内支承架上构成。用于其上搭设悬挑脚手架，可直接从楼内挑出，不需在墙体结构设埋件。

2) 提升滑轮。用于提升小物料而设计的杆部件，由吊柱、吊架和滑轮等组成。吊柱可插入宽挑梁的垂直杆中固定，与宽挑梁配套使用。

2. 搭设要点

(1) 组装顺序。底座→立杆→横杆→斜杆→接头锁紧→脚手板→上层立杆→立杆连接→横杆。

(2) 注意事项。

1) 立杆、横杆的设置。一般地，双排外脚手架立杆的横向间距取 1.2m，横杆的步距取 1.8m，立杆的纵向间距根据建筑物结构及作用荷载等具体要求确定，常选用 1.2m、1.8m、2.4m 三种尺寸。

2) 拐角组架。建筑物的外脚手架，在拐角处两交叉的排架要连在一起，以增加脚手架的整体稳定性。当双排脚手架拐角为直角时，宜采用横杆直接组架，如图 4.9 (*a*) 所示；当双排脚手架拐角为非直角时，可采用钢管扣件组架，如图 4.9 (*b*) 所示。

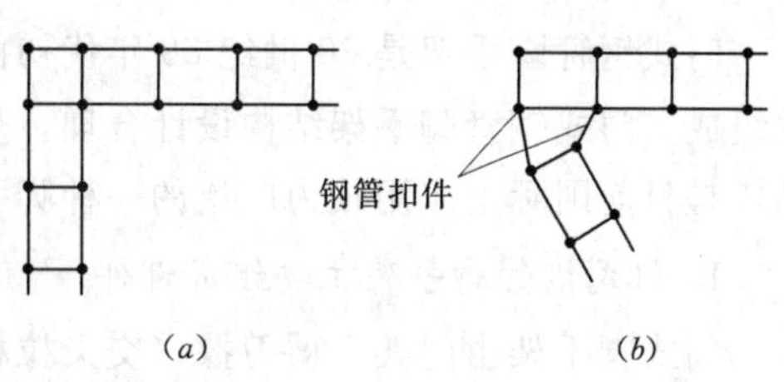

图 4.9 拐角组架

(*a*) 横杆组架；(*b*) 钢管扣件组架

3) 斜杆的设置。双排脚手架专用外斜杆设置应符合下列规定：①斜杆应设在有纵、横向横杆的碗扣节点上；②在封圈的脚手架拐角处及一字形脚手架端部应设置竖向通高斜杆；③当脚手架高度小于或等于24m（图4.10）时，每隔5跨应设置一组竖向通高斜杆；④当脚手架高度大于24m时，每隔3跨应设置一组竖向通高斜杆；⑤斜杆应对称设置。

当采用钢管扣件作斜杆时应符合下列规定：①斜杆应每步与立杆扣接，扣接点距碗扣节点的距离不应大于150mm，当出现不能与立杆扣接时，应与横杆扣紧；②纵向斜杆应在全高方向设置成八字形且内外对称，斜杆间距不应大于2跨，如图4.11所示。

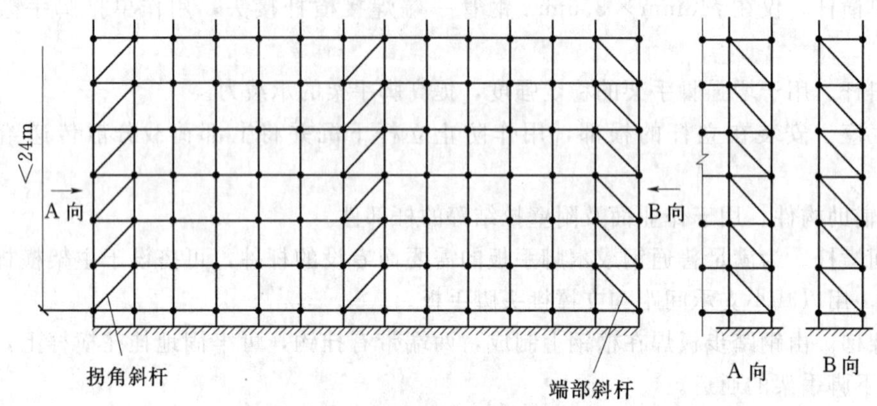

图4.10　专用外斜杆设置示意

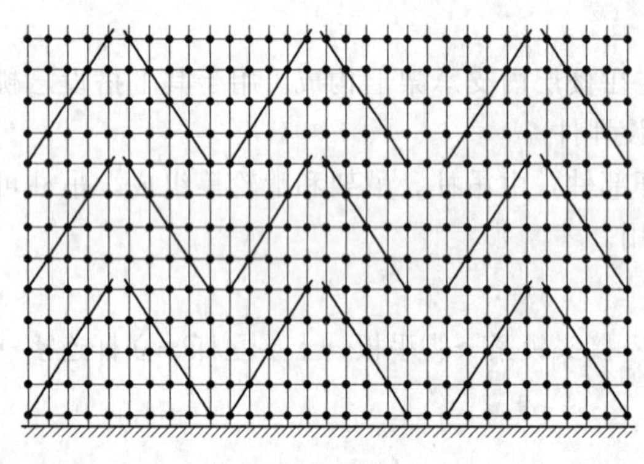
图4.11　钢管扣件作斜杆设置

4）连墙件的设置。连墙件的设置应符合下列规定：①连墙件应呈水平设置，当不能呈水平设置时，与脚手架连接的一端应下斜连接；②每层连墙件应在同一平面，其位置应由建筑结构和风荷载计算确定，且水平间距不应大于4.5m；③连墙件应设置在有横向横杆的碗扣节点处，当采用钢管扣件作连墙件时，连墙件应与立杆连接，连接点距碗扣节点距离不应大于150mm；④连墙件应采用可承受拉、压荷载的刚性结构，连接应牢固可靠。

4.1.2.3　门式钢管脚手架

门式钢管脚手架是20世纪80年代初由国外引进的一种多功能型脚手架，它由门架及配件组成。门式钢管脚手架结构设计合理，受力性能好，承载能力高，施工拆装方便，安全可靠，是目前国际上应用较为广泛的一种脚手架。

1. 门式钢管脚手架主要组成部件

门式脚手架由门架、剪刀撑（交叉拉杆）、水平梁架（平行架）、挂扣式脚手板、连接棒和锁臂等构成基本单元，将基本单元相互连接起来并增设梯型架、栏杆等部件即构成整片脚手架，如图4.12所示。

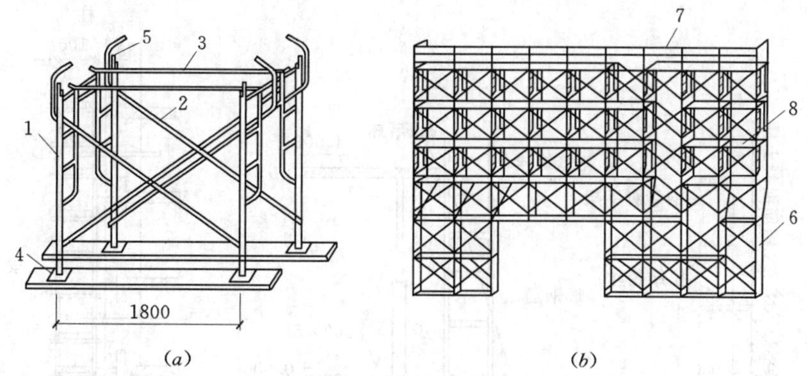

图 4.12 门式脚手架

(a) 基本单元；(b) 门式外脚手架

1—门架；2—剪刀撑；3—水平梁架；4—螺旋基脚；
5—连接棒；6—梯子；7—栏杆；8—脚手板

2. 门式钢管脚手架的搭设与拆除

(1) 搭设。门式脚手架的搭设顺序为：铺放垫木（垫板）→拉线放底座→自一端立门架，并随即装剪刀撑→装水平梁架（或脚手板）→装梯子→装通长大横杆→装连墙件→装连接棒→装上一步门架→装锁臂→重复以上步骤，逐层向上安装→装长剪刀撑→装设顶部栏杆。

(2) 拆除。拆除脚手架时，应自上而下进行，各部件拆除的顺序与安装顺序相反，不允许将拆除的部件从高空抛下，而应将拆下的部件收集分类后，用垂直吊运机具运至地面，集中堆放保管。

4.1.2.4 悬挑式脚手架

1. 悬挑式脚手架的概念

悬挑式脚手架是指其垂直方向荷载通过底部型钢支承架传递到主体结构上的施工用外脚手架。其特点是脚手架的自重及其施工荷重，全部传递至由建筑物承受，因而搭设不受建筑物高度的限制。主要用于外墙结构、装修和防护，以及在全封闭的高层建筑施工中，以防坠物伤人。悬挑式脚手架与前面几种脚手架相比更为节省材料，具有良好的经济效益。

2. 悬挑式脚手架的常见形式

悬挑脚手架的关键是悬挑支承结构，它必须有足够的强度、刚度和稳定性，并能将脚手架的荷载传递给建筑结构。常见悬挑支承结构的结构形式有两大类：

(1) 用型钢作梁挑出，端头加钢丝绳（或用钢筋花篮形螺栓拉杆）斜拉，组成悬挑支承结构。由于悬出端支承杆件是斜拉索（或拉杆），又称为斜拉式悬挑外脚手架 [图 4.13 (a)、(b)]。斜拉式悬挑外脚手架，其悬出端支承杆件是斜拉钢丝绳受拉绳索，其承载能力由拉索的承载力控制，故断面较小，钢材用量少且自重小，但拉索锚固要求高。

(2) 用型钢焊接的三角桁架作为悬挑支承结构，悬出端的支承杆件是三角斜撑压杆，又称为下撑式 [图 4.13 (c)]；下撑式悬挑外脚手架，悬出端支承杆件是斜撑受压杆件，其承载力由压杆稳定性控制，故断面较大，钢材用量多且自重大。

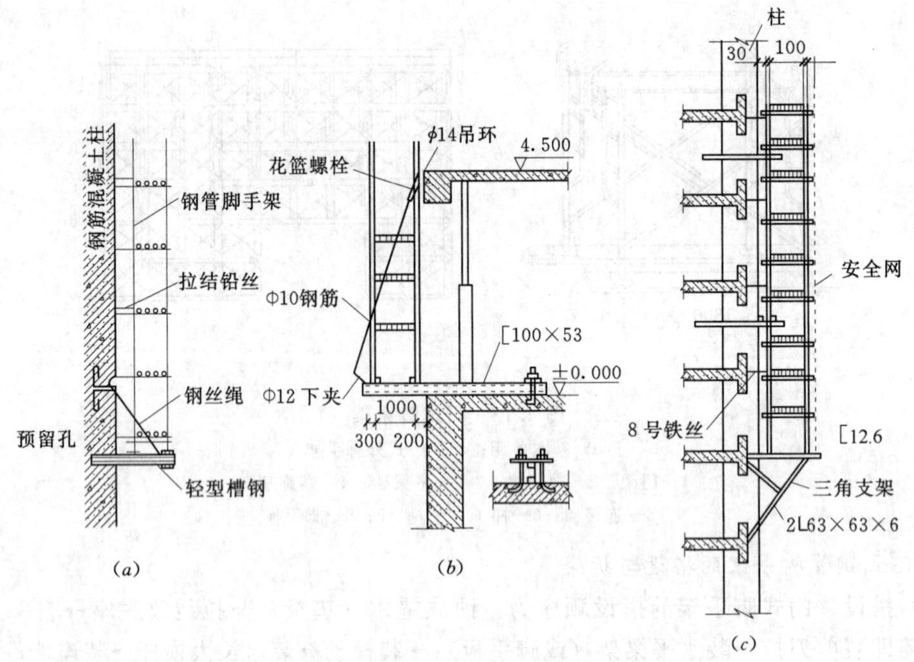

图 4.13　悬挑式脚手架的常见形式

(a)、(b) 斜拉式悬挑脚手架；(c) 下撑式悬挑脚手架

3. 悬挑式脚手架搭设要点

(1) 悬挑梁的长度应取悬挑长度的 2.5 倍，悬挑支承点应设置在结构梁上，不得设置在外伸阳台上或悬挑板上（有加固的除外）；悬挑端应按梁长度起拱 0.5%～1.0%。

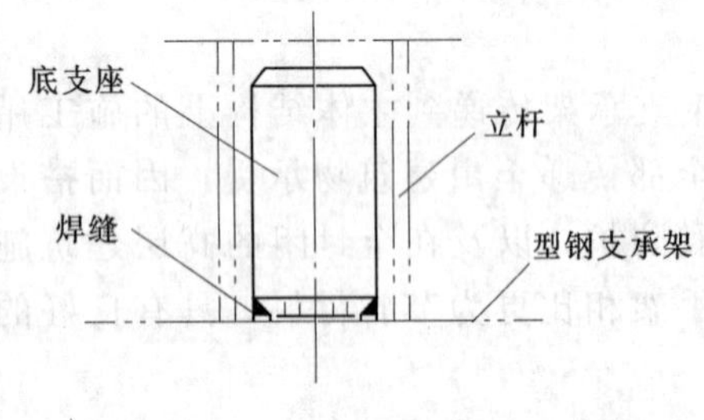

图 4.14　底支座连接示意图

(2) 悬挑脚手架的高度（或分段悬挑搭设的高度）不得超过 24m。

(3) 悬挑梁支托式挑脚手架立杆的底部应与挑梁可靠连接固定（图 4.14）。

(4) 连墙件必须采用刚性构件与主体结构可靠连接，其设置间距为：水平间距$\leqslant 3l_a$；竖向间距$\leqslant 2h$。

(5) 悬挑脚手架的外侧立面一般均应采用密目网（或其他围护材料）全封闭围护，以确保架上人员操作安全和避免物件坠落。

(6) 必须设置可靠的人员上下的安全通道（出入口）。

(7) 使用中应经常检查脚手架段和悬挑设施的工作情况。当发现异常时，应及时停止作业，进行检查和处理。

4.1.2.5 悬吊式脚手架

悬吊式脚手架也称吊篮，主要用于建筑外墙施工和装修。它是将架子（吊篮）的悬挂点固定在建筑物顶部悬挑出来的结构上，通过设在每个架子上的简易提升机械和钢丝绳，使吊篮升降，以满足施工要求。具有节约大量钢管材料、节省劳力、缩短工期、操作方便灵活、技术经济效益好等优点。吊篮可分为两大类，一类是手动吊篮，利用手扳葫芦进行升降；一类是电动吊篮，利用电动卷扬机进行升降。目前我国多采用手动吊篮。

1. 手动吊篮的基本构造

手动吊篮由支承设施（建筑物顶部悬挑梁或桁架）、吊篮绳（钢丝绳或钢筋链杆）、安全绳、手扳葫芦（或倒链）和吊架组成，如图4.15所示。

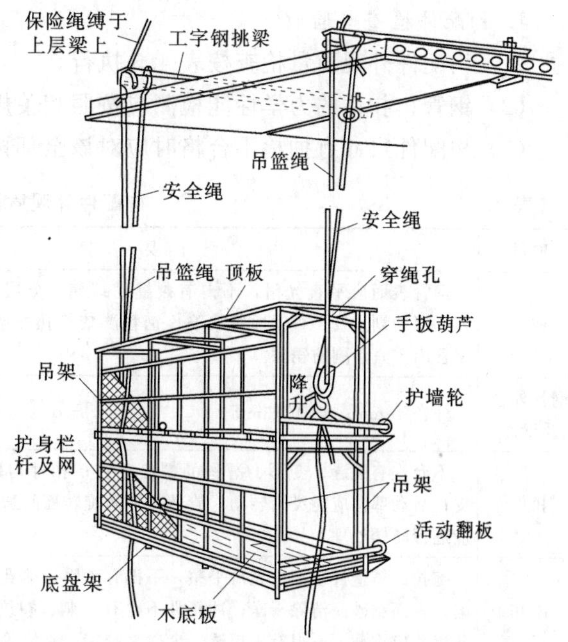

图4.15 双层作业的手动提升式吊篮示意图

2. 支设要求

(1) 吊篮内侧与建筑物的间隙为0.1～0.2m，两吊篮之间的间隙不得大于0.2m。吊篮的宽度为0.8～1.0m，高度不宜超过两层，长度不宜大于8m。吊篮外侧端部防护栏杆高1.5m，每边栏杆间距不大于0.5m，挡脚板不低于0.18m；吊篮内侧必须于0.6m和1.2m处各设防护栏杆一道。吊篮顶部必须设防护棚，外侧面与两端面用密目网封严。

(2) 吊篮的立杆（或单元片）纵向间距不得大于2m。通常支承脚手板的横向水平杆间距不宜大于1m，脚手板必须与横向水平杆绑牢或卡牢，不允许有松动或探头板。

(3) 吊篮内侧两端应装有可伸缩的护墙轮等装置，使吊篮在工作时能靠紧建筑物，以减少架体晃动。同时，超过一层架高的吊篮架要设爬梯，每层架的上下人孔要有盖板。

(4) 吊篮架体的外侧面和两端面应加设剪刀撑或斜撑杆卡牢。

(5) 悬挂吊篮的挑梁，必须按设计规定与建筑结构固定牢靠，挑梁挑出长度应保证悬挂吊篮的钢丝绳（或钢筋链杆）垂直地面。挑梁之间应用纵向水平杆连接成整体，以保证挑梁结构的稳定。

(6) 吊篮绳若用钢筋链杆，其直径不小于16mm，每节链杆长800mm，每5～10根链杆应相互连成一组，使用时用卡环将各组连接至需要的长度。安全绳均采用直径不小于13mm的钢丝绳通长到底布置。

(7) 悬挂吊篮的挑梁必须按设计规定与建筑结构固定牢靠，挑梁挑出长度应保证悬挂吊篮的钢丝绳（或钢筋链杆）垂直地面。挑梁之间应用纵向水平杆连接成整体，以保证挑梁结构的稳定。挑梁与吊篮吊绳连接端应有防止滑脱的保护装置。

3. 操作程序及使用方法

先在地面上用倒链组装好吊篮架体，并在屋顶挑梁上挂好承重钢丝绳和安全绳，然后将承重钢丝绳穿过手扳葫芦的导绳孔向吊钩方向穿入、压紧，往复扳动前进手柄，即可使吊篮提升，往复扳动倒退手柄即可下落；但不可同时扳动上下手柄。如果采用钢筋链杆作承重吊杆，则先把安全绳与钢筋链杆挂在已固定好的屋顶挑梁上，然后把倒链挂在钢筋链杆的链环上，下部吊住吊篮，利用倒链升降。因为倒链行程有限，因此在升降过程中，要多次倒替倒链，人工将倒链升降，如此接力升降。

4.1.2.6 脚手架的质量检验与安全技术

1. 构配件检查与验收

(1) 构配件外观质量检查按表4.3执行。

(2) 钢管、扣件的力学性能检测应按照相关规范标准进行检测。

(3) 构配件尺寸有抽检不合格时应对该全部构配件进行实测，不满足要求的严禁使用。

表4.3 构配件外观质量检查

项目	要 求	抽检数量	检查方法
钢管	钢管表面应平直光滑，不得有裂缝、结疤、分层、错位、硬弯、毛刺、压痕、深的划道及严重锈蚀等缺陷；钢管严禁打孔外壁使用前必须涂刷防锈漆，钢管内壁宜涂刷防锈漆	全数	目测
钢管外径及壁厚	外径48mm；壁厚≥3mm	3%	游标卡尺测量
扣件	不允许有裂缝、变形、滑丝的螺栓存在；扣件与钢管接触部位不应有氧化皮；活动部位应能灵活转动，旋转扣件两旋转面间隙应不小于1mm；扣件表面应进行防锈处理	全数	目测
碗扣	碗扣的铸造件表面应光滑平整，不得有砂眼、缩孔、裂纹、浇冒口残余等缺陷，表面粘砂应清除干净；冲压件不得有毛刺、裂纹、氧化皮等缺陷；碗扣的各焊缝应饱满，不得有未焊透、夹砂、咬肉、裂纹等缺陷	全数	目测
碗扣立杆连接套管	立杆连接套管壁厚不应小于3.5mm，内径不应大于60mm，套管长度不应小于160mm，外伸长度不应小于110mm	3%	游标卡尺测量
底座及可调托丝杆	可调底座及可调托撑丝杆与螺母捏合长度不得少于4～5扣，丝杆直径不小于36mm，插入立杆内的长度不得小于150mm	3%	钢板尺测量
脚手板	木脚手板不得有通透疖疤、扭曲变形、劈裂等影响安全使用的缺陷，严禁使用含有表皮的、腐朽的木脚手板	全数	目测
安全网	网绳不得损坏和腐朽，平支安全网宜使用锦纶安全网；密目式阻燃安全网除满足网目要求外，其锁扣间距应控制在300mm以内	全数	目测

2. 脚手架的检查与验收

应按照《建筑施工扣件式钢管脚手架安全技术规范》(JGJ 130—2001)、《建筑施工碗扣式脚手架安全技术规范》(JGJ 166—2008) 等相关规范进行检验。重点验收项目如下，并做好验收记录记在验收报告内。

(1) 地基基础是否坚实平整，支垫是否符合要求。

(2) 垂直度等技术要求、允许偏差与检验方法是否符合规范要求。

(3) 杆件设置是否齐全，连接件、挂扣件、承力件和与建筑物的固定件是否牢固可靠。

(4) 连墙件的数量、位置和竖向水平间距是否符合要求。

(5) 安全设施（安全网、护栏等）、脚手板、导向和防坠装置是否齐全和安全可靠。

(6) 安装后的扣件，其拧紧螺栓的扭力矩应用扭力扳手抽查，抽样方法应按随机均布原则进行；抽样数目与质量判定标准应按有关规定确定，不合格的必须重新拧紧，直至合格。

3. 脚手架工程安全技术

(1) 脚手架搭设人员必须经国家《特种作业人员安全技术考核管理规则》考核合格和体检合格后方可持证上岗。

(2) 贯彻“安全第一，预防为主”的方针政策，建立健全安全管理体系。

(3) 脚手架搭拆前，应做好安全技术交底。搭拆人员必须戴安全帽、系安全带、穿防滑鞋。

(4) 脚手架搭拆时，应按《高处作业安全技术规范》的有关规定执行，地面应设围栏和警戒标志，派专人看守，严禁非工作人员进入现场。

(5) 夜间不得进行脚手架的搭设与拆除。

(6) 雨雪天及六级以上大风天不得在室外进行脚手架的搭设与拆除。

(7) 脚手架作业层架体外立杆内侧应设置上下两道防护栏杆和挡脚板（挡脚笆）。塔吊处或开口的位置应密封严实。

(8) 脚手板必须铺设牢靠、严实，并应用安全网双层兜底。

(9) 落地式、悬挑式脚手架沿架体外围必须用密目式安全网全封闭，密目式安全网宜设置在脚手架外立杆的内侧，并顺环扣逐个与架体绑扎牢固。

(10) 脚手架在使用过程中严禁进行下列作业：①在架体上推车；②在架体上拉结吊装缆绳；③利用架体吊、运物料，支顶模板；④物料平台与架体相连接；⑤任意拆除架体结构件或连墙件；⑥拆除或移动架体上的安全防护设施；⑦其他影响架体安全的作业。

(11) 工地临时用电线路的架设及脚手架接地、避雷措施等，应按 JGJ 46《施工现场临时用电安全技术规范》的有关规定执行。

4.1.3 里脚手架

里脚手架用于在楼层上砌墙、装饰和砌筑围墙等。常用的里脚手架如下。

1. 角钢（钢筋、钢管）折叠式里脚手架

如图 4.16 所示，其架设间距：砌墙时宜为 1～2m；粉刷时宜为 2.2～2.5m。

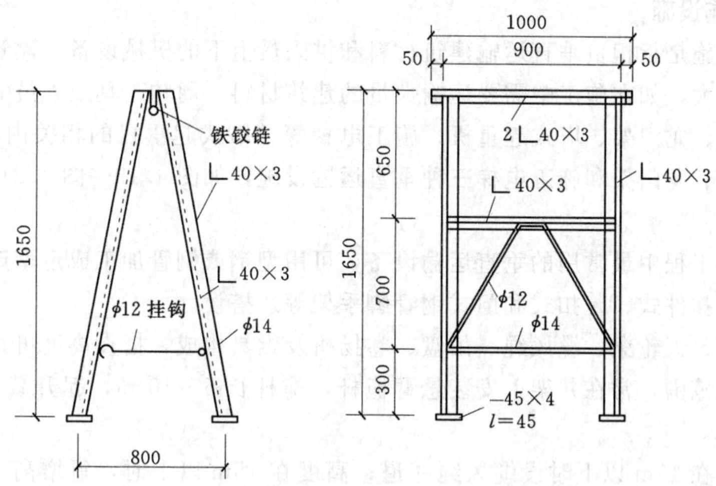

图 4.16 角钢折叠式里脚手架（单位：mm）

2. 支柱式里脚手架

如图 4.17 所示，由若干支柱和横杆组成，上铺脚手板，搭设间距：砌墙时宜为 2.0m；粉刷时不超过 2.5m。

3. 木、竹、钢制马凳式里脚手架

如图 4.18 所示，间距不大于 1.5m，上铺脚手板。

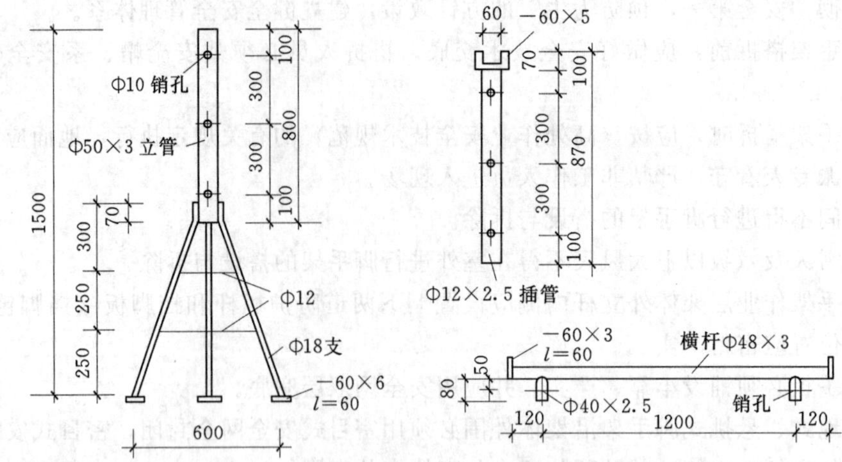

图 4.17 支柱式里脚手架（单位：mm）

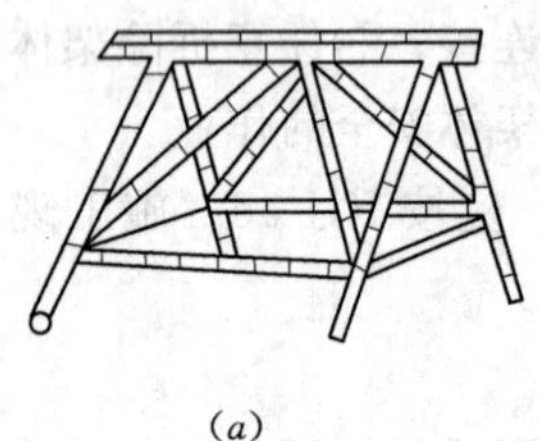

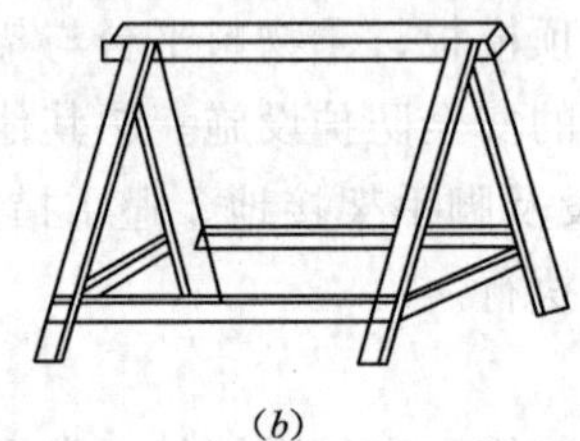

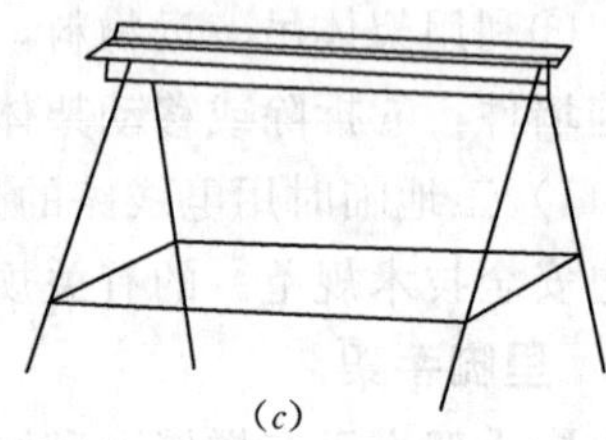

(a)　(b)　(c)

图 4.18 马凳式里脚手架

(a) 竹马凳；(b) 木马凳；(c) 钢马凳

4.1.4 垂直运输设施

垂直运输设施是指担负垂直运输建筑材料和供人员上下的机械设备。建筑工程施工的垂直运输工程量很大，如在施工中需要运输大量的建筑材料、周转工具及人员等。常用的垂直运输设施有井架、龙门架、塔式起重机、施工电梯等。塔式起重机的相关内容参见第 7 章，这里仅介绍井架、龙门架和施工电梯三种垂直运输设施，如图 4.19～图 4.21 所示。

1. 井架

井架是砌筑工程中最常用的垂直运输设备，可用型钢或钢管加工成定型产品，或用其他脚手架部件（如扣件式、碗扣式和门式钢管脚手架等）搭设。

井架由架体、天轮梁、缆风绳、吊盘、卷扬机及索具构成，搭设高度可达 60m。为了扩大起重运输服务范围，常在井架上安装悬臂桅杆，桅杆长 5～10 m，起升载荷 0.5～1t，工作幅度 2.5～5m。

当井架高度在 15m 以下时设缆风绳一道；高度在 15m 以上时，每增高 10m 增设一道。每道缆风绳至少 4 根，每角一根，采用直径 9 mm 的钢丝绳，与地面呈 30°～45°夹角拉牢。

井架的优点是构造简单，易于加工和安装，价格低廉，稳定性好，运输量大；缺点是缆风绳多，影响施工和交通。通常附着于建筑物的井架不设缆风绳，仅设附墙拉结。

井架使用应注意如下事项：

(1) 井架必须立于可靠的地基和基座之上。井架立柱底部应设底座和垫木，其处理要求同建筑外脚手架。

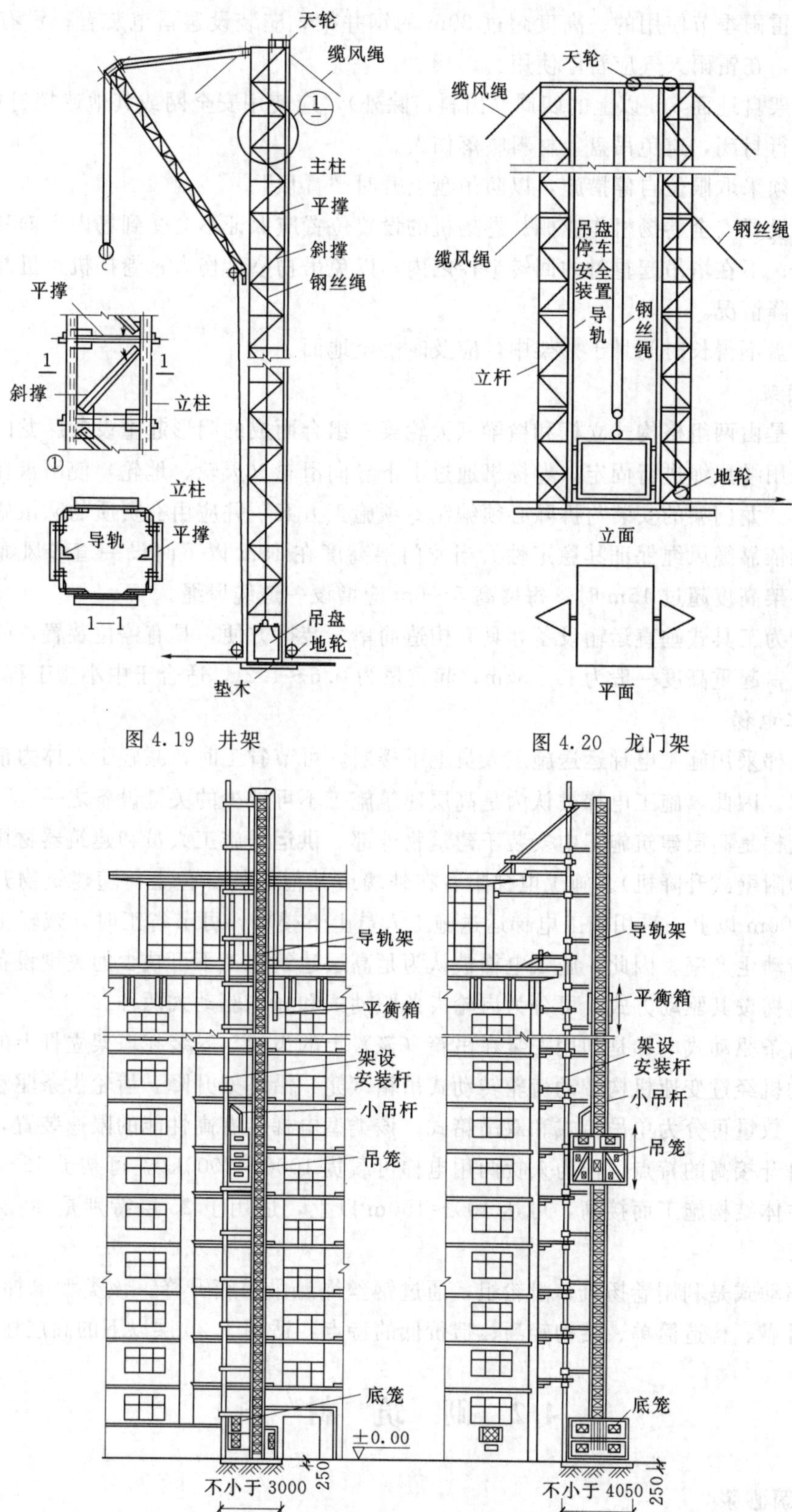

图 4.19 井架

图 4.20 龙门架

图 4.21 施工电梯

(2) 在雷雨季节使用的、高度超过 30m 的钢井架，应装设避雷电装置；没有装设避雷装置的井架，在雷雨天气应暂停使用。

(3) 井架自地面 5m 以上的四周（出料口除外），应使用安全网或其他遮挡材料（竹笆、篷布等）进行封闭，避免吊盘上材料坠落伤人。

(4) 必须采取限位自停措施，以防吊盘上升时“冒顶”。

(5) 应设置安全卷扬机作业棚。卷扬机的设置位置应保证不会受到场内运输和其他现场作业的干扰；不在塔吊起重时的回转半径之内，以免吊物坠落伤人；卷扬机司机能清楚地观察吊盘的升降情况。

(6) 吊盘不得长时间悬于井架中，应及时落至地面。

2. 龙门架

龙门架是由两组格构式立杆和横梁（天轮梁）组合而成的门形起重设备。龙门架通常单独设置，采用缆风绳进行固定，卷扬机通过上下导向滑轮（天轮、地轮）使吊盘在两立杆间沿导轨升降。龙门架的安装与拆除必须编制专项施工方案，并应由有资质的队伍施工。

龙门架依靠缆风绳保证其稳定性。当龙门架高度在 15m 以下时设一道缆风绳，四角拉住；当龙门架高度超过 15m 时，每增高 5～6m 应增设一道缆风绳。

龙门架为工具式垂直运输设备，具有构造简单、装拆方便，具有停位装置，能保证停位准确等优点，起重高度一般为 15～30m，起重量为 0.6～1.2t，适合于中小型工程。

3. 施工电梯

施工电梯采用施工电梯运送施工人员上下楼层，可节省工时，减轻工人体力消耗，提高劳动生产率。因此，施工电梯被认为是高层建筑施工不可缺少的关键设备之一。

施工电梯是高层建筑施工中安装于建筑物外部、供运送施工人员和建筑器材用的垂直提升机械（即附壁式升降机）。施工电梯附着在外墙或其他结构部位上，随建筑物升高，架设高度可达 200m 以上。采用施工电梯运送施工人员上下楼层，可节省工时，减轻工人体力消耗，提高劳动生产率。因此，施工电梯被认为是高层建筑施工不可缺少的关键设备之一。

施工电梯按其驱动方式，可分为齿轮齿条驱动式和绳轮驱动式两种。

齿轮齿条驱动式电梯是利用安装在吊箱（笼）上的齿轮与安装在塔架立杆上的齿条相咬合，当电动机经过变速机构带动齿轮转动式吊箱（笼）沿塔架升降。齿轮齿条驱动式电梯按吊箱（笼）数量可分为单吊箱式和双吊箱式。该类型电梯装有高性能的限速装置，具有安全可靠、能自升接高的特点，作为人货两用电梯可载货 1000～2000kg，可乘员 12～24 人。其高度随着主体结构施工而接高，可达 100～150m 以上，适用于 25 层特别是 30 层以上的高层建筑施工。

绳轮驱动式是利用卷扬机、滑轮组，通过钢丝绳悬吊吊箱升降。该类型电梯为单吊箱，具有安全可靠、构造简单、结构轻巧、造价低的特点，适用于 20 层以下的高层建筑施工。

4.2 砌 筑 材 料

4.2.1 砌筑砂浆

常用的砌筑砂浆有水泥砂浆和水泥混合砂浆。

1. 对原材料的要求

（1）水泥。要按照设计规定的品种、标号选用。水泥必须具有出厂检验证明书，出厂日期不得超过三个月。不同品种的水泥不得混合使用。

（2）砂。宜用中砂，并应过筛，不得含有草根等杂物。砂的含泥量不应超过5%（M5以下水泥混合砂浆，含泥量不应超过10%）。

（3）水。拌制砂浆用水应为不含有害物质的洁净水。

（4）其他。掺入砂浆的有机塑化剂、早强剂、缓凝剂、防冻剂等，应经检验和试配符合要求后，方可使用。有机塑化剂应有砌体强度的型式检验报告。

2. 砂浆的制备与使用

砌筑砂浆应通过试配确定配合比。现场拌制砂浆时，各组分材料应采用重量计量，配料要准确。砂的含水率应及时测定，并适当调整配合比例。

砂浆宜采用机械搅拌，拌和时间自投料完算起应符合下列规定：

（1）水泥砂浆和水泥混合砂浆不得少于2min。

（2）水泥粉煤灰砂浆和掺用外加剂的砂浆不得少于3min。

（3）掺用有机塑化剂的砂浆，应为3～5min。

4.2.2 砖

砌筑用砖有烧结普通砖、烧结多孔砖、烧结空心砖和蒸压灰砂砖、炉渣砖等。

（1）烧结普通砖。烧结普通砖按抗压强度分为MU30、MU25、MU20、MU15、MU10 5个强度等级。可用于承重砌体。其规格为240mm×115mm×53mm。

（2）烧结多孔砖。按其抗压强度分为MU30、MU25、MU20、MU15、MU10 5个强度等级。可用于承重砌体。常用规格为240mm×115mm×90mm（P型）或190mm×190mm×90mm（M型）。

（3）烧结空心砖。按抗压强度分为MU5、MU3、MU2 3个强度等级。强度等级较低，故只用于非承重砌体。

（4）蒸压灰砂砖。蒸压灰砂砖分为MU10、MU15、MU20、MU25 4个等级。其尺寸规格与烧结普通砖相同。同样，由于强度等级较高，也可用于承重砌体。

4.2.3 砌块

砌块是形体大于砌墙砖的人造块材。使用砌块可以充分利用地方资源和工业废渣，节省黏土资源和改善环境，并可提高劳动生产率，降低工程造价。因此，应用较广。常用的小型砌块主要有混凝土空心砌块和加气混凝土砌块。

1. 混凝土空心砌块

工程中经常使用的小型混凝土空心砌块强度分为MU20、MU15、MU10、MU7.5、MU5 5个等级。由普通硅酸盐水泥、中砂和粒径不大于20mm的石子作为原料，经配制、拌和、成型、蒸养而成，表观密度为1000kg/m^3，空心率为58%～64%。也有的混凝土空心砌块用轻质煤渣、矿渣制成。

2. 加气混凝土砌块

加气混凝土砌块是以水泥、矿渣、砂、石灰等为主要原料，加入发气剂，经搅拌成型、蒸压养护而成的实心砌块。加气混凝土砌块具有表观密度小、保温效果好、吸声好、规格可变以及可锯、可割等优点。加气混凝土砌块按其抗压强度分为：A1、A2、A2.5、A3.5、

A5、A7.5、A10 7个强度等级，广泛应用于框架填充墙。

4.3　砖砌体施工

4.3.1　施工前的准备工作

1. 砖的准备

砖应边角整齐，常温施工时，砖应在施工前1～2天浇水湿润，以浸入砖内深度15～20mm为宜。

2. 砂浆准备

主要是做好配制砂浆所用材料的准备。若采用混合砂浆，则应提前两周将石灰膏淋制好，待使用时再进行拌制。

3. 其他准备

(1) 检查校核轴线和标高。在允许偏差范围内，砌体的轴线和标高的偏差，可在基础顶面或楼板面上予以校正。

(2) 砌筑前，组织机械进场和进行安装。

(3) 准备好脚手架，搭好搅拌棚，安设搅拌机，接通水、电，试车。

(4) 制备好皮数杆。

4.3.2　砖砌体的组砌

4.3.2.1　砖砌体的组砌原则

砖砌体组砌时应遵循的原则为：错缝搭接，以保证砌体的整体性；组砌要有规律，以提高砌筑效率；节约材料。

4.3.2.2　砖砌体的组砌形式

1. 砖基础的砌筑形式

砖基础由墙基和大放脚两部分组成。墙基与墙身同厚，砌筑形式相同。基础下部的扩大部分称为大放脚。大放脚有等高式和不等高式两种。等高式大放脚是两皮一收，每收一次两边各收进1/4砖长；不等高式大放脚是两皮一收与一皮一收相间隔，每收一次两边各收进1/4砖长，如图4.22所示。

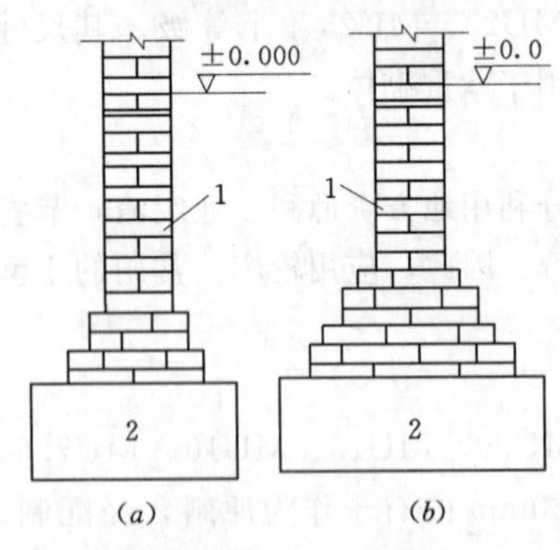

图4.22　砖基础剖面

(a) 等高式；(b) 不等高式

1—砖砌体；2—垫层

砖基础在砌筑前应将垫层表面清理干净。在基础纵横墙交接处、转角处，应支设基础皮数杆，并进行统一抄平。大放脚一般采用一顺一丁的砌筑形式，基础十字、丁字交接处，纵横基础要隔皮砌通，图4.23为两砖半底宽大放脚十字交接处的分皮砌法。

转角处应在外角加砌七分头（3/4砖），以使竖缝上下错开。图4.24为两砖半底宽大放脚转角处的分皮砌法。

2. 普通砖墙的组砌形式

(1) 一顺一丁砌法［图4.25 (a)］。由一皮顺砖与一皮丁砖相互交替砌筑而成，上下皮间的竖缝相互错开1/4砖长。这种砌法各皮间错缝搭接牢靠，墙体整体性较好，操作中变化

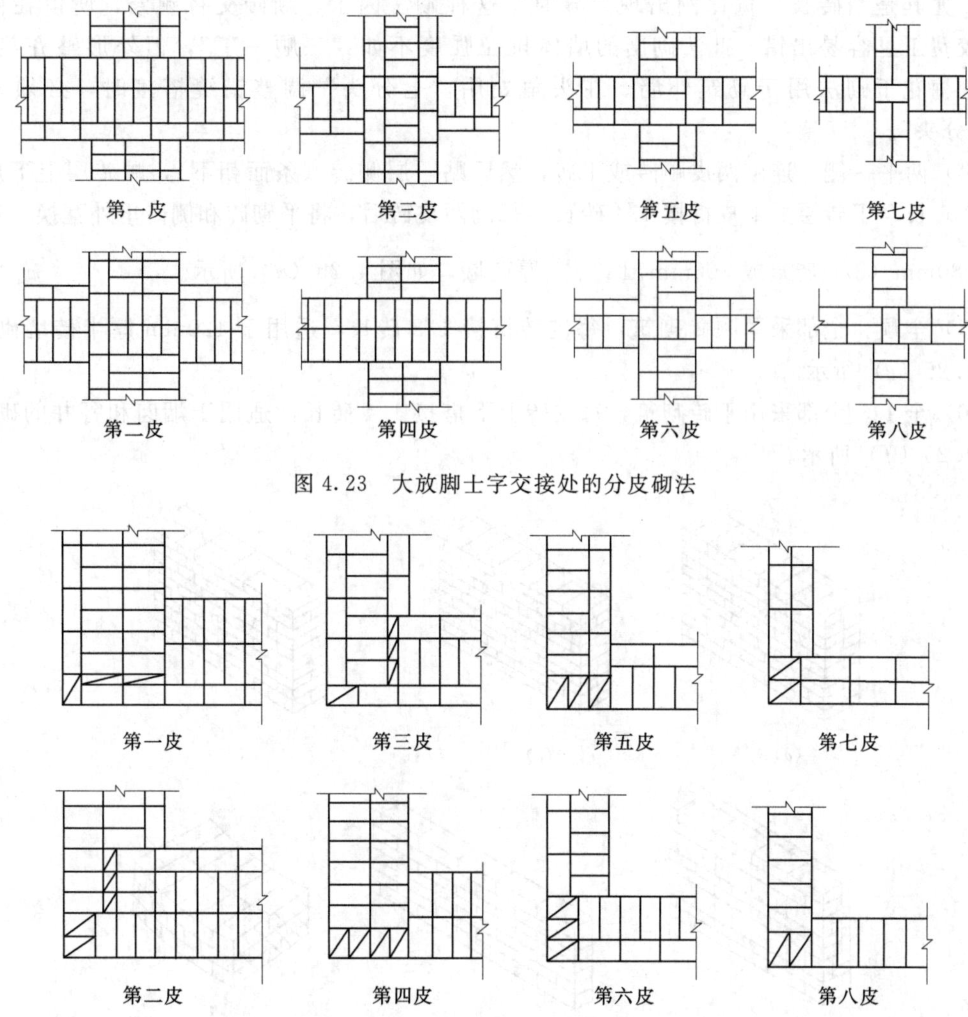

图 4.23 大放脚十字交接处的分皮砌法

图 4.24 大放脚转角处的分皮砌法

小，易于掌握，砌筑时墙面也容易控制平直，但竖缝不易对齐，在墙的转角，丁字接头，门窗洞口等处都要用到“七分头”的非整砖来进行错缝搭接，因此砌筑效率受到一定限制。这种砌法在砌筑中采用较多。

(2) 三顺一丁砌法［图 4.25 (b)］。由三皮顺砖与一皮顶砖相互交替叠砌而成。上下皮顺砖搭接为 1/2 砖长，同时要求檐墙与山墙的顶砖层不在同一皮以利于搭接。这种砌法出面砖较少，同时在墙的转角、丁字与十字接头，门窗洞口处砍砖较少，故可提高工效。但由于顺砖层较多反面墙面的平整度不易控制，当砖较湿或砂浆较稀时，顺砖层不易砌平且容易向外挤出，影响质量。此法砌出的墙体，抗压强度接近一顺一丁砌法，受拉受剪力学性能均较“一顺一丁”强。在头角处用“七分头”调整错缝搭按时，通常在顶砖层采用“内七分头”。

(3) 梅花丁砌法［图 4.25 (c)］。又叫沙包式，是在同一皮砖层内一块顺砖一块丁砖间隔砌筑（转角处不受此限），上下两皮间竖缝错开 1/4 砖长，上皮丁砖坐中于下皮顺砖。该砌法内外竖缝每皮都能错开，故抗压整体性较好，墙面容易控制平整，竖缝易于对齐，尤其是当砖长、宽比例出现差异时。这种砌法因丁、顺砖交替频繁，所以在砌筑时比较费工且容易出错。此法砌出的墙体抗拉强度不如“三顺一丁”，但外形整齐美观。通常，梅花丁砌法用于砌筑外墙。在头角处用“七分头”调整错缝搭接时，必须采用“外七分头”。

（4）两平一侧。连砌两皮顺砖或丁砖，然后贴一层侧砖（条面朝下），顺砖层上下皮搭接 1/2 砖长，丁砖层上下皮搭接 1/4 砖长，每砌两皮砖后，将平砌砖和侧砖里外互换。适合于砌 180mm（3/4 砖）或 300mm$\left(1\frac{1}{4}\text{砖}\right)$厚砖墙，如图 4.25（*d*）所示。

（5）全顺。全部采用顺砖砌筑，每皮砖搭接 1/2 砖长，适用于 120mm 厚半砖墙砌筑，如图 4.25（*e*）所示。

（6）全丁。全部采用丁砖砌筑，每皮砖上下搭接 1/4 砖长，适用于烟囱和窨井的砌筑，如图 4.25（*f*）所示。

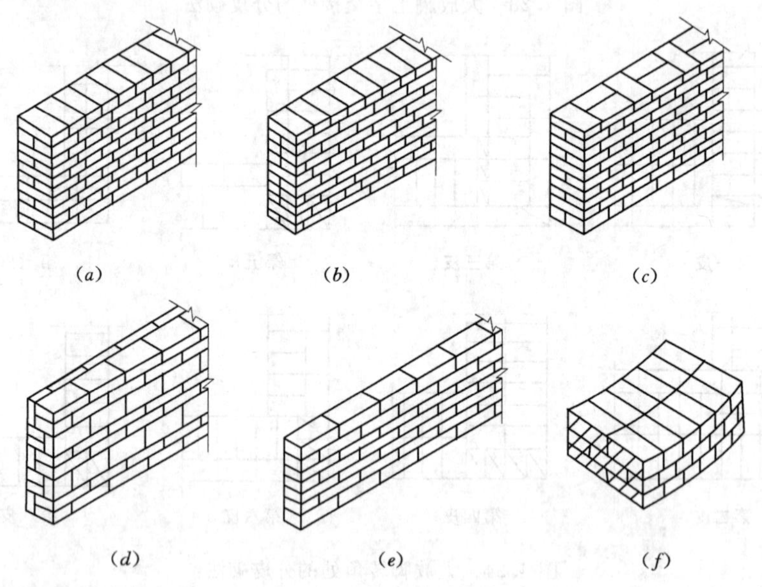

图 4.25 砖墙组砌形式

（*a*）一顺一丁；（*b*）三顺一丁；（*c*）梅花丁；
（*d*）两平一侧；（*e*）全顺；（*f*）全丁

3. *砖柱的砌筑形式*

承重独立砖柱，截面尺寸不应小于 240mm×370mm。砖柱的断面多为方形和矩形，其砌筑形式应使柱面上下皮的竖缝相互错开 1/2 或 1/4 砖长，柱心无通天缝，严禁采用包心砌法（即先砌四周后填心的砌法），如图 4.26 所示，且应少砍砖，并尽量利用二分头（即 1/4 砖长）。

4. *砖垛的砌筑形式*

砖垛又称壁柱、附墙柱。其砌筑形式应由墙厚和砖垛的大小而定。无论哪种砌筑形式都应使垛与墙体同时砌筑、逐皮搭砌，搭砌长度不得小于 1/2 砖长。图 4.27 是一砖墙附不同尺寸砖垛的分皮砌筑法。

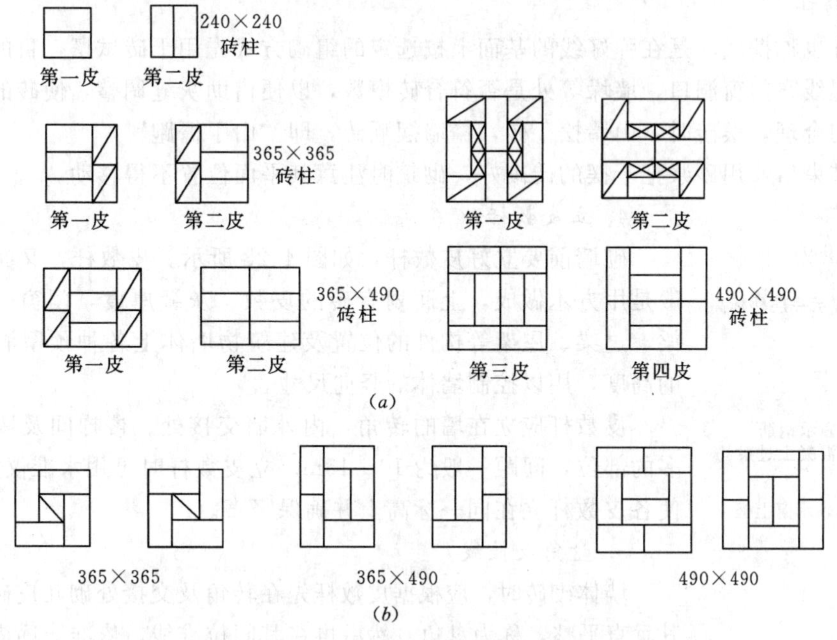

图 4.26 砖柱的砌筑形式（单位：mm）

(*a*) 砖柱正确砌筑形式；(*b*) 砖柱错误砌筑形式（包心砌筑形式）

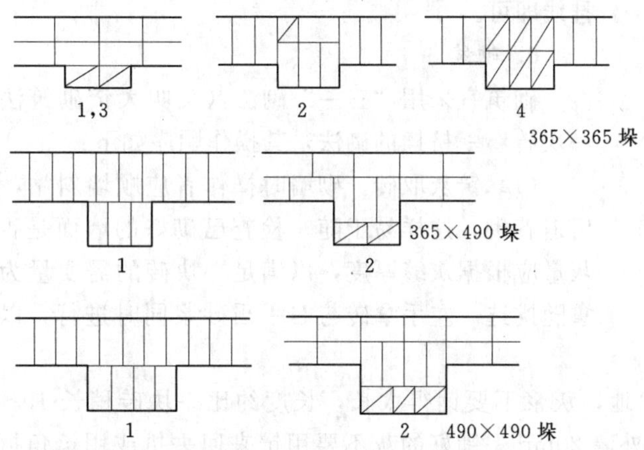

图 4.27 一砖墙附不同尺寸砖垛的分皮砌筑法（单位：mm）

4.3.3 砖砌体的施工工艺

砖砌体的施工工艺可分为抄平、放线、摆砖样、立皮数杆、盘角及挂线、砌筑、勾缝与清理等。

1. 抄平

砌墙前应在基础防潮层上或楼面上定出各层标高，并用 M7.5 水泥砂浆或 C10 细石混凝土找平，以统一标高，使各段砖墙底部平整。

2. 放线

根据给定的轴线及图纸上标注的墙体尺寸，在基础顶面上用墨线弹出墙的轴线和墙的宽度线，并标出门窗洞口位置。二楼以上墙体的轴线可用经纬仪或垂球往上引测。

3. 摆砖样

摆砖样也称撂底，是在弹好线的基面上按选定的组砌方式先用干砖试摆，目的在于核对所弹出的墨线在门窗洞口、墙垛等处是否符合砖模数，以便借助灰缝调整，使砖的排列和砖缝宽度均匀合理。摆砖时，山墙摆丁砖，檐墙摆顺砖，即“山丁檐跑”。

摆砖结束后，用砂浆把干摆的砖砌好，砌筑时注意其平面位置不得移动。

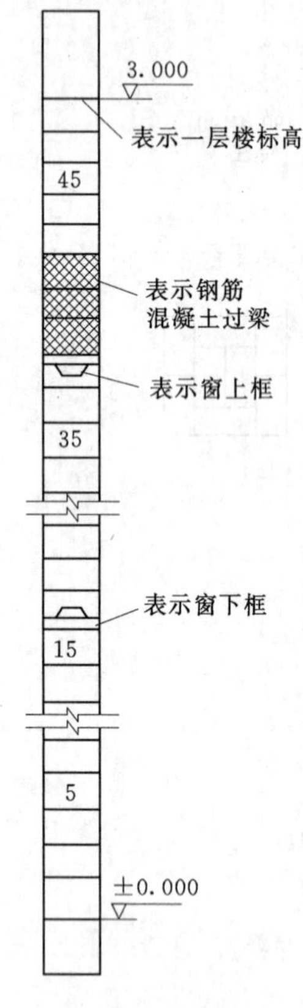

图 4.28　皮数杆

4. 立皮数杆

砌墙前要立好皮数杆，如图 4.28 所示。皮数杆，又叫线杆，一般是用方木做成，上面划有砖的皮数、灰缝厚度，门窗、楼板、圈梁、过梁、屋架等构件的位置及建筑物墙体上各种预留洞口和加筋的高度，用以控制墙体的竖向尺寸。

皮数杆应立在墙的转角，内外墙交接处、楼梯间及墙面变化较多的部位，间距一般为 10～15m。立皮数杆时可用水准仪测定标高，使各皮数杆立在同一标高上并确保竖直。

5. 盘角及挂线

墙体砌砖时，应根据皮数杆先在转角及交接处砌几皮砖，并保证其垂直平整，称为盘角。然后再在其间拉准线，依准线逐皮砌筑中间部分。盘角主要是根据皮数杆控制标高，依靠线锤、托线板等使之垂直。中间部分墙身主要依靠准线使之灰缝平直，一般一砖墙以内单面挂线即可。

6. 砌筑

砌筑宜采用“三一”砌法（又叫大铲砌筑法），即采用一铲灰、一块砖、一挤揉的砌法，其操作顺序如下：

（1）铲灰取砖。砌墙时操作者应顺墙斜站，砌筑方向是由前向后退着砌，这样易于随时检查已砌好的墙面是否平直。铲灰时，取灰量应根据灰缝厚度，以满足一块砖的需要量为标准。取砖时应随拿随挑选。左手拿砖与右手舀砂浆同时进行，以减少弯腰次数，争取砌筑时间。

（2）铺灰。一般地，灰浆不要铺得太长，长度约比一块砖稍长 10～20mm，宽约 80～90mm，灰口要缩进外墙 20mm。铺好的灰不要用铲来回去扒或用铲角抠点灰去打头缝，这样容易造成水平灰缝不饱满。用大铲砌筑时，所用砂浆稠度为 70～90mm 较适宜。不能太稠，否则不易揉砖，竖缝也填不满；但也不能太稀，否则大铲不易舀上砂浆，操作不便。

（3）揉挤。灰浆铺好后，左手拿砖在离已砌好的砖约有 30～40mm 处，开始平放并稍稍蹭着灰面，将灰浆刮起一点到砖顶头的竖缝里，然后将砖在灰浆上揉一揉，顺手用大铲把挤出墙面的灰刮起来，甩到竖缝里。揉砖时，眼要上看线，下看墙面。揉砖的目的是使砂浆饱满。砂浆铺得薄，要轻揉，砂浆铺得厚，揉时稍用一些劲，还要根据铺浆及砖的位置前后或左右揉，总之揉到下齐砖棱上齐线为适宜。

大铲砌筑的特点：由于铺出的砂浆面积相当于一块砖的大小，并且随即就揉砖，因此灰缝容易饱满，黏结力强，能保证砌筑质量。在挤砌时随手刮去挤出墙面的砂浆，使墙面保持清洁。但这种操作法一般都是单人操作，操作过程中取砖、铲灰、铺灰、转身、弯腰的动作

较多，劳动强度大，又耗费时间，影响砌筑效率。

除三一砌筑法外也可采用铺浆法等。当采用铺浆法砌筑时，铺浆长度不宜超过750mm，施工期间气温超过30℃，铺浆长度不宜超过500mm。

7. 勾缝与清理

勾缝是很重要的一道工序，具有保护墙面和增加墙面美观的作用。对于清水墙，应及时将灰缝划出深为10mm的沟槽，以便于勾缝。墙面勾缝要求横平竖直、深浅一致、搭接平顺。勾缝宜采用1∶1.5的水泥砂浆。缝的形式通常采用凹缝，深度4～5mm的内墙也可用原浆勾缝，但必须随砌随勾，并使灰缝光滑密实。勾缝完成后，应及时对墙面和落地灰进行清理。

4.3.4 砖砌体施工的技术要点

1. 各层标高的传递及控制

楼层或楼面标高应在楼梯间吊钢尺，用水准仪直接读取传递。每层楼的墙体砌到一定高度后，用水准仪在各内墙面分别进行抄平，并在墙面上弹出离室内地面高500mm的水平线，俗称"50线"，以控制后续施工各部位的高度。

2. 施工洞口的留设

为了方便材料运输和人员通过，常在外墙和单元分隔墙上留设临时性施工洞口，施工洞口的留设应符合规范要求。洞口侧边离交接处墙面不应小于500mm，洞口的净宽不应超过1m，且宽度超过300mm的洞口上部，应设置过梁。抗震设防烈度为Ⅸ度的地区建筑物的临时性施工洞口位置，应会同设计单位确定。

3. 减少不均匀沉降

砌体不均匀沉降对结构危害很大，因此在砌体施工时要予以注意。砌体分段施工时，相邻施工段的高差，不得超过一个楼层，也不得大于4m；柱和墙上严禁施加大的集中荷载(如架设起重机)，以减少灰缝变形而导致砌体沉降。现场施工时，砖墙每日砌筑的高度不宜超过1.8m，雨天施工时每日砌筑高度不宜超过1.2m。

4. 构造柱施工

构造柱与墙体连接处应砌成马牙槎，马牙槎应先退后进。预留的拉结钢筋位置应正确，施工中不得任意弯折。每一马牙槎高度不应超过300mm，沿墙高每500mm设置2Φ6水平拉结钢筋，钢筋每边伸入墙内不宜小于1m，如图4.29所示。构造柱的施工程序是先砌墙后浇筑混凝土。构造柱两侧模板必须紧贴墙面，支撑牢固。构造柱混凝土保护层宜为20mm，且不应小于15mm。浇灌构造柱混凝土前，应清除落地灰、砖渣等杂物，并将砌体留槎部位和模板浇水湿润。在结合面处先注入50～100mm厚与混凝土同成分的水泥砂浆。再分段浇灌，采用插入式振捣棒振捣混凝土。振捣时，应避免触碰砖墙。

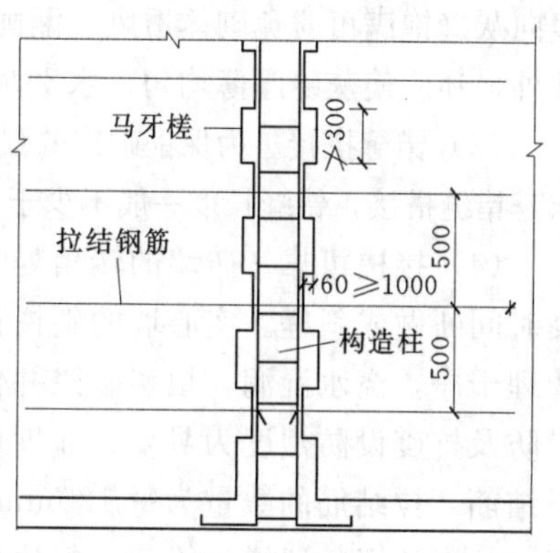

图4.29 砖墙马牙槎（单位：mm）

5. 钢筋砖过梁

钢筋砖过梁适用于跨度不大于1.5m的门窗洞口上。

钢筋砖过梁由砖平砌而成，底部配置Φ6的钢筋，每半砖放1根，但不少于3根，两端伸入墙内不宜小于240mm，且要弯90°弯钩，向上勾进砖缝。钢筋砖过梁砌筑时先在洞口上部支设模板，中间起拱，拱高为跨度的0.5%～1%，上部铺设30mm的Ml0砂浆保护层，将钢筋逐根埋入砂浆层中，并使弯钩朝上，接着逐层平砌砖块，最下一皮用丁砖砌筑，在过梁范围内应用一顺一丁砌法与砖墙同时砌筑，砂浆强度提高一级，并不低于M5，砌筑高度不应少于6皮砖或跨度的1/4。过梁低的模板应在砂浆强度达到设计强度的50%以上时方可拆除。

6. 其他技术要点

240mm厚承重墙的每层墙的最上一皮砖，应整砖丁砌。设计要求的洞口、管道、沟槽应于砌筑时正确留出或预埋，未经设计同意，不得打凿墙体和在墙体上开凿水平沟槽；尚未施工楼板活屋面的墙或柱，当可能遇到大风时，其允许自由高度应满足相关规定。否则必须采用临时支撑等有效措施。

4.3.5 砖砌体的质量要求

1. 砖砌体砌筑质量的基本要求

砖砌体的砌筑质量应符合GB 50203—2002《砌体工程施工质量验收规范》的要求，做到横平竖直、灰浆饱满、错缝搭接、接槎可靠。

(1) 横平竖直。横平，即要求每一皮砖必须在同一水平面上，每块砖必须摆平。为此，首先应将基础或楼面抄平，砌筑时严格按皮数杆层层挂水平准线并要拉紧，每块砖按准线砌平。竖直，即要求砌体表面轮廓垂直平整，且竖向灰缝垂直对齐。因而在砌筑过程中要随时用线锤和托线板进行检查，做到“三皮一吊、五皮一靠”，以保证砌筑质量。

(2) 灰浆饱满。砂浆的饱满程度对砌体强度影响较大。砂浆不饱满，一方面造成砖块间黏结不紧密，使砌体整体性差；另一方面使砖块不能均匀传递荷载。水平灰缝不饱满会引起砖块局部受弯、受剪而致断裂，所以为保证砌体的抗压强度，要求水平灰缝的砂浆饱满度不得小于80%。竖向灰缝的饱满度对一般以承压为主的砌体强度影响不大，但对其抗剪强度有明显影响。因而，对于受水平荷载或偏心荷载的砌体，竖向灰缝饱满可提高其横向抵抗能力。同时，竖向灰缝饱满可避免砌体透风、漏雨，且保温性能好，所以施工时应保证竖向灰缝砂浆饱满。此外，还应使灰缝厚薄均匀。水平灰缝和竖缝的厚度规定为(10±2) mm。

(3) 错缝搭接。为保证砌体的强度和稳定性，砌体应按一定的组砌形式进行砌筑。其基本要求是错缝搭接，错缝长度一般不少于60mm，并避免墙面和内缝中出现连续的竖向通缝。

(4) 接槎可靠。砖墙的转角处和交接处一般应同时砌筑，若不能同时砌筑，应将留置的临时间断做成斜槎。实心墙的斜槎长度不应小于墙高度的2/3；接槎时必须将接槎处的表面清理干净，浇水湿润，填实砂浆并保持灰缝竖直。如临时间断处留斜槎确有困难时，非抗震设防及抗震设防烈度为Ⅵ度、Ⅶ度地区，除转角处外也可留直槎，但必须做成凸槎，并加设拉结筋。拉结筋的数量为每120mm墙厚放置一根Φ6的钢筋，间距沿墙高不得超过500mm，埋入长度从墙的留槎处算起，每边均不得少于500mm（对抗震设防烈度为Ⅵ度、Ⅶ度地区，不得小于1000mm)，末端应有90°弯钩，如图4.30所示。砌体的转角处和交接处应同时砌筑，以保证墙体的整体性和砌体结构的抗震性能。如不能同时砌筑，应按规定留槎并做好接槎处理。

2. 砖砌体的有关规定

(1) 砖和砂浆的强度等级必须符合设计要求。

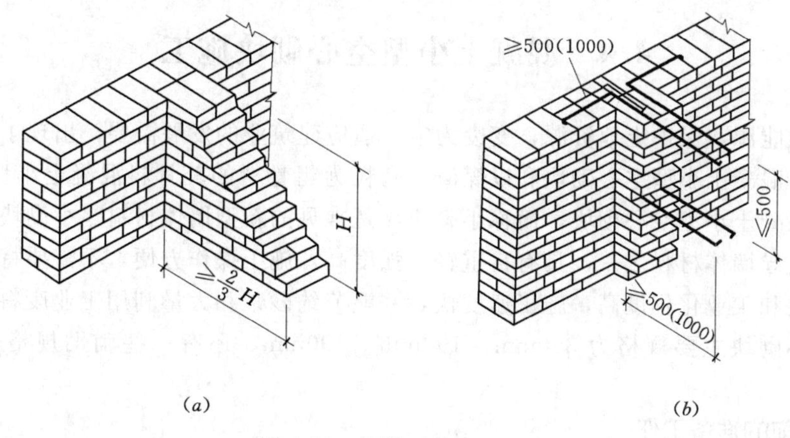

图 4.30 留槎（单位：mm）
(a) 斜槎；(b) 直槎

(2) 普通黏土砖在砌筑前应浇水润湿，含水率宜为10%～15%，灰砂砖和粉煤灰砖可不必润湿。

(3) 砂浆的配合比应采用重量比，石灰膏或其他塑化剂的掺量应适量，微沫剂的掺量（按100%纯度计）应通过试验确定。

(4) 限定砂浆的使用时间。水泥砂浆在3h内使用完毕；混合砂浆在4h内使用完毕。如气温超过30℃时使用时间相应减少1h。

(5) 砖砌体的尺寸和位置允许偏差，应符合表4.4的规定。

表 4.4　　砖砌体的尺寸和位置的允许偏差

<table>
<tr><th rowspan="2">项次</th><th rowspan="2" colspan="3">项　目</th><th colspan="3">允许偏差（mm）</th><th rowspan="2">检 验 方 法</th></tr>
<tr><th>基础</th><th>墙</th><th>柱</th></tr>
<tr><td>1</td><td colspan="3">轴线位置偏移</td><td>10</td><td>10</td><td>10</td><td>用经纬仪和尺检查或用其他测量仪器检查</td></tr>
<tr><td>2</td><td colspan="3">基础顶面和楼面标高</td><td>±15</td><td>±15</td><td>±15</td><td>用水平仪和尺检查</td></tr>
<tr><td rowspan="3">3</td><td rowspan="3">垂直度</td><td colspan="2">每层</td><td>—</td><td>5</td><td>5</td><td>用2m托线板检查</td></tr>
<tr><td rowspan="2">全高</td><td>≤10m</td><td>—</td><td>10</td><td>10</td><td rowspan="2">用经纬仪、吊线和尺检查，或用其他测量仪器检查。</td></tr>
<tr><td>>10m</td><td>—</td><td>20</td><td>20</td></tr>
<tr><td rowspan="2">4</td><td colspan="2" rowspan="2">表面平整度</td><td>清水墙、柱</td><td>—</td><td>5</td><td>5</td><td rowspan="2">用2m靠尺和楔形塞尺检查</td></tr>
<tr><td>混水墙、柱</td><td>—</td><td>8</td><td>8</td></tr>
<tr><td>5</td><td colspan="3">门窗洞口高、宽（后塞口）</td><td>—</td><td>±5</td><td>—</td><td>用尺检查</td></tr>
<tr><td>6</td><td colspan="3">水平灰缝厚度（10皮砖累计）</td><td>—</td><td>±8</td><td>—</td><td>与皮数杆比较，用尺检查</td></tr>
<tr><td>7</td><td colspan="3">外墙上下窗口偏移</td><td>—</td><td>20</td><td>—</td><td>以底层窗口为准，用经纬仪或吊线检查</td></tr>
<tr><td rowspan="2">8</td><td colspan="2" rowspan="2">水平灰缝平直度</td><td>清水墙</td><td>—</td><td>7</td><td>—</td><td rowspan="2">拉10m线和尺检查</td></tr>
<tr><td>混水墙</td><td>—</td><td>10</td><td>—</td></tr>
<tr><td>9</td><td colspan="3">清水墙游丁走缝</td><td>—</td><td>20</td><td>—</td><td>吊线和尺检查，以每层第一皮砖为准</td></tr>
</table>

4.4　混凝土小型空心砌块施工

为了节约能源，保护土地资源，变废为宝，适应建筑业的发展需要，出现了许多新型墙体材料，普通混凝土小型空心砌块和以煤渣、陶粒为粗骨料的轻骨料混凝土小型空心砌块，两者统称为混凝土小型空心砌块，简称小砌块，是常见的新型墙体材料。小砌块作为替代实心黏土砖的主导墙体材料之一，具有自重轻、强度高，施工操作方便，不需要特殊的设备和工具，机械化和工业化程度高，施工速度快，并能节约砂浆和大量利用工业废料等优点而被广泛应用。小砌块主要规格为 390mm×190mm×190mm，还有一些辅助规格的砌块配合使用。

4.4.1　施工前的准备工作

1. 编绘砌块排块图

编制小砌块排块图是施工作业准备的一项首要工作，如图 4.31 所示。小砌块施工前，必须按房屋设计图编绘小砌块平、立面排块图。排列时应根据小砌块规格、灰缝厚度和宽度、门窗洞口尺寸、过梁与圈梁或连系梁的高度、柱的位置、预留洞大小、管线、开关敷设部位等进行对孔、错缝搭接排列，并以主规格小砌块为主，辅以相应的辅助块。

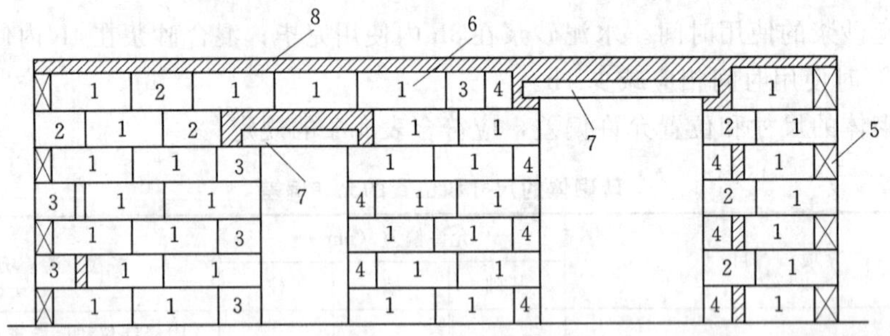

图 4.31　砌块排块图

1—主规格砌块；2、3、4—辅规格砌块；5—顶砌砌块；6—顺砌砌块；7—过梁；8—镶砖

2. 材料的准备

砌筑所用小砌块强度等级应符合设计要求，养护龄期不应小于 28d。砌筑前应清理干净小砌块表面的污物和芯柱小砌块的孔底周围的混凝土毛边。不用有竖向裂缝、断裂及外表明显受潮的小砌块进行砌筑。

砌筑所用砌筑砂浆强度等级不得低于 M5，并应符合设计要求。小砌块基础砌体必须采用水泥砂浆砌筑，地坪以上的小砌块墙体应采用水泥混合砂浆砌筑。砌筑砂浆配合比应符合国家现行标准的规定，并须经试验按重量比配制。砌筑砂浆应采用机械搅拌拌和时间自投料完算起不得少于 2min。当掺有外加剂时不得少于 3min；当掺有机塑化剂时宜为 3～5min，并均应在初凝前使用完毕。

砌入墙体内的各种建筑构配件、钢筋网片与拉结筋应事先预制加工，按不同型号、规格进行堆放备用。

3. 施工机具准备

小砌块砌筑施工所用机具的准备内容包括垂直、水平运输机械的准备，吊装机械的准

备，小砌块安装专用夹具的准备以及其他有关工具的准备。

4.4.2 小砌块施工

4.4.2.1 组砌形式

小型空心砌块砌体砌筑形式只有全顺一种。墙厚等于砌块的宽度，上下皮竖缝相互错开1/2主规格小砌块长度。

4.4.2.2 一般构造要求

(1) 对于五层及以上民用房屋的底层，应采用强度等级不低于MU7.5的砌块和M5.0的砌筑砂浆。

(2) 对于地面以下或防潮层以下的砌体、潮湿房间的墙，所用材料的最低强度等级应符合《混凝土小型空心砌块建筑技术规程》的要求。

(3) 底层室内地面以下或防潮层以下的砌体，应采用C20混凝土灌实砌体的孔洞。

(4) 小砌块墙与后砌隔墙交接处，应沿墙高每400mm在水平灰缝内设置不少于2Φ4、横筋间距不大于200mm的焊接钢筋网片。

(5) 混凝土小砌块房屋纵横墙交接处，距墙中心线每边不小于300mm范围内的孔洞，应采用不低于C20混凝土灌实，灌实高度应为墙身全高。

4.4.2.3 抗震构造措施

1. 设置构造柱

小砌块房屋同时设置构造柱和芯柱时，应按《混凝土小型空心砌块建筑技术规程》的要求设置现浇钢筋混凝土构造柱（简称构造柱）。

小砌块房屋的构造柱最小截面宜为190mm×190mm，纵向钢筋宜采用4Φ12，箍筋间距不宜大于200mm。构造柱与砌块墙连接处应砌成马牙槎，其相邻的孔洞，Ⅵ度时宜填实或采用加强拉结筋构造（沿高度每隔200mm设置2Φ4焊接钢筋网片）代替马牙槎；Ⅶ度时应填实，Ⅷ度时应填实并插筋1Φ12，沿墙高每隔600mm应设置2Φ4焊接钢筋网片，每边伸入墙内不宜小于1m。构造柱必须与圈梁连接，在柱与圈梁相交的节点处应加密柱的箍筋，加密范围在圈梁上下均不应小于450mm或1/6层高；箍筋间距不宜大于100mm。构造柱可不单独设置基础，但应伸入室外地面下500mm，或与埋深小于500mm的基础圈梁相连。

2. 设置芯柱

小砌块房屋采用芯柱做法时，应按《混凝土小型空心砌块建筑技术规程》(JGJ T14—2004)的要求设置。

墙体的芯柱，应符合下列构造要求：

(1) 芯柱的竖向插筋应贯通墙身且与圈梁连接，插筋的规格及数量应符合规范要求；

(2) 芯柱混凝土应贯通楼板，当采用装配式钢筋混凝土楼盖时，应优先采用适当设置钢筋混凝土板带的方法，或采用贯通措施。

(3) 在房屋的第一、第一层和顶层，当抗震设防烈度为Ⅵ、Ⅶ、Ⅷ度时芯柱的最大净距分别不宜大于2.0m、1.6m、1.2m。

(4) 芯柱应伸入室外地面下500mm或与埋深小于500mm的基础圈梁相连。

3. 设置圈梁

小砌块房屋各楼层均应设置现浇钢筋混凝土圈梁，不得采用槽形小砌块作模，并应按《混凝土小型空心砌块建筑技术规程》(JGJ T14—2004)的要求设置。圈梁宽度不应小于 190mm，配筋不应少于 4Φ12。现浇或装配整体式钢筋混凝土楼、屋盖与墙体有可靠连接，可不另设圈梁，但楼板沿墙体周边应加强配筋并应与相应的构造柱可靠连接。

4.4.2.4 小砌块砌体施工

(1) 砌块砌筑前必须根据砌块尺寸和灰缝厚度计算皮数和排数，制作皮数杆，并将其立于墙的转角处和交接处，皮数杆间距宜小于 15m。

(2) 小砌块砌筑前不得浇水，在施工期间气候异常炎热干燥时，可在砌筑前稍喷水湿润。

(3) 墙体砌筑应从外墙转角定位处开始砌筑，砌筑时应底面朝上反砌。上下皮小砌块应对孔，竖缝应相互错开 1/2 主规格小砌块长度。使用多排孔小砌块砌筑墙体时，应错缝搭砌，搭接长度不应小于主规格小砌块长度的 1/4。否则，应在此水平灰缝中设4Φ4钢筋点焊网片，网片两端与竖缝的距离不得小于 400mm。竖向通缝不得超过两皮小砌块。

(4) 190mm 厚度的小砌块内外墙和纵横墙必须同时砌筑并相互交错搭接。临时间断处应砌成斜槎，斜槎水平投影长度不应小于斜槎高度。严禁留直槎。

(5) 隔墙顶接触梁板底的部位应采用实心小砌块斜砌楔紧；房屋顶层的内隔墙应离该处屋面板板底 15mm，缝内采用 1∶3 石灰砂浆或弹性腻子嵌塞。

(6) 砌体灰缝和砂浆应满足下列要求：

1) 砌体灰缝应做到横平竖直，全部灰缝应填铺砂浆。砂浆饱满度不宜低于 90%。水平灰缝厚度和垂直灰缝宽度应控制在 8～12mm。拉结筋或钢筋网片必须埋置在砂浆中。砌筑时，墙面必须用原浆做勾缝处理。缺灰处应补浆压实，并宜做成凹缝，凹进墙面 2mm。

2) 砌筑砂浆必须搅拌均匀，随拌随用，一般应在 4h 内使用完毕。砌筑时一次铺灰长度不宜超过 2 块主规格砌块的长度。砂浆应按设计要求，采用重量比配置。在每一楼层或 $250m^3$ 的砌体中，对每种强度等级的砂浆应制作不少于一组试块。

(7) 对设计规定或施工所需的孔洞、管道、沟槽和预埋件等，应在砌筑时进行预留或预埋，不得在已砌筑的墙体上打洞和凿槽。照明、电信、闭路电视等线路可采用内穿 12 号铁丝的白色增强塑料竹。水平管线宜预埋于专供水平竹用的实心带凹槽小砌块内，也可敷设在圈梁模板内侧或现浇混凝土楼板（屋面板）中。竖向管线应随墙体砌筑埋设在小砌块孔洞内。管线出口处应采用 U 形小砌块（190mm×190mm×190mm）竖砌，内埋开关、插座或接线盒等配件，四周用水泥砂浆填实。冷、热水水平竹可采用实心带凹槽的小砌块进行敷设。立管宜安装在 E 形小砌块中的一个开口孔洞中。待管道试水验收合格后，采用 C20 混凝土浇灌封闭。

(8) 小砌块墙体砌筑应采用双排外脚手架或里脚手架进行施工，严禁在砌筑的墙体上设脚手孔洞。每天砌筑高度应控制在 1.4m 或一步脚手架高度内。每砌完一楼层后，应校核墙体的轴线尺寸和标高，在允许范围内的轴线及标高偏差可在楼板面上予以校正。小砌块砌体尺寸和位置允许偏差，参见表 4.5。严禁雨天施工，雨后施工时，应复核墙体的垂直度。

表 4.5　　小砌块砌体尺寸和位置允许偏差

序号	项目			允许偏差 (mm)	检查方法
1	轴线位置偏移			10	用经纬仪或拉线和尺量检查
2	基础和砌体顶面标高			±15	用水准仪和尺量检查
3	垂直度	每层		5	用线锤和 2m 托线板检查
		全高	≤10m	10	用经纬仪或重锤挂线和尺量检查
			>10m	20	
4	表面平整度	清水墙、柱		6	用 2m 靠尺和塞尺检查
		混水墙、柱		6	
5	水平灰缝平直度	清水墙 10m 以内		7	用 10m 拉线和尺量检查
		混水墙 10m 以内		10	
6	水平灰缝厚度（连续五皮砌块累计）			±10	与皮数杆比较，尺量检查
7	垂直灰缝宽度（水平方向连续五皮砌块累计）			±15	用尺量检查
8	门窗洞口（后塞口）	宽度		±5	用尺量检查
		高度		±5	
9	外墙窗上下窗口偏移			20	以底层窗口为准，用经纬仪或吊线检查

4.4.2.5　芯柱施工

在楼面砌筑第一皮砌块时，在芯柱位置侧面应预留孔以清除砌块芯柱内杂物。芯柱钢筋的搭接长度不应小于 $45d$（不小于 500mm）。芯柱混凝土应在砌完一个楼层高度后连续浇灌，之前应先注入 50mm 厚的水泥砂浆，混凝土坍落度应不小于 70mm，分层（300～500mm）浇灌并捣实。芯柱混凝土应与圈梁同时浇灌，在芯柱位置，楼板应留缺口，注意保证上下楼层的芯柱连成整体。振捣混凝土宜用软轴插入式振动器。浇筑混凝土时，砌块砌筑砂浆的强度应达到 1MPa 以上。

4.4.2.6　构造柱施工

（1）构造柱的施工程序为：绑扎钢筋—砌砖墙—支模—浇灌混凝土柱。

（2）构造柱钢筋规格、数量、位置必须正确，绑扎前必须进行除锈和调直处理。

（3）构造柱从基础到顶层必须垂直，对准轴线，在逐层安装模板前，必须根据柱轴线随时校正竖筋的位置和垂直度。

（4）构造柱的模板可用木模或钢模，在每层砖墙砌好后，立即支模。模板必须与所在墙的两侧严密贴紧，支撑牢靠，防止板缝漏浆。

（5）在浇筑构造柱混凝土前，必须将砖砌体和模板洒水湿润，并将模板内的落地灰、砖渣和其他杂物清除干净。

（6）构造柱的混凝土坍落度宜为 50～70mm，以保证浇捣密实，亦可根据施工条件、季节不同，在保证浇捣密实的条件下加以调整。

(7) 构造柱的混凝土浇筑可分段进行，每段高度不宜大于 2m。在施工条件较好并能确保浇筑密实时，亦可每层一次浇筑完毕。

(8) 浇捣构造柱混凝土时，宜用插入式振捣棒，分层捣实。振捣棒随振随拔，每次振捣层的厚度不应超过振捣棒长度的 1.25 倍。振捣时，振捣棒应避免直接碰触砖墙，并严禁通过砖墙传振。

(9) 构造柱混凝土保护层厚度宜为 20mm，且不小于 15mm。

(10) 在砌完一层墙后和浇筑该层柱混凝土前，应及时对已砌好的独立墙加稳定支撑，必须在该层柱混凝土浇完之后，才能进行上一层的施工。

4.5 框架填充墙施工

4.5.1 框架填充墙施工概述

框架填充墙主要是高层建筑框架及框剪结构或钢结构中，用于维护或分隔区间的墙体。大多采用小型空心砌块，烧结实心砖，空心砖，轻骨料小型砌块，加气混凝土砌块及其他工业废料掺水泥加工而成的砌块等。砌块应具有一定的强度、轻质、隔音隔热等效果。填充墙的施工应在结构施工之后进行。

4.5.2 框架填充墙的施工

(1) 填充墙采用烧结多孔砖、烧结空心砖进行砌筑时，应提前 2d 浇水湿润。采用蒸压加气混凝土砌块砌筑时，应向砌筑面适量浇水。

(2) 墙体的灰缝应横平竖直，厚薄均匀，并应填满砂浆，竖缝不得出现透明缝、瞎缝。

(3) 多孔砖应采用一顺一丁或梅花丁的组砌形式。多孔砖的孔洞应垂直面受压，砌筑前应先进行试摆。

(4) 填充墙的拉结筋的设置：框架柱和梁施工完后，就应按设计砌筑内外墙体，墙体应与框架柱进行锚固，锚固拉结筋的规格、数量、间距、长度应符合设计要求。当设计无规定时，一般应在框架柱施工时预埋锚筋，锚筋的设置为沿柱高每 500mm 配置 2Φ6 钢筋，伸入墙内长度，一、二级框架宜沿墙全长设置，三、四级框架不应小于墙长的 1/5，且不应小于 700mm，锚筋的位置必须准确。砌体施工时，将锚筋凿出并拉直砌在砌体的水平砌缝中，确保墙体与框架柱的连接。

当填充墙长度大于 5m 时，墙顶部与梁应有拉结措施，墙高度超过 4m 时，应在墙高中部设置与柱连接的通长的钢筋混凝土水平墙梁。

(5) 采用轻骨料混凝土小型空心砌块或蒸压加气混凝土砌块施工时，墙底部应先砌烧结普通砖或多孔砖，或现浇混凝土坎台等，其高度不宜小于 200mm。

(6) 卫生间、浴室等潮湿房间在砌体的底部应现浇捣宽度不少于 120mm、高度不小于 100mm 的混凝土导墙，待达到一定强度后再在上面砌筑墙体。

(7) 门窗洞口的侧壁也应用烧结普通砖镶框砌筑，并与砌块相互咬合。填充墙砌至接近梁底、板底时，应留一定空隙，待填充墙砌筑完毕并应至少间隔 7d 后，再将其补砌挤紧。

4.5.3 质量要求

由于不同的块料填充墙做法各异，因此要求也不尽相同，实际施工时应参照相应设计要

求及施工质量验收规范和各地颁布实施的标准图集、施工工艺标准等。

4.6 砌筑工程冬雨期施工

4.6.1 冬期施工

4.6.1.1 冬期施工的概念

根据当地气象资料，如室外日平均气温连续5d稳定低于5℃时，则砌筑工程应采取冬期施工措施。砌筑工程冬期施工应有完整的冬期施工方案。冬期施工的砌体工程质量验收除应符合《砌体工程施工质量验收规范》（GB 50203—2002）要求外，尚应符合《建筑工程冬期施工规程》（JGJ 104）的规定。

此外，当日最低气温低于0℃时，砌筑工程也应采取冬期施工措施。

4.6.1.2 砌筑工程冬期施工方法

砌筑工程的冬期施工以采用掺盐砂浆法为主，对保温绝缘、装饰等方面有特殊要求的工程，可采用冻结法或其他施工方法。

1. 掺盐砂浆法

掺入盐类的水泥砂浆、水泥混合砂浆或微沫砂浆称为掺盐砂浆。采用这种砂浆砌筑的方法称为掺盐砂浆法。

（1）掺盐砂浆法的原理和适应范围。掺盐砂浆法就是在砌筑砂浆内掺入一定量的抗冻剂（主要有氯化钠和氯化钙，其他还有亚硝酸钠、碳酸钾和硝酸钙等），来降低水溶液的冰点，以保证砂浆中有液态水存在，使水化反应在一定负温下不间断进行，使砂浆强度在负温下能够继续增长。同时，由于降低了砂浆中水的冰点，砖石砌体的表面不会立即结冰而形成冰膜，故砂浆和砖石砌体能较好地黏结。

采用掺盐砂浆法具有施工简便、施工费用低、货源易于解决等优点，所以在我国的砌体冬期施工中应用普遍。

由于氯盐砂浆吸湿性大，使结构保温性能下降，并有析盐现象等。对下列工程严禁采用掺盐砂浆法施工：对装饰有特殊要求的建筑物；使用湿度大于80%的建筑物；接近高压电路的建筑物；配筋、钢埋件无可靠的防腐处理措施的砌体；处于地下水位变化范围内以及水下未设防水层的结构。

（2）掺盐砂浆法的施工工艺。采用掺盐法进行施工，应按不同负温界限控制掺盐量，当砂浆中氯盐掺量过少，砂浆内会出现大量的冰结晶体，水化反应极其缓慢，会降低早期强度。如果氯盐掺量大于10%，砂浆的后期强度会显著降低，同时导致砌体析盐量过大，增大吸湿性，降低保温性能。按气温情况规定的掺盐量见表4.6。

对砌筑承重结构的砂浆强度等级应按常温施工时提高一级。拌和砂浆前要对原材料加热，且应优先加热水。当满足不了温度时，再进行砂的加热。当拌和水的温度超过60℃时，拌制时的投料顺序是：水和砂先拌，然后再投放水泥。掺盐砂浆中掺入微沫剂时，盐溶液和微沫剂在砂浆拌和过程中先后加入。砂浆应采用机械进行拌和，搅拌时间应比常温季节增加一倍。拌和后的砂浆应注意保温。

由于氯盐对钢筋有腐蚀作用，掺盐法用于设有构造配筋的砌体时，钢筋可以涂樟丹2～3道或者涂沥青1～2道，以防钢筋锈蚀。

表 4.6 砂浆掺盐量（占用水量的百分比）

氯盐及砌体材料种类				日最低气温（℃）			
				≥－10	－11～－15	－16～－20	－21～－25
氯化钠	单盐	砖、砌块		3	5	7	—
		砌石		4	7	10	—
	双盐	氯化钠	砖、砌块	—	—	5	7
		氯化钙		—	—	2	3

注 掺盐量以无水盐计。

掺盐砂浆法砌筑砖砌体，应采用“三一”砌砖法进行操作，使砂浆与砖的接触面能充分结合。砌筑时要求灰浆饱满，灰缝厚度均匀，水平缝和垂直缝的厚度和宽度，应控制在8～10mm。采用掺盐砂浆法砌筑砌体，砌体在转角处和交接处应同时砌筑，对不能同时砌筑而又必须留置的临时间断处，应砌成斜槎。砌体表面不应铺设砂浆层，宜采用保温材料加以覆盖，继续施工前，应先用扫帚扫净砖表面，然后再施工。

2. 冻结法

冻结法是指不掺外加剂的普通水泥砂浆或水泥混合砂浆进行砌筑的一种冬期施工方法。

（1）冻结法的原理和适应范围。冻结法的砂浆内不掺任何抗冻化学剂，允许砂浆在铺砌完后就受冻。受冻的砂浆可以获得较大的冻结强度，而且冻结的强度随气温降低而增高。当气温升高而砌体解冻时，砂浆强度仍然等于冻结前的强度。当气温转入正温后，水泥水化作用又重新进行，砂浆强度可继续增长。

冻结法允许砂浆在砌筑后遭受冻结，且在解冻后其强度仍可继续增长。所以对有保温、绝缘、装饰等特殊要求的工程和受力配筋砌体以及不受地震区条件限制的其他工程，均可采用冻结法施工。

冻结法施工所用砂浆，经冻结、融化和硬化三个阶段后，砂浆强度、砂浆与砖石砌体间的黏结力都有不同程度的降低。砌体在融化阶段，由于砂浆强度接近于零，将会增加砌体的变形和沉降。所以对下列结构不宜选用：空斗墙，毛石墙，承受侧压力的砌体，在解冻期间可能受到振动或动荷载的砌体，在解冻期间不允许发生沉降的砌体。

（2）冻结法的施工工艺。采用冻结法施工时，应按照“三一”砌筑方法，对于房屋转角处和内外墙交接处的灰缝应特别仔细砌合。砌筑时一般采用一顺一丁的组砌方式。冻结法施工中宜采用水平分段施工，墙体一般应在一个施工段范围内，砌筑至一个施工层的高度，不得间断。每天砌筑高度和临时间断处均不宜大于1.2m。不设沉降缝的砌体，其分段处的高差不得大于4m。

砌体解冻时，由于砂浆的强度接近于零，所以增加了砌体解冻期间的变形和沉降，其下沉量比常温施工增加10%～20%。解冻期间，由于砂浆受冻后强度降低，砂浆与砌体之间的黏结力减弱，所以砌体在解冻期间的稳定性较差。用冻结法施工的砌体，在开冻前需进行检查，开冻过程中应组织观测。如发现裂缝、不均匀下沉等情况，应分析原因并立即采取加固措施。

为保证砖砌体在解冻期间能够均匀沉降不出现裂缝，应遵守下列要求：解冻前应清除房屋中剩余的建筑材料等临时荷载；在开冻前，宜暂停施工；留置在砌体中的洞口和沟槽等，宜在解冻前填砌完毕；跨度大于0.7m的过梁，宜采用预制构件；门窗框上部应留3～5mm

的空隙，作为化冻后预留沉降量，在楼板水平面上，墙的拐角处、交接处和交叉处每半砖墙厚设置一根Φ6 的拉筋。

在解冻期进行观测时，应特别注意多层房屋下层的柱和窗间墙、梁端支承处、墙交接处等地方。此外，还必须观测砌体沉降的大小、方向和均匀性，砌体灰缝内砂浆的硬化情况。观测一般需 15d 左右。

解冻时除对正在施工的工程进行强度验算外，还要对已完成的工程进行强度验算。

4.6.2 雨期施工

砌筑用砖在雨期必须集中堆放，不宜浇水。砌墙时要求干湿砖合理搭配。湿度过大的砖不可上墙。雨期施工每日砌筑高度不宜超过 1.2m。

雨期遇大雨必须停工。砌砖收工时应在砖墙顶盖一层干砖，避免大雨冲刷灰浆。大雨过后受雨冲刷过的新砌墙体应翻砌最上面两皮砖。

稳定性较差的窗间墙、独立砖柱，应加设临时支撑或及时浇筑圈梁，以增加其稳定性。

砌体施工时，内、外墙尽量同时砌筑，并注意转角及丁字墙间的连接要同时跟上。遇台风时，应在与风向相反的方向加设临时支撑，以保证墙体的稳定。

雨后继续施工，须复核已完工砌体的垂直度和标高。

4.7 砌筑工程的施工质量验收与安全技术

4.7.1 砌筑工程质量验收

砌筑工程的质量验收必须严格按照工程建设国家标准《砌体工程施工质量验收规范》（GB 50203—2002）的规定执行。本规范共 11 章。其中，重点内容为砖砌体工程、混凝土小型空心砌块工程、石砌体工程、配筋砌体工程、填充墙砌体工程 5 章。这里，仅对此 5 章的主要内容作一简单介绍。这 5 章的第 1 节“一般规定”中，主要介绍对原材料及施工过程的质量控制要求，在第 2 节“主控项目”中及第 3 节“一般项目”中，规定了验收项目的质量要求、抽检数量、检验方法。

另外，《砌体工程施工质量验收规范》（GB 50203—2002）还提供了砌体工程施工质量验收记录统一用表若干，限于篇幅，此处从略，请读者自己查阅。

4.7.2 砌筑工程安全技术

（1）严禁在墙上站立划线、刮缝、清扫墙柱面和检查大角垂直等工作。

（2）砍砖时应向内打，以免落砖伤人。

（3）不得砌筑过胸高度的墙面。

（4）不准用不稳定的工具或物体在脚手板面上垫高进行工作。

（5）从砖垛上取砖时，防止垛倒伤人。

（6）砖石运输车辆距离，在平道上不小于 2m，坡道上不小于 10m。

（7）垂直运输设施不得超载，使用过程中经常检查和维护。

思 考 题

4.1 对脚手架有哪些基本要求？

4.2 脚手架如何进行分类？
4.3 扣件式钢管脚手架的主要构件有哪些？
4.4 砖砌体施工前应进行哪些准备工作？
4.5 砌筑砂浆对原材料有哪些要求？
4.6 拌制和使用砌筑砂浆时应注意哪些问题？
4.7 砌砖前为什么要对砖洒水湿润？如何控制其含水率？
4.8 砖墙砌体的组砌形式常用的有哪些？
4.9 试述砖砌体的施工工艺及技术要求。
4.10 砖墙在转角处和交接处留设临时间断时有什么构造要求？
4.11 用轻骨料混凝土小砌块和加气混凝土砌块砌筑时，其墙体底部应如何处理？
4.12 砌块砌筑时的灰缝砂浆饱满要求是多少？如何检验？

习 题

4.1 什么叫砌筑的“一步高”？
4.2 脚手架的作用有哪些？
4.3 常用的砌筑垂直运输机械有哪些？
4.4 普通黏土砖的外观尺寸（长、宽、高）为多少？
4.5 皮数杆的作用是什么？怎样安放皮数杆？
4.6 砖墙应进行哪些方面的质量检查？如何检查？
4.7 基础如何弹线？如何弹出“50”线？
4.8 为什么要规定砖墙的每日砌筑高度？
4.9 墙体拉结筋如何设置？
4.10 砌体工程应采取冬期施工的概念。
4.11 什么是“三一”砌筑法？
4.12 砌筑时，施工洞口留设应注意什么问题？
4.13 什么是“马牙槎”？
4.14 砌块排块图的作用和绘制依据是什么？
4.15 试述芯柱混凝土浇灌的施工要点。

第5章 混凝土结构工程

5.1 模板工程

5.1.1 模板的作用与基本要求

模板是混凝土结构构件成型的模具，已浇筑的混凝土需要在此模具内养护、硬化、增长强度，形成所要求的结构构件。整个模板系统包括模板和支架两个部分，其中模板是指与混凝土直接接触使混凝土具有构件所要求形状的部分；支架是指支撑模板，承受模板、构件及施工中各种荷载的作用，并使模板保持所要求的空间位置的临时结构。

为了保证所浇筑混凝土结构的施工质量和施工安全，模板和支架必须符合下列基本要求：

(1) 保证结构和构件各部分形状、尺寸和相互位置的正确性。

(2) 具有足够的承载能力、刚度和稳定性，能可靠地承受浇筑混凝土的质量、侧压力以及施工荷载。

(3) 构造简单，拆装方便，能多次周转使用。

(4) 接缝严密，不易漏浆。

5.1.2 模板的分类

模板分类有多种方式，通常按以下方式分类：

按所用材料不同可分为木模板、钢模板、塑料模板、玻璃钢模板、竹胶板模板、装饰混凝土模板、预应力混凝土模板等。

按模板的形式及施工工艺不同可分为组合式模板（如木模板、组合钢模板）、工具模板（如大模板、滑模、爬模、飞模、模壳等）、胶合板模板和永久性模板。

按模板规格型式不同可分为定型模板（即定型组合模板，如小钢模）和非定型模板（散装模板）。下面重点介绍常用的木模板和组合钢模板的构造。

1. 木模板

木材是最早被人们用来制作模板的工程材料，其主要优点是：制作方便、拼装随意。木模板一般采用松木和杉木。其含水率不宜过高，以免干裂。

木模板的基本元件是拼板，它由板条和拼条（木档）组成，如图5.1所示。板条厚度一般为25～50mm，宽度不宜超过200mm，以保证在干缩时缝隙均匀，浇水后缝隙要严密且板条不翘曲。拼条截面尺寸为25mm×35mm～50mm×50mm，拼条间距根据施工荷载的大小及板条的厚度而定，一般取400mm×500mm。

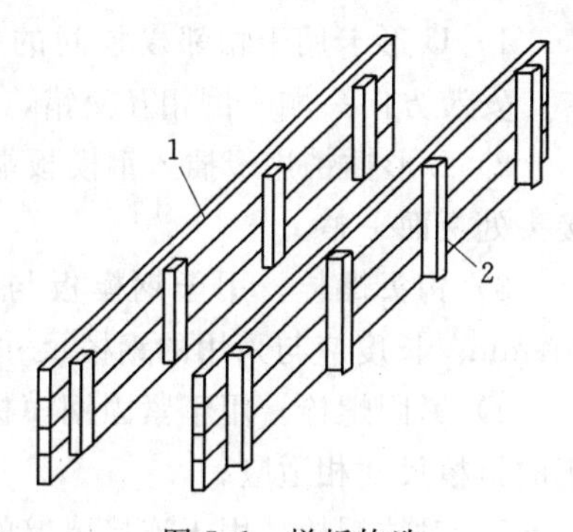

图5.1 拼板构造
1—板条；2—拼条

2. 组合钢模板

组合钢模板是一种定型模板，由钢模板和配件两大部分组成，配件包括连接件和支撑件，这种模板可以拼出多种尺寸和几何形状，可用于建筑物的梁、板、柱、墙、基础等构件施工的需要，也可拼成大模板、滑模、台模等使用。因而这种模板具有轻便灵活、拆装方便、通用性强、周转率高等优点。

(1) 钢模板。钢模板包括平面模板、阳角模板、阴角模板和连接角模，如图5.2所示。另外，还有角棱模板、圆棱模板、梁腋模板等与平面模板配套使用的专用模板。

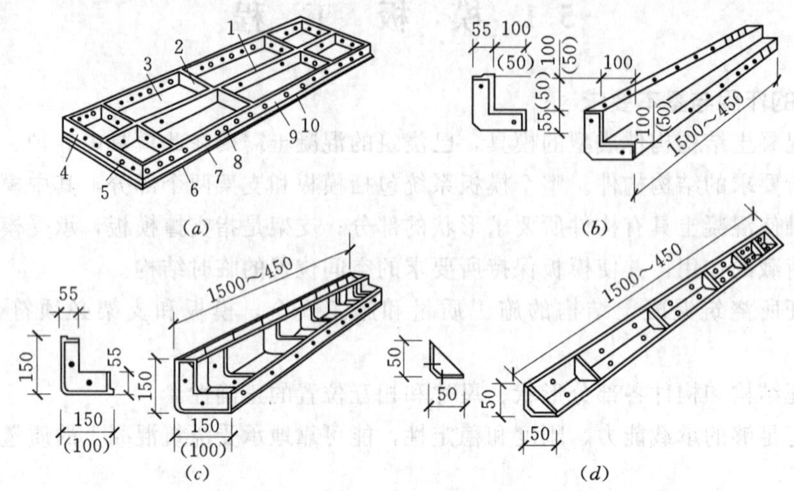

图5.2 钢模板的类型（单位：mm）

(a) 平面模板；(b) 阳角模板；(c) 阴角模板；(d) 连接角模

1—中纵肋；2—中横肋；3—面板；4—横肋；5—插销孔；6—纵肋；7—凸棱；8—凸鼓；9—U形卡孔；10—钉子孔

钢模板采用模数制设计，长度以150mm进级，可以适应横竖拼装，如拼装时出现不足模数的空隙时，用镶嵌木条补缺。

为了板块之间便于连接，钢模板边肋上设有U形卡连接孔，端部上设有L形插销孔，孔径为13.8mm，孔距150mm。

(2) 连接件。连接件包括U形卡、L形插销、钩头螺栓、紧固螺栓、对拉螺栓和扣件等，如图5.3所示。

1) U形卡用于相邻模板间的拼接，其安装距离不大于300mm，即每隔一个孔插一个卡，安装方向一顺一倒相互交错，以抵消U形卡可能产生的位移。

2) L形插销用于插入钢模板端部的插销孔内，以加强两相邻模板接头处的刚度和保证接头处板面平整。

3) 钩头螺栓。用于钢模板与内、外钢的加固，使之成为整体，安装间距一般不大于600mm，长度应与采用的钢棱尺寸相适应。

4) 紧固螺栓。用于紧固钢模板内、外的钢棱，增强组合模板的整体刚度，长度应与采用的钢棱尺寸相适应。

5) 对拉螺栓。用于连接墙壁的两侧模板，保持模板与模板之间的设计厚度，并承受混凝土侧压力及水平荷载，使模板不致变形。

6) 扣件。用于钢棱与钢棱或钢棱与钢模板之间的扣紧，按钢棱的不同形状，分别采用蝶形扣件和“3”形扣件。

(3) 支撑件。组合钢模板的支撑件由桁架、三角架、托具、钢管支柱和模板成型卡具等组成。

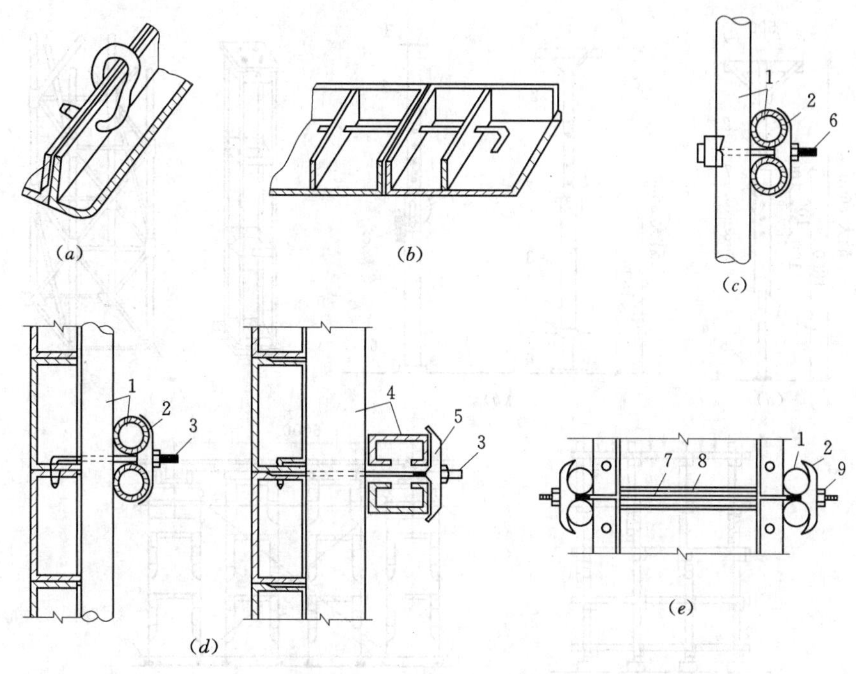

图 5.3 钢模板连接件

(a) U形卡连接；(b) L形插销连接；(c) 紧固螺栓连接；

(d) 钩头螺栓连接；(e) 对拉螺栓连接

1—圆钢管钢楞；2—“3”形扣件；3—钩头螺栓；4—内卷边槽钢钢楞；

5—蝶形扣件；6—紧固螺栓；7—对拉螺栓；8—塑料套管；9—螺母

1) 钢桁架。用于支承梁或板的模板，两端可支承在钢筋托具、墙、梁侧模板的横档以及柱顶梁底横档上，如图 5.4 所示。

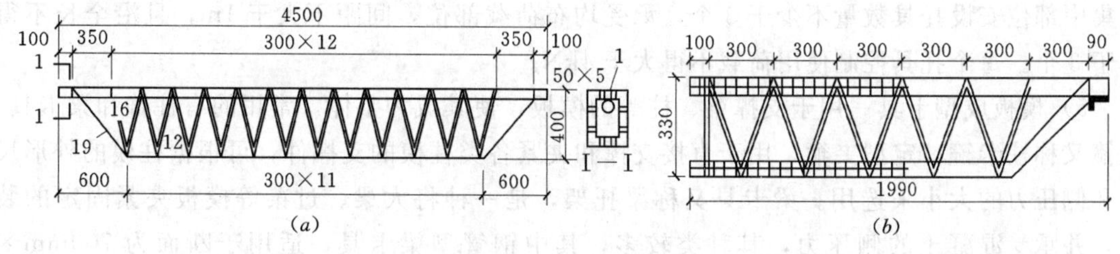

图 5.4 钢桁架（单位：mm）

(a) 整榀式；(b) 组合式

2) 三角支架。用于悬挑结构模板的支撑，如阳台、雨篷、挑檐等。采用角钢铆接而成，悬臂长不应大于 1200mm，跨度为 600mm 左右。

3) 支柱。有钢管支柱和组合四管支柱两种。钢管支柱又称钢支柱，用于大梁、楼板等水平模板的垂直支撑，其规格形式较多，目前常用的有 CH 型和 YJ 型两种组合，四管支柱由管柱、螺栓千斤顶和托盘等组成，用于大梁、平台、楼板等水平模板的垂直支撑。管柱由

4 根 ϕ48mm×3.5mm 钢管和 8mm 厚钢板焊接而成，千斤顶由 M45mm 螺栓与托板组成，其调距为 250mm。如图 5.5 所示。

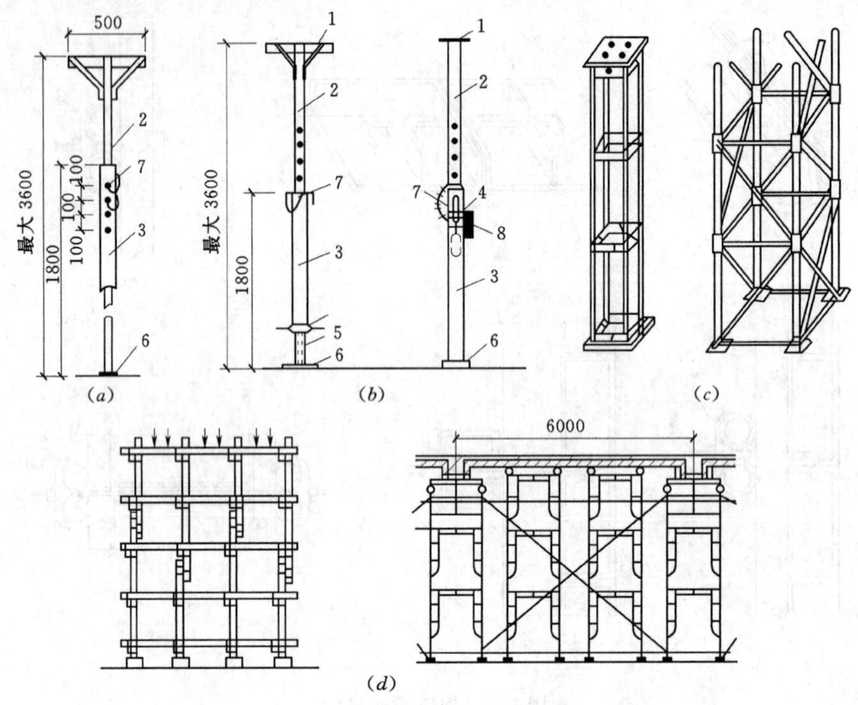

图 5.5　钢支柱（单位：mm）

(a) 钢管支架；(b) 调节螺杆钢管支架；(c) 组合钢支架和钢管井架；
(d) 扣件式钢管和门型脚手架支架

1—顶板；2—插管；3—套管；4—转盘；5—螺杆；6—底板；7—插销；8—转动手柄

4）托具。用来靠墙支撑棱木、斜撑、桁架等。用钢筋焊接而成，上面焊接一块钢托板，托具两齿间距为三皮砖厚。在砌体强度达到支模强度时，将托具垂直打入灰缝内。在梁端荷载集中部位安设托具数量不少于 3 个，承受均布荷载部位，间距不大于 1m，且沿全长不得少于 3 个。每个托具控制使用荷载不得大于 4kN。

5）模板成型卡具。用于支撑梁、柱等的模板，使其成为整体。常用的有柱箍和梁卡具。柱箍又称柱卡箍、定型夹箍，用于直接支撑和夹紧各类柱模的支撑件，可根据柱模的外形尺寸和侧压力的大小来选用。梁卡具又称梁托架，是一种将大梁、过梁等模板夹紧固定的装置，并承受混凝土的侧压力，其种类较多，其中钢管型梁卡具，适用于断面为 700mm×500mm 以内的梁。梁卡具的高度和宽度均可调节。如图 5.6、图 5.7 所示。

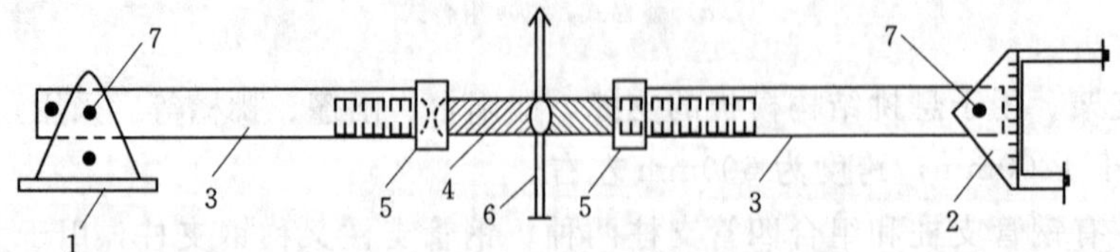

图 5.6　斜撑

1—底座；2—顶撑；3—钢管斜撑；4—花篮螺丝；5—螺母；6—旋杆；7—销钉

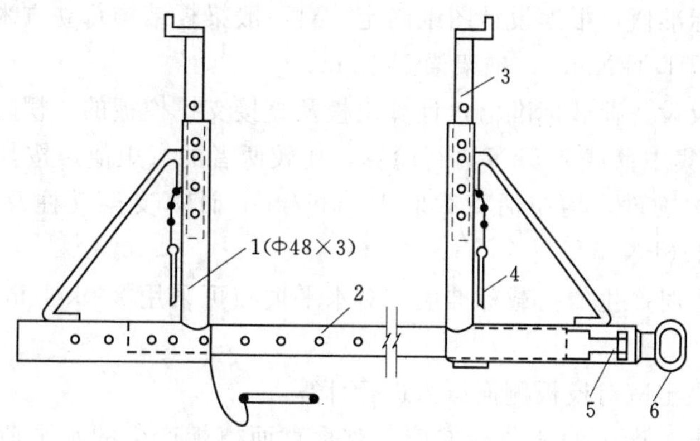

图 5.7 梁钢管卡具

1—三角架；2—底座；3—调节杆；4—插销；5—调节螺栓；6—钢筋环

5.1.3 模板设计

常用的木拼板模板和组合钢模板，在其经验适用范围内一般不需进行设计验算，但对重要结构的模板、特殊形式的模板或超出经验适用范围的一般模板应进行设计或验算，以确保工程质量和施工安全，防止浪费。

5.1.3.1 模板设计内容和原则

模板设计内容主要包括选型、选材、配板、荷载计算、结构设计和绘制模板施工图等。设计的主要原则如下：

(1) 实用性。应保证混凝土结构的质量，要求按缝严密、不漏浆，保证构件的形状尺寸和相互位置正确，且要求构造简单、支拆方便。

(2) 安全性。保证在施工过程中不变形、不破坏、不倒塌。

(3) 经济性。针对工程结构的具体情况，因地制宜，就地取材，在确保工期的前提下，尽量减少一次投入，增加模板周转率，减少支拆用工，实现文明施工。

5.1.3.2 荷载计算

计算模板及其支架的荷载，分为荷载标准值和荷载设计值，后者应以荷载标准值乘以相应的荷载分项系数。

1. 荷载标准值

(1) 模板及其支架自重标准值，应根据模板设计图确定。肋形楼板及无梁楼板模板的自重标准值，可按表 5.1 采用。

表 5.1 模板及支架自重标准值 单位：kN/m^3

模板构件名称	木模板	定型组合钢模板	钢框胶合板模板
平板的模板及小楞	0.30	0.50	0.40
楼板模板（其中包括梁的模板）	0.50	0.75	0.60
楼板模板及其支架（楼层高度为 4m 以下）	0.75	1.10	0.95

(2) 新浇筑混凝土自重标准值，对普通混凝土可采用 $24kN/m^3$；对其他混凝土，可根据实际重力密度确定。

(3) 钢筋自重标准值，根据设计图纸确定。对一般梁板结构每立方米钢筋混凝土的钢筋自重标准值为：楼板 1.1kN/m³；框架梁 5kN/m³。

(4) 施工人员及设备荷载标准值，计算模板及直接支撑模板的小楞时，对均布活荷载取 2.5kN/m²，另应以集中荷载 2.5kN 再行验算，比较两者的弯矩值，按其中较大者取用；计算直接支撑小楞结构构件，均布活荷载取 1.5kN/m²；计算支架立柱及其他支撑结构构件时，均布活荷载取 1.0kN/m²。

(5) 振捣混凝土时产生的荷载标准值，对水平模板可采用 2.0kN/m²；对垂直面模板可采用 4.0kN/m²。

(6) 新浇筑混凝土应对模板侧面压力进行计算。

(7) 倾倒混凝土时产生的荷载标准值，对垂直面模板产生的水平荷载标准值，可按表 5.2 采用。

2. 荷载设计值

计算模板及其支架时的荷载设计值，应为荷载标准值乘以相应的荷载分项系数与调整系数求得，荷载分项系数见表 5.3。

表 5.2 倾倒混凝土时产生的水平荷载标准值 单位：kN/m²

向模板内供料方法	水平荷载
溜槽、串筒或导管	2
容量小于 0.2m³ 的运输器具	2
容量为 0.2～0.8m³ 的运输器具	4
容量为大于 0.8m³ 的运输器具	6

注 作用范围在有效压头高度以内。

表 5.3 模板及支架荷载分项系数

项次	荷 载 类 别	r
1	模板及支架自重	1.2
2	新浇筑混凝土自重	
3	钢筋自重	
4	施工人员及施工设备荷载	1.4
5	振捣混凝土时产生的荷载	
6	新浇筑混凝土对模板侧面的压力	1.2
7	倾倒混凝土时产生的荷载	1.4

荷载折减（调整）系数的确定：

(1) 对钢模板及其支架的设计，其荷载设计值可乘以 0.85 的系数予以折减，但其截面塑性发展系数取 1.0。

(2) 在风荷载作用下验算模板及其支架的稳定性时，其基本风压值可乘以 0.8 的系数予以折减。

3. 荷载组合

模板及支架的设计应考虑的荷载如下：

(1) 模板及其支架自重。

(2) 新浇筑混凝土自重。

(3) 钢筋自重。

(4) 施工人员及施工设备荷载。

(5) 振捣混凝土时产生的荷载。

(6) 新浇筑混凝土对模板侧面的压力。

(7) 倾倒混凝土时产生的荷载。

上述各项荷载应根据不同的结构构件，按表 5.4 的规定进行荷载组合。

表 5.4　　荷 载 组 合

模 板 类 别	参与组合的荷载项	
	计算承载能力	验算刚度
平板和薄壳的模板及支架	(1)，(2)，(3)，(4)	(1)，(2)，(3)
梁和拱模板的底板及支架	(1)，(2)，(3)，(5)	(1)，(2)，(3)
梁、拱、柱（边长≤300mm）、墙（厚≤100mm）的侧面模板	(5)，(6)	(6)
大体积结构，柱（边长>300mm）、墙（厚>100mm）的侧面模板	(6)，(7)	(6)

4. 模板结构的刚度要求

模板结构除必须保证足够的承载能力外，还应保证有足够的刚度，因此，应验算模板及其支架结构的挠度，其最大变形值不得超过下列规定：

(1) 对结构表面外露（不做装修）的模板，为模板构件计算跨度的 1/400。

(2) 对结构表面隐蔽（做装修）的模板，为模板构件计算跨度的 1/250。

(3) 支架的压缩变形值或弹性挠度，为相应的结构计算跨度的 1/1000。

支架的立柱或桁架应保持稳定，并用撑拉杆件固定。为防止模板及其支架在风荷载作用下倾倒，应从构造上采取有效措施，如在相互垂直的两个方向加水平及斜拉杆、缆风绳、地锚等。

5.1.4　模板安装与拆除

5.1.4.1　现浇混凝土模板安装

现浇钢筋混凝土梁、板当跨度大于 4m 时，模板应起拱，当设计无具体要求时，起拱高度宜为全跨长的 1/1000～3/1000。

现浇多层房屋和构筑物，应采取分层段支模的方法。安装上层模板及其支架应符合下列规定：

(1) 下层模板应具有承受上层荷载的承载能力或加设支架支撑。

(2) 上层支架的立柱应对准下层支架的立柱，并铺设垫板。

(3) 当采用悬吊模板、桁架支模方法时，其支撑结构的承载能力和刚度必须符合要求。当层间高度大于 5m，宜选用桁架支模或多层支架支模。当采用多层支架支模时，支架的横垫板应平整，支柱应垂直，上下层支柱应在同一竖向中心线上。当采用分节脱模时，底模的支点按模板设计设置，各节模板应在同一平面上，高低差不得超过 3mm。固定在模板上的预埋件和预留孔洞均不得遗漏，安装必须牢固，位置准确，其允许偏差应符合表 5.5 的规定。现浇结构模板安装的允许偏差应符合规范的规定。各分项工程模板的搭设步骤和注意事项如下：

表 5.5　　预埋件和预留孔洞的允许偏差　　单位：mm

项 目		允 许 偏 差
预埋钢板中心线位置		3
预埋管、预留孔中心线位置		3
插筋	中心线位置	5
	外露长度	+10.0
预埋螺栓	中心线位置	2
	外露长度	+10.0
预留洞	中心线位置	10
	尺寸	+10.0

(1) 基础模板。拉线找中，弹出中心线和边线，找平、做出标高标志。沿边线竖直模板，临时固定，找正校直，用斜撑固定牢固。杯口模板应直拼、外面刨光。杯芯模板位置、标高必须安装准确，固定牢固，防止上浮或偏移。杯芯模板在混凝土浇筑后，一般在混凝土初凝前后即可用锤轻打，撬杠松动，以便混凝土凝固后拔出。基础较深者，应用铅丝或螺栓加固模板。有预埋件者，应准确固定，如图5.8所示。

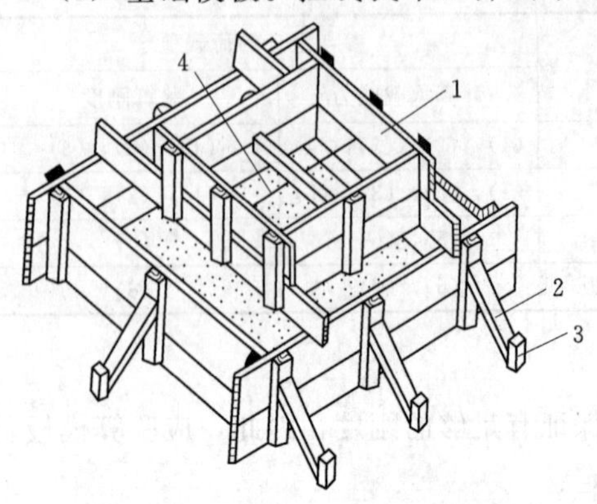

图5.8 阶梯形基础模板

1—拼板；2—斜撑；3—木桩；4—铁丝

(2) 柱模板。先在基础顶面弹出柱的中心线和四周边线。沿边线竖立竖向模板，正确固定柱脚，用斜撑将柱模板临时固定，再由柱顶用线锤吊直找正，然后正式固定。柱模根部要用水泥砂浆堵严，防止跑浆，柱模的浇筑口和清扫口，在配模时应考虑一并留出。通排柱模板的安装，应先装两端柱的模板，校正无误后固定，拉通线校正中间各柱模板，如图5.9所示。

(3) 梁模板。支模前，应先在柱或墙上找好梁中心线和标高。在柱模板的槽口下面钉上托板木，对准中心线，铺设梁底模板。梁模板必须侧板包底板，板边弹线刨直。主梁与次梁的接合处，在主梁侧板上正确锯好次梁的槽口，划好中心线。梁底支柱的间距应符合设计要求。梁较高时，可先安装一面侧板，等钢筋绑扎好后再装另一面侧板，如图5.10所示。

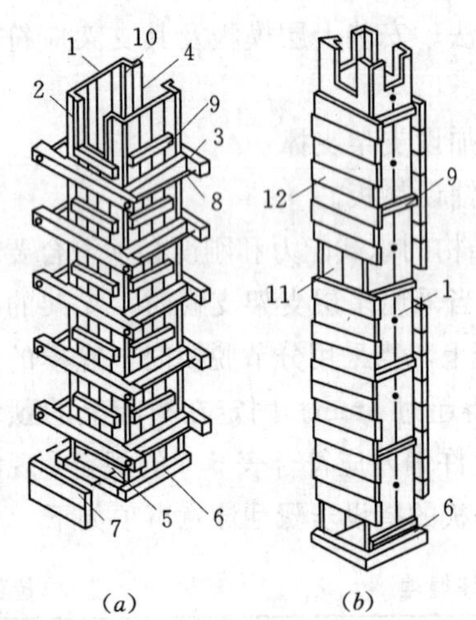

图5.9 柱模板

(a) 拼板柱模板；(b) 短横板柱横板

1—内拼板；2—外拼板；3—柱箍；4—梁缺口；5—清理孔；6—木框；7—盖板；8—拉紧螺栓；9—拼条；10—三角木条；11—浇筑孔；12—短横板

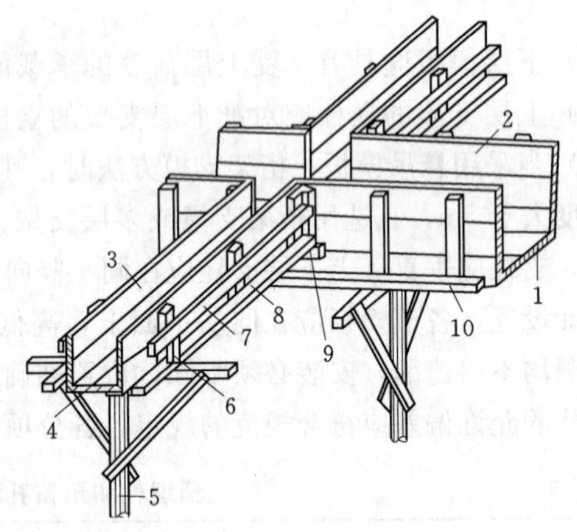

图5.10 梁模板

1—主梁底板；2—主梁侧板；3—次梁侧板；4—次梁底板；5—顶撑；6—垫块；7—托木；8—夹木；9—衬口档；10—夹木

(4) 楼板模板。根据设计标高，在梁侧板上固定水平大横楞，再在上面搁置平台栏栅，一般可以50mm×100mm方木立放，间距0.5m，下面用支柱支撑，拉结条牵牢。板跨超

2m 者，下面加设大横楞和支柱。平台栏栅找平后，在上面铺钉木板，铺木板时只将两端及接头处钉牢，中间少钉或不钉以利拆模。如采用定型模板，需按其规格距离铺设栏栅，不够一块定型模板，可用木板镶满。采用桁架支模时，应根据载重量确定桁架间距，桁架上弦要放小方木，用铁丝绑紧，两端支撑处要设木楔，在调整标高后钉牢，桁架之间拉结条，保持桁架垂直。挑檐模板支柱一般不落地，采用在下层窗台上用斜撑支撑挑檐部分，也可采用三角架由砖墙支撑挑檐。挑檐模板必须撑牢拉紧，防止向外倾覆，如图 5.11 所示。

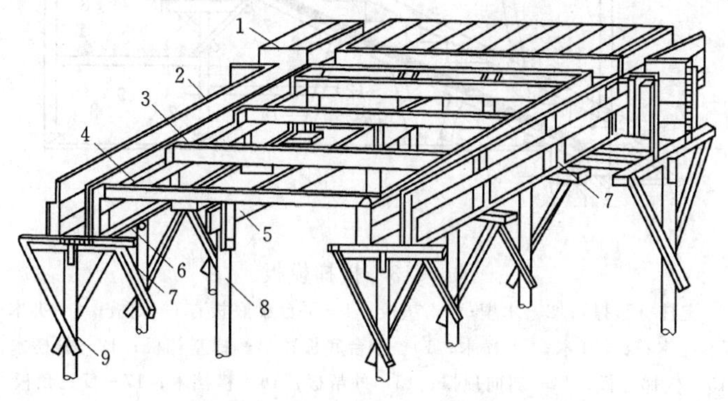

图 5.11　梁及楼板模板

1—楼板模板；2—梁侧模板；3—楞木；4—托木；5—杠木；6—夹木；7—短撑；8—杠木撑；9—琵琶撑

（5）墙模板。组装模板时，要使两侧穿孔的模板对称放置，确保孔洞对准，以使穿墙螺栓与墙模保持垂直。相邻模板边肋用 U 形卡连接的间距，不得大于 300mm，预组拼模板接缝处宜满上。预留门窗洞口的模板，安装要牢固，既不变形，又便于拆除。墙模板上预留的小型设备孔洞，当遇到钢筋时，应设法确保钢筋位置正确，不得将钢筋移向一侧。优先采用预组装的大块模板，必须要有良好的刚度。如图 5.12 所示。

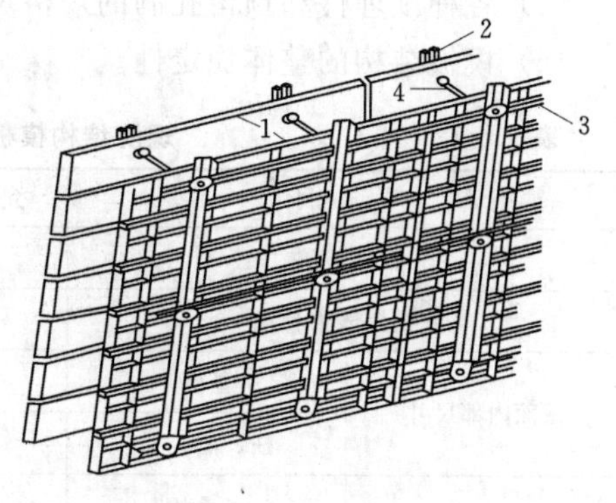

图 5.12　墙模板

1—墙模板；2—蛏楞；3—横楞；4—对拉螺栓

（6）楼梯模板（图 5.13）。楼梯模板一般比较复杂，常见的板式和梁式楼梯，其支模工艺基本相同。楼梯模板应根据施工图放出大样，绘制三角样板，锯出三角板，用 50mm×150mm 方木做反扶梯基，在上面由上而下分步、划线，钉好三角板，根据踏步长、高制作踢脚板。找好平台高度，先安装平台梁和平台板模板，再装楼梯斜梁或楼梯底模板。然后安装楼梯外侧板。栏板模板事先预制成片，将外模钉在外帮板上，钢筋绑好后，再将里模支钉在反扶梯基上。预制栏板或栏杆者，应正确留出预留孔和连接件。模板安装后应仔细检查各部构件是否牢固，在浇混凝土过程中要经常检查，如发现变形、松动等现象，要及时修整加固。现浇结构模板安装的允许偏差及检验方法见表 5.6。

组合钢模板在浇混凝土前，还应检查下列内容：

1）扣件规格与对拉螺栓、钢楞的配套和紧固情况。

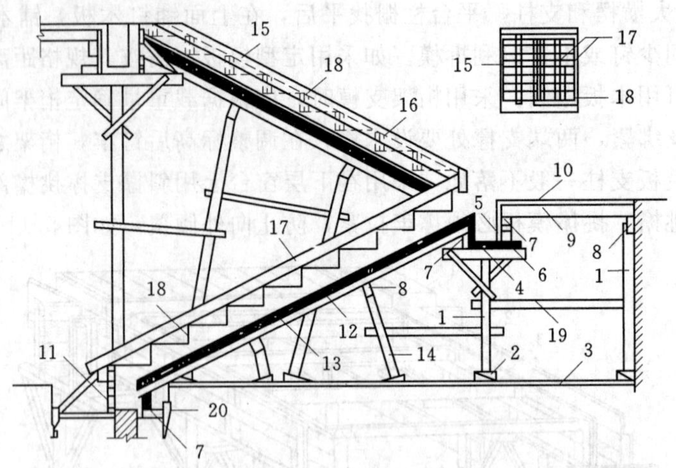

图 5.13 楼梯模板

1—支柱（顶撑）；2—木楔；3—垫板；4—平台梁底板；5—侧板；6—夹木；7—托木；8—杠木；9—楞木；10—平台底板；11—梯基侧板；12—斜楞木；13—楼梯底板；14—斜向顶撑；15—外帮板；16—横档木；17—反三角板；18—踏步侧板；19—拉杆；20—木桩

2）斜撑、支柱的数量和着力点。

3）钢楞、对拉螺栓及支柱的间距。

4）各种预埋件和预留孔洞的规格尺寸、数量、位置及固定情况。

5）模板结构的整体稳定性。

表 5.6　　现浇结构模板安装的允许偏差及检验方法

项　目		允许偏差（mm）	检　验　方　法
轴线位置		5	钢尺检查
底模上表面标高		±5	水准仪或拉线、钢尺检查
截面内部尺寸	基础	±10	钢尺检查
	柱、墙、梁	+4，−5	钢尺检查
层高垂直度	≤5m	6	经纬仪或吊线、钢尺检查
	>5m	8	经纬仪或吊线、钢尺检查
相邻两板表面高低差		2	钢尺检查
表面平整度		5	靠尺和塞尺检查

5.1.4.2 现浇混凝土模板拆除

现浇结构的模板及其支架拆除时的混凝土强度，应符合设计要求，当设计无要求时，应符合下列规定：

（1）侧面模板。一般在混凝土强度能保证其表面及棱角不因拆除模板而受损坏时，方可拆除。

（2）底面模板及支架。对混凝土的强度要求较严格，应符合设计要求；当设计无具体要求时，混凝土强度应符合表 5.7 的规定，方可拆除。

表 5.7　　底模拆除时的混凝土强度要求

构件类型	构件跨度（m）	达到设计的混凝土立方抗压强度标准值的比率（%）
板	≤2	≥50
	>2，≤8	≥75
	>8	≥100
梁、拱、壳	≤8	≥75
	>8	≥100
悬臂构件	—	≥100

拆模程序一般应是后支先拆，先支后拆。先拆除非承重部分，后拆除承重部分。重大复杂模板的拆除，事先应制定拆除方案。拆除跨度较大的梁下支柱时，应先从跨中开始，分别拆向两端。

工具式支模的梁、板模板的拆除，事先应搭设轻便稳固的脚手架。拆模时应先拆卡具、顺口方木、侧模，再松动木楔，使支柱、桁架平稳下降，逐段抽出底模板和底楞木，最后取下桁架、支柱、托具等。

快速施工的高层建筑的梁和楼板模板，其底模及支柱的拆除时间，应对所用混凝土的强度发展情况分层进行核算，确保下层楼板及梁能安全承载。在拆除模板过程中，如发现混凝土影响结构安全质量时，应暂停拆除。经过处理后，方可继续拆除。

已拆除模板及其支架的结构，应在混凝土强度达到设计强度后，才允许承受全部计算荷载。当承受施工荷载大于计算荷载时，必须经过核算，加设临时支撑。拆模时不要过急，不可用力过猛，不应对楼层形成冲击荷载。拆下来的模板和支架宜分散堆放并及时清运。

5.2 钢 筋 工 程

5.2.1 钢筋的种类和性能

混凝土结构用的普通钢筋可分为两类：热轧钢筋和冷加工钢筋（冷轧带肋钢筋、冷轧钢筋、冷拔螺旋钢筋）。余热处理钢筋属于热轧钢筋一类。热轧钢筋的强度等级由原来的Ⅰ级、Ⅱ级、Ⅲ级、Ⅳ级更改为按照屈服强度（MPa）分为235级、335级、400级、500级。

1. 热轧钢筋

热轧钢筋是经热轧成型并自然冷却的成品钢筋，分为热轧光圆钢筋和热轧带肋钢筋两种。热轧光圆钢筋应符合《钢筋混凝土用热轧光圆钢筋》（GB 13013—1991）的规定。热轧带肋钢筋应符合《钢筋混凝土用热轧带肋钢筋》（GB 1499—1998）的规定。热轧带肋钢筋的外形如图5.14所示。热轧钢筋的力学性能见表5.8。

2. 余热处理钢筋

余热处理钢筋是经热轧后立即穿水，进行表面控制冷却，然后利用芯部余热自身完成回火处理所得的成品钢筋，余热处理钢筋的表面形状同热轧带肋钢筋。

3. 冷轧带肋钢筋

冷轧带肋钢筋是热轧圆盘条经冷轧或冷拔减径后，在其表面冷轧成三面或二面有肋的钢筋。冷轧带肋钢筋应符合国家标准《冷轧带肋钢筋》（GB 13788—1992）的规定。

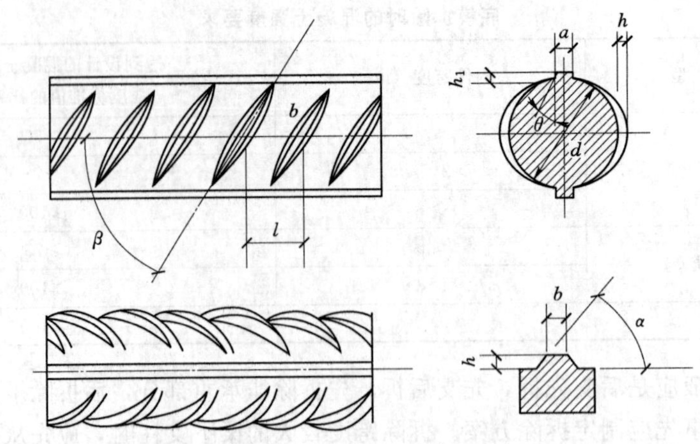

图 5.14 月牙肋钢筋表面及截面形状

d—钢筋内径；β—横肋斜角；h—横肋高度；

a—纵肋顶宽；l—横肋间距；b—横肋顶宽

表 5.8 **热轧钢筋的力学性能**

表面形状	强度等级代号	公称直径 d(mm)	屈服点 σ_2 (MPa)	抗拉强度 σ_1 (MPa)	伸长率 δ_2 (%)	冷弯		符号
			不小于			弯曲角度	弯心直径	
光圆	HPB235	8～20	235	370	25	180°	d	Φ
月牙肋	HRB335	6～25	335	490	16	180°	3	Φ
		28～50					4d	
	HRB400	6～25	400	570	14	180°	4	Φ
		28～50					5	
	HRB500	6～25	500	630	12	180°	6	
		28～50					7	

注 1. HRB500 级钢筋尚未列入《混凝土结构设计规范》(GB 50010—2002)。

2. 采用 $d>40$mm 钢筋时，应有可靠的工程经验。

冷轧带肋钢筋的强度，可分为三种等级：550 级、650 级及 800 级（MPa）。其中，550 级钢筋宜用于钢筋混凝土结构构件中的受力钢筋、架立筋、箍筋及构造钢筋；650 级和 800 级宜用于中小型预应力混凝土构件中的受力主筋。冷扎带肋钢筋钢筋的力学性能，应符合表 5.9 的规定。

表 5.9 **冷轧带肋钢筋的力学性能**

级别代号	屈服强度 $\sigma_{0.2}$ (MPa) 不小于	抗拉强度 σ_b (MPa) 不小于	伸长率不小于（%）		冷弯 180°，D 弯心直径，d 钢筋公称直径	应力松弛 $\sigma_{kn}=0.7\sigma_b$	
			δ_{10}	δ_{100}		1000h 不大于（%）	10h 不大于（%）
LL550	500	550	8	—	$D=3d$	—	—
LL650	520	650	—	4	$D=4d$	8	5
LL800	640	800	—	4	$D=5d$	8	5

冷轧带肋钢筋的外形如图 5.15 所示。

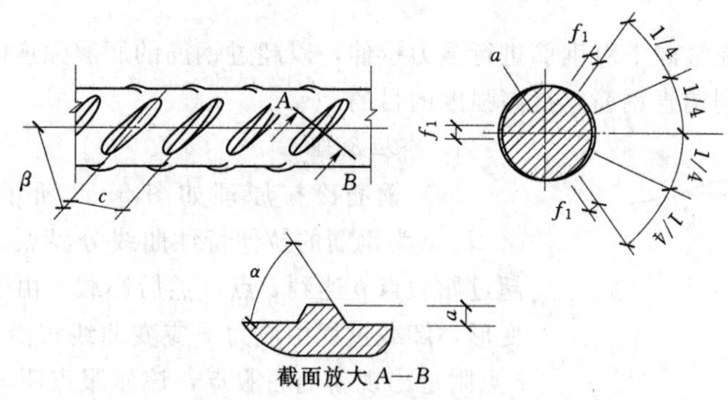

图 5.15 冷轧带肋钢筋表面及截面形状

4. 冷轧扭钢筋

冷轧扭钢筋是用低碳钢钢筋（含碳量低于 0.25070）经冷轧扭工艺制成，其表面呈连续螺旋形，如图 5.16 所示。这种钢筋具有较高的强度，而且有足够的塑性，与混凝土黏结性能优异，代替 HPB235 级钢筋可节约钢材约 30%，用于预制钢筋混凝土圆孔板、叠合板中预制薄板，以及现浇钢筋混凝土楼板等。冷轧扭钢筋的力学性能应符合表 5.10 的规定。

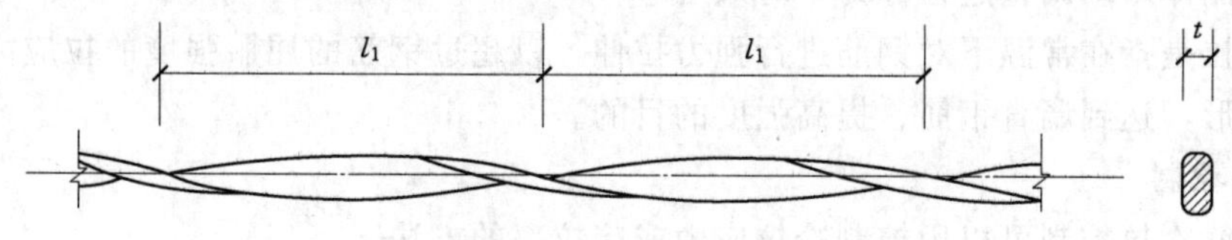

图 5.16 冷轧扭钢筋

表 5.10 冷轧扭钢筋力学性能

标志直径 d（mm）	抗拉强度 σ_b（MPa）	伸长率 δ_{10}（%）	冷弯	
	不小于		弯曲角度	弯心直径
6.5～14.0	580	4.5	180°	$3d$

注 冷弯试验时，受弯部位表面不得产生裂纹。

5. 冷拔螺旋钢筋

冷拔螺旋钢筋是热轧圆盘条经冷拔后在表面形成连续螺旋槽的钢筋。冷拔螺旋钢筋的外形如图 5.17 所示。

冷拔螺旋钢筋的力学性能，应符合表 5.11 的规定。

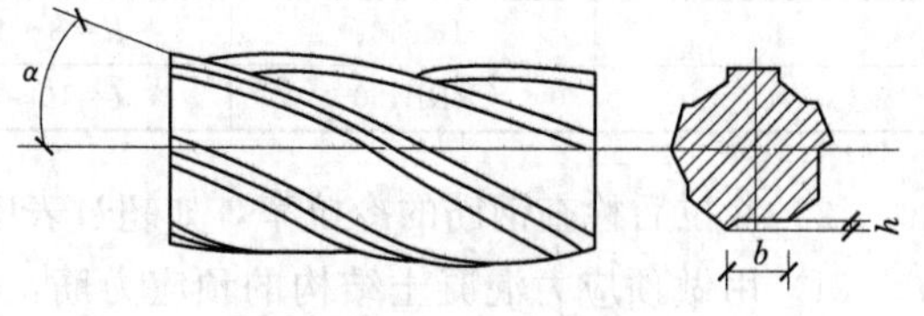

图 5.17 冷拔螺旋钢筋

表 5.11 冷拔螺旋钢筋力学性能

级别代号	屈服强度 $\sigma_{0.2}$（MPa）	抗拉强度 σ_b（MPa）	伸长率不小于（%）		冷弯 180°，D 弯心直径，d 钢筋公称直径	应力松弛 $\sigma=0.7\sigma_b$	
			δ_{10}	δ_{100}		1000h（%）	10h（%）
LX550	≥500	≥550	8	—	$D=3d$	—	—
LX650	≥520	≥650	—	4	$D=4d$	<8	<5
LX800	≥640	≥800	—	4	$D=5d$	<8	<5

5.2.2 钢筋的冷拉

钢筋冷拉是指在常温下对钢筋进行强力拉伸，以超过钢筋的屈服强度的拉应力，使钢筋产生塑性变形，达到调直钢筋、提高强度的目的。

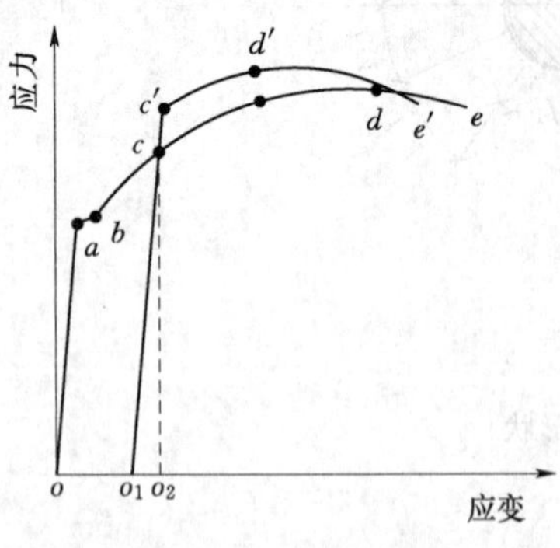

图 5.18 钢筋冷拉原理

1. 冷拉原理

(1) 钢筋冷拉原理如图 5.18 所示。图中 o、a、b、c、d、e 为钢筋的拉伸特性曲线分界点。冷拉时，拉应力超过屈服点 b 达到 c 点，然后卸载。由于钢筋已产生塑性变形，卸载过程中应力一应变曲线将沿 o_1cde 变化，并在 c 点附近出现新的屈服点，该屈服点明显高于冷拉前的屈服点 b，这种现象称为"变形硬化"。冷拉后的新屈服点并非保持不变，而是随时间延长提高至 c' 点，这种现象称为"时效硬化"。由于变形硬化和时效硬化的结果，其新的应力—应变曲线则 o_1、$c'd'e'$，此时，钢筋的强度提高了，但脆性也增加了。图中 c 点对应的应力即为冷拉钢筋的控制应力。

(2) 冷拉后钢筋有内应力存在，内应力会促进钢筋内的晶体组织调整，使屈服强度进一步提高。该晶体组织调整过程称为"时效"。

钢筋冷拉是指在常温下对钢筋进行强力拉伸，以超过钢筋的屈服强度的拉应力，使钢筋产生塑性变形，达到调直钢筋、提高强度的目的。

2. 冷拉控制

(1) 钢筋冷拉控制可以用控制冷拉应力或冷拉率的方法。

(2) 冷拉控制应力值见表 5.12。

表 5.12　　冷拉控制应力及最大冷拉率

项次	钢筋级别		冷拉控制应力 (N/mm²)	最大冷拉率 (%)
1	HPB235	$d \leqslant 12$	280	10
2	HRB335	$d \leqslant 25$	450	5.5
		$d = 28 \sim 40$	430	
3	HRB400	$d = 8 \sim 40$	500	5
4	RRB400	$d = 10 \sim 28$	700	4

(3) 冷拉后检查钢筋的冷拉率，如超过表中规定的数值，则应进行钢筋力学性能试验。

(4) 用做预应力混凝土结构的预应力筋，宜采用冷拉应力来控制。

(5) 对同炉批钢筋，试件不宜少于 4 个，每个试件都按表 5.12 规定的冷拉应力值在万能试验机上测定相应的冷拉率（表 5.13），取平均值作为该炉批钢筋的实际冷拉率。

表 5.13　　测定冷拉率时钢筋的冷拉应力

钢筋级别	钢筋直径 (mm)	冷拉应力 (N/mm²)
HPB235	$d \leqslant 12$	320
HRB335	$d \leqslant 25$	480
	$d = 28 \sim 40$	460
HRB400	$d = 8 \sim 40$	530
RRB400	$d = 10 \sim 28$	730

(6) 不同炉批的钢筋，不宜用控制冷拉率的方法进行钢筋冷拉。

3. 冷拉设备

冷拉设备由拉力设备、承力结构、测量设备和钢筋夹具等部分组成，如图 5.19 所示。

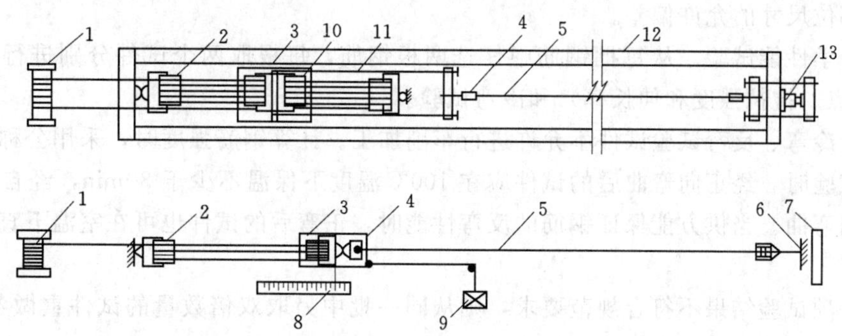

图 5.19 冷拉设备

1—卷扬机；2—滑轮组；3—冷拉小车；4—夹具；5—被冷拉的钢筋；6—地锚；7—防护壁；8—标尺；9—回程荷重架；10—回程滑轮组；11—传力架；12—冷拉槽；13—液压千斤顶

4. 钢筋冷拉计算

钢筋的冷拉计算包括冷拉力、拉长值、弹性回缩值和冷拉设备选择计算。

(1) 冷拉力 N_{con} 的计算。冷拉力计算的作用：一是确定按控制应力冷拉时的油压表读数；二是作为选择卷扬机的依据。冷拉力应等于钢筋冷拉前截面积 A_s 乘以冷拉时的控制应力 σ_{con}，即 $N_{con}=A_s\sigma_{con}$。

(2) 计算拉长值 ΔL。钢筋的拉长值应等于冷拉前钢筋的长度 L 与钢筋的冷拉率 δ 的乘积，即

$$\Delta L=L\delta$$

(3) 计算钢筋弹性回缩值 ΔL_1。根据钢筋弹性回缩率 δ_1（一般为 0.3%左右）计算，即

$$\Delta L_1=(L+\Delta L)\delta_1$$

则钢筋冷拉完毕后的实际长度为

$$L'=L+\Delta L-\Delta L_1$$

(4) 冷拉设备的选择及计算。冷拉设备主要选择卷扬机，计算确定冷拉时油压表的读数。

$$P=\frac{N_{con}}{F}$$

式中 N_{con}——钢筋按控制应力计算求得的冷拉力，N；

F——千斤顶活塞缸面积，mm^2；

P——油压表的读数，N/mm^2。

5.2.3 钢筋的检验和存放

5.2.3.1 钢筋的检验

钢筋混凝土结构中所用的钢筋，都应有出厂质量证明书或试验报告单，每捆（盘）钢筋均应有标牌。进场时应按批号及直径分批验收。验收的内容包括查对标牌、外观检查，并按有关标准的规定抽取试样做力学性能试验，合格后方可使用。

1. 热轧钢筋检验

(1) 外观检查。从每批钢筋中抽取5%进行外观检查。钢筋表面不得有裂纹、结疤和折叠。钢筋表面允许有凸块，但不得超过横肋的高度，钢筋表面上其他缺陷的深度和高度不得大于所在部位尺寸的允许偏差。

(2) 力学性能试验。从每批钢筋中任选两根钢筋，每根取两个试件分别进行拉伸试验（包括屈服点、抗拉强度和伸长率）和冷弯试验。

拉伸、冷弯、反弯试验试件不允许进行车削加工。计算钢筋强度时，采用公称横截面面积。反弯试验时，经正向弯曲后的试件应在100℃温度下保温不少于30min，经自然冷却后再进行反向弯曲。当供方能保证钢筋的反弯性能时，正弯后的试件也可在室温下直接进行反向弯曲。

如有一项试验结果不符合规范要求，则从同一批中另取双倍数量的试件重做各项试验。如仍有一个试件不合格，则该批钢筋为不合格品。

在使用过程中，对热轧钢筋的质量有疑问或类别不明时，使用前应做拉力和冷弯试验。根据试验结果确定钢筋的类别后，才允许使用。抽样数量应根据实际情况确定。这种钢筋不宜用于主要承重结构的重要部位。热轧钢筋在加工过程中发现脆断、焊接性能不良或力学性能显著不正常等现象时，应进行化学成分分析或其他专项检验。

余热处理钢筋的检验同热轧钢筋。

2. 冷轧带肋钢筋检验

冷轧带肋钢筋进场时，应按批进行检查和验收。每批由同一钢号、同一规格和同一级别的钢筋组成。

(1) 每批抽取5%（但不少于5盘或5捆）进行外形尺寸、表面质量和质量偏差的检查。检查结果应符合《冷轧带肋钢筋》（GB 13788—1992）的有关规定，如其中1盘（捆）不合格，则应对该批钢筋逐盘或逐捆检查。

(2) 钢筋的力学性能应逐盘、逐捆进行检验。从每盘或每捆取2个试件，一个做拉伸试验，一个做冷弯试验。试验结果如有一项指标不符合表5.10的要求，则该盘钢筋判为不合格；对每捆钢筋，尚可加倍取样复验判定。

3. 冷轧扭钢筋检验

冷轧扭钢筋进场时，应分批进行检查和验收。每批由同一钢厂、同一牌号、同一规格的钢筋组成，质量不大于10t。当连续检验10批均为合格时，检验批重可扩大1倍。

(1) 外观检查。从每批钢筋中抽取5%进行外形尺寸、表面质量和质量偏差的检查。

(2) 力学性能试验。从每批钢筋中随机抽取3根钢筋，各取1个试件。其中，2个试件做拉伸试验，1个试件作冷弯试验。试件长度宜取偶数倍节距，且不应小于4倍节距。

当全部试验项目均符合规范的要求，则该批钢筋判为合格。如有一项试验结果不符合规范的要求，则应加倍取样复检判定。

对有抗震设防要求的框架结构，其纵向受力钢筋的强度应满足设计要求。

5.2.3.2　钢筋的存放

当钢筋运进施工现场后，必须严格按批分等级、牌号、直径、长度挂牌存放，并注明数量，不得混淆。钢筋应尽量堆入仓库或料棚内。条件不具备时，应选择地势较高、土质坚实、较为平坦的露天场地存放。在仓库或场地周围挖排水沟，以利泄水。堆放时钢筋下面要

加垫木，离地不宜少于200mm，以防钢筋锈蚀和污染。钢筋成品要分工程名称和构件名称，按号码顺序存放。同一项工程与同一构件的钢筋要存放在一起，按号挂牌排列，牌上注明构件名称、部位、钢筋类型、尺寸、钢号、直径、根数，不能将几项工程的钢筋混放在一起。同时不要和产生有害气体的车间靠近，以免污染和腐蚀钢筋。

5.2.4 钢筋配料与代换

5.2.4.1 钢筋配料

钢筋配料是根据结构施工图，分别计算构件各钢筋的直线下料长度、根数及质量，编制钢筋配料单，作为备料、加工和结算的依据。

1. 钢筋长度

结构施工图中所指钢筋长度是钢筋外缘之间的长度，即外包尺寸，这是施工中量度钢筋长度的基本依据。

2. 混凝土保护层厚度

混凝土结构的耐久性，应根据表5.14的环境类别和设计使用年限进行设计。混凝土保护层是指受力钢筋外缘至混凝土构件表面的距离，其作用是保护钢筋在混凝土结构中不受锈蚀。无设计要求时应符合表5.15的规定。

表5.14　　混凝土结构的环境类别

环境类别		条　件
一		室内正常环境
二	a	室内潮湿环境；非严寒和非寒冷地区的露天环境、与无侵蚀性的水或土壤直接接触的环境
	b	严寒和寒冷地区的露天环境、与无侵蚀性的水或土壤直接接触的环境
三		使用除冰盐的环境；严寒和寒冷地区冬季水位变动的环境；滨海室外环境
四		海水环境
五		受人为或自然的侵蚀性物质影响的环境

混凝土的保护层厚度，一般用水泥砂浆垫块或塑料卡垫在钢筋与模板之间来控制。塑料卡的形状有塑料垫块和塑料环圈两种。塑料垫块用于水平构件，塑料环圈用于垂直构件。

表5.15　　纵向受力钢筋的混凝土保护层最小厚度　　单位：mm

环境类别		板、墙、壳			梁			柱		
		≤C20	C20～C45	≥C50	≤C20	C25～C45	≥C50	≤C20	C25～C45	≥C50
一		20	15	15	30	25	25	30	30	30
二	a	—	20	20	—	30	30	—	30	30
	b	—	25	20	—	35	30	—	35	30
三		—	30	25	—	40	35	—	40	35

注　基础中纵向受力钢筋的混凝土保护层厚度不应小于40mm；当无垫层时不应小于70mm。

3. 弯曲量度差值

钢筋长度的度量方法系指外包尺寸，因此钢筋弯曲以后，存在一个量度差值，在计算下

料长度时必须加以扣除。根据理论推理和实践经验，列于表5.16。

表5.16　钢筋弯曲量度差值

钢筋弯起角度	30°	45°	60°	90°	135°
钢筋弯曲调整值	0.35d	0.54d	0.85d	1.75d	2.5d

4. 弯钩增加长度

钢筋的弯钩形式有三种：半圆弯钩、直弯钩及斜弯钩（图5.20）。半圆弯钩是最常用的一种弯钩。直弯钩只用在柱钢筋的下部、箍筋和附加钢筋中，斜弯钩只用在直径较小的钢筋中。

光圆钢筋的弯钩增加长度，按图5.20所示的简图（弯心直径为2.5d、平直部分为3d）计算：半圆弯钩为6.25d，对直弯钩为3.5d，对斜弯钩为4.9d。

在生产实践中，由于实际弯心直径与理论直径有时不一致，钢筋粗细和机具条件不同等而影响平直部分的长短（手工弯钩时平直部分可适当加长，机械弯钩时可适当缩短）。因此在实际配料计算时，对弯钩增加长度常根据具体条件采用经验数据，见表5.17。

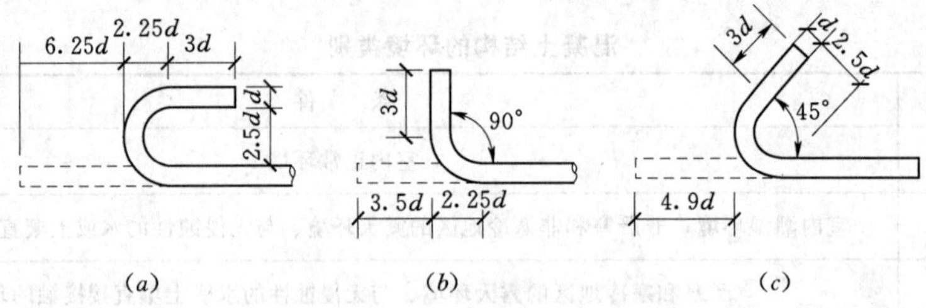

图5.20　钢筋弯钩计算简图

（a）半圆弯钩；（b）直弯钩；（c）斜弯钩

表5.17　半圆弯钩增加长度参考表（用机械弯）

钢筋直径（mm）	≤6	8～10	12～18	20～28	32～36
一个弯钩长度（mm）	40	6d	5.5d	5d	4.5d

5. 弯起钢筋斜长

斜长的计算如图5.21所示，斜长系数见表5.18。

表5.18　弯起钢筋斜长计算系数表

弯起角度 α	30°	45°	60°
斜边长度 s	$2h_0$	$1.41h_0$	$1.15h_0$
底边长度 l	$1.732h_0$	h_0	$0.575h_0$
增加长度 $s-l$	$0.268h_0$	$0.41h_0$	$0.585h_0$

注　h_0为弯直钢筋的外皮高度。

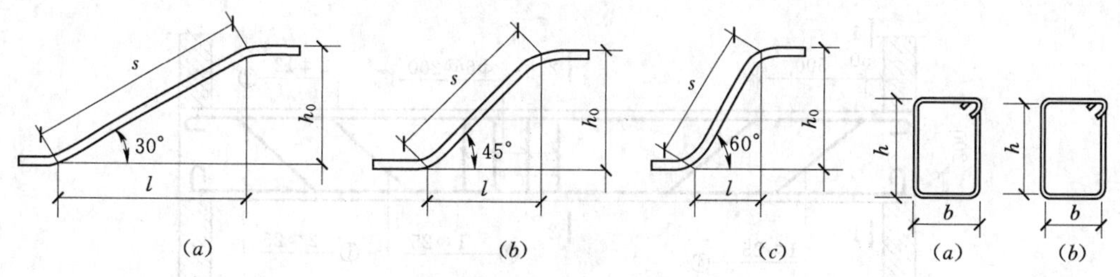

图 5.21 弯起筋斜长计算简图

（a）弯起角度 30°；（b）弯起角度 45°；（c）弯起角度 60°

图 5.22 箍筋量度方法

（a）量外包尺寸；

（b）量内皮尺寸

6. 箍筋调整值

即为弯钩增加长度和弯曲调正值两项之差，由箍筋量外包尺寸或内皮尺寸而定的，见图 5.22 和表 5.19。

表 5.19 **箍筋弯钩增加值** 单位：mm

箍筋量度方法	箍筋直径			
	4～5	6	8	10～12
量外包尺寸	40	50	60	70
量内皮尺寸	80	100	120	150～170

7. 钢筋下料长度计算

钢筋因弯曲或弯钩会使其长度变化，配料时不能直接根据图纸中的尺寸下料，须了解混凝土保护层、钢筋弯曲、弯钩等规定，再根据图中尺寸计算其下料长度。钢筋下料长度计算如下：

直钢筋下料长度＝构件长度－保护层厚度＋弯钩增长值

弯起钢筋下料长度＝直段长度＋斜段长度－弯折量度差值＋弯钩增长值

箍筋下料长度＝箍筋周长＋箍筋调整值

钢筋下料长度计算的注意事项如下：

（1）在设计图纸中，钢筋配置的细节问题没有注明时，一般可按构造要求处理。

（2）配料计算时，要考虑钢筋的形状和尺寸，在满足设计要求的前提下，要有利于加工。

（3）配料时，还要考虑施工需要的附加钢筋。

（4）配料时，还要准确地先计算出钢筋的混凝土保护层厚度。

5.2.4.2 配料计算实例

【例 5.1】 某建筑物简支梁配筋如图 5.23 所示，试计算钢筋下料长度。钢筋保护层取 25mm（梁编号为 L1，共 10 根）。

解 （1）绘出各种钢筋简图（表 5.20）

（2）计算钢筋下料长度

①号钢筋下料长度：

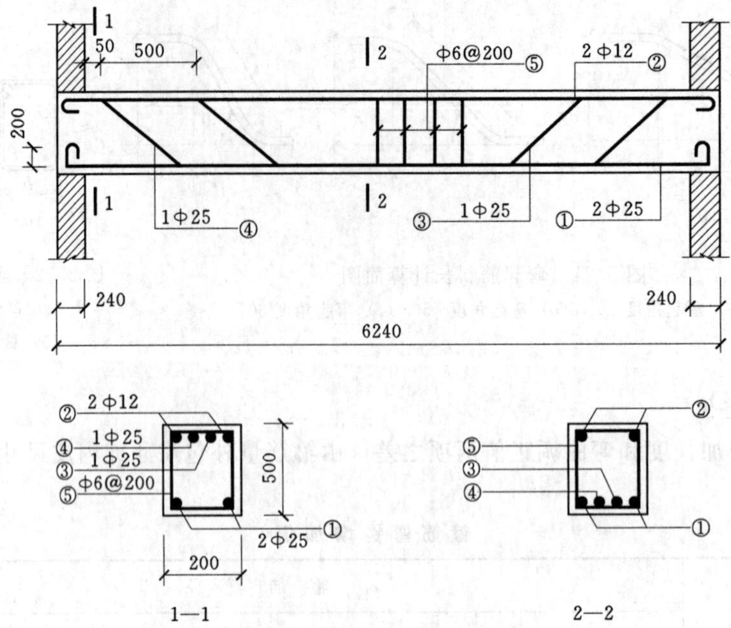

图 5.23 某建筑物简支梁配筋图（单位：mm）

表 5.20 钢筋配料单

构件名称	钢筋编号	简图	钢号	直径 (mm)	下料长度 (mm)	单根根数	合计根数	质量 (kg)
L1 梁（共 10 根）	①	200; 6190	Φ	25	6802	2	20	523.75
	②	6190	Φ	12	6340	2	20	112.60
	③	765; 636; 3760	Φ	25	6824	1	10	262.72
	④	265; 636; 4760	Φ	25	6824	1	10	262.72
	⑤	162; 462	Φ	6	1298	32	320	91.78
	合计	Φ6：91.78kg；Φ12：112.60kg；Φ25：1049.19kg						

$$(6240+2\times200-2\times25)-2\times2\times25+2\times6.25\times25=6802\ (\text{mm})$$

②号钢筋下料长度：

6240－2×25＋2×6.25×12＝6340（mm）

③号弯起钢筋下料长度：

上直段钢筋长度 240＋50＋500－25＝765（mm）

斜段钢筋长度（500－2×25）×1.414＝636（mm）

中间直段长度 6240－2×（240＋50＋500＋450）＝3760（mm）

下料长度（765＋636）×2＋3760－4×0.5×25＋2×6.25×25＝6824（mm）

④号钢筋下料长度计算为 6824mm。

⑤号箍筋下料长度：

宽度为　　200－2×25＋2×6＝162（mm）

高度为　　500－2×25＋2×6＝462（mm）

下料长度为　　（162＋462）×2＋50＝1298（mm）

配料计算是一项细致而又重要的工作，因为钢筋加工是以钢筋配料单作为唯一依据的，并且还是提出钢筋加工材料计划、签发工程任务单和限额领料的依据。由于钢筋加工数量往往很大，如果配料发生差错，就会造成钢筋加工错误，其后果是浪费人工、材料，耽误了工期，造成很大损失。所以一定要在配料前认真看懂图纸，仔细计算，配料计算完成以后还要认真进行复核。配料计算完成以后要填写配料单，作为钢筋工进行钢筋加工的依据。

（1）在设计图纸中，钢筋配置的细节问题没有注明时，一般可按构造要求处理。

（2）配料计算时，要考虑钢筋的形状和尺寸在满足设计要求的前提下有利于加工安装。

（3）配料时，还要考虑施工需要的附加钢筋。例如，后张预应力构件预留孔道定位用的钢筋井字架，基础双层钢筋网中保证上层钢筋网位置用的钢筋撑脚，墙板双层钢筋网中固定钢筋间距用的钢筋撑铁，柱钢筋骨架增加四面斜筋撑等。

5.2.4.3 钢筋代换

1. 代换原则

当施工中遇有钢筋品种或规格与设计要求不符时，可参照以下原则进行钢筋代换：

（1）等强度代换。当构件受强度控制时，钢筋可按强度相等的原则进行代换。

（2）等面积代换。当构件按最小配筋率配筋时，钢筋可按面积相等的原则进行代换。

（3）当构件受裂缝宽度或挠度控制时，代换后应进行裂缝宽度或挠度验算。

在钢筋代换中应注意下列事项：

（1）钢筋代换后，必须满足有关构造规定，如受力钢筋和箍筋的最小直径、间距、根数、锚固长度等。

（2）由于螺纹钢筋可使裂缝均布，故为了避免裂缝过度集中，对于某些重要构件，如吊车梁、薄腹梁、桁架的受拉杆件等不宜以光面钢筋代换。

（3）偏心受压构件或偏心受拉构件作钢筋代换时，不取整个截面配筋量计算，而应按受力面（受压或受拉）分别代换。

（4）代换直径与原设计直径的差值一般可不受限制，只要符合各种构件的有关配筋规定即可；但同一截面内如果配有几种直径的钢筋，相互间差值不宜过大（通常对同级钢筋，直径差值不大于 5mm），以免受力不均。

（5）代换时必须充分了解设计意图和代换材料的性能，严格遵守现行钢筋混凝土设计规范的各项规定，凡重要构件的钢筋代换，需征得设计单位的同意。

（6）梁的纵向受力钢筋和弯起钢筋，代换时应分别考虑，以保证梁的正截面和斜截面强度。

（7）在构件中同时用几种直径的钢筋时，在柱中，较粗的钢筋要放置在四角；在梁中，较粗的钢筋放置在梁外侧；在预制板中（如空心楼板），较细的钢筋放置在梁外侧。

（8）当构件按最小配筋率配筋时，可按钢筋面积相等的原则进行代换，称为“等面积代换”，在等面积代换中，不考虑钢筋级别、强度，只考虑代换前后钢筋面积要相等。

（9）当构件受裂缝宽度或抗裂性要求控制时，代换后应进行裂缝或抗裂性验算。表5.21为钢筋抗拉、抗压强度设计值。等强代换时计算用。

表5.21　钢筋抗拉、抗压强度设计值　单位：N/mm^2

序号	各类			代表符号	f_y 或 f_{py}	f'_y 或 f'_{py}
1	热轧钢筋	HPB235（Q235）		Φ	210	210
2		HRB335（20MnSi）		Φ	300	300
3		HRB400（20MnSiV、20MnTi、20MnSiNb）		Φ	360	360
4		RRR400（K20MnSi）		Φ	360	360
5	冷拉钢筋	Ⅰ级（$d\leqslant$）		$Φ^l$	250	210
6		Ⅱ级	$d\leqslant25$	$Φ^l$	380	310
7			$d=28\sim40$	$Φ^l$	360	310
8		Ⅲ级		$Φ^l$	420	360
9		Ⅳ级		$Φ^l$	580	400
10	冷轧带肋钢筋	LL550（$d=4\sim12$）			360	360
11		LL650（$d=4$、5、6）			430	380
12		LL800（$d=5$）			530	380
13	热处理钢筋	40Si2Mn（$d=6$）		$Φ^t$	1000	400
14		48Si2Mn（$d=8.2$）		$Φ^t$	1000	400
15		45Si2Cr（$d=10$）		$Φ^t$	1000	400

注　1. 在钢筋混凝土结构中，轴心受拉和小偏心受拉构件的钢筋抗拉强度设计值大于$300N/mm^2$时，仍应按$300N/mm^2$取用，其他构件的钢筋抗拉强度设计值大于$360N/mm^2$时，仍应按$360N/mm^2$取用；对于直径大于12mm的Φ级钢筋，如经冷拉，不得利用冷拉后的强度。

2. 当钢筋混凝土结构的混凝土强度等级为C10时，光面钢筋的强度设计值应按$190N/mm^2$取用，变形钢筋的强度设计值应按$230N/mm^2$取用。

3. 成盘供应的LL550级冷轧带肋钢筋经机械调直后，抗拉强度设计值应降低$20N/mm^2$，且抗压强度设计值不应大于相应的抗拉强度设计值。

4. 构件中配有不同种类的钢筋时，每种钢筋根据其受力情况应采用各自的强度设计值。

5.2.5　钢筋加工

钢筋加工主要包括除锈、调直、切断和弯曲，每一道工序都关系到钢筋混凝土构件的施工质量，各个环节都应严肃对待。

5.2.5.1　钢筋调直

钢筋调直宜采用机械方法，也可采用冷拉方法。当采用冷拉方法调直钢筋时，HPB235级钢筋的冷拉率不宜大于4％，HRB335级、HRB400级和RRB400级钢筋的冷拉率不宜大

于1% 。为了提高施工机械化水平，钢筋的调直宜采用钢筋调直切断机，它具有自动调直、定位切断、除锈、清垢等多种功能。钢筋调直切断机按调直原理，可分为孔模式和斜辊式；按切断原理，可分为锤击式和轮剪式；按传动原理，可分为液压式、机械式和数控式；按切断运动方式，可分为固定式和随动式。

5.2.5.2 钢筋切断

1. 钢筋切断机的种类

钢筋下料时需按计算的下料长度切断。钢筋切断可采用钢筋切断机或手动切断器。手动切断器只用于切断直径小于 16mm 的钢筋；钢筋切断机可切断直径 40mm 的钢筋。钢筋切断机按工作原理，可分为凸轮式和曲柄连杆式；按传动方式可分为机械式和液压式。

在大中型建筑工程施工中，提倡采用钢筋切断机，它不仅生产效率高，操作方便，而且确保钢筋断面垂直钢筋轴线，不出现马蹄形或翘曲现象，便于钢筋进行焊接或机械连接。钢筋的下料长度力求准确，其允许偏差为±10mm。

机械式钢筋切断机的型号有 GQ40、GQ40B、GQ50 等；液压式钢筋切断器的型号有 HY－16、HY－20 等，切断力 80kN，可切断直径 16mm 以下的钢筋。

2. 切断工艺

(1) 将同规格钢筋根据不同长度搭配，统筹排料；一般应先断长料，后断短料，减少短头，减少损耗。

(2) 钢筋切断机的刀片，应由工具钢热处理制成。安装刀片时，螺丝紧固，刀口要密合(间隙不大于 0.5mm)；固定刀片与冲切刀片口的距离：对直径不大于 20mm 的钢筋宜重叠 1～2mm，对直径大于 20mm 的钢筋宜留 5mm 左右。

(3) 在切断过程中，如发现钢筋有劈裂、缩头或严重弯头等必须切除；如发现钢筋的硬度与该钢种有较大的出入，应及时向有关人员反映，查明情况。

(4) 钢筋的断口不得有马蹄形或起弯等现象。

5.2.5.3 钢筋弯曲

1. 钢筋弯钩和弯折的一般规定

(1) 受力钢筋。

1) HPB235 级钢筋末端应做 180°弯钩，其弯弧内直径不应小于钢筋直径的 2.5 倍，弯钩的弯后平直部分长度不应小于钢筋直径的 3 倍。

2) 当设计要求钢筋末端需做 135°弯钩时，HRB335 级、HRB400 级钢筋的弧内直径 D 不应小于钢筋直径的 4 倍，弯钩的弯后平直部分长度应符合设计要求。

3) 钢筋作不大于 90°的弯折时，弯折处的弯弧内直径不应小于钢筋直径的 5 倍。

(2) 箍筋。除焊接封闭环式箍筋外，箍筋的末端应做弯钩。弯钩形式应符合设计要求；当设计无具体要求时，应符合下列规定：

1) 箍筋弯钩的弯弧内直径不小于受力钢筋的直径。

2) 箍筋弯钩的弯折角度对一般结构，不应小于 90°；对有抗震等要求的结构应为 135°。

3) 箍筋弯后的平直部分长度对一般结构，不宜小于箍筋直径的 5 倍；对有抗震等级要求的结构，不应小于箍筋直径的 10 倍。

2. 钢筋弯曲操作

(1) 划线。钢筋弯曲前，对形状复杂的钢筋（如弯起钢筋），根据钢筋料牌上标明的尺寸，用石笔将各弯曲点位置划出。划线时注意：

1）根据不同的弯曲角度扣除弯曲调整值，其扣法是从相邻两段长度中各扣一半。

2）钢筋端部带半圆弯钩时，该段长度划线时增加 0.5d，d 为钢筋直径。划线工作宜从钢筋中线开始向两边进行；两边不对称的钢筋，也可从钢筋一端开始划线，如划到另一端有出入时，则应重新调整。

（2）钢筋弯曲成型。钢筋在弯曲机上成型时，心轴直径应是钢筋直径的 2.5～5.0 倍，成型轴宜加偏心轴套，以便适应不同直径的钢筋弯曲需要。如图 5.24、图 5.25 所示。对于 HRB335 级与 HRB400 级钢筋，不能弯过头再弯过来，以免钢筋弯曲点处发生裂纹。

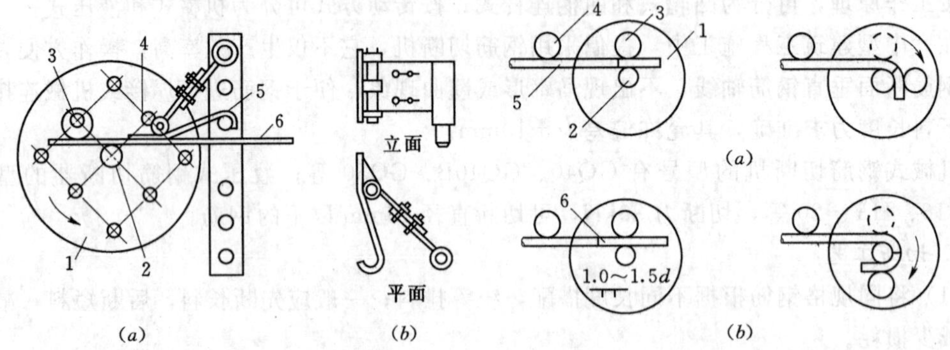

图 5.24 钢筋弯曲成型

（a）工作简图；（b）可变挡架构造

1—工作盘；2—心轴；3—成型轴；4—可变挡架；5—插座；6—钢筋

图 5.25 弯曲点线与心轴关系

（a）弯 90°；（b）弯 180°

1—工作盘；2—心轴；3—成型轴；4—固定铁；5—钢筋；6—弯曲点线

（3）曲线型钢筋成型。弯制曲线形钢筋时如图 5.26 所示，可在原有钢筋弯曲机的工作盘中央，放置一个十字架和钢套；另外在工作盘 4 个孔内插上短轴和成型钢套（和中央钢套相切）。插座板上的挡轴钢套尺寸，可根据钢筋曲线形状选用。钢筋成型过程中，成型钢套起顶弯作用，十字架只协助推进。

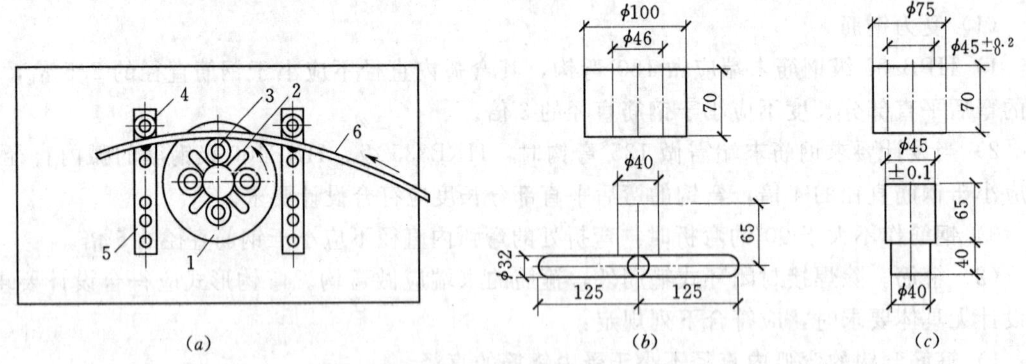

图 5.26 曲线形钢筋成型（单位：mm）

（a）工作简图；（b）十字撑及圆套详图；（c）桩柱及圆套详图

1—工作盘；2—十字撑及圆套；3—桩柱及圆套；4—挡轴圆套；5—插座板；6—钢筋

5.2.6 钢筋连接

钢筋连接方法有绑扎连接、焊接连接和机械连接。绑扎连接由于需要较长的搭接长度，浪费钢筋，且连接不可靠，故宜限制使用。焊接连接的方法较多，成本较低，质量可靠，宜优先选用。机械连接无明火作业，设备简单，节约能源，不受气候条件影响，可全天候施工，连接可靠，技术易于掌握，适用范围广。

5.2.6.1 绑扎连接

采用绑扎连接受力钢筋的绑扎搭接接头宜相互错开。绑扎搭接接头中钢筋的横向净距不应小于钢筋直径，且不应小于25mm。

钢筋绑扎搭接接头连接区段的长度为1.3L_1（L_1为搭接长度），如图5.27所示，凡搭接接头中点位于该连接区段长度内的搭接接头均属于同一连接区段。同一连接区段内，纵向钢筋搭接接头面积百分率为该区段内有搭接接头的纵向受力钢筋截面面积与全部纵向受力钢筋截面面积的比值，如图5.27所示。同一连接区段内，纵向受拉钢筋搭接接头面积百分率应符合设计要求，无设计具体要求时，应符合下列规定：

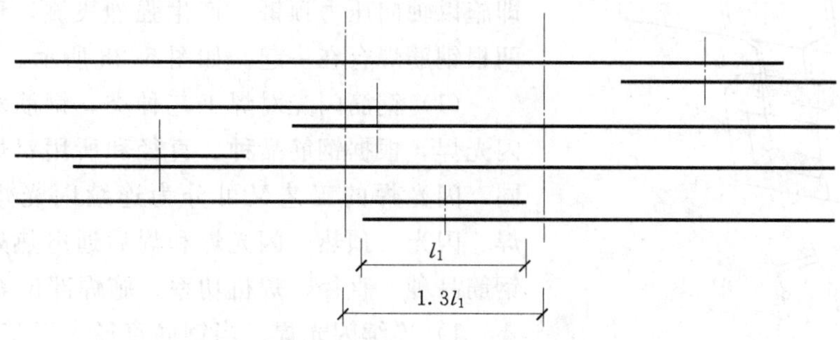

图5.27 钢筋绑扎搭接接头连接区段及接头面积百分率
（图中所示搭接接头同一连接区段内的搭接钢筋为两根，各钢筋直径相同时，接头面积百分率为50%。）

（1）对梁类、板类及墙类构件，不宜大于25%。

（2）对柱类构件，不宜大于50%。

（3）当工程中确有必要增大接头面积百分率时，对梁类构件，不应大于50%；对其他构件可根据实际情况放宽。

纵向受力钢筋绑扎搭接接头的最小搭接长度应符合表5.22的规定。受压钢筋绑扎接头的搭接长度，应取受拉钢筋绑扎接头搭接长度的0.7倍。

表5.22　纵向受拉钢筋的最小搭接长度

钢筋类型		混凝土强度等级			
		C15	C20～C25	C30～C35	≥C40
光圆钢筋	HPB235级	45d	35d	30d	25d
带肋钢筋	HRB335级	55d	45d	35d	30d
	HRB400级、HRB400级	—	55d	40d	35d

注　两根直径不同钢筋的搭接长度以较细钢筋的直径计算。

在梁、柱类构件的纵向受力钢筋搭接长度范围内，应按设计要求配置箍筋。当设计无具体要求时，应符合下列规定：箍筋直径不应小于搭接钢筋较大直径的0.25倍。受压搭接区段的箍筋间距不应大于搭接钢筋较小直径的10倍，且不应大于200mm。受拉搭接区段的箍筋间距不应大于搭接钢筋较小直径的5倍，且不应大于100mm。

(4) 当柱中纵向受力钢筋直径大于25mm时，应在搭接接头两个端面外100mm范围内各设置两个箍筋，其间距宜为50mm。

5.2.6.2 焊接连接

钢筋焊接代替钢筋绑扎，可达到节约钢材、改善结构受力性能、提高工效、降低成本的目的。常用的钢筋焊接方法有闪光对焊、电阻点焊、电弧焊、电渣压力焊、气压焊、埋弧压力焊等。

1. 闪光对焊

钢筋闪光对焊是利用钢筋对焊机，将两根钢筋安放成对接形式，压紧于两电极之间，通过低电压强电流，把电能转化为热能，使钢筋加热到一定温度后，即施以轴向压力顶锻，产生强烈飞溅，形成闪光，使两根钢筋焊合在一起。如图5.28所示。

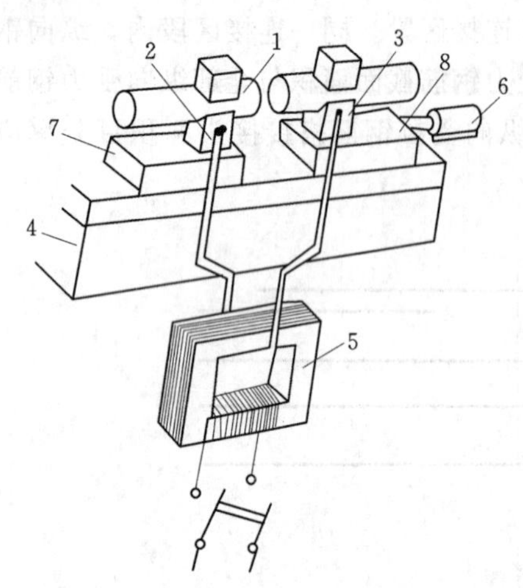

图5.28 钢筋闪光对焊原理
1—焊接的钢筋；2—固定电极；3—可动电极；4—机座；5—变压器；6—平动顶压机构；7—固定支座；8—滑动支座

(1) 钢筋闪光对焊工艺种类。钢筋对焊常用的是闪光焊。根据钢筋品种、直径和所用对焊机的功率不同，闪光焊的工艺又可分为连续闪光焊、预热闪光焊、闪光—预热—闪光焊和焊后通电热处理等。根据钢筋品种、直径、焊机功率、施焊部位等因素选用。

1) 连续闪光焊。当钢筋直径小于25mm、钢筋级别较低、对焊机容量在80～160kVA的情况下，可采用连续闪光焊。连续闪光焊的工艺过程，包括连续闪光和轴向顶锻，即先将钢筋夹在对焊机电极钳口上，然后闭合电源，使两端钢筋轻微接触，由于钢筋端部凸凹不平，开始仅有较小面积接触，故电流密度和接触电阻很大，这些接触点很快熔化，形成“金属过梁。”“金属过梁”进一步加热，产生金属蒸气飞溅，形成闪光现象，然后再徐徐移动钢筋保持接头轻微接触，形成连续闪光过程，整个接头同时被加热，直至接头端面烧平、杂质闪掉。接头熔化后，随即施加适当的轴向压力迅速顶锻，使两根钢筋对焊成为一体。

2) 预热闪光焊。由于连续闪光焊对大直径钢筋有一定限制，为了发挥对焊机的效用，对于大于25mm的钢筋，且端面较平整时，可采用预热闪光焊。此种方法实际上是在连续闪光焊之前，增加一个预热过程，以扩大焊接端部热影响区。即在闭合电源后使钢筋两端面交替接触和分开，在钢筋端面的间隙中发出断续的闪光而形成预热过程。当钢筋端部达到预热温度后，随即进行连续闪光和顶锻。

3) 闪光—预热—闪光焊。这种方法是在预热闪光前，再加一次闪光的过程，使钢筋端部预热均匀。

4) 通电热处理。RRB400级钢筋对焊时，应采用预热闪光焊或闪光—预热—闪光焊工艺。当接头拉伸试验结果发生脆性断裂，或弯曲试验不能达到规范要求时，应在对焊机上进行焊后通电处理，以改善接头金属组织和塑性。

通电热处理的方法是：待接头冷却至常温，将两电极钳口调至最大间距，重新夹住钢

筋，采用最低的变压器级数，进行脉冲式通电加热，每次脉冲循环，应包括通电时间和间歇时间，一般为3s；当加热至750～850℃，钢筋表面呈橘红色时停止通电，随后在环境温度下自然冷却。

(2) 对焊设备及对焊参数。

1) 对焊设备。钢筋闪光对焊的设备是对焊机。对焊机按其形式可分为弹簧顶锻式、杠杆挤压弹簧顶锻式、电动凸轮顶锻式、气压顶锻式等。

2) 对焊参数。为了获得良好的对焊接头，应合理选择恰当的焊数参数。闪光对焊工艺参数包括调伸长度、闪光留量、闪光速度、顶锻留量、顶锻速度、顶锻压力及变压器级次。采用预热闪光焊时，还有预热留量和预热频率等参数。钢筋闪光对焊各项留量，如图5.29所示。

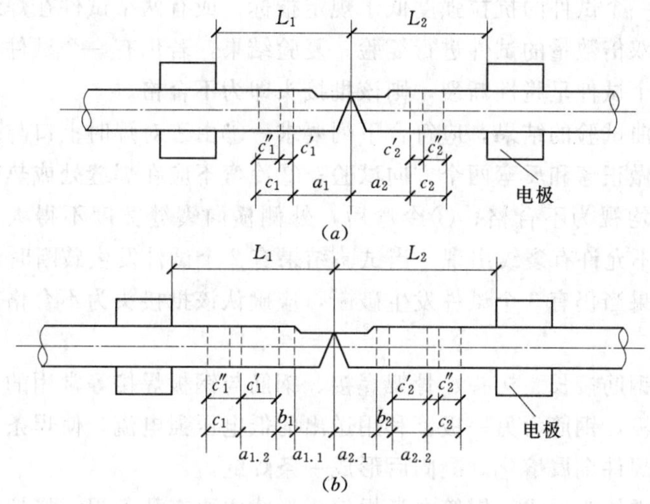

图5.29 闪光对焊各项留量图解

L_1、L_2—调伸长度；a_1+a_2—烧化留量；b_1+b_2—预热留量；c_1+c_2—顶锻留量；$c_1'+c_2'$—有电顶锻留量；$c_1''+c_2''$—无电顶锻留量；$a_{1.1}+a_{2.1}$—一次烧化留量；$a_{1.2}+a_{2.2}$—二次烧化留量

a) 调伸长度。它是指钢筋从电极钳口伸出的长度。调伸长度过长时，接头易旁弯、偏心；过短时，则散热不良，接头易脆断。甚至在电极处会发生熔化，同时冷却快，对中碳钢会发生淬火裂纹。所以，调伸长度的选择，应随钢筋级别的提高和钢筋直径的加大而增加。HPB235级钢筋为$0.75d$～$1.25d$，HRB335级与HRB400级钢筋为$1.0d$～$1.5d$（d为钢筋直径），直径小的钢筋取大值。

b) 闪光留量。是指在闪光过程闪出金属所消耗的钢筋长度。

c) 闪光速度（又称烧化速度）。它是指闪光过程进行的快慢，闪光速度应随钢筋直径的增大而降低。在闪光过程中，闪光速度是由慢到快，开始时接近于零，而后约为1mm/s，终止时达1.5～2mm/s。这样的闪光比较强烈，能保证两根钢筋间的焊缝金属免受氧化。

d) 预热留量。它是指采用预热闪光焊或闪光—预热—闪光焊时，在预热过程中所消耗的钢筋长度。其长度随钢筋直径增大而增加，以保证端部能均匀加热，并达到足够预热温度。

e）预热频率。对 HPB235 级钢筋宜高些，一般为 3～4 次/s；对 HRB335 级、HRB400 级钢筋宜适中，一般为 1～2 次/s。

f）顶锻留量。它是指钢筋顶锻压紧后接头处挤出金属所消耗的钢筋长度。顶锻留量的选择，应使顶锻过程结束时，接头整个断面能获得紧密接触，并具有一定的塑性变形。

外观检查：钢筋闪光对焊接头的外观检查，应符合下列要求：①每批抽查 10％的接头，且不得少于 10 个；②焊接接头表面无横向裂纹和明显烧伤；③接头处有适当的墩粗和均匀的毛刺。

拉伸试验：对闪光对焊的接头，应从每批随机切取 6 个试件，其中 3 个做拉伸试验，3 个做弯曲试验，其拉伸试验结果，应符合下列要求：①3 个试件的抗拉强度，均不得低于该级别钢筋的抗拉强度标准值；②在拉伸试验中，至少有两个试件断于焊缝之外，并呈塑性断裂。当检验结果有一个试件的抗拉强度低于规定指标，或有两个试件在焊缝或热影响区发生脆性断裂时，应取双倍数量的试件进行复验。复验结果，若仍有一个试件的抗拉强度不符合规定指标，或有三个试件呈脆性断裂，则该批接头即为不合格。

弯曲试验：弯曲试验的结果，应符合下列要求：①由于对焊时上口与下口的质量不能完全一致，弯曲试验做正弯和反弯两个方向试验；②冷弯不应在焊缝处或热影响区断裂，否则不论其强度多高，均视为不合格；③冷弯后，外侧横向裂缝宽度不得大于 0.15mm，对于 HRB400 级钢筋，不允许有裂纹出现。当试验结果有 2 个试件发生破断时，应再取 6 个试件进行复验。复验结果当仍有 3 个试件发生破断，应确认该批接头为不合格品。

2. 电弧焊

钢筋电弧焊是钢筋接长、接头、骨架焊接、钢筋与钢板焊接等常用的方法。其工作原理是：以焊条作为一极，钢筋为另一极，利用送出的低电压强电流，使焊条与焊件之间产生高温电弧，将焊条与焊件金属熔化，凝固后形成一条焊缝。

（1）钢筋电弧焊接头形式。钢筋电弧焊接头形式主要有帮条焊、搭接焊、坡口焊和熔槽帮条焊等。

1）帮条焊（图 5.30）。帮条焊接头适用于直径 10～40mm 的 HPB235、HRB400 级钢筋。焊接时，用两根一定长度的帮条，将受力主筋夹在中间，并采用两端点焊定位，然后用双面焊形成焊缝；当不能进行双面焊时，也可采用单面焊，如图 5.30 所示。

帮条钢筋应与主筋的直径、级别尽量相同，如帮条与被焊接钢筋的级别不同时，还应按钢筋的计算强度进行换算。所采用的帮条总截面面积应满足：当被焊接的钢筋为 HPB235 级时应不小于被焊接钢筋截面面积的 1.2 倍；当被焊接的钢筋为 HRB335、HRB400 级时，应不小于被焊接钢筋截面面积的 1.5 倍。

帮条长度与钢筋级别和焊缝形式有关，对 HPB235 级钢筋，双面焊 $4d$，单面焊 $8d$，对 HRB335 级、HRB400 级及 RRB400 级，双面焊$\geqslant 5d$，单面焊$\geqslant 10d$。帮条焊接头与焊缝厚度不应小于主筋直径的 0.3 倍，且大于 4mm；焊缝宽度不小于主筋直径的 0.7 倍。

2）搭接焊（图 5.31）。搭接焊的焊缝厚度、焊缝宽度、搭接长度等技术参数与帮条焊相同。焊接时应在搭接焊形成焊缝中引弧；在端头收弧前应填满弧坑，并使主焊缝与定位焊缝的始端和终端熔合。

3）坡口焊（图 5.32）。坡口焊有平焊和立焊两种接头形式。如图 5.32 所示，坡口尖端一侧加焊钢板，钢板厚度宜为 4～6mm，长度宜为 40～60mm。坡口平焊时，钢垫板宽度应为钢筋直径加 10mm；坡口立焊时，钢垫板宽度宜等于钢筋的直径。钢筋根部的间隙，坡口平焊时宜为 4～6mm；坡口立焊时宜为 3～5mm，其最大间隙均不宜超过 10mm。

坡口焊接时，焊接根部、坡口端面之间均应熔合一体；钢筋与钢垫板之间，应加焊 2～3 层面焊缝，焊缝的宽度应大于 V 形坡口的边缘 2～3mm，焊缝余高不得大于 3mm，并平缓过渡至钢筋表面；焊接过程中应经常清渣，以免影响焊接质量；当发现接头中有弧坑、气孔及咬边等缺陷时，应立即补焊。坡口焊适用于焊接直径 18～40mm 的热轧 HPB235、HRB335、HRB400 级钢筋及直径 18～25mm 的 HRB400 级余热处理钢筋。

4）熔槽帮条焊。熔槽帮条焊是将两根平口的钢筋水平对接钢做帮条进行焊接。焊接时，应从接缝处垫板引弧后连续施焊，并使钢筋端部熔合，防止未焊透、气孔或夹渣等现象的出现。待焊平检查合格后，再进行焊缝余高的焊接，余高不得大于 3mm；钢筋与角钢垫板之间，应加焊侧面焊缝 1～3 层，焊缝应饱满，表面应平整，熔槽帮条焊适用于焊接直径 20～40mm 的热轧 HPB235 级、HRB335 级、HRB400 级钢筋及余热处理 HRB400 级钢筋。

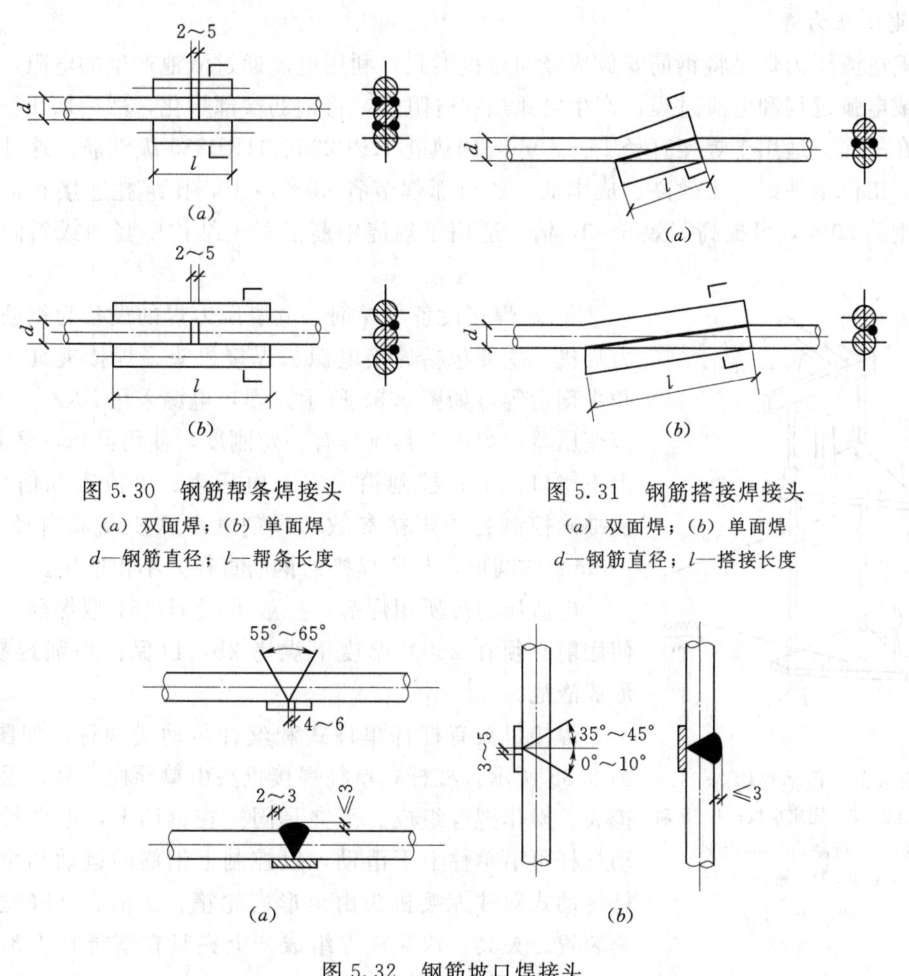

图 5.30 钢筋帮条焊接头

(a) 双面焊；(b) 单面焊

d—钢筋直径；l—帮条长度

图 5.31 钢筋搭接焊接头

(a) 双面焊；(b) 单面焊

d—钢筋直径；l—搭接长度

图 5.32 钢筋坡口焊接头

(a) 平焊；(b) 立焊

(2) 电弧焊接头的质量检验。电弧焊的质量检验，主要包括外观检查和拉伸试验两项。

1）外观检查。电弧焊接头外观检查时，应在清渣后逐个进行目测，其检查结果应符合

下列要求：

a）焊缝表面应平整，不得有凹陷或焊瘤。

b）焊接接头区域内不得有裂纹。

c）坡口焊、熔槽帮条焊接头的焊缝余高，不得大于3mm。

d）预埋件T字接头钢筋间距偏差不应大于10mm，钢筋相对钢板的直角偏差不大于4°。

e）焊缝中的咬边深度、气孔、夹渣等缺陷允许值及接头尺寸的允许偏差，应符合规范的规定。外观检查不合格的接头，经修整或补强后，可提交二次验收。

2）拉伸试验。电弧焊接头进行力学性能试验时，在工厂焊接条件下，以300个同接头形式、同钢筋级别的接头为一批，从成品中每批随机切取3个接头进行拉伸试验，其拉伸试验的结果，应符合下列要求：

a）3个热轧钢筋接头试件的抗拉强度，均不得低于该级别钢筋的抗拉强度。

b）3个接头试件均应断于焊缝之外，并应至少有2个试件呈延性断裂。

3. 电渣压力焊

钢筋电渣压力焊是将钢筋安放成竖向对接形式，利用电流通过渣池产生的电阻，在焊剂层下形成电弧过程和电渣过程，产生电弧热和电阻热，将钢筋端部熔化，然后加压使两根钢筋焊合在一起。适用于焊接直径14～40mm的热轧HPB235、HRB335级钢筋。这种方法操作简单、工作条件好、工效高、成本低，比电弧焊节省80%以上，比绑扎连接和帮条搭接焊节约钢筋30%，可提高工效6～10倍。适用于现浇钢筋混凝土结构中竖向或斜向钢筋的连接。

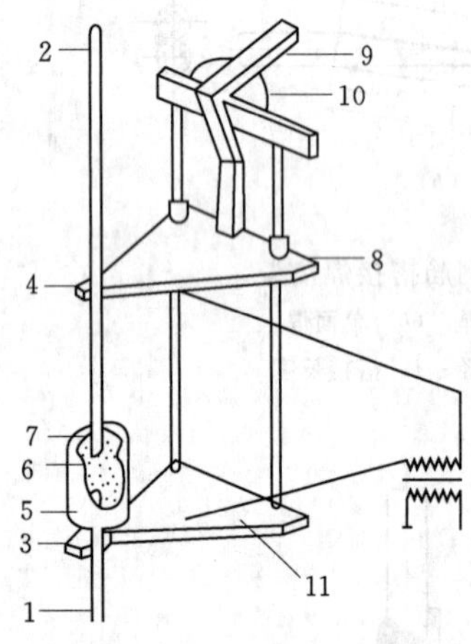

图5.33　电渣焊构造
1、2—钢筋；3—固定电极；4—活动电极；5—药盒；6—导电剂；7—焊药；8—滑动架；9—手柄；10—支架；11—固定

（1）焊接设备与焊剂。电渣压力焊的设备为钢筋电渣压力焊机，主要包括焊接电源、焊接机头、焊接夹具、控制箱和焊剂盒等，如图5.33所示。焊接电源采用BXz-1000型焊接变压器；焊接夹具应具有一定刚度，使用灵巧，坚固耐用，上下钳口同心；控制箱内安有电压表、电流表和信号电铃，能准确控制各项焊接参数；焊剂盒由铁皮制成内径为90～100mm的圆形，与所焊接的钢筋直径大小相适应。

电渣压力焊所用焊剂，一般采用HJ431型焊药。焊剂在使用前必须在250℃温度下烘烤2h，以保证焊剂容易熔化，形成渣池。

焊接机头有杠杆单柱式和丝杆传动式两种，如图5.34、图5.35所示。杠杆式单柱焊接机头由单导柱夹具、手柄、监控表、操作把等组成。下夹具固定在钢筋上，上夹具利用手动杠杆可沿单柱上下滑动，以控制上钢筋的运动和位置。丝杆传动式双柱焊接机头由伞形齿轮箱、手柄、升降丝杆、夹紧装置、夹具、双导柱等组成。上夹具在双导柱上滑动，利用丝杆螺母的自锁特性，使上钢筋易定位，夹具定位精度高，卡住钢筋后无需调整对中度，电流通过特制焊把钳直接加在钢筋上。

（2）焊接参数。钢筋电渣压力焊的焊接参数，主要包括焊接电流、焊接电压和焊接通电时间，这三个焊接参数应符合有关规定。

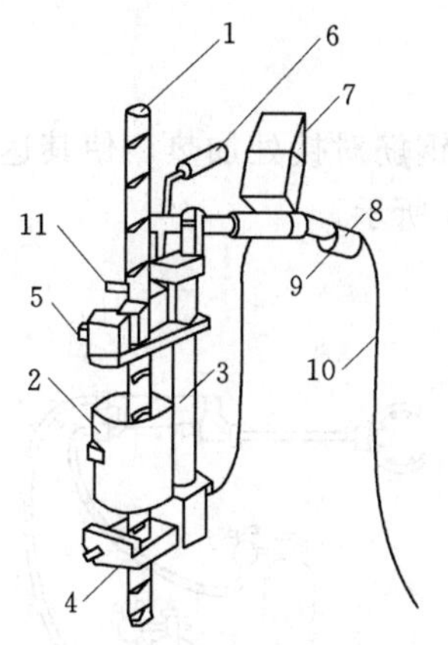

图 5.34 杠杆式单柱焊接机头

1—钢筋；2—焊剂盒；3—单导柱；4—固定夹具；5—活动夹具；6—手柄；7—监控仪表；8—操作把；9—开关；10—控制电缆；11—电缆插座

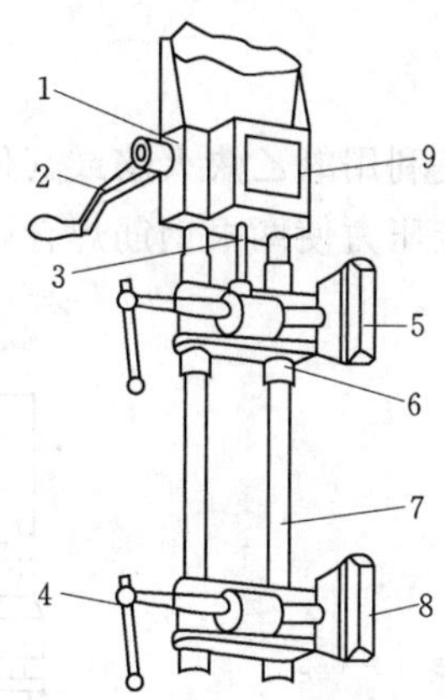

图 5.35 杆传动式双柱焊接机头

1—伞形齿轮箱；2—手柄；3—升降丝杆；4—夹紧装置；5—上夹具；6—导管；7—双导柱；8—下夹具；9—操作盒

(3) 焊接工艺。钢筋电渣压力焊的焊接工艺过程，主要包括端部除锈、固定钢筋、通电引弧、快速施压、焊后清理等工序，具体工艺过程如下：

1) 钢筋调直后，对两根钢筋端部 120mm 范围内，进行认真地除锈和清除杂质工作，以便于很好地焊接。

2) 在焊接机头上的上、下夹具，分别夹紧上、下钢筋；钢筋应保持在同一轴线上，一经夹紧不得晃动。

3) 采用直接引弧法或铁丝圈引弧法引弧。直接引弧法是通电后迅速将上钢筋提起，使两端头之间的距离为 2～4mm 引弧；铁丝圈引弧法是将铁丝圈放在上下钢筋端头之间，电流通过铁丝圈与上下钢筋端面的接触点形成短路引弧。

4) 引燃电弧后，应先进行电弧过程，然后加快上钢筋的下送速度，使钢筋端面与液态渣池接触，转变为电渣过程，最后在断电的同时，迅速下压上钢筋挤出熔化金属和熔渣。

5) 接头焊完毕，应停歇后，方可回收焊剂和卸下焊接夹具，并敲掉渣壳；四周焊包应均匀，凸出钢筋表面的高度应大于或等于 4mm。

(4) 电渣压力焊接头质量检验。电渣压力焊的质量检验，包括外观检查和拉伸试验。在一般构筑物中，应以 300 个同级别钢筋接头作为一批；在现浇钢筋混凝土多层结构中，应以每一楼层或施工区段中 300 个同级别钢筋接头作为一批；不足 300 个接头的也作为一批。

1) 外观检查。电渣压力焊接头，应逐个进行外观检查；其接头外观结果应符合下列要求：

a) 接头处四周焊包凸出钢筋表面的高度，应不小于 4mm。

b) 钢筋与电极接触处应无烧伤缺陷。

c) 两根钢筋应尽量在同一轴线上，接头处的弯折角不得大于 4°。

d) 接头处的轴线偏移不得大于钢筋直径的 0.1 倍，且不得大于 2mm。

外观检查不合格的接头应切除重焊，或采取补强焊接措施。

2) 拉伸试验。电渣压力焊接头进行力学性能试验时，应从每批接头中随机切取 3 个试

件做拉伸试验。

4. 气压焊

钢筋气压焊是利用氧乙炔火焰或其他火焰对两钢筋对接处加热，使其达到塑性状态或熔化状态，并施一定压力使两根钢筋焊合，如图5.36所示。

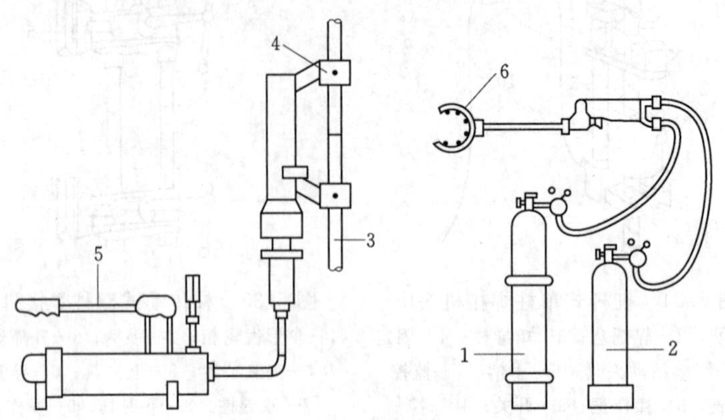

图5.36 钢筋气压焊设备组成

1—氧气瓶；2—乙炔瓶；3—钢筋；4—焊接夹具；5—加压器；6—多嘴环形加热器

(1) 焊接设备。钢筋气压焊的设备主要包括氧、乙炔供气装置、加热器、加压器及焊接夹具等。

供气装置包括氧气瓶、溶解乙炔气瓶（或中压乙炔发生器）、回火防止器、减压器及输气胶管等。溶解乙炔气瓶的供气能力，应满足施工现场最大钢筋直径焊接时供气量的要求；当不能满足时，可采用多瓶并联使用。

加热器为一种多嘴环形装置，由混合气管和多火口烤枪组成。氧气和乙炔在混合室内按一定比例混合后，以满足加热圈气体消耗量的需要；应配置多种规格的加热圈，多束火焰应燃烧均匀，调整火焰应方便。

焊接夹具应能牢固夹紧钢筋，当钢筋承受最大轴向压力时，钢筋与夹头之间不得产生相对滑移；应便于钢筋的安装定位，并在施焊过程中能保持其刚度。

(2) 焊接工艺。

1) 气压焊施焊之前，钢筋端面应切平，并与钢筋轴线垂直；在钢筋端部2倍直径长度范围内，清除其表面上的附着物；钢筋边角毛刺及断面上的铁锈、油污和氧化膜等，应清除干净，并经打磨，使其露出金属光泽，不得有氧化现象。

2) 安装焊接夹具和钢筋时，应将两根钢筋分别夹紧，并使两根钢筋的轴线在同一直线上。钢筋安装后应加压顶紧，两根钢筋之间的局部缝隙不得大于3mm。

3) 气压焊的开始阶段采用碳化焰，对准两根钢筋接缝处集中加热，并使其内焰包住缝隙，防止端面产生氧化。当加热至两根钢筋缝隙完全密合后，应改用中性焰，以压焊面为中心，在两侧各1倍钢筋直径长度范围内往复宽幅加热。钢筋端面的加热温度，控制在1150～1300℃；钢筋端部表面的加热温度应稍高于该温度，并随钢筋直径大小而产生的温度梯差确定。

4) 待钢筋端部达到预定温度后，对钢筋轴向加压到30～40MPa，直到焊缝处对称均匀

变粗，其隆起直径为钢筋直径的 1.4～1.6 倍，变形长度为钢筋直径的 1.3～1.5 倍。气压焊施压时，应根据钢筋直径和焊接设备等具体条件，选用适宜的加压方式，目前有等压法、二次加压法和三次加压法，常用的是三次加压法。

（3）气压焊接头质量检验。钢筋气压焊接头的质量检验，分为外观检查、拉伸试验和弯曲试验三项。对一般构筑物，以 300 个接头作为一批；对现浇钢筋混凝土结构，同一楼层中以 300 个接头作为一批，不足 300 个接头仍作为一批。

1）外观检查。钢筋气压焊接头应逐个进行外观检查，其检查结果应符合下列要求：

a）同直径钢筋焊接时，偏心量不得大于钢筋直径的 0.15 倍，且不得大于 4mm；对不同直径钢筋焊接时，应按较小钢筋直径计算。当大于规定值时，应切除重焊。

b）钢筋的轴线应尽量在同一条直线上，若有弯曲，其轴线弯折角不得大于 4°。

c）墩粗直径 d 不得小于钢筋直径的 1.4 倍，当小于此规定值时，应重新加热墩粗。

2）拉伸试验。从每批接头中随机切取 3 个接头做拉伸试验，其试验结果应符合下列要求：

a）试件的抗拉强度均不得小于该级别钢筋规定的抗拉强度。

b）拉伸断裂应断于压焊面之外，并呈延性断裂。当有 1 个试件不符合要求时，应再切取 6 个试件进行复验；复验结果，当仍有 1 个试件不符合要求时，应确认该批接头为不合格品。

3）弯曲试验。梁、板的水平钢筋连接中应切取 3 个试件做弯曲试验，弯曲试验的结果应符合下列要求：

a）气压焊接头进行弯曲试验时，应将试件受压面的凸起部分消除，并应与钢筋外表面齐平。弯心直径应比原材弯心直径增加 1 倍钢筋直径，弯曲角度均为 90°。

b）弯曲试验可在万能试验机、手动或电动液压弯曲试验器上进行，处在弯曲中心点，弯至 90°，3 个试件均不得在压焊面发生破断。

当试验结果有 1 个试件不符合要求，应再切取 6 个试件进行复验。当仍有 1 个试件不符合要求，应确认该批接头为不合格品。压焊面应复验结果。

5.2.6.3 机械连接

钢筋的机械连接是指通过连接件的机械咬合作用或钢筋端面的承压作用，将一根钢筋的力传递至另一根钢筋的连接方法。

钢筋机械连接方法，主要有钢筋锥螺纹套筒连接、钢筋套筒挤压连接、钢筋墩粗直螺纹套筒连接、钢筋滚压直螺纹套筒连接（直接滚压、挤肋滚压、剥肋滚压）等，经过工程实践证明，钢筋锥螺纹套筒连接和钢筋套筒挤压连接，是目前比较成功、深受工程单位欢迎的连接接头形式。

1. 钢筋锥螺纹套筒连接

钢筋锥螺纹接头是一种新型的钢筋机械连接接头技术。国外在 20 世纪 80 年代已开始使用，我国于 1991 年研究成功，1993 年被国家科委列入“国家科技成果重点推广计划”；此项新技术已在北京、上海、广东等地推广应用，获得了较大的经济效益，如图 5.37 所示。

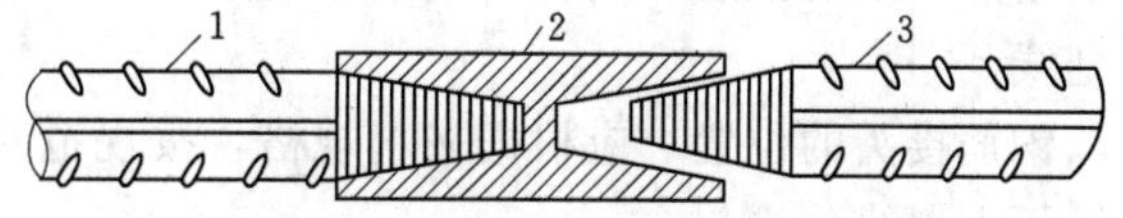

图 5.37 钢筋锥螺纹套筒连接

1—已连接的钢筋；2—银螺纹套筒；3—待连接的钢筋

钢筋锥螺纹套筒连接是将所连钢筋的对接端头，在钢筋套丝机上加工成与套筒匹配的锥螺纹，将带锥形内丝的套筒用扭力扳手按一定力矩值把两根钢筋连接成一体。这种连接方法，具有使用范围广、施工工艺简单、施工速度快、综合成本低、连接质量好、有利于环境保护等特点。

2. 钢筋套筒挤压连接

带肋钢筋套筒挤压连接是将两根待接钢筋插入钢套筒，用挤压设备沿径向挤压钢套筒，使钢套筒产生塑性变形，依靠变形的钢套筒与被连接钢筋的纵、横肋产生机械咬合而成为一个整体的钢筋连接方法，如图5.38所示。由于是在常温下挤压连接，所以也称为钢筋冷挤压连接。这种连接方法具有操作简单、容易掌握、对中度高、连接速度快、安全可靠、不污染环境、实现文明施工等优点。

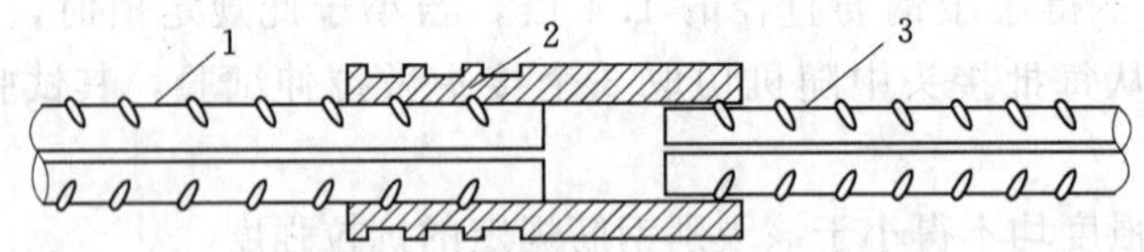

图5.38　钢筋套筒挤压连接

1—已挤压的钢筋；2—钢套筒；3—未挤压的钢筋

5.2.7　钢筋绑扎与安装

单根钢筋经过调直、配料、切断、弯曲等加工后，即可成型为钢筋骨架或钢筋网。钢筋成型应优先采用焊接，并最好在车间预制好后直接运往现场安装，只有当条件不具备时，可在施工现场绑扎成型。

钢筋在绑扎和安装前，应首先熟悉钢筋图，核对钢筋配料单和料牌，根据工程特点、工作量大小、施工进度、技术水平等，研究与有关工种的配合，确定施工方法。

5.2.7.1　钢筋现场绑扎

钢筋绑扎与安装应符合《混凝土结构工程施工质量验收规范》（GB 50204—2002）的规定。

1. 准备工作

（1）核对成品钢筋的钢号、直径、形状、尺寸和数量等是否与料单牌相符。如有错漏，应纠正增补。

（2）准备绑扎用的铁丝、绑扎工具（如钢筋钩、带扳口的小撬棍）、绑扎架等。钢筋绑扎用的铁丝可采用20～22号铁丝。

（3）准备控制混凝土保护层的垫块。

（4）划出钢筋位置线。平板或墙板的钢筋，在模板上划线；柱的箍筋，在两根对角线主筋上划点；梁的箍筋，则在架立筋上划点；基础的钢筋，在两向各取一根钢筋划点或在垫层上划线。

钢筋接头的位置，应根据来料规格，按规范对有关接头位置、数量的规定，使其错开，在模板上划线。

（5）绑扎形式复杂的结构部位钢筋时，应先研究逐根钢筋穿插就位的顺序。

2. 钢筋绑扎要点

（1）钢筋的交叉点应采用20～22号铁丝绑扎，绑扎不仅要牢固可靠，而且铁丝长度要适宜。

(2) 板和墙的钢筋网，除靠近外围两行钢筋的交叉点全部扎牢外，中间部分交叉点可间隔交错绑扎，但必须保证受力钢筋不产生位置偏移；对双向受力钢筋，必须全部绑扎牢固。

(3) 梁和柱的箍筋，除设计有特殊要求外，应与受力钢筋垂直设置；箍筋弯钩叠合处，应沿受力钢筋方向错开设置。

(4) 在柱中竖向钢筋搭接时，角部钢筋的弯钩平面与模板面的夹角，对矩形柱应为45°角，对多边形柱应为模板内角的平分角；对圆形柱钢筋的弯钩平面应与模板的切线平面垂直；中间钢筋的弯钩平面应与模板面垂直；当采用插入式振捣器浇筑小型截面柱时，弯钩平面与模板面的夹角不得小于15°。

(5) 板、次梁与主梁交接处，板的钢筋在上，次梁钢筋居中，主梁钢筋在下；主梁与圈梁交接处，主梁钢筋在上，圈梁钢筋在下，绑扎时切不可放错位置。

(6) 框架梁、牛腿及柱帽等钢筋应放在柱的钢筋内侧。

5.2.7.2 钢筋网与钢筋骨架安装

(1) 焊接骨架和焊接网的搭接接头，不宜设置于构件的最大弯矩处。

(2) 焊接网在非受力方向的搭接长度，宜为100mm。

(3) 焊接骨架和焊接网在构件宽度内，其接头位置应错开。在绑扎接头区段内受力钢筋截面面积不得超过受力钢筋总截面面积的50%。

5.2.7.3 植筋施工

在钢筋混凝土结构上钻出孔洞，注入胶黏剂，植入钢筋，待其固化后即完成植筋施工。用此法植筋犹如原有结构中的预埋筋，能使所植钢筋的技术性能得以充分利用。植筋方法具有工艺简单、工期短、造价省、操作方便、劳动强度低、质量易保证等优点，为工程结构加固及解决新旧混凝土连接提出了一个全新的处理技术。植筋施工过程：钻孔—清孔—填胶黏剂—植筋—凝胶。

(1) 钻孔使用配套冲击电钻。钻孔时，孔洞间距与孔深度应满足设计要求。

(2) 清孔时，先用吹气泵清除孔洞内粉尘等，再用清孔刷清孔，要经多次吹刷完成。注意不能用水冲洗，以免残留在孔中的水分削弱胶黏剂的作用。

(3) 使用植筋注射器从孔底向外均匀地把适量胶黏剂填注孔内，注意切勿将空气封入孔内。

(4) 按顺时针方向把钢筋平行于孔洞走向轻轻植入孔中，直至插入孔底胶溢出。

(5) 将钢筋外露端固定在模架上，使其不受外力作用，直至凝结，并派专人在现场看管保护。凝胶的化学反应时间一般为15min，固化时间一般为1h。

植筋采用的胶黏剂为两个不同的化学组分，使用前进行混合，一旦混合后，就会发生化学反应，出现凝胶现象，并很快固化。愈合时间随基体材料的温度而变化。植筋孔的直径与深度应根据设计要求确定。

5.2.7.4 钢筋安装质量检验

钢筋安装完毕后，应根据施工规范进行认真地检查，主要检查以下内容：

(1) 根据设计图纸，检查钢筋的钢号、直径、根数、间距是否正确，特别要检查负筋的位置是否正确。

(2) 检查钢筋接头的位置、搭接长度、同一截面接头百分率及混凝土保护层是否符合要求。水泥垫块是否分布均匀、绑扎牢固。

(3) 钢筋的焊接和绑扎是否牢固，钢筋有无松动、移位和变形现象。

(4) 预埋件的规格、数量、位置等。

(5) 钢筋表面是否有漆污和颗粒（片）状铁锈，钢筋骨架里边有无杂物等。钢筋绑扎要求位置正确、绑扎牢固，钢筋安装位置的偏差应符合规范要求，见表5.23。

表5.23　钢筋安装位置的允许偏差和检验方法

项　目			允许偏差(mm)	检验方法
绑扎钢筋网	长、宽		±10	钢尺检查
	网眼尺寸		±20	钢尺量连续三档，取最大值
绑扎钢筋骨架	长		±10	钢尺检查
	宽、高		±5	钢尺检查
受力钢筋	间距		±10	钢尺量两端、中间各一点，取最大值
	排距		±5	
	保护层厚度	基础	±10	钢尺检查
		柱、梁	±5	钢尺检查
		板、墙、壳	±3	钢尺检查
绑扎箍筋、横向钢筋间距			±20	钢尺量连续三档，取最大值
钢筋弯起点位置			20	钢尺检查
预埋件	中心线位置		5	钢尺检查
	水平高差		+3，0	钢尺和塞尺检查

5.3　混凝土工程

混凝土工程施工包括配制、搅拌、运输、浇筑、振捣和养护等工序。各施工工序对混凝土工程质量都有很大的影响。因此，要使混凝土工程施工能保证结构具有设计的外形和尺寸，确保混凝土结构的强度、刚度、密实性、整体性及满足设计和施工的特殊要求，必须要严格保证混凝土工程每道工序的施工质量。

5.3.1　混凝土配制

混凝土的配制，除应保证结构设计对混凝土强度等级的要求外，还要保证施工对混凝土和易性的要求，并应符合合理使用材料、节约水泥的原则。必要时，还应符合抗冻性、抗渗性等要求。

5.3.1.1　混凝土的施工配制强度

混凝土配制之前按下式确定混凝土的施工配制强度，以达到95%的保证率：

$$f_{cu,o}=f_{cu,k}+1.645\sigma$$

式中　$f_{cu,o}$——混凝土的配置强度，MPa；

$f_{cu,k}$——混凝土的设计强度等级，MPa；

σ——混凝土强度标准差，MPa，可按施工单位以往的生产质量水平测算，如施工单位无历史资料，可按表5.24选用。

表 5.24　　σ　值

混凝土强度等级	<C20	C20～C35	>C35
σ (N/mm²)	4.0	5.0	6.0

5.3.1.2　混凝土的施工配制

施工配制必须加以严格控制。因为影响混凝土质量的因素主要有两方面：一是称量不准；二是未按砂、石骨料实际含水率的变化进行施工配合比的换算。这样必然会改变原理论配合比的水灰比、砂石比（含砂率）。当水灰比增大时，混凝土黏聚性、保水性差，而且硬化后多余的水分残留在混凝土中形成水泡，或水分蒸发留下气孔，使混凝土密实性差，强度低。若水灰比减少，则混凝土流动性差，甚至影响成型后的密实，造成混凝土结构内部松散，表面产生蜂窝、麻面现象。同样，含砂率减少时，则砂浆量不足，不仅会降低混凝土的流动性，更严重的是将影响其黏聚性及保水性，产生粗骨料离析，水泥浆流失，甚至溃散等不良现象。所以，为了确保混凝土的质量，在施工中必须及时进行施工配合比的换算和严格控制称量。

混凝土的配合比是在实验室根据混凝土的施工配制强度经过试配和调整而确定的，称为实验室配合比。

实验室配合比是以干燥材料为基准的，工地现场的砂、石一般都含有一定的水分，所以，现场材料的实际称量应按工地砂、石的含水情况调整，调准后的配合比，称为施工配合比。设实验室配合比为：水泥：砂子：石子＝1：X：Y，水灰比为 W/C，并测定砂子的含水量为 W_x，石子的含水量为 W_y，则施工配合比应为 $1:X(1+W_x):Y(1+W_y)$

【例 5.2】　已知某混凝土在实验室配制的混凝土配合比为 1：2.28：4.42，水灰比 $W/C=0.6$，每混凝土水泥用量 $C=280$kg，现场实测砂含水率为 2.8%，石子含水率为 1.2%。

求：施工配合比及每立方米混凝土各种材料用量。

解：施工配合比 $1:X(1+W_x):Y(1+W_y)$

$$=1:2.28(1+2.8\%):4.42(1+1.2\%)$$

$$=1:2.34:4.47$$

则施工配合比设计每立方米混凝土各组成材料用量：

水泥　280kg

砂　$280\times2.34=655.2$ (kg)

石子　$280\times4.47=1251.6$ (kg)

用水量　$0.6\times280-2.28\times280\times2.8\%-4.42\times280\times1.2\%$

$$=168-17.88-14.85=135.27\ (\text{kg})$$

事实上，砂和石的含水量随气候的变化而变化。因此施工中必须经常测定其含水率，调整配合比，控制原材料用量，确保混凝土质量。

5.3.2　混凝土的搅拌

拌制混凝土可采用人工或机械拌制方法。人工拌制混凝土，劳动强度大，生产效率低，只有当用量不多或无机械设备时才采用，一般都用搅拌机拌制混凝土。

5.3.2.1 搅拌机的选择

混凝土搅拌机按其工作原理，可分为自落式和强制式两大类，选用时取决于混凝土的特性。对于重骨料塑性混凝土常选用自落式搅拌机，见表5.25。其搅拌原理：在搅拌筒（鼓筒）内壁焊有弧形拌叶，当鼓筒绕水平轴旋转时，叶片不断将混合材料提高，然后靠其自重落下，利用拌和物的重量自由降落，达到均匀拌和的目的。鼓筒内壁还焊有另一组斜向叶片，可以使物料斜移近出料口，从而倒出混凝土。

对于干硬性混凝土与轻质混凝土，前者由于水泥用量和加水量均较少，骨料难以自由拌和；后者由于骨料轻、动能小，用自落式搅拌机搅拌也难于拌和均匀，为此需选用强制式搅拌机。其工作原理：将由内、外壳组成的鼓筒水平放置，鼓筒固定不转，依靠其在筒内的转轴上的叶片强制搅拌混合物，达到均匀拌和的目的。强制式搅拌机分立轴式和卧轴式两类。强制式搅拌机是在轴上装有叶片，通过叶片强制搅拌装在搅拌筒中的物料，使物料沿环向、径向和竖向运动，拌和强烈，多用于搅拌硬性混凝土、低流动性混凝土和轻骨料混凝土。立轴式强制搅拌机是通过底部的卸料口卸料，卸料迅速，但如卸料口密封不好，水泥浆易漏掉，所以不宜于搅拌流动性大的混凝土。

混凝土搅拌机以其出料容量（m³）×1000标定规格。常用150L、250L、350L等数种。选择搅拌机型号，要根据工程量大小，混凝土的坍落度和骨料尺寸等确定。既要满足技术上的要求，也要考虑经济效果和节约能源。

表5.25 混凝土搅拌机类型

自落式			强制式			
鼓筒式	双锥式		立轴式			卧轴式（单轴双轴）
	反转出料	倾翻出料	涡桨式	行星式		
				定盘式	盘转式	
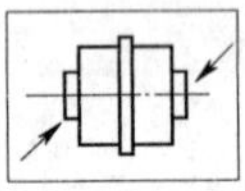	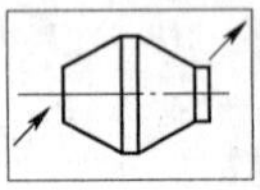	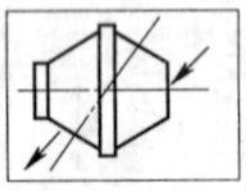	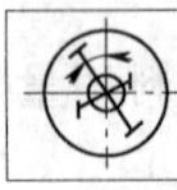	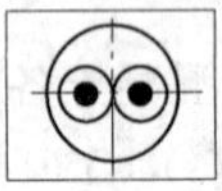	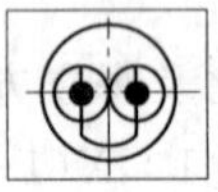	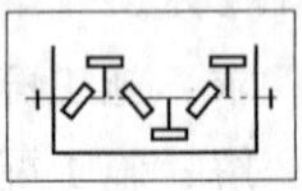

一般来说，轻骨料混凝土搅拌时间较普通混凝土长；坍落度大的混凝土搅拌时间较坍落度小的短；鼓筒直径大的转速小，所以搅拌时间长；自落式（图5.39）搅拌由于物料重力的影响，有可能发生分层离析现象，故搅拌时间长；而强制搅拌则可避免物料重力的不利影响，因而搅拌时间短，且质量好、效率高，但机械磨损大（图5.40）。

使用混凝土搅拌机应当注意以下几点：

（1）安装安置在坚实平整的地面上，它的每个撑脚要调整到轮胎不受力的程度，同时应使每个撑脚受力均匀，以免造成联结件扭曲或传动件接触不良等现象。

（2）检查接通电源后，空运转2～3min，认为合格，再检查拌筒运转速度和方向以及传动离合器和制动器是否灵活可靠；钢丝绳有无损坏；轨道滑轮是否良好；周围有无障碍及各部位的滑润情况等。

（3）保护电动机应装外壳或采用其他保护措施，防止水分和潮气浸入而损坏；配电设施应安置相应的保险丝和良好的接地装置；电动机应安装启动开关，使运转速度由缓慢逐渐变

快。维护和保养好搅拌机是防止故障发生的重要因素，特别是经常注意对传动系统、动力系统、进出料机构、进料离合器、润滑系统、配水系统和搅拌装置等的检查。

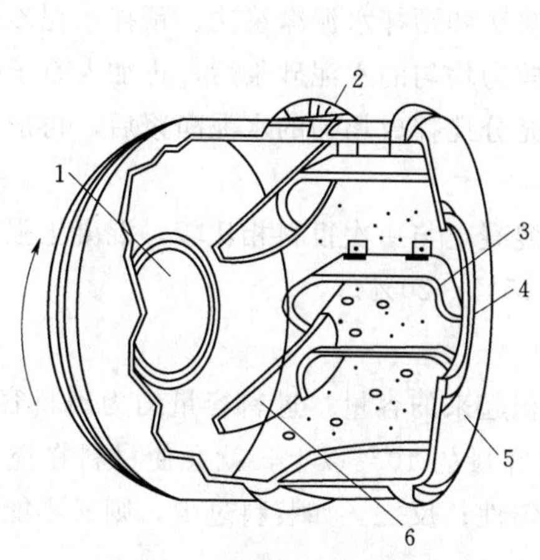

图 5.39 自落式搅拌机原理

1—进料口；2—大齿轮；3—弧形叶片；4—卸料口；5—斜向叶片；6—搅拌鼓筒

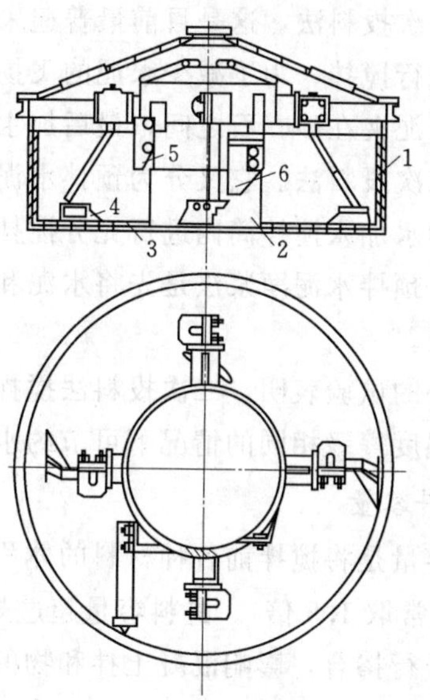

图 5.40 强制式搅拌机

1—外衬板；2—内衬板；3—底衬板；4—拌叶；5—外刮板；6—内刮板

5.3.2.2 确定混凝土的搅拌制度

1. 搅拌时间

搅拌时间是影响混凝土质量和搅拌机生产率的重要因素之一。时间过短，拌和不均匀会降低混凝土的强度及和易性；时间过长，不仅会影响搅拌机的生产率，而且会使混凝土的和易性又重新降低或产生分层离析现象。对自落式搅拌机，转速过高，混凝土拌和料会在离心力的作用下吸附于筒壁不能自由下落；而转速过低，既不能充分拌和，又将降低搅拌机的生产率。搅拌时间与搅拌机的类型、鼓筒尺寸、骨料的品种和粒径以及混凝土的坍落度等有关。混凝土搅拌的最短时间（即自全部材料装入搅拌筒中起，到卸料止），可按表 5.26 采用。

表 5.26 混凝土搅拌的最短时间 单位：s

混凝土坍落度（mm）	搅拌机类型	搅拌机出料容积（L）		
		<250	250～500	>500
≤30	自落式	90	120	150
	强制式	60	90	120
>30	自落式	90	90	120
	强制式	60	60	90

2. 投料顺序

投料的顺序应从提高搅拌质量，减少叶片、衬板的磨损，减少拌和物与搅拌筒的黏结，减少水泥飞扬，改善工作环境，提高混凝土强度，节约水泥等方面综合考虑确定。常用一次投料法和二次投料法。

(1) 一次投料法，这是目前最普遍采用的方法。它是将砂、石、水泥和水一起同时加入搅拌筒中进行搅拌，为了减少水泥的飞扬和水泥的黏罐现象，对自落式搅拌机常采用的投料顺序是将水泥夹在砂、石之间，最后加水搅拌。

(2) 二次投料法。它又分为预拌水泥砂浆法和预拌水泥净浆法。预拌水泥砂浆法是先将水泥、砂和水加入搅拌筒内进行充分搅拌，成为均匀的水泥砂浆后，再加入石子搅拌成均匀的混凝土。预拌水泥净浆法是先将水泥和水充分搅拌成均匀的水泥净浆后，再加入砂和石搅拌成混凝土。

国内外的试验表明，二次投料法搅拌的混凝土与一次投料相比较，混凝土强度可提高约15%，在强度等级相同的情况下可节约水泥15%～20%。

3. 进料容量

进料容量是将搅拌前各种材料的体积累积起来的容量，进料容量约为出料容量的1.4～1.8倍（通常取1.5倍）。进料容量超过规定容量的10%以上，就会使材料在搅拌筒内无充分的空间进行掺合，影响混凝土拌和物的均匀性；反之，如装料过少，则又不能充分发挥搅拌机的效能。

5.3.3　混凝土的运输

混凝土运输设备应根据结构特点（例如是框架还是设备基础）、混凝土工程量大小、每天或每小时混凝土浇注量、水平及垂直运输距离、道路条件、气候条件等各种因素综合考虑后确定。

混凝土在运输过程中要求做到：应保持混凝土的均匀性，不产生严重的离析现象。运输时间应保证混凝土在初凝前浇入模板内捣实完毕。

为保证上述要求，在运输过程中应往意：

(1) 道路尽可能平坦且运距尽可能短，为此搅拌站位置应布置适中。

(2) 尽量减少混凝土的转运次数。

(3) 混凝土从搅拌机卸出后到浇注进模板后的时间间隔不得超过表5.27中所列的数值。当使用快硬水泥或掺有促凝剂的混凝土，其运输时间应由试验确定；轻骨料混凝土的运输，浇注延续时间应适当缩短。

(4) 运输混凝土的工具（容器）应不吸水、不漏浆。天气炎热时，容器应遮盖，以防阳光直射而水分蒸发。容器在使用前应先用水湿润。

混凝土的运输分水平运输和垂直运输两种。

表5.27　混凝土从搅拌机卸出到浇筑完毕的延续时间

气温（℃）	延续时间（min）			
	采用搅拌车		采用其他运输设备	
	≤C30	>C30	≤C30	>C30
≤25	120	90	90	75
>25	90	60	60	45

5.3.3.1 水平运输

常用的水平运输设备有：手推车、机动翻斗车、混凝土搅拌运输车、自卸汽车等。

1. 手推车及机动翻斗车运输

(1) 手推车运输工地上常用双轮手推车运输，主要用于中型工地地面和楼面的水平运输。

(2) 机动翻斗车工地上常用的机动翻斗车容量约为 0.4m^3，机动翻斗车主要用于地面水平运输。

2. 混凝土搅拌运输车运输

目前各地正在逐步推广使用商品混凝土。一个城市或一个区域建立一个中心混凝土搅拌站，各工地每天所需的混凝土均向该中心站订货，各中心搅拌站负责搅拌本城市或本区每天各工地所需的各种规格的混凝土，并准时将各工地所需混凝土运到现场。这种混凝土拌和物的集中搅拌、集中运输供应的办法，可免去各工地分散建立混凝土搅拌站，减少材料的浪费，少占土地，提高了混凝土质量，也保持了城市的环境卫生质量。

图 5.41 混凝土搅拌运输车

混凝土搅拌运输车运送混凝土时（图 5.41），兼有运输和搅拌混凝土的双重功能，可根据运输距离、混凝土质量和供应要求等不同情况，采用不同的工作方式。对于运输时间超过混凝土初凝时间的长途运输，可采用运送干料，中途加水搅拌的运输方式。

5.3.3.2 垂直运输

常用的垂直运输机械有塔式起重机、快速井式升降机、井架及龙门架。而混凝土泵既可作垂直运输又可作水平运输。

1. 塔式起重机

塔式起重机既能作垂直运输又能完成一定幅度的水平运输。用塔式起重机运输混凝土时，应配备混凝土料斗联合使用。卧式料斗在装料时平卧地面，机动翻斗车直接卸料于斗内，再由塔式起重机吊走，卸料时由塔式起重机将此料斗悬于空中，将手柄下压，料的扇形活门打开，混凝土拌和物便从料斗中卸出，使用很方便。

2. 井架、龙门架运输

井架、龙门架是目前施工现场使用最广泛的垂直运输设备，特别是在单层或多层房屋的施工中。它由塔架、吊盘、滑道及动力卷扬机系统组成。具有构造简单、装拆方便、提升与下降速度快等优点，因而运输效率较高。

3. 混凝土泵运输

混凝土泵既可作混凝土的地面运输又能作楼面运输，是一种很有效的混凝土运输和浇注机具。它以泵为动力，由管道输送混凝土，故可将混凝土直接送到浇注地点。适用于大体积混凝、大型设备基础及多高层建筑的混凝土施工，水平运距 13km，垂直距离 30～90m（最高可达 200m）。如建筑物过高，可以在适当高度的楼层设立中继泵站，将混凝土继续向上运送。用混凝土泵输送混凝土的这种施工方法经济效果显著，发展较快。泵送混凝土的主要设备有混凝土泵、输送管和布料装置。

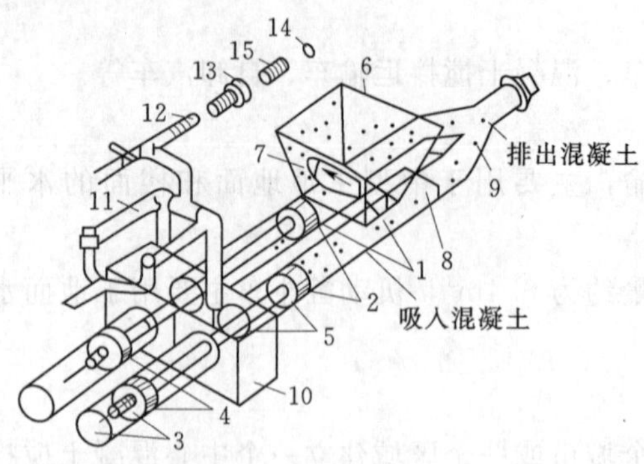

图 5.42　液压活塞式混凝土泵工作原理图

1—混凝土缸；2—推压混凝土活塞；3—液压缸；4—液压活塞；5—活塞杆；6—料斗；7—吸入阀门；8—排出阀门；9—Y形管；10—水箱；11—水洗装置换向阀；12—水洗用高压软管；13—水洗用法兰；14—海绵球；15—清洗活塞

(1) 混凝土泵。混凝土泵有气压、柱塞及挤压几种类型。目前应用较多的是柱塞式泵（图 5.42）。

(2) 输送管。混凝土输送管是泵送混凝土作业中的重要配件，常用钢管制成，有直管、弯管、锥形管三种。管径有 80mm、100mm、125mm、150mm、180mm、200mm。直管的标准长度为 4.0m，其他还有 3.0m、2.0m、1.0m。弯管的角度有 15°、30°、45°、60°、90° 5 种。当两种不同管径的输送管连接时，则用锥形管过渡，其长度一般为 1m。在管道的出口处大都接有软管（用橡胶管或塑料管等），以便在不移动钢管的情况下，扩大布料。范围口为使管道便于装拆，相邻输送管之间的连接，一般均用快速管接头。

(3) 布料装置。由于混凝土是连续供料，输送量大，因此，在浇注地点应设置布料装置，以便能将输送来的混凝直接浇入模板内或摊铺均匀，以减轻工人劳动强度和提高效率。一般的布料装置具有输送混凝土和摊铺混凝土的双重作用，称布料杆，如图 5.43 所示。

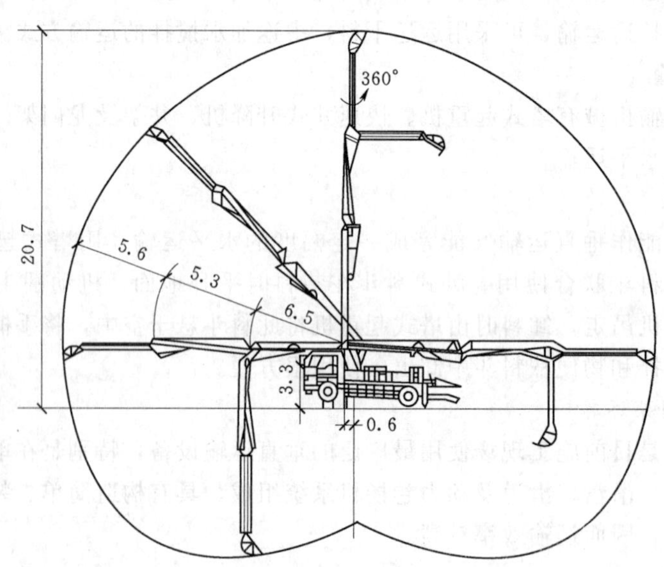

图 5.43　三段折叠式布料杆浇筑范围（尺寸单位：m）

采用混凝土泵运送混凝土，必须做到：

1）混凝土泵必须保持连续工作。

2）输送管道宜直，转弯宜缓，接头应严密。

3）泵送混凝土之前，应预先用水泥砂浆润滑管道内壁，以防堵塞。

4）受料斗内应有足够的混凝土，以防止吸人空气阻塞输送管道。

5.3.4 混凝土浇筑

5.3.4.1 浇筑前的检查

(1) 浇筑混凝土前，应检查和控制模板、钢筋、保护层和预埋件等的尺寸、规格、数量和位置，其偏差值应符合现行国家标准《混凝土结构工程施工质量验收规范》(GB 50204—2002) 的规定。此外，还应检查模板支撑的稳定性以及接缝的密合情况。

(2) 模板和隐蔽项目应分别进行预检和隐检验收，符合要求时，方可进行浇筑。

5.3.4.2 混凝土浇筑的一般要求

(1) 混凝土应在初凝前浇筑，如果出现初凝现象，应再进行一次强力搅拌。

(2) 混凝土自由倾落高度不宜超过 3m；否则，应采用串筒、溜槽或振动串筒下料，以防产生离析，如图 5.44 所示。

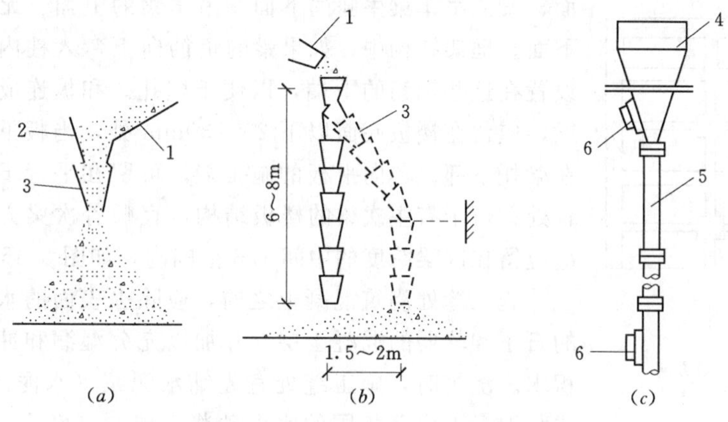

图 5.44 溜槽与串筒

(a) 溜槽；(b) 串筒；(c) 振动串筒

1—溜槽；2—挡板；3—串筒；4—漏斗；5—节管；6—振动器

(3) 浇筑竖向结构混凝土前，底部应先浇入 50～100mm 厚与混凝土成分相同的水泥砂浆，以避免产生蜂窝麻面现象。

(4) 混凝土浇筑时坍落度，应符合表 5.28 中的规定。

表 5.28　　混凝土浇筑时的坍落度　　单位：mm

项次	结构各类	坍落度
1	基础或地面等垫层、无配筋的厚大结构（挡土墙、基础或厚大的块体）或配筋稀疏的结构	10～30
2	板、梁及大型、中型截面的柱子	30～60
3	配筋密列的结构（薄壁、斗仓、筒仓、细柱等）	50～70
4	配筋特密的结构	70～90

注 1. 本表系指采用机械振捣的坍落度，采用人工捣实时可适当增大。
2. 需要配制大坍落度混凝土时，应掺用外加剂。
3. 曲面或斜结构的混凝土，其坍落度值应根据实际需要另行规定。

(5) 为了使混凝土上下层结合良好并振捣密实，混凝土必须分层浇筑，其浇筑厚度应符合规定。

（6）为保证混凝土的整体性，浇筑工作应连续进行。当由于技术上或施工组织上的原因必须间歇时，其间歇的时间应尽可能缩短，并保证在前层混凝土初凝之前，将次层混凝土浇筑完毕。

5.3.4.3　混凝土施工缝

1. 施工缝的留设与处理

如果因技术上的原因或设备、人力的限制，混凝土不能连续浇筑，中间的间歇时间超过混凝土初凝时间，则应留置施工缝。留置施工缝的位置应事先确定。由于该处新旧混凝土的结合力较差，是构件中的薄弱环节，故施工缝宜留在结构受力（剪力）较小且便于施工的部位。柱应留水平缝，梁、板应留垂直缝。

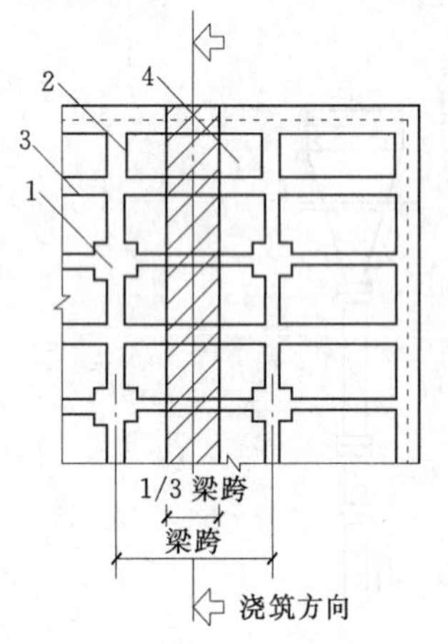

图 5.45　瓷筑有主次梁楼板的施工缝位置

1—柱；2—主梁；3—次梁；4—板

根据施工缝设置的原则，柱子的施工缝宜留在基础的顶面、梁或吊车梁牛腿的下面、吊车梁的上面、无梁楼盖柱帽的下面。框架结构中，如果梁的负筋向下弯入柱内，施工缝也可设置在这些钢筋的下端，以便于绑扎。和板连成整体的大断面梁，应留在楼板底面以下20～30mm处，当板下有梁托时，留在梁托下部；单向平板的施工缝，可留在平行于短边的任何位置处；对于有主次梁的楼板结构，宜顺着次梁方向浇筑，施工缝应留在次梁跨度的中间1/3范围内，如图5.45所示。

施工缝处浇筑混凝土之前，应除去表面的水泥薄膜、松动的石子和软弱的混凝土层。并加以充分湿润和冲洗干净，不得积水。浇筑时，施工缝处宜先铺水泥浆（水泥：水＝1：0.4）或与混凝土成分相同的水泥砂浆一层，厚度为10～15mm，以保证接缝的质量。浇筑混凝土过程中，施工缝应细致捣实，使其结合紧密。

2. 后浇带的设置

后浇带是为在现浇钢筋混凝土过程中，克服由于温度、收缩、不均匀沉降可能产生有害裂缝而设置的临时施工缝。该缝需根据设计要求保留一段时间后再浇筑，将整个结构连成整体。

后浇带的保留时间应根据设计确定，若设计无要求时，一般应至少保留28d以上。后浇带的宽度一般为700～1000mm，后浇带内的钢筋应完好保存，其构造如图5.46所示。

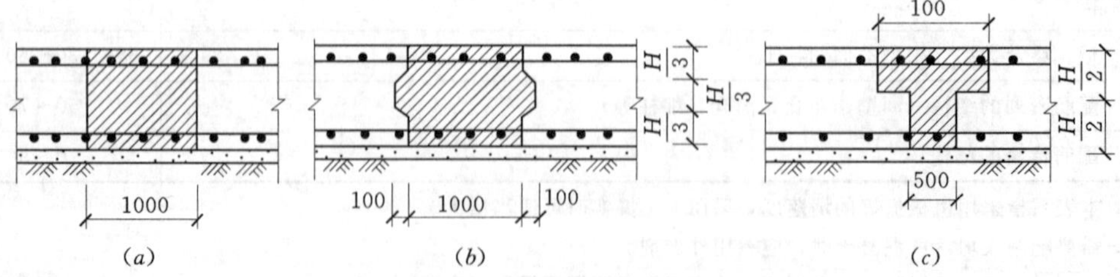

图 5.46　后浇带构造图

(a) 平接式；(b) 企口式；(c) 台阶式

5.3.4.4 整体结构浇筑

1. 框架结构的整体浇筑

框架结构的主要构件包括基础、柱、梁、板等，其中框架梁、板、柱等构件是沿垂直方向重复出现的。因此，一般按结构层分层施工。如果平面面积较大，还应分段进行，以便各工序组织流水作业。

混凝土浇筑与振捣的一般要求：

(1) 混凝土自吊斗口下落的自由倾落高度不得超过2m，浇筑高度如超过3m时必须采取措施，用串桶或溜管等。浇筑混凝土时应分段分层连续进行，浇筑层高度应根据混凝土供应能力、一次浇筑方量、混凝土初凝时间、结构特点、钢筋疏密综合考虑决定，一般为振捣器作用部分长度的1.25倍。

(2) 使用插入式振捣器应快插慢拔，插点要均匀排列，逐点移动，顺序进行，不得遗漏，做到均匀振实。移动间距不大于振捣作用半径的1.5倍（一般为30～40cm）。振上一层时应插入下层5～10cm，以使两层混凝土结合牢固。表面振动器（或称平板振动器）的移动间距，应保证振动器的平板覆盖已振实部分的边缘。

(3) 浇筑混凝土应连续进行。如必须间歇，其间歇时间应尽量缩短，并应在前层混凝土初凝之前，将次层混凝土浇筑完毕。间歇的最长时间应按所用水泥品种、气温及混凝土凝结条件确定，一般超过2h应按施工缝处理。（当混凝土的凝结时间小于2h时，则应当执行混凝土的初凝时间）。

(4) 浇筑混凝土时应经常观察模板、钢筋、预留孔洞、预埋件和插筋等有无移动、变形或堵塞情况，发现问题应立即处理，并应在已浇筑的混凝土初凝前修正完好。

2. 柱的混凝土浇筑

(1) 柱浇筑前底部应先填5～10cm厚与混凝土配合比相同的减石子砂浆，柱混凝土应分层浇筑振捣，使用插入式振捣器时每层厚度不大于50cm，振捣棒不得触动钢筋和预埋件。

(2) 柱高在3m之内，可在柱顶直接下灰浇筑，超过3m时，应采取措施（用串筒）或在模板侧面开洞口安装斜溜槽分段浇筑。每段高度不得超过2m，每段混凝土浇筑后将模板洞封闭严实，并用箍箍牢。

(3) 柱子混凝土的分层厚度应当经过计算后确定，并且应当计算每层混凝土的浇筑量，用专制料斗容器称量，保证混凝土的分层准确，并用混凝土标尺杆计量每层混凝土的浇筑高度，混凝土振捣人员必须配备充足的照明设备，保证振捣人员能够看清混凝土的振捣情况。

(4) 柱子混凝土应一次浇筑完毕，如需留施工缝时应留在主梁下面。无梁楼板应留在柱帽下面。在与梁板整体浇筑时，应在柱浇筑完毕后停歇1～1.5h，使其初步沉实，再继续浇筑。

(5) 浇筑完后，应及时将伸出的搭接钢筋整理到位。

3. 梁、板混凝土浇筑

(1) 梁、板应同时浇筑，浇筑方法应由一端开始用“赶浆法”，即先浇筑梁，根据梁高分层浇筑成阶梯形，当达到板底位置时再与板的混凝土一起浇筑，随着阶梯形不断延伸，梁板混凝土浇筑连续向前进行。

(2) 和板连成整体高度大于1m的梁，允许单独浇筑，其施工缝应留在板底以下2～3mm处。浇捣时，浇筑与振捣必须紧密配合，第一层下料慢些，梁底充分振实后再下二层料，用“赶浆法”保持水泥浆沿梁底包裹石子向前推进，每层均应振实后再下料，梁底及梁帮部位要注意振实，振捣时不得触动钢筋及预埋件。

（3）梁柱节点钢筋较密时，浇筑此处混凝土时宜用小粒径石子同强度等级的混凝土浇筑，并用小直径振捣棒振捣。

（4）浇筑板混凝土的虚铺厚度应略大于板厚，用平板振捣器垂直浇筑方向来回振捣，厚板可用插入式振捣器顺浇筑方向托拉振捣，并用铁插尺检查混凝土厚度，振捣完毕后用长木抹子抹平。施工缝处或有预埋件及插筋处用木抹子找平。浇筑板混凝土时不允许用振捣棒铺摊混凝土。

（5）施工缝位置：宜沿次梁方向浇筑楼板，施工缝应留置在次梁跨度的中间 1/3 范围内。施工缝的表面应与梁轴线或板面垂直，不得留斜搓。施工缝宜用木板或钢丝网挡牢。

（6）施工缝处须待已浇筑混凝土的抗压强度不小于 1.2MPa 时，才允许继续浇筑。在继续浇筑混凝土前，施工缝混凝土表面应凿毛，剔除浮动石子和混凝土软弱层，并用水冲洗干净后，先浇一层同配比减石子砂浆，然后继续浇筑混凝土，应细致操作振实，使新旧混凝土紧密结合。

4. 剪力墙混凝土浇筑

（1）如柱、墙的混凝土强度等级相同时，可以同时浇筑，反之宜先浇筑柱混凝土，预埋剪力墙锚固筋，待拆柱模后，再绑剪力墙钢筋、支模、浇筑混凝土。

（2）剪力墙浇筑混凝土前，先在底部均匀浇筑 5～10cm 厚与墙体混凝土同配比水泥砂浆，并用铁锹入模，不应用料斗直接灌入模内（该部分砂浆的用量也应当经过计算，使用容器计量）。

（3）浇筑墙体混凝土应连续进行，间隔时间不应超过 2h，每层浇筑厚度按照规范的规定实施，因此必须预先安排好混凝土下料点位置和振捣器操作人员数量。

（4）振捣棒移动间距应小于 40cm，每一振点的延续时间以表面泛浆为度，为使上下层混凝土结合成整体，振捣器应插入下层混凝土 5～10cm。振捣时注意钢筋密集及洞口部位，为防止出现漏振，须在洞口两侧同时振捣，下灰高度也要大体一致。大洞口的洞底模板应开口，并在此处浇筑振捣。

（5）墙体混凝土浇筑高度应高出板底 20～30mm。混凝土墙体浇筑完毕之后，将上口甩出的钢筋加以整理，用木抹子按标高线将墙上表面混凝土找平。

5. 楼梯混凝土浇筑

楼梯段混凝土自下而上浇筑，先振实底板混凝土，达到踏步位置时再与踏步混凝土一起浇捣，不断连续向上推进，并随时用木抹子（或塑料抹子）将踏步上表面抹平。施工缝位置：楼梯混凝土宜连续浇筑完，多层楼梯的施工缝应留置在楼梯段 1/3 的部位。

所有浇筑的混凝土楼板面应当扫毛，扫毛时应当顺一个方向扫，严禁随意扫毛，影响混凝土表面的观感。

（1）养护。混凝土浇筑完毕后，应在 12h 以内加以覆盖和浇水，浇水次数应能保持混凝土有足够的润湿状态，养护期一般不少于 7 昼夜。

（2）混凝土试块留置。

1）按照规范规定的试块取样要求做标养试块的取样。

2）同条件试块的取样要分情况对待，拆模试块（1.2MPa，50%、75%、100%设计强度）和外挂架要求的试块（7.5MPa）。成品保护要保证钢筋和垫块的位置正确，不得踩楼板、楼梯的分布筋、弯起钢筋，不碰动预埋件和插筋。在楼板上搭设浇筑混凝土使用的浇筑人行道，保证楼板钢筋的负弯矩钢筋的位置。不用重物冲击模板，不在梁或楼梯踏步侧模板上踩，应搭设跳板，保护模板的牢固和严密。已浇筑楼板、楼梯踏步的上表面混凝土要加以保护，必须在混凝土强度达到1.2MPa以后，方准在面上进行操作及安装结构用的支架和模板。在浇筑混凝土时，要对已经完成的成品进行保护，浇筑上层混凝土时流下的水泥浆要有专人及时清理干净，洒落的混凝土也要随时清理干净。对阳角等易碰坏的地方，应当有措施。冬期施工在已浇的楼板上覆盖时，要在铺的脚手板上操作，尽量不踏脚印。

（3）应注意的质量问题。

1）蜂窝：原因是混凝土一次下料过厚，振捣不实或漏振，模板有缝隙使水泥浆流失，钢筋较密而混凝土坍落度过小或石子过大，柱、墙根部模板有缝隙，以致混凝土中的砂浆从下部涌出而造成。

2）露筋：原因是钢筋垫缺位移、间距过大，漏放，钢筋紧贴模板，造成露筋，或梁、板底部振捣不实，也可能出现露筋。

3）孔洞：原因是钢筋较密的部位混凝土被卡，未经振捣就继续浇筑上层混凝土。

4）缝隙与夹渣层：施工缝处杂物清理不净或未浇底浆振捣不实等原因，易造成缝隙、夹渣层。

5）梁、柱连接处断面尺寸偏差过大：主要原因是柱接头模板刚度差或支此部位模板时未认真控制断面尺寸。

6）现浇楼板面和楼梯踏步上表面平整度偏差太大：主要原因是混凝土浇筑后，表面不用抹子认真抹平。

7）冬期施工在覆盖保温层时，上人过早或未垫板进行操作。

5.3.4.5 大体积混凝土的浇筑

大体积混凝土是指厚度大于或等于1.5m，长、宽较大，施工时水化热引起混凝土内的最高温度与外界温度之差不低于25℃的混凝土结构。一般多为建筑物、构筑物的基础，如高层建筑中常用的整体钢筋混凝土箱形基础，高炉转炉设备基础等。大体积混凝土结构整体性要求较高，一般不允许留设施工缝。

为保证结构的整体性和混凝土浇筑工作的连续性，应在下一层混凝土初凝之前将上层混凝土浇筑完毕，杜绝出现冷缝。

因此，在编制浇筑方案时，首先应计算每小时需要浇筑的混凝土的数量Q，保证混凝土搅拌、运输、浇筑、振捣各工序的协调配合。

$$Q=\frac{Fh}{K(t_1-t_2)}$$

式中 F——每个浇筑层中混凝土的面积，m^2；

h——每个浇筑层的混凝土分层厚度，m；

K——运输延误系数，一般取0.8～0.9；

t_1——混凝土初凝时间，h；

t_2——运输时间，h。

根据结构特点、工程量、钢筋疏密等具体情况，分别选用如下浇筑方案，如图5.47

所示。

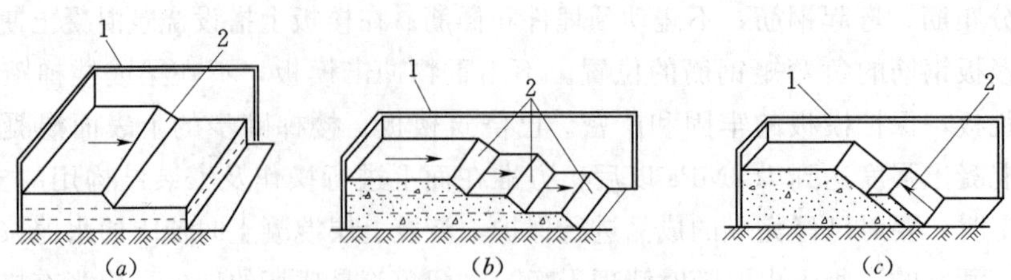

图 5.47　大体积混凝土浇筑方案

(a) 全面分层；(b) 分段分层；(c) 斜面分层

1—模板；2—新浇筑的混凝土

1. 全面分层浇筑方案

在整个结构内全面分层浇筑混凝土，待第一层全部浇筑完毕，在初凝前再回来浇筑第二层，如此逐层进行，直至浇筑完成。此浇筑方案适宜于结构平面尺寸不大的情况。

2. 分段分层浇筑方案

此浇筑方案适用于厚度不太大，而面积或长度较大的结构。

3. 斜面分层浇筑方案

混凝土从结构一端满足其高度浇筑一定长度，并留设坡度为 1∶3 的浇筑斜面，从斜面下端向上浇筑，逐层进行。此浇筑方案适用于结构的长度超过其厚度3倍的情况。

大体积混凝土结构截面大，水化热大，由此形成较大的温度差，易使混凝土产生裂缝。因此，在浇筑大体积混凝土时，必须采取适当措施：

(1) 宜选用水化热较低的水泥，如矿渣水泥、火山灰或粉煤灰水泥。

(2) 掺缓凝剂或缓凝型减水剂，也可掺入适量粉煤灰等外掺料。

(3) 采用中粗砂和大粒径、级配良好的石子。

(4) 尽量减少水泥用量和每立方米混凝土的用水量。

(5) 降低混凝土入模温度，故在气温较高时，可在砂、石堆场和运输设备上搭设简易遮阳装置或覆盖草包等隔热材料，采用低温水或冰水拌制混凝土。

(6) 扩大浇筑面和散热面，减少浇筑层厚度和浇筑速度，必要时在混凝土内部埋设冷却水管，用循环水来降低混凝土温度。

(7) 在浇筑完毕后，应及时排除泌水，必要时进行二次振捣。

(8) 加强混凝土保温、保湿养护，严格控制大体积混凝土的内外温差，当设计无具体要求时，温差不宜超过 25℃，故可采用草包、炉渣、砂、锯末、油布等不易透风的保温材料或蓄水养护，以减少混凝土表面的热扩散和延缓混凝土内部水化热的降温速率。

此外，为了控制大体积混凝土裂缝的开展，在特殊情况下，可在施工期间设置临时伸缩缝的“后浇带”，将结构分成若干段，以有效削减温度收缩应力；待所浇筑的混凝土经一段时间的养护干缩后，再在后浇带中浇筑补偿收缩混凝土，使分块的混凝土连成一个整体。在正常施工条件下，后浇带的间距一般为 20～30m，带宽 1m 左右，混凝土浇筑 30～40d 后用比原结构强度高 5～10MPa 的混凝土填筑，并保持不少于 15d 的潮湿养护。

5.3.4.6　水下混凝土浇筑

在水下指定部位直接浇筑混凝土的施工方法。这种方法只适用于静水或流速小的水流条件。它常用于浇筑在灌柱桩、地下连续墙、围堰、混凝土防渗墙、墩台基础以及水下建筑物的局部修补等工程。水下混凝土浇筑的方法很多，常用的有导管法（图 5.48）、压浆法和袋装法，以导管法应用最广。导管法浇筑时，将导管装置在浇筑部位。顶部有贮料漏斗，并用起重设备吊住，使其可升降。开始浇筑时导管底部要接近地基面，下口有以铅丝吊住的球塞，使导管和贮料斗内可灌满混凝土拌和物，然后剪断铅丝使混凝土在自重作用下迅速排出球塞进入水中。浇筑过程中，导管内应经常充满混凝土，并保持导管底口始终埋在已浇的混凝土内。一面均衡地浇筑混凝土，一面缓缓提升导管，直至结束。采用导管法时，骨料的最大粒径要受到限制，混凝土拌和物需具有良好的和易性及较高的坍落度。如水下浇筑的混凝土量较大，将导管法与混凝土泵结合使用可以取得较好的效果。

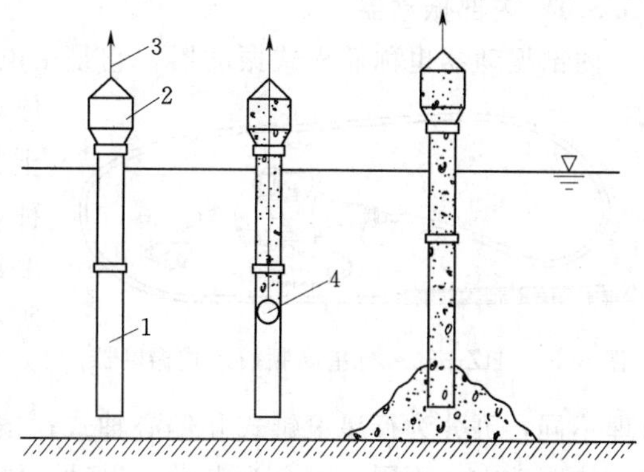

图 5.48 导管法浇筑水下混凝土示意图

1—导管；2—放料漏斗；3—提升机具；4—球塞

压浆法是在水下清基、安放模板并封密接缝后，填放粗骨料，埋置压浆管，然后用砂浆泵压送砂浆，施工方法同预填骨料压浆混凝土。

袋装法是将混凝土拌和物装入麻袋到半满程度，缝扎袋口，依次沉放，堆筑在水中预定地点。堆筑时要交错堆放，互相压紧，以增加稳定性。有的国家使用一种水溶性薄膜材料的袋子，柔性较好，并有助于提高堆筑体的整体性。在浇筑水下混凝土时，水下清基、立模、堆砌等工作均需有潜水员配合作业。

5.3.5 混凝土振捣

混凝土入模时呈疏松状，里面含有大量的空洞与气泡，必须采用适当的方法在其初凝前振捣密实，满足混凝土的设计要求。混凝土浇筑后振捣是用混凝土振动器的振动力，把混凝土内部的空气排出，使砂子充满石子间的空隙，水泥浆充满砂子间的空隙，以达到混凝土的密实。只有在工程量很小或不能使用振捣器时，才允许采用人工捣固，一般应采用振动器振捣。常用的振动器有内部振动器（插入式）、外部振动器（附着式）和振动台。如图 5.49 所示。

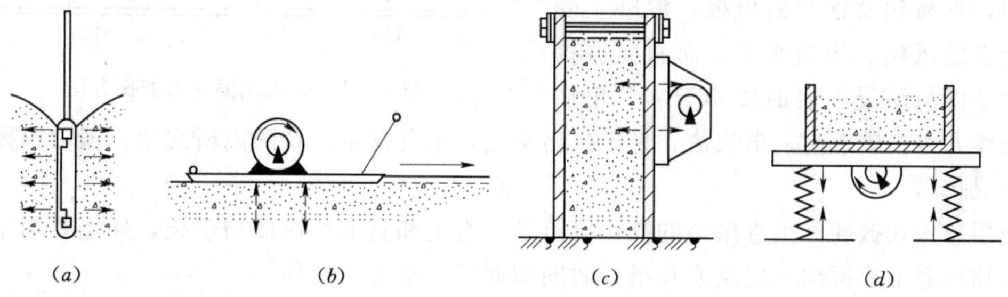

图 5.49 振动器的原理

(a) 内部振动器；(b) 表面振动器；(c) 外部振动器；(d) 振动台

5.3.5.1　内部振动器

内部振动器也称插入式振动器，它是由电动机、传动装置和振动棒三部分组成，工作时依靠振动棒插入混凝土产生振动力而捣实混凝土。插入式振动器是建筑工程应用最广泛的一种，常用以振实梁、柱、墙等平面尺寸较小而深度较大的构件和体积较大的混凝土。如图5.50所示。

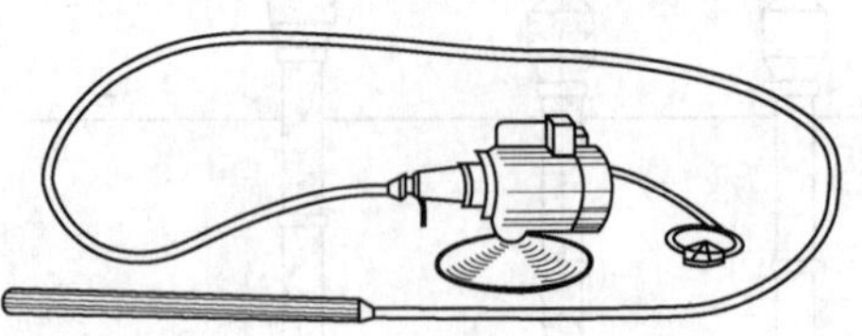

图5.50　HZ-50A行星高频插入式振动器

内部振动器分类方法很多，按振动转子激振原理不同，可分为行星滚锥式和偏心轴式；按操作方式不同，可分为垂直振捣式和斜面振捣式；按驱动方式不同，可分为电动、风动、液压和内燃机驱动等形式；按电动机与振动棒之间的转动形式不同，可分为软轴式和直联式。

使用前，应首先检查各部件是否完好，各连接处是否紧固，电动机是否绝缘，电源电压和频率是否符合规定，待一切合格后，方可接通电源进行试运转。振捣时，要做到“快插慢拔”。快插是为了防止将表层混凝土先振实，与下层混凝土发生分层、离析现象；慢拔是为了使混凝土能填埋振动棒的空隙，防止产生孔洞。

作业时，要使振动棒自然沉入混凝土中，不可用力猛插，一般应垂直插入，并插至尚未初凝的下层混凝土中50～100mm，以利于上下混凝土层相互结合。振动棒插点要均匀排列，可采用“行列式”或“交错式”（图5.52）的次序移动，两个插点的间距不宜大于振动棒有效作用半径的1.5倍。振动棒在混凝土内的振捣时间，一般每个插点20～30s，直到混凝土不再显著下沉，不再出现气泡，表面泛出的水泥浆均匀为止。由于振动棒下部振幅比上部大，为使混凝土振捣均匀，振捣时应将振动棒上下抽动5～10cm，每插点抽动3～4次。振动棒与模板的距离，不得大于其有效作用半径的0.5倍，并要避免触及钢筋、模板、芯管、预埋件等，更不能采取通过振动钢筋的方法来促使混凝土振实。振动器软管的弯曲半径不得小于50cm，并且不得多于两个弯。软管不得有断裂、死弯现象。

插入式振动器的振捣方法有垂直振捣和斜向振捣两种（图5.51），可根据具体情况采用，一般以采用垂直振捣为多。垂直振捣容易掌握插点距离，控制插入深度（不得超过振动棒长度的1.25倍）；不易产生漏振，不易触及钢筋的模板；混凝土受振后能自然沉实、均匀密实。而斜向振捣是将振动棒与混凝土表面成40°～50°角插入，操作省力，效率高，出浆快，易于排出空气，不会发生严重的离析现象，振动棒拔出时不会形成孔洞。

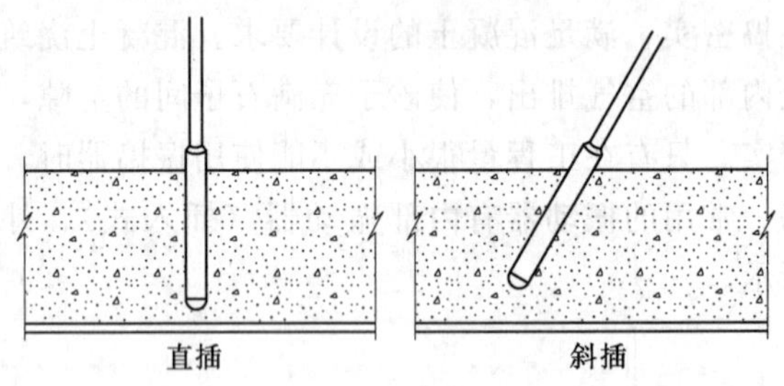

图5.51　插入式振动器振捣方法

使用插入式振动器垂直振捣的操作要点是：直上和直下，快插与慢拔；插点要均布，切勿漏点插；上下要振动，层层要扣搭；时间掌握好，密实质量佳。

5.3.5.2　外部振动器

外部振动器又称附着式振动器，它是直接安装在模板外侧的横挡或竖挡上。利用偏心块旋转时所产生的振动力通过模板传递给混凝土，使之振实。附着式振动器体积小、结构简

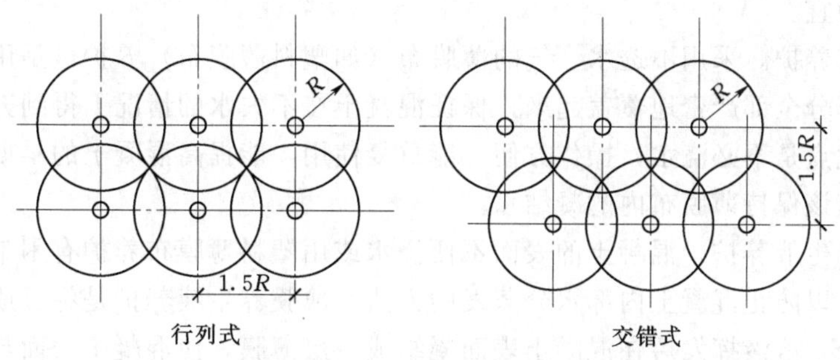

图 5.52 插入式振动棒的插点排列

单、操作方便，可以改制成平板式振动器。它的缺点是振动作用的深度小（约 250mm），因此仅适用于钢筋较密、厚度较小以及不宜使用插入式振动器的结构和构件中，并要求模板有足够的刚度。一般要求混凝土的水灰比比内部振动器的大一些。

使用附着式振动器，其间距应通过试验确定，一般间距为 1～1.5m；结构尺寸较厚时，可在结构两侧同时安装振动器，待混凝土入模后方可开动振动器；混凝土浇筑高度要高于振动器安装部位；振动时间以混凝土振成一个水平面并不再出现气泡时，即可停止振动，必要时应通过试验确定；振动器开动后应随时观察模板的变化，以防位移或漏浆。如图 5.49 (c) 所示。

5.3.5.3 振动台

混凝土振动台又称台式振动器，是一个支撑在弹性支座上的工作平台，是混凝土预制厂的主要成型设备，一般由电动机、齿轮同步器、工作台面、振动子、支撑弹簧等部分组成。台面上安装成型的钢模板，模板内装满混凝土，当振动机构运转时，在振动子的作用下，带动工作台面强迫振动，使混凝土振实成型。如图 5.49 (d) 所示。

混凝土的成型除了利用振捣密实的方法外还有挤压法、碾压法、离心法、真空吸水法等其他方法。

5.3.6 混凝土养护

浇捣后的混凝土所以能硬化是因为水泥水化作用的结果，而水化作用需要适当的湿度和温度。所以浇筑后的混凝土初期阶段的养护非常重要。在混凝土浇筑完毕后，应在 12h 以内加以养护；干硬性混凝土和真空脱水混凝土应于浇筑完毕后立即进行养护。在养护工序中，应控制混凝土处在有利于硬化及强度增长的温度和湿度环境中，使硬化后的混凝土具有必要的强度和耐久性。养护方法有自然养护、蒸汽养护、蓄热养护等。

5.3.6.1 自然养护

对混凝土进行自然养护，是指在自然气温条件下（大于 5℃），对混凝土采取覆盖、浇水湿润、挡风、保温等养护措施。自然养护又可分为覆盖浇水养护和薄膜布养护、薄膜养生液养护等。

(1) 覆盖浇水养护。覆盖浇水养护是用吸水保温能力较强的材料（如草帘、芦席、麻袋、锯末等）将混凝土覆盖，经常洒水使其保持湿润。养护时间长短取决于水泥品种，普通硅酸盐水泥和矿渣硅酸盐水泥拌制的混凝土，不少于 7d；火山灰质硅酸盐水泥和粉煤灰硅酸盐水泥拌制的混凝土或有抗渗要求的混凝土不少于 14d。浇水次数以能保持混凝土具有足

够的润湿状态为宜。

（2）薄膜布养护。采用不透水、气的薄膜布（如塑料薄膜布）养护，是用薄膜布把混凝土表面敞露的部分全部严密地覆盖起来，保证混凝土在不失水的情况下得到充足的养护。这种养护方法的优点是不必浇水，操作方便，能重复使用，能提高混凝土的早期强度，加速模具的周转。但应该保持薄膜布内的凝结水。

（3）薄膜养生液养护。混凝土的表面不便浇水或用塑料薄膜布养护有困难时，可采用涂刷薄膜养生液，以防止混凝土内部水分蒸发的方法。薄膜养生液养护是将可成膜的溶液喷洒在混凝土表面上，溶液挥发后在混凝土表面凝结成一层薄膜，使混凝土表面与空气隔绝，封闭混凝土中的水分不再被蒸发，而完成水化作用。这种养护方法一般适用于表面积大的混凝土施工和缺水地区，但应注意薄膜的保护。

5.3.6.2 蒸汽养护

蒸汽养护就是将构件放在充有饱和蒸汽或蒸汽空气混合物的养护室内，在较高的温度和相对湿度的环境中进行养护，以加速混凝土的硬化。蒸汽养护过程分为静停、升温、恒温、降温4个阶段。

（1）静停阶段。混凝土构件成型后在室温下停放养护叫做静停。时间为2～6h，以防止构件表面产生裂缝和疏松现象。

（2）升温阶段。此阶段是构件的吸热阶段。升温速度不宜过快，以免构件表面和内部产生过大温差而出现裂纹。对薄壁构件（如多肋楼板、多孔楼板等）每小时不得超过25℃；其他构件不得超过20℃；用于硬性混凝土制作的构件，不得超过40℃。每小时测温1次。

（3）恒温阶段。是升温后温度保持不变的时间。此时强度增长最快，这个阶段应保持90％～100％的相对湿度；最高温度不得超过90℃，对普通水泥的养护温度不得超过80℃，时间为3～8h，每2h测温1次。

（4）降温阶段。此阶段是构件散热过程。降温速度不宜过快，每小时不得超过10℃，出池后，构件表面与外界温差不得超过20℃。每小时测温1次。

5.3.7 混凝土质量检验

1. 混凝土在拌制和浇注过程中的检查

（1）检查混凝土所用材料的品种、规格和用量每一工作班至少两次。

（2）检查混凝土在浇注地点的坍落度，每一工作班至少两次。

（3）在每一工作班内，如混凝土配合比由于外界影响有变动时，应及时检查处理。

（4）混凝土的搅拌时间应随时检查；检查混凝土质量应做抗压强度试验。当有特殊要求时，还需做抗冻、抗渗等试验，混凝土抗压极限强度的试块为边长150mm的正立方体。试件应在混凝土浇注地点随机取样制作，不得挑选。

检查混凝土质量应做抗压强度试验。当有特殊要求时，还需做抗冻，抗渗等试验，混凝土抗压极限强度的试块为边长150mm的正立方体。试件应在混凝土浇注地点随机取样制作，不得挑选。

2. 检验评定混凝土强度等级用的混凝土试件组数

（1）每拌制100盘且不超过100m^{3}的同配合比的混凝土，其取样不得少于一组。

（2）每工作班拌制的同配合比的混凝土不足100盘时，其取样不得少于一组。

（3）现浇楼层，每层取样不得少于一组。

商品混凝土除在搅拌站按上述规定取样外，在混凝土运到施工现场后，还应留置试块。为了检查结构或构件的拆模、出池、出厂、吊装、预应力张拉、放张等需要，还应留置与结构或构件同条件养护的试件，试件组数可按实际需要确定。

每组试块由三个试块组成，应在浇注地点，同盘混凝土中取样制作，取其算术平均值作为该组的强度代表值。但此三个试块中最大和最小强度值，与中间值相比，其差值如有一个超过中间值的15%时，则以中间值作为该组试块的强度代表值；如其差值均超过中间值的15%时，则其试验结果不应作为评定的依据。

3. 混凝土强度的检验评定

(1) 混凝土强度应分别进行验收。同一验收批的混凝土应由强度等级相同、龄期相同以及生产工艺和配合比基本相同的混凝土组成。同一验收批的混凝土强度，应以同批内全部标准试件的强度代表值来评定。

(2) 当混凝土的生产条件在较长时间内能保持一致，且同一品种混凝土的强度变异性保持稳定时，由连续的三组试件代表一个验收批，其强度应同时满足下列要求：

$$mf_{cu} \geqslant f_{cu,k} + 0.7\sigma_0$$

$$f_{cu,\min} \geqslant f_{cu,k} - 0.7\sigma_0$$

当混凝土强度等级不超过C20时，强度的最小值尚应满足下式要求：

$$f_{cu,\min} \geqslant 0.85 f_{cu,k}$$

当混凝土强度等级高于C20时，强度的最小值则应满足下式要求：

$$f_{cu,\min} \geqslant 0.9 f_{cu,k}$$

式中 mf_{cu}——同一验收批混凝土立方体抗压强度的平均值，N/mm²；

$f_{cu,k}$——混凝土立方体抗压强度标准值，N/mm²；

$f_{cu,\min}$——同一验收批混凝土立方体抗压强度的最小值，N/mm²；

σ_0——验收批混凝土立方体抗压强度的标准差，N/mm²；应根据前一个检验期内同一品种混凝土试件的强度数据，按 $\sigma_0 = \frac{0.59}{m}\sum \Delta f_{cu,i}$，求得；

m——用以确定该验收批混凝土立方体抗压强度标准的数据总批数；

$\Delta f_{cu,i}$——第 i 批试件立方体抗压强度中最大值与最小值之差。

上述检验期超过3个月，且在该期间内强度数据的总批数不得小于15。

(3) 当混凝土的生产条件在较长时间内不能保持一致，且混凝土强度变异性不能保持稳定时，或在前一检验期内的同一品种混凝土没有足够的数据用以确定验收批混凝土立方体抗压强度的标准差时，应由不少于10组的试件组成一个验收批，其强度应同时满足下列要求：

$$mf_{cu} - \lambda_1 sf_{cu} \geqslant 0.9 f_{cu,k}$$

$$f_{cu,\min} \geqslant \lambda_2 f_{cu,k}$$

其中

$$sf_{cu} = \sqrt{\frac{\sum_{i=1}^{n} f_{cu,i}^2 - mm^2 f_{cu}}{n-1}}$$

式中 sf_{cu}——同一验收批混凝土立方体抗压强度的标准差，N/mm²，当 sf_{cu} 的计算值小于 $0.06f_{cu,k}$ 时，取 $sf_{cu} = 0.06f_{cu,k}$；

$f_{cu,i}$——第 i 组混凝土立方体抗压强度值，N/mm^2；

n——一个验收批混凝土试件的组数；

λ_1、λ_2——合格判定系数，见表5.29。

表5.29　合格判定系数

试件组数	10～14	15～24	≥25
λ_1	1.70	1.65	1.60
λ_2	0.90	0.85	

对零星生产的顶制构件的混凝土或现场搅拌的批量不大的混凝土，可采用非统计法评定。此时，验收批混凝土的强度必须满足下列两式要求：

$$m f_{cu} \geqslant 1.5 f_{cu,k}$$

$$f_{cu,\min} \geqslant 0.95 f_{cu,k}$$

式中符号意义同前。

由于抽样检验存在一定的局限性，混凝土的质量评定可能出现误判。因此，如混凝土试块强度不符合上述要求时，允许从结构上钻取或截取混凝土试块进行试压，亦可用回弹仪或超生波仪直接在结构上进行非破损检验。

5.4　钢筋混凝土工程的安全技术

5.4.1　模板施工安全技术

在现场安装模板时，所用工具应装在工具包内；当上下交叉作业时，应戴安全帽。垂直运输模板或其他材料时，应有统一指挥、统一信号。高空作业人员应经过体格检查，不合格者不得进行高空作业。模板在安全系统未钉牢固之前，不得上下；未安装好的梁底板或挑檐等模板的安装与拆除，必须有可靠的技术措施，确保安全。非拆模人员不准在拆模区域内通行。拆除后的模板应将朝天钉向下，并及时运至指定的堆放地点，然后拔除钉子，分类堆放整齐。

5.4.2　钢筋施工安全技术

在高空绑扎和安装钢筋时，须注意不要将钢筋集中堆放在模板或脚手架的某一部分，以保安全；特别是悬臂构件，还要检查支撑是否牢固。在脚手架上不要随便放置工具、箍筋或短钢筋，避免放置不稳滑下伤人。搬运钢筋的工人须戴布垫角、围裙及手套；除锈工人应戴口罩及风镜；电焊工应戴防护镜并穿工作服。300～500mm的钢筋短头禁止用机器切割。在有电线通过的地方安装钢筋时，必须特别小心谨慎，勿使钢筋碰着电线。

5.4.3　混凝土施工安全技术

在进行混凝土施工前，应仔细检查脚手架、工作台和马道是否绑扎牢固，如有空头板应及时搭好，脚手架应设保护栏杆。搅拌机、卷扬机、皮带运输机和振动器等接电要安全可靠，绝缘接地装置良好，并应进行试运转。搅拌机应由专人操作，中途发生故障时，应立即切断电源进行修理；运转时不得将铁锹伸入搅拌筒内卸料；其机械传动外露装置应加保护罩。采用井字架和拔杆运输时，应设专人指挥；井字架上卸料人员不能将头或脚伸入井字架内，起吊时禁止在拔杆下站人。

思　考　题

5.1　试述模板的作用。对模板及其支架的基本要求有哪些？

5.2　模板有哪些类型？各有何特点？

5.3　试述定型组合钢模板的组成及配板原则。

5.4　钢筋的种类有哪些？

5.5　钢筋加工包括哪些工序？

5.6　如何计算钢筋的下料长度？

5.7　如何进行钢筋的代换？

5.8　钢筋连接的方法有哪些？各有什么特点？

5.9　钢筋的绑扎有哪些一般规定？绑扎接头有哪些具体要求？

5.10　钢筋安装要检查的内容有哪些？

5.11　为什么要进行施工配合比的换算？如何换算？

5.12　混凝土搅拌制度包括哪些方面？如何合理确定？

5.13　混凝土运输的基本要求有哪些？

5.14　试述混凝土结构施工缝的留设原则、留设位置及处理方法。

5.15　试述大体积混凝土浇筑时的降温措施。

5.16　混凝土振动器有哪几种？各自的适用范围是什么？

5.17　为什么混凝土浇筑后要进行养护？常用的养护方法有哪些？

习　题

5.1　计算如图 5.53 所示钢筋的下料长度。

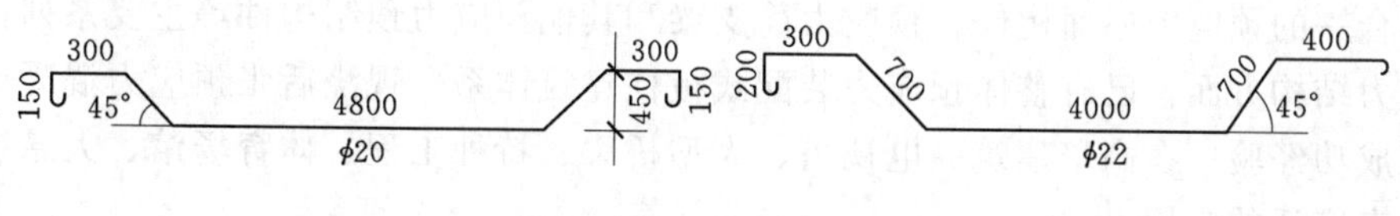

图 5.53　（单位：mm）

5.2　某混凝土实验室配合比为 1∶2.12∶4.37，$W/C=0.62$，每立方米混凝土水泥用量为 290kg，实测现场砂含水率 3%，石含水率 1%。试求：

（1）施工配合比为多少？

（2）当用 250L（出料容量）搅拌机搅拌时，每拌一次投料水泥、砂、石、水各多少？

第6章 预应力混凝土工程

6.1 概 述

预应力混凝土是在外荷载作用前，预先建立有内应力的混凝土。一般是在混凝土结构或构件受拉区域，通过对预应力筋进行张拉、锚固、放松，借助钢筋的弹性回缩，使受拉区混凝土事先获得预压应力。预压应力的大小和分布应能减少或抵消外荷载所产生的拉应力。

6.1.1 预应力混凝土的发展

我国于1956年开始推广预应力混凝土，至今已有50多年的发展历程。20世纪50年代后期，主要是采用冷拉钢筋作为预应力筋，生产预制预应力混凝土屋架、吊车梁等工业厂房构件。20世纪70年代，在民用建筑中开始推广冷拔低碳钢丝配筋的预应力混凝土中小型构件。

自20世纪80年代以来，我国国民经济飞速发展，大型公共建筑工程、高层及超高层建筑、大跨度桥梁和多层工业厂房等现代工程大量涌现，给预应力混凝土的发展提供了广阔的天地。特别是高强钢绞线及高强混凝土的研制成功，为发展高效预应力提供了有利条件。随着对部分预应力、无黏结预应力和多跨连续折线预应力等先进设计思想和工艺技术的深入研究，高强混凝土的生产和现浇施工技术的提高，单根钢绞线无黏结小吨位后张束张锚体系和多根钢绞线大吨位后张束群锚体系等成果的研制和应用，使我国预应力技术产生了一个新的飞跃，标志着我国预应力技术已开始步入国际先进行列。

经过50多年的努力探索，我国在预应力混凝土的设计理论、计算方法、构件系列、结构体系、张拉锚固体系、预应力工艺、预应力筋和混凝土材料等方面，已经形成一套独特的体系；在预应力混凝土的施工技术与施工管理方面，已经积累了丰富的经验。我国在预应力混凝土预制构件方面，已形成了预应力屋面梁和屋架、预应力吊车梁、预应力屋面板和楼板、桥架合一的预应力屋面构件、预应力简支梁和其他预应力预制构件等主要系列；在房屋建筑预应力结构方面，已有整体预应力装配式板柱建筑体系、现浇后张预应力混凝土框架结构的施工成功经验；在高擎建筑、电视塔、大型桥梁、特种工程、体育场馆、大悬挑结构等方面，已有广泛的应用。

6.1.2 预应力混凝土的特点

预应力混凝土与钢筋混凝土相比，具有以下明显的特点：

(1) 在与钢筋混凝土同样的条件下，具有构件截面小、自重轻、刚度大、抗裂度高、耐久性好、节省材料等优点。工程实践证明，可节约钢材40%～50%，节省混凝土20%～40%，减轻构件自重可达20%～40%。

(2) 可以有效地利用高强度钢筋和高强度等级的混凝土，能充分发挥钢筋和混凝土各自的特性，并能扩大预制装配化程度。

(3) 预应力混凝土的施工，需要专门的材料与设备、特殊的施工工艺，工艺比较复杂，操作要求较高，但用于大开间、大跨度与重荷载的结构中，其综合效益较好。

(4) 随着施工工艺的不断发展和完善，预应力混凝土的应用范围越来越广，不仅可用于

一般的工业与民用建筑结构，而且也可用于大型整体或特种结构上。

6.1.3 预应力混凝土的分类

预应力混凝土按预应力的大小可分为：全预应力混凝土和部分预应力混凝土。按施加应力方式可分为：先张法预应力混凝土、后张法预应力混凝土和自应力混凝土。按预应力筋的黏结状态可分为：有黏结预应力混凝土和无黏结预应力混凝土。按施工方法又可分为：预制预应力混凝土、现浇预应力混凝土和叠合预应力混凝土等。

本章主要以目前常用的预应力施工工艺为主线，分别叙述先张法预应力、后张法预应力和无黏结预应力的基本知识。

6.2 先张法施工

先张法是在浇筑混凝土前铺设、张拉预应力筋，并将张拉后的预应力筋临时锚固在台座或钢模上，然后浇筑混凝土，待混凝土养护达到不低于75%的设计强度后，保证预应力筋与混凝土有足够的黏结时，放松预应力筋，借助混凝土与预应力筋的黏结，对混凝土施加预应力的施工工艺（图6.1）。先张法一般仅适用于生产中小型预制构件，多在固定的预制厂生产，也可在施工现场生产。

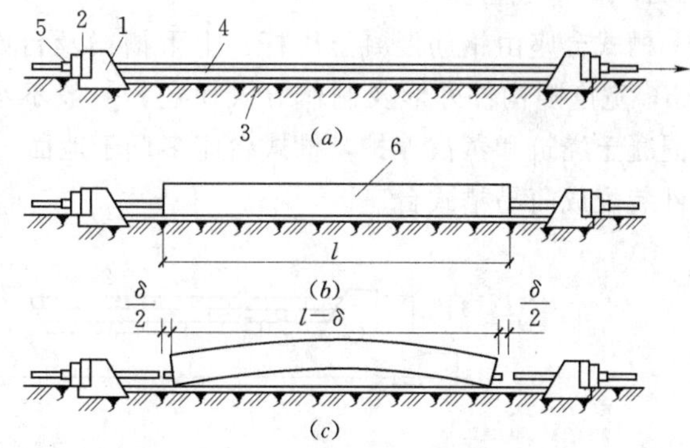

图 6.1 先张法施工工艺示意图

(a) 张拉预应力筋；(b) 浇筑混凝土；(c) 放张预应力筋

1—台座；2—横梁；3—台面；4—预应力筋；5—夹具；6—混凝土构件

先张法生产构件可采用长线台座法，台座长度在100～150m之间，或在钢模中采用机组流水法。先张法涉及到台座、张拉机具和夹具及施工工艺，下面分别叙述。

6.2.1 台座

台座是先张法施工中的主要设备之一，它必须有足够的强度、刚度和稳定性，以免因台座的变形、倾覆和滑移而引起预应力值的损失。

台座按构造形式不同可分为墩式台座和槽式台座两类。

6.2.1.1 墩式台座

墩式台座由承力台墩、台面与横梁三部分组成，其长度宜为50～150m（图6.2）。目前常用的是台墩与台面共同受力的墩式台座。台座的宽度主要取决于构件的布筋宽度、张拉与浇筑混凝土是否方便，一般不大于2m。在台座的端部应留出张拉操作用地和通道，两侧要有构件运输和堆放的场地。台座的强度应根据构件张拉力的大小，可按台座每米宽的承载力为200～500kN设计台座。

承力台墩一般埋置在地下，由现浇钢筋混凝土做成。台座的稳定性验算包括抗倾覆验算和抗滑移验算。

台面一般是在夯实的碎石垫层上浇筑一层厚度为60～100mm的混凝土而成。台面伸缩缝可根据当地温差和经验设置，约为10m一道，也可采用预应力混凝土滑动台面，不留伸

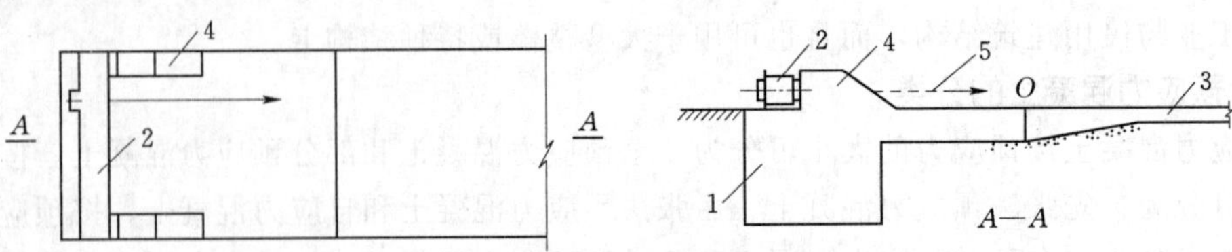

图 6.2　墩式台座

1—混凝土墩式台座；2—横梁；3—混凝土台面；4—牛腿；5—预应力筋

缩缝。预应力滑动台面是在原有的混凝土台面或新浇筑的混凝土基层上刷隔离剂，张拉预应力筋，浇筑混凝土面层，待混凝土达到放张强度后切断预应力筋，台面就发生滑动。这种台面使用效果良好。

台座的两端设置有固定预应力筋的横梁，一般用型钢制作，设计时，除应要求横梁在张拉力的作用下有一定的强度外，尚应特别注意变形，以减少预应力损失。

6.2.1.2　槽式台座

槽式台座由钢筋混凝土压杆、上下槽梁及台面组成（图 6.3）。台座的长度一般不大于 76m，宽度随构件外形及制作方式而定，一般不小于 1m，承载力可达 1000kN 以上。为便于混凝土浇筑和蒸汽养护，槽式台座多低于地面。在施工现场还可利用已预制好的柱、桩等构件装配成简易槽式台座。

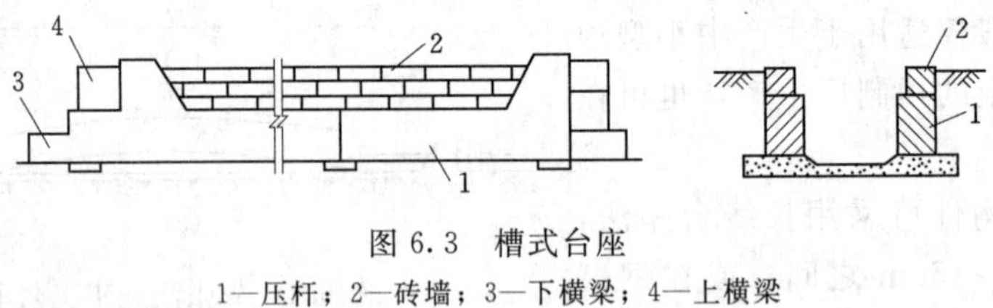

图 6.3　槽式台座

1—压杆；2—砖墙；3—下横梁；4—上横梁

6.2.2　张拉机具和夹具

先张法生产的构件中，常采用的预应力筋有钢丝和钢筋两种。张拉预应力钢丝时，一般直接采用卷扬机或电动螺杆张拉机。张拉预应力钢筋时，在槽式台座中常采用四横梁式成组张拉装置，用千斤顶张拉（图 6.4 和图 6.5）。

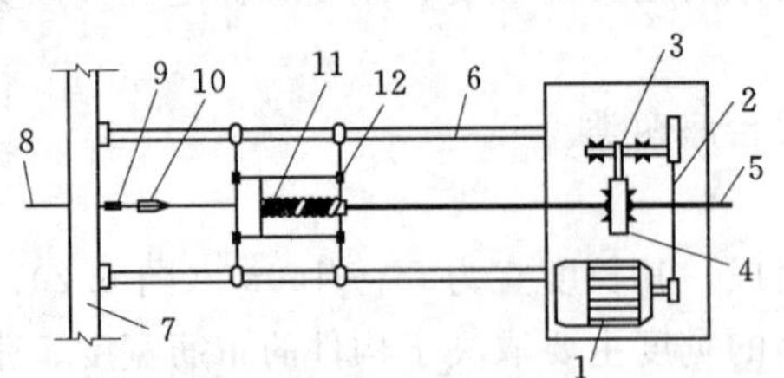

图 6.4　电动螺杆张拉机

1—电动机；2—皮带传动；3—齿轮；4—齿轮螺母；5—螺杆；6—顶杆；7—台座横梁；8—钢丝；9—锚固夹具；10—张拉夹具；11—弹簧测力器；12—滑动架

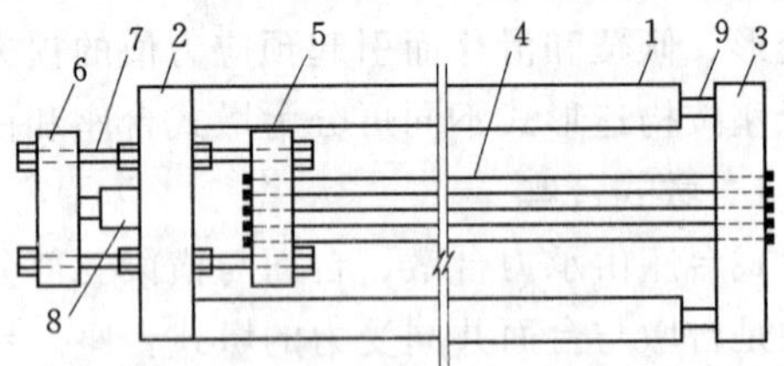

图 6.5　四横梁式成组张拉装置

1—台座；2、3—前后横梁；4—钢筋；5、6—拉力架；7—螺丝杆；8—千斤顶；9—放张装置

预应力筋张拉后用锚固夹具直接锚固于横梁上。要求锚固夹具工作可靠、加工方便、成本低，并能多次周转使用。预应力钢丝常采用圆锥齿板式锚固夹具锚固，预应力钢筋常采用

螺丝端杆锚固。

6.2.3 先张法施工工艺

用先张法在台座上生产预应力混凝土构件时，其工艺流程一般如图 6.6 所示。

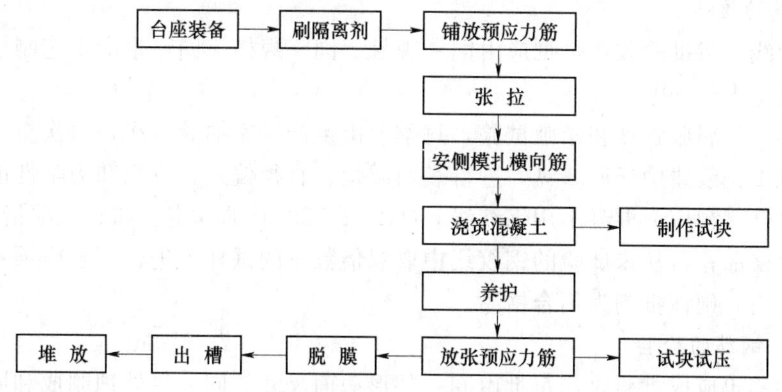

图 6.6 先张法工艺流程图

预应力混凝土先张法工艺的特点是：预应力筋在浇筑混凝土前张拉，预应力的传递主要依靠预应力筋与混凝土之间的黏结力，为了获得质量良好的构件，在整个生产过程中，除确保混凝土质量以外，还必须确保预应力筋与混凝土之间的良好黏结，使预应力混凝土构件获得符合设计要求的预应力值。

碳素钢丝强度很高，但表面光滑，与混凝土黏结力较差，必要时可采取刻痕和压波措施，以提高钢丝与混凝土的黏结力。

6.2.3.1 预应力筋的检验

搞好预应力筋的检验是确保预应力混凝土构件质量的关键。因此，在预应力筋进场时，应按现行国家标准规定抽取试件做力学性能检验，其质量必须符合有关标准的规定。

(1) 检查数量。按进场的批次和产品的抽样检验方案确定。

(2) 检验方法。检查产品合格证、出厂检验报告和进场复验报告。

(3) 无黏结预应力筋的涂包质量应符合无黏结预应力钢绞线标准的规定。

(4) 预应力筋使用前应进行外观检查，其质量应符合下列要求：

1) 有黏结预应力筋展开后应平顺，不得有弯折，表面不应有裂纹、小刺、机械损伤、氧化铁皮和油污等。

2) 无黏结预应力筋护套应光滑、无裂缝，无明显褶皱。

3) 检查数量及方法：全数观察检查。

4) 无黏结预应力筋护套轻微破损者应外包防水塑料胶带修补，严重破损者不得使用。

1. 钢丝的检验

钢丝应成批验收，每批应由同一牌号、同一规格、同一生产工艺制成的钢丝组成，质量不大于 60t。

(1) 外观检查。对钢丝应进行逐盘检查。钢丝表面不得有裂纹、小刺、机械损伤、氧化铁皮和油污。钢丝的直径检查，按总盘数的 10%选取，但不得少于 6 盘。

(2) 力学性能试验。钢丝的外观检查合格后，从每批中任意选取 10%（不少于 6 盘）的钢丝，在每盘钢丝的两端各截取一个试样，一个做拉伸试验（伸长率与抗拉强度），一个做弯曲试验。如有某一项试验结果不符合《预应力混凝土用钢丝》(GB/T 5223)的要求，则该盘钢丝为不合格品；再从同一批未经试验的钢丝中截取双倍数量的试样进行复验，如仍有某一项试验结果不合格，则该批钢丝为不合格品。

2. 钢绞线的检验

(1) 钢绞线应成批验收，每批应由同一牌号、同一规格、同一生产工艺制成的钢绞线组成，每批质量不大于60t。

(2) 钢绞线的屈服强度和松弛试验，每季度由生产厂家抽验一次，每次至少一根。

(3) 从每批钢绞线中任取3盘，进行表面质量、直径偏差、捻距和力学性能试验，其试验结果均应符合《预应力混凝土用钢绞线》(GB/T 5224)的规定。如有一项指标不合格时，则该盘为不合格品；再从未试验的钢绞线中取双倍数量的试样，进行不合格项目的复验，如仍有一项不合格，则该批判为不合格品。

3. 热处理钢筋的检验

热处理钢筋也应成批验收，每批由同一外形截面尺寸、同一热处理制成和同一炉号的钢筋组成。每批质量不大于60t。当质量不大于30t时，允许不多于10个炉号的钢筋组成混合批，但钢的含碳量差别不得大于0.02%，含锰量差不得大于0.15%，含硅量差不得大于0.20%。

(1) 外观检查。从每批钢筋中选取10%的盘数(不少于25盘)，进行表面质量与尺寸偏差检查，钢筋表面不得有裂纹、结疤和折叠，允许有局部凸块，但不得超过螺纹筋的高度。钢筋的各项尺寸要用卡尺测量，并符合《预应力混凝土用热处理钢筋》(GB 4463)的规定。如检查有不合格品，则应将该批逐盘检查。

(2) 拉伸试验。从每批钢筋中选取10%的盘数(不少于25盘)，进行拉伸试验。如有一项指标不合格，则该盘钢筋为不合格品；再从未试验过的钢筋中截取双倍数量的试样进行复验，如仍有一项指标不合格，则该批判为不合格品。

6.2.3.2 预应力筋铺设

预应力筋应采用砂轮锯或切断机切断，不得采用电弧切割。为便于脱模，长线台座(或胎模)在铺放预应力筋前应先刷隔离剂，但应采取措施，防止隔离剂污损预应力筋，影响其与混凝土的黏结。如果预应力筋遭受污染，应使用适宜的溶剂清洗干净。预应力钢丝宜用牵引车铺设。如遇钢丝需要接长时，可借助于钢丝拼接器用20～22号铁丝密排绑扎。

6.2.3.3 预应力筋张拉及预应力值校核

预应力筋的张拉应根据设计要求，采用合适的张拉方法、张拉顺序和张拉程序进行，并应有可靠的质量和安全保证措施。

预应力筋的张拉可采用单根张拉或多根同时张拉，当预应力筋数量不多、张拉设备拉力有限时常采用单根张拉。当预应力筋数量较多且密集布筋，张拉设备拉力较大时，则可采用多根同时张拉。在确定预应力筋张拉顺序时，应考虑尽可能减少台座的倾覆力矩和偏心力，先张拉靠近台座截面重心处的预应力筋。

预应力筋的张拉控制应力 σ_{con} 应符合设计要求，但不宜超过表6.1中的控制应力限值。对于要求提高构件在施工阶段的抗裂性能而在使用阶段受压区设置的预应力筋，或当要求部分抵消由于应力松弛、摩擦、钢筋分批张拉以及预应力筋与张拉台座之间的温差等引起的应力损失时，可提高 $0.05f_{ptk}$ 或 $0.05f_{pyk}$。施工中预应力筋需要超张拉时，其最大张拉控制应

力应符合表6.1的规定。

表 6.1　　张拉控制应力允许值和最大张拉控制应力

钢 筋 种 类	张拉控制应力限值		超张拉最大张拉控制应力
	先张法	后张法	
消除应力钢丝、钢绞线	$0.75f_{ptk}$	$0.75f_{ptk}$	$0.80\ f_{ptk}$
冷轧带肋钢筋	$0.70f_{ptk}$	—	$0.75f_{ptk}$
精轧螺纹钢筋	—	$0.85f_{pyk}$	$0.95f_{pyk}$

注　f_{ptk}指根据极限抗拉强度确定的强度标准值；f_{pyk}指根据屈服强度确定的强度标准值。

预应力钢丝由于张拉工作量大，宜采用一次张拉程序：

$$0 \rightarrow (1.03 \sim 1.05)\sigma_{con} \text{锚固}$$

其中，σ_{con}系预应力筋的张拉控制应力；超张拉系数1.03～1.05是考虑弹簧测力计的误差、温度影响、台座横梁或定位板刚度不足、台座长度不符合设计取值、工人操作影响等。

应力松弛是指钢筋受到一定的张拉力之后，在长度保持不变的条件下，钢筋的应力随着时间的增长而降低的现象，其应力降低值称为应力松弛损失。产生应力松弛的原因，主要是由于金属内部错位运动使一部分弹性变形转化为塑性变形而引起的。减少松弛损失的主要措施为：

(1) 采用低松弛钢绞线或钢丝，这是最好的措施，其松弛损失可减少70%～80%。采用低松弛钢绞线时，可采用一次张拉程序：

对单根张拉，$0 \rightarrow \sigma_{con}$锚固。

对整体张拉，0→初应力调整值→σ_{con}锚固。

(2) 采取超张拉程序，如$0 \rightarrow 1.05\sigma_{con}$（持荷2min）$\rightarrow \sigma_{con}$。比一次张拉程序$\sigma_{con}$可减少松弛损失10%。

【例 6.1】 某预应力混凝土屋架采用消除应力的刻痕钢丝$\phi 15$作为预应力筋，单根钢丝截面面积为19.6mm^2，$f_{ptk}=1570\text{N/mm}^2$，张拉控制应力$\sigma_{con}=0.75f_{ptk}$，如采用一次张拉程序：$0 \sim 1.03\sigma_{con}$锚固。

则其单根钢丝的张拉力：$N=1.03\times1570\times0.75\times19.6=23.77$（kN）

其张拉应力为$0.77f_{ptk}$，小于$0.80f_{ptk}$。

多根预应力筋同时张拉时，应预先调整初应力，使其相互之间的应力一致。

预应力筋张拉锚固后实际建立的预应力值与工程设计规定检验值的允许偏差为±5%。

预应力钢丝张拉时，伸长值不作校核。钢丝张拉锚固后，应采用钢丝内力测定仪检查钢丝的预应力值，其偏差应符合上述要求。预应力钢丝内力的检测，一般在张拉锚固1h后进行，此时，锚固损失已经完成。钢绞线预应力筋的张拉力，一般采用伸长值校核。张拉时预应力的实际伸长值与设计计算理论伸长值的相对允许偏差为±6%。

预应力筋张拉时，张拉机具与预应力筋应在一条直线上。同时在台面上每隔一定距离放一根圆钢筋头或相当于混凝土保护层厚度的其他垫块，以防预应力筋因自重而下垂。张拉过程中应避免预应力筋断裂或滑脱；先张法预应力构件，在浇筑混凝土前发生断裂或滑脱的预应力筋必须予以更换。预应力筋张拉锚固后，对设计位置的偏差不得大于5mm，且不得大于构件截面最短边长的4%。张拉过程中，应按规范要求填写预应力张拉记录表，以便检查。

施工中应注意安全。台座两端应有防护措施，张拉时，正对钢筋两端禁止站人，也不准进入台座。敲击锚具的锥塞或楔块时，不应用力过猛，以免损伤预应力筋而断裂伤人，但又要锚固可靠。冬期张拉预应力筋时，其温度不宜低于－15℃，且应考虑预应力筋容易脆断的危险。

6.2.3.4　预应力筋的放张

预应力筋的放张过程是预应力值的建立过程，是先张法构件能否获得良好质量的重要环节，应根据放张要求，确定合宜的放张顺序、放张方法及相应的技术措施。

1. 放张要求

预应力筋放张时，混凝土强度应符合设计要求，当设计无具体要求时，不应低于设计强度等级的75%。放张过早会由于混凝土强度不足，产生较大的混凝土弹性回缩或滑丝而引起较大的预应力损失。

2. 放张方法

放张过程中，应使预应力构件自由压缩。放张工作应缓慢进行，避免过大的冲击与偏心。当预应力筋为钢丝时，若钢丝数量不多，可采用剪切、锯割或氧—乙炔焰预热熔断的方法进行放张。放张时，应从靠近生产线中间处剪（熔）断钢丝，这样比靠近台座一端剪（熔）断时回弹要小，且有利于脱模。钢丝数量较多时，所有钢丝应同时放张，不允许采用逐根放张的方法，否则，最后的几根钢丝将可能由于承受过大的应力而突然断裂，导致构件应力传递长度骤增，或使构件端部开裂。放张可采用放张横梁来实现，横梁可用千斤顶或预先设置在横梁支点处的放张装置（砂箱或楔块等）来放张。采用湿热养护的预应力混凝土构件宜热态放张，不宜降温后放张。

图6.7所示为采用楔块放张的例子。在台座与横梁间设置钢楔块5，放张时旋转螺母8，使螺杆6向上移动，使钢楔块5退出，达到同时放张预应力筋的目的。楔块放张装置宜用于张拉力不大的情况，一般以不大于300kN为宜。当张拉力较大时，可采用砂箱放张。

图6.8所示砂箱由钢制套箱及活塞（套箱内径比活塞外径大2mm）等组成，内装石英砂或铁砂。当张拉钢筋时，箱内砂被压实，承担着横梁的反力。放松钢筋时，将出砂口打开，使砂缓慢流出，以达到缓慢放张的目的。采用砂箱放张时，能控制放张速度，工作可靠、施工方便。

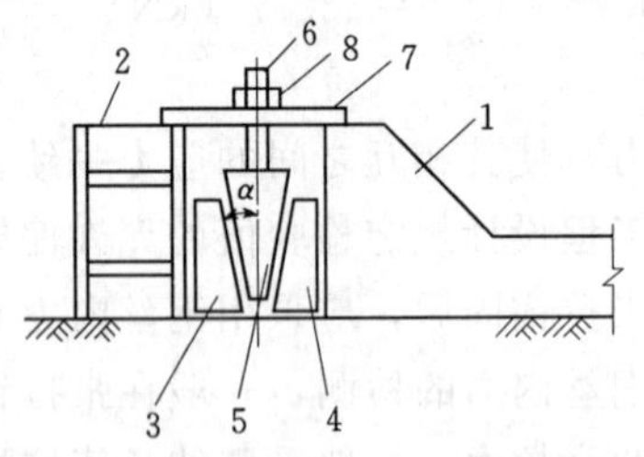

图6.7　楔块放张示意图

1—台座；2—横梁；3、4—钢块；5—钢楔块；6—螺杆；7—承力板；8—螺母

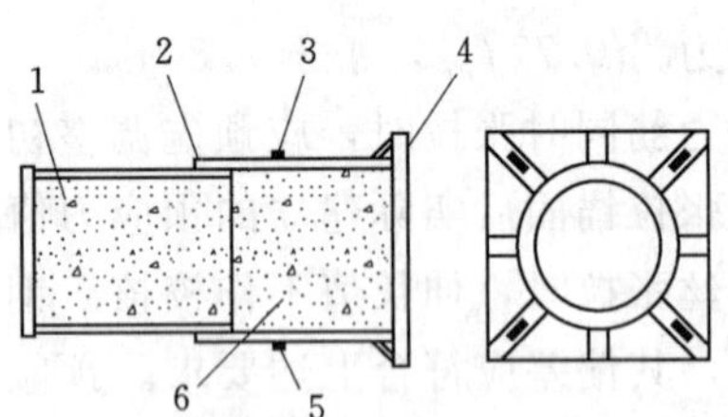

图6.8　砂箱放张示意图

1—活塞；2—套箱；3—进砂口；4—套箱底板；5—出砂口；6—砂

3. 放张顺序

预应力筋的放张顺序，应符合设计要求；当设计无特殊要求时，应遵循下列规定：

(1) 对承受轴心预压力的构件（如压杆、桩等），所有预应力筋应同时放张。

(2) 对承受偏心预压力的构件，应先同时放张预压力较小区域的预应力筋，再同时放张预压力较大区域的预应力筋。

(3) 当不能按上述规定放张时，应分阶段、对称、相互交错地放张，以防止在放张过程中，构件产生弯曲、裂纹及预应力筋断裂等现象。

(4) 放张后预应力筋的切断顺序，宜由放张端开始，逐次切向另一端。

6.3 后 张 法 施 工

后张法是先制作构件或结构，待混凝土达到一定强度后，再张拉预应力筋的方法。后张法预应力施工，不需要台座设备，灵活性大，广泛用于施工现场生产大型预制预应力混凝土构件和现场浇筑预应力混凝土结构。后张法预应力施工，又可以分为有黏结预应力施工和无黏结预应力施工两类。后张法预应力施工示意如图 6.9 所示。

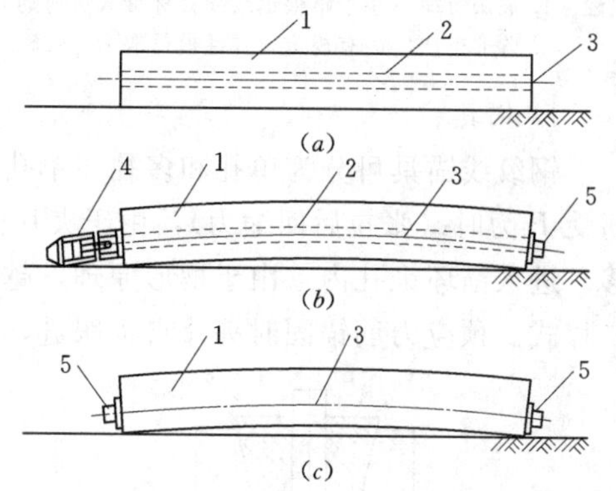

图 6.9 后张法预应力施工示意图

(a) 制作混凝土构件或结构；(b) 张拉预应力筋；(c) 锚固、孔道灌浆（有黏结）

1—混凝土构件或结构；2—预留孔道；3—预应力筋；4—千斤顶；5—锚具

后张法预应力施工的特点是直接在构件或结构上张拉预应力筋，混凝土在张拉过程中受到预压力而完成弹性压缩，因此，混凝土的弹性压缩不直接影响预应力筋有效预应力值的建立。

后张法除可作为一种预加应力的工艺方法外，还可以作为一种预制构件的拼装手段。大型构件（如拼装式大跨度屋架）可以预制成小型块体，运至施工现场后，通过预加应力的手段拼装成整体；或各种构件安装就位后，通过预加应力手段，拼装成整体预应力结构。后张法预应力的传递主要依靠预应力筋两端的锚具，锚具作为预应力筋的组成部分，永远留置在构件上，不能重复使用，因此，后张法预应力施工需要耗用的钢材较多，锚具加工要求高，费用昂贵。另外，后张法工艺本身要预留孔道、穿筋、张拉、灌浆等，故施工工艺比较复杂，整体成本也比较高。

6.3.1 预应力筋及锚具

锚具是后张法预应力混凝土构件中或结构中为保持预应力筋的拉力并将其传递到混凝土上所用的永久性锚固装置（夹具是先张法预应力混凝土构件施工时为保持预应力筋拉力并将其固定在张拉台座上的临时锚固装置）。后张法张拉用的夹具又称工具锚，是将千斤顶（或其他张拉设备）的张拉力传递到预应力筋上的装置。连接器是在预应力施工中将预应力从一根预应力筋传递到另一根预应力筋上的装置。在后张法施工中，预应力筋锚固体系包括锚具、锚垫板、螺旋筋等。

目前我国后张法预应力施工中采用的预应力钢材主要有钢绞线、钢丝和精轧螺纹钢筋等，下面分别叙述其制作和配套使用的锚具。

6.3.1.1 钢绞线预应力筋及锚具

钢绞线预应力筋是由多根钢丝在绞线机上成螺旋形绞合，并经消除应力回火处理而成。

钢绞线的整根承载力大，柔韧性好，施工方便。钢绞线按捻制结构不同可分为：1×2 钢绞线、1×3 钢绞线和1×7 钢绞线等。1×7 钢绞线是由 6 根外层钢丝围绕着一根中心钢丝（直径加大 2.5%）绞成，用途广泛。1×7 钢绞线的有关技术资料见表 6.2。

表 6.2　　1×7 钢绞线的有关技术资料

钢绞线公称直径（mm）	直径允许偏差（mm）	钢绞线公称截面积（mm²）	钢绞线理论质量（kg/m）	强度级别（MPa）	整根最大负荷（kN）	屈服负荷（kN）	伸长率（%）
					不小于		
12.7	+0.40 −0.20	98.7	0.774	1860	184	156	3.5
15.2		139	1.101	1720	239	203	
				1860	259	220	

注　1. 屈服负荷不小于整根钢绞线公称最大负荷的 85%。
2. 除非生产厂另有规定，弹性模量取为（195±10）GPa。

1. 锚具

钢绞线锚具可分为单孔和多孔。单孔夹片锚具由锚环和夹片组成（图 6.10）。当预应力筋受 P 力时（张拉后回缩力），由于夹片内孔有齿咬合预应力筋，而带动夹片（不得产生滑移）进入锚环锥孔内。由于楔形原理，越楔越紧。夹片的种类很多，按片数可分为三片式和二片式。预应力筋锚固时夹片自动跟进，不需要顶压。单孔夹片锚固体系如图 6.11 所示。

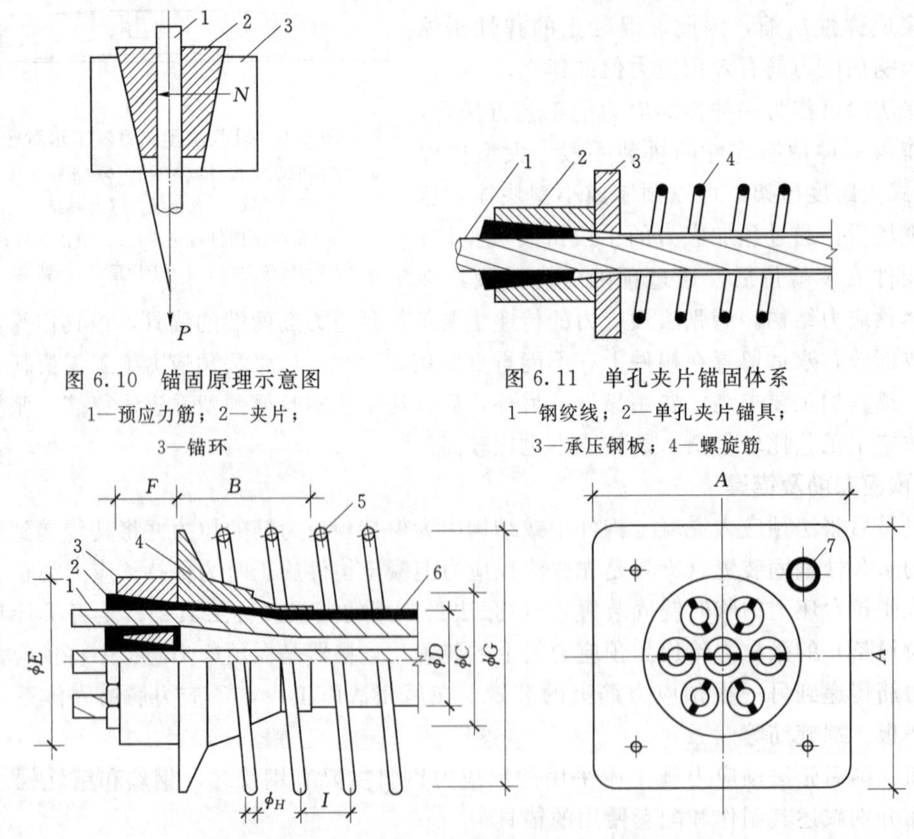

图 6.10　锚固原理示意图
1—预应力筋；2—夹片；3—锚环

图 6.11　单孔夹片锚固体系
1—钢绞线；2—单孔夹片锚具；3—承压钢板；4—螺旋筋

图 6.12　多孔夹片锚具
1—钢绞线；2—夹片；3—锚板；4—锚垫板；5—螺旋筋；6—金属波纹管；7—灌浆孔

多孔夹片锚具由多孔锚板、锚垫板（也称铁喇叭管、锚座）、螺旋筋等组成（图 6.12）。这种锚具是在一块多孔的锚板上，利用每一个锥形孔装一副夹片，夹持一根钢绞线。其优点是任何一根钢绞线锚固失效，都不会引起整体锚固失效。多孔夹片锚具在后张法有黏结预应力混凝土结构中应用最广，国内生产厂家及品牌较多，如 QM、OVM、HVM、VLM 等。

钢绞线固定端锚具有挤压锚具、压花锚具等。挤压锚具是在钢绞线端部安装异形钢丝衬圈和挤压套，利用专用挤压机挤过模孔后，使其产生塑性变形而握紧钢绞线，形成可靠的锚固。挤压锚具可埋在混凝土结构内，也可安装在结构之外，对有黏结钢绞线预应力筋和无黏结钢绞线预应力筋都适用，应用范围较广。压花锚具是利用专用压花机将钢绞线端头压成梨形散花头的一种握裹工锚具，仅适用于固定端空间较大且有足够黏结长度的情况，但成本较低。

2. 钢绞线预应力筋的制作

钢绞线的质量大、盘卷小、弹力大，为了防止在下料过程中钢绞线紊乱并弹出伤人，事先应制作一个简易的铁笼。下料时，将钢绞线盘卷装在铁笼内，从盘卷中逐步抽出，较为安全。钢绞线下料宜用砂轮锯或切断机切断，不得采用电弧切割。钢绞线编束宜用 20 号铁丝绑扎，间距 2～3m。编束时应先将钢绞线理顺，并尽量使各根钢绞线松紧一致。如钢绞线单根穿入孔道，则不编束。采用夹片锚具，以穿心式千斤顶在构件上张拉时，钢绞线束的下料长度 L 按图 6.13 计算。

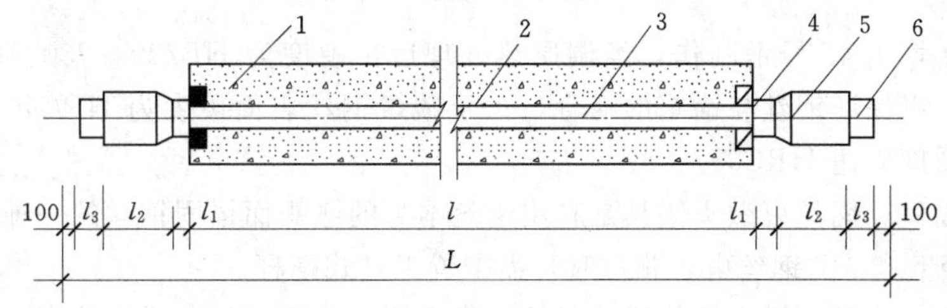

图 6.13　钢绞线下料长度计算示意图

1—混凝土构件；2—孔道；3—钢绞线；4、6—夹片式工作锚具；5—穿心式千斤顶

两端张拉：

$$L=l+2(l_1+l_2+l_3+100)$$

一端张拉：

$$L=l+2(l_1+100)+l_2+l_3$$

式中　l——构件的孔道长度；

l_1——夹片式工作锚厚度；

l_2——穿心式千斤顶长度；

l_3——夹片式工具锚厚度。

【例 6.2】 某预应力混凝土构件采用钢绞线预应力筋、夹片锚具，以穿心式千斤顶在构件上张拉。已知构件的孔道长度 L=20.00m，夹片式工作锚厚度 L_1=60mm，穿心式千斤顶长度 L_2=455mm，夹片式工具锚厚度 L_3=60mm，若采用两端张拉时，钢绞线预应力筋的下料长度 $L=20\times10^3+2\times(60+455+60+100)=21.350$（m）；采用一端张拉时，钢绞线预应力筋的下料长度 $L=20\times103+2\times(60+100)+455+60=20.835$（m）。

6.3.1.2　钢丝束预应力筋及锚具

用作预应力筋的钢丝为碳素钢丝，用优质高碳钢盘条经索氏体处理、酸洗、镀铜或磷化后冷拔而成。碳素钢丝的品种有冷拉钢丝、消除应力钢丝、刻痕钢丝，低松弛钢丝和镀锌钢丝等。

1. 锚具

钢丝束预应力筋的常用锚具有钢质锥形锚具、镦头锚具和锥形螺杆锚具。

(1) 钢质锥形锚具。钢质锥形锚具（又称弗氏锚）由锚环和锚塞组成（图 6.14）。它适用于锚固 6～30ϕ^P5 和 12～24ϕ^P7 的钢丝束。

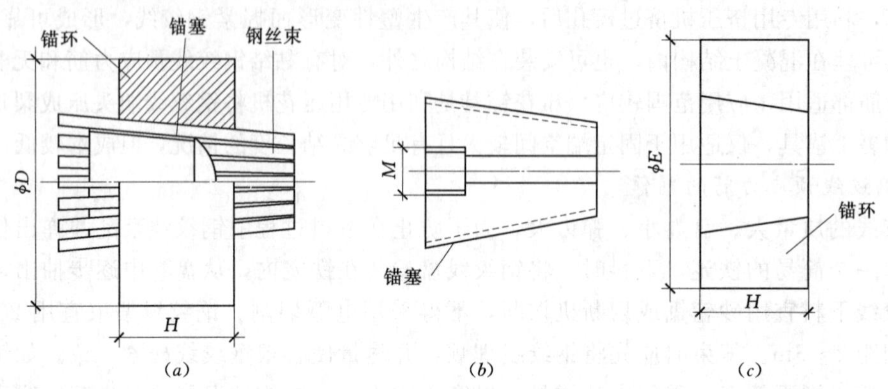

图 6.14 钢质锥形锚具
(a) 装配图；(b) 锚塞；(c) 锚环

锚环和锚塞均用 45 号钢制作，经调质热处理后，硬度为 HB220～250。锚塞表面加工成螺纹状小齿，以保证钢丝与锚塞的啮合，由于碳素钢丝表面硬度为 HRC40～50，所以锚塞热处理后的硬度应达 HRC55～58。

(2) 镦头锚具。钢丝束镦头锚具是利用钢丝本身的镦头而锚固钢丝的一种锚具，可以锚固任意根数的 ϕ^P5 和 ϕ^P7 钢丝束，张拉时，需配置工具式螺杆。

这种锚具加工简单，锚固性能好，张拉操作方便，成本较低，适用性广，但对钢丝下料的等长要求较严。镦头锚具有张拉端和固定端两种形式。

2. 钢丝束预应力筋的制作

钢丝束预应力筋的制作一般需经过下料、编束和组装锚具等工作。消除应力钢丝放开后是直的，可直接下料。采用镦头锚具时，钢丝的等长要求较严。为了达到这一要求，钢丝下料可用钢管限位法或用牵引索在拉紧状态下进行。

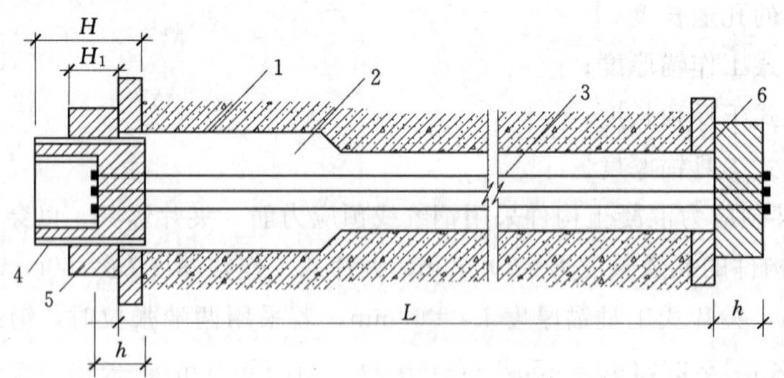

图 6.15 采用镦头锚具时下料长度计算示意图
1—混凝土构件；2—孔道；3—钢丝束；4—锚环；5—螺母；6—锚板

当钢丝束采用钢质锥形锚具时，预应力钢丝的下料长度计算基本上与钢绞线预应力筋相同。采用镦头锚具，以拉杆式或穿心式千斤顶在构件上张拉时，钢丝束预应力筋的下料长度 L 按图 6.15 计算。

$$L=l+2(h+\delta)-K(H-H_1)-\Delta L-C$$

式中 l——孔道长度，按实际确定；

h——锚环底部厚度或锚板厚度；

δ——钢丝镦头留量（取钢丝直径的 2 倍）；

K——系数，一端张拉时取 0.5，两端张拉时取 1.0；

H——锚环高度；

H_1——螺母高度；

ΔL——钢丝束张拉伸长值；

C——张拉时构件混凝土的弹性压缩值。

为保证钢丝束两端钢丝的排列顺序一致，穿束和张拉时不致紊乱，每束钢丝都必须进行编束。编束方法因锚具不同而异。

6.3.1.3 精轧螺纹钢筋及锚具

精轧螺纹钢筋是一种用热轧方法在整根钢筋表面上轧出不带纵肋而横肋为不连续的梯形螺纹的直条钢筋（图 6.16）。该钢筋在任意截面处都能拧上带内螺纹的连接器进行接长或拧上特制的螺母进行锚固，无需冷拉和焊接，施工方便，主要用于房屋、桥梁与构筑物等直线筋。精轧螺纹钢筋锚具是利用与该钢筋螺纹匹配的特制螺母锚固的一种支承式锚具。精轧螺纹钢筋锚具包括螺母与垫板（图 6.17）。

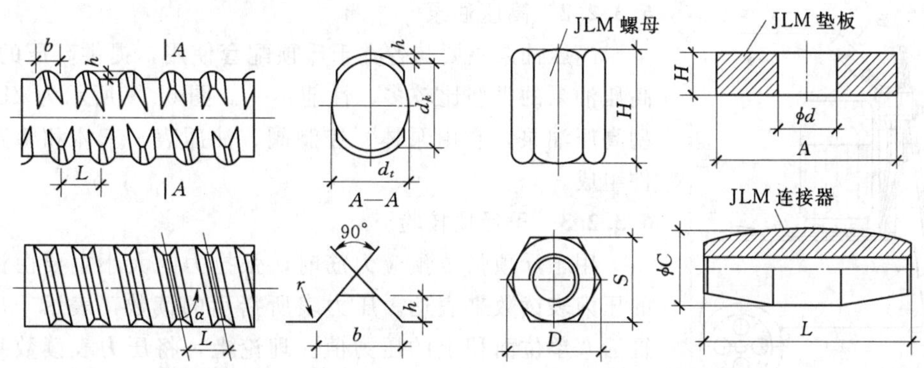

图 6.16 精轧螺纹钢筋外形示意图　　图 6.17 LM 精轧螺纹钢筋锚具

6.3.2 张拉机具和设备

预应力筋的张拉工作必须配置有成套的张拉机具设备。后张法预应力施工所用的张拉设备由液压千斤顶、高压油泵和外接油管等组成。张拉设备应装有测力仪器，以准确建立预应力值。张拉设备应由专人使用和保管，并定期维护和校验。

6.3.2.1 千斤顶

预应力液压千斤顶按机型不同可以分为拉杆式千斤顶、穿心式千斤顶、锥锚式千斤顶等几种。其中，拉杆式千斤顶是利用单活塞杆张拉预应力筋的单作用千斤顶，只能张拉吨位不大（≤600kN）的支承式锚具，多年来已逐步被多功能的穿心式千斤顶代替。

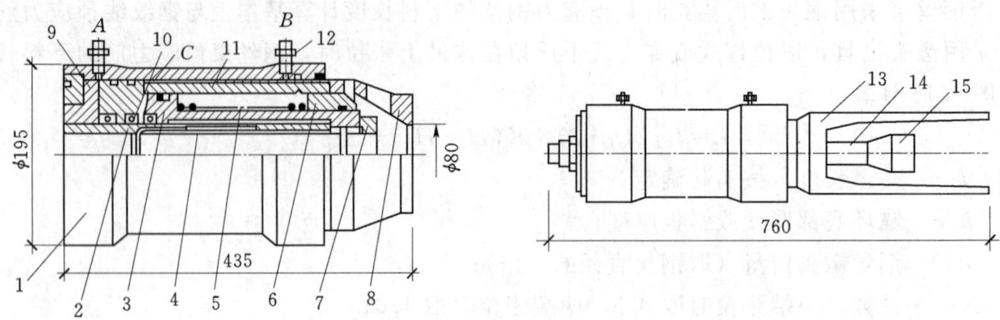

图 6.18　YC60 型千斤顶（单位：mm）

1—大缸缸体；2—穿心套；3—顶压活塞；4—保护套；5—回程弹簧；6—连接套；7—顶压套；8—撑套；9—堵头；10—密封圈；11—二缸缸体；12—油嘴；13—撑脚；14—拉杆；15—连接套筒

（1）穿心式千斤顶。穿心式千斤顶是一种具有穿心孔，利用双液缸张拉预应力筋和顶压锚具的双作用千斤顶。这种千斤顶适应性强，既可张拉需要顶压的锚具，配上撑脚与拉杆后，也可用于张拉螺杆锚具和镦头锚具。穿心式千斤顶的张拉力一般有 180kN、200kN、600kN、1200kN、1500kN 和 3000kN 等，张拉行程由 8～150mm 不等。该系列产品有 YC120D、YC60、YC120 等，YC60 型如图 6.18 所示。穿心式千斤顶适用于张拉各种形式的预应力筋，是目前我国预应力张拉施工中应用最广泛的一种张拉机具。

（2）锥锚式千斤顶是一种具有张拉、顶锚和退楔功能的三作用千斤顶，仅用于带钢质锥形锚具的钢丝束。

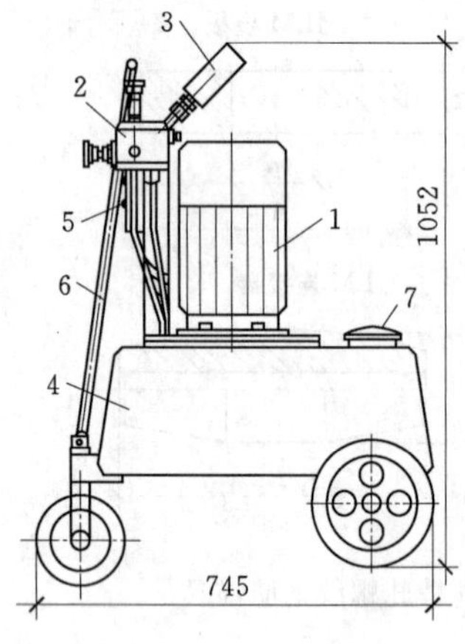

图 6.19　ZB4/500 型高压油泵（单位：mm）

1—电动机及泵体；2—控制阀；3—压力表；4—油箱小车；5—电气开关；6—拉手；7—加油口

6.3.2.2　高压油泵

高压油泵主要与各类千斤顶配套使用，提供高压的油液。高压油泵的类型比较多，性能不一。图 6.19 所示为 ZB4/500 型高压油泵，它由泵体、控制阀、油压表、车体和管路等部件组成。

6.3.2.3　千斤顶校验

用千斤顶张拉预应力筋时，张拉力的大小主要由油泵上的压力表读数来表达。压力表所指示的读数，表示千斤顶主缸活塞单位面积上的压力值。理论上，将压力表读数乘以活塞面积，即可求得张拉力的大小。设预应力筋的张拉力为 N，千斤顶的活塞面积为 F，则理论上的压力表读数 P 可用公式（6.1）计算：

$$p=\frac{N}{F} \tag{6.1}$$

但是，实际张拉力往往比公式（6.1）的计算值小，其主要原因是一部分力被活塞与油缸之间的摩阻力所抵消，而摩阻力的大小又与许多因素有关，具体数值很难通过计算确定。因此，施工中常采用张拉设备（尤其是千斤顶和压力表）配套校验的方法，直接测定千斤顶的实际张拉力与压力表读数之间的关系，制成表格或绘制 P 与 N 的关系曲线（图 6.20）或回归成线性方程，供施工中使用。压力表的精度不宜低于1.5级，校验张拉设备的试验机或测力计精度不得低于±2%，张拉设备的校验期限，不应超过半年，如在使用过程中，张拉设备出现反常现象或千斤顶检修以后，应重新校验。

千斤顶与压力表配套校验时，可用标准测力计（如测力环、水银标准箱、传感器等）和试验机（如万能试验机、长柱压力机等）进行。其中以试验机校验方法较为普遍。

【例6.3】 某YDC25008穿心式千斤顶与配套压力表，使用5000kN压力试验机进行校验，回归成线性方程为：$P_{实际}=0.0224N+0.4667$。若已知千斤顶活塞面积为$F=4.369\times10^4\text{mm}^2$，则当千斤顶张拉力为500kN时，压力表实际读数为11.7N/mm²，而按公式（6.1）计算，其理论压力表读数为$500\times10^3/(4.369\times10^4)=11.4\text{N/mm}^2$。或者说，与压力表读数为11.4N/mm²相对应的理论张拉力为500kN，而实际张拉力值仅为$(11.4-0.4667)/0.0224=488$（kN）。

在《混凝土结构工程施工质量验收规范》（GB 50204—2002）中，强调校验千斤顶时，其活塞的运行方向应与实际张拉工作状态一致。其主要原因是由于张拉预应力筋时，千斤顶内部存在着摩阻力，实测数据说明，千斤顶顶压力机校验时（此工作状态与实际张拉时活塞运行方向一致），活塞与缸体之间的摩阻力小且为一个常数。当千斤顶被压力机压时（此工作状态与实际张拉时活塞运行方向相反），活塞与缸体之间的摩阻力大且为一个变数，并随张拉力增大而增大，这说明千斤顶的活塞正反运行的内摩阻力是不相等的。因此，为了正确反映实际张拉工作状态，在校验时必须采用千斤顶顶压力机时的压力表读数，作为实际张拉时的张拉力值，按此绘制$P-N$关系曲线（图6.20），供实际张拉时使用。

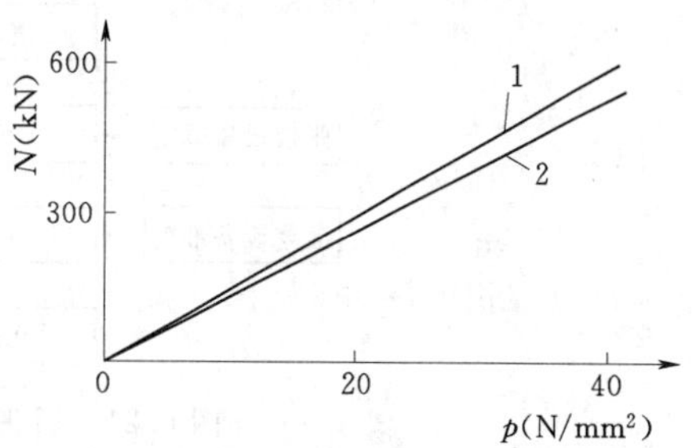

图6.20 千斤顶张拉力与压力表读数的关系曲线

1—千斤顶被动工作；2—千斤顶主动工作

6.3.3 后张法施工工艺

图6.21所示为后张法有黏结预应力施工工艺流程。下面主要介绍孔道留设、穿筋、预应力筋张拉和锚固、孔道灌浆等内容。

6.3.3.1 孔道留设

孔道留设是后张法有黏结预应力施工中的关键工作之一。预留孔道的规格、数量、位置和形状应符合设计要求；预留孔道的定位应牢固，浇筑混凝土时不应出现位移和变形；孔道应平顺，端部的预埋锚垫板应垂直于孔道中心线。

1. 预埋波纹管留孔

预埋波纹管成孔时，波纹管直接埋在构件或结构中不再取出，这种方法特别适用于留设曲线孔道。按材料不同，波纹管分为金属波纹管和塑料波纹管。金属波纹管又称螺旋管，是用冷轧钢带或镀锌钢带在卷管机上压波后螺旋咬合而成。按照截面形状可分为圆形和扁形两种；按照钢带表面状况可分为镀锌和不镀锌两种。预应力混凝土用金属波纹管应满足径向刚度、抗渗漏、外观等要求。

金属波纹管的连接，采用大一号的同型波纹管。接头管的长度为200～300mm，其两端用密封胶带或塑料热缩管封裹（图6.22）。波纹管的安装，应事先按设计图中预应力筋的曲

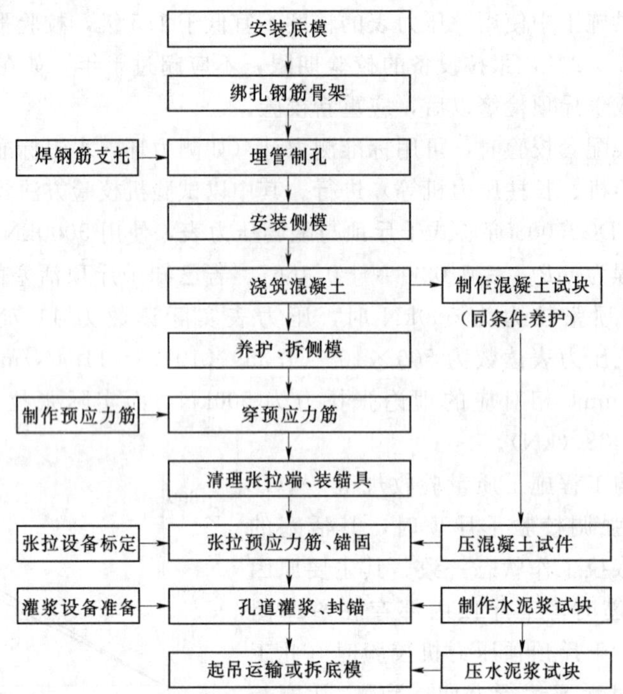

图6.21 后张法有黏结预应力施工工艺流程
（穿预应力筋也可以在浇筑混凝土前进行）

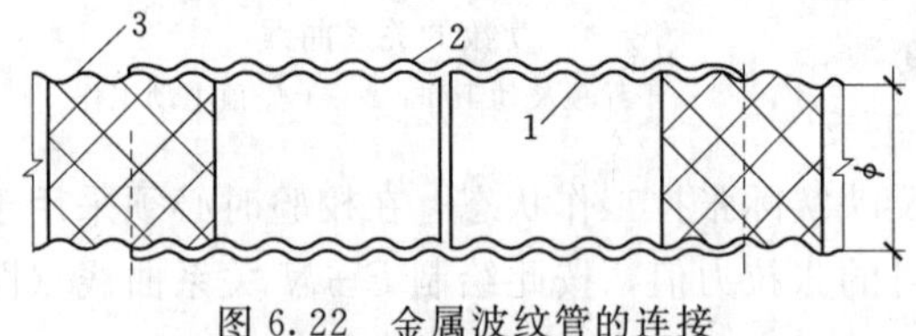

图6.22 金属波纹管的连接
1—波纹管；2—接头管；3—密封胶带

线坐标在箍筋上定出曲线位置。波纹管的固定（图6.23）应采用钢筋支托，支托钢筋间距为0.8～1.2m。支托钢筋应焊在箍筋上，箍筋底部应垫实。波纹管固定后，必须用铁丝扎牢，以防止浇筑混凝土时波纹管上浮而引起严重的质量事故。

塑料波纹管用于预应力筋孔道，具有以下优点：

(1) 提高预应力筋的防腐保护，可防止氯离子侵入而产生的电腐蚀。

(2) 不导电，可防止杂散电流腐蚀。

(3) 密封性好，保护预应力筋不生锈。

(4) 强度高，刚度大，不怕踩压，不易被振动棒凿破。

(5) 减小张拉过程中的孔道摩擦损失。

(6) 提高了预应力筋的耐疲劳能力。

安装时，塑料波纹管的钢筋支托间距不大于0.8～1.0m。塑料波纹管接长采用熔焊法或高密度聚乙烯塑料套管。塑料波纹管与锚垫板连接，采用高密度聚乙烯塑料套管。

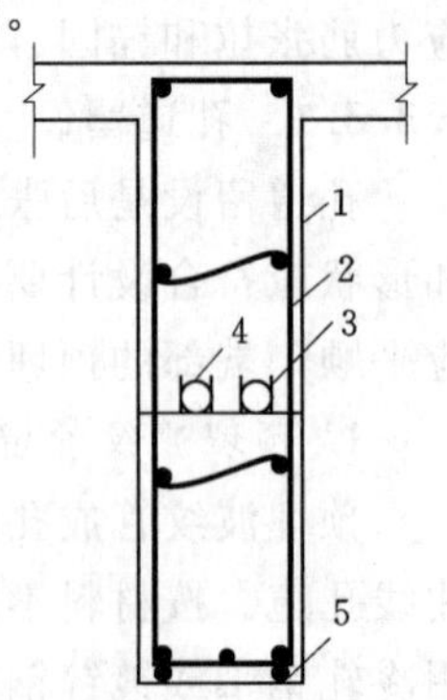

图6.23 金属波纹管的固定
1—梁侧模；2—箍筋；3—钢筋支托；4—波纹管；5—垫块

2. 钢管抽芯法

钢管抽芯法是指制作后张法预应力混凝土构件时，在预应力筋位置预先埋设钢管，待混凝土初凝后再将钢管旋转抽出的留孔方法。为防止在浇筑混凝土时钢管产生位移，每隔1.0m用钢筋井字架固定牢靠。钢管接头处可用长度为 300～400mm 的铁皮套管连接。在混凝土浇筑后，每隔一定时间慢慢同向转动钢管，使之不与混凝土黏结；待混凝土初凝后、终凝前抽出钢管，即形成孔道。钢管抽芯法仅适用于留设直线孔道。

3. 胶管抽芯法

制作后张法预应力混凝土构件时，在预应力筋的位置处预先埋设胶管，待混凝土结硬后再将胶管抽出的留孔方法。采用 5～7 层帆布胶管。为防止在浇筑混凝土时胶管产生位移，直线段每隔 600mm 用钢筋井字架固定牢靠，曲线段应适当加密。胶管两端应有密封装置。在浇筑混凝土前，胶管内充入压力为 0.6～0.8MPa 的压缩空气或压力水，管径增大约 3mm，待浇筑的混凝土初凝后，放出压缩空气或压力水，管径缩小，混凝土脱开，随即拔出胶管。胶管抽芯法适用于留设直线与曲线孔道。

在预应力筋孔道两端，应设置灌浆孔和排气孔。灌浆孔可设置在锚垫板上或利用灌浆管引至构件外，其间距对抽芯成型孔道不宜大于 12m，孔径应能保证浆液畅通，一般不宜小于 20mm，曲线孔道的曲线波峰部位应设置排气兼泌水管，必要时可在最低点设置排水孔，泌水管伸出构件顶面的高度不宜小于 0.5m。

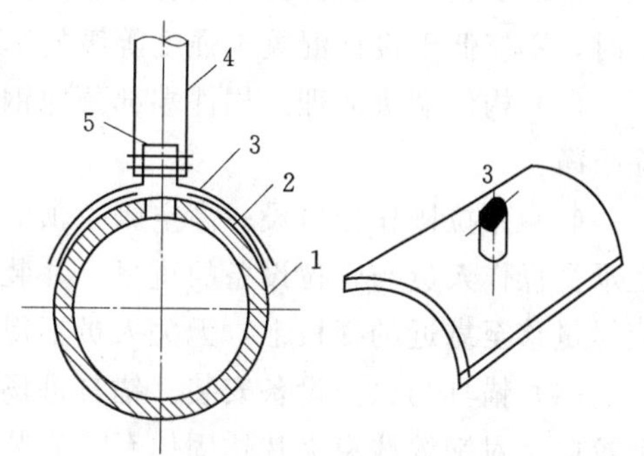

图 6.24 波纹管上留灌浆孔

1—波纹管；2—海绵垫；3—塑料弧形压板；4—塑料管；5—铁丝扎紧

灌浆孔的作法，对一般预制构件，可采用木塞留孔。木塞应抵紧钢管、胶管或螺旋管，并应固定，严防混凝土振捣时脱开。现浇预应力结构金属螺旋管留孔作法如图 6.24 所示，是在螺旋管上开口，用带嘴的塑料弧形压板与海绵垫片覆盖并用铁丝扎牢，再接增强塑料管（外径 20mm，内径 16mm）。为保证留孔质量，金属螺旋管上可先不开孔，在外接塑料管内插一根钢筋，待孔道灌浆前，再用钢筋打穿螺旋管。

6.3.3.2 预应力筋穿入孔道

预应力筋穿入孔道，简称穿筋。根据穿筋与浇筑混凝土之间的先后关系，可分为先穿筋和后穿筋两种。

先穿筋法即在浇筑混凝土之前穿筋。此法穿筋省力，但穿筋占用工期，预应力筋的自重引起的波纹管摆动会增大摩擦损失，预应力筋端部保护不当易生锈。

后穿筋法即在浇筑混凝土之后穿筋。此法可在混凝土养护期内进行，不影响工期，便于用通孔器或高压水通孔。穿筋后即行张拉，易于防锈，但穿筋较为费力。

根据一次穿入数量，可分为整束穿和单根穿。钢丝束应整束穿；钢绞线宜采用整束穿，也可用单根穿。穿筋工作可由人工、卷扬机和穿筋机进行。

人工穿筋可利用人工或起重设备将预应力筋吊起，工人站在脚手架上逐步穿入孔内。预应力筋的前端应扎紧并裹胶布，以便顺利通过孔道。对多波曲线预应力筋，宜采用特制的牵引头，工人在前头牵引，后头推送，用对讲机保持前后两端同时出现。对长度不大于 60m 的曲线预应力筋，人工穿筋方便。

预应力筋长 60～80m 时，也可采用人工先穿筋，但在梁的中部留设约 3m 长的穿筋助力段。助力段的波纹管应加大一号，在穿筋前套接在原波纹管上留出穿筋空间，待钢绞线穿入后再将助力段波纹管旋出接通，该范围内的箍筋暂缓绑扎。

对长度大于80m的预应力筋，宜采用卷扬机穿筋。钢绞线与钢丝绳间用特制的牵引头连接。每次牵引2～3根钢绞线，穿筋速度快。

用穿筋机穿筋适用于大型桥梁与构筑物单根穿钢绞线的情况。穿筋机有两种类型：一是由油泵驱动链板夹持钢绞线传送，速度可任意调节，穿筋可进可退，使用方便。二是由电动机经减速箱减速后由两对滚轮夹持钢绞线传送，进退由电动机正反转控制。穿筋时，钢绞线前头应套上一个子弹头形壳帽。

6.3.3.3 预应力筋张拉

1. *准备工作*

(1) 混凝土强度检验。预应力筋张拉时，混凝土强度应符合设计要求；当设计无具体要求时，不应低于设计混凝土强度等级的75%。

(2) 构件端头清理。构件端部预埋钢板与锚具接触处的焊渣、毛刺、混凝土残渣等应清除干净。

(3) 张拉操作台搭设。高空张拉预应力筋时，应搭设可靠的操作平台。张拉操作平台应能承受操作人员与张拉设备的重量，并装有防护栏杆。为了减轻操作平台的负荷，张拉设备应尽量移至靠近的楼板上，无关人员不得停留在操作平台上。

(4) 锚具与张拉设备安装。锚具进场后应经过检验合格，方可使用；张拉设备应事先配套校验。对钢绞线束夹片锚固体系，安装锚具时应注意工作锚板或锚环对中，夹片均匀打紧并外露一致；千斤顶上的工具锚孔与构件端部工作锚的孔位排列要一致，以防钢绞线在千斤顶穿心孔内打叉。对钢丝束锥形锚固体系，安装钢质锥形锚具时必须严格对中，钢丝在锚环周边应分布均匀。对钢丝束镦头锚固体系，由于穿筋关系，其中一端锚具要后装并进行镦头。安装张拉设备时，对直线预应力筋，应使张拉力作用线与孔道中心线重合；对曲线预应力筋，应使张拉力作用线与孔道中心线末端的切线重合。

2. *预应力筋张拉方式*

根据预应力混凝土结构特点、预应力筋形状与长度以及方法的不同，预应力筋张拉方式有以下几种：

(1) 一端张拉方式。张拉设备放置在预应力筋的一端进行张拉。适用于长度不大于30m的直线预应力筋与锚固损失影响长度$L_f \geqslant \frac{1}{2}L$（$L$为预应力筋长度）的曲线预应力筋。如设计人员认可，同意放宽上述限制条件，也可采用一端张拉，但张拉端宜分别设置在构件的两端。

(2) 两端张拉方式。张拉设备放置在预应力筋两端进行张拉。适用于长度大于30m的直线预应力筋与$L_f < \frac{1}{2}L$的曲线预应力筋。

(3) 分批张拉方式。对配有多束预应力筋的构件或结构分批进行张拉。后批预应力筋张拉所产生的混凝土弹性压缩对先批张拉的预应力筋造成预应力损失，所以先批张拉的预应力筋张拉力应加上该弹性压缩损失值，使分批张拉后，每根预应力筋的张拉力基本相等。若为两批张拉，则第一批张拉的预应力筋的张拉控制应力σ'_{con}应为：

$$\sigma'_{con} = \sigma_{con} + \sigma_E \sigma_{PC} \quad (6.2)$$

式中 σ'_{con}——第一批张拉的预应力筋的张拉控制应力；

σ_{con}——设计控制应力，即第二批张拉的预应力筋的张拉控制应力；

α_E——钢筋与混凝土的弹性模量比；

σ_{PC}——第二批预应力筋张拉时，在已张拉预应力筋重心处产生的混凝土法向应力。

【例 6.4】 某预应力混凝土屋架，混凝土强度等级为 C40，$E_c=3.25\times10^4\text{N/mm}^2$，下弦配置 4 束钢丝束预应力筋，$E_s=2.05\times10^5\text{N/mm}^2$；张拉控制应力 $\sigma_{con}=0.75f_{pik}=0.75\times1570=1177.5\text{N/mm}^2$，采用对角线对称分两批张拉，则第二批两根预应力筋的张拉控制应力 $\sigma_{con}=1177.5\text{N/mm}^2$，又知 $\sigma_{PC}=12.0\text{N/mm}^2$，计算得第一批预应力筋的张拉控制应力为：

$$\sigma'_{con}=1177.5+\frac{2.05\times10^5}{3.25\times10^4}\times12.0=1253.2\ (\text{N/mm}^2)$$

另外，对较长的多跨连续梁可采用分段张拉方式；在后张传力梁等结构中，为了平衡各阶段的荷载，可采用分阶段张拉方式；为达到较好的预应力效果，也可采用在早期预应力损失基本完成后再进行张拉的补偿张拉方式等。

3. 预应力筋张拉顺序

预应力筋的张拉顺序，应使混凝土不产生超应力、构件不扭转与侧弯、结构不变位等，因此，张拉宜对称进行。同时还应考虑到尽量减少张拉设备的移动次数。

预应力混凝土屋架下弦杆钢丝束的张拉顺序如图 6.25 所示。钢丝束的长度不大于 30m，采用一端张拉方式。图 6.25（*a*）是预应力筋为 2 束，用两台千斤顶分别设置在构件两端，对称张拉，一次完成。图 6.25（*b*）是预应力筋为 4 束，需要分两批张拉，用两台千斤顶分别张拉对角线上的 2 束，然后张拉另 2 束。图中 1、2 为预应力筋分批张拉顺序。图 6.26 表示双跨曲应力混凝土框架钢绞线束的张拉顺序。钢绞线束为双跨曲线筋，长度达 40m，采用两端张拉方式。图中 4 束钢绞线分两批张拉，两台千斤顶分别设置在梁的两端，按左右对称各张拉 1 束，待两批 4 束均进行一端张拉后，再分批在另端补张拉。这种张拉顺序还可减少先批张拉预应力筋的弹性压缩损失。

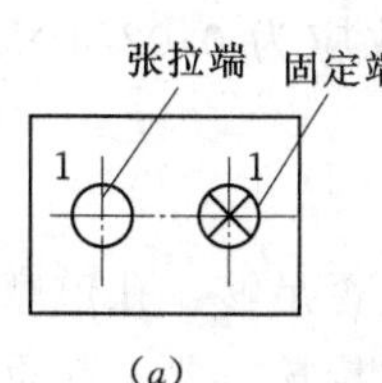

(*a*)

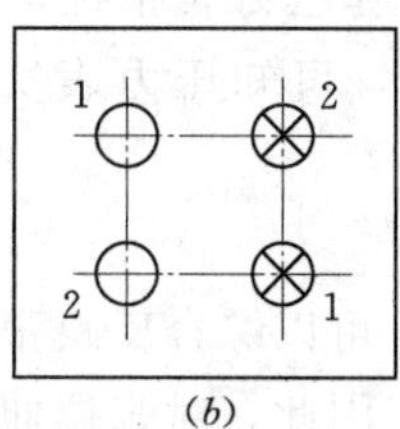

(*b*)

图 6.25 屋架下弦杆预应力筋张拉顺序
（*a*）2 束；（*b*）4 束

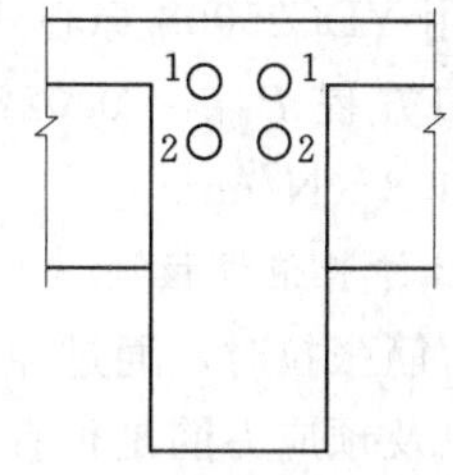

图 6.26 框架梁预应力筋张拉顺序

后张法预应力混凝土屋架等构件一般在施工现场平卧重叠制作，重叠层数为 3～4 层，其张拉顺序宜先上后下逐层进行。为了减少上下层之间因摩擦引起的预应力损失，可逐层加大张拉力。根据试验研究和大量工程实践，得出不同隔离层的平卧重叠构件逐层增加的张拉力值（表 6.3）。

表 6.3 平卧重叠构件逐层增加的张拉力值

预应力筋类别	隔离剂类别	逐层增加的张拉力百分数（%）			
		顶层	第二层	第三层	底层
高强钢丝束	Ⅰ	0	1.0	2.0	3.0
	Ⅱ	0	1.5	3.0	4.0
	Ⅲ	0	2.0	3.5	5.0

4. 张拉程序

预应力筋的张拉操作程序，主要根据构件类型、张拉锚固体系、松弛损失等因素确定。

（1）采用低松弛钢丝和钢绞线时，张拉操作程序为：

$$0 \rightarrow P_j \quad \text{锚固}$$

其中，P_j 为预应力筋的张拉力：

$$P_j = \sigma_{con} A_p \tag{6.3}$$

式中 A_p——预应力筋的截面面积。

（2）采用普通松弛预应力筋时，按超张拉程序进行：

对镦头锚具等可卸载锚具 $0 \rightarrow 1.05P_j \xrightarrow{\text{持荷 2min}} P_j$ 锚固

对夹片锚具等不可卸载锚具 $0 \rightarrow 1.03P_j$ 锚固

超张拉并持荷 2min 的目的是加快预应力筋松弛损失的早期发展。以上各种张拉操作程序，均可分级加载。对曲线预应力束，一般以（0.2～0.25）P_j 为测量伸长值的起点，分 3 级加载（$0.2P_j$、$0.6P_j$ 及 $1.0P_j$）或 4 级加载（$0.25P_j$、$0.50P_j$、$0.75P_j$ 及 $1.0P_j$）

当预应力筋长度较大，千斤顶张拉行程不够时，应采取分级张拉、分级锚固。第二级初始油压为第一级的最终油压。预应力筋张拉到规定油压后，持荷校核伸长值，合格后进行锚固。

【例 6.5】 某预应力混凝土梁，配有 6 束 $\phi^s 15.2$ 低松弛钢绞线预应力筋，$f_{ptk}=1860\text{N/mm}^2$，每束 $\phi^s 15.2$ 钢绞线预应力筋的截面面积为 139mm²，设计张拉控制应力 $\sigma_{con}=0.70f_{ptk}$，采用 $0 \rightarrow P_j$ 锚固的张拉程序，则其张拉力 $P_j=0.70\times1860\times6\times139=1085.9$（kN）。选用 YDC25008 穿心式千斤顶与配套压力表张拉，当拉力为 1320.2kN 时，按其校验线性回归方程 $P_{\text{实际}}=0.0224N+0.4667$，可知压力表实际读数应为 $0.0224\times1085.9+0.4667=24.8$（N/mm²）。

5. 张拉伸长值校核

预应力筋张拉时，通过伸长值的校核，可以综合反映张拉力是否足够，孔道摩阻损失是否偏大，以及预应力筋是否有异常现象等。因此，对张拉伸长值的校核，要引起重视。当采用应力控制方法张拉时，应校核预应力筋的伸长值。实际伸长值与设计计算理论伸长值的相对允许偏差为±6%。

（1）伸长值 ΔL 的计算。直线预应力筋，不考虑孔道摩擦影响时：

$$\Delta L = \frac{\sigma_{con}}{E_s} L \tag{6.4}$$

式中 σ_{con}——施工中实际张拉控制应力；

E_s——预应力筋的弹性模量；

L——预应力筋长度。

直线预应力筋，考虑孔道摩擦影响，一端张拉时：

$$\Delta L=\frac{\overline{\sigma}_{con}}{E_s}L \tag{6.5}$$

式中 $\overline{\sigma}_{con}$——预应力筋的平均张拉应力，取张拉端与固定端应力的平均值，即为跨中应力值；

E_s——预应力筋的弹性模量；

L——预应力筋长度。

公式（6.4）和公式（6.5）的差别在于是否考虑孔道摩擦对预应力筋伸长值的影响。对于直线预应力筋，当长度在 24m 以内、一端张拉时，两公式计算结果相差不大，可采用式（6.4）计算。曲线预应力筋，可按精确方法或简化方法计算。简化方法：

$$\Delta L=\frac{PL_T}{A_pE_s} \tag{6.6}$$

式中 P——预应力筋平均张拉力，取张拉端与计算截面处扣除孔道摩擦损失后的拉力平均值，即

$$P=P_j\left(1-\frac{KL_T+\mu\theta}{2}\right) \tag{6.7}$$

式中 L_T——预应力筋实际长度；

A_p——预应力筋截面面积；

E_s——预应力筋的弹性模量；

K——考虑孔道（每米）局部偏差对摩擦影响的系数；

μ——预应力筋与孔道壁的摩擦系数；

θ——从张拉端至计算截面曲线孔道部分切线的夹角（以弧度计）。

计算时，对多曲线段或直线段与曲线段组成的预应力筋，张拉伸长值应分段计算，然后分段叠加。预应力筋弹性模量取值对伸长值的影响较大，重要的预应力混凝土结构，预应力筋的弹性模量应事先测定。K、μ 取值应套用设计计算资料。

（2）伸长值的测定。预应力筋张拉伸长值的量测，应在建立初应力之后进行。其实际伸长值应为

$$\Delta L=\Delta L_1+\Delta L_2-A-B-C \tag{6.8}$$

式中 ΔL_1——从初应力至最大张拉力之间的实测伸长值；

ΔL_2——初应力以下的推算伸长值；

A——张拉过程中锚具楔紧引起的预应力筋内缩值，包括工具锚、远端工作锚、远端补张拉工具锚等回缩值；

B——千斤顶体内预应力筋的张拉伸长值；

C——施加预应力时，后张法混凝土构件的弹性压缩值（其值微小时可略去不计）。

初应力以下的推算伸长值 ΔL_2，可根据弹性范围内张拉力与伸长值成正比的关系，用计算法或图解法确定。

6. 张拉安全注意事项

在预应力作业中，必须特别注意安全，因为预应力持有很大的能量，万一预应力筋被拉

断或锚具与张拉千斤顶失效，巨大能量急剧释放，有可能造成很大危害，因此，在任何情况下作业人员不得站在预应力筋的两端，同时在张拉千斤顶的后面应设立防护装置。

6.3.3.4 孔道灌浆

预应力筋张拉后，利用灌浆泵将水泥浆压灌到预应力筋孔道中去，其作用有二：一是保护预应力筋，防止锈蚀；二是使预应力筋与构件混凝土能有效地黏结，以控制超载时裂缝的间距与宽度并减轻梁端锚具的负荷状况。

预应力筋张拉后，应尽早进行孔道灌浆。对孔道灌浆的质量，必须重视。孔道内水泥浆应饱满、密实，应采用强度等级不低于32.5级的普通硅酸盐水泥配制水泥浆，其水灰比不应大于0.45；搅拌后3h泌水率不宜大于2%，且不应大于3%。泌水应能在24h内全部重新被水泥浆吸收。为改善水泥浆性能，可掺缓凝减水剂。水泥浆应采用机械搅拌，以确保拌和均匀。搅拌好的水泥浆必须过滤（网眼不大于5mm）置于贮浆桶内，并不断搅拌以防水沉淀。

灌浆设备包括砂浆搅拌机、灌浆泵、贮浆桶、过滤网、橡胶管和喷浆嘴等。灌浆泵应根据灌浆高度、长度、形态等选用并配备计量校检合格的压力表。

灌浆前应全面检查构件孔道及灌浆孔、泌水孔、排气孔是否畅通。对抽拔管成孔，可采用压力水冲洗孔道；对预埋波纹管成孔，必要时可采用压缩空气清孔。宜先灌下层孔道，后灌上层孔道。灌浆工作应缓慢均匀地进行，不得中断，并应排气通顺，在出浆口出浓浆并封闭排气孔后，宜再继续加压至0.5～0.7N/mm^2，稳压2min，再封闭灌浆孔。当孔道直径较大且水泥浆不掺微膨胀剂或减水剂进行灌浆时，可采取二次压浆法或重力补浆法。超长孔道、大曲率孔道、扁管孔道、腐蚀环境的孔道等可采用真空辅助灌浆。

灌浆用水泥浆的配合比应通过试验确定，施工中不得任意更改。灌浆试块采用7.07cm^{3}的试模制作，其标准养护28d的抗压强度不应低于30N/mm^2。移动构件或拆除底模时，水泥浆试块强度不应低于15N/mm^2。孔道灌浆后，应检查孔道上凸部位灌浆密实性，如有空隙，应采取人工补浆措施。对孔道阻塞或孔道灌浆密实情况有疑问时，可局部凿开或钻孔检查，但以不损坏结构为前提，否则应采取加固措施。

6.3.3.5 预应力专项施工与普通钢筋混凝土有关工序的配合要求

预应力作为混凝土结构分部工程中的一个分项工程，在施工中须与钢筋分项工程、模板分项工程、混凝土分项工程等密切配合。

1. 模板安装与拆除

(1) 确定预应力混凝土梁、板底模起拱值时，应考虑张拉后产生的反拱，起拱高度宜为全跨长度的0.5‰～1‰。

(2) 现浇预应力梁的一侧模板可在金属波纹管铺设前安装，另一侧模板应在金属波纹管铺设后安装。梁的端模应在端部预埋件安装后封闭。

(3) 现浇预应力梁的侧模宜在预应力筋张拉前拆除。底模支架的拆除应按施工技术方案执行，当无具体要求时应在预应力筋张拉及灌浆强度达到15MPa后拆除。

2. 钢筋安装

(1) 普通钢筋安装时应避让预应力筋孔道；梁腰筋间的拉筋应在金属波纹管安装后绑扎。

(2) 金属波纹管或无黏结预应力筋铺设后，其附近不得进行电焊作业；如有必要，则应

采取防护措施。

3. 混凝土浇筑

(1) 混凝土浇筑时，应防止振动器触碰金属波纹管、无黏结预应力筋和端部预埋件等。

(2) 混凝土浇筑时，不得踏压或撞碰无黏结预应力筋、支撑架等。

(3) 预应力梁板混凝土浇筑时，应多留置1～2组混凝土试块，并与梁板同条件养护，用以测定预应力筋张拉时混凝土的实际强度值。

(4) 施加预应力时临时断开的部位，在预应力筋张拉后，即可浇筑混凝土。

6.4 无黏结预应力混凝土施工

后张无黏结预应力混凝土施工方法是将无黏结预应力筋像普通布筋一样先铺设在支好的模板内，然后浇筑混凝土，待混凝土达到设计规定强度后进行张拉锚固的施工方法。无黏结预应力筋施工无需预留孔道与灌浆，施工简便，预应力筋易弯成所需的曲线形状。主要用于现浇混凝土结构，如双向连续平板、密肋板和多跨连续梁等，也可用于暴露或腐蚀环境中的体外索、拉索等。

6.4.1 无黏结预应力筋的制作

无黏结预应力筋用防腐润滑油脂涂敷在预应力钢材（高强钢丝或钢绞线）表面上，并外包塑料护套制成（图6.27）。涂料层的作用是使预应力筋与混凝土隔离，减少张拉时的摩擦损失，防止预应力筋腐蚀等。防腐润滑油脂应具有良好的化学稳定性，对周围材料无侵蚀作用；不透水、不吸湿；抗腐蚀性能强；润滑性能好；在规定温度范围内高温不流淌、低温不变脆，并有一定韧性。成型后的整盘无黏结预应力筋可按工程所需长度、锚固形式下料，进行组装。无黏结预应力筋的包装、运输、保管应符合下列要求：

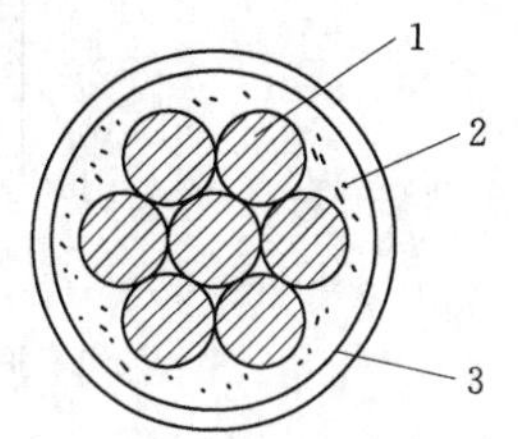

图6.27 无黏结预应力筋
1—钢绞线或钢丝；2—油脂；3—塑料护套

(1) 对不同规格的无黏结预应力筋应有明确标记。

(2) 当无黏结预应力筋带有镦头锚具时，应用塑料袋包裹。

(3) 无黏结预应力筋应堆放在通风干燥处，露天堆放应搁置在板架上并加以覆盖，以免烈日曝晒造成涂料流淌。

6.4.2 无黏结预应力筋的铺设

在单向板中，无黏结预应力筋的铺设比较简单，与非预应力筋铺设基本相同。在双向板中，无黏结预应力筋需要配置成两个方向的悬垂曲线，要相互穿插，施工操作较为困难，必须事先编出无黏结筋的铺设顺序。其方法是将各向无黏结筋各搭接点的标高标出，对各搭接点相应的两个标高分别进行比较，若一个方向某一无黏结筋的各点标高均分别低于与其相交的各筋相应点标高时，则此筋可先放置。按此规律编出全部无黏结筋的铺设顺序。

无黏结预应力筋的铺设，通常是在底部钢筋铺设后进行。水电管线一般宜在无黏结筋铺设后进行，且不得将无黏结筋的竖向位置抬高或压低。支座处负弯矩钢筋通常是在最后铺设。无黏结预应力筋应严格按设计要求的曲线形状就位并固定牢靠。无黏结筋竖向位置，宜用支撑钢筋或钢筋马凳控制，其间距为1～2m。应保证无黏结筋的曲线顺直。在双向连续平板中，各无黏结筋曲线高度的控制点用铁马凳垫好并扎牢。在支座部位，无黏结筋可直接绑扎在梁或墙的顶部钢筋上；在跨中部位，可直接绑扎在板的底部钢筋上。

6.4.3 无黏结预应力筋张拉

无黏结预应力筋张拉程序等有关要求基本上与有黏结后张法相同。无黏结预应力混凝土楼盖结构宜先张拉楼板，后张拉楼面梁。板中的无黏结筋，可依次张拉。梁中的无黏结筋宜对称张拉。板中的无黏结筋一般采用前卡式千斤顶单根张拉，并用单孔夹片锚具锚固。

无黏结曲线预应力筋的长度超过35m时，宜采取两端张拉。当筋长超过70m时，宜采取分段张拉。如遇到摩擦损失较大时，宜先松动一次再张拉。

在梁板顶面或墙壁侧面的斜槽内张拉无黏结预应力筋时，宜采用变角张拉装置。

无黏结预应力筋张拉伸长值校核与有黏结预应力筋相同；对超长无黏结筋由于张拉初期的阻力大，初拉力以下的伸长值比常规推算伸长值小，应通过试验修正。

无黏结预应力筋的锚固区，必须有严格的密封防护措施，严防水汽进入，锈蚀预应力筋。无黏结预应力筋锚固后的外露长度不小于30mm，多余部分宜用手提砂轮锯切割，但不得采用电弧切割。在锚具与锚垫板表面涂以防水涂料。为了使无黏结筋端头全封闭，在锚具端头涂防腐润滑油脂后，罩上封端塑料盖帽（图6.28）。

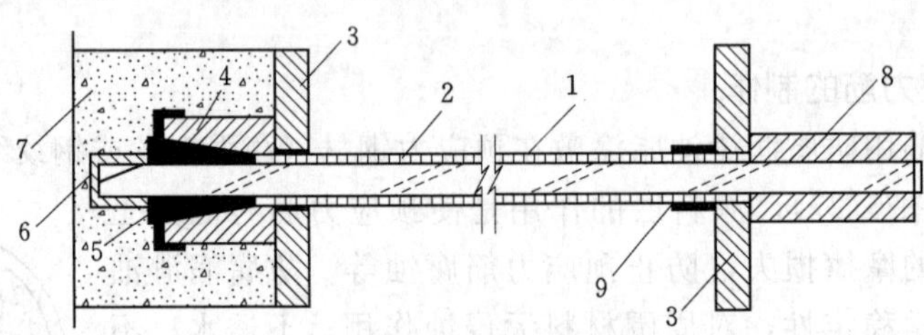

图6.28 无黏结预应力筋全密封构造

1—护套；2—钢绞线；3—承压钢板；4—锚环；5—夹片；6—塑料帽；7—封头混凝土；8—挤压锚具；9—塑料套管或橡胶带

对凹入式锚固区，锚具表面经上述处理后，再用微胀混凝土或低收缩防水砂浆密封。对凸出式锚固区，可采用外包钢筋混凝土圈梁封闭。对留有后浇带的锚固区，可采取二次浇筑混凝土的方法封锚。

思考题

6.1 简述预应力混凝土的概念及特点。

6.2 试述先张法预应力混凝土的主要施工工艺过程。

6.3 试述后张法预应力混凝土的主要施工工艺过程。

6.4 锚具和夹具有哪些种类？其适用范围如何？

6.5 预应力的张拉程序有几种？为什么要超张拉并持荷2min？

6.6 先张法台座种类主要有哪几种？

6.7 千斤顶为什么要配套校验？常用校验方法有哪几种？如何校验？

6.8 后张法分批张拉、平卧重叠构件张拉时如何补足预应力损失？

6.9 后张法孔道留设方法有几种？留设孔道时应注意哪些问题？

6.10　预应力筋张拉时为什么要校核其伸长值？如何量测？理论伸长值如何计算？

6.11　后张法孔道灌浆有何作用？对灌浆材料有何要求？如何设置灌浆孔和泌水孔？

6.12　预应力分项工程与钢筋、模板、混凝土等分项工程的配合有什么要求？

6.13　后张无黏结预应力有何特点？无黏结筋铺设和张拉时应注意哪些问题？

习　题

6.1　后张法施工某预应力混凝土梁，混凝土强度等级 C40，孔道长 30m，每根梁配有 7 束 $\phi^s 15.2$ 钢绞线，每束钢绞线截面面积为 139mm^2，钢绞线 $f_{ptk}=1860\text{N/mm}^2$，弹性模量 $E_s=1.95\times10^5\text{N/mm}^2$，张拉控制应力 $\sigma_{con}=0.70f_{ptk}$，设计规定混凝土达到立方体抗压强度标准值的 80%时才能张拉，试求：

(1) 确定张拉程序。

(2) 计算同时张拉 7 束钢绞线所需的张拉力。

(3) 计算 $0\rightarrow1.0\sigma_{con}$ 过程中钢绞线的伸长值。

(4) 计算张拉时混凝土应达到的强度值。

6.2　某预应力混凝土屋架，下弦采用 2 束 $24\phi^L 5$ 消除应力的刻痕钢丝作为预应力筋，$f_{ptk}=1570\text{N/mm}^2$，现分两批进行张拉，张拉程序为 $0\rightarrow P_j$ 锚固。第二批预应力筋张拉时，在已张拉预应力筋重心处产生的混凝土法向应力为 10.0N/mm^2。预应力筋弹性模量 $E_s=2.05\times10^5\text{N/mm}^2$，混凝土弹性模量 $E_0=3.0\times10^4\text{N/mm}^2$。

(1) 试计算第二批预应力筋张拉后，第一批已张拉筋的应力降低值。

(2) 如何补足预应力损失值？

第7章 结构安装工程

7.1 起重机械

可用于结构安装工程的起重机类型较多，常用的有桅杆式起重机、自行式起重机、塔式起重机等。

7.1.1 桅杆式起重机

桅杆起重机又称拔杆或把杆，是简易的起重设备。常用的有独脚拔杆、人字拔杆、悬臂拔杆和牵缆式拔杆起重机等。这类起重机的特点是构造简单，制作简易，装拆方便，起重量大（可达1000kN以上），能在较窄的工地上使用，能吊装一些特殊大型构件和设备。但是它灵活性差，服务半径小，移动困难，并需要拉设较多的缆风绳。故多用于安装工程量较集中、构件重量大、场地狭窄时的吊装作业。

桅杆式起重机可分为独脚拔杆、人字拔杆、悬臂拔杆和牵缆式拔杆起重机。

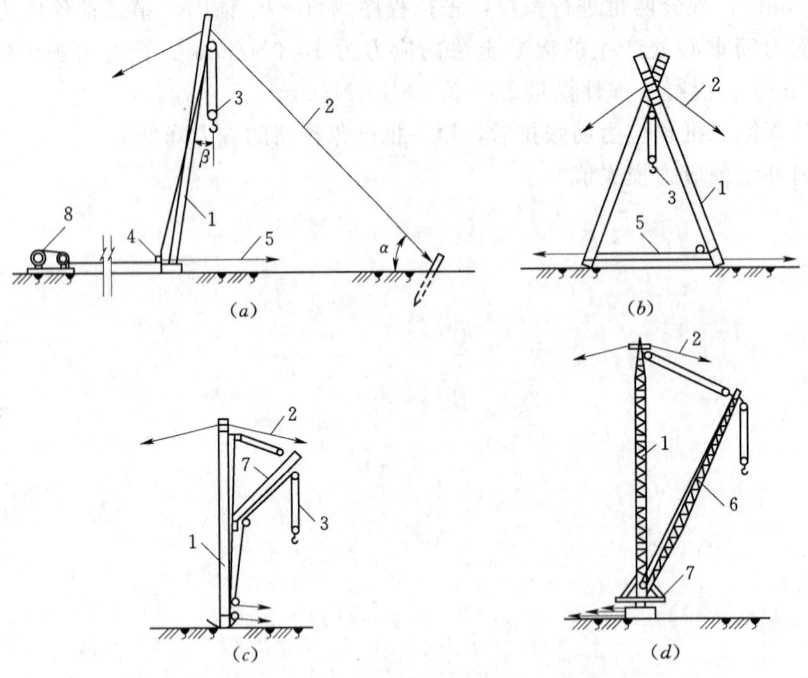

图7.1 桅杆式起重机

(*a*) 独脚拔杆；(*b*) 人字拔杆；(*c*) 悬臂拔杆；(*d*) 牵缆式拔杆起重机

1—拔杆；2—缆风绳；3—起重滑轮组；4—导向装置；5—拉索；

6—起重臂；7—回转盘；8—卷扬机

7.1.1.1 独脚拔杆

独脚拔杆由立杆、滑轮组、卷扬机、缆风绳和锚碇等组成。它只能提升重物，不能使重物作水平运动，如图 7.1（a）所示。

独脚拔杆可用圆木或钢材制作。木制拔杆起重量在 100kN 以内，起重高度为 15m 以内；钢管制作的拔杆起重量可达 300kN，起重高度为 20m 以内。拔杆主要靠缆风绳保持稳定，缆风绳的数量应按起重量、起重高度、绳索强度而定，一般为 6～12 根，最少不小于 4 根。拔杆应有不大于 10°的倾角，缆风绳和地面夹角一般为 30°～45°。

7.1.1.2 人字拔杆

人字拔杆由两根圆木或两根钢管组成，用钢丝绳绑扎或铁件铰接而成“人”字形，如图 7.1（b）所示。两杆夹角一般为 30°左右，平面倾斜度不超过 1/10，两杆顶离绑扎点至少 60cm，下端用钢丝绳或拉杆固定。人字拔杆起重量大，侧向稳定性好，但构件起吊后活动范围小。可用于吊装重型柱等构件。

7.1.1.3 悬臂拔杆

悬臂拔杆是在独脚拔杆的中部装上一根起重臂而成，如图 7.1（c）所示。其特点是有较大的起重高度和相应的工作幅度，悬臂起重杆左右摆动角度大、起重小，适用于轻型构件的安装。

7.1.1.4 牵缆式拔杆起重机

牵缆式拔杆起重机是在独脚拔杆下端装上一根起重臂而成，如图 7.1（d）所示。牵缆式拔杆起重机的起重臂可上下起伏，机身可做 360°回转，可在起重半径范围内将构件吊到任何空间位置。大型牵缆式拔杆起重机的拔杆和起重臂采用格构式截面，起重量可达 600kN，起重高度达 80m。该起重机缆风绳用得较多，移动困难，适用于构件多且集中的结构安装工程。

7.1.2 自行式起重机

自行式起重机包括履带式起重机、汽车式起重机和轮胎式起重机等。自行式起重机的优点是灵活性大，移动方便，能在建筑工地流动服务。

7.1.2.1 履带式起重机

1. *履带式起重机的构造及特点*

履带式起重机由行走装置、回转机构、机身及起重臂等部分组成（图 7.2）。行走装置为链式履带，以减少对地面的压力。回转机构为装在底盘上的转盘，机身可回转 360°。机身内部有动力装置、卷扬机和操作系统。

履带式起重机的特点是操作灵活，本身能回转 360°，可负荷行驶，能在一般平整坚实的场地上行驶和吊装作业。履带式起重机的缺点是稳定性较差，不宜超负荷吊装。对路面易造成损坏，在工地之间迁移需要采用平板车拖运。

常用的履带式起重机有以下几种：W_1-50、W_1-100、W_1-200、W_1-252、西北 78D 等，上述类型起重机的外型尺寸见表 7.1。

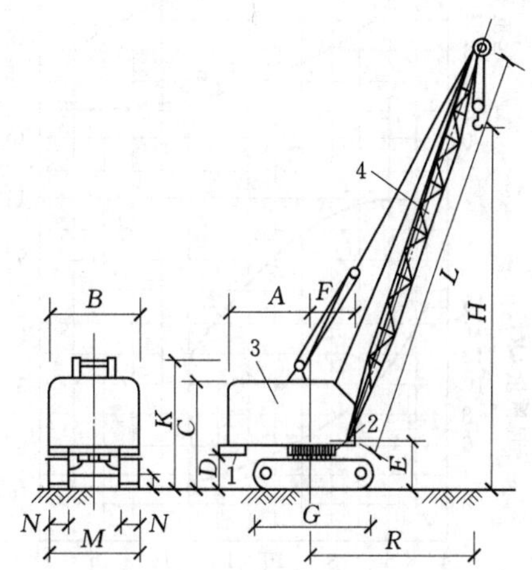

图 7.2 履带式起重机外形

1—行走装置；2—回转机构；3—机身；4—起重臂

A、B、C—外形尺寸；L—起重臂长度；H—起重高度；R—起重半径

表 7.1 履带式起重机外型尺寸 单位：mm

符号	名 称	型 号				
		W_1-50	W_1-100	W_1-200	W_1-252	西北 78D (80D)
A	机身尾部到回转中心距离	2900	3300	4500	3540	3450
B	机身宽度	2700	3120	3200	3120	3500
C	机身顶部到地面高度	3220	3675	4125	3675	—
D	机身底部距地面高度	1000	1045	1190	1095	1220
E	起重臂下铰点中心距地面高度	1555	1700	2100	1700	1850
F	起重臂下铰点中心至回转中心距离	1000	1300	1600	1300	1340
G	履带长度	3420	4005	4950	4005	4500 (4450)
M	履带架宽度	2850	3200	4050	3200	3250 (3500)
N	履带桥宽度	550	675	800	675	680 (760)
J	行走底架距地面高度	300	275	390	270	310
K	机身上部支架距地面高度	3480	4170	6300	3930	4720 (5270)

2. 履带式起重机技术性能

履带式起重机技术性能包括三个主要参数：起重量 Q、起重半径 R、起重高度 H。起重半径 R 是指起重机回转中心至吊钩的水平距离，起重高度 H 是指起重吊钩至地面的垂直距离。

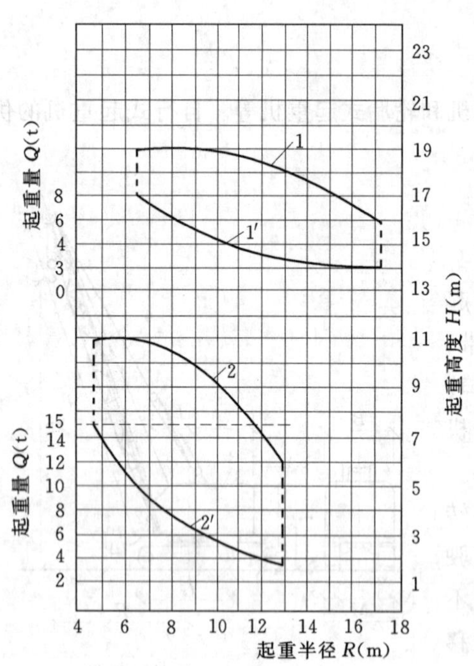

图 7.3 W_1-100 型履带式起重机性能曲线表
1—L=23m 时 R—H 曲线；1′—L=23m 时的 Q—R 曲线；2—L=13m 时 R—H 曲线；2′—L=13m 时的 Q—R 曲线

起重量 Q、起重半径 R、起重高度 H 这三个参数之间存在相互制约的关系，其数值变化取决于起重臂的长度及其仰角的大小。每一种起重机都有几种臂长，臂长不变时，起重机仰角增大，起重量 Q 和起重高度 H 增大，起重半径 R 减少。起重机仰角不变时，随着起重臂长度的增加，起重半径 R 和起重高度 H 增加，而起重量 Q 减少。

起重半径 R、起重高度 H 与起重臂长度 L 及其仰角 α 间的几何关系为

$$R=F+L\cos\alpha \tag{7.1}$$

$$H=E+L\sin\alpha-d_0 \tag{7.2}$$

式中 d_0——吊钩中心至起重臂顶端定滑轮中心最小距离；

E——起重臂下铰中心距地面高度；

F——起重臂下铰中心距回转中心距离。

履带式起重机技术性能可查起重机手册中的起重机性能表或起重机性能曲线。常用履带式起重机的技术性能见表 7.2、表 7.3、图 7.3、表 7.4。

表 7.2　　履带式起重机技术规格

参　数		型　号										
		W_1-50			W_1-100		W_1-200			W_1-252		
起重臂长度（m）		10	18	18（带鹅头）	13	23	15	30	40	12.5	20	25
最大起重半径（m）		10.0	17.0	10.0	12.5	17.0	15.5	22.5	30.0	10.1	15.5	19.0
最小起重半径（m）		3.7	4.5	6.0	4.23	6.5	4.5	8.0	10.0	4.0	5.65	6.5
起重量	最小起重半径时（kN）	100	75	20	150	80	500	200	80	200	90	70
	最大起重半径时（kN）	26	10	10	35	17	82	43	15	55	25	17
起重高度	最小起重半径时（m）	9.2	17.2	17.2	11.0	19.0	12.0	26.8	36.0	10.7	17.9	22.8
	最大起重半径时（m）	3.7	7.6	14.0	5.8	16.0	3.0	19.0	25.0	8.1	12.7	17.0

注　表中数据所对应的起重臂仰角为 $\alpha_{min}=30°$，$\alpha_{max}=77°$。

表 7.3　　W_1-50 型履带式起重机起重特性

臂长 10m			臂长 18m			臂长 10m（带鹅头）		
R（m）	Q（t）	H（m）	R（m）	Q（t）	H（m）	R（m）	Q（t）	H（m）
3.7	10.0	9.2	4.5	7.5	17.2	6	2.0	17.2
4	8.7	9.0	5	6.2	17	8	1.5	16
5	6.2	8.6	7	4.1	16.4	10	1.0	14
6	5.0	8.1	9	3.0	15.5			
7	4.1	7.5	11	2.3	14.4			
8	3.5	6.5	13	1.8	12.8			
9	3.0	5.4	15	1.4	10.7			
10	2.6	3.7	17	1.0	7.6			

表 7.4　　W_1-100 型履带式起重机起重特性

R（m）	臂长 13m		臂长 23m		臂长 27m		臂长 30m	
	Q（t）	H（m）	Q（t）	H（m）	Q（t）	H（m）	Q（t）	H（m）
4.5	15.0	11						
5	13.0	11						
6	10.0	11						
6.5	9.0	10.9	8.0	19				
7	8.0	10.8	7.2	19				
8	6.5	10.4	6.0	19	5.0	23		
9	5.5	9.6	4.9	19	3.8	23	3.6	26
10	4.8	2.2	4.2	18.9	3.1	22.9	2.9	25.9
11	4.0	7.8	3.7	18.6	2.5	22.6	2.4	25.7
12	3.7	6.5	3.2	18.2	2.2	22.2	1.9	25.4
13			2.9	17.8	1.9	22	1.4	25
14			2.4	17.5	1.5	21.6	1.1	24.5
15			2.2	17	1.4	21	0.9	23.8
17			1.7	16				

3. 履带式起重机的稳定性验算

在图 7.4 所示的情况下吊装构件，起重机的稳定性最差，此时以履带中心 A 点为倾覆点，分别按以下条件进行验算。

当考虑吊装荷载及附加荷载时，稳定安全系数

$$K_1=\frac{M_{稳}}{M_{倾}}\geqslant 1.15 \tag{7.3}$$

当考虑吊装荷载，不考虑附加荷载时，稳定安全系数

$$K_2=\frac{稳定力矩\ M_{稳}}{倾覆力矩\ M_{倾}}=\frac{G_1L_1+G_2L_2+G_0L_0-G_3L_3}{(Q+q)(R-L_2)}\geqslant 1.4 \tag{7.4}$$

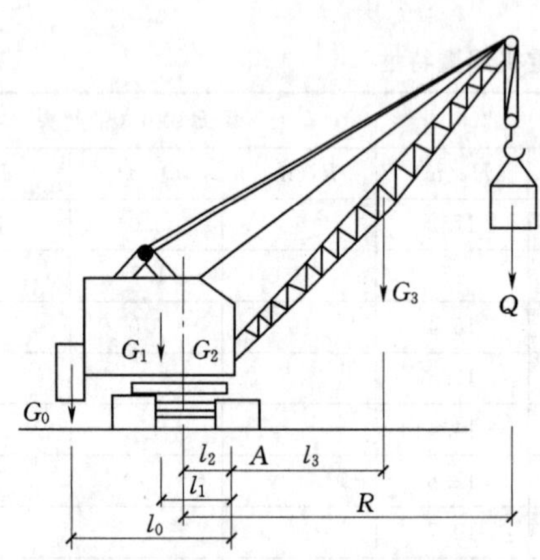

图 7.4 履带式起重机受力简图

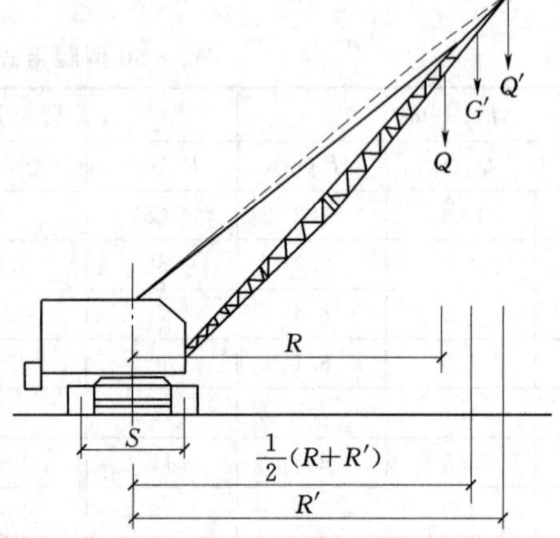

图 7.5 接长起重臂受力简图

4. 起重臂接长计算

当起重机的起重高度或起重半径不足时，在起重臂的强度和稳定性能得到保证的前提下，可以将起重臂接长，接长后的起重量 Q' 按图 7.5 计算。

根据同一起重机起重力矩等量的原则得

$$Q'\left(R'-\frac{S}{2}\right)+G'\left(\frac{R+R'}{2}-\frac{S}{2}\right)=Q\left(R-\frac{S}{2}\right) \tag{7.5}$$

整理后得

$$Q'=\frac{1}{2R'-S}\left[Q(2R-S)-G'(R+R'-S)\right] \tag{7.6}$$

7.1.2.2 汽车式起重机

汽车式起重机是把机身和起重机构安装在通用或专用汽车底盘上的全回转起重机。起重臂有桁架式和伸缩式两种。其驾驶室与起重机操纵室分开设置。常用的汽车式起重机有 QY-8、QY-1、QY-32。可用于一般厂房的结构吊装。汽车式起重机的优点是行驶速度快、转移迅速、对路面破坏小。其缺点是起重时必须使用支腿，因而不能负荷行驶。适用于流动性大或经常改变作业地点的吊装。部分国产型号汽车式起重机的技术规格见表 7.5。

表 7.5　　汽车式起重机技术规格

参数		型号									
		QY-8				QY-16			QY-32		
起重臂长度（m）		6.95	8.50	10.15	11.7	8.8	14.4	20.0	9.5	16.5	30
最大起重半径（m）		3.2	3.4	4.2	4.9	3.8	5.0	7.4	3.5	4.0	7.2
最小起重半径（m）		5.5	7.5	9.0	10.5	7.4	12	14	9.0	14.0	26.0
起重量	最小起重半径时（kN）	80	67	42	32	160	80	40	320	220	80
	最大起重半径时（kN）	26	15	10	8	40	10	5	70	26	6
起重高度	最小起重半径时（m）	7.5	9.2	10.6	12.0	8.4	14.1	19	9.4	16.45	29.43
	最大起重半径时（m）	4.6	4.2	4.8	5.2	4.0	7.4	14.2	3.8	9.25	15.3

7.1.2.3 轮胎式起重机

轮胎式起重机是将起重机安装在加重型轮胎和轮轴组成的特制底盘上的一种全回转起重机。其上部构造和履带式起重机基本相同，吊装作业时则与汽车式起重机相同，也是用4个支腿支撑地面以保持稳定。在平坦地面上进行小起重量作业时可负荷行走。其特点是行驶速度低、对路面要求较高、稳定性好、转弯半径小，但不适合在松软泥泞的建筑场地上工作。常用的轮胎式起重机有QL-16型、QL_2-8型、QL_3-16型、QL_3-25型及QL_3-40型等，其中QL_3-40型轮胎式起重机最大起重量为400kN，最大臂长42m，可用于一般单层工业厂房的结构吊装。

7.1.3 塔式起重机

塔式起重机具有适用范围广、回转半径大、起升高度较高、效率高、操作简便等特点。目前在我国建筑安装工程中已经得到广泛的使用，特别对于高层工业与民用建筑来说，是一种不可缺少的重要施工机械。

塔式起重机按起重能力可分为：轻型塔式起重机，起重量为5～30kN，一般用于6层以下民用建筑施工；中型塔式起重机，起重量为30～150kN，适用于一般工业建筑和高层民用建筑施工；重型塔式起重机，起重量为200～400kN，一般用于重工业厂房的施工和设备安装。塔式起重机的种类繁多，常用的主要有轨道式、爬升式和附着式三种。

7.1.3.1 轨道式塔式起重机

轨道式塔式起重机是应用最广泛的一种起重机，常用的有QT_1-2型、QT_1-6型等。

QT_1-6型塔式起重机是轨道式上旋转塔式起重机，可负荷行走。起重量为20～60kN，起重半径8.5～20m，轨距3.8m，适用于一般工业与民用建筑的结构吊装、工程材料运输等工作。QT_1-6型塔式起重机外形与构造如图7.6所示，其起重性能见表7.6。

其他常用型号有：TD-25型是轨道式下旋转轻型塔式起重机，额定起重力矩为250kN·m，适用于跨度15m以内的工业厂房及5～6层民用建筑的吊装；QT-15型塔式起重机，起重量为50～150kN，工作幅度为8～25m，适用于工业与民用建筑结构吊装；QT-60/80塔式起重机，额定起重力矩为600～800kN·m，适用于工业厂房与较高的民用建筑结构吊装。QT-20型塔式起重机，工作幅度为9～30m，当工作幅度为9m时，主钩最大起

重量为200kN，适用于多层工业与民用建筑的结构吊装。

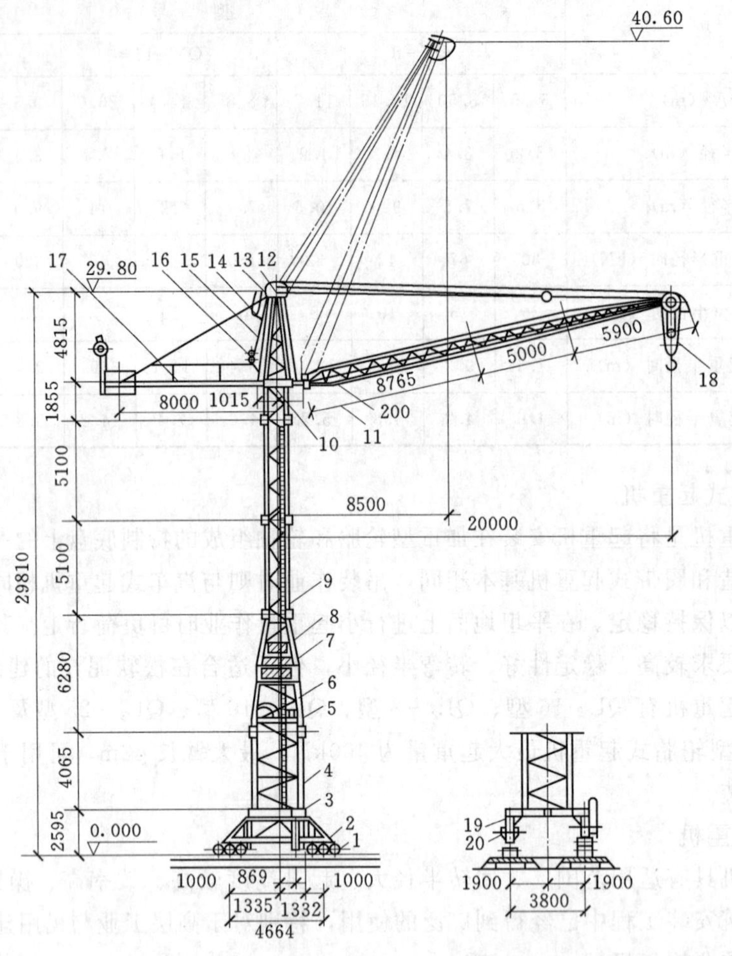

图7.6 QT_1-6型塔式起重机外形与构造示意

1—被动台车；2—活动侧架；3—平台；4—第一节架；5—第二节架；6—卷扬机构；7—操纵配电系统；8—司机室；9—互换节架；10—回转机构；11—起重臂；12—中央集电环；13—超负荷保险装置；14—塔顶；15—塔帽；16—手摇变幅机构；17—平衡臂；18—吊钩；19—固定侧架；20—主动台车

表7.6 QT_1-6型塔式起重机的起重性能

工作幅度（m）	起重机（kN）	起重绳数（最少）	起重速度（m/min）	起升高度（m）		
				无高接架	带1节高接架	带2节高接架
8.5	60	3	11.4	30.4	35.5	40.6
10	49	3	11.4	29.7	34.8	39.9
12.5	37	2	17	28.2	33.6	38.4
15	30	2	17	26.0	31.1	36.2
17.5	25	2	17	22.7	27.8	32.9
20	20	1	34	16.2	21.3	26.4

7.1.3.2 爬升式塔式起重机

爬升式塔式起重机是支撑在建筑物已施工部分框架或电梯间的结构上，借助套架和爬升机构自行爬升的起重机，每隔1～2层楼爬升一次，这种起重机适用于高层框架结构安装和高层建筑施工。其特点是身体小、重量轻，安装拆卸简单，不占用场地，尤其适用于现场狭窄的高层建筑施工。常用型号有 QT_5 - 4/40型、QT_2 - 4型等。其爬升过程如图7.7所示。

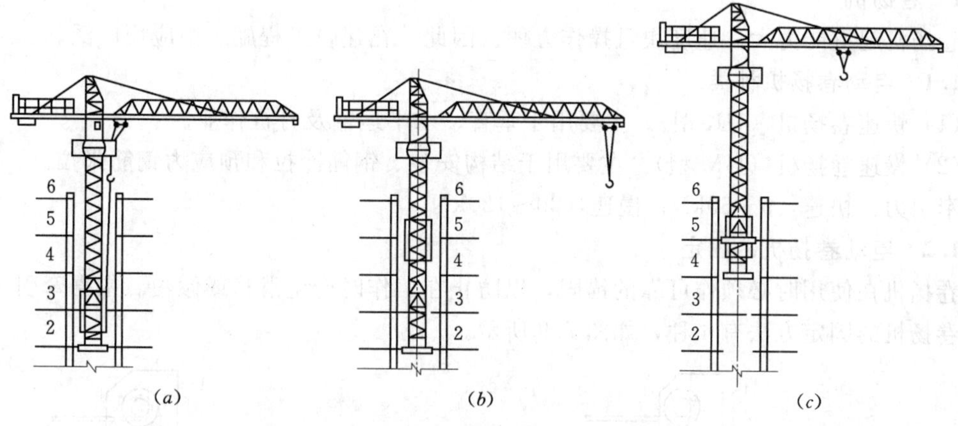

图7-7 爬升过程示意

(a) 套架提升前；(b) 提升套架；(c) 提升塔架

7.1.3.3 附着式塔式起重机

附着式塔式起重机是一种多种用途的起重机。通过更换部件或辅助装置，可作为轨道式、固定式、爬升式等不同类型的起重机使用。

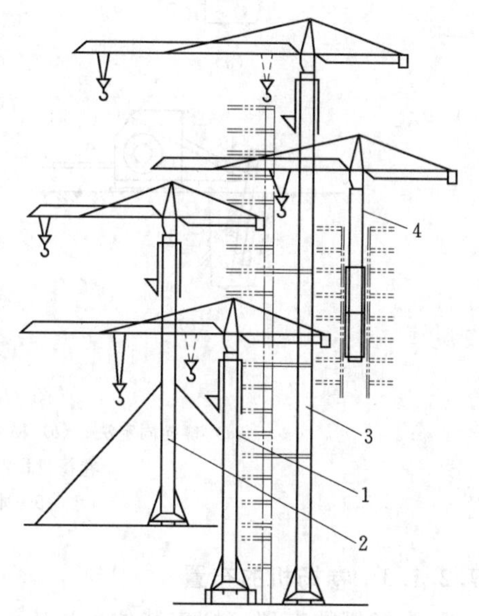

图7.8 QT4-10型塔式起重机的四种用途

1—轨道式；2—固定式；3—附着式；4—爬升式

如图7.8所示，当建筑物较低时，可作轨道式起重机使用，但起升高度大于36m时，不得负荷行走；当建筑物较高时，可作固定式起重机使用，固定在建筑物旁的混凝土基础上，随施工进程，逐段向上升高，但必须根据塔身升高情况，用缆风绳锚固于地锚上，此时最大起升高度为50m；当建筑物更高时，可作附着式起重机使用，安装在混凝土基础上，每隔20m左右用一套锚固装置与建筑物结构相连接。此时最大起升高度为160m。该机还可以用作爬升式起重机使用。安装在电梯井或其他适宜的结构部位上，借助于一套支承托梁和提升系统进行爬升，这时，塔身高20m左右。每隔2～3层楼爬升一次，其最大起升高度可达160m。

常用的附着式塔式起重机的型号有 QT_4 - 10型、ZT - 100型、ZT - 120型、QT_1 - 4型等。

7.2 起 重 设 备

结构安装工程是用各种起重机械将房屋的预制构件安装到设计位置，组装成房屋结构的施工过程，是装配式结构房屋施工的主导工程。在结构安装工程中要使用许多辅助工具，如卷扬机、滑轮组、钢丝绳、吊具等，现将部分索具设备类型、性能等做一些介绍。

7.2.1 卷扬机

卷扬机起重能力大、速度快且操作方便。因此，在建筑工程施工中应用广泛。

7.2.1.1 电动卷扬机种类

(1) 快速卷扬机（JJK 型）。主要用于垂直、水平运输及打桩作业。

(2) 慢速卷扬机（JJM 型）。主要用于结构安装、钢筋冷拉和预应力钢筋张拉。

牵引力：快速，5～50kN；慢速，30～120kN。

7.2.1.2 电动卷扬机的固定

卷扬机在使用时必须作可靠的锚固，以防止在工作时产生滑移或倾覆。根据牵引力的大小，卷扬机的固定方法有 4 种，如图 7.9 所示。

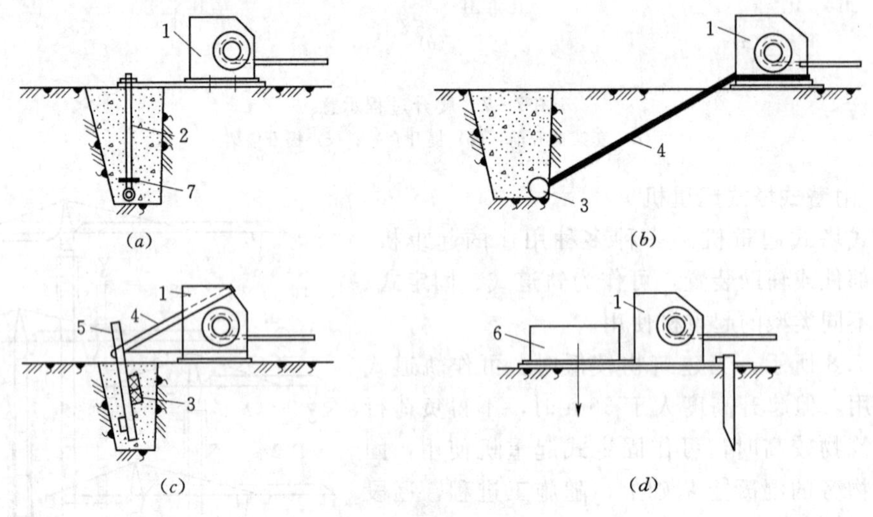

图 7.9 卷扬机的固定方法

(a) 螺栓固定法；(b) 横木固定法；(c) 立桩固定法；(d) 压重固定法

1—卷扬机；2—地脚螺栓；3—横木；4—拉索；5—木桩；6—压重；7—压板

7.2.1.3 卷扬机的布置

卷扬机的布置（即安装位置）应注意下列几点：

(1) 卷扬机安装位置周围必须排水畅通并应搭设工作棚，安装位置一般应选择在地势稍高、地基坚实之处。

(2) 卷扬机的安装位置应能使操作人员看清指挥人员和起吊或拖动的物件。卷扬机至构件安装位置的水平距离应大于构件的安装高度，即当构件被吊到安装位置时，操作者视线仰角应小于 45°。

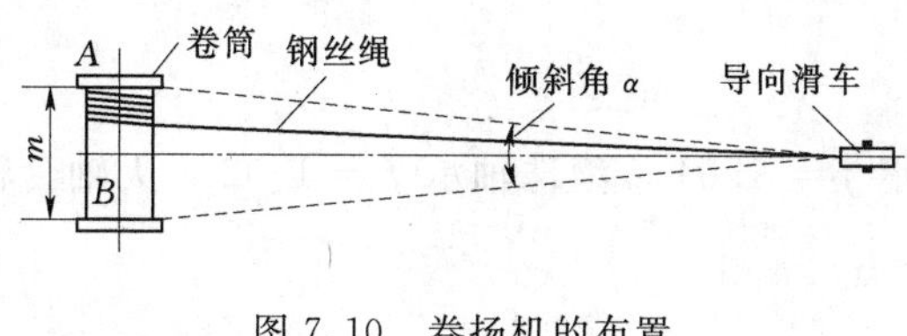

图 7.10 卷扬机的布置

(3) 在卷扬机正前方应设置导向滑车，导向滑车至卷筒轴线的距离，带槽卷筒应不小于卷筒宽度的15倍，即倾斜角 α 不大于 2°（图 7.10）；无槽卷筒应大于卷筒宽度的20倍，以免钢丝绳与导向滑车槽缘产生过分的磨损。

(4) 钢丝绳绕入卷筒的方向应与卷筒轴线垂直，其垂直度允许偏差为 6°。这样能使钢丝绳圈排列整齐，不致斜绕和互相错叠挤压。

7.2.1.4 卷扬机的使用注意事项

(1) 卷扬机必须有良好的接地或接零装置，接地电阻不得大于 10Ω。在一个供电网络上，接地或接零不得混用。

(2) 卷扬机使用前要先空运转作空载正、反转试验 5 次，检查运转是否平稳，有无不正常响声；传动制动机构是否灵活可靠；各紧固件及连接部位有无松动现象；润滑是否良好，有无漏油现象。

(3) 钢丝绳的选用应符合原厂说明书的规定。卷筒上的钢丝绳全部放出时应留有不少于3圈；钢丝绳的末端应固定牢靠；卷筒边缘外周至最外层钢丝绳的距离应不小于钢丝绳直径的 1.5 倍。

(4) 钢丝绳应与卷筒及吊笼连接牢固，不得与机架或地面摩擦，通过道路时，应设过路保护装置。

(5) 卷筒上的钢丝绳应排列整齐，当重叠或斜绕时，应停机重新排列，严禁在转动中用手拉脚踩钢丝绳。

(6) 作业中，任何人不得跨越正在作业的卷扬钢丝绳。物件提升后，操作人员不得离开卷扬机，物件或吊笼下面严禁人员停留或通过。休息时应将物件或吊笼降至地面。

7.2.2 滑轮组

滑轮组由一定数量的定滑轮、动滑轮及绳索组成，如图 7.11 所示。

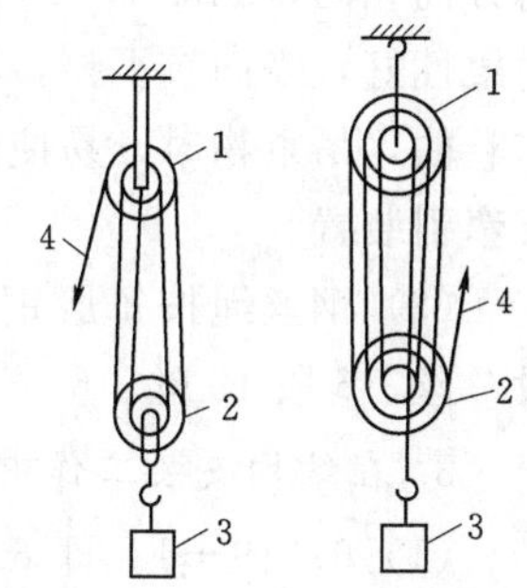

图 7.11 滑轮组

1—定滑轮；2—动滑轮
3—重物；4—跑头拉力

滑轮组既省力又可根据需要改变力的方向，是起重设备不可缺少的组成部件，利用滑轮组能用较小吨位的卷扬机起吊较大重量的构件。滑轮组引出线的跑头拉力是滑轮组省力程度的指标，跑头拉力取决于滑轮组的工作线数和滑轮轴承的摩阻力。工作线数是指滑轮组中共同负担构件重力的绳索根数，工作线数可通过以动滑轮组合体为隔离体来分析确定。滑轮组的跑头拉力 S_P 可按下式计算，即

$$S_P = KQ \tag{7.7}$$

$$K = \frac{f^n(f-1)}{f^n-1} \tag{7.8}$$

式中 S_P——滑轮组引出绳的跑头拉力；

Q——计算荷载（吊装荷载）；

K——滑轮组省力系数；

n——工作线数；

f——单个滑轮阻力系数，青铜轴套轴承 $f=1.04$，滚珠轴承 $f=1.02$，无轴套轴承 $f=1.06$。

7.2.3 钢丝绳

钢丝绳是吊装工作中的常用绳索，它具有强度高、韧性好、耐磨性好等优点。同时，磨损后外表产生毛刺，容易发现，便于预防事故的发生。

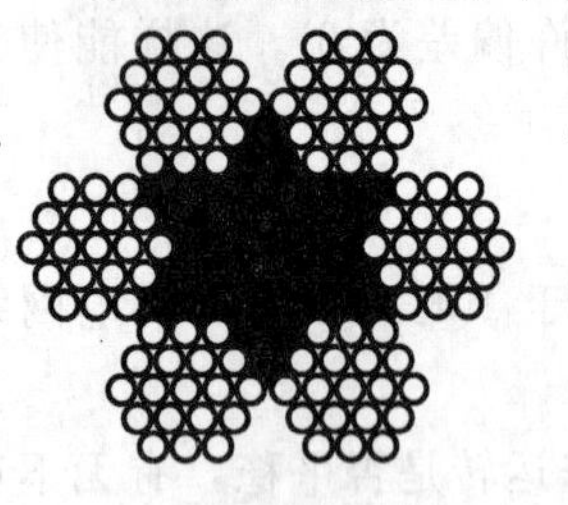

图 7.12 普通钢丝绳截面

7.2.3.1 构造与种类

1. 钢丝绳的构造

在结构吊装中常用的钢丝绳是由 6 股钢丝和一股绳芯（一般为麻芯）捻成。每股又由多根直径为 0.4～4.0mm，强度为 1400MPa、1550MPa、1700MPa、1850MPa、2000MPa 的高强钢丝捻成（图 7.12）。

2. 钢丝绳的种类

钢丝绳的种类很多，按其捻制方法分有右交互捻、左交互捻、右同向捻、左同向捻 4 种，如图 7.13 所示。

(1) 反捻绳。每股钢丝的搓捻方向与钢丝股的搓捻方向相反。这种钢丝绳较硬，如图 7.13 (*a*)、(*b*) 所示。强度较高，不易松散，吊重时不会扭结旋转，多用于吊装工作中。

(2) 顺捻绳。每股钢丝的搓捻方向与钢丝股的搓捻方向相同，如图 7.13 (*c*)、(*d*) 所示。这种钢丝绳柔性好，表面较平整，不易磨损，但容易松散和扭结卷曲，吊重物时，易使重物旋转，一般多用于拖拉或牵引装置。

(3) 钢丝绳按每股钢丝根数分，有 6 股 7 丝、7 股 7 丝、6 股 19 丝、6 股 37 丝和 6 股 61 丝等几种。

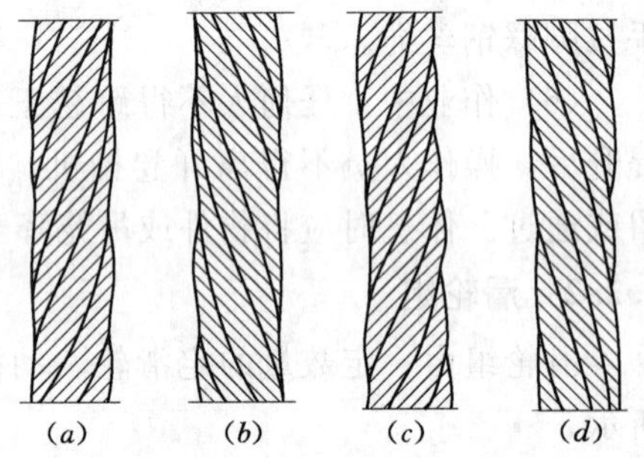

图 7.13 钢丝绳的捻法

(*a*) 右交互捻（股向右捻，丝向左捻）；
(*b*) 左交互捻（股向左捻，丝向右捻）；
(*c*) 右同向捻（股和丝均向右捻）；
(*d*) 左同向捻（股和丝均向左捻）

3. 在结构安装工作中常用的种类

(1) 6×19+1。即 6 股每股由 19 根钢丝组成再加一根绳芯，此种钢丝绳较粗，硬而耐磨，但不易弯曲，一般用作缆风绳。

(2) 6×37+1。即 6 股每股由 37 根钢丝组成再加一根绳芯，此种钢丝绳比较柔软，一般用于穿滑轮组和作吊索。

(3) 6×61+1。即 6 股每股由 61 根钢丝组成再加一根绳芯，此种钢丝绳质地软，一般用作重型起重机械。

7.2.3.2 钢丝绳的技术性能

常用钢丝绳的技术性能见表 7.7 和表 7.8。

表 7.7

6×19 钢丝绳的主要数据

直径（mm）		钢丝总断面积（mm^2）	参考重量（kg/100m）	钢丝绳公称抗拉强度（N/mm^2）				
钢丝绳	钢丝			1400	1550	1700	1850	2000
				钢丝破断拉力总和（kN）不小于				
6.2	0.4	14.32	13.53	20.0	22.1	24.3	26.4	28.6
7.7	0.5	22.37	21.14	31.3	34.6	38.0	41.3	44.7
9.3	0.6	32.22	30.45	45.1	49.9	54.7	59.6	64.4
11.0	0.7	43.85	41.44	61.3	67.9	74.5	81.1	87.7
12.5	0.8	57.27	54.12	80.1	88.7	97.3	105.5	114.5
14.0	0.9	72.49	68.50	101.0	112.0	123.0	134.0	144.5
15.5	1.0	89.49	84.57	125.0	138.5	152.0	165.5	178.5
17.0	1.1	103.28	102.3	151.5	167.5	184.0	200.0	216.5
18.5	1.2	128.87	121.8	180.0	199.5	219.0	238.0	257.5
20.0	1.3	151.24	142.9	211.5	234.0	257.0	279.5	302.0
21.5	1.4	175.40	165.8	245.5	271.5	298.0	324.0	350.5
23.0	1.5	201.35	190.3	281.5	312.0	342.0	372.0	402.5
24.5	1.6	229.09	216.5	320.5	355.0	389.0	423.5	458.0
26.0	1.7	258.63	244.4	362.0	400.5	439.5	478.0	517.0
28.0	1.8	289.95	274.0	405.5	449.0	492.5	536.0	579.5
31.0	2.0	357.96	338.3	501.0	554.5	608.5	662.0	715.5
34.0	2.2	433.13	409.3	306.0	671.0	736.0	801.0	
37.0	2.4	515.46	487.1	721.5	798.5	876.0	953.5	
40.0	2.6	604.95	571.7	846.5	937.5	1025.0	1115.0	
43.0	2.8	701.60	663.0	982.0	1085.0	1190.0	1295.0	
46.0	3.0	805.41	761.1	1125.0	1245.0	1365.0	1490.0	

注 表中，粗线左侧可供应光面或镀锌钢丝绳，右侧只供应光面钢丝绳。

表 7.8

6×37 钢丝绳的主要数据

直径（mm）		钢丝总断面积（mm^2）	参考重量（kg/100m）	钢丝绳公称抗拉强度（N/mm^2）				
钢丝绳	钢丝			1400	1550	1700	1850	2000
				钢丝破断拉力总和（kN）不小于				
8.7	0.4	27.88	26.21	39.0	43.2	47.3	51.5	55.7
11.0	0.5	43.57	40.96	60.9	67.5	74.0	80.6	87.1
13.0	0.6	62.74	58.98	87.8	97.2	106.5	116.0	125.0
15.0	0.7	85.39	80.57	119.5	132.0	145.0	157.5	170.5
17.5	0.8	111.53	104.8	156.0	172.5	189.5	206.0	223.0
19.5	0.9	141.16	132.7	197.5	213.5	239.5	261.0	282.0
21.5	1.0	174.27	163.3	243.5	270.0	296.0	322.0	348.5
24.0	1.1	210.87	198.2	295.0	326.5	358.0	390.0	421.5

续表

直径（mm）		钢丝总断面积（mm^2）	参考重量（kg/100m）	钢丝绳公称抗拉强度（N/mm^2）				
				1400	1550	1700	1850	2000
钢丝绳	钢丝			钢丝破断拉力总和（kN）不小于				
26.0	1.2	250.95	235.9	351.0	388.5	426.5	464.0	501.5
28.0	1.3	294.52	276.8	412.0	456.5	500.5	544.5	589.0
30.0	1.4	341.57	321.1	478.0	529.0	580.5	631.5	683.0
32.5	1.5	392.11	368.6	548.5	607.5	666.5	725.0	784.0
34.5	1.6	446.13	419.4	624.5	691.5	758.0	825.0	892.0
36.5	1.7	503.64	473.4	705.0	780.5	856.0	931.5	1005.0
39.0	1.8	564.63	530.8	790.0	875.0	959.5	1040.0	1125.0
43.0	2.0	697.08	655.3	975.5	1080.0	1185.0	1285.0	1390.0
47.5	2.2	843.47	792.9	1180.0	1305.0	1430.0	1560.0	
52.0	2.4	1003.80	943.6	1405.0	1555.0	1705.0	1855.0	
56.0	2.6	1178.07	1107.4	1645.0	1825.0	2000.0	2175.0	
60.5	2.8	1366.28	1234.3	1910.0	2115.0	2320.0	2525.0	
65.0	3.0	1568.43	1474.3	2195.0	2430.0	2665.0	2900.0	

注　表中，粗线左侧可供应光面或镀锌钢丝绳，右侧只供应光面钢丝绳。

7.2.3.3　钢丝绳的计算

钢丝绳允许拉力按下列公式计算

$$[F_g]=\alpha F_g/K \tag{7.9}$$

式中　$[F_g]$——钢丝绳的允许拉力，kN；

F_g——钢丝绳的钢丝破断拉力总和，kN；

α——换算系数，按表7.9取用；

K——钢丝绳的安全系数，按表7.10取用。

表7.9　钢丝绳破断拉力换算系数

钢丝绳结构	换算系数
6×19	0.85
6×37	0.82
6×61	0.80

表7.10　钢丝绳的安全系数

用　途	安全系数	用　途	安全系数
作缆风绳	3.5	作吊索、无弯曲时	6～7
用于手动起重设备	4.5	作捆绑吊索	8～10
用于机动起重设备	5～6	用于载人的升降机	14

7.2.3.4　钢丝绳的安全检查和使用注意事项

1. 钢丝绳的安全检查

钢丝绳使用一定时间后，就会产生断丝、腐蚀和磨损现象，其承载能力就降低了。钢丝绳经检查有下列情况之一者，应予以报废：

(1) 钢丝绳磨损或锈蚀达直径的40%以上。

(2) 钢丝绳整股破断。

（3）使用时断丝数目增加得很快。

（4）钢丝绳每一节距长度范围内，断丝根数不允许超过规定的数值，一个节距系指某一股钢丝搓绕绳一周的长度，约为钢丝绳直径的8倍，如图7.14所示。

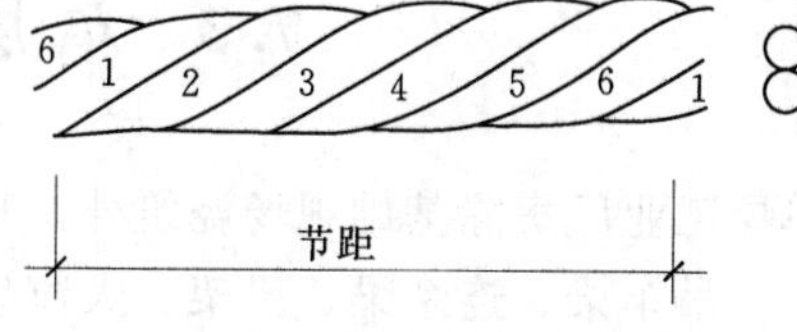

图7.14 钢丝绳节距的量法

（1～6—钢丝绳绳股的编号）

2. 钢丝绳的使用注意事项

（1）使用中不准超载。当在吊重的情况下，绳股间有大量的油挤出时，说明荷载过大，必须立即检查。

（2）钢丝绳穿过滑轮时，滑轮槽的直径应比绳的直径大1～2.5mm。

（3）为了减少钢丝绳的腐蚀和磨损，应定期加润滑油（一般以工作时间4个月左右加一次）。存放时，应保持干燥，并成卷排列，不得堆压。

7.2.4 吊具

结构安装常用的吊装工具有吊钩、吊索、卡环、横吊梁（铁扁担）等。

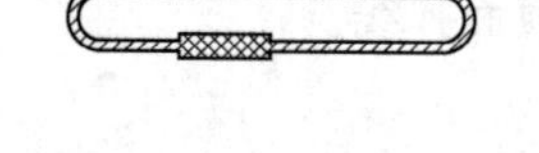

图7.15 吊索

（1）吊钩。系用整块优质碳素钢锻造而成。吊钩的表面应当光滑，不得有剥裂、刻痕、裂缝等缺陷。吊装时吊钩不得直接钩在构件的吊环中。

（2）吊索。主要用于绑扎和起吊构件，一般用6×61和6×37钢丝绳制成，其形式如图7.15所示。在结构吊装中吊索的拉力应符合允许拉力的要求。吊索的拉力取决于构件重量和吊索的水平夹角，一般水平夹角应不小于45°且不超过60°。

（3）卡环（又称卸甲）。用于吊索间或吊索与构件间的连接，主要用于固定和扣紧吊索，按销子和弯环的连接方式分为螺栓式卡环和活络卡环，如图7.16所示。

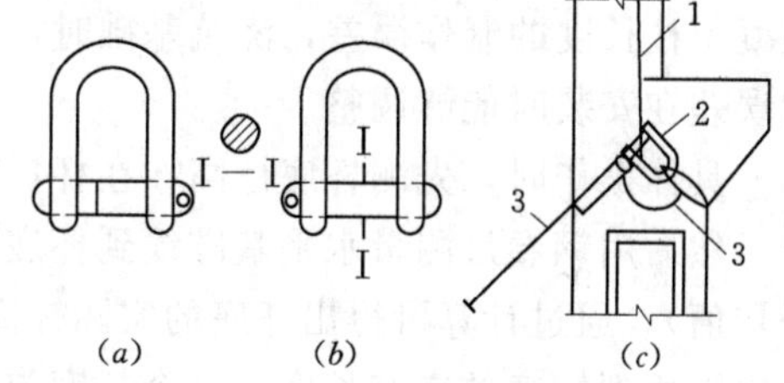

图7.16 卡环及其使用示意

（a）螺栓式卡；（b）活络卡环；（c）用活络卡环绑孔

1—吊索；2—活络卡环；3—白棕绳

（4）横吊梁（铁扁担）。常用钢板、钢管、型钢等制作横吊梁，用直吊法吊装柱子时，用钢板横吊梁可以使柱子保持垂直。屋架吊装时可用钢管或型钢横吊梁降低索具高度，使索具夹角满足要求，如图7.17所示。

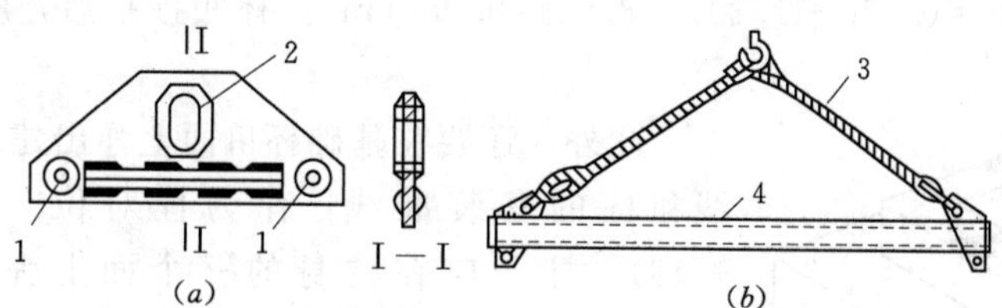

图7.17 横吊梁

（a）钢板横吊装；（b）钢管横吊装

1—挂起重机吊钩的孔；2—挂吊索的孔；

3—吊索；4—钢管

7.3 单层工业厂房安装

单层工业厂房除基础现场浇筑外，其他构件多为预制构件。单层工业厂房的预制构件主要有柱、吊车梁、连系梁、屋架、天窗架、屋面板、基础梁等，大型构件在施工现场就地浇筑；中小型构件在构件预制厂制作，现场安装。

7.3.1 构件安装前的准备工作

构件吊装前的准备工作主要包括清理场地，铺筑道路，基础的准备，构件的运输、堆放和拼装加固，构件的检查、清理、弹线、编号以及起重吊装机械的安装等。准备工作是否充分将直接影响整个结构安装工程的施工进度、安装质量、安全生产和文明施工。

7.3.1.1 基础的准备

基础（尤其是杯口）的尺寸、位置和标高必须满足设计要求和规定的质量标准，它直接影响柱子吊装后的轴线位置、牛腿面及柱顶标高等，是影响整个厂房的结构安装和正常使用的重要环节。对于杯型基础，在柱吊装前应进行杯底抄平和杯口顶面弹线。

1. 杯口顶面弹线

首先检查杯口尺寸，在基础顶面弹出十字交叉的安装中心线，并画上红三角。中心线对定位轴线的允许误差为±10mm。

2. 杯底抄平

杯底抄平是对杯底标高进行一次检查和调整，以保证吊装后的牛腿标高。考虑预制钢筋混凝土柱长度的制作误差，浇筑基础时，杯底标高一般比设计标高降低 50cm，使柱子长度的误差在安装时能够调整。

具体操作时，先测杯底标高，在杯口内壁上弹出比杯口顶面设计标高低 100mm 的水平线，然后用钢卷尺测量水平基准线到杯底的垂直距离（小柱测中间一点，大柱测 4 个角点取平均值），通过计算可得出杯底的实际标高。牛腿面设计标高与杯底实际标高之差，就是柱子牛腿面到柱底的应有长度，这个长度与在柱子上实际量得的长度比较，可得到柱子安装时实际需要调整的高差，结合柱底面的平整程度，可求出杯底应达到的标高。然后用水泥砂浆或细石混凝土将杯底垫至这个标高（允许误差为±5mm），即完成杯底抄平。例如，测出杯底标高为−1.20m，牛腿面的设计标高是+7.80m，而柱脚至牛腿面的实际长度为 8.95m，则杯底标高调整值 $h=(7.80+1.20)-8.95=0.05$（m）。杯底抄平后，应将杯口遮盖以防杂物落入。

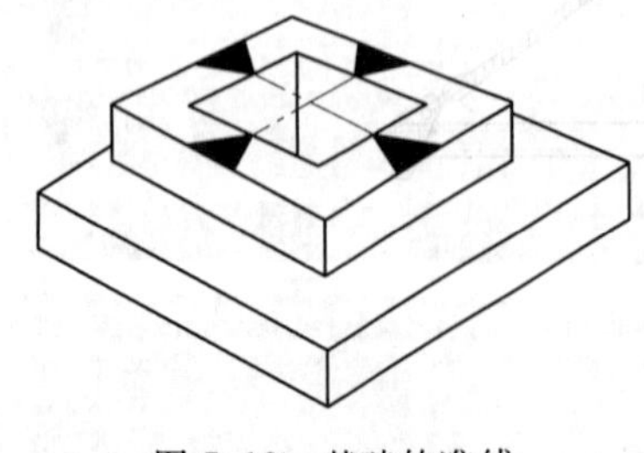

图 7.18 基础的准线

此外，还要在基础杯口面上弹出建筑的纵、横定位轴线和柱的安装准线，作为柱对位、校正的依据（图 7.18）。柱子应在柱身的三个面上弹出吊装准线（图 7.19）。柱的吊装准线应与基础面上所弹的吊装准线位置相适应。对矩形截面柱可按几何中线弹吊装准线；对工字形截面柱，为便于观测及避免视差，则应靠柱边弹吊装准线。

7.3.1.2 构件的运输与堆放

1. 构件运输

预制构件从工厂运至施工现场，应根据运距、构件类型、重量、尺寸和体积等情况，选择合理适用的装卸机械和运输车辆。运输过程中必须保证构件不倾倒、不损坏、不变形。因此应满足下列要求：

(1) 构件运输时的混凝土强度，如设计无要求，不应低于设计强度标准值的75%。

(2) 构件的支垫位置和支垫方法应符合设计要求，或按实际受力情况确定。上下层垫木应在同一垂直线上。装卸车时构件的吊点要符合设计的规定。运输中构件应捆绑牢固，捆绑处采用衬垫加以保护，运输中容易变形的构件应采取临时加固措施。

(3) 运输道路应平整坚实，有足够的宽度和转弯半径，使车辆及构件能顺利通过。

(4) 构件的运输顺序及卸车位置应按施工组织设计的规定进行，以免造成构件的二次搬运。

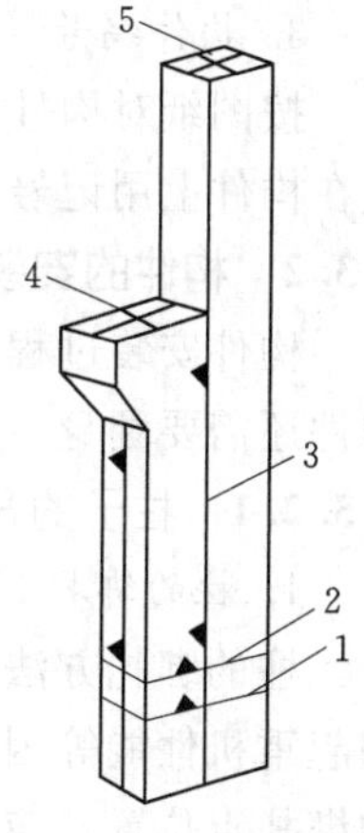

图7.19 柱的准线
1—柱中心线；2—地坪标高线；3—基础顶面线；4—吊车梁对位线；5—柱顶中心线

2. 构件堆放

构件应按施工组织设计规定的构件现场就位位置堆放。

堆放场地应平整坚实，构件堆放时应按受力情况搁置在垫木或支架上。重叠的构件之间要垫上垫木，上下层垫木应在同一垂线上。一般梁可堆叠2～3层，大型屋面板不宜超过6块，空心板不宜超过8块，构件叠放时应使吊环向上，标志向外。

7.3.1.3 构件检查、弹线与编号

1. 构件的检查与清理

为保证工程质量，对所有构件要进行全面检查。检查的内容如下：

(1) 按设计图纸检查构件型号，清点构件数量。

(2) 检查构件强度。一般规定构件吊装时混凝土强度不低于混凝土设计强度标准值的75%；对于大跨度构件，如屋架等则应达到100%；预应力混凝土构件孔道灌浆的强度不应小于$15N/mm^2$。

(3) 检查构件的外形，复核其截面尺寸。检查预埋件、预留孔洞和吊环位置是否正确。

(4) 检查构件表面有无裂缝、变形及其他损坏现象。

(5) 清除预埋铁件上的污物，以保证构件的拼装和焊接质量。

2. 构件弹线

构件经检查质量合格后，即可在构件上弹出安装的定位墨线和校正用墨线，作为构件安装、对位、校正时的依据。几种常见构件的弹线方法如下：

(1) 柱子。在柱身三面弹出安装中心线，所弹中心线的位置应与柱基杯口面上的安装中心线相吻合。此外，在柱顶与牛腿面上还要弹出安装屋架及吊车梁的定位线。

(2) 屋架。屋架上弦顶面应弹出几何中心线，上弦中线应延至屋架两端下部，并从跨度中央向两端分别弹出天窗架、屋面板或檩条的安装定位线。

(3) 梁（包括薄腹梁、吊车梁、托架梁）。在两端及顶面弹出安装中心线。

3. 构件编号

按图纸对构件进行编号，编号写在构件明显的部位。从外形不易辨别上下左右的构件，应在构件上用记号标明，以免安装时出现差错。

7.3.2 构件的安装工艺

构件安装过程包括绑扎、吊升、对位、临时固定、校正、最后固定等工序。现场制作的构件还需要翻身、扶直，按吊装要求排放后再进行吊装。

7.3.2.1 柱子的吊装

1. 柱的绑扎

柱的绑扎方法、绑扎位置和绑扎点数，应根据柱的形状、长度、截面、配筋、起吊方法和起重机性能等因素确定。由于柱起吊时吊离地面的瞬间由自重产生的弯矩最大，其最合理的绑扎点位置，应按柱子产生的正负弯矩绝对值相等的原则来确定。一般中小型柱（自重13t以下）大多数绑扎一点；重型柱或配筋少而细长的柱（如抗风柱），为防止起吊过程中柱的断裂，常需绑扎两点甚至三点。对于有牛腿的柱，其绑扎点应选在牛腿以下200mm处；工字形断面和双肢柱，应选在矩形断面处，否则应在绑扎位置用方木加固翼缘，防止翼缘在起吊时损坏。

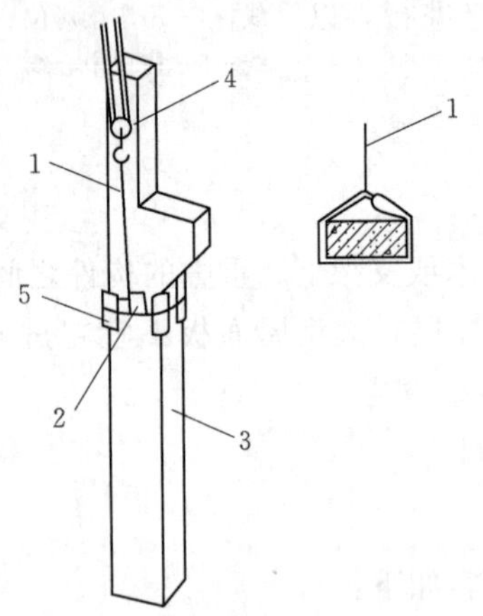

图7.20 柱的斜吊绑扎法；
1—吊索；2—活络卡环；3—柱；
4—滑车；5—方木

根据柱起吊后柱身是否垂直，分为斜吊法和直吊法，相应的绑扎方法有如下两种：

（1）斜吊绑扎法。当柱平卧起吊的抗弯强度满足要求时，可采用斜吊绑扎法（图7.20）。此法的特点是柱不需翻身，起重钩可低于柱顶，当柱身较长，起重机臂长不够时，用此法较方便，但因柱身倾斜，就位对中比较困难。

（2）直吊绑扎法。当柱平卧起吊的抗弯强度不足时，吊装前需先将柱翻身后再绑扎起吊，这时就要采取直吊绑扎法（图7.21）。此法吊索从柱子两侧引出，上端通过卡环或滑轮挂在铁扁担上，柱身成垂直状态，便于插入杯口，就位校正。但由于铁扁担高于柱顶，须用较长的起重臂。

此外，当柱较重较长需采用两点起吊时，也可采用两点斜吊和直吊绑扎法（图7.22）。

2. 柱的吊升

按吊升过程柱子运动的特点，吊升方法可分为旋转法和滑行法两种。吊升方法应根据柱的重量、长度、现场排放条件、起重机性能等确定。柱在吊升过程中，起重机的工作特点是定点（指定停机点）、定幅（指定起重臂的工作半径），即起重机不移动，起重臂始终保持同一工作半径，即保持起重臂的仰角不改变。

（1）旋转法。旋转法施工如图7.23所示。旋转法吊升的特点是“三点共弧”。即在场地平面内，柱的绑扎点、柱脚和基础杯口中心三点位于起重机的工作半径圆弧上，且使柱脚和基础杯口尽可能靠近，以减少起重臂的回转幅度。

旋转法吊升时，起重臂在选定的工作半径圆弧上，使吊钩回转至绑扎点上方，降钩、挂钩，边升钩边回转起重臂，柱子则绕柱脚在竖直平面内旋转，起重臂、吊钩、柱子三者的运动相互协调，至柱子由水平转为直立时，起重臂停止转动，继续升钩使柱子离开地面。起重

臂继而做小幅度回转至基础杯口上方，缓缓降钩将柱插入杯口。

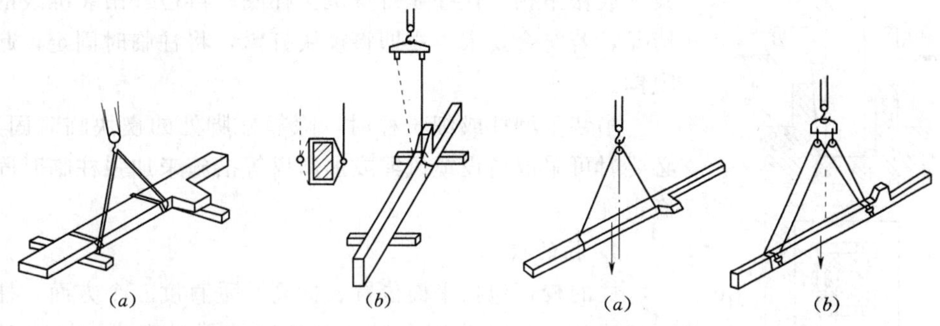

图 7.21 柱的翻身及直吊绑扎法

(*a*) 柱翻身绑扎法；(*b*) 柱直吊绑

图 7.22 柱的两点绑孔法

(*a*) 斜吊；(*b*) 直吊

用旋转法吊升柱子时，柱子在吊装过程中所受震动较小，生产效率高，但对起重机的机动性要求较高。柱子制作时，一般与厂房纵向轴线成斜向布置，占用场地大。旋转法吊升宜选用自行式起重机，尤其是履带式起重机。

(2) 滑行法。滑行法施工如图 7.24 所示。滑行法吊升的特点是“两点共弧”。即在场地平面内，柱的绑扎点和基础杯口中心两点位于起重机工作半径的圆弧上，且两点尽可能靠近，以减少起重臂工作时的回转幅度。

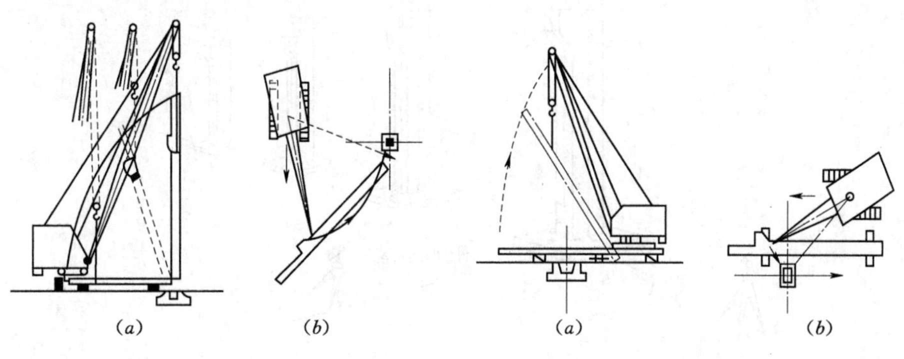

图 7.23 旋转法吊

(*a*) 旋转过程；(*b*) 平面布置

图 7.24 滑行法

(*a*) 滑行；(*b*) 平面布置

起吊时，起重臂在选定的工作半径圆弧上，使吊钩回转至绑扎点上方，降钩、挂钩。起重臂不动，升钩的同时，柱脚沿地面向绑扎点方向滑行，直至柱子在绑扎点位置直立。继续升钩使柱子吊离地面，起重臂继而做小幅度回转至基础杯口上方，缓缓降钩将柱插入杯口。

用滑行法吊装柱子时，柱在滑行过程中易受震动，为减少柱脚与地面的摩阻力，一般在柱脚下设置托板、滚筒，并铺滑道。其优点是起吊时不需转动起重臂即可将柱吊起成直立，对起重机的机动性要求不高，操作比较安全。柱子制作时，一般与厂房纵向轴线平行布置，有利于其他构件布置和起重机开行。

3. 柱的对位与临时固定

柱脚插入杯口后使柱身大致垂直，当柱脚约距杯底 30～50mm 时停止下降，开始对位。用 8 只楔块从柱的四边放入杯口（每边各 2 块），如图 7.25 所示。并用撬棍拨动柱脚，使柱

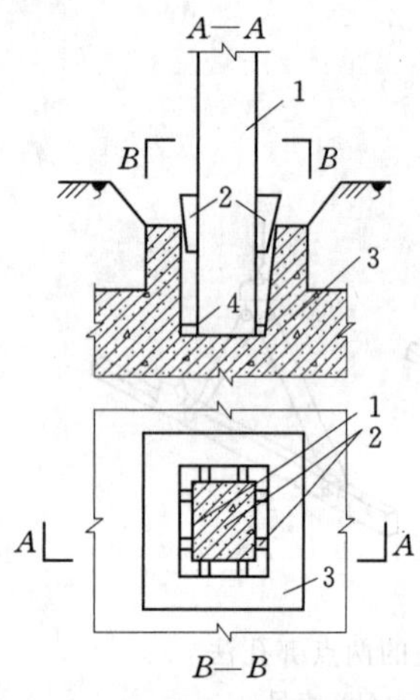

图 7.25 柱子临时固定

1—柱子；2—楔子；3—杯形基础；4—石子

的吊装准线对准杯口上的吊装准线。对位后将8只楔块略打紧，放松吊钩，让柱靠自重沉至杯底。再检查吊装准线的对准情况，若符合要求，立即将楔块打紧，将柱临时固定，起重机脱钩。

吊装重型柱或细长柱时，除靠柱脚处的楔块临时固定外，必要时可采取增设缆风绳或加斜撑等措施来加强柱临时固定的稳定性。

4. 柱的校正

柱的校正包括平面位置、标高及垂直度三个方面。柱的平面位置和标高已分别在对位和杯底抄平时完成，柱临时固定后，主要是进行垂直度的校正。

柱垂直度校正可用两台经纬仪，从柱相邻两边检查柱中心线的垂直度（图 7.26），其允许偏差值见表 7.11。测出的实际偏差大于规定值时，应进行校正。当偏差较小时，可用打紧或稍放松楔块的方法校正。如偏差较大时，可用螺旋千斤顶斜顶或平顶（图 7.27）、钢管支撑斜顶（图 7.28）等方法进行校正。当柱顶加设缆风绳时，也可用缆风绳来纠正柱的垂直偏差。

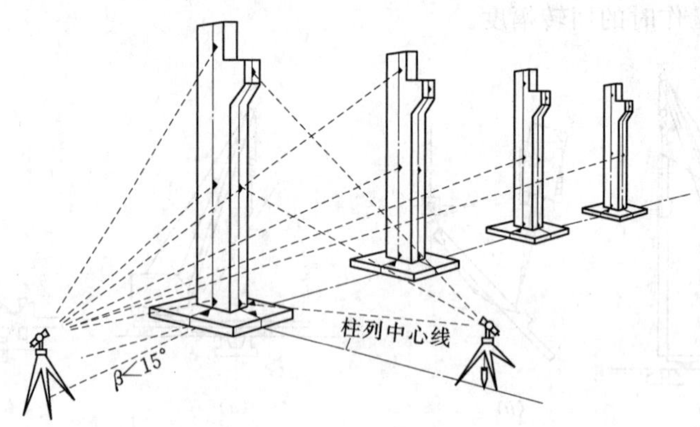

图 7.26 柱子吊装时垂直度校正

5. 柱的最后固定

柱校正后，应立即进行最后固定，即在柱脚与杯口的空隙中浇筑细石混凝土。灌缝一般分两次进行。第一次灌至楔块底面，待混凝土强度达到设计强度等级的25%后，拔出钢楔块，对称地将细石混凝土灌满至杯口顶部。

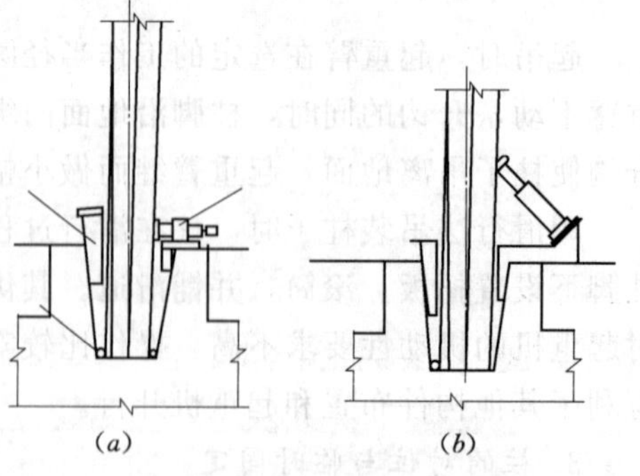

图 7.27 柱的对位与临时固定

(a) 螺旋千斤顶平顶法；(b) 千斤顶斜顶法

7.3.2.2 吊车梁的吊装

1. 吊车梁的绑扎、吊升、对位与临时固定

吊车梁吊升时，应对称绑扎、对称起吊。两根吊索取等长，吊钩才能对准梁的重心，从而使吊车梁在起吊后保持水平。吊车梁两端需安排两人

表 7.11　　安装构件时的允许偏差

项　目	名　称			允许偏差（mm）
1	杯形基础	中心线对轴线位移		10
		杯底标高		−10
2	柱	中心线对轴线的位移		5
		上下柱连接中心线位移		3
		垂直度	<5m	5
			>5m	10
			≤10m 且多节	高度的 1‰
		牛腿顶面和柱顶标高	≤5m	−5
			>5m	−8
3	梁或吊车梁	中心线对轴线位移		5
		梁顶标高		−5
4	屋架	下弦中心线对轴线位移		5
		垂直度	桁架	屋架高的 1/250
			薄腹梁	5
5	天窗架	构件中心线对定位轴线位移		5
		垂直度（天窗架高）		1/300
6	板	相邻两板板底平整	抹灰	5
			不抹灰	3
7	墙板	中心线对轴线位移		3
		垂直度		3
		每层山墙倾斜		2
		整个高度垂直度		10

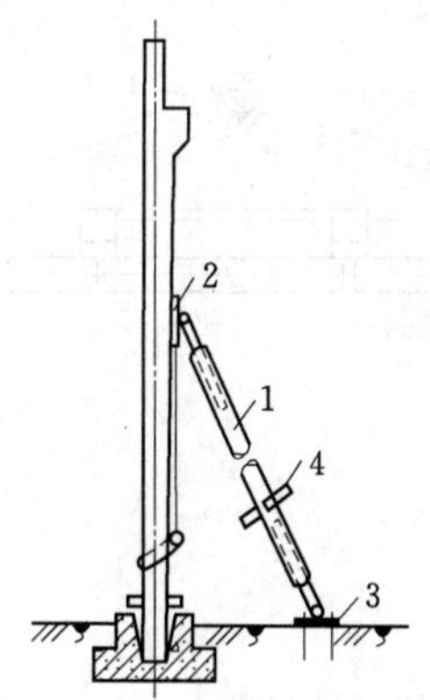

图 7.28　钢管撑杆校正柱子垂直度

1—钢管撑杆校正器；2—头部摩擦板；3—底板；4—转动手

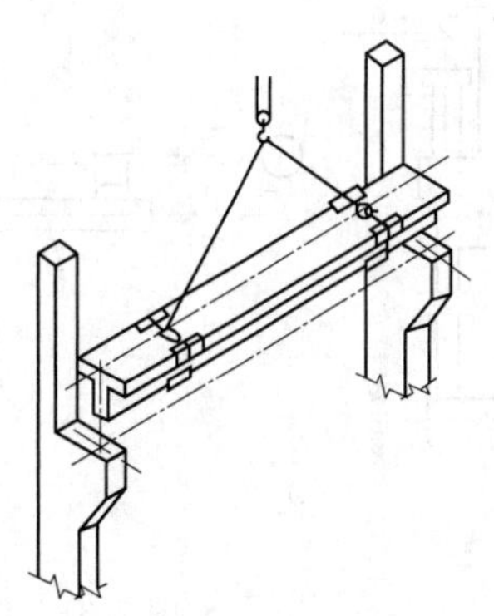

图 7.29　吊车梁的吊装

用溜绳控制，以防与柱子相碰。高宽比小于4的吊车梁本身的稳定性较好，在就位时用垫铁垫平即可，一般不需要采取临时固定措施；当梁的高宽比大于4时，为防止吊车梁倾倒，可用铅丝将其临时绑在柱子上。吊车梁的吊装如图7.29所示。

2. 吊车梁的校正和最后固定

吊车梁的校正一般在厂房全部结构安装完毕，并经校正和最后固定后进行。校正的主要内容为标高、垂直度和平面位置。梁的标高已在基础杯口底调整时基本完成，如仍存在误差，可在铺轨时，在吊车梁顶面抹一层砂浆找平。吊车梁垂直度校正常用靠尺或线锤检查。吊车梁垂直度允许偏差为5mm。若偏差超过规定值，可在梁底支垫铁片进行校正，每处垫铁不得超过3块。吊车梁平面位置校正包括纵向轴线和跨距两项内容，常用的方法有通线法和仪器放线法。

通线法（图7.30）是根据柱的定位轴线，在厂房两端地面定出吊车梁定位轴线的位置，打下木桩，用经纬仪先将厂房两端的4根吊车梁位置校准，并用钢尺校核轨距，然后在4根已校正的吊车梁端上设支架，高约200mm，并根据吊车梁的定位轴线拉钢丝通线，以此来检查并拨正各吊车梁的中心线。

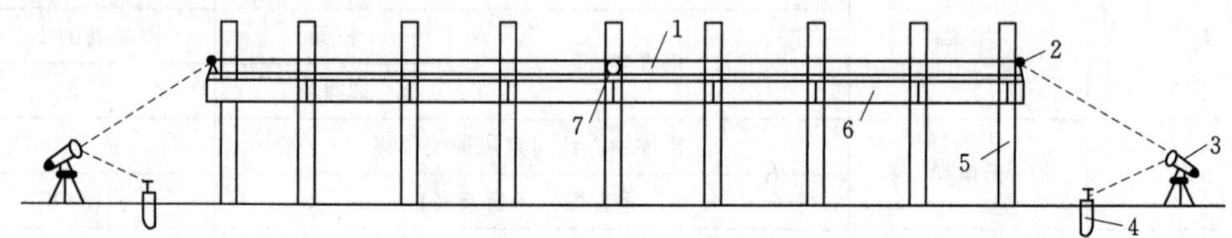

图7.30 通线法校正吊车梁

1—通线；2—支架；3—经纬仪；4—木桩；5—柱；6—吊车梁；7—圆钢

仪器放线法（图7.31）是在柱列边设置经纬仪，逐根将杯口上柱的吊车梁准线投射到吊车梁顶面处的柱身上，并做出标志，若吊装准线到柱定位轴线间的距离为a，则吊装准线标志到吊车梁定位轴线的距离就为$\lambda-a$，λ为柱定位轴线到吊车梁定位轴线的距离，一般为750mm。可据此来逐根拨正吊车梁的中心线，并检查两列吊车梁间的轨距是否符合要求。

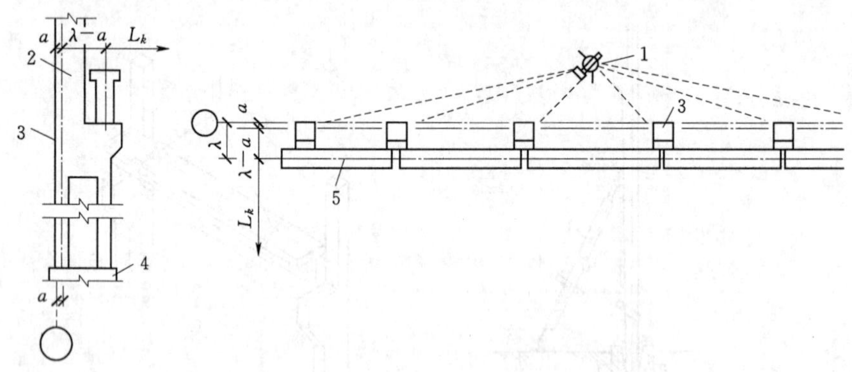

图7.31 仪器放线法校正吊车梁

1—经纬仪；2—标志；3—柱；4—柱基础；5—吊车梁

吊车梁校正后立即电焊焊牢，进行最后固定，在吊车梁与柱的空隙处填筑细石混凝土。

7.3.2.3 屋架的吊装

屋盖结构一般都是以节间为单位进行综合吊装，即每安装好一榀屋架，随即将这一开间的其他构件全部安装上，再进行下一开间的安装。屋架吊装的施工顺序是绑扎、扶直就位、吊升、对位、临时固定、校正和最后固定。

1. *屋架的绑扎*

屋架的绑扎点应选在上弦节点处，左右对称并高于屋架重心，吊索的布置必须使起重机的吊钩位于屋架正中。绑扎点的数量、位置与屋架的形式及跨度有关，一般由设计确定。屋架翻身扶直时，吊索与水平线的夹角不宜小于60°；吊装时不宜小于45°，以避免屋架承受过大的横向压力。必要时，为减少屋架的起吊高度及所受横向压力，可采用横吊梁。屋架吊装的几种绑扎方法如图7.32所示。屋架吊升时，其两端也要设溜绳控制，以防止屋架离开地面后在空中转动时与柱子相碰。屋架跨度小于或等于18m时，采用两点绑扎；屋架跨度大于18m时，采用四点绑扎：屋架跨度大于或等于30m时，应考虑采用横吊梁；对三角形组合屋架等平面内刚性较差的屋架，由于其下弦不能承受压力，故绑扎时也应采用横吊梁。

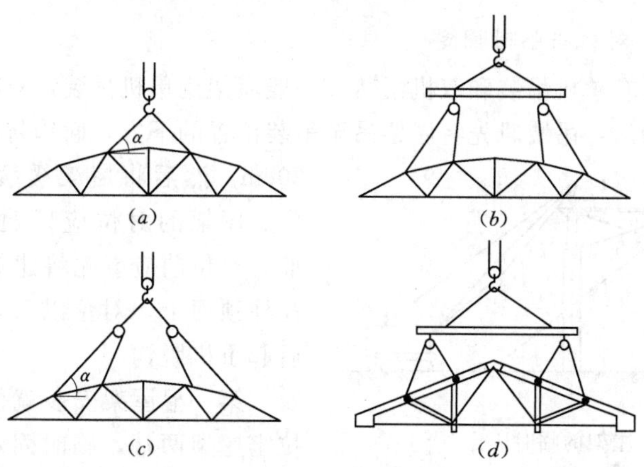

图7.32 屋架绑扎

(*a*) 跨度≤18m时；(*b*) 跨度＞18m时；(*c*) 跨度≥30m时；(*d*) 三角形组合屋架

2. *屋架的扶直与就位*

钢筋混凝土屋架一般在施工现场平卧浇筑，吊装前应将屋架扶直就位。因屋架的侧向刚度差，扶直时由于自重影响，改变了杆件受力性质，容易造成屋架损伤。因此，应事先进行吊装验算，以便采取有效措施，保证施工安全。

按照起重机与屋架相对位置不同，屋架扶直可分为正向扶直与反向扶直。

(1) 正向扶直。起重机位于屋架下弦一边，首先以吊钩对准屋架上弦中心，收紧吊钩，然后略略起臂使屋架脱模，随即起重机升钩升臂使屋架以下弦为轴缓缓转为直立状态［图7.33 (*a*)］。

(2) 反向扶直。起重机位于屋架上弦一边，首先以吊钩对准屋架上弦中心，接着升钩并降臂，使屋架以下弦为轴缓缓转为直立状态［图7.33 (*b*)］。

正向扶直与反向扶直的最大区别在于扶直过程中，前者为升臂，后者为降臂。升臂比降臂易于操作且较安全，故应考虑到屋架安装顺序、两端朝向等问题。一般靠柱边斜放或以3～5榀为一组平行柱边纵向就位。屋架就位后，应用8号铁丝、支撑等与已安装的柱或已就位的屋架相互拉牢，以保持稳定。

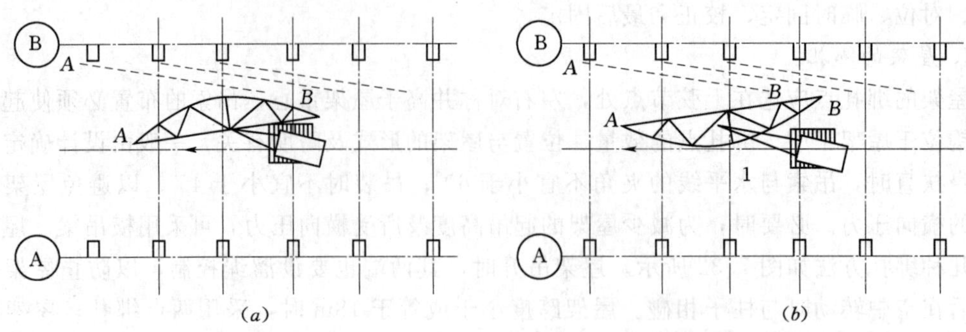

图 7.33 屋架的扶直（虚线表示屋架就位的位置）
(a) 正向扶直；(b) 反向扶直

3. 屋架的吊升、对位与临时固定

屋架的吊升方法有单机吊装和双机吊装。一般屋架用单机吊装，只有当屋架跨度大或重量大时，才用双机抬吊。吊装时先将屋架吊至吊装位置的下方，起钩将屋架吊至超过柱顶约30cm，然后将屋架缓缓降至柱顶，进行对位。屋架的对位应以建筑物的定位轴线为准，对位前应事先将建筑物轴线用经纬仪放在柱顶面上，对位以后，立即临时固定，然后起重机脱钩。

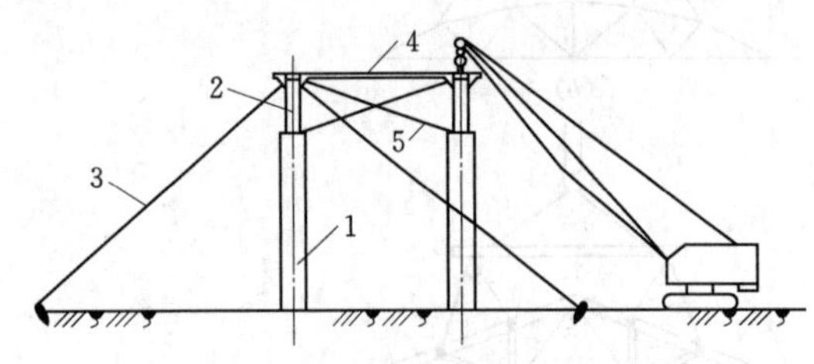

图 7.34 屋架的临时固定
1—柱；2—屋架；3—缆风绳；4—工具式支撑；5—屋架垂直屋架

第一榀屋架安装就位后，用 4 根缆风绳拉牢屋架两端，临时固定，如图 7.34 所示。若有抗风柱时，可与抗风柱连接固定。第二榀屋架用工具式支撑（图 7.35）临时固定在第一榀屋架上，以后各榀屋架的临时固定，也都是用工具式支撑撑牢在前一榀屋架上，当屋架校正后，最后固定后并安装了若干块大型屋面板后，才可将支撑取下。

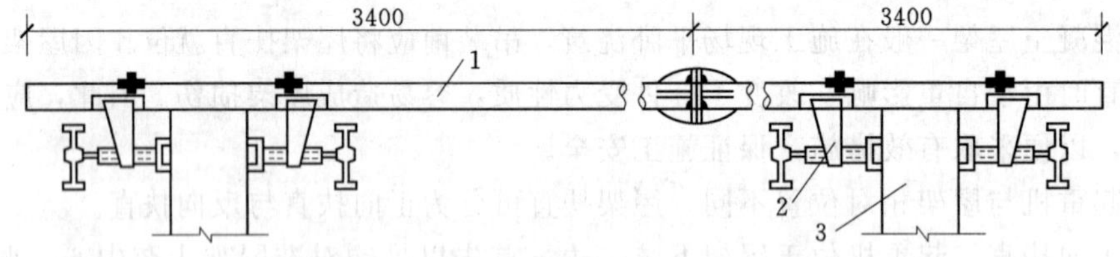

图 7.35 工具式支撑的构造（单位：mm）
1—钢管；2—撑脚；3—屋架上弦

4. 屋架的校正与最后固定

屋架校正的内容是检查并校正垂直度，用经纬仪或线锤检查，用工具式支撑校正垂直偏差。

用经纬仪检查屋架垂直度时，在屋架上弦安装三个卡尺（一个安装在屋架中央，两个安装在屋架两端），自屋架上弦几何中心线量出 50cm，在卡尺上做出标志。然后在距屋架中线

50cm 处，在地上设一台经纬仪，用其检查三个卡尺的标志是否在同一垂直面上，如图 7.36 所示。

用锤球检查屋架垂直度时，卡尺标志的设置与前述相同，标志距屋架几何中心线的距离取 30cm，在两端卡尺标志之间连一通线，从中央卡尺的标志处向下挂线锤，检查 3 个卡尺的标志是否在同一垂面上。

屋架校正垂直后，立即用电焊固定。屋架安装的垂直偏差不宜超过屋架高度的 1/250。

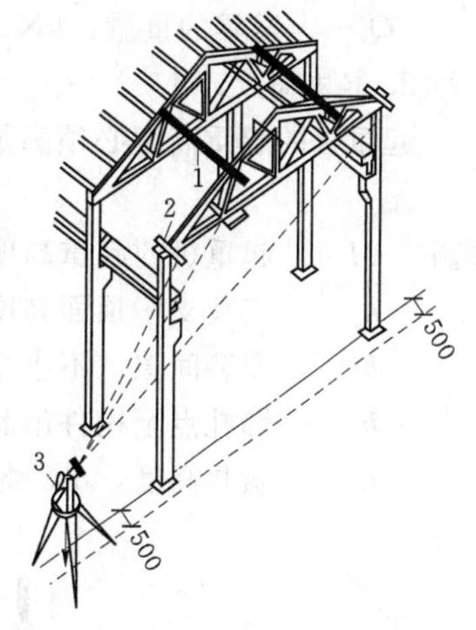

图 7.36 屋架的临时固定与校正（单位：mm）

1—工具式支撑；2—卡尺；3—经纬仪

7.3.2.4 天窗架和屋面板的吊装

天窗架可与屋架组装后一起绑扎吊装，或单独进行吊装。天窗架单独吊装应在天窗架两侧的屋面板吊装后进行，其吊装方法和屋架基本相同。其校正可用工具式支撑进行。

屋面板设有预埋吊环，用带钩的吊索钩住吊环即可起吊，为充分利用起重机的起重能力，提高功效，可采用一次同时吊几块屋面板的办法，吊装时使几块屋面板间用索具相互悬挂。

屋面板的吊装顺序应由两边檐口左右对称地逐块铺向屋脊，以免屋架受荷不均，屋面板就位后，应立即电焊固定。每块屋面板至少有 3 点与屋架（或天窗架）焊牢，且必须保证焊缝质量。

7.3.3 结构安装方案

单层工业厂房结构的特点是：平面尺寸大，承重结构的跨度与柱距大，构件类型少，构件重量大，厂房内还有各种设备基础（特别是重型厂房）等。因此，在拟定结构吊装方案时，应着重解决结构吊装方法、起重机的选择、起重机开行路线与构件平面布置等问题。确定施工方案时应根据厂房的结构型式、跨度、构件的重量及安装高度、吊装工程量及工期要求，并考虑现有起重设备条件等因素综合研究决定。

7.3.3.1 起重机选择

起重机的选择主要是确定起重机的类型及型号。

单层工业厂房结构的特点是平面尺寸大，构件重，但安装高度一般中小厂房不大，构件类型不多，因此宜选择移动较方便的自行式起重机进行安装。目前一般中小型单层工业厂房大多选用履带式起重机或汽车式起重机。在吊装过程中，各种构件的重量、起重高度等相差太大时，可选用同一型号的起重机用不同的臂长进行吊装，以充分发挥起重机的性能。只有当工期紧或现场起重机提供可能时，才采用多型号或多台起重机同时进行吊装。

起重机的工作参数包括起重量 Q、起重高度 H 和起重半径 R。所选起重机的三个工作参数必须满足构件的安装要求。起重机工作参数确定如下。

1. 起重量

起重机的起重量必须大于所安装构件重量与索具重量之和，即

$$Q \geqslant Q_1 + Q_2 \tag{7.10}$$

式中 Q——起重机的起重量，kN；

Q_1——构件的重量，kN；

Q_2——索具的重量，kN。

2. 起重高度

起重机的起重高度必须满足构件安装高度的要求（图7.37），即

$$H \geqslant h_1 + h_2 + h_3 + h_4 \tag{7.11}$$

式中 H——起重机的起重高度，m，停机面至吊钩中心的垂直距离；

h_1——安装支座顶面高度，m，从停机面算起；

h_2——安装间隙，不小于0.3m；

h_3——绑扎点至构件吊起后底面的距离，m；

h_4——索具高度，m，绑扎点至吊钩中心的垂直距离。

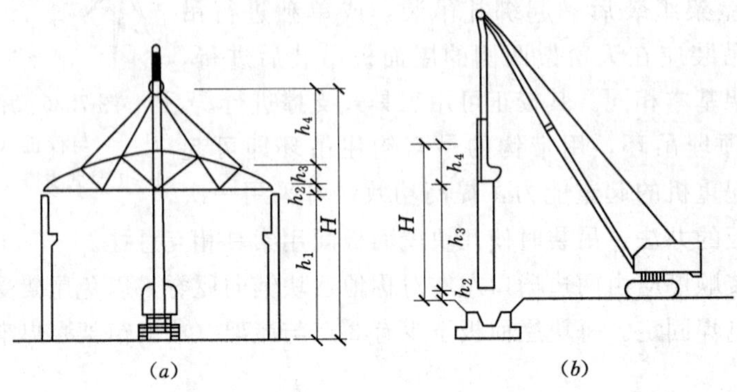

图7.37 起重高度计算简图

(a) 安装屋架；(b) 安装柱子

3. 起重半径

当起重机可以开行至吊装位置附近吊装时，对起重机工作无特殊要求的构件，可按计算的起重量和起重高度，查阅起重机性能表选择起重机型号及臂长，并查得相应的起重半径，并以这个起重半径确定起重机开行路线和停机点位置。当起重机停机位置受到限制，不能直接开到吊装位置附近时，需要根据要求的最小起重半径、起重量、起重高度，查阅起重机性能表，选择起重机型号及起重臂长。当起重机的起重臂需要跨过已安装好的构件进行吊装时，为了避免起重臂与已安装好的结构碰撞，或避免吊装的构件与起重臂碰撞，都需要求出起重机吊装该构件时的最小臂长及相应的起重半径，有数解法和图解法两种方法（图7.38）。

(1) 数解法。如图7.38 (a) 所示，起重机的起重臂为

$$L = l_1 + l_2 = \frac{h}{\sin\alpha} + \frac{f+g}{\cos\alpha} \tag{7.12}$$

$$\alpha = \arctan\sqrt[3]{\frac{h}{f+g}} \tag{7.13}$$

式中 h——起重臂下铰至吊装构件支座顶面的高度，m，$h=h_1-E$；

h_1——从停机面至构件安装表面间的垂直距离，m；

f——起重机吊钩跨过已安装结构的水平距离，m；

g——起重臂轴线与已安装好构件间的水平距离，至少取1m；

α——起重臂的仰角。

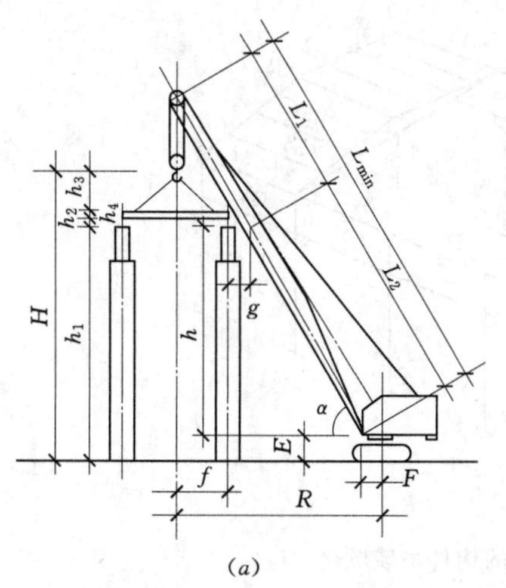

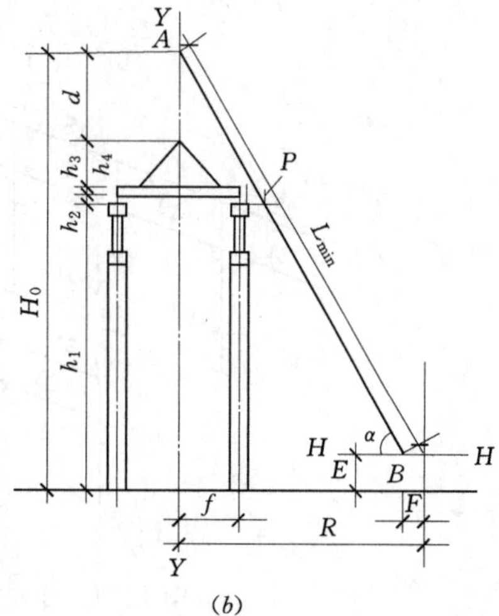

图 7.38　吊装屋面板时起重机最小臂长计算简图

(a) 数解法；(b) 图解法

将式(7.13)求得的 α 值代入式(7.12)可得出所需的最小起重臂长度。

(2)图解法。用图解法求起重机最小臂长及相应的起重半径较为直观，如图 7.38(b)所示，但为保证精确度，要选择适当的作图比例。图解法步骤如下：

1)按选定比例绘制厂房一个节间的剖面图，并在过吊装屋面板时起重机吊钩伸入跨内所需水平距离 f 位置处，作铅垂线 YY。

2)作与停机面距离等于 E 的水平线 HH，HH 线是起重臂下端转轴的运动轨迹。

3)自屋架顶面向起重机方向水平量一距离等于 g，标记为 P 点。

4)过 P 点可作若干条直线，分别与水平线 HH 及铅垂线 YY 相交，则 HH 线与 YY 线所截得的若干线段都满足起重臂长度的要求。设其中最短的一条交 YY 线于 A 点，交 HH 线于 B 点。则线段 AB 的长度即是最小起重臂长度 L_{min}。

根据数解法和图解法所求得的最小起重臂长度为理论值 L_{min}，查起重机性能表或性能曲线，从规定的几种臂长中选择一种臂长 $L \geqslant L_{min}$ 即为吊装屋面板时所选用的起重臂长度。根据实际采用的 L 及相应的 α 值以及式(7.1)，计算起重半径，按计算出的 R 值及已选定的起重臂长度 L 查起重机性能表或性能曲线，复核起重量 Q 及起重高度 H，如满足要求，即可根据 R 值确定起重机吊装屋面板时的停机位置。

7.3.3.2　结构安装方法

单层工业厂房的结构安装方法有分件安装法和综合安装法。

1. 分件安装法

起重机每开行一次，仅安装一、二种构件，通常分三次开行才能安装完全部构件。即第一次开行安装全部柱子，并对柱子进行校正和最后定位；第二次开行安装全部吊车梁、连系梁及柱间支撑；第三次开行依次按节间安装屋架、天窗架、屋面板及屋面支撑等构件，如图 7.39 所示。

2. 综合安装法

以厂房的节间为构件安装作业的独立单元，起重机在厂房内一次开行，依次安装完各单

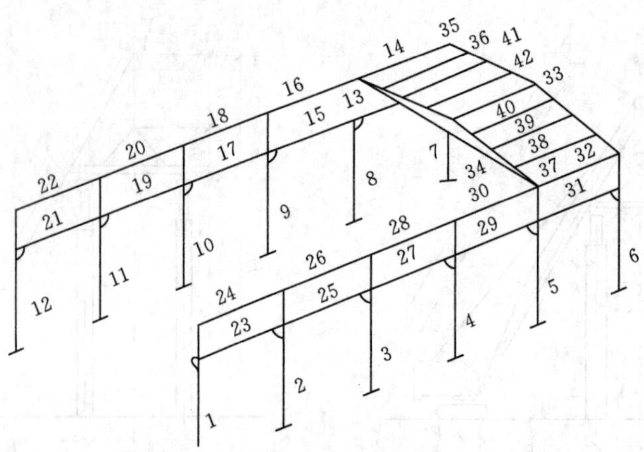

图 7.39 分件安装时的构件吊装顺序

（图中数字表示构件吊装顺序，其中 1～12—柱；13～32—单数是吊车梁，双数是联系梁；33、34—屋架；35～42—屋面板）

元内所有各种类型的构件。开始时，先安装 4～6 根柱子，并立即进行校正和最后固定，然后安装该 1～2 个节间内的吊车梁、连系梁、屋架、屋面板等构件。然后按节间、按顺序用同样的方法继续安装，直至整个厂房结构安装完毕。

分件安装法与综合安装法相比较，前者安装速度快，每次开行只安装一种或几种构件，易按构件特点合理确定吊装工作参数，操作简单而连续，可充分发挥起重机性能；后者安装速度慢，按节间安装，起重机需要不断变更工作参数和更换吊具，操作复杂，影响工作效率。前者开行路线长，后者开行路线短。前者工序衔接合理，构件的固定、校正时间充分，构件平面布置容易；后者工序衔接较零乱，构件的固定、校正时间短，构件平面布置困难。鉴于以上原因，所以只有在特殊情况下，如采用牵缆式桅杆起重机吊装，起重机移动较困难时才采用综合安装法；当采用履带式起重机或汽车式起重机吊装时，一般宜采用分件安装法施工。

7.3.3.3 起重机开行路线

起重机开行路线和起重机的停机位置与起重机性能、构件的尺寸及重量、构件的平面布置、构件的供应方式、安装方法等许多因素有关。

起重机开行路线的选择，应以开行路线的总长度较短和线路能够重复使用为目标，使安装方案趋于经济合理。安装柱时，根据厂房跨度大小、柱的尺寸、重量及起重机性能，可沿跨中开行或跨边开行。当柱布置在跨外时，则起重机一般沿跨外开行。

跨中开行时，根据起重半径满足不同条件，可在一个停机点上同时吊装左右侧 2 根柱子或 4 根柱子；跨外或跨边开行时，在一个停机点上可吊装一根柱子，或满足几何条件时可同时吊装同侧的两根柱子，如图 7.40 所示。

当 $R \geqslant L/2$ 时，起重机可沿跨中开行，每个停机位置可吊装两根柱，如图 7.40（*a*）所示；

当 $R \geqslant \sqrt{\left(\frac{L}{2}\right)^2 + \left(\frac{b}{2}\right)^2}$，则可吊装 4 根柱，如图 7.40（*b*）所示；

当 $R < L/2$ 时，起重机需沿跨边开行，每个停机位置吊装 1～2 根柱，如图 7.40（*c*）、

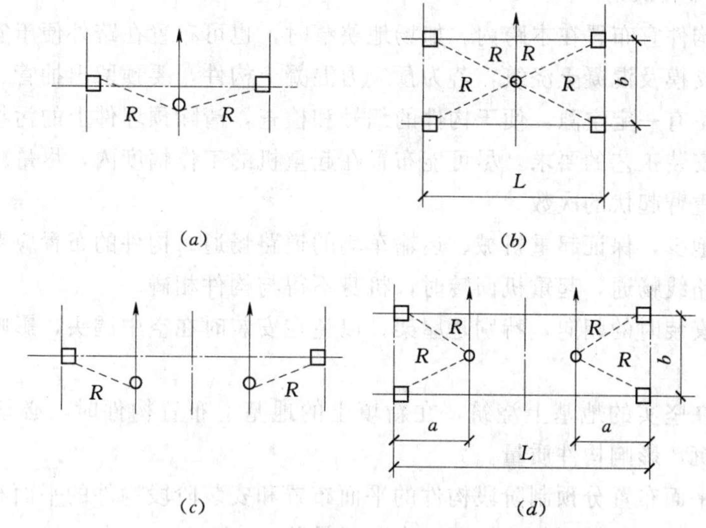

图 7.40　吊装柱时起重机的开行路线及停机位置

(a) 跨中开行；(b) 跨中开行；(c) 跨边开行；(d) 跨边开行

(d) 所示。

安装屋架、屋面板等屋面构件时，起重机大多沿跨中开行。

图 7.41 是一个单跨车间采用分件吊装时起重机的开行路线及停机位置图。起重机自轴线进场，沿跨外开行吊装列柱（柱跨外布置）；再沿轴线跨内开行吊装列柱（柱跨内布置）；再转到轴扶直屋架及将屋架就位；再转到轴吊装；列连系梁、吊车梁等；再转到轴吊装列品车梁等构件；再转到跨中吊装屋盖系统。

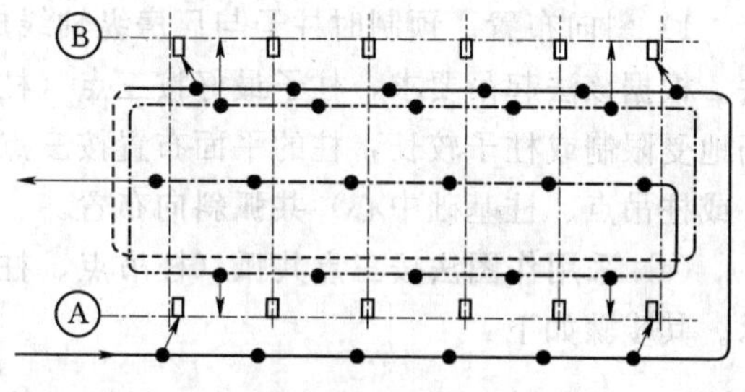

图 7.41　起重机开行路线及停机位置

——●—— 吊装柱的开行路线及停机位置；

------------ 扶直屋架及屋架就位的开行路线；

—··—●—·— 吊装吊车梁及连系梁的开行路线及停机位置；

—·—●—·— 吊装屋架及屋面板的开行路线及停机位置

当单层工业厂房面积大，或具有多跨结构时，为加速工程进度，可将建筑物划分为若干段，选用多台起重机同时进行施工。每台起重机可以独立作业，负责完成一个区段的全部吊装工作，也可选用不同性能的起重机协同作业，有的专门吊装柱子，有的专门吊装屋盖结构，组织大流水施工。

当厂房具有多跨并列和纵横跨时，可先吊装各纵向跨，以保证吊装各纵向跨时，起重机械、运输车辆畅通。如各纵向跨有高低跨，则应先吊高跨，然后逐步向两侧吊装。

7.3.3.4　构件平面布置

厂房跨内及跨外都可作为构件布置的场地，通常是相当紧凑的。构件平面布置的是否合理直接影响到整个结构安装工程的顺利进行。因此，在构件平面布置时必须根据现场条件、工程特点、工期要求、作业方式等进行统筹安排。构件的平面布置可分为预制阶段和吊装阶段，两者之间紧密关联，必须同时考虑。

1. 构件平面布置原则

(1) 每跨的构件宜布置在本跨内。如场地狭窄时，也可布置在跨外便于安装的地方。

(2) 应便于支模及混凝土浇筑，若为预应力混凝土构件，要预留出抽管、穿筋的必要场地。构件之间应留有一定空隙，便于构件的编号和检查，清除预埋件上的污物。

(3) 要满足安装工艺的要求，尽可能布置在起重机的工作幅度内，尽量减少起重机负荷行驶的距离及起重臂起伏的次数。

(4) 力求占地少，保证起重机械、运输车辆的道路畅通。构件的布置应考虑起重机的开行与回转，保证路线畅通，起重机回转时，机身不得与构件相碰。

(5) 要注意安装时的朝向，特别是屋架，以免在安装时在空中调头，影响安装进度，也不安全。

(6) 构件应在坚实的地基上浇筑，在新填土的地基上布置构件时，必须采取一定的措施，防止地基下沉，影响构件质量。

(7) 构件的平面布置分预制阶段构件的平面布置和安装阶段构件的平面布置。布置时两种情况要综合加以考虑，做到相互协调，有利于吊装。

2. 预制阶段构件的平面布置

(1) 柱子的布置。为了配合柱子的两种起吊方法，柱子在预制时可采取下列两种布置方式：斜向布置和纵向布置。一般用旋转法吊柱时，柱斜向布置；用滑行法吊柱时，柱纵向布置。

1) 斜向布置。预制时柱子与厂房纵轴线成一斜角。这种布置主要是为了配合旋转起吊法。根据该法起吊要求，柱子最好按三点（柱基础中心、柱脚、柱吊点）共弧斜向布置。当场地受限制或柱子较长，柱的平面布置按三点共弧有困难时，可采用两点（柱脚、柱基础中心或柱吊点、柱基础中心）共弧斜向布置。

(a) 采用作图法按三点共弧（柱吊点、柱脚和柱基三点共弧）斜向布置，如图 7.42 所示。其步骤如下：

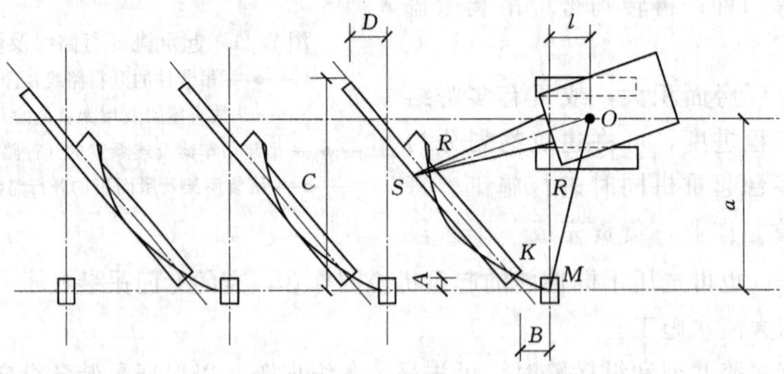

图 7.42 柱子斜向布置方式之一（柱吊点、柱脚和柱基三点共弧）

a) 确定起重机开行路线到柱基中线的距离 a。起重机开行路线到柱基中线的距离 a 与基坑大小、起重机的性能、构件的尺寸和重量有关。a 的最大值不要超过起重机吊装该柱时的最大起重半径；a 的最小值也不要取得过小，以免起重机太近基坑边而致失稳；此外，还应注意检查当起重机回转时，其尾部不致与周围构件或建筑物相碰。综合考虑这些条件后，就可定出 a 值（$R_{min}<a\leqslant R$），并在图上画出起重机的开行路线。

b）确定起重机的停机位置。确定起重机的停机位置是以所吊装柱的柱基中心 M 为圆心，以所选吊装该柱的起重半径 R 为半径，画弧交起重机开行路线于 O 点，则 O 点即为起重机的停机点位置。标定 O 点与横轴线的距离为 l。

c）确定柱在地面上的预制位置。按旋转法吊装柱的平面布置要求，使柱吊点、柱脚和柱基三者都在以停机点 O 为圆心，以起重机起重半径 R 为半径的圆弧上，且柱脚靠近基础。据此，以停机点 O 为圆心，以吊装该柱的起重半径 R 为半径画弧，在靠近基础杯的弧上选一点 K，作为预制时柱脚的位置。又以 K 为圆心，以绑扎点至柱脚的距离为半径画弧，两弧相交于 S。再以 KS 为中心线画出柱的外形尺寸，此即为柱的预制位置图。标出柱顶、柱脚与柱列纵横轴线的距离（A、B、C、D），以其外形尺寸作为预制柱的支模的依据。

布置柱时尚需注意牛腿的朝向问题，要使柱吊装后，其牛腿的朝向符合设计要求。因此当柱布置在跨内预制或就位时，牛腿应朝向起重机；若柱布置在跨外预制或就位时，则牛腿应背向起重机。

（b）在布置柱时有时由于场地限制或柱过长，很难做到三点共弧，则可安排两点共弧，这又有两种做法：

a）将柱脚与柱基安排在起重机起重半径 R 的圆弧上，而将吊点放在起重机起重半径 R 之外（图 7.43）。吊装时先用较大的起重半径 R' 吊起柱子，并升起起重臂。当起重半径由 R' 变为 R 后，停升起重臂，再按旋转法吊装柱。

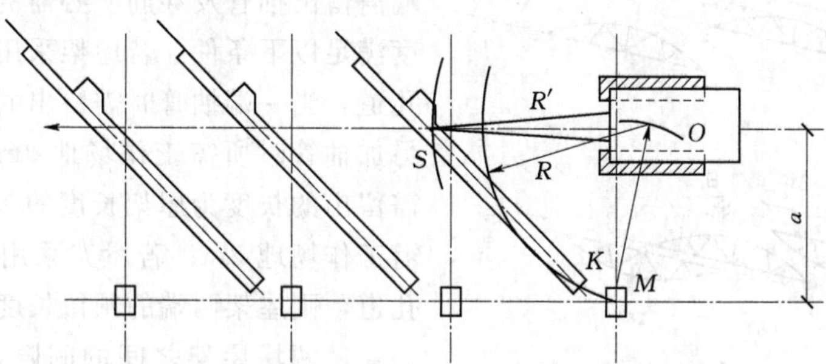

图 7.43　柱子斜向布置方式之二（柱脚、柱基两点共弧）

b）将吊点与柱基安排在起重半径 R 的同一圆弧上，而柱脚可斜向任意方向（图 7.44）。吊装时，柱可用旋转法吊升，也可用滑行法吊升。

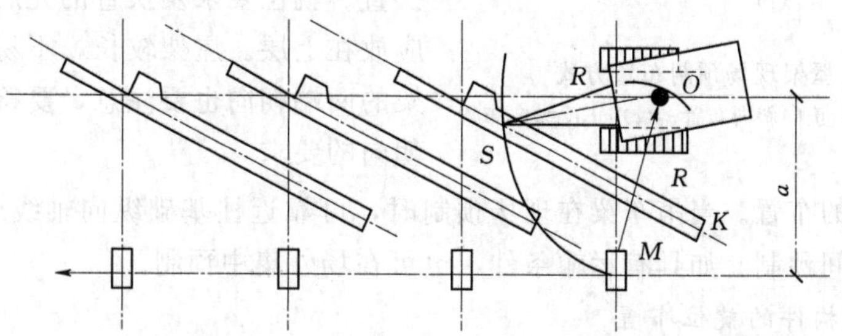

图 7.44　柱斜向布置方式之三（吊点、柱基两点共弧）

2）纵向布置。柱子预制与厂房轴线平行排列，纵向布置主要是配合滑行法起吊柱子。对于一些较轻的柱子，起重机能力有富余，考虑到节约场地，方便构件制作，可顺柱列纵向布置（图7.45），采用滑行法吊装。布置时可考虑起重机停于两柱之间，每停机一次安装两根柱子。柱子的绑扎点应布置在起重机吊装该柱时的起重半径上。柱子纵向布置，绑扎点与杯口中心两点共弧。

若柱子长度大于12m，柱子纵向布置宜排成两行，如图7.45（a）所示；若柱子长度小于12m，则可叠浇排成一行，如图7.45（b）所示。

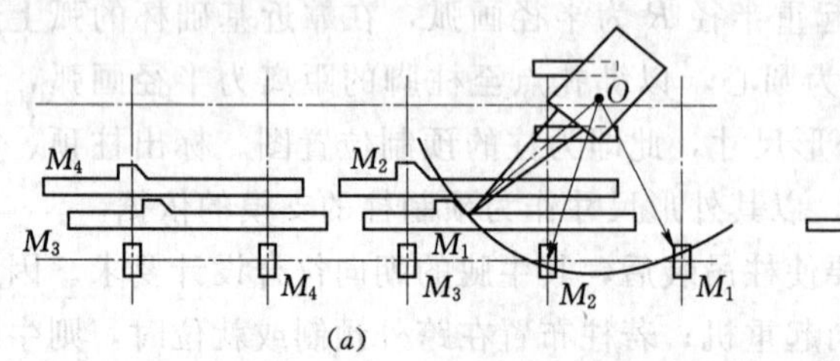

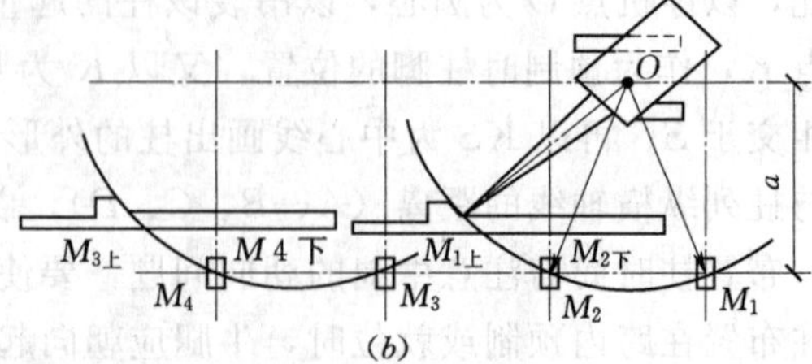

图7.45　柱的纵向布置

（2）屋架的布置。钢筋混凝土或预应力混凝土屋架多采用在跨内平卧叠层预制，每叠3～4榀，布置方式有斜向布置、正反斜面向布置和正反纵向布置（图7.46）。多采用斜向布置，因其便于扶直和就位，只有在场地受到限制时，才考虑其他两种形式。

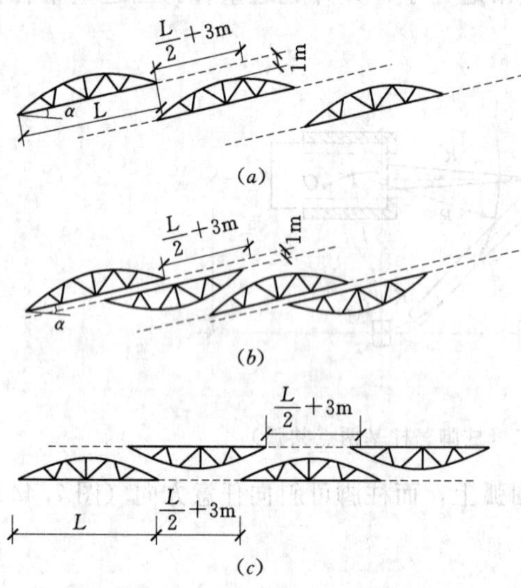

图7.46　屋架现场预制布置方式

（a）斜向布置；（b）正向斜向布置；（c）正反纵向布置

若为预应力混凝土屋架，在屋架一端或两端需留出抽管及穿筋所必需的长度。其预留长度满足以下条件：若屋架采用钢管抽芯法预留孔道，当一端抽管时需留出的长度为屋架全长另加抽管时所需工作场地3m；当两端抽管时需留出的长度为屋架长度的1/2另加抽管时所需工作场地3m；若屋架采用胶管抽芯法预留孔道，则屋架两端的预留长度可以适当减少。

每两垛屋架之间的间隙，可取1m左右，以便支摸板及浇筑混凝土之用。屋架之间互相搭接的长度视场地大小及需要而定。

在布置屋架的预制位置时，要考虑屋架的扶直、就位要求及扶直的先后顺序。先扶直的应放在上层。屋架较长，不易转动，因此对屋架的两端朝向也要注意，要符合屋架安装时对朝向的要求。

（3）吊车梁的布置。当吊车梁在现场预制时，可靠近柱基础纵向轴线或略作倾斜布置，也可插在柱子之间预制。如具有运输条件，也可在场外集中预制。

3. 安装阶段构件的就位布置

各种构件在起吊前应按要求进行就位，密切配合构件的安装要求。柱子在预制时已按安装阶段的要求布置，所以柱子在两个阶段的布置要求是一致的。因而就位布置主要指柱子安装后，屋架、屋面板、吊车梁等构件的就位布置。

（1）屋架的扶直就位。屋架一般布置在本跨内，首先用起重机将屋架由平卧转为直立，

这一工作称为屋架的扶直。屋架扶直后立即进行就位，按就位的位置不同，可分为同侧就位和异侧就位两种。同侧就位时，屋架的预制位置与就位位置均在起重机开行路线的同一侧。异侧就位时，需将屋架由预制的一边转至起重机开行路线的另一边就位。此时，屋架两端的朝向已有变动。因此，在预制屋架时，对屋架就位的位置事先应加以考虑，以便确定屋架两端的朝向及预埋件的位置等问题。

按屋架同侧就位的方式，常用的有两种：一种是靠柱边斜向就位；另一种是靠柱边成组纵向就位。

1）屋架的斜向就位。屋架斜向就位在吊装时跑车不多，节省吊装时间，但屋架支点过多，支垫木、加固支撑也多。屋架靠柱边斜向就位（图 7.47），可按下述作图方法确定其就位位置：

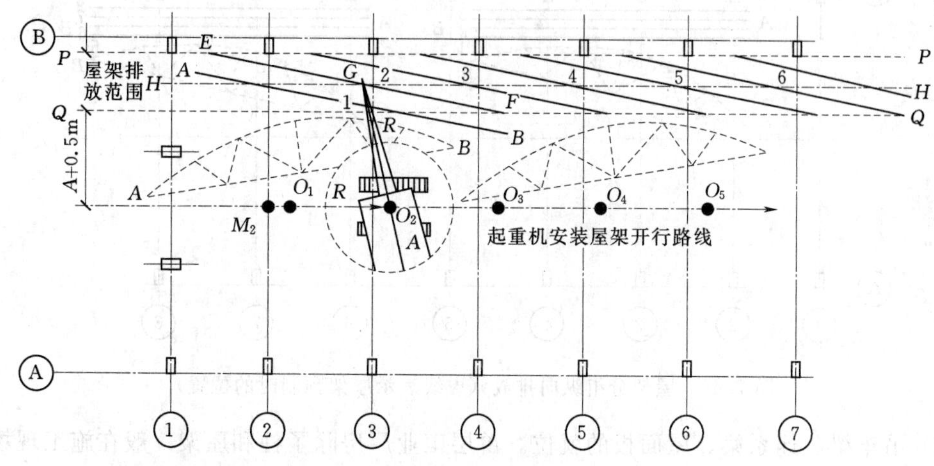

图 7.47 屋架同侧斜向排放（虚线表示屋架预制时的位置）

(a) 确定起重机吊装屋架时的开行路线及停机位置。起重机吊装屋架时一般沿跨中开行，也可根据吊装需要稍偏于跨度的一边开行，在图上画出开行路线。然后以欲吊装的某轴线（例如②轴线）的屋架中点 M_2 为圆心，以所选择吊装屋架的起重半径 R 为半径画弧交于开行路线于 O_2，O_2 即为吊②轴线屋架的停机位置。

(b) 确定屋架就位的范围。屋架一般靠柱边就位，但屋架离开柱边的净距不小于 200mm，并可利用柱作为屋架的临时支撑。这样，可定出屋架就位的外边线 $P—P$。另外，起重机在吊装屋架及屋面板时需要回转，若起重机尾部至回转中心的距离为 A，则在距起重机开行路线 $A+0.5$m 的范围内也不宜布置屋架及其他构件；以此画出虚线 $Q—Q$，在 $P—P$ 及 $Q—Q$ 两虚线的范围内可布置屋架就位。但屋架就位宽度不一定需要这样大，应根据实际需要定出屋架就位的宽度 $P—Q$。

(c) 确定屋架的就位位置。当根据需要定出屋架实际就位宽度 $P—Q$ 后，在图上画出 $P—P$ 与 $Q—Q$ 的中线 $H—H$。屋架就位后之中点均应在此 $H—H$ 线上。因此，以吊②轴线屋架的停机点 O_2 为圆心，以吊屋架的起重半径 R 为半径，画弧交 $H—H$ 线于 G 点，则 G 点即为②轴线屋架就位之中点。再以 G 点为圆心，以屋架跨度的一半为半径，画弧交 $P—P$ 及 $Q—Q$ 两虚线于 E、F 两点。连 E、F 即为②轴线屋架就位的位置。其他屋架的就位位置均平行于此屋架，端点相距 6m（即柱距）。唯①轴线屋架由于已安装了抗风柱，需要后退至

②轴线屋架就位位置附近就位。

2）屋架的成组纵向就位。纵向就位在就位时方便，支点用的道木比斜向就位要少，但吊装时部分屋架要负荷行驶一段距离，故吊装费时，且要求道路平整。

屋架的成组纵向就位，一般以4～5榀为一组，靠柱边顺轴线纵向就位。屋架与柱之间、屋架与屋架之间的净距不小于200mm，相互之间用铁丝及支撑拉紧撑牢。每组屋架之间应留3m左右的间距作为横向通道。应避免在已吊装好的屋架下面去绑扎吊装屋架，屋架起吊应注意不要与已吊装的屋架相碰。因此，布置屋架时，每组屋架的就位中心线可大致安排在该组屋架倒数第二榀吊装轴线之后约2m处，如图7.48所示。

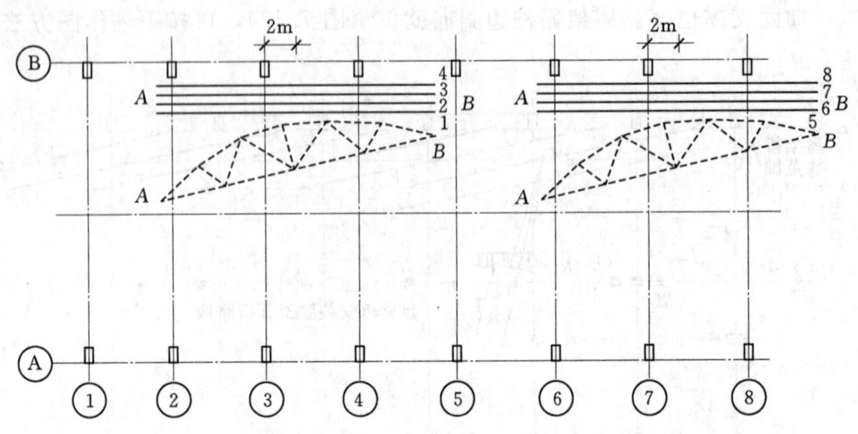

图7.48　屋架分组纵向排放（虚线表示屋架预制时的位置）

（2）吊车梁、连系梁、屋面板的就位。单层工业厂房除了柱和屋架一般在施工现场制作外，其他构件（如吊车梁、连系梁、屋面板等）均可在预制厂或附近的露天预制场制作，然后运至施工现场进行安装。构件运输至现场后，应根据施工组织设计所规定的位置，按编号及构件安装顺序进行排放或集中堆放。

吊车梁、连系梁的排放位置，一般在其吊装位置的柱列附近，跨内跨外均可；有时也可以从运输车辆上直接起吊。屋面板可6～8块为一叠，靠柱边堆放；当在跨内就位时，应向后退3～4个节间开始堆放；若在跨外就位，应后退1～2个节间开始就位。屋面板可布置在跨内或跨外。

7.3.4 单层工业厂房吊装实例

某车间为单层、单跨18m的工业厂房，柱距6m，共13个节间，厂房平面图、剖面图如图7.49所示，主要构件尺寸如图7.50所示，车间主要构件一览表见表7.12。

表7.12　车间主要预制构件一览表

轴线	构件名称及编号	数量	构件重量（t）	构件长度（m）	安装标高（m）
Ⓐ Ⓑ ① ⑭	基础梁 YJL	32	1.51	5.95	
Ⓐ Ⓑ	连系梁 YLL	26	1.75	5.95	+6.60
Ⓐ Ⓑ	柱 Z_1	4	7.03	12.20	−1.40
Ⓐ Ⓑ	柱 Z_2	24	7.03	12.20	−1.40
Ⓐ Ⓑ	柱 Z_3	4	5.8	13.89	−1.20

续表

轴线	构件名称及编号	数量	构件重量（t）	构件长度（m）	安装标高（m）
①～⑭	屋架 YGJ-18-1	14	4.95	17.70	+10.80
ⒶⒷ	吊车梁 DCL_1	22	3.95	5.95	+6.60
ⒶⒷ	吊车梁 DCL_2	4	3.95	5.95	+6.60
	屋面板 YWB	156	1.30	5.97	+13.80
ⒶⒷ	天沟板 TGB	26	1.07	5.97	+11.40

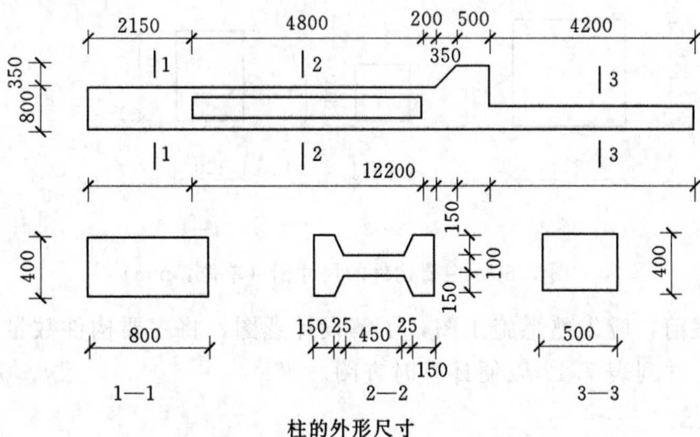

柱的外形尺寸

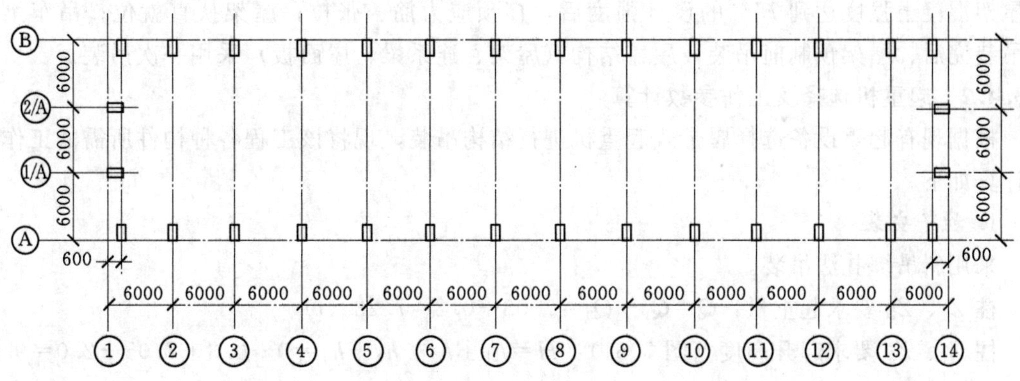

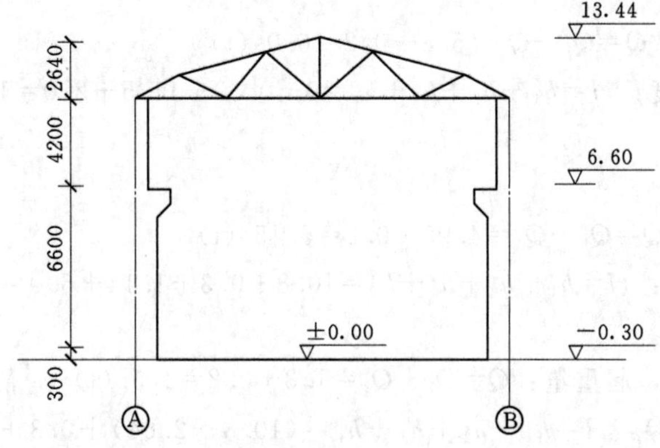

图 7.49 某车间厂房平面图及剖面图（标高：m；尺寸：mm）

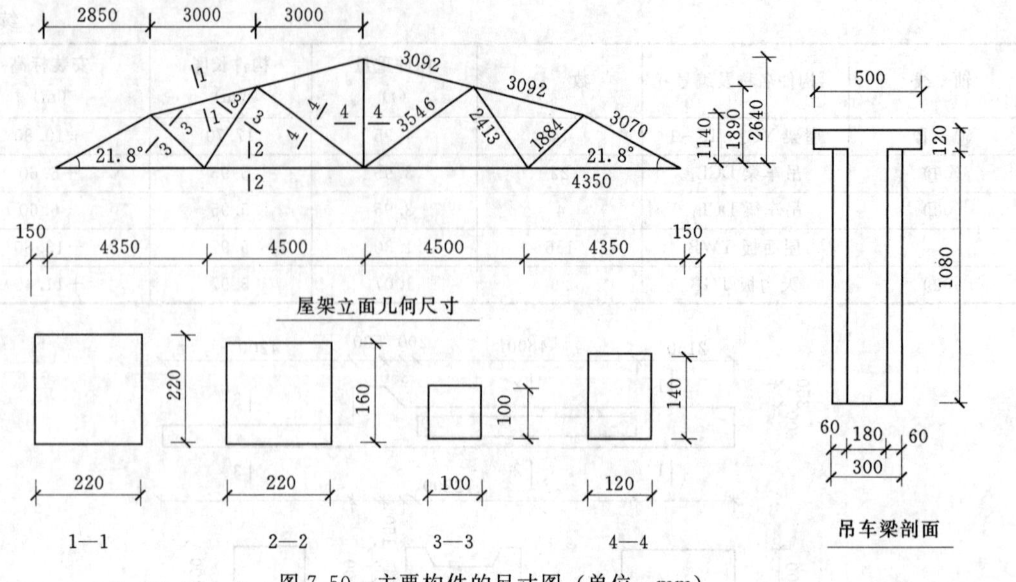

图 7.50　主要构件的尺寸图（单位：mm）

制定安装方案前，应先熟悉施工图，了解设计意图，将主要构件数量、重量、长度、安装标高分别算出，并列表 7.12 以便计算时查阅。

7.3.4.1　安装方法

柱和屋架采用现场预制。因场地限制，需先预制柱，柱吊装完后，再预制预应力屋架，待屋架混凝土强度达到 75%的设计强度后，穿预应力筋、张拉；屋架扶直就位；吊车梁在柱吊装完后、屋架预制前吊装；屋盖结构（屋架、连系梁、屋面板）采用一次吊装。

7.3.4.2　起重机选择及工作参数计算

根据现有起重设备选择履带式起重机进行结构吊装，现将该工程各种构件所需的工作参数计算如下。

1. 柱子安装

采用斜吊绑扎法吊装。

柱 Z_1、Z_2 要求起重量：$Q=Q_1+Q_2=7.03+0.2=7.23$（t）

柱 Z_1、Z_2 要求起升高度（图 7.51）：$H=h_1+h_2+h_3+h_4=0+0.3+7.05+2.0=9.35$（m）

柱 Z_3 要求起重量：$Q=Q_1+Q_2=5.8+0.2=6.0$（t）

柱 Z_3 要求起升高度：$H=h_1+h_2+h_3+h_4=0+0.30+11.5+2.0=13.8$（m）

2. 屋架安装

如图 7.52 所示。

屋架要求起重量：$Q=Q_1+Q_2=4.95+0.2=5.15$（t）

屋架要求起升高度：$H=h_1+h_2+h_3+h_4=10.8+0.3+1.14+6.0=18.24$（m）

3. 屋面板安装

吊装跨中屋面板时，起重量：$Q=Q_1+Q_2=1.3+0.2=1.5$（t）

起升高度（图 7.53）：$H=h_1+h_2+h_3+h_4=(10.8+2.64)+0.3+0.24+2.5=16.48$（m）

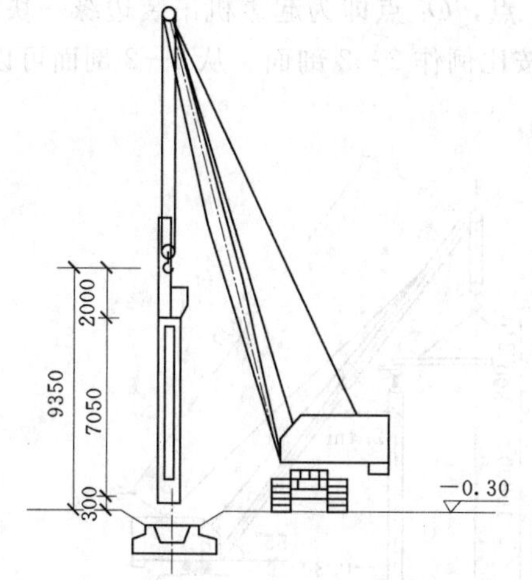

图 7.51 柱 Z_1、Z_2 起升高度计算
(标高：m；尺寸：mm)

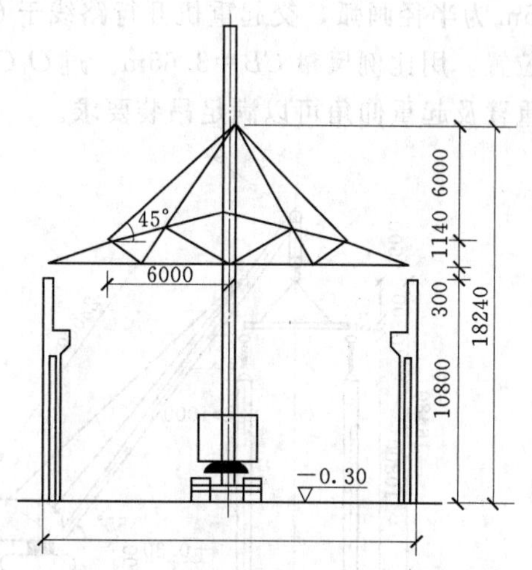

图 7.52 屋架起升高度计算
(标高：m；尺寸：mm)

起重机吊装跨中屋面板时，起重钩需伸过已吊装好的屋架上弦中线 $f=3$m，且起重臂中心线与已安装好的屋架中心线至少保持 1m 的水平距离。因此，起重机的最小起重臂长度及所需起重仰角 α 为：

$$\alpha = \arctan\sqrt[3]{\frac{h}{f+g}} = \arctan\sqrt[3]{\frac{10.8+2.64-1.7}{3+1}} = 55.07°$$

$$L = \frac{h}{\sin\alpha} + \frac{f+g}{\cos\alpha} = \frac{11.74}{\sin 55.07°} + \frac{3+1}{\cos 55.07°} = 21.34(\text{m})$$

选用 W_1-100 型起重机。查表 7.4，采用起重臂长 $L=23$m，取 $\alpha=55°$，再对起重高度进行核算；假定起重杆顶端至吊钩的距离 $d=3.5$m，则实际的起重高度为：$H=L\sin 55°+E-d=23\sin 55°+1.7-3.5=17.04$（m）$>16.48$m，即 $d=23\sin 55°+1.7-16.48=4.06$（m），满足要求。此时起重机吊板的起重半径为：$R=F+L\cos\alpha=1.3+23\cos 55°=14.5$(m)，所以选择 W_1-100 型 23m 起重臂符合吊装跨中屋面板的要求。再用选取的 $L=23$m，$\alpha=55°$复核能否满足吊装跨边屋面板的要求。

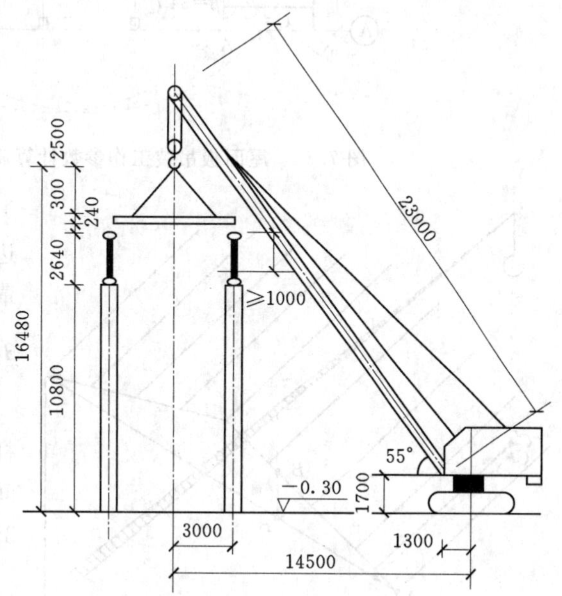

图 7.53 屋面板起升高度计算简图
(标高：m；尺寸：mm)

再以选定的 23m 长起重臂及 $\alpha=55°$ 倾角用作图法来复核一下能否满足吊装最边缘一块屋面板的要求。在图 7.54 中，以最边缘一块屋面板的中心 C 为圆心，以

$R=14.5\text{m}$ 为半径画弧，交起重机开行路线于 O_1 点，O_1 点即为起重机吊装边缘一块屋面板的停机位置。用比例尺量 $CB=3.65\text{m}$。过 O_1C 按比例作 2—2 剖面。从 2—2 剖面可以看出，所选起重臂及起重仰角可以满足吊装要求。

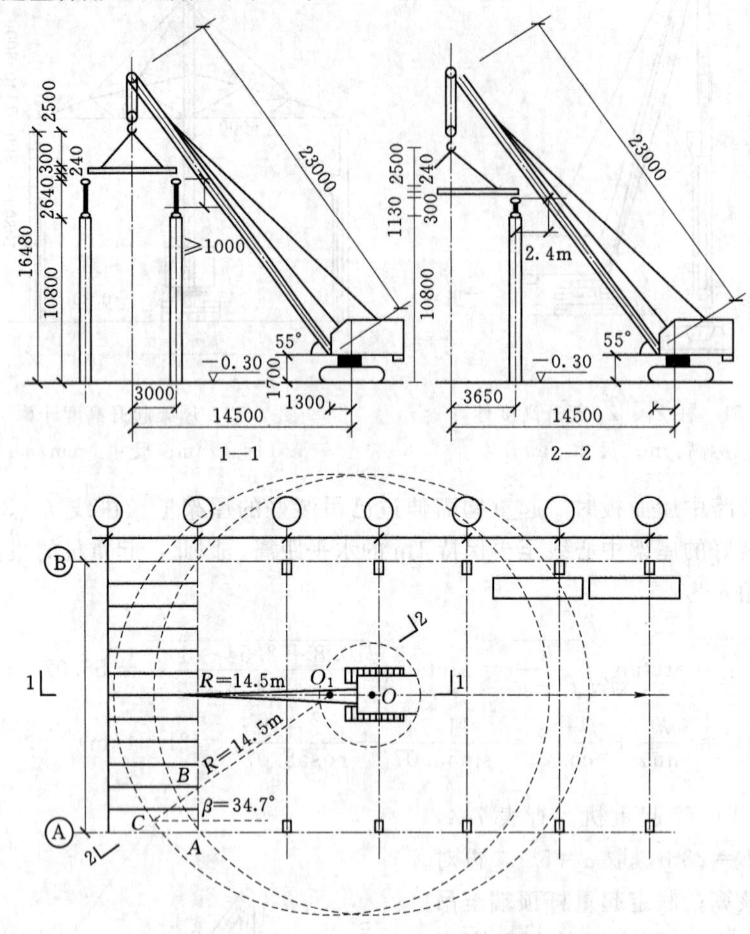

图 7.54 屋面板吊装工作参数计算简图（标高：m；尺寸：mm）

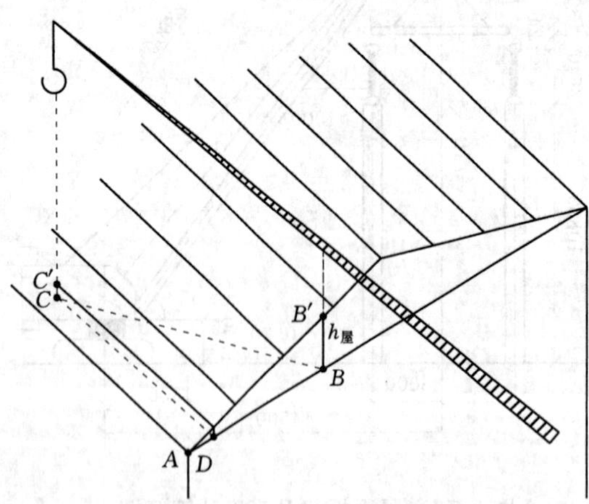

图 7.55 屋面板吊装工作参数计算简图（图解法）

再用图解法来复核一下能否满足吊装最边缘一块屋面板的要求。起重臂吊装Ⓐ轴线最边缘一块屋面板时起重臂与Ⓐ轴线的夹角 β，$\beta=\arcsin\dfrac{9.0-0.75}{14.49}=34.7°$。

则屋架在Ⓐ轴线处的端部 A 点与起重杆同屋架在平面图上的交点 B（图 7.55）之间的距离为 AB：$0.75+3\tan\beta=0.75+3\tan34.7°=2.83(\text{m})$，可得 CB 长度为：

$$f=3/\cos\beta=3/\cos34.7°=3.65(\text{m})$$

由屋架的几何尺寸计算出 2—2 剖面屋架被截得的高度：$h_{屋}=2.83\tan21.8°=1.13$

(m)。根据 $L=\frac{h}{\sin\alpha}+\frac{f+g}{\cos\alpha}$，$23=\frac{h}{\sin\alpha}+\frac{f+g}{\cos\alpha}=\frac{10.8+1.13-1.7}{\sin55^{\circ}}+\frac{3.65+g}{\cos55^{\circ}}$，得 g=2.4m。因为 g=2.4m>1m，所以满足吊装最边缘一块屋面板的要求。

根据以上各种吊装工作参数的计算，从 W_1 - 100 型 $L=23$m 履带式起重机性能曲线表（图 7.3）并列表 7.13 可以看出，所选起重机可以满足所有构件的吊装要求。

表 7.13　　吊装各构件时起重机的工作参数

构件名称	柱 Z_1、Z_2			柱 Z_3			屋架			屋面板		
工作参数	Q (t)	H (m)	R (m)	Q (t)	H (m)	R (m)	Q (t)	H (m)	R (m)	Q (t)	H (m)	R (m)
计算需要值	7.23	9.35		6.0	13.8		5.15	18.24		1.5	16.48	
23m 臂工作参数	8	19	6.5	6.0	19	8.0	6.0	19	8.0	2.3	17.5	14.5

7.3.4.3　起重机开行路线及构件平面布置

构件吊装采用分件吊装的方法。柱子、屋架现场预制，其他构件（如吊车梁、连系梁、屋面板）均在附近预制构件厂预制，吊装前运到现场排放吊装。

1. Ⓐ列柱预制

在场地平整及杯形基础浇筑后即可进行柱子预制。根据现场情况及起重半径 R，先确定起重机开行路线，吊装Ⓐ列柱时，跨内、跨边开行，且起重机开行路线距Ⓐ轴线的距离为 4.8m；然后以各杯口中心为圆心，以 $R=6.5$m 为半径画弧与开行线路相交，其交点即为吊装各柱的停机点，如图 7.56 所示。再以各停机点为圆心，以 $R=6.5$m 为半径画弧，该弧均通过各杯口中心，并在杯口附近的圆弧上定出一点作为柱脚中心，然后以柱脚中心为圆心，以柱脚至绑扎点的距离 7.05m 为半径作弧与以停机点为圆心，以 $R=6.5$m 为半径的圆弧相交，此交点即柱的绑扎点。根据圆弧上的两点（柱脚中心及绑扎点）作出柱子的中心线，并根据柱子尺寸确定出柱的预制位置，如图 7.57（a）所示。

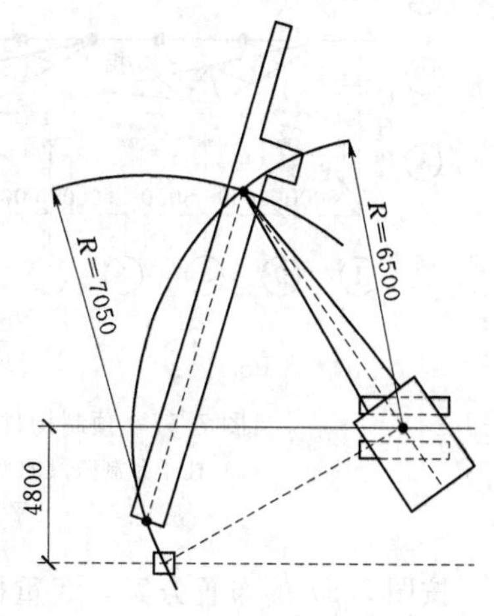

图 7.56　柱预制位置的确定
（单位：mm）

2. Ⓑ列柱预制

根据施工现场情况确定Ⓑ列柱跨外预制，由Ⓑ轴线与起重机的开行路线的距离为 4.2m，定出起重机吊装Ⓑ列柱的开行路线，然后按上述同样的方法确定停机点及柱子的布置位置，如图 7.57（a）所示。

3. 抗风柱的预制

抗风柱在①轴及⑭轴外跨外布置，其预制位置不能影响起重机的开行。

4. 屋架的预制

屋架的预制安排在柱子吊装完后进行；屋架以 3～4 榀为一叠安排在跨内叠浇。在确定屋架的预制位置之前，先定出各屋架排放的位置，据此安排屋架的预制位置。屋架的预制位置及排放布置如图 7.57（b）所示。

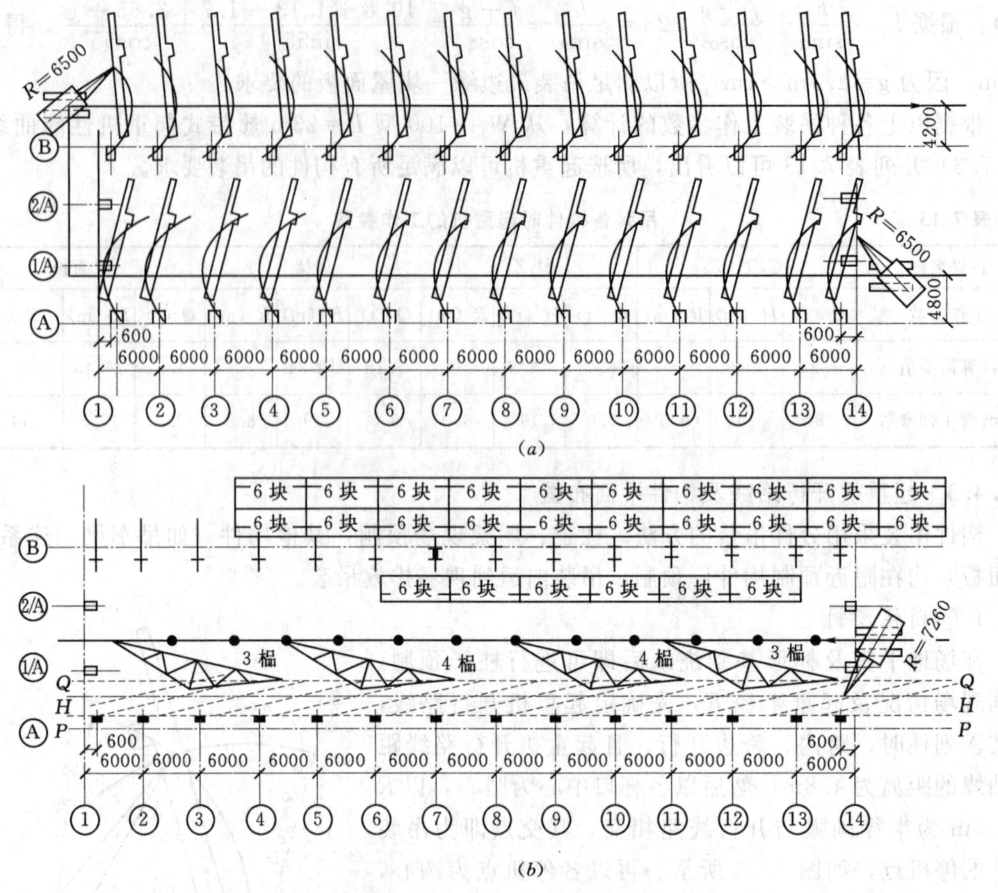

图7.57　预制构件的平面布置与起重机的开行路线（单位：mm）
(a) 柱子预制阶段的平面布置及吊装时起重机开行路线；(b) 屋架预制阶段的平面布置及扶直、排放屋架的开行路线

按图7.57的布置方案，起重机的开行路线及构件的安装顺序如下：①起重机首先自Ⓐ轴跨内进场，按⑭→①的顺序吊装Ⓐ列柱；②转至Ⓑ轴线跨外，按①→⑭的顺序吊装Ⓐ列柱；③转至Ⓐ轴线跨内，按⑭→①的顺序吊装Ⓐ列柱的吊车梁、连系梁、柱间支撑；④转至Ⓑ轴线跨内，按①→⑭的顺序吊装Ⓑ列柱的吊车梁、连系梁、柱间支撑；⑤转至跨中，按⑭→①的顺序扶直屋架，使屋架、屋面板排放就位后，吊装①轴线的两根抗风柱；⑥按①→⑭的顺序吊装屋架、屋面支撑、大型屋面板、天沟板等；⑦吊装⑭轴线的两根抗风柱后退场。

7.4　多层装配式框架结构安装

多层装配式结构的构件均为预制，用起重机在施工现场装配成整体。其施工特点是结构高度较大，占地面积相对较小，构件种类多、数量大，各类构件的接头处理复杂，技术要求高。在结构安装施工中，需要重点解决的是吊装机械的选择与布置、吊装方法、吊装顺序、构件节点连接施工、构件布置与吊装工艺等。

7.4.1 吊装机械的选择与布置

7.4.1.1 吊装机械的选择

吊装机械的选择应按工程结构的特点、高度、平面形状、尺寸，构件长度、重量、体积大小、安装位置以及现场施工条件等因素确定。

多层结构常用的起重机械主要有履带式起重机、汽车式起重机、轮胎式起重机、塔式起重机等。一般建筑高度在18m以下的结构安装多选用汽车式、履带式、轮胎式起重机；建筑高度18m以上的结构、构件重量在30kN以下，一般选用塔式起重机。

选择塔式起重机型号时，首先应分析结构特点、构件重量、起重半径、起重高度是否满足要求。当塔式起重机的起重能力用起重力矩表达时，应分别计算出主要构件所需的起重力矩，取其最大值作为选择依据。并绘制剖面图，在图上标明各主要构件吊装重物时所需的起重半径，如图7.58所示。

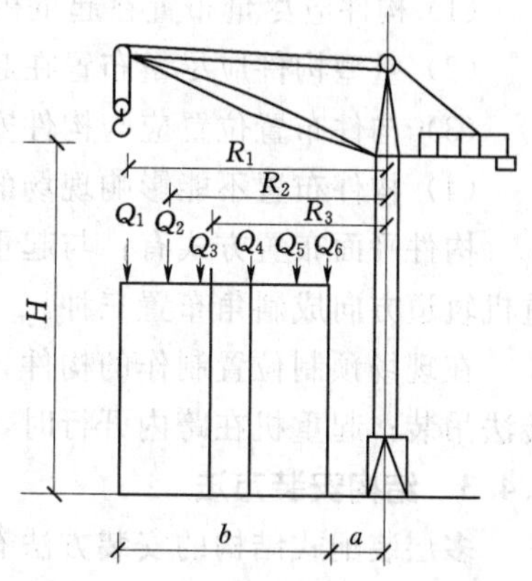

图7.58 塔式起重机工作参数示意

7.4.1.2 起重机的布置

起重机布置主要应考虑结构平面形状和构件重量、起重机性能、施工现场条件等因素。

(1) 单侧布置。当结构宽度较小、构件较轻时采用单侧布置，如图7.59 (*a*) 所示。同时，起重半径应满足

$$R \geqslant b + a \tag{7.14}$$

式中 b——结构宽度；

a——结构外侧边至起重机轨道中心线间的距离，一般取3～5m。

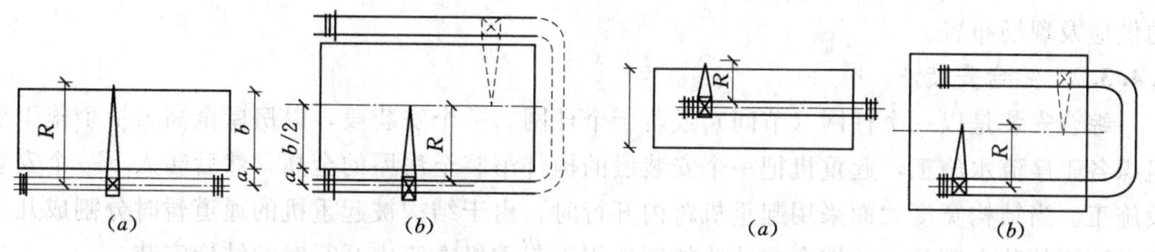

图7.59 塔式起重机沿建筑物布置

(*a*) 单侧布置；(*b*) 双侧（或环行）布置

图7.60 塔式起重机在跨内布置

(*a*) 跨内单行布置；(*b*) 跨内环行布置

(2) 双侧布置（环形布置）。当构件宽度较大、构件较重，采用单侧布置起重机的起重力矩不能满足结构吊装要求时，起重机可采用双侧布置，如图7.59 (*b*) 所示。双侧布置时，起重半径应为

$$R \geqslant \frac{b}{2} + a \tag{7.15}$$

(3) 跨内单行布置。当房屋周围场地狭窄，在外侧布置起重机不可能，塔式起重机只有布置在跨内才能满足技术要求时采用，如图7.60 (*a*) 所示。跨内布置可减少轨道长度并节约施工用地，缺点是构件多半布置在塔式起重机的起重半径之外，增加二次搬运。

(4) 跨内环行布置。当房屋较宽、构件较重、塔式起重机跨内开行布置不能起吊全部构件，在施工现场塔吊又不能在跨外环行布置时，可采用这种方式，如图7.60 (*b*) 所示。

7.4.2 构件的平面布置

构件平面布置应遵循以下几个原则：

(1) 构件应尽量布置在起重机的工作半径范围内，以减少构件的二次搬运。

(2) 重型构件应尽量布置在起重机附近，中小型构件可布置在外侧。

(3) 构件布置位置应与构件安装位置相配合，以便在吊装时减少起重机的移动和变幅。

(4) 构件布置不能影响现场的运输通道。

构件平面布置方式有：与起重机轨道方向平行布置、与起重机轨道方向垂直布置、与起重机轨道方向成斜角布置三种。

在现场预制位置制作的构件，柱子可以采用叠层浇制；较长的柱可斜向布置，适用于旋转法吊装；起重机在跨内开行时，柱可以垂直布置。梁可安排在柱的外侧制作。

7.4.3 结构安装方法

多层装配式结构的安装方法有分件安装法和综合安装法两种。

7.4.3.1 分件安装法

按流水方式不同，有分层分段流水和分层大流水两种安装方法。

(1) 分层分段流水安装法是将多层结构划分为若干施工层，每个施工层再划分为若干安装段。起重机在每一安装段内按安装顺序分次进行安装，每次开行安装一种构件，直到该段的构件全部安装完毕，再转移到另一段，待每一施工层各安装段构件全部安装完毕并最后固定后再安装上一施工层构件。

(2) 分层大流水安装法是每个施工层不再划分流水段，而是按一个楼层组织各个工序的流水作业，这种方法适用于每层面积不大的工程。

分件安装的优点是容易组织吊装、校正、焊接、固定等工序的流水作业，容易安排构件的供应及现场布置。

7.4.3.2 综合安装法

综合安装是以一个柱网（节间）或若干个柱网为一个安装段，以房屋全高为一个施工层组织各工序流水施工，起重机把一个安装段的构件吊装至房屋的全高，然后转入下一个安装段施工。当结构宽度大而采用起重机跨内开行时，由于结构被起重机的通道暂时分割成几个从上到下的独立部分，故综合安装法特别适用于起重机在跨内开行时的结构安装。

7.4.4 构件吊装工艺

主要施工过程包括柱绑扎起吊、柱临时固定和校正、柱头施焊、安装梁板、梁柱接头浇筑等。

7.4.4.1 柱绑扎起吊

柱长在12m以内一般一点绑扎，柱长在14～20m则需要两点绑扎，并对吊点验算。柱起吊方法与单层厂房相同，一般采用旋转法。外伸钢筋需用钢管垫木保护。

7.4.4.2 柱临时固定和校正

底层柱一般插入杯口，其方法和单层厂房相同。在楼层中，上节柱安装在下节柱的柱头上。下柱和上柱对位应在起重机脱钩前进行，将上柱底中心线对准下柱顶中心线即可。临时固定可用方木和管式支撑。柱的校正宜分三次进行：第一次在脱钩后焊接前进行；第二次在柱头焊接后进行，主要校正焊接应力引起的偏差；第三次在柱子与梁连接后和吊装楼板前进行，这样可以消除荷载和焊接产生的偏差。

7.4.4.3 柱子接头

柱子接头形式有榫式、插入式、浆锚式三种（图7.61）。

(1) 榫式接头。上柱下部有一榫头，承受施工荷载，上下柱外露的受力钢筋采用剖口焊接，配置一定数量箍筋，浇筑混凝土后形成整体。

(2) 插入式接头。将上柱下端制成榫头，下柱顶端制成杯口，上柱榫头插入下柱杯口后用水泥砂浆填实，这种接头不需要焊接。

(3) 浆锚式接头。将上柱伸出的钢筋插入下柱的预留孔中，用水泥砂浆锚固形成整体。

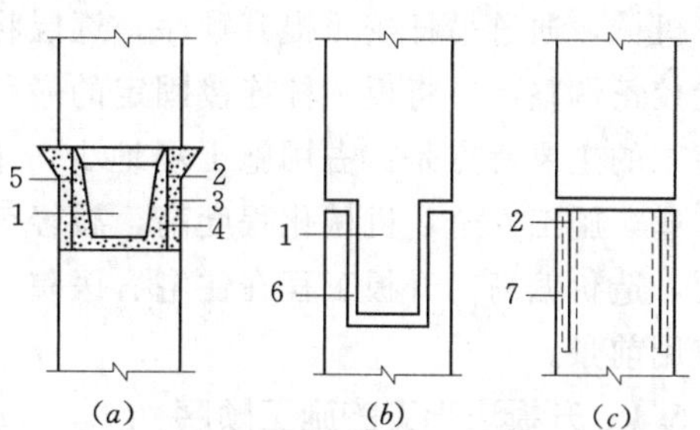

图7.61 柱与柱的接头

(a) 榫式接头；(b) 插入式接头；(c) 浆锚式接头

1—榫疛；2—上柱外伸钢筋；3—剖口焊；4—下柱外伸钢筋；5—后浇接头混凝土；6—下柱杯口；7—下柱顶预留孔

7.4.4.4 梁柱接头

梁柱接头的形式很多，常用的有明牛腿式刚性接头、齿槽式接头、浇筑整体式接头等（图7.62）。

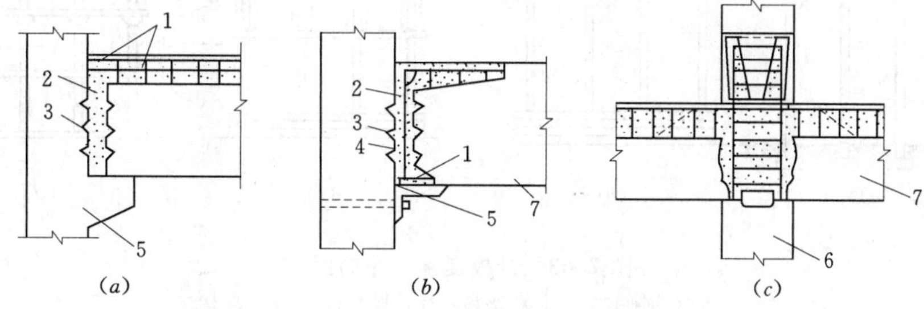

图7.62 梁与柱的接头

(a) 明牛腿式刚性接头；(b) 齿槽式接头；(c) 浇筑整体式接头

1—坡口焊钢筋；2—后浇细石混凝土；3—齿槽；4—牛腿；5—预埋钢板；6—柱；7—梁

(1) 明牛腿式刚性接头。在梁端预埋一块钢板，牛腿上也预埋一块钢板，焊接好以后起重机方可脱钩，再将梁柱的钢筋，用剖口焊接，最后灌以混凝土，使之成为刚度大、受力可靠的刚性接头。

(2) 齿槽式接头。在梁柱接头处设置角钢，作临时牛腿，以支撑梁。角钢支撑面积小，不大安全，只有在将钢筋配上箍筋后，浇筑混凝土，当混凝土的强度达到10MPa时，才允许吊装上柱。

(3) 浇筑整体式接头。柱为每层一节，梁搁在柱上，梁底钢筋按锚固长度要求弯上或焊接，将节点核心区加上箍筋后即可浇筑混凝土。先浇筑至楼板面高度，当混凝土强度大于10MPa后，再吊装上柱，上柱下端同榫式柱，上下柱钢筋搭接长度大于$20d$（d为钢筋直径）。第二次浇筑混凝土到上柱榫头部，留35mm左右的空隙，用细石混凝土捻缝。

7.5 升板法施工

升板法施工是在施工现场就地重叠制作各层楼板及屋面板，然后利用安装在柱子上的提升机械，通过吊杆按照提升顺序，逐层将已达到设计强度的屋面板及各层楼板提升到设计位置校正调整，并将板和柱连接固定的一种多层装配式板柱结构房屋的特殊施工方法。升板法施工的主要特点是：占用施工场地少，节约模板材料多达90%，提升设备简单，减少高空作业，施工安全，机械化程度高，减轻劳动强度；与现浇无梁楼盖结构施工比较，用钢量较大，造价偏高。升板工程在住宅、医院、图书馆、百货商店、仓库和地下建筑中具有广泛的应用前景。

7.5.1 升板法施工的施工顺序

升板法的一般施工顺序如下：首先进行基础施工，然后将预制的柱子吊装固定好，再做好地坪，以地坪为预制板的底模，就地重叠浇筑各层楼板和屋面板；然后在柱上安装提升设备，以柱子为导架，用千斤顶分别逐层把各层楼板提升到设计位置并固定。

升板法施工顺序如图7.63所示。

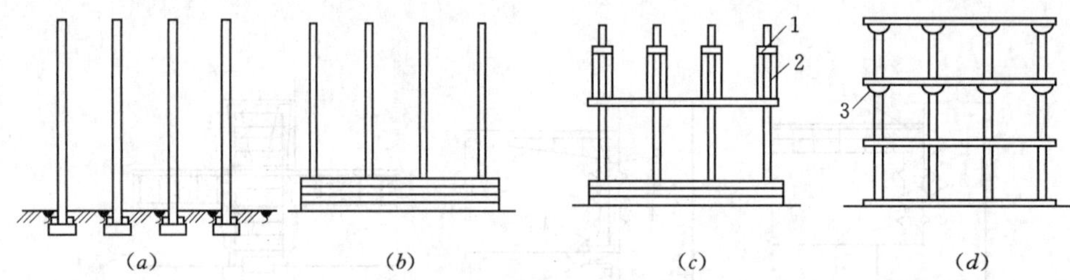

图7.63 升板提升顺序简图

(a) 立柱浇地坪；(b) 叠浇板；(c) 提升板；(d) 固定板

1—提升机；2—柱子；3—后浇柱帽

7.5.2 提升设备

升板法施工最主要的设备是提升机，提升机分为电动螺旋式提升机和液压千斤顶提升机。目前国内最常用的是自升式电动螺旋提升机，又称升板机。它是由电动螺旋千斤顶、螺旋固定架和提升架等部分组成，如图7.64所示。每台提升机由两个千斤顶组成，每个千斤顶安全负荷为150kN，则每台提升机为300kN的安全负荷。

电动螺旋千斤顶由电动机、齿轮减速箱、蜗杆与蜗轮、螺母与螺杆组成。螺杆的规格为T48×8，长2.8m。上升速度为1.89m/h，下降速度为4.69m/h。

螺杆固定架用钢管和槽钢制作，其作用是使螺杆只能上下移动不能转动，并防止螺杆上升时抖动，增强螺杆刚度。

提升架是由14号或16号槽钢焊成的框子，两边有连接螺杆和吊杆的孔眼，四脚各有一个活络钢管支腿。当提升机提升时，螺杆通过提升架的4个支腿支撑在楼板上，使整个提升自升式电动螺旋提升机的自升过程包括楼板提升和提升机自升两个过程。

(1) 楼板提升。首先将提升机悬挂在楼板以下的第二个停歇孔的承重销上，螺杆下端与提升架相连，提升架通过吊杆与楼板相连。开动提升架楼板上升。升完一个螺杆有效高度后

被提升的楼板正好超过下面第一个停歇孔，用承重销插入停歇孔中进行楼板的临时固定，如图7.64（a）所示。

（2）提升架自升。当楼板固定后，将提升架下面的4个支腿放下支在楼板上，并将悬挂提升架的承重销取下，然后开动提升机使螺母反转，此时提升机沿螺杆向上爬升。待提升机升到螺杆顶部时，该提升机吊环也正好超过上一停歇孔，插入承重销，将提升机放下挂在承重销上，至此，实现了提升机自升，又可继续吊板［图7.64（b）］。如此交替上升。当屋面板升到一定高度后即可提升楼板。各层楼板提升到不能再上升时，则提升机与屋面板交替上升，一直提升到柱顶。在柱顶安装一个短钢柱，将提升机临时悬挂在短柱上。这样就可将屋面板安装到设计位置上。

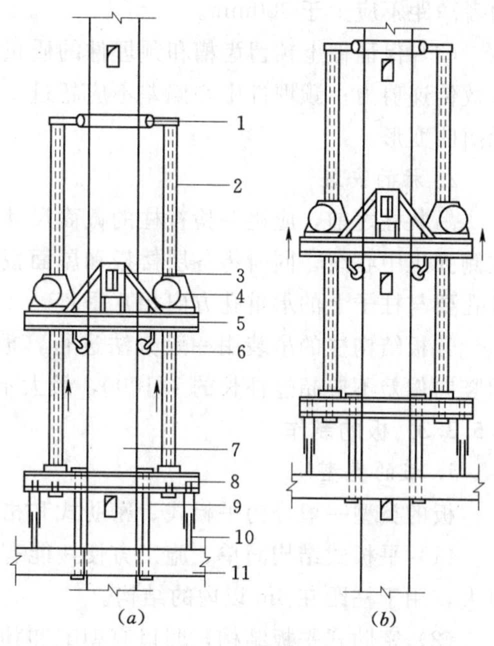

图7.64　电动螺旋千斤顶沿柱自升过程示意图
（a）楼板提升；（b）提升机自升
1—螺杆固定架；2—螺杆；3—承重销；4—电动螺旋千斤顶；5—提升机底盘；6—导向轮；7—柱子；8—提升架；9—吊杆；10—提升架支腿；11—楼板

各提升机由放在屋面板中央的控制台集中控制，它可以使全部提升机同步升降，也可以控制单机升降，以利调整提升差异。电动螺旋提升机，在提升过程中千斤顶能自行爬升，不需要将提升设备安装到柱顶，减少了高空作业，也有利于群柱稳定；工作时传动可靠，提升差异较小；但螺杆磨损较大，工作效率较低。

7.5.3　升板法施工工艺

升板法施工工艺过程一般为：基础施工→预制柱、安装柱→浇筑混凝土地坪→制作板→安装提升设备→提升板→固定板→后浇混凝土板带。

7.5.3.1　基础施工

升板法的基础一般采用钢筋混凝土杯形基础或条形基础，也可采用整体式基础。基础施工必须注意控制轴线尺寸和杯底标高，基础轴线偏差不应超过5mm，杯底标高偏差不应超过±3mm。基础施工与一般钢筋混凝土基础相同，施工完毕应及时回填土，分层夯实，确保不会发生地坪局部沉陷，以防上部预制构件发生裂缝。

7.5.3.2　柱子施工

1. 柱的预制

升板结构的柱一般采用现场预制的钢筋混凝土柱。这种柱既是主要承重构件，又是提升设备的支承和导向支架。柱也可采用液压滑升模板现浇劲性钢筋混凝土柱。

柱的预制施工应满足升板结构的特殊要求：

（1）严格控制柱的截面尺寸的偏差不应超过±5mm，侧向弯曲不应超过10mm，避免提升时卡住提升环。

（2）预留提升定位孔和停歇孔，定位孔是临时固定和永久固定面板与楼板位置的孔洞，

由承重销大小确定其尺寸，一般高160～180mm，宽100mm，孔底标高偏差为－15～0mm。停歇孔是用来搁置提升机的预留孔洞，一般为1.8m高。两种孔最好结合使用，如不可能，两者净距不应少于300mm。

(3) 保证柱上预留齿槽和预埋件的质量。应严格齿槽施工质量，以保证板柱良好结合，有效传递剪力；预埋件中心偏差不应超过±6mm，标高偏差不应超过±3mm，且表面平整，无扭曲变形。

2. 柱的安装

吊装柱之前，应逐一检查柱的截面尺寸并对基础杯底抄平，对柱凸起部位要凿平，并在柱侧弹出中心线。同时将各层楼板和屋面板的提升环依次叠放在基础杯口上。提升环上的提升孔要与柱子上的承重孔方向相互垂直。

升板结构柱的吊装用一般方法进行，但要求柱底中线与轴线偏差不应超过±5mm，柱顶竖向偏差不应超过柱长的1/1000，最大不应超过20mm。

7.5.3.3 板的制作

1. 板的类型

板的类型一般分为平板式、密肋式和格梁式。

(1) 平板式结构简单、施工方便，能有效利用建筑空间。但刚度差，抗弯能力弱；耗钢量大，用于柱距在6m以内的结构。

(2) 密肋式平板结构，凹口有朝上和朝下两种形式。凹口朝上的，可用煤渣砖、空心砖等轻质材料填充；凹口朝下的，采用混凝土盒子或塑料模壳做内模芯进行成型施工。这种结构刚度大，抗弯能力强，节约材料，用于柱距7～8m的结构。

(3) 格梁式结构是先就地叠浇格梁，预制楼板在格梁提升前铺上，也可浇筑一次格梁铺设一层楼板，在格梁提升固定后，再在其上面整浇面层。这种结构刚度大，施工复杂，适用于柱距在9～12m、横层有较大开孔和集中荷载的结构。

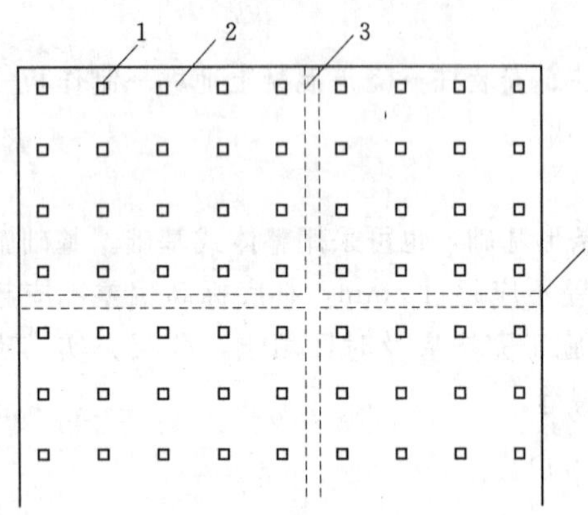

图7.65 板的分块示意图

1—柱；2—板；3—后浇板带

2. 板的分块

在升板工程施工中，若板面积很大、柱子数量很多时，可根据结构的平面布置和提升设备的数量，将板划分成若干块，每一块板为一提升单元，如图7.65所示。

提升单元的划分。应上下一致，板块长、宽尺寸大致相等，不宜划分成狭长形，避免出现阴角。当升板结构分块提升时，应依次提升各板块单元，待各单元就位固定后，用现浇板带把各提升板块单元连成一个整体。后浇板带的位置必须留在跨中，宽度一般为1.0～1.5m。

3. 板的浇注

板的浇筑分为地坪处理、提升环放置和浇筑混凝土三部分。

(1) 地坪处理。柱子安装后，先做混凝土地坪，再以混凝土地坪为胎膜重叠浇筑各层楼板和屋面板。在地坪与楼板、楼板与楼板之间要用隔离层隔离，以免黏结在一起。常用的隔离剂有皂角滑石粉、纸筋石灰、乳化机油、柴油石蜡等；铺贴隔离层有油纸、塑粘薄膜等。涂刷可分两次垂直进行。板孔侧模与柱之间可用砂填充，以起隔离作用。

(2) 放置提升环。放置在楼板上的柱孔周围的提升环有型钢提升环和无型钢提升环两种。

(3) 混凝土的浇筑。在浇筑混凝土前，应对预留孔、隔离层和钢筋进行认真的检查和验收。所有预留孔要用木塞塞住，浇筑上层板混凝土时，下层板的预留孔可用黄砂填满并盖上油毡。混凝土的振捣宜用表面振捣器。若用插入式振捣器，必须严格控制插入深度，以防破坏隔离层。每个提升单元应一次浇筑完成，不留施工缝。混凝土收水后，随即抹光压平。应加强洒水养护，以防板面开裂。当下层混凝土强度达到5MPa时，方可浇筑上层混凝土板。

7.5.3.4 板的提升

1. 提升前的准备工作

(1) 提升前施工单位必须编制好提升方案。进行技术交底，提出混凝土试块强度报告，说明已达设计要求。

(2) 提升前，对各柱编号，并在各柱位板面上选定基准点，并引测到相应的柱面上作为基准线，并以此基准线量出板的搁置标高，其偏差不超过±2mm。

(3) 全面检查安装好的提升设备、提升机的电器与机械系统，并逐一进行单机正反运转；检查同步控制装置，以备提升过程中观测提升差异。

(4) 准备足够数量的承重销、钢垫板及钢楔木楔，并检查是否符合要求。

(5) 检查柱的竖向偏差。

经全面准备和检查试运转后，一切正常方能正式提升。

2. 提升顺序与吊杆排列

在升板过程中为了保持柱子的稳定和操作方便，各层楼板不能一次提升到位，而应各层交替提升。板的提升应遵循下列原则：

(1) 提升中间停歇时，应尽可能缩小各层板的间距，如有条件可集层提升，集层停歇，使上层板在较低标高处就能将下层板在设计位置上就位固定，然后再提升上层板。

(2) 尽量压低升板机的着力点，以提高柱子的稳定性。一般提升机悬挂在屋面板以上第二个停歇孔处即可提升，并使屋面板尽可能处于较低位置。

(3) 要尽量减少拆螺杆和吊杆的次数，便于安装承重销或剪力块的操作。

(4) 在满足稳定的前提下，可连续提升各层板，就位后宜尽快使板形成刚接。

在确定提升顺序、进行吊杆排列时，其总长度应根据提升机所在的标高、螺杆长度、所提升板标高与一次提升高度等因素确定。自升式电动提升机的螺杆长度2.8m，有效提升高度1.8～2.0m，吊杆除螺杆与提升架连接处及板面第一节采用的0.3m、0.6m、0.9m小吊杆外，穿过楼板的吊杆以3.6m为主，个别也有采用1.8m、3.0m、4.2m的。吊杆应采用强度高、延性好及焊接性能好的钢材制成。

提升顺序须由设计与施工单位共同研究确定，提升时如有改变，需对群柱的稳定性进行验算。图7.66为某四层升板工程的提升顺序和吊杆排列图。提升设备采用自升式电动螺旋提升机，从图中可以看出，板与板之间的距离不超过两个停歇孔。吊杆规格少，除小吊杆外，均为3.6m，吊杆接头不通过提升机。屋面板提升到标高+12.6m处，底层板已就位固定。提升机自升到柱顶后，加吊工具式短钢柱套在柱顶上，再将屋面板提升到设计标高，然后拆除提升机和短钢柱。

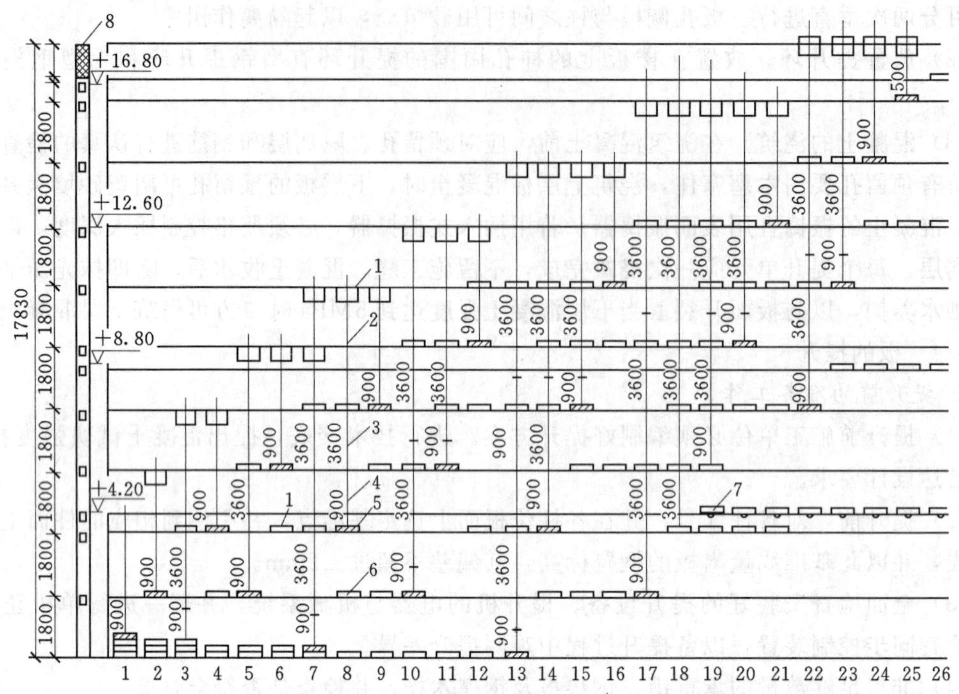

图 7.66 四层升板工程提升顺序与吊杆排列图（标高：m；尺寸：mm）

1—提升机；2—起重螺杆；3—吊杆；4—套筒接头；5—正在提升的板；6—已搁置的板；
7—已固定的板；8—工具式短钢柱；1，2，3，…，26—提升次数

3. 板的提升

板开始提升时，采用提升机逐机开动的提升办法，先4个角柱，然后边柱，最后中间柱，每次提升高度为5mm，开机的时间间隔控制在7～9s，使四周空气进入板缝，以消除板间吸附力，顺利脱模。板在提升过程中，应按规定位置停歇，不得中间悬挂停歇。上述方法称盆式提升工艺，可以减少板在提升和搁置中单点向上的差异而产生的负弯矩，达到降低配筋量和减少裂缝的目的，如图7.67所示。

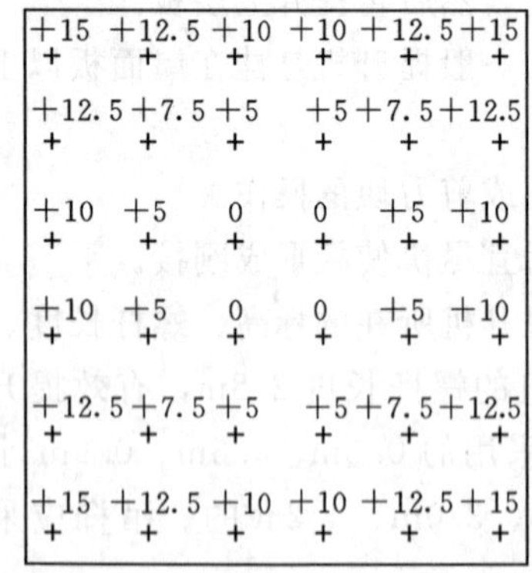

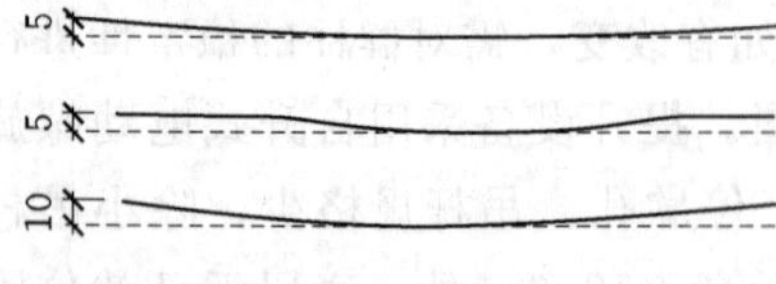

图 7.67 盆式提升示意图

在板的提升过程中保持板的提升同步和防止群柱失稳是保证工程质量和安全的技术关键。

(1) 提升差异和同步控制。提升差异是指相邻柱间板的提升标高差，提升差异会在板中产生次应力，从而导致板的开裂。产生提升差异的原因很多，主要是由于机械工作的不同步、吊杆间松紧度不一致和楼板搁置不平造成的。

减小提升差异的办法应进行同步控制。同步控制多采用标尺法，此外还有水准自控仪和SK-1电子数字同步控制台进行升板施工的同步控制。标尺法是在

柱上每隔 800～900mm 预先画出箭头标志并统一找平，在柱边板面上设立一支 1m 长的标尺，柱上箭头应对准标尺上的读数，若标尺读数不一致，说明产生提升差异。该法简单易行，但精度较低，不能集中控制，施工管理较困难，如图 7.68 所示。水准自控仪是利用互相连通的水面能自动找平的原理，并利用触点电气元件线路控制提升机的运转，使楼板同步上升。提升差异可控制在 3mm 以内。采用 SK－1 型电子同步控制台，可自动调整各提升机的提升差异，精度高误差小。

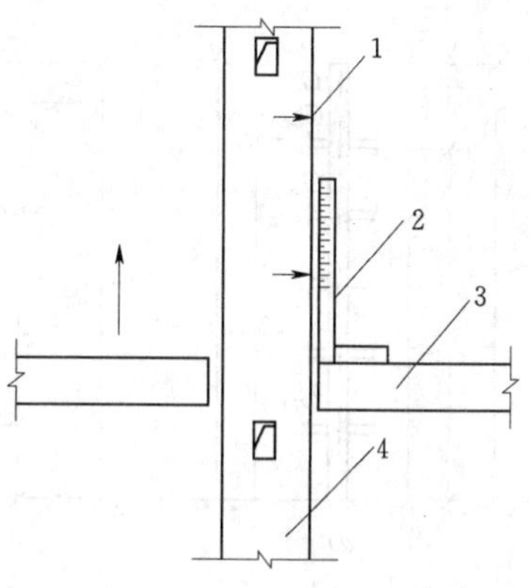

图 7.68　标尺法控制提升差异

1—箭头标志；2—标尺；3—板；4—柱

电动液压千斤顶提升装置的升高限位器及自整角机可控制同步提升，因而利用提升设备的这种同步性可以控制提升差异。

（2）群柱稳定措施。升板结构各层楼板在提升与临时就位阶段，板通过承重销搁置在柱上，板与承重销之间只能传递竖向力和横向力，不能传递弯矩，因此，板柱节点只能视为铰接，群柱之间由刚度很大的铰连接在一起，可视为铰接排架，此时，柱子为一根独立而细长的构件。升板结构在提升过程中，中柱受荷较大，边柱和角柱受荷较小。孤立的中柱应先达到临界状态，由于楼板的连接作用，使其受到约束形成失稳滞后，而边柱和角柱则引起失稳提前，最后达到群柱总体失稳，即群柱失稳。因此，在提升阶段，应分别按各个提升单元进行群柱稳定性验算，并应采取防止群柱失稳的构造措施。

提升单元群柱稳定性验算时，先绘出柱子预留孔图和提升顺序排列图，然后对各层板在最不利的搁置状态和提升状态进行验算。其计算简图可取一等代悬臂柱，如图 7.69 所示。群柱稳定性可通过等代悬臂柱偏心距增大系数 η 来验算，其公式为

$$\eta = \frac{1}{1-\dfrac{r_F F_c}{10\alpha_s \xi E_c^b I_c^b} l_0^2} \frac{r_F F_c}{10\alpha_s \xi E_c^b I_c^b} l_0^2 \tag{7.16}$$

其中

$$F_c = \sum_{i=1}^{n} G_{oi}$$

$$l_0 = 2H_{n1}$$

式中　r_F——折算荷载修正系数，宜取 1.10；

l_0——计算长度；

H_{n1}——承重销底距混凝土地面高度；

F_c——提升单元内总的折算垂直荷载，如图 7.69 所示；

α_s——考虑升板结构柱实际工作状态的系数；

E_c^b——验算状态下柱底的混凝土的弹性模量；

I_c^b——提升单元内所有单柱柱底混凝土截面惯性矩的总和；

ξ——变刚度等代悬臂柱的截面刚度修正系数，当为预制柱时取 1.0。

求出 η 值后，若 $\eta<0$ 或 $\eta>3$，说明群柱稳定性不足，应首先考虑改变提升工艺，必要时应加大柱截面尺寸或改进结构布置。

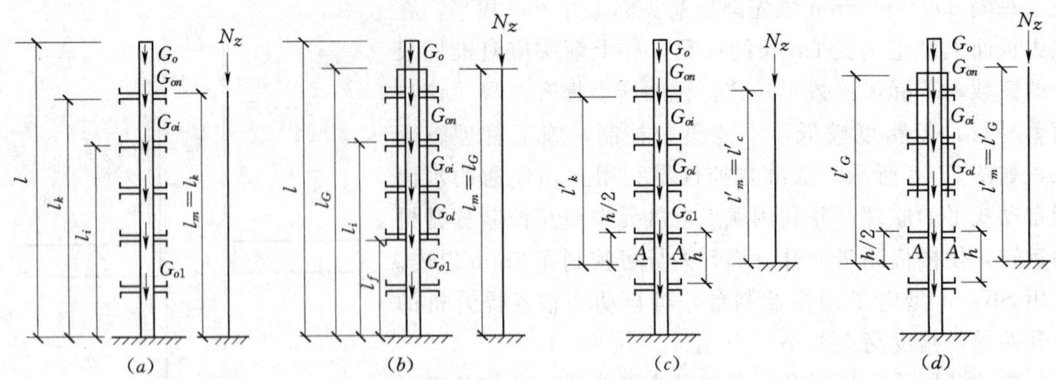

图 7.69 群性稳定验算计算简图

(a) 节点未刚接搁置时；(b) 节点未刚接提升时；(c) 节点刚接搁置时；(d) 节点刚接提升时

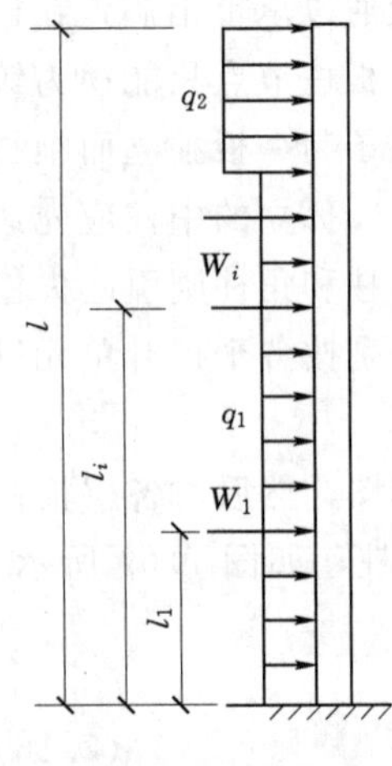

图 7.70 风荷载分布简图

除验算 η 值外，还应验算柱底最大弯矩 M 及单柱的承载能力。风荷载分布如图 7.70 所示，一般可取七级风的风荷载，即风压值 0.18kPa。风荷载和竖向偏差所产生的柱底最大弯矩为

$$M=\sum_{i=1}^{n}W_iH_{il}+\frac{1}{2}\omega H_0^2+\sum_{i=1}^{n}\frac{1}{1000}G_{oi}H_{il} \tag{7.17}$$

式中 W_i——第 i 层板所受的集中风荷载设计值的总和；

ω——提升单元内全部柱所受的均布风荷载设计值，当柱子较高时，还应考虑荷载沿高度变化。

式 (7.17) 中第 1 项为风载作用于楼板时对柱底产生的弯矩；第 2 项为风载作用柱全高对柱底产生的弯矩；第 3 项为柱竖向偏差 (按 1/1000) 对柱底产生的弯矩。

单柱的内力设计值应按实际的垂直荷载计算轴力；按式 (7.16) 计算乘以偏心距增大系数 η，并按各柱的刚度比分配弯矩于各柱上。

群柱的稳定措施有：在排列提升顺序时上层板尽量压低提升高度，下层板尽快提升到设计位置，并予以固定。在提升上层楼板时，应适当增设缆风绳拉住楼板。各层楼板临时搁置时，在板孔周围用楔块与柱楔紧，使柱板形成一定程度的刚性连接。吊装柱子时，使柱子的承重销孔相互垂直交叉，以增强群柱在两个方向的稳定。对电梯井、楼梯间的筒体部分宜先行施工。5 层或 20m 以上的升板结构，在提升或搁置时，至少有一层板与先行施工的抗侧力结构有可靠连接。在提升过程中，加强柱的变形观测，一般在板的四角悬挂大线锤观测，如发现位移向同一方向过大，应立即采取必要的稳定措施。

7.5.3.5 板的固定

当板提升到设计标高就位后，应尽可能减少搁置差异。可用厚度不超过 5mm 的垫铁来调整搁置差异，以达到板的搁置差异不超过 5mm。同时，注意板的平面位置不超过 25mm。

板的固定方法可采用后浇柱帽节点、剪力块节点、承重销节点、预应力节点和齿槽节点等。板的固定方法的选择应满足安全可靠、经济合理和施工方便，并与建筑功能相适应的要求。

1. 后浇柱帽节点

如图 7.71 所示，这是目前常用的一种方法。板提升到设计标高后用承重销插入就位孔，临时固定后，清除隔离层，再在柱帽部位板底及柱周围焊接及绑扎钢筋，安装模板，采用分层浇筑混凝土，并用插入式振捣器振捣密实，在达到板帽结合可靠之后加强养护。待混凝土达到一定强度后拆除模板，即形成后浇柱帽节点，这种节点整体性好，可减小板的计算跨度，节约节点耗钢量。

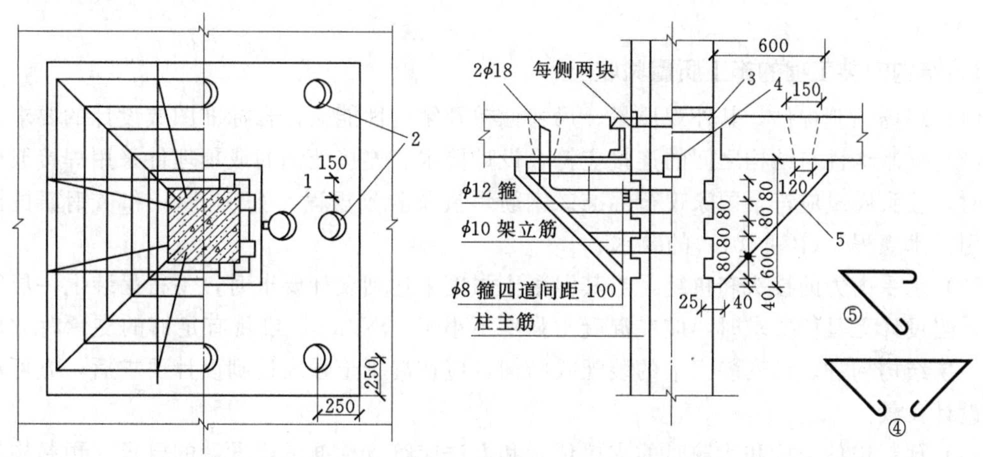

图 7.71 后浇柱帽节点（单位：mm）

1—提升孔；2—灌浆孔；3—柱上预埋件；4—承重销；5—后浇柱帽

2. 剪力块节点

如图 7.72 所示，这种节点的施工方法是在板下预埋斜口的承压钢板，待板提升到设计标高后，在柱上预埋的承剪钢板与提升环之间用斜口楔形钢板——剪力块楔紧，并焊牢，形成板柱节点。剪力块有 4 个支承面与柱相联，通过自身受剪，将楼板荷载传递到柱上。剪力块节点整体性好，传力可靠，便于调整板的标高。但铁件加工要求高，节点耗钢量大，一般用于荷载较大，不带柱帽的升板结构上。

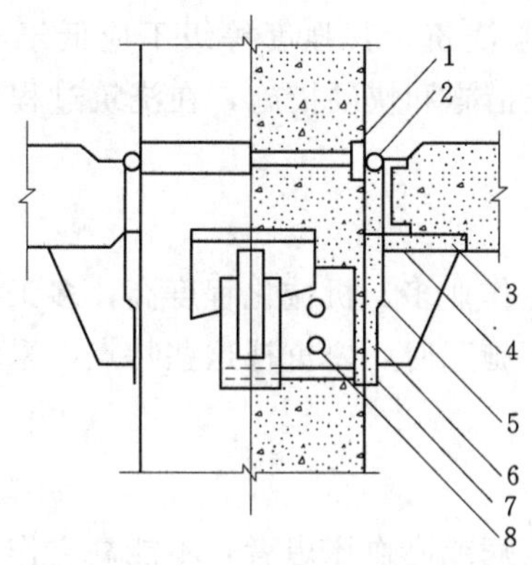

图 7.72 剪力块节点

1—预埋件；2—钢筋焊接；3—预埋钢板；4—细石混凝土；5—剪力块；6—钢牛腿；7—承剪预埋件；8—浇筑混凝土预留孔

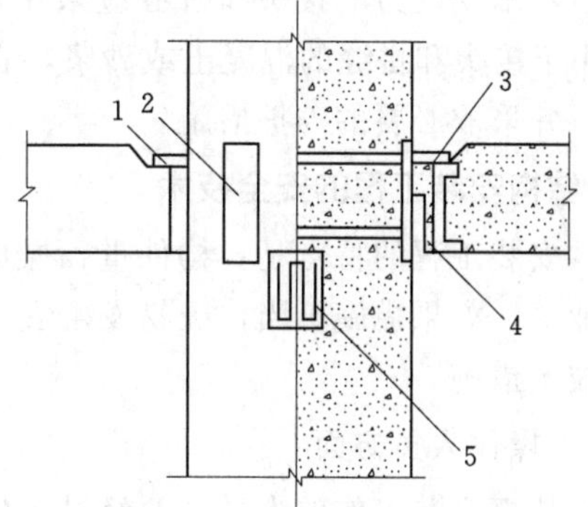

图 7.73 承重销节点

1—钢板焊接；2—每侧两块预埋件；3—细石混凝土；4—钢楔块（四边两对）；5—承重销

3. 承重销节点

这种节点是用加强的型钢或焊接工字钢插入柱预留定位孔内作为承重销，以销的悬出部分支承楼板，板与柱之间再用楔块楔紧焊牢。承重销施工方便，使用效果良好，且用钢量少于剪力块节点，适用于无柱帽的民用建筑升板结构，如图7.73所示。

7.6 结构安装工程的施工质量验收与安全技术

7.6.1 结构安装工程的施工质量验收

（1）现场预制构件，其外观质量、尺寸偏差及结构性能应符合标准图或设计的要求。

（2）预制构件与结构之间的连接应符合设计要求。连接处钢筋或预埋件采用焊接或机械连接时，接头质量应符合国家现行标准《钢筋焊接及验收规程》（JGJ 18）和《钢筋机械连接通用技术规程》（JGJ 107）的要求。

（3）承受内力的接头和拼缝，当其混凝土强度未达到设计要求时，不得吊装上一层结构构件；当设计无具体要求时，应在混凝土强度不小于10N/mm^2 或具有足够的支承时方可吊装上一层结构构件。已安装完毕的装配式结构，应在混凝土强度达到设计要求后，方可承受全部设计荷载。

（4）预制构件堆放和运输时的支撑位置和方法应符合标准图或设计的要求。预制构件吊装前，应按设计要求在构件和相应的支承结构上标志中心线、标高等控制尺寸，按标准图或设计文件校核预埋件及连接钢筋等，并做出标志。

（5）预制构件应按标准图或设计的要求吊装。起吊时绳索与构件水平夹角不小于45°，否则应采用吊架或经验算后确定。

（6）预制构件安装就位后，应采取保证构件稳定的临时固定措施，并应根据水准点和轴线校正位置。

（7）装配式结构中的接头和拼缝应符合设计要求。当设计无具体要求时，应符合下列规定：对承受内力的接头和拼缝应采用混凝土浇筑，其强度等级应比构件混凝土强度等级提高一级；对不承受内力的接头和拼缝应采用混凝土或砂浆浇筑，其强度等级不应低于C15或M15；用于接头和拼缝的混凝土或砂浆，宜采取微膨胀措施和快硬措施，在浇筑过程中应振捣密实，并采取必要的养护措施。

7.6.2 结构安装工程的安全技术

结构安装工程的特点是：构件重、操作面小、高空作业多、机械化程度高，多工种上下交叉作业等，如果措施不当，极易发生安全事故。组织施工时，要重视这些特点，采取相应的安全技术措施。

7.6.2.1 操作人员方面

（1）从事安装工作的人员，要经过体格检查，心脏病或高血压患者，不能高空作业。不准酒后作业。新工人要经过短期培训才能从事施工。

（2）操作人员进入现场，必须戴安全帽、手套；高空作业时，必须戴好安全带，所用的工具，要用绳子扎好或放入工具包内。

（3）电焊工在高空焊接时，应戴安全带、防护面罩；潮湿地点工作时，应穿胶靴。

(4) 在高空安装构件时，用撬杠校正构件位置必须防止因撬杠滑脱而引起高空坠落。撬构件时，人要站稳，如果附近有脚手架或其他已安装的构件，最好一只手扶脚手架或构件，另一只手操作。撬杠插进的深度要适宜，如果撬动的距离较大，则应一步一步地撬，不要急于求成。

(5) 在冬雨期施工，为防止构件因潮湿或有积雪等使操作人员滑倒，必须采取防滑措施。

(6) 登高用的梯子必须牢固，梯子与地面的夹角一般以65°～75°为宜。

(7) 结构安装时，要听从统一号令，统一指挥。

7.6.2.2 起重机械与索具

(1) 吊装所用的钢丝绳，事先必须认真检查，表面磨损、腐蚀达钢丝直径的10%时，不准使用。钢丝绳如断丝数目超过规定，应予以报废。

(2) 吊钩和卡环如有永久变形或裂纹时，不能使用。

(3) 起重机的行驶道路，必须坚实可靠。如地面为松软土层要进行压实处理，必要时，需铺设道木进行加固。

(4) 履带式起重机必须负荷行走时，重物应在履带的正前方，并用绳索带住构件，缓慢行驶，构件离地不得超过50cm。起重机在接近满荷时，不得同时进行两种操作动作。

(5) 起重机工作时，严格注意勿碰撞高压架空电线，起重臂、钢丝绳、重物等与架空电线要保持一定的安全距离。

(6) 新到、修复或改装的起重机在使用前必须进行检查、试吊，并要进行静、动负荷试验。静负荷试验时，所吊重物为该机最大起重量的125%；试验时，将重物吊离地面1m，悬空10min，以检查起重机构架的强度和刚度。动负荷试验在静负荷试验合格后进行，所用重物为该机最大起重量的110%；试验时，吊着重物反复地升降、变幅、回转或移动，以检验起重机各部分运行情况，如运行不正常，应予以检查和修理。

(7) 起吊构件时，升降吊钩要平稳，避免紧急制动和冲击。

(8) 起重机停止工作时，起重装置要关闭上锁。吊钩必须升高，防止摆动伤人，并不得悬挂物件。

7.6.2.3 安全设施

(1) 吊装现场周围应设置临时栏杆，禁止非工作人员入内。

(2) 工人如需要在高空作业时，尽可能搭设临时操作台。操作台为工具式，拆装方便，自重轻，宽度为0.8～1.0m，临时以角钢夹板固定在柱上部，低于安装位置1～1.2m，工人在上面可进行屋架的校正与焊接工作。

(3) 要配备悬挂式斜靠的轻便爬梯，供人上下之用。

(4) 如需在悬空的屋架上弦行走时，应在其上设置安全栏杆。

(5) 遇到六级以上大风和雷雨天气时，一般不得进行高空作业；必须进行时，要采取妥善的安全措施。雷雨季节，起重设备在15m以上高度时，必须装置避雷设施。

7.6.3 结构安装工程常见的质量事故及处理

1. 柱安装质量通病与防治

见表7.14。

表 7.14 柱安装质量通病与防治

质量通病	主要产生原因	防治措施
轴线位移（柱子实际轴线偏离标准轴线）	1. 杯口十字线放偏； 2. 构件制作时断面尺寸、形状不准确； 3. 框架安装时采用柱小面的十字线； 4. 杯口尺寸未预检，杯口偏斜； 5. 杯口四周木楔未打紧； 6. 多层框架柱连接依靠钢筋焊接，由于钢筋较粗，不能移动	1. 柱中心线要准确； 2. 吊装前对杯口十字线及杯口尺寸进行预检； 3 采用柱大面的十字线； 4. 松吊钩后，杯口内木楔应再打紧一遍，并复测； 5. 位移线应采用初校和复校方法
裂缝（柱子裂缝超过允许值）	1. 吊装时混凝土强度未达到设计强度的100%； 2. 吊装前没有按施工状态校核柱子刚度，并采取加固措施； 3. 外力碰撞	1. 吊装时混凝土强度须达到设计强度的100%才能吊装； 2. 通过计算构件裂缝开展宽度大于0.2～0.3mm者应采取加固措施； 3. 吊装时防止碰撞
垂直偏差（垂直差超过允许值）	1. 框架柱：（1）吊装时复测次数不够；（2）柱与柱钢筋焊接连接时由于焊接变形的影响；（3）梁与柱钢筋焊接连接时，由于焊接变形而将柱拉偏； 2. 细长柱：（1）柱杯口临时固定松紧程度不一致；（2）风力影响；（3）阳光照射（柱子受阳光照射后，由于阴面和阳面的温差，使柱子向阴面弯曲，柱顶有一个水平位移）	1. 框架柱：（1）安装柱子时要用垂球初校；（2）焊接时宜对角等速焊接，焊接过程中应用经纬仪随时观察柱子垂直偏差情况；（3）根据钢筋的残余变形小于热胀变形的原理调整柱子的垂直偏差； 2. 细长柱：（1）柱子如采用无缆风绳千斤顶校正，切忌摘钩校正；（2）柱子临时固定时，将楔子打紧，柱子校正后，立即浇筑混凝土，并加设支撑，以防大风突然袭击；（3）利用早晨、阴天校正，或当日初校，次日晨复校

2. 梁安装质量通病与防治

梁安装质量通病与防治见表7.15。

表 7.15 梁安装质量通病与防治

质量通病	主要产生原因	防治措施
焊缝不符合要求（梁与柱节点焊缝太薄）	梁与柱之间接触不严密，缝隙过大，垫铁超过3块，垫铁不能形成阶梯形	加工较厚的铁楔，保证焊缝阶梯尺寸；尽量避免进行横焊或仰焊
垂直偏差（垂直偏差超过允许值）	框架梁：由于柱顶和梁底不平，缝隙垫得不实，梁孔洞过小或不通，柱主筋碰孔壁	框架梁： 1. 柱顶和梁底不平造成的缝隙，一般先垫铁楔之后再用细石混凝土塞实； 2. 孔洞不符合要求，应凿孔修整
	吊车梁： 1. 鱼腹式吊车梁两端不平使腹部垂直偏差过大； 2. T形吊车梁，由于两车梁距离很近，只能用垂球找另一端垂直，当吊车梁本身扭曲较大时，很难准确控制	1. 吊车梁中心与垂直偏差校正应同时进行； 2. 鱼腹式吊车梁可用F形专用标尺近似地校正腹部垂直偏差； 3. 对T形吊车梁，扭曲不大时可用一端挂垂球的方法校正。扭曲较大时，也可用F形专用尺校正
跨距不等（两排吊车梁跨距不相等）	吊车梁安装位置线量测不准或钢尺拉得不紧	当柱杯口混凝土达到设计强度后，应将下面的正确轴线点反到柱牛腿面上，用有弹簧秤的钢尺校核跨距无误后再安装

续表

质量通病	主要产生原因	防治措施
桁高偏差或扭曲（单排吊车梁水平呈波浪形或中心线呈折线形）	1. 由于柱牛腿标高误差和吊车梁本身制作偏差，造成梁水平呈波浪形； 2. 吊车梁中心线校正工艺不合理，使单排吊车梁呈折线形	1. 为避免吊车梁水平面呈波浪形，要做好预检工作，如杯口、柱牛腿标高、吊车梁的几何尺寸等。在安装过程中，吊车梁两端不平时，应用合适的铁楔及时找平； 2. 为防止吊车梁呈折线形，对较重的T形吊车梁，随安装随校正，并用经纬仪支在一端打通线校正。对鱼腹式或较轻的T形吊车梁，单排吊车梁安装完毕后，在两端轴线上接通长铅丝，逐根校正

3. 屋面板安装质量通病与防治

屋面板安装质量通病与防治见表7.16。

表7.16 屋面板质量通病与防治

质量通病	主要产生原因	防治措施
位移	1. 放线或安装不精心； 2. 屋架预埋铁件位置不正确	1. 严格按板安装工艺进行操作； 2. 施工时正确留置预埋铁位置
焊接不良（焊缝长度、厚度不足）	1. 板肋预埋铁件不正，铁楔不符合要求，垫得不严密； 2. 忽视焊缝长度和厚度要求	1. 制作构件时，预埋件位置应准确，并使之突出构件，如有缝隙，应用铁楔支垫密实，但不得超过3块； 2. 焊缝必须清除焊渣，自检无误后，方可安装第二块板

4. 屋架安装质量通病与防治

屋架安装质量通病与防治见表7.17。

表7.17 屋架质量通病与防治

质量通病	主要产生原因	防治措施
裂缝（屋架扶直时出现裂缝）	1. 屋架扶直时，吊点选择不当； 2. 屋架采取重叠预制时，受黏结力和吸附力影响而开裂； 3. 垫木不实，屋架起吊时滑脱使下弦受振或碰裂	1. 屋架扶直一般采用四点起吊为宜，最外面吊索与水平夹角不得小于45°； 2. 对多层重叠预制屋架，可采用振动办法使屋架脱离开； 3. 重叠预制屋架扶直前，必须将两端垫木垫实
垂直偏差（安装后垂直偏差超过允许值）	1. 屋架制作或拼装工程中本身扭曲过大； 2. 安装工艺不合理，垂直度不易保证	1. 对于扭曲过大的屋架需经设计单位同意后方准使用； 2. 屋架校正方法可在屋架下弦一侧拉一根通长铅丝，同时在屋架上弦中心线反出一个同等距离的标尺，用垂球校正； 3. 加强临时固定

思 考 题

7.1 常用起重机有哪些类型？各有什么特点？什么是起重机的工作参数？

7.2　结构安装前准备工作包括哪些内容？有什么具体要求？

7.3　构件检查有哪些内容？为什么构件吊装前要进行弹线和编号？

7.4　柱子的绑扎法有几种？各有什么特点？绑扎时应注意哪些事项？

7.5　柱子的吊升方法有几种？各有什么特点？适用于什么情况？对柱的平面布置各有什么要求？

7.6　柱子的校正包括哪些方面？如何进行校正？根据什么原理和使用什么工具？

7.7　怎样校正吊车梁？有哪些方法？试叙述校正的原理和操作过程。

7.8　结构安装方案包括哪些内容？

7.9　构件平面布置时应遵循哪些原则？

7.10　预制阶段柱的布置方式有几种？各有什么特点？

7.11　屋架在预制阶段布置的方式有几种？安装阶段屋架的扶直方法有几种？

7.12　起重机的开行路线与构件预制阶段的平面布置和安装阶段的平面布置有何关系？

7.13　多层装配式房屋结构吊装，起重机应根据什么条件布置？有哪些布置方式？

7.14　分件安装和综合安装有什么不同？试比较两种方法的优缺点。

习　题

7.1　某厂房柱的牛腿面标高＋8.5m，吊车梁长为6m，当起重机停机面标高为＋0.5m时，试计算安装吊车梁的起重高度。

7.2　某单层工业厂房跨度为24m，柱距为6m，天窗架顶面标高＋17.5m，屋面板厚度240mm，试选择履带式起重机的最小臂长，其中起重机转轴中心距地面高度为2.1m，停机面标高为－0.5m。

7.3　某单层工业厂房跨度18m，柱距6m，9个节间，选用W_1－100型履带式起重机进行结构安装，安装屋架时的起重半径为9m，试绘制屋架斜向就位图。

第8章 防 水 工 程

8.1 屋面防水施工

屋面防水工程根据建筑物的性质、重要程度、使用功能及防水层耐用年限要求等，分为Ⅰ、Ⅱ、Ⅲ、Ⅳ 4个等级，防水层合理使用年限分别规定为25年、15年、10年、5年，并根据不同的防水等级规定防水层的材料选用及设防要求，见表8.1。

防水屋面的种类包括卷材防水屋面、涂膜防水屋面、刚性防水屋面等。

表8.1　　屋面防水等级和设防要求

项　目	屋面防水等级			
	Ⅰ	Ⅱ	Ⅲ	Ⅳ
建筑物类型	特别重要或对防水有特殊要求的建筑	重要的建筑和高层建筑	一般的建筑	非永久性的建筑
防水层合理使用年限	25年	15年	10年	5年
防水层选用材料	宜选用合成高分子防水卷材、高聚物改性沥青防水卷材、金属板材、合成高分子防水涂料、细石混凝土等材料	宜选用合成高分子防水卷材、高聚物改性沥青防水卷材、金属板材、合成高分子防水涂料、高聚物改性沥青防水涂料、细石混凝土、平瓦、油毡瓦等材料	宜选用高聚物改性沥青防水卷材、合成高分子防水卷材、三毡四油沥青防水卷材、金属板材、合成高分子防水涂料、高聚物改性沥青防水涂料、细石混凝土、平瓦、油毡瓦等材料	可选用高聚物改性沥青防水涂料、二毡三油沥青防水卷材
设防要求	三道或三道以上防水设防	二道防水设防	一道防水设防	一道防水设防

注　1. 石油沥青纸胎油毡和沥青复合胎柔性防水卷材系限制使用。
2. 在Ⅰ、Ⅱ级屋面防水设防中，如仅作一道金属板材时，应符合有关技术规定。

8.1.1　卷材防水屋面

8.1.1.1　卷材屋面构造

卷材屋面的防水层是用胶结剂或热熔法逐层粘贴卷材而成的。其一般构造层次如图8.1所示，施工时以设计为施工依据。卷材防水层适用于防水等级Ⅰ～Ⅳ级的屋面防水工程。卷材防水屋面常用的材料有沥青防水卷材、高聚物改性沥青防水卷材、合成高分子防水卷材。胶结材料的选用取决于卷材的种类，若采用沥青防水卷材，则以沥青胶结材料做结合层，一般为热铺；若采用高聚物改性沥青防水卷材或合成高分子防水卷材，则以特制的胶黏剂做结合层，一般为冷铺。

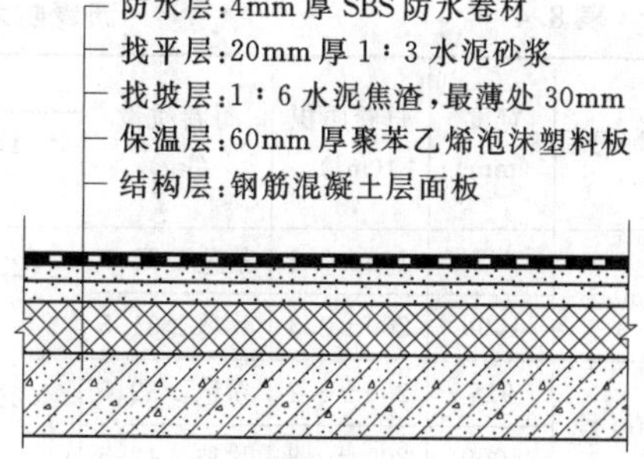

图8.1　卷材防水屋面构造层次图

卷材防水屋面的优点是：重量轻、防水性能较好、柔韧性良好、能够适应一定程度的结构变形；缺点是：造价较高、易老化、起鼓、耐久性较差、施工工序多、维修工作量大，且在发生渗漏时修补和找漏困难。

8.1.1.2 材料要求

1. 沥青

沥青具有不透水、不导电、耐酸、耐碱、耐腐蚀等特点，是屋面防水的理想材料。

施工时，应注意沥青的产地、品种、标号等。沥青有石油沥青和焦油沥青两类，性能不同的沥青不得混合使用。石油沥青与焦油沥青的区别见表8.2。

表8.2 石油沥青与焦油沥青的区别

项目	石油沥青	焦油沥青
相对密度	近于1.0	1.20～1.35
燃烧	烟少，无色，有松香味，无毒	烟多，黄色，臭味大，有毒
锤击	韧性好	韧性差，较脆
颜色	呈辉亮褐色	浓黑色
溶解	易溶于煤油、汽油中，呈棕色	难溶于煤油、汽油中，溶液呈黄绿色

石油沥青分为道路石油沥青、建筑石油沥青和普通石油沥青。建筑石油沥青主要用于屋面、地下防水和油毡制造，常用牌号为30号甲、30号乙和10号。在同种石油沥青中，牌号增大时，则针入度和延伸度增大，而软化点减小。沥青牌号的选用应根据当地气温和屋面坡度考虑，气温高、坡度大应选用小牌号，以防流淌，气温低、坡度小应选用大牌号，以减小脆裂。建筑石油沥青的几项主要指标见表8.3。

表8.3 石油沥青牌号及主要技术指标

牌号	针入度（mm）25℃	延伸度（mm）25℃	软化点（℃）不小于
30号甲	21～80	30	70
30号乙	21～40	30	60
10号	5～20	10	95

沥青在储运过程中，应防止混入杂质、砂土以及水分；宜堆放在阴凉干净、干燥的地方，适当遮盖，避免雨水、阳光直接淋晒，并按品种、牌号分别堆放。

2. 卷材

(1) 石油沥青卷材。按制作方法不同分有胎和无胎两种。根据每平方米原纸质量（g），石油沥青有200号、350号、500号3种标号，建筑工程中的屋面防水一般采用标号不低于350号的石油沥青卷材。材料在运输和堆放时应竖直搁置，高度不超过两层，并放置在阴凉通风的室内，避免日晒雨淋及高温高热。沥青防水卷材规格及技术性能要求见表8.4。

表8.4 沥青防水卷材规格及技术性能要求

标号	宽度（mm）	每卷面积（m^2）	每卷质量（kg）	性能要求			
				纵向拉力（N）	耐热度	柔性	不透水性
350号	915	200±0.3	粉毡≥28.5	(25±2)℃时≥340	(28±2)℃，2h不流淌，无集中性气泡	绕直径20mm圆棒无裂纹	压力≥0.10N/mm^2 保持时间≥30min
	1000	200±0.3	片毡≥31.5				
500号	915	200±0.3	粉毡≥39.5	(25±2)℃时≥440		绕直径25mm圆棒无裂纹	压力≥0.10N/mm^2 保持时间≥30min
	1000	200±0.3	片毡≥42.5				

（2）高聚物改性沥青卷材。这种沥青卷材是以合成高分子聚合物改性沥青为涂盖层，纤维织物为胎体，以粉状材料或薄膜材料为覆盖层制成的一种柔性防水卷材。我国目前使用的有 SBS 改性沥青卷材、APP 改性沥青卷材、铝箔塑胶卷材、化纤胎改性沥青卷材、塑性沥青聚酯卷材等。高聚物改性沥青卷材规格见表 8.5，其物理性能参见表 8.6。

表 8.5　高聚物改性沥青卷材规格

种　类	厚度（mm）	宽度（mm）	每卷长度（m）
高聚物改性沥青卷材	2.0	≥1000	15.0～20.0
	3.0	≥1000	10.0
	4.0	≥1000	7.5
	5.0	≥1000	5.0

表 8.6　高聚物改性沥青卷材物理性能

项　目		性能要求			
		Ⅰ类	Ⅱ类	Ⅲ类	Ⅳ类
拉伸性能	拉力（N）	≥400	≥400	≥50	≥200
	延伸率（%）	≥30	≥5	≥200	≥3
耐热度［(85±2)℃，2h］		不流淌，无集中性气泡			
柔性（−5～25℃）		绕规定直径圆棒无裂纹			
不透水性	压力（MPa）	≥0.2			
	保持时间（min）	≥30			

（3）合成高分子卷材。这种卷材是以合成橡胶、合成塑脂或两者的共混体为基料，加入适量的化学助剂和填充料等，经加工而成的可卷曲的防水材料，或将上述材料与合成纤维等复合形成两层或两层以上的可卷曲的片状防水材料。目前，常用的有三元乙丙橡胶防水卷材、氯化聚乙烯防水卷材、氯化聚乙烯—橡胶共混体防水卷材、氯硫化聚乙烯防水卷材等。合成高分子防水卷材其外观质量必须满足以下要求：折痕每卷不超过 2 处，总长度不超过 20mm；不允许出现粒径大于 0.5mm 的杂质颗粒；胶块每卷不超过 6 处，每处不超过 4mm；缺胶每卷不超过 6 处，每处不大于 7mm，深度不超过其厚度的 30%。合成高分子卷材规格见表 8.7，物理性能见表 8.8。

表 8.7　合成高分子防水卷材规格

厚度（mm）	宽度（mm）	每卷长度（m）	厚度（mm）	宽度（mm）	每卷长度（m）
1.0	≥1000	20	1.5	20	20
1.2	≥1000	20	2.0	20	20

3. 冷底子油

冷底子油是用 10 号或 30 号石油沥青加入挥发性溶剂配制而成的溶液。石油沥青与轻柴油或煤油以 4∶6 的配合比调制而成的冷底子油为慢挥发性冷底子油，喷涂 12～48h 后干燥；石油沥青与汽油以 3∶7 的配合比调制而成的为快挥发性冷底子油，喷涂 5～10h 后干燥。调制时应先将熬制好的沥青倒入料桶，再加入溶剂并不停地搅拌均匀即可。

表 8.8　合成高分子防水卷材物理性能

项　目		性能要求		
		Ⅰ类	Ⅱ类	Ⅲ类
拉伸能力（MPa）		≥7	≥2	≥9
断裂伸长率（%）		≥450	≥100	≥10
低温弯折率	（℃）	−40	−20	−20
		无裂缝		
不透水性	压力（MPa）	≥0.3	≥0.2	≥0.3
	保持时间（min）	≥30		
热老化保持率［(80±2)℃，168h］	拉伸强度（%）	≥80		
	断裂伸长率（%）	≥70		

注　Ⅰ类指弹性体卷材；Ⅱ类指塑性体卷材；Ⅲ类指加合成纤维的卷材。

冷底子油能够渗入基层，可增强黏结力，待溶剂挥发后，可在基层形成一层黏结牢固的沥青薄膜，使其具有一定的憎水性。喷涂冷底子油的时间应待找平层干燥后进行，若需要在潮湿的基层上喷涂冷底子油，则应待找平层砂浆具有足够强度方可进行。冷底子油干燥后，应尽快铺贴防水层，避免受到污染而影响黏结。

4. 沥青胶结材料

沥青胶是用石油沥青按一定比例掺入填充料混合熬制而成。加入填充料的作用是提高其耐热度，增加韧性，增强抗老化能力。沥青胶结材料主要用于粘贴石油沥青卷材或作为防水涂层以及接头填缝之用。

表 8.9　沥青胶结材料选用表

屋面坡度	历年室外极端高温（℃）	沥青胶结材料标号
1%～3%	小于 38	S-60
	38～41	S-65
	41～45	S-70
3%～15%	小于 38	S-60
	38～41	S-70
	41～45	S-75
15%～25%	小于 38	S-75
	38～41	S-80
	41～45	S-85

沥青胶结材料主要技术性能指标是耐热度、柔韧性、黏结力，其标号用耐热度表示。其选用应根据房屋使用条件、屋面坡度、工程所在地历年极端高温等，按表 8.9 进行选取。在保障不流淌的前提下，尽量选用数字较低的标号，以延缓沥青胶的老化，提高耐久性。

沥青胶结材料的配制，一般采用 10 号、30 号、60 号石油沥青，或上述两种或三种牌号的石油沥青溶合。当采用两种标号的沥青溶合时，可按下式计算：

$$B_g = \frac{T - T_2}{T_1 - T_2} \times 100\% \tag{8.1}$$

$$B_d = 100\% - B_g \tag{8.2}$$

式中　B_g——溶合物中高软化点石油沥青含量，%；

B_d——溶合物中低软化点石油沥青含量，%；

T——溶合后沥青胶结材料所需的软化点，℃；

T_1——高软化点石油沥青的软化点，℃；

T_2——低软化点石油沥青的软化点，℃。

8.1.1.3 结构层、找平层施工

1. 结构层要求

屋面结构层一般采用钢筋混凝土结构，分为装配式钢筋混凝土板和整体现浇细石混凝土板。基层采用装配式钢筋混凝土板时，要求板安置平稳，板端缝要密封处理，板端、板的侧缝应用细石混凝土灌缝密实，其强度等级不应低于C20。板缝经调节后宽度仍大于40mm以上时，应在板下设吊模补放构造钢筋后，再浇细石混凝土。

2. 找平层施工

强制性条文："屋面（含天沟、檐沟）找平层的排水坡度必须符合设计要求。"

找平层的作用是保证卷材铺贴平整、牢固；找平层必须清洁、干燥。找平层是防水层的直接基层，施工的表面光滑度、平整度将直接影响到卷材屋面防水层质量。

常用的找平层分为水泥砂浆、细石混凝土、沥青砂浆找平层。找平层宜设分格缝，并嵌填密封材料。分格缝应留在板端缝处，其纵横的最大间距：水泥砂浆或细石混凝土找平层不宜大于6m，沥青砂浆找平层不宜大于4m。

找平层的排水坡度应符合设计要求。平屋面采用结构找坡不应小于3%，采用材料找坡宜为2%，天沟、檐沟纵向找坡不小于1%，沟底水落差不得超过200mm。基层与突出屋面结构的交接处和基层的转角处，找平层均应做成弧形，圆弧的半径应符合要求：沥青防水卷材为100～150mm，高聚物改性沥青卷材为50mm，合成高分子防水卷材为20mm。

（1）水泥砂浆找平层和细石混凝土找平层。

1）厚度要求：与基层结构形式有关。水泥砂浆找平层，基层是整体混凝土时，找平层的厚度为15～20mm；基层是整体或板状材料保温层时，找平层的厚度为20～25mm；基层是装配式混凝土板，松散材料作保温层时，找平层的厚度为20～30mm。细石混凝土找平层，基层是松散材料保温层时，找平层的厚度为30～35mm。

2）技术要求：屋面板等基层应安装牢固，不得有松动现象。铺砂浆前，基层表面应清扫干净，并洒水湿润。水泥砂浆找平层配合比为1∶2.5～1∶3（体积比），水泥强度等级不低于32.5级；细石混凝土找平层，混凝土的强度等级不低于C20。留在承重墙上的分格缝应与板缝对齐，缝高度同找平层厚度，缝宽20mm。在每个分格缝上做防水层时，先在其缝上干铺宽300mm的油毡，再做防水层。每个分格缝内砂浆一次连续铺成，可用2m长的木方条找平。表面平整度用2m靠尺和楔形尺检查，找平层表面平整度的允许偏差为5mm。

（2）沥青砂浆找平层。

1）厚度要求：与基层结构形式有关。基层是整体混凝土时，找平层的厚度为15～20mm；基层是装配式混凝土板、整体或板状材料保温层时，找平层的厚度为20～25mm。

2）技术要求：屋面板等基层应安装牢固，不得有松动现象。屋面应平整，清扫干净，沥青和砂的质量比为1∶8。施工前，基层必须干燥，然后满涂冷底子油1～2道，涂刷要薄而均匀。待冷底子油干燥后方可铺设沥青砂浆。沥青砂

表8.10　沥青砂浆施工温度

室外温度（℃）	沥青砂浆施工温度（℃）		
	拌　制	铺　设	滚压完毕
+5以上	140～170	90～120	60
+5～−10	160～180	110～130	40

浆施工时要严格控制温度，见表8.10。待砂浆刮平后，用火滚进行滚压，滚压至平整密实，表面无空洞、无压滚痕为止。滚筒表面应涂刷柴油。施工完毕后，应避免在找平层上行走。沥青砂浆铺设后，最好在当天铺第一层防水卷材。

8.1.1.4　保温层施工

屋面保温层是屋面的重要组成部分，它提高了建筑物的热工性能，实现了节能效果，为人们提供了一个更加适宜的内部环境。屋面保温层一般位于防水层下面，其采用的材料主要有松散材料、板状材料、整体现浇保温材料。

(1) 保温层施工工序：基层清理→管根封堵→涂刷隔气层→标定标高和坡度→施工保温层→施工找坡层→验收。在与室内空间有关联的天沟、檐沟处，均应铺设保温层；天沟、檐沟、檐口与屋面交接处屋面保温层的铺设应延伸至墙内，伸入长度不小于墙厚的1/2。施工前应设置灰饼及冲筋，以保证保温层的厚度要求。

(2) 板状材料保温层施工应符合下列要求：板状保温材料应紧贴在需保温的基层表面，并铺平垫稳，将板块粘牢铺平、压实、表面平整；若是分层铺设的板块，其上下层接缝应相互错开。板缝处应进行勾缝，以避免出现冷桥。

保证板状保温层质量的关键是表面平整、找坡正确且厚度满足要求。板状保温层过厚则浪费材料，过薄则达不到设计效果，其允许偏差为：松散保温材料和整体现浇保温层为+10%、-5%；板状保温材料为±5%，且不得大于4mm。采用钢针插入和尺量的方法进行检查。

8.1.1.5　卷材防水层施工

卷材防水层应采用沥青防水卷材、高聚物改性沥青防水卷材或合成高分子防水卷材。

1. 沥青防水层的铺设

(1) 卷材铺贴方向。高聚物改性沥青防水卷材和合成高分子防水卷材耐热性好，厚度较薄，不存在流淌问题，对其铺贴方向可不予以限制，既可平行屋脊方向，也可垂直屋脊方向进行铺贴。

对于沥青防水卷材，考虑其软化点较低，防水层较厚，为防止出现流淌现象，其铺贴方向应满足：屋面坡度小于3%时，卷材宜平行屋脊铺贴；屋面坡度在3%～5%时，卷材可平行或垂直屋脊铺贴；当屋面坡度大于15%或屋面受震动时，沥青防水卷材应垂直屋脊铺贴。采用卷材防水屋面的坡度不宜大于25%，否则应在短边搭接处用钉子将卷材钉入找平层内固定，以防发生下滑现象。另外，无论何种卷材，上下层卷材不得相互垂直铺贴。

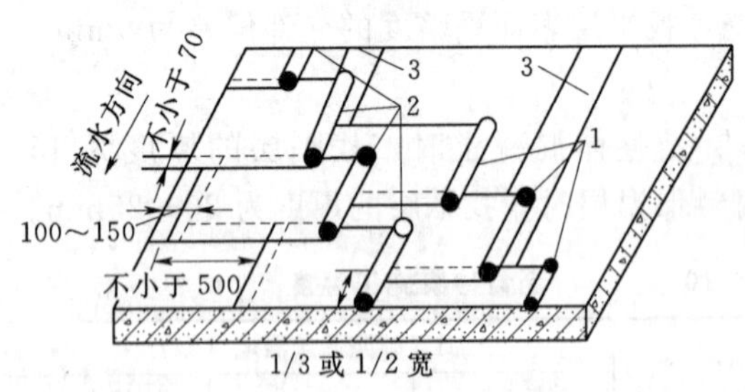

图8.2　卷材平行屋脊铺贴搭接要求（单位：mm）

(2) 卷材搭接。平行于屋脊铺贴时，由檐口开始，两幅卷材的长边搭接（又称压边），应顺水流方向；短边搭接（又称接头），应顺当地主导风向。平行于屋脊铺贴效率高，材料损耗少。如图8.2所示。

垂直于屋脊铺贴时，应从屋脊开始向檐口进行，以免出现沥青胶结材料厚度过大导致铺贴不平等现象。两幅卷材的长边搭接（又称压边），应顺当地主导风向；短边搭接（又称接头），应顺水流方向。同时，屋脊处不可留设搭接缝，必须使卷材相互越过屋脊交错搭接以增强防水效果和耐久性。如图 8.3 所示。

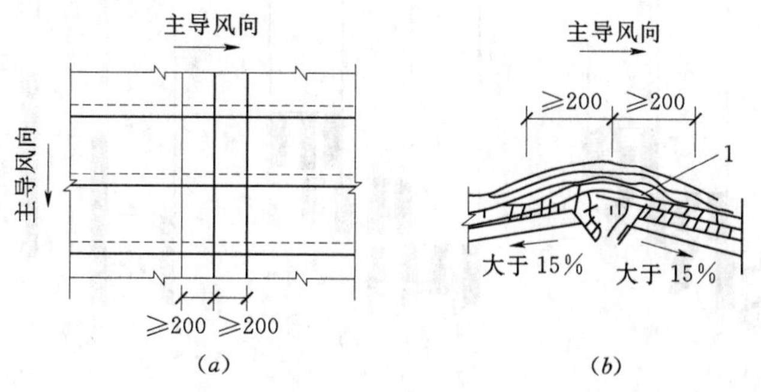

图 8.3 卷材垂直屋脊铺贴搭接要求（单位：mm）
(a) 平面；(b) 剖面

当铺贴连续多跨或高低跨房屋的屋面时，应按先高跨后低跨，先远后近的顺序进行。对于同一坡面，则应先铺设落水口天沟女儿墙和沉降缝等处，尤其要做好泛水处，然后按顺序铺贴大面积卷材。

为确保卷材防水屋面的质量，在铺贴过程中，上下层及相邻两幅卷材的搭接缝应错开。各类卷材搭接宽度应符合表 8.11 的要求。

表 8.11　　卷材搭接宽度

<table>
<tr><th colspan="2" rowspan="2">铺贴方法
卷材种类</th><th colspan="2">短边搭接（mm）</th><th colspan="2">长边搭接（mm）</th></tr>
<tr><th>满粘法</th><th>空铺、点粘、条粘法</th><th>满粘法</th><th>空铺、点粘、条粘法</th></tr>
<tr><td colspan="2">沥青防水卷材</td><td>100</td><td>150</td><td>70</td><td>100</td></tr>
<tr><td colspan="2">高聚物改性沥青防水卷材</td><td>80</td><td>100</td><td>80</td><td>100</td></tr>
<tr><td rowspan="4">合成高分子防水卷材</td><td>胶黏剂</td><td>80</td><td>100</td><td>80</td><td>100</td></tr>
<tr><td>胶黏带</td><td>50</td><td>60</td><td>50</td><td>60</td></tr>
<tr><td>单缝焊</td><td colspan="4">60，有效焊接宽度不小于 25</td></tr>
<tr><td>双缝焊</td><td colspan="4">80，有效焊接宽度 10×2＋空腔宽</td></tr>
</table>

(3) 沥青胶的浇涂。沥青胶可用浇油法或涂刷法施工，浇涂的宽度要略大于油毡宽度，厚度控制在 1～1.5mm。为使油毡不致歪斜，可先弹出墨线，按墨线推滚油毡。油毡一定要铺平压实，黏结紧密，赶出气泡后将边缘封严；如果发现气泡、空鼓，应当场割开放气，补胶修理。压贴油毡时沥青胶应挤出，并随时刮去。

空铺法铺贴油毡，是在找平层干燥有困难时或排气屋面的做法。空铺法贴第一层油毡时，不满涂浇沥青胶，如图 8.4 所示花撒法做法。使第一层和基层之间有相互贯通的空隙，在屋脊和屋面上设置排气槽、出气孔，互相连通形成"排气屋面"。第一层空铺油毡在屋面四周 500mm 左右距离应满铺沥青胶实铺；第二、第三及其他层油毡均应实铺。

(4) 排气槽与出气孔的做法。排气槽与出气孔主要是使基层中多余的水分通过排气孔排除，避免影响油毡质量。在预制隔热层中做排气槽、孔，如图 8.5 所示。排气槽孔一定要畅通，施工时注意不要将槽孔堵塞；填大孔径炉渣松散材料时，不宜太紧；砌砖出气孔时，灰浆不能堵住洞，出气口不能进水和漏水。

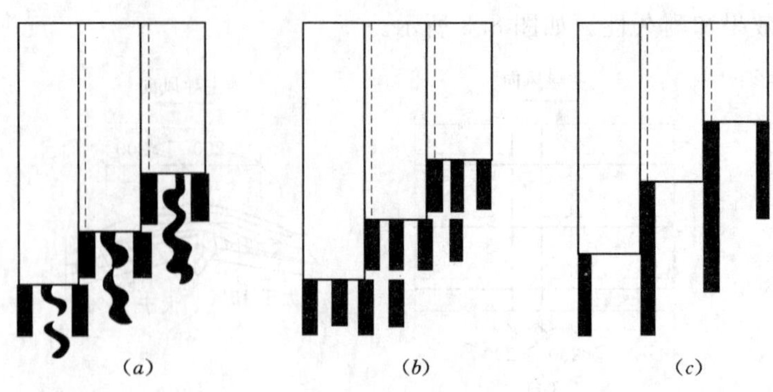

图 8.4 花撒法
(a) 花铺；(b) 条铺；(c) 中空铺

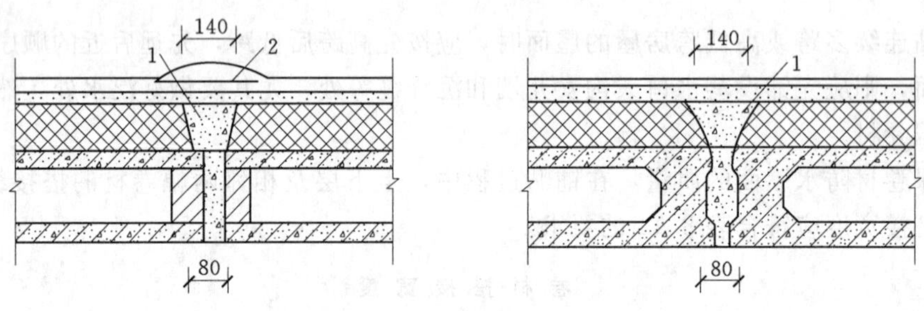

图 8.5 在隔热保温层中设纵、横排气槽（单位：mm）
1—大孔径炉渣；2—干铺油毡条宽 250mm

2. 高聚物改性沥青防水卷材铺设

高聚物改性沥青防水卷材铺设分冷粘法铺贴卷材、热熔法铺贴卷材和自粘法铺贴卷材。

基层要求和突出屋面的细部构造卷材铺设及立面的收头同沥青防水卷材铺贴；立面或者大坡面铺贴高聚物改性沥青防水卷材时，应采用满粘法，并宜减少短边搭接；铺贴前应涂刷基层处理剂，先涂刷节点部位一遍后再大面积涂刷，涂刷应均匀，不得过厚过薄，一般在涂刷 4h 后，可进行铺贴施工；铺贴时应先按卷材排列方案，弹出定位线和基线。

(1) 冷粘法铺贴卷材。

施工验收规范规定：胶黏剂涂刷应均匀，不露底，不堆积。根据胶黏剂的性能，应控制胶黏剂涂刷与卷材铺贴的间隔时间。铺贴的卷材下面的空气应排尽，并辊压黏结牢固。铺贴卷材应平整顺直，搭接尺寸准确，不得扭曲、皱折。接缝口应用密封材料封严，宽度不应小于 10mm。

施工要点：在构造节点部位及周边 200mm 范围内，均匀涂刷一层不小于 1mm 厚度的弹性沥青胶黏剂，随即粘贴一层聚酯纤维无纺布，并在布上涂一层 1mm 厚度的胶黏剂。基层胶黏剂的涂刷可用胶皮刮板进行，要求涂刷均匀，不漏底、不堆积，厚度约为 0.5mm。胶黏剂涂刷后，掌握好时间，由两人操作，其中一人推赶卷材，确保卷材下无空气，粘贴牢固。卷材铺贴应做到平整顺直，搭接尺寸准确，不得扭曲、皱折。搭接部位的接缝应满涂胶黏剂，用溢出的胶黏剂刮平封口。接缝口应用密封材料封严，宽度不小于 10mm。

(2) 热熔法铺贴卷材。

施工验收规范规定：火焰加热器加热卷材应均匀，不得过分加热或烧穿卷材，厚度小于3mm的高聚物改性沥青防水卷材严禁采用热熔法施工；卷材表面热熔后应立即滚铺卷材，卷材下面的空气应排尽，并辊压黏结牢固，不得空鼓；卷材接缝部位必须溢出热熔的改性沥青胶；铺贴的卷材应平整顺直，搭接尺寸准确，不得扭曲、皱折。

施工要点：清理基层上的杂质，涂刷基层处理剂，要求涂刷均匀，厚薄一致，待干燥后，按设计节点构造做好处理，按规范要求排布卷材定位、画线，弹出基线；热熔时，应将卷材沥青膜底面向下，对正粉线，用火焰喷枪对准卷材与基层的结合面，同时加热卷材与基层，喷枪距加热面50～100mm，当烘烤到沥青熔化，卷材表面熔融至光亮黑色，应立即滚铺卷材，并用胶皮压辊辊压密实，排除卷材下的空气，粘贴牢固。端头300mm，将卷材翻放于隔板上加热，同时加热基层表面，粘贴卷材并压实；卷材搭接时，先熔烧下层卷材上表面搭接宽度内的防粘隔离层，待溢出热熔的改性沥青，随即刮封接口；铺贴卷材时应平整顺直，搭接尺寸准确，不得扭曲；采用条贴法时，每幅卷材的每边粘贴宽度不小于150mm。

(3) 自粘法铺贴卷材。

施工验收规范规定：铺贴卷材前基层表面应均匀涂刷基层处理剂，干燥后应及时铺贴卷材；铺贴卷材时，应将自粘胶底面的隔离纸全部撕净；卷材下面的空气应排尽，并辊压黏结牢固；铺贴的卷材应平整顺直，搭接尺寸准确，不得扭曲、皱折，搭接部位宜采用热风加热，随即粘贴牢固；接缝口应用密封材料封严，宽度不小于10mm。

施工要点：清理基层，涂刷基层处理剂，节点除附加增强处理、定位、弹线工序外均同冷粘法和热熔法铺贴卷材；铺贴卷材一般三人操作，其中一人撕纸，一人滚铺卷材，一人随后将卷材压实；铺贴时，应按基线的位置，缓缓剥开卷材背面的防粘隔离纸，将卷材直接粘贴于基层上，随撕隔离纸，随即将卷材向前滚铺，卷材应保持自然松弛状态，不得拉得过紧或过松，不得折皱，每铺好一段卷材应立即用胶皮压辊压实粘牢；卷材搭接部位宜用热风枪加热，加热后粘贴牢固，溢出的自粘胶刮平封口；大面积卷材铺贴完毕，所有卷材接缝处应用密封膏封严，宽度不应小于10mm；铺贴立面、大坡度卷材时，应采取加热后粘贴牢固；采用浅色涂料作保护层时，应待卷材铺贴完成，并经检验合格，清扫干净后涂刷。涂层应与卷材黏结牢固，厚薄均匀，避免漏涂。

3. 合成高分子防水卷材

施工要点：基层应牢固，无松动、起砂，表面应平整光滑，含水率宜小于9%。表面凹坑用1∶3水泥砂浆抹平。基层涂聚氨酯底胶，节点附加增强处理、定位、弹线工序均同冷粘法和热熔法铺贴卷材；再进行大范围涂刷一遍，干燥4h以后方可进行下一道工序；卷材搭接宽度为100mm，粘贴卷材时用刷子均匀涂刷在翻开的卷材接头两面，干燥30min后即可粘贴，并用胶皮压辊用力滚压；卷材收头处重叠三层，须用聚氨酯嵌缝膏密封，在收头处再涂刷一层聚氨酯涂膜防水材料，在尚未固化时再用含胶水砂浆压缝封闭；防水层经检查合格，即可涂保护层涂料。

8.1.1.6 保护层施工

卷材防水层施工完毕后，为防止沥青胶和油毡直接受到阳光、空气、水分等长期作用，应立即进行保护层施工。

1. 绿豆砂保护层的施工

绿豆砂粒径3～5mm，呈圆形的均匀颗粒，色浅，耐风化，经过筛洗。绿豆砂在铺撒前应在锅内或钢板上加热至100℃。在油毡面上涂2～3mm厚的热沥青胶，立即趁热将预热过的绿豆砂均匀地撒在沥青胶上，边撒边推铺绿豆砂，使一半左右粒径嵌入沥青胶中，扫除多余绿豆砂，不应露底油毡、沥青胶。

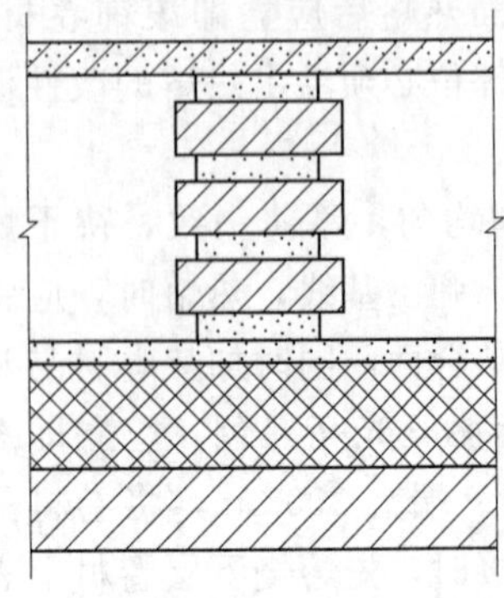
图8.6 架空保护层

2. 板块保护隔热层施工

架空隔热层的高度应按照屋面宽度或坡度大小的变化确定，一般为100～300mm。架空隔热制品支座底面的卷材、涂膜防水层上应采取加强措施，操作时不得损坏已经完工的防水层。施工时，在卷材防水层上采取加强措施涂2～3mm胶结材料，砌三皮小砖高的砖墩，砖的强度不应低于：非上人屋面MU7.5，上人屋面MU10，砖墩用M5水泥砂浆砌筑，在砖墩上铺钢筋混凝土预制架空板，混凝土的强度不应低于C20，尺寸为500mm×500mm×35mm，铺板时应坐浆平稳，然后用水泥砂浆灌缝，如图8.6所示。如果是经常上人屋面，还应在隔热架空层上抹20mm厚的水泥砂浆。

8.1.2 涂膜防水屋面

涂膜防水是指将以高分子合成材料为主体的防水涂料，涂刷在结构物表面，经过固化形成具有一定厚度和弹性的整体涂膜，从而达到防水目的的一种防水层。这种防水层具有施工操作简便，无污染，冷操作，无接缝，可适应各种复杂形状的基层，防水性能好，容易修补等特点。

8.1.2.1 材料要求

涂料有厚质涂料和薄质涂料之分。厚质涂料有：石灰乳化沥青防水涂料、膨润土乳化沥青涂料、石棉沥青防水涂料、黏土乳化沥青涂料等。薄质涂料分三大类：沥青基橡胶防水涂料、化工副产品防水涂料、合成树脂防水涂料。同时又分为溶剂型和乳液型两种类型。

溶剂型涂料是高分子材料溶解于溶剂中形成的溶液。该种涂料干燥快、结膜薄而致密，生产工艺简单，储存时稳定性好，但易燃、易爆，使用时必须注意安全。

乳液型涂料是以水作为分散介质，是高分子材料以极微小的颗粒稳定悬浮于水中形成的乳液，水分蒸发后成膜。乳液型涂料干燥较慢，不宜在+5℃以下施工，生产成本较低，储存时间不超过半年，无毒、不燃，使用安全。

建筑工程上常用的高聚物改性防水涂料质量要求见表8.12。

表8.12　高聚物改性防水涂料质量要求

项目		质量要求
固体含量（%）		≥43
耐热度（80℃，5h）		无流淌、起泡和滑动
柔性（−10℃）		3mm厚，绕护20mm圆棒，无裂纹、无断裂
不透水性	压力（MPa）	≥0.1
	保持时间（min）	≥30
延伸［(20±2)℃］、拉伸（mm）		≥4.5

涂膜防水屋面常用的胎体增强材料有玻璃纤维布、合成纤维薄毡、聚酯纤维无纺布等。

胎体增强材料的质量应符合表 8.13 的要求。

表 8.13　　胎体增强材料质量要求

项目		质量要求		
		聚酯无纺布	化纤无纺布	玻璃纤维布
外观		均匀、无团状，平整、无折皱		
拉力（N/50mm）	纵向	≥150	≥45	≥90
	横向	≥100	≥35	≥50
延伸率（%）	纵向	≥10	≥20	≥3
	横向	≥20	≥25	≥3

8.1.2.2　涂膜防水施工工艺

涂膜防水屋面结构层、找平层与卷材防水屋面基本相同，基层要坚实、平整、干净、干燥。

1. 防水涂料涂刷方向

涂膜防水施工应根据防水材料的品种分层分遍涂刷，不得一次涂成。防水涂膜在满足厚度要求的前提下，涂刷遍数越多对成膜的密实度越好。无论厚质涂料还是薄质涂料均不得一次成膜，每遍涂刷厚度要均匀，不可露底、漏涂，应待涂层干燥成膜后再涂刷下一层涂料，且前后两遍涂料的涂刷方向应相互垂直。

涂膜防水施工应按“先高后低、先远后近”的原则进行。高低跨屋面一般先涂刷高跨屋面，后涂刷低跨屋面；同一屋面时，要合理安排施工段；先涂刷雨水口、檐口等薄弱环节，再进行大面积涂刷。

当需铺设胎体增强材料时，屋面坡度小于 15%时，胎体增强材料平行或垂直屋脊铺设可视施工方便而定；屋面坡度大于 15%时，为防止胎体增强材料下滑应垂直于屋脊铺设。平行于屋脊铺设时，必须由最低处向上铺设，且顺水流方向搭接；胎体长边搭接宽度不小于 50mm，短边搭接宽度不小于 70mm。

2. 操作方法

涂膜防水施工操作方法有抹压法、涂刷法、涂刮法、机械喷涂法等。各种施工方法及其适用范围见表 8.14。

表 8.14　　涂膜防水施工操作方法和适用范围

操作方法	具体做法	适用范围
抹压法	涂料用刮板刮平，待平面收水但未结膜时用铁抹子压实抹光	适用于固体含量高，流平性能较差的涂料
涂刷法	用扁油刷、圆滚刷蘸防水涂料进行涂刷	适用于立面防水层及节点细部处理
涂刮法	先将防水涂料倒在基层，用刮板往复涂刮，使其厚度均匀	适用于黏度较大的高聚物改性沥青防水涂料和合成高分子防水涂料的大面积施工
机械喷涂法	将防水涂料倒在喷涂设备内，通过压力喷枪将涂料均匀喷出	适用于各种防水涂料及各部位施工

3. 工艺流程

目前，在防水工程施工中聚氨酯防水涂膜是较为常用的一种涂膜防水层，其施工工艺主要有：

（1）施工准备。主要机具设备有搅拌器、吹尘器、铺布机具、棕毛刷、长把滚刷、油刷、橡皮刮板、磅秤等。

（2）工作条件。基层施工完毕，检查验收，表面干燥；伸出屋面的管道、落水口等必须安装牢固，不得有松动、变形、移位等现象；施工环境及温度合适；材料齐备；已经进行技术交底。

（3）工艺流程：基层清理→配料→细部密封处理→涂刷基层处理剂→细部附加层铺设→涂刷下层→铺设胎体增强材料→涂刷中间层→涂刷上层→检查修理→蓄水试验→保护层。

（4）操作要求：

1）基层处理：清理基层表面的尘土、砂粒、硬块等杂物，并去除浮尘，修补凹凸不平的部位。细部密封处理和附加层的铺设是必须的，要严格按照设计和规范要求处理，经验收后方可大面积施工。

2）配料要求：将聚氨酯甲、乙组分和二甲苯按产品说明书比例及投料顺序进行配合并搅拌均匀，配制量视需要确定，用多少配制多少。

3）防水涂膜的涂布：在基层处理剂基本干燥固化后，用塑料刮板或橡皮刮板均匀涂刷第一遍涂膜，厚度0.8～1.0mm，涂量约为1kg/m²。待第一遍涂膜干燥固化后（一般约为24h），涂刷第二遍涂膜。两遍涂层间隔时间不宜过长，否则容易出现分层的现象。两遍的涂刷方向应相互垂直，涂刷量略少于第一遍，厚度为0.5～1.0mm，涂量约为$0.7kg/m^2$。待第二遍涂膜干燥后，涂刷第三遍涂膜，直至达到设计规定厚度。需注意的是，在涂刷时保持厚度均匀一致，不允许出现漏刷和起泡等缺陷，若发现起泡应及时处理。

4）胎体增强材料的铺设：胎体增强材料可采用湿铺法或干铺法。湿铺法即边倒料、边涂刷、边铺贴的方法，在干燥的底层涂膜上，将涂料刷匀后铺放胎体材料，用滚刷进行滚压，确保上下层涂膜结合良好。干铺法是在干燥涂层上干铺胎体材料，再满刮涂料一道，使涂料进入网格并渗透到已固化的涂膜上。铺贴好的胎体材料不允许出现皱折、翘边、空鼓、露白等现象。

8.1.3　刚性防水屋面

刚性防水层是指利用刚性防水材料作为防水层，根据防水层所用的材料不同，刚性防水屋面可分为普通细石混凝土防水屋面、补偿收缩混凝土防水屋面及块体刚性防水屋面。刚性防水屋面适用于屋面结构刚度大、地质条件好、无保温层的钢筋混凝土屋盖。本节重点介绍细石混凝土刚性防水屋面。

8.1.3.1　材料要求

细石混凝土不得使用火山灰质水泥；砂采用粒径0.3～0.5mm的中粗砂，粗骨料最大粒径不得大于15mm，其含泥量不应大于1%；细骨料含泥量不应大于2%；水采用自来水或可饮用的天然水；混凝土强度不应低于C20，每立方米混凝土水泥用量不少于330kg，水泥强度等级不低于32.5级，水灰比不应大于0.55；含砂率宜为35%～40%；灰砂比宜为1∶2～1∶2.5。

细石混凝土防水层的原材料质量、各组成材料的配合比是确保混凝土抗渗性能的基本条件。应严格检查各种材料的出厂合格证、质量检验报告、计量措施和现场抽样复验报告。

8.1.3.2 构造要求

细石混凝土刚性防水屋面，一般是在屋面板上浇筑一层厚度不小于40mm的细石混凝土，作为屋面防水层。刚性防水屋面的坡度一般宜为2%～3%，并采用结构找坡。在浇筑防水层细石混凝土之前，为减少结构变形对防水层的不良影响，宜在防水层与基层间设置隔离层，隔离层宜采用低强度的砂浆、卷材、塑料薄膜等材料。如图8.7所示。

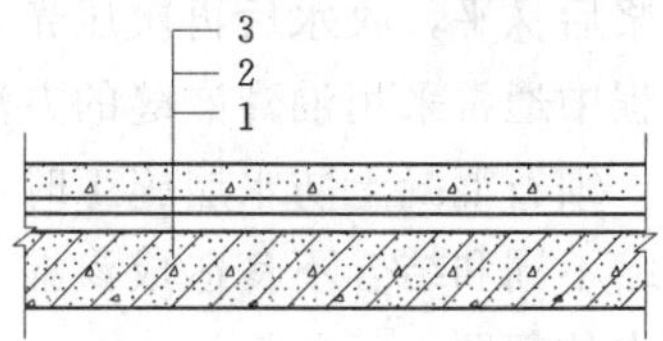

图8.7 细石混凝土刚性防水屋面构造
1—结构层；2—隔离层；3—细石混凝土防水层

8.1.3.3 施工工艺

1. 分格缝设置

为了防止大面积的细石混凝土屋面防水层由于温度变化等的影响而产生裂缝，对防水层必须设置分格缝。分格缝又称分仓缝，应按设计要求进行设置，一般应留在结构应力变化较大的部位，如设计无明确规定，分格缝的留设原则为：分格缝应设在屋面板的支承端、屋面转折处、防水层与突出层面结构的交接处，其纵横间距不宜大于6m，一般情况下，屋面板支承端每个开间应留设横向缝，屋脊处应留设纵向缝，分格面积不超过$20m^2$；分格缝上口宽为30mm，下口宽为20mm，并应嵌填密封材料。

2. 隔离层施工

为了减小结构变形对防水层的不利影响，可将防水层和结构层完全脱离，在结构层和防水层之间增加一层厚度为10～20mm的黏土砂浆，或铺贴卷材隔离层。

黏土砂浆隔离层施工前先清扫干净细石混凝土板，洒水湿润，不积水，将石灰膏∶砂∶黏土=1∶2.4∶3.6材料均匀拌和，铺抹厚度为10～20mm，压平抹光，待砂浆基本干燥后，进行防水层施工。

对卷材隔离层，要先用1∶3水泥砂浆找平结构层，在干燥的找平层上铺一层干细砂后，再在其上铺一层卷材隔离层，搭接缝用热沥青玛瑞脂。

3. 细石混凝土防水层施工

细石混凝土防水层施工工艺流程：隔离层施工→绑扎钢筋→安装分格缝板条和边模→浇筑防水层混凝土→混凝土表面压光→混凝土养护→分格缝清理→涂刷基层处理剂→嵌填密封材料→密封材料保护层施工。

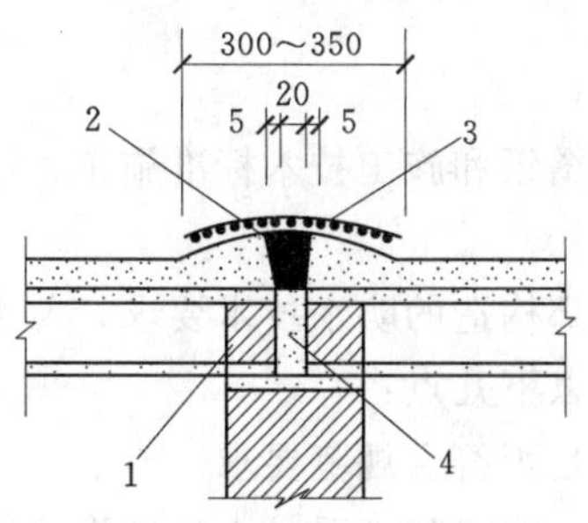

图8.8 分格缝嵌缝做法
(单位：mm)
1—沥青麻丝；2—玻璃布贴缝(或卷材贴缝)；3—防水接缝材料；4—细石混凝土

在混凝土浇捣之前，应及时清除隔离层表面浮渣和杂物，先在隔离层上刷水泥浆一道，使防水层与隔离层紧密结合，随即浇筑防水层细石混凝土。混凝土的浇捣应按先远后近、先高后低的原则进行。

浇筑前先在隔离层上确定分格缝的位置并固定分格条，一个分格缝范围内的混凝土必须一次浇筑完毕，不得留施工缝；为保证浇筑混凝土时双向钢筋网片位于防水层中部，可在钢筋网片下放置15～20mm厚的垫块。混凝土浇筑后应采用机械振捣以保证其密实度，待表面泛浆后抹平，收水后再次压光，在混凝土初凝后取出分格条，并在分格缝处采取防水措施，工程中通常采用油膏嵌缝的方法，或再增设覆盖保护层予以保护。如图8.8所示。

细石混凝土防水层施工时，屋面泛水与屋面防水层应一次做成，否则会因混凝土或砂浆收缩不同和结合不良造成渗漏水，泛水高度一般不低于120mm，以防发生雨水倒灌引起渗漏水的问题。

细石混凝土防水层，由于其收缩弹性很小，对地基不均匀沉降、外荷载等引起的位移和变形，对温差和混凝土收缩、徐变引起的应力变形等敏感性大，容易产生开裂，因此，这种屋面常用于结构刚度好、无保温层的钢筋混凝土屋盖上。另外，要注意混凝土防水层的施工气温宜在5～35℃，不得在负温和烈日暴晒下施工；防水层混凝土浇筑后，应及时采取养护措施，保持湿润，补偿收缩混凝土防水层宜采用蓄水养护，养护时间不少于14昼夜。

8.2 地下防水施工

地下防水工程适用于工业与民用建筑的地下室、大型设备基础、沉箱等防水结构，以及人防、地下商场、仓库等。地下水的渗漏会严重地影响结构的使用功能，甚至会影响建筑物的使用年限。

地下防水工程的防水方案主要有以下三类：

(1) 防水混凝土结构。此种方案是利用提高混凝土本身的密实度和抗渗性来达到防水的目的。它既是防水层，又是承重和围护结构，具有施工简便、成本较低、工期较短、防水可靠等优点，是解决地下工程防水问题的有效途径，因而应用广泛。

(2) 附加防水层。此种方案是在地下结构物表面附加一道防水层，使地下水和地下结构隔离开，以达到防水的目的。在附加防水层防水方案中，常用的材料主要有水泥砂浆、卷材、沥青胶结材料和金属防水层等。可根据不同的工程对象及其工程特点、防水要求及施工条件选用。

(3) 渗排水措施。此种方案即是“以防为主，防排结合”。通常利用盲沟、渗排水层等方法将地下水排走，以达到防水的目的。该方案多用于较为重要的、面积较大的地下防水工程。

8.2.1 一般要求

8.2.1.1 设计要求

地下工程必须进行防水设计，施工单位必须按工程设计图纸和施工技术标准施工，不得擅自修改工程设计，不得偷工减料。

施工前，施工单位应进行图纸会审，掌握工程主体及细部构造的防水技术要求，并编制防水工程的施工方案。地下工程防水设计图纸会审时应注意以下几点：

(1) 根据建筑物的重要程度确定的防水等级和设防要求是否符合规范要求。

(2) 地下工程的钢筋混凝土结构，应采用防水混凝土，并明确防水混凝土的抗渗等级和其他技术指标以及质量保证措施。

(3) 其他防水层选用的材料及其技术指标、质量保证措施。

(4) 地下工程的变形缝、施工缝、后浇带、穿墙管、预埋件、预留通道接头、桩头等细部构造，应有加强防水措施。有构造详图，明确选用的材料及其技术指标、质量保证措施。

(5) 工程的防排水系统，地面挡水、截水系统及工程各种洞口（排水管沟、地漏、出入口、窗井、风井）的防倒灌措施齐全，寒冷及严寒地区的排水沟应有防冻措施。

地下工程结构的防水应包括两个部分内容：一是主体防水，二是细部构造防水。防水等级为一级、二级的工程，大多是比较重要、使用年限较长的工程，单依靠防水混凝土来抵抗地下水的侵蚀其效果是有限的，应按要求选用附加防水层。

8.2.1.2 材料要求

地下防水工程所使用的防水材料，应有产品合格证书和性能检测报告，材料的品种、规格、性能等应符合现行的国家产品标准和设计要求。

对进场的防水材料应按规范的规定进行抽样复验，并提交实验报告。

8.2.1.3 施工要求

防水作业是保证地下防水工程质量的关键。地下防水工程必须由具备相应资质的专业防水施工队进行施工。

进行防水结构或防水层施工，现场应做到无水、无泥浆，这是保证地下防水工程施工质量的一个重要条件。地下防水工程的防水层，严禁在雨天、雪天和五级及其以上风力时施工。

8.2.1.4 质量检验

地下防水工程的施工，应建立各道工序的自检、交接检和专职人员检查的“三检”制度，并有完整的检查记录。未经建设（监理）单位对上道工序的检查确认，不得进行下道工序的施工。

地下防水工程验收的文件和记录体现了施工全过程控制，必须做到真实、准确，不得有涂改和伪造，各级技术负责人签字后方可有效。

8.2.2 卷材防水层

地下卷材防水层是一种柔性防水层，是用沥青胶将多层卷材粘贴在地下结构基层的表面上而形成的多层防水层，它具有较好的防水性和良好的韧性，能够适应结构振动和微小变形，并能够抵抗酸、碱、盐溶液的侵蚀，但卷材的吸水率较大，机械强度低，耐久性差，发生渗漏后难以修补。因此，卷材防水层只适应型式简单的整体钢筋混凝土结构基层和以水泥砂浆、沥青砂浆或沥青混凝土为找平层的基层。

8.2.2.1 材料要求

地下防水工程使用的卷材要求机械强度高、延伸率大，具有良好的韧性和不透水性，膨胀率小且具有良好的耐腐蚀性。沥青胶结材料的软化点应比基层及防水层周围介质的可能最高温度高出 20～25℃，软化点最低不得低于 40℃。

8.2.2.2 施工工艺

地下卷材防水施工一般是将卷材防水层铺贴在地下需防水结构的外表面，称为外防水。它与卷材防水层设置在地下结构内表面的内防水相比较，具有以下优点：外防水的防水层设置在迎水面，受压力水的作用紧压在地下结构上，不宜脱落和空鼓，防水效果好；而内防水的卷材防水层在背水面，受压力水作用时，容易出现局部空鼓和脱离，从而导致渗漏水的现象。

外防水的卷材防水层铺贴方式，按其与防水结构施工的先后顺序，可分为外防外贴法和外防内贴法两种。由于外防外贴法的防水效果优于外防内贴法，所以在施工场地和条件不受

限制时，一般均采用外防外贴法。

1. 外防外贴法

外防外贴法是在基础垫层上先铺好底板卷材防水层，进行需防水结构的混凝土底板与墙体施工，待墙体侧模拆除后，再将卷材防水层直接铺贴在墙面上，然后砌筑保护墙，如图8.9所示。外防外贴法的施工顺序是先在混凝土底板垫层上做1∶3的水泥砂浆找平层，然后在垫层四周砌筑永久性保护墙并抹上水泥砂浆找平层（注意在保护墙底部干铺卷材一层），待其干燥后，涂刷基层处理剂，然后铺贴卷材防水层，并在四周伸出卷材与保护墙身临时搭接并采取保护措施。保护墙分为两部分，下部为永久性保护墙，其高度不小于$B+200$mm（B为底板厚度）；上部为临时保护墙，高度一般为450～600mm，用石灰砂浆砌筑，以便拆除，保护墙砌筑完毕后，再将伸出的卷材搭接头临时铺贴在保护墙上。然后进行混凝土底板与墙体施工，待墙体拆除模板后，在墙面上抹水泥砂浆找平层并涂刷冷底子油，再将临时保护墙拆除，找出各层卷材搭接接头并清理干净，依次逐层铺贴，最后砌筑永久性保护墙。应注意的是在此处的卷材应错槎接缝，如图8.10所示。

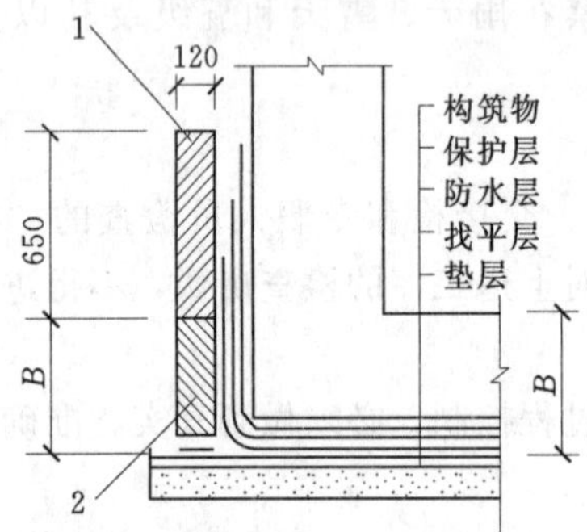

图8.9 外防外贴法（单位：mm）

1—临时保护墙；2—永久保护墙

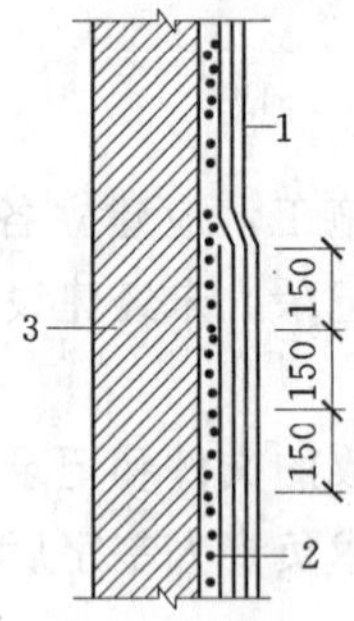

图8.10 防水层错槎接缝（单位：mm）

1—卷材防水层；2—找平层；3—墙体结构

2. 外防内贴法

外防内贴法是在垫层四周先砌筑保护墙，然后将卷材防水层铺贴在垫层与保护墙上，最后进行地下需防水结构的混凝土底板与墙体施工，如图8.11所示。外防内贴法的施工是先在混凝土底板垫层四周砌筑永久性保护墙，在垫层表面上及保护墙内表面上抹1∶3水泥砂浆找平层，待其基本干燥并满涂冷底子油后，沿保护墙及底板铺贴防水卷材。铺贴完毕后，注意要对防水层采取保护措施，一般是在涂刷最后一道沥青胶时，粘上一层干净的热砂或散麻丝，待其冷却后，立即抹一层10～20mm厚的1∶3水泥砂浆保护层；在平面上铺设一层30～50mm厚的1∶3水泥砂浆或是细石混凝土保护层，最后再进行需防水结构的混凝土底板和墙体的施工。

内贴法与外贴法相比较，采用外防外贴法时，铺贴卷材应先铺设平面，后铺立面，在由平面转折为立面的卷材与永久性保护墙的接触部位，应采用空铺法施工。采用外防内贴法时，铺贴卷材应沿着永久性保护墙内侧先铺设立面，后铺平面。由此可看出外防内贴法的优点是：卷材防水层施工较简便，底板与墙体防水层可一次铺贴完毕，不必留接槎，施工占地面积较小。但也存在着受结构不均匀沉降的影响较大，易出现渗漏水现象；竣工后出现渗漏水问题，修补较为困难等缺点。目前在实际工程施工的应用中，只有在施工条件受到限制时，才会考虑采取内贴法施工。

3. 卷材防水层的施工

铺贴卷材的基层必须牢固，无松动现象，基层表面应平整干净，阴阳角处做成圆弧形或钝角。卷材铺贴前，宜先刷冷底子油，墙面铺贴时由下而上进行。长边搭接100mm，短边搭接150mm。上下层和相邻两幅卷材错开1/3幅宽，不得相互垂直铺贴。在所有转角处应铺贴附加层。待全面铺贴完毕后，在卷材表面涂刷一层1～1.5mm厚的热沥青胶保护层。卷材防水层粘贴工艺主要有冷粘法铺贴卷材和热熔法铺贴卷材两种。

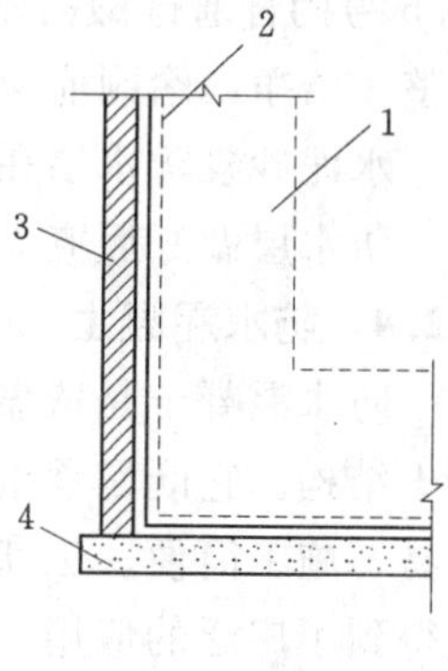

图8.11 外墙内贴法
1—需防水结构；2—防水层；
3—永久保护墙；
4—底板垫层

8.2.3 水泥砂浆防水层

水泥砂浆防水层是一种刚性防水层，是在需防水结构表面分层涂抹一定厚度的水泥砂浆，利用砂浆本身的憎水性和密实性来达到抗渗防水的效果。但是这种防水层抵抗变形的能力较差，不适用于受振动荷载影响的工程或结构上易产生不均匀沉降的工程，亦不适用于受腐蚀、高温及反复冻融的砖砌体工程。

常用的水泥砂浆防水层主要有刚性多层法防水层、掺外加剂的防水砂浆防水层和膨胀水泥或无收缩性水泥砂浆防水层等类型，宜采用多层抹压法施工。水泥砂浆防水层应在基础垫层、围护结构验收合格后方可施工。

8.2.3.1 刚性多层防水层

刚性多层防水层是利用素灰（即稠度较小的水泥浆）和普通水泥砂浆分层交替抹压均匀密实，构成一个多层的整体防水层。采用此种防水层做在需防水结构迎水面时，需采用五层交替抹面，做在背水面时，需采用四层交替抹面。

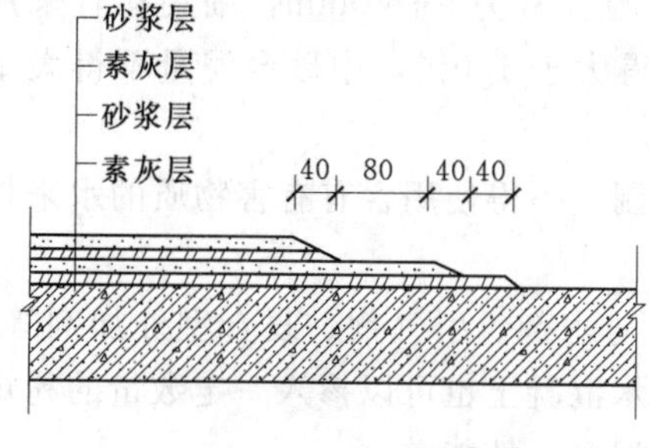

图8.12 水泥砂浆防水层留槎方法（单位：mm）

由于素灰层与水泥砂浆层相互交替施工，各层粘贴紧密，密实性好，当外界温度变化时，每一层的收缩变形均受到其他层的约束，不易发生裂缝的问题；同时各层配合比、厚度和施工时间均不同，毛细孔的形成也不一致，后一层的施工能够对前一层的毛细孔起到堵塞作用，所以具有较好的抗渗能力。

需要注意的是，每层防水层砂浆在施工时尽量连续涂抹，不留施工缝，若难以避免则应留设成阶梯槎，如图8.12所示。

8.2.3.2 掺外加剂防水砂浆防水层

在普通水泥砂浆中掺入一定量的防水剂形成防水砂浆，由于防水剂与水泥水化作用而形成不溶性物质或憎水性薄膜，可填充或封闭水泥砂浆中的毛细管道，从而获得较高的密实性，提高其抗渗能力。

8.2.3.3 膨胀水泥或无收缩性水泥砂浆防水层

这种防水层主要是利用水泥膨胀和无收缩的特性来提高砂浆的密实性和抗渗性，此种砂浆的配合比为1∶2.5（水泥∶砂），水灰比为0.4～0.5。涂抹方法与防水砂浆相同，但是，由于砂浆凝结速度快，常温下配制的砂浆需在1h内使用完毕。配制时，一般采用不低于

32.5号的普通硅酸盐水泥或膨胀水泥，也可采用矿渣硅酸盐水泥。基层表面要坚实、粗糙、平整、洁净，涂刷前应洒水湿润，以增强基层与防水层的黏结力。

水泥砂浆防水层在施工时，气温一般不应低于5℃，也不宜在35℃以上高温条件下施工。防水层做好后应立即浇水养护并保持防水层湿润。

8.2.4 防水混凝土

防水混凝土是依靠混凝土材料本身的密实性从而具有防水能力的整体式混凝土或钢筋混凝土结构。它既是承重结构、围护结构，又满足抗渗和耐腐蚀的要求。防水混凝土具有取材容易、施工简便、工期较短、耐久性好、工程造价低等优点，因此，在地下工程中防水混凝土得到了广泛的应用。

防水混凝土主要是以调整混凝土的配合比或加入外加剂等方法，来提高混凝土本身的密实性和抗渗性，目前在实际工程中主要采用的防水混凝土有普通防水混凝土、外加剂防水混凝土等。

8.2.4.1 基本要求

防水混凝土结构底板的混凝土垫层，强度等级不应小于C15，厚度不应小于100mm，在软弱土层中不应小于150mm。防水混凝土结构厚度不应小于250mm。迎水面钢筋保护层厚度不应小于50mm。

地下工程防水混凝土结构裂缝宽度不得大于0.2mm，并且不得贯通。防水混凝土结构表面应坚实、平整，不得有露筋、蜂窝等缺陷。

防水混凝土结构所用的水泥品种应按设计要求选用，强度等级不得低于32.5级，宜采用普通硅酸盐水泥、硅酸盐水泥、粉煤灰硅酸盐水泥、矿渣硅酸盐水泥，使用矿渣硅酸盐水泥时必须掺用高效减水剂。

防水混凝土结构所用的粗集料宜采用碎石或卵石，粒径宜为5～40mm，细集料宜采用中砂。碎石或卵石含泥量不得大于0.2%，泥块含量不得大于1.0%，中砂含泥量不得大于1.0%，泥块含量不得大于0.5%。

防水混凝土结构的拌制用水必须进行检测并加以控制，不得使用含有有害物质的水来拌制防水混凝土。

防水混凝土可根据工程需要掺入减水剂、膨胀剂、防水剂、引气剂、复合型外加剂等，需要注意的是，其品种和掺量应经试验确定。另外，防水混凝土也可以掺入一定数量的粉煤灰、磨细矿渣粉、硅粉等，用以节约水泥用量以及改善混凝土性能。

8.2.4.2 防水混凝土的性能及配制

1. 普通防水混凝土

普通防水混凝土即是在普通混凝土骨料级配的基础上，通过调整和控制配合比的方法，提高自身密实度和抗渗性的一种防水混凝土。配制普通防水混凝土通常以控制水灰比，适当增加砂率和水泥用量的方法，来提高混凝土的密实度和抗渗性。水灰比一般不大于0.6，每立方米混凝土的水泥用量不少于300kg，砂率以35%～45%为宜，灰砂比为1∶2～1∶2.5，其坍落度以3～5cm为宜，当采用泵送工艺时，混凝土的坍落度不受此限制。在最后确定施工配合比时既要满足地下防水工程抗渗标号等各项技术的要求，又要符合经济的原则。

2. 外加剂防水混凝土

外加剂防水混凝土是在混凝土中加入一定量的有机或无机物外加剂来改善混凝土的和

易性，提高密实度和抗渗性，以适应工程需要的防水混凝土。外加剂防水混凝土的种类很多，在此仅对常用的减水剂防水混凝土、加气剂防水混凝土、三乙醇胺防水混凝土做简单介绍。

(1) 减水剂防水混凝土。减水剂防水混凝土是在混凝土中掺入适量的减水剂配制而成。减水剂具有强烈的分散作用，能够使水泥成为细小的单个粒子，均匀分散于水中。同时，还能使水泥微粒表面形成一层稳定的水膜，借助于水的润滑作用，水泥颗粒之间，只要有少量的水即可将其拌和均匀，使混凝土的和易性显著增加。因此，混凝土掺入减水剂后，在满足施工和易性的条件下，可大大降低拌和用水量，使混凝土硬化后的毛细孔减少，从而提高混凝土的密实度和抗渗性。在大体积防水混凝土中，减水剂可使水泥水化热峰值推迟出现，也就减少或避免了在混凝土取得一定强度前因温度应力而开裂，从而提高了混凝土的防水效果。

减水剂防水混凝土的配制除应满足普通防水混凝土的一般规定外，还应注意在选择不同品种的减水剂时，要根据工程要求、施工工艺和温度及混凝土原材料的特性等情况来选择，对选用的减水剂，必须经过试验来确定其准确的掺量。在配制减水剂防水混凝土时要根据工程需要来调整水灰比，如工程需要混凝土坍落度为80～100mm时，可不减少或稍减少拌和用水量，当要求坍落度为30～50mm时，可大大减少拌和用水量。另外，由于减水剂能够增大混凝土的流动性，故对掺有减水剂的防水混凝土，其最大施工坍落度可不受50mm的限制，但是也不宜过大，以50～100mm为宜。

(2) 加气剂防水混凝土。加气剂防水混凝土是在混凝土中掺入微量的加气剂配制而成的防水混凝土。目前常用的加气剂有松香酸钠、松香热聚物，此外还有烷基磺酸钠和烷基苯磺酸钠等，以前者的采用较多。在混凝土中加入加气剂后，会产生大量微小而均匀的密闭气泡，由于大量气泡的存在，使毛细管性质改变，提高了混凝土的抗渗性和耐久性。加气剂防水混凝土的早期强度增长较慢，7d后强度增长比较正常，但其抗压强度随含气量的增加而降低，一般含气量增加1%，28d强度约下降3%～5%，但加气剂使混凝土的黏滞性增大，不宜松散离析，显著地改善了混凝土的和易性，在保持和易性不变的情况下，可以减少拌和用水量，从而可补偿部分强度损失。因此，加气剂防水混凝土适用于抗渗、抗冻要求较高的防水混凝土工程，特别适用于恶劣的自然环境工程。

由于加气剂防水混凝土的质量与含气量密切相关。从改善混凝土内部结构、提高抗渗性及保持应有的混凝土强度出发，加气剂防水混凝土含气量以3%～6%为宜，松香酸钠掺量为水泥量的0.1%～0.3%，松香热聚物掺量为水泥量的0.1%。加气剂防水混凝土的水灰比宜控制在0.5～0.6，每立方米混凝土的水泥用量约为250～300kg。

加气剂防水混凝土宜采用机械搅拌。加气剂应预先和拌和水搅拌均匀后再加入到拌和料中，以免使气泡集中而影响到混凝土的质量。在振捣时应采用高频振动器，以排除大气泡，保证混凝土的抗冻性。对于防水混凝土的养护措施，应注意温度的影响，另外，在养护阶段还应注意保持湿度，以利于提高其抗渗性。

(3) 三乙醇胺防水混凝土。三乙醇胺防水混凝土是在混凝土拌和物中随拌和水加入适量的三乙醇胺配制而成的混凝土。三乙醇胺加入混凝土后，能够增强水泥颗粒的吸附分散与化学分散作用，加速水泥的水化，使水化生成物增多，水泥石结晶变细，结构密实，因此提高了混凝土的抗渗性。在冬季施工时，除了掺入占水泥量0.05%的三乙醇胺以外，再加入

0.5%的氯化钠及1%的亚硝酸钠，其防水效果会更好。当三乙醇胺防水混凝土的设计抗渗压力为0.8～1.2N/mm² 时，水泥用量以300kg/m³ 为宜。

三乙醇胺防水混凝土的抗渗性好、施工简便、质量稳定，特别适用于工期紧、要求早强及抗渗的地下防水工程。

3. 补偿收缩防水混凝土

补偿收缩防水混凝土是加入膨胀水泥使混凝土适度膨胀，以补偿混凝土的收缩。补偿收缩防水混凝土可增加混凝土的密实度且具有较高的抗渗功能，其抗渗能力比同强度等级的普通混凝土提高2～3倍。补偿收缩混凝土可抑制混凝土裂缝的出现，因其在硬化初期产生体积膨胀，在约束条件下，它通过水泥石与钢筋的黏结，使钢筋张拉，被张拉的钢筋对混凝土产生压应力，可抵消由于混凝土干缩和徐变产生的拉应力，从而达到补偿收缩和抗裂防渗的双重效果。补偿收缩防水混凝土具有膨胀可逆性和良好的自密作用，必须加强其早期的养护，养护时间过迟会造成因强度增长较快而抑制了膨胀。一般常温条件下，补偿收缩防水混凝土浇筑8～12h即应开始浇水养护，待模板拆除后则应大量浇水，且养护时间不宜低于14d。需要注意的是，补偿收缩防水混凝土对温度比较敏感，一般不宜在低于5℃和高于35℃的条件下进行施工。

8.2.4.3 防水混凝土施工

防水混凝土工程质量的好坏不仅取决于混凝土材料质量本身及其配合比，而且在施工过程中的搅拌、运输、浇筑、振捣以及养护等工序都对防水混凝土的质量有着很大的影响。因此，在施工中必须对以上各环节严格控制。

1. 施工要点

防水混凝土施工应严格按照现行《混凝土结构工程施工质量验收规范》（GB 50204—2002）的要求进行施工作业。在施工期间，应做好基坑的降、排水工作，使地下水位低于基坑底面一定安全距离，严防地下水或地表水流入基坑造成积水，影响混凝土的施工和正常硬化，导致防水混凝土的强度及抗渗性能降低。

模板应表面平整，拼缝严密，吸水性小，结构坚固。浇筑混凝土之前，应将模板内部清理干净。固定墙体模板时尽量不采用对拉螺栓，以免在混凝土内部造成引水通路，若必须采用对拉螺栓时，应采取有效的止水措施，如加设止水环等方法。如图8.13所示。

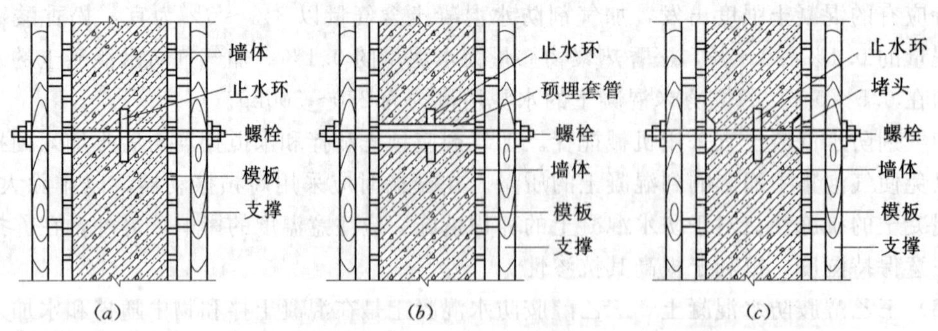

图8.13 对拉螺栓止水措施

(a) 螺栓加止水环；(b) 预埋套管加止水环；(c) 螺栓加堵头

绑扎钢筋时，应按设计要求留设足够的钢筋保护层，不得有负误差。留设保护层应以相同强度等级的细石混凝土或砂浆块作为垫块，且严禁用钢筋、铁钉、铅丝直接进行固定，以防地下水沿着金属物侵入。

防水混凝土不宜拆模过早，且拆模时混凝土表面温度与周围气温之差不得超过15～20℃，以防止混凝土表面出现裂缝。

防水混凝土浇筑后严禁打洞，所有的预埋件、预留孔都应事先埋设准确。地下室结构部分在拆模后应及时回填土，也可在填土之前加设一道附加防水层，以增强整体的防水效果。

2. 局部构造处理

防水混凝土结构内的预埋铁件、穿墙管道以及结构的后浇缝部位，均为防水薄弱环节，应采取有效措施予以加强。

(1) 预埋铁件的防水做法用加焊止水钢板的方法或加套遇水膨胀橡胶止水环的方法，既简便又可获得一定的防水效果，如图8.14所示。施工时，注意将铁件及止水钢板或遇水膨胀橡胶止水环周围的混凝土浇捣密实。

(2) 穿墙管道的处理。在管道穿过防水混凝土结构时，预埋套管上应加套遇水膨胀橡胶止水环或加焊钢板止水环，如图8.15所示。安装穿墙管时，先将管道穿过预埋管，找准位置临时固定，然后一端用封口钢板将套管焊牢，再将另一端套管与穿墙管间的缝隙用防水密封材料嵌填严密，最后用封口钢板封堵严密。

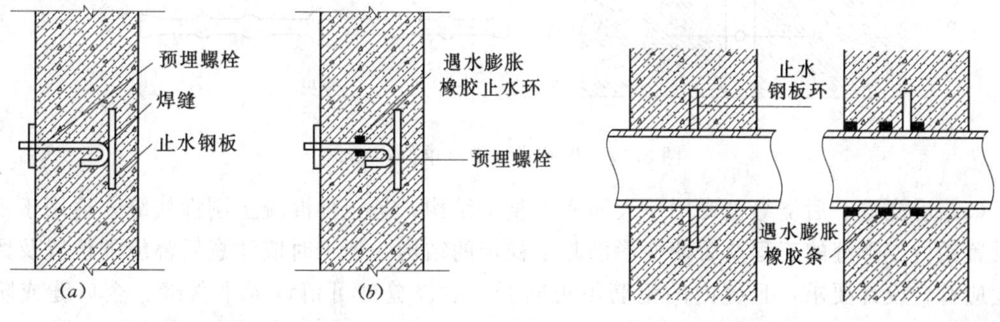

图8.14 预埋铁件部位防水措施
(a) 止水钢板；(b) 遇水膨胀橡胶止水环

图8.15 穿墙管道部位防水措施

(3) 施工缝。防水混凝土应连续浇筑，尽量不留设施工缝。墙体一般只允许留设水平施工缝，其位置不可留置在剪力与弯矩最大处或底板与侧壁的交接处，一般宜留设在高出底板上表面不小于200mm的墙身上。传统的处理措施是将施工缝处做成凸缝、阶梯缝等形式。目前在实际工程中的施工缝处理措施中，大量推广应用遇水膨胀橡胶止水条，如图8.16所示。施工时如果难以避免须留设垂直施工缝时，应尽量与变形缝相结合，按变形缝进行防水处理。

(4) 变形缝。地下结构变形缝部位是地下防水的薄弱环节，经常会因处理不当而引起一些渗漏现象，所以在变形缝部位选用材料、做法和形式时，应考虑其可变性，并要保证密闭性。为适应结构沉降、温度伸缩等因素产生的变形，在地下结构的变形缝、地下通道连接口等部位，除了在构造设计中考虑防水能力，通常还会采用止水带防水。目前，常见的变形缝

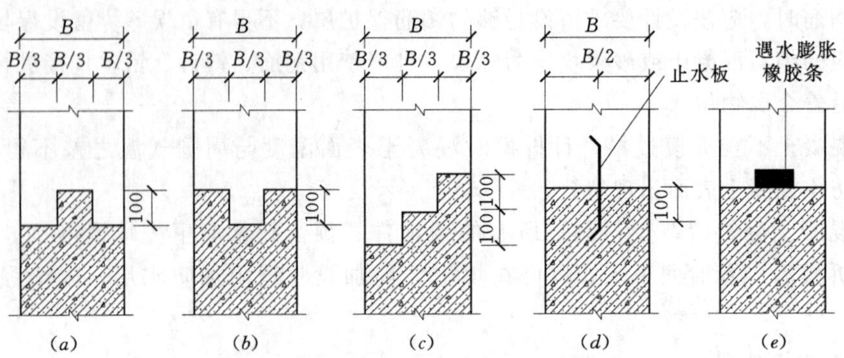

图 8.16　施工缝部位防水措施（单位：mm）

(*a*) 凸缝；(*b*) 凹缝；(*c*) 阶梯缝；(*d*) 止水板；(*e*) 遇水膨胀橡胶止水条

止水材料有橡胶止水带、塑料止水带、氯丁橡胶止水带和金属止水带，如图 8.17 所示。其中橡胶及塑料止水带均为柔性材料，抗渗和适应变形能力较强，在实际工程中的应用较多，金属止水带一般仅用于高温环境的条件下。止水带的构造形式有粘贴式、可卸式、埋入式等，目前较为常用的是埋入式橡胶止水带。根据防水设计要求，有时也可采用多层或多种止水带的构造形式，比如可同时采用埋入式和可卸式，或同时采用埋入式和粘贴式，以增强防水效果。

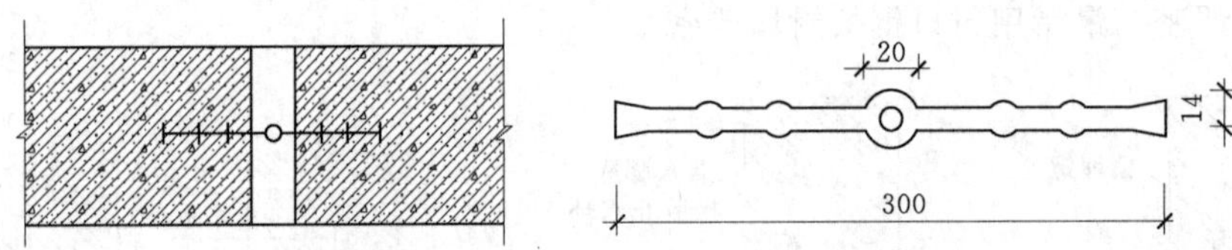

图 8.17　橡胶止水带（单位：mm）

(5) 后浇缝。后浇缝主要用于大面积混凝土结构，是一种混凝土刚性接缝，适用于不允许设置柔性变形缝的工程及后期变形已趋于稳定的结构，施工时应注意后浇缝的位置及留设宽度应符合设计要求，且缝内的钢筋不可断开；后浇缝处可留设成平直缝、企口缝或阶梯缝；后浇缝混凝土应在两侧混凝土浇筑完毕，待主体结构达到标高或间隔 6 周后，再用补偿收缩混凝土进行浇筑，浇筑前还应将接缝处表面凿毛，清洗干净，并在中心位置粘贴遇水膨胀橡胶止水条，后浇缝处混凝土浇筑后，其养护时间不应少于 4 周。如图 8.18 所示。

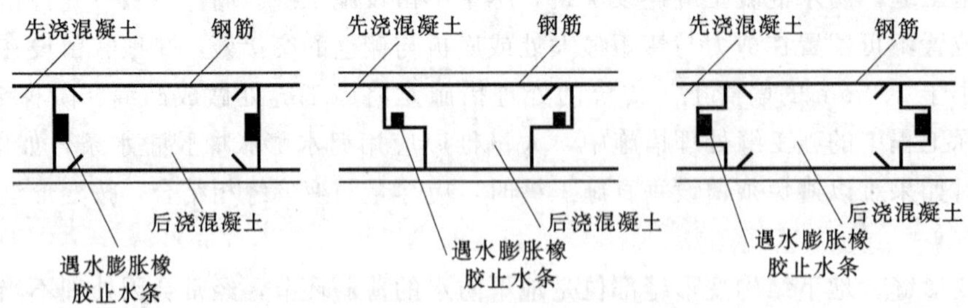

图 8.18　后浇缝部位防水措施

8.3 卫生间防水施工

卫生间一般会有较多的穿过楼地面或墙体的管道，平面形状较为复杂且面积较小，阴阳转角复杂，且房间长期处于潮湿受水状态，如果采用防水卷材施工处理，则因卷材在施工时剪口和接缝多，很难黏结牢固和封闭严密，难以形成一个有弹性的整体防水层，比较容易发生渗漏水的质量事故，影响了卫生间装饰质量及其使用功能。为了确保卫生间防水工程质量，目前在实际工程应用中，多采用涂膜防水或抹聚合物水泥砂浆防水来取代卷材防水的传统做法，尤其选用高弹性的聚氨酯涂膜、弹塑性的高聚物改性沥青涂膜或刚柔结合的聚合物水泥砂浆等新材料和新工艺，使卫生间的地面和墙面形成一个连续、无缝、严密的整体防水层，从而保证其防水工程质量。

8.3.1 一般要求

卫生间和有防水要求的楼地面结构必须采用现浇混凝土或整体预制混凝土板，混凝土强度等级不应小于C20；楼板四周除了门洞部位以外，均应做混凝土翻边，其高度不应小于120mm。施工时结构层标高和预留孔洞位置应准确，严禁乱凿洞。若条件允许，宜采用防水混凝土，楼面混凝土振捣必须密实，随打随抹，压实抹光。其他水电安装和土建工序必须密切配合，防止出现防水层施工完毕后，又剔凿地面或重新安装各种管道。

8.3.2 施工工艺及要求

施工工艺：墙面抹灰→管道与地漏就位准确→堵洞→围水试验→找平层→防水层→蓄水试验→保护层→面层→二次蓄水试验。

8.3.2.1 墙面抹灰

墙面若有防水要求时，必须在墙面装饰之前完成，先将墙内各种配管完成，然后抹灰、压光，作为涂膜防水的基层，然后涂刷涂膜防水层。

8.3.2.2 管道与地漏就位

所有立管、套管、地漏等构件必须就位准确，安装牢固，不得有任何松动现象。特别是地漏的标高位置必须准确，否则难以保证卫生间的排水坡度。

8.3.2.3 堵洞及管根围水试验

所有楼板的管洞、套管洞周围的缝隙，均用掺加膨胀剂的细石混凝土浇灌密实并抹平，孔洞较大的应采取吊模浇筑膨胀混凝土。待全部处理完成后进行管根围水试验，24h无渗漏，方可进行下道工序。

8.3.2.4 找平层

基层采用水泥砂浆找平层时，水泥砂浆抹平收水后应二次压光和充分养护，找平层与其下一层结合牢固，不得有空鼓。表面应密实，不得发生起砂、蜂窝和裂缝等缺陷。否则应采用水泥胶腻子修补，使其平滑。找平层表面2m内平整度的允许偏差为5mm。所有转角处一律做成半径10mm左右且均匀一致的圆角。

找平层的排水坡度必须符合设计要求。卫生间防水应以防为主，以排为辅。在完善设防的基础上，应将表面水迅速排走，以减少渗水的机会，所以准确的排水坡度非常重要，一般宜设为1.5%～2%。另外，在管道、套管根部、地漏周围应留设10mm宽的小槽，待找平层干燥后用嵌缝材料进行嵌缝。

8.3.2.5 防水层及蓄水试验

首先将基层清理干净，在含水率达到要求后，就可以涂刷底胶，将聚氨酯甲乙料按材料要求比例配合搅拌均匀，先用油刷蘸底胶在阴阳角、管根等复杂部位均匀涂刷一遍，再进行大面积涂刷。

待底胶固化后，开始涂膜施工。将聚氨酯甲乙料根据比例要求拌和，并用电动搅拌机强力搅拌均匀才能使用。大面积涂刷前，一般可在管根、地漏等复杂部位加设一布二涂作为附加层，布宽出 200～300mm。细部处理完毕后，进行第一遍涂膜施工，可用刮板均匀涂刷，注意保持厚度均匀一致。待第一道涂膜固化后，方可涂刷第二道涂膜。前后两道之间的时间间隔，可以手触不粘来界定，一般不宜超过 72h，且两次涂刷方向应相互垂直。在靠近墙面处，防水层一般应高出面层 200～300mm 或按照设计高度进行涂刷。在管道穿过楼板部位的四周，防水材料应向上涂刷，高度应超过套管上口位置。

防水层的材料和施工质量检验应符合《屋面工程质量验收规范》(GB 50207—2002) 的有关规定。在防水层施工完毕后，应做蓄水试验，一般情况下的蓄水深度为 20～30mm，24h 内无渗漏为合格。

8.3.2.6 保护层及二次管根围水试验

防水层的成品保护非常重要，一般采用水泥砂浆保护层，以防在进行面层施工时对防水层造成不必要的破坏。管根部位应做出止水台，平面尺寸不小于 100mm×100mm，高度不小于 20mm。

在进行面层施工时，要严格控制排水坡度，要求坡向地漏且无积水。待表面装修层完成后，进行第二次蓄水试验，具体要求同前。

8.3.3 卫生间渗漏及处理措施

8.3.3.1 楼板及墙面渗水

原因：混凝土、砂浆施工质量不良，存在微孔渗漏；楼板及墙面存在细微裂缝；涂膜防水层施工质量不良或受到损伤。

处理措施：拆除卫生间渗漏部位的饰面材料，涂刷防水材料；如发现结构开裂现象，应先对裂缝进行防水增强处理（贴缝法和填缝法等），再涂刷防水涂料。

8.3.3.2 卫生洁具及穿楼板管道部位渗漏

原因：细部处理方法欠妥，洁具及管道周边填塞不严密；由于砂浆、混凝土养护不良发生收缩导致裂缝；洁具及管口周边未用弹性材料封闭处理或未结合牢固；嵌缝材料及防水涂层被拉裂或脱离基层。

处理措施：将漏水部位彻底清理，刮填弹性嵌缝材料；渗漏部位重新涂刷防水涂料，并粘贴纤维材料增强整体效果。

8.4 防水工程施工质量要求及安全措施

8.4.1 防水工程质量要求

为了加强防水工程施工质量控制，按照建设部提出的“验评分离、强化验收、完善手段、过程控制”十六字方针采取相应措施。施工单位必须按照工程设计图纸和施工技术标准施工，不得擅自修改工程设计，不得偷工减料。按工程设计图纸施工，是保证工程实现设计意图的前提。防水工程施工应符合《屋面工程施工质量验收规范》（GB 50207—2002）和《地下防水工程施工质量验收规范》（GB 50208—2002）的相关规定。

屋面防水工程施工中，屋面的天沟、檐沟、泛水、落水口、檐口、变形缝、伸出屋面管道等部位，是最容易出现渗漏的薄弱环节。所以，对这些部位均应进行防水增强处理，细部防水构造施工必须符合设计要求，并应全部进行重点检查，以确保屋面工程的质量。另外，完整的施工资料是屋面工程验收的重要依据，也是整个施工过程的记录。

地下防水工程的施工，应建立各道工序的自检、交接检和专职人员检查的“三检”制度，并有完整的检查记录。未经建设（监理）单位对上道工序的检查确认，不得进行下道工序的施工。与屋面工程不同，地下防水工程是地基与基础分部工程中的一个子分部工程，应按工序或分项进行验收，构成分项工程的检验批应符合本规范相应质量标准的规定。

屋面及地下防水工程验收的文件和记录体现了施工全过程控制，必须做到真实、准确且不得有涂改和伪造，各级负责人签字后生效。

8.4.2 防水工程安全措施

8.4.2.1 一般要求

（1）施工前应进行安全技术交底工作。

（2）对沥青过敏的人不得参加操作。

（3）沥青操作人员不得赤脚、穿短衣服进行作业；手不得直接接触沥青，并应戴口罩，加强通风。

（4）注意风向，防止在下风操作人员中毒。

（5）严禁烟火、防止火灾。

（6）运输线路应畅通，运输设施可靠，屋面洞口应设有安全措施。

（7）高空作业人员身体应健康，无心脏病、恐高症。

（8）屋面施工时不准穿戴钉鞋入内。

8.4.2.2 熬油

（1）熬油锅灶必须离建筑物 10m 以上，距易燃仓库 25m 以上；锅灶上空不得有电线，地下 5m 以内不得有电缆；锅灶宜设在下风口。

（2）锅口应稍高，炉口处应砌筑高度不小于 500mm 的隔火墙。

（3）锅灶附近严禁放置煤油等易燃、易爆物品。

（4）沥青锅内不得有水，装入锅内沥青不应超过锅容量的 2/3。

（5）熬制时，应随时注意沥青温度的变化，当石油沥青熬到由白烟转为很浓的红黄烟时，有着火的危险，应立即停火。

（6）锅灶附近应备有锅盖，如果着火用锅盖或铁板封盖油锅。

（7）配冷底子油时，禁止用铁棒搅拌，要严格掌握沥青温度，当发现冒大量蓝烟时应立即停止加热。

思 考 题

8.1 试述卷材屋面的构造。

8.2 卷材平行于屋脊铺贴时搭接有何要求？

8.3　屋面防水卷材有哪些品种？

8.4　胶黏剂的作用及其种类有哪那些？

8.5　如何进行屋面卷材的铺贴？有哪些铺贴方法？

8.6　卷材防水屋面易发生哪些质量问题？如何处理？

8.7　试述改性沥青卷材、合成高分子卷材防水屋面施工及对基层处理的要求。

8.8　常用的防水涂料有哪些？它们各自的特点是什么？

8.9　密封材料有哪些？各有哪些特点？

8.10　试述涂膜防水屋面的施工方法。

8.11　试述细石混凝土刚性防水层施工的工艺要求。

8.12　地下工程防水方案有哪些？

8.13　地下防水工程的卷材铺贴方案有哪些？它们的区别是什么？

8.14　水泥砂浆防水层的施工特点有哪些？

8.15　试述防水混凝土的种类、防水原理、配制要求及适用范围。

8.16　地下防水工程在施工缝、变形缝部位应采取的措施有哪些？

8.17　卫生间防水有哪些特点？

8.18　试述卫生间防水的施工工艺及要求。

8.19　试述屋面及地下防水工程的安全技术。

第9章　装　饰　工　程

建筑装饰工程是指采用装饰材料或饰物，对建筑物的面层进行各种处理的施工过程。

建筑装饰工程的作用是美化环境，改善卫生清洁条件，增加建筑物的美观和艺术形象；保护建筑物（或构筑物）的结构部分，增加建筑物的耐久性，从而增加建筑物的使用寿命；改善建筑物的保温、隔热、防潮、隔音等使用功能，给人们创造一个良好的生活和生产的空间。

装饰装修工程的特点如下：

(1) 劳动量大。装饰工程劳动量约占整个工程劳动量的30%～40%。

(2) 工期长。装饰工程的项目和工种多，其工期约占项目总工期的一半。

(3) 造价的比重大。一般工程装饰部分约占工程总造价的30%，高级装饰工程可达到50%。随着人民生活水平的不断提高，装饰的标准越来越高，造价的比重也越来越大。

(4) 手工操作多，机械化施工程度低。建筑装饰装修工程是整个建筑工程中的重要组成部分。根据《建筑装饰装修工程质量验收规范》(GB 50210—2001)，建筑装饰工程包括抹灰工程、门窗工程、饰面板（砖）工程、涂饰工程、裱糊与软包工程、细部工程等。

9.1　抹　灰　工　程

9.1.1　抹灰工程概述

抹灰工程是指将浆料涂抹于建筑物（或构筑物）表面的一种装修工程称。抹灰除具有保护结构、连接找平、防潮防水、隔热保温等功能外，还可以通过各种材料及工艺形成不同的色彩、线形和质感，提高装饰效果。

1. 抹灰的灰层组成

为了保证抹灰表面平整牢固，避免出现裂缝，满足质量要求，抹灰施工是分层进行的。抹灰灰层一般包括底层、中层、面层，如图9.1所示。

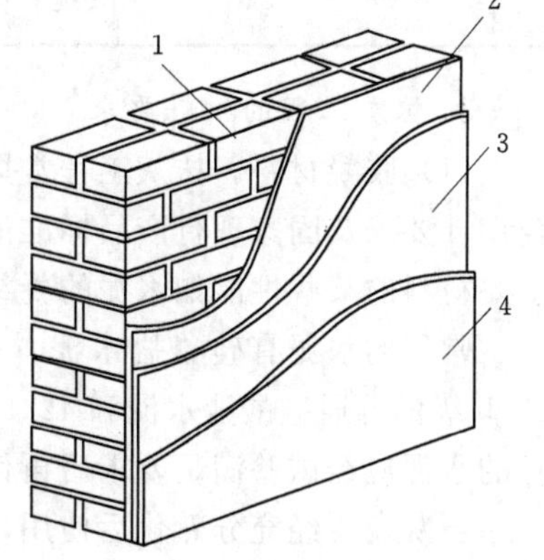

图9.1　抹灰层的组成

1—基层；2—底层；3—中层；4—面层

抹灰底层的主要作用是与基体牢固黏结并进行初步找平，所采用的材料应与基体的强度及温度变形能力相适应。底层的厚度一般为5～7mm。砖墙基层常用水泥砂浆（室内也可用石灰砂浆）抹底；混凝土基层常采用素水泥浆、混合砂浆或水泥砂浆抹底；硅酸盐砌块基层应采用水泥混合砂浆或聚合物水泥砂浆抹底；板条基层抹底常采用麻刀灰和纸筋灰。因基层吸水性强，底层灰砂浆稠度要大些，一般为100～120mm。如有防潮、防水要求，应采用水泥砂浆抹底。

中层灰的主要作用是找平，厚度一般为5～12mm，采用的材料与底层及面层抹灰材料相适应，砂浆稠度一般为70～80mm。

面层（罩面）灰的作用是使抹灰表面平整光滑细致，起装饰效果，厚度为2～5mm。室内墙面及顶棚抹灰常采用麻刀石灰、纸筋石灰或石膏灰，也可采用大白腻子。室外抹灰可采用水泥砂浆、聚合物水泥砂浆或各种装饰砂浆。砂浆稠度为100mm左右。

各层抹灰厚度应根据基层材料、砂浆种类、工程部位、墙面平整度、质量要求以及各地气候情况来决定。每遍抹灰厚度为水泥砂浆5～7mm；石灰砂浆和混合砂浆7～9mm；麻刀石灰3mm；纸筋石灰、石膏灰2mm。抹灰层平均总厚度为现浇混凝土顶棚、板条棚不大于15～20mm；内墙普通抹灰18～20mm，高级抹灰为25mm；外墙抹灰不大于20mm；勒脚及突出墙面部分抹灰不大于25mm；石墙抹灰不大于35mm。

2. 抹灰工程的种类

依据装饰材料和装饰效果的不同，抹灰工程可分为一般抹灰和装饰抹灰两大类。一般抹灰常用材料有石灰砂浆、混合砂浆、水泥砂浆、纸筋石灰、麻刀石灰和石膏灰等；装饰抹灰其底层多为1∶3水泥砂浆，面层主要有水刷石、干粘石、斩假石、假面砖等。一般抹灰和装饰抹灰的区别主要在于两者具有不同的装饰面层，其底层和中层的做法基本相同。

另外，一般抹灰按质量标准不同，又分为普通抹灰和高级抹灰两个等级。其构造做法、质量要求及适用范围见表9.1。

表9.1　　一般抹灰的分级、构造做法、质量要求及适用范围

级别	构造做法	要求	适用范围
普通抹灰	一底层、一中层、一面层	表面光滑、洁净、接槎平整，阳角方正、分格缝清晰	一般居住、公用和工业建筑（如住宅、宿舍、教学楼、办公楼）以及高标准建筑物中的附属用房等
高级抹灰	一底层、两中层、一面层	表面光滑、洁净，颜色均匀、无抹纹，阴阳角方正、分格缝和灰线清晰美观	大型公共建筑物、纪念性建筑物（如剧院、礼堂、宾馆、展览馆等和高级住宅）以及有特殊要求的高级建筑等

3. 抹灰工程的材料要求

（1）胶凝材料。抹灰工程常用胶凝材料主要有水泥、石灰、石膏等，其品种和性能应符合设计要求及国家现行产品标准的规定，并应有出厂合格证；对影响抹灰工程质量与安全的主要材料的某些性能如水泥的凝结时间和安定性进行现场抽样复验。

常用的水泥有硅酸盐水泥、普通硅酸盐水泥和矿渣硅酸盐水泥等，宜选用32.5级、42.5级的普通硅酸盐水泥和42.5级硅酸盐水泥。不同品种的水泥不能混用，出厂超过3个月的水泥应经试验满足要求后再使用，不得使用受潮、结块失效的水泥。

石灰膏要经充分熟化后使用，以避免引起抹灰层的起鼓和开裂。石灰膏的熟化期不应少于15d；罩面用的磨细石灰粉的熟化期不应少于3d。

（2）砂。一般抹灰用砂采用普通中砂，或与粗砂（细度模数为3.1～3.7）混合使用。要求砂颗粒坚硬洁净，在使用前需过筛去除粗大颗粒及杂质。

（3）纸筋、麻刀。纸筋应用水浸透、捣烂、洁净，罩面纸筋应机碾磨细。麻刀应均匀、干燥、不含杂质，长度以10～30mm为宜，敲打时可变得松散。

（4）其他掺合料。主要包括乳胶、TG胶、罩面剂、防裂剂等，应通过试验确定掺量。

4. 抹灰工程的施工顺序

抹灰工程施工一般以方便施工且不致被后续工程损坏和玷污为原则。即先外墙后内墙，先上层后下层，先顶棚、墙面后地面的顺序。室内装饰工程，应在屋面防水工程完工后进行施工。具体工程应根据实际情况的不同而调整抹灰施工的先后顺序。

9.1.2 一般抹灰

9.1.2.1 施工准备

1. 作业条件

施工方案已经制定，施工顺序和施工方法已经明确。主体结构工程已经检查验收，并达到了相应的质量标准。屋面防水工程或上层楼面面层已经完工，无渗漏问题。门窗框安装位置正确，与墙连接牢固并检查合格。外墙上预埋件、嵌入墙体内的各种管道安装完毕并检查验收合格。顶棚、内墙面预留木砖或铁件以及窗帘钩、阳台栏杆、楼梯栏杆等预埋件预埋正确。水、电管线、配电箱已经安装完毕，水暖管道压力试验合格等。

2. 基层处理

为保证抹灰层与基体之间能黏结牢固，避免产生裂缝、空鼓和脱落等问题，在抹灰前基层表面的尘土、污垢、油渍等应清除干净，并应洒水润湿。

(1) 钢、木门窗口与立墙交接处应用1∶3水泥砂浆或水泥混合砂浆（加少量麻刀）嵌填密实。

(2) 水暖、通风管道通过的墙洞、楼板洞及开槽安装的管道、埋件须用1∶3水泥砂浆堵严、稳固。

(3) 混凝土表面的油污应用浓度为10%的碱水洗刷。光滑的表面应进行凿毛（或在抹灰时涂刷界面胶黏剂）。

(4) 加气混凝土基体表面应清理干净，涂刷1∶1水泥胶浆（掺水泥量15%的乳胶），以封闭孔隙，增加表面强度。必要时可在表面铺钉金属网。

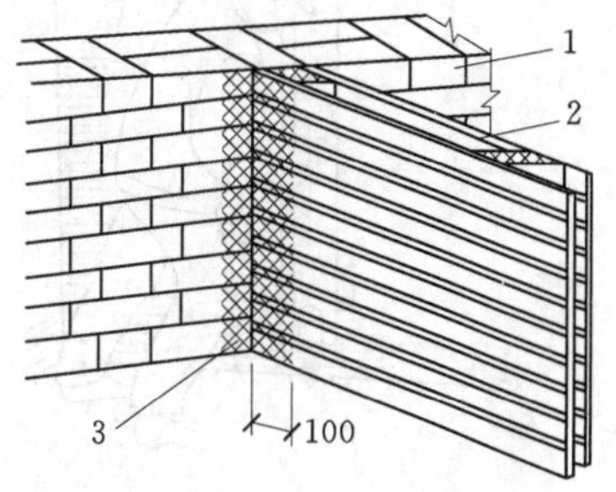

图 9.2 不同材料基体交接处的处理
1—砖墙（基体）；2—板条墙；3—钢丝网

(5) 不同材料（如砖与木、混凝土等）的基体相接处应铺钉金属网加强，从缝边起每边搭墙不得小于100mm（图 9.2）。

9.1.2.2 内墙抹灰

内墙抹灰的施工工艺流程为：基层处理→找规矩→做护角→抹底层及中层灰→抹面层灰。

1. 基层处理

对主体结构表面垂直度、平整度、弦度、厚度、尺寸等进行检验，若不符合设计要求，应进行修补。为了保证基层与抹灰砂浆的黏结强度，根据情况对基层进行清理、凿毛、浇水等处理。

2. 找规矩

为了有效地控制墙面抹灰层的厚度，保证墙面垂直平整，达到装饰的效果，抹灰层施工前须找规矩。

(1) 弹准线。将房间用角尺规方，小房间可用一面墙壁做基线；大房间或有柱网时，应在地面上弹出十字线。在距墙阴角100mm处用线锤吊直，弹出竖线后，再按规方地线及抹灰层厚度（注意最薄处不能小于7mm）向里反弹出墙角抹灰准线，并在准线上下两端钉上铁钉，挂上白线，作为抹灰饼、冲筋的标准。

（2）做灰饼、标筋。首先，距顶棚200mm处按抹灰厚度用与抹灰层相同的砂浆先做两个5cm×5cm的标志块，即“灰饼”；其次，以先前所做灰饼（按其位置称之为“上灰饼”）为基准，用托线板吊垂直做下灰饼（图9.3），下灰饼的位置一般在踢脚板上口处；再者，根据上下灰饼，上下左右拉通线做中间灰饼，灰饼间距1.2～1.5m；最后，待灰饼砂浆收水后，在竖向灰饼之间填充灰浆做标筋（冲筋），如图9.4所示。冲筋时，以垂直方向上下两个灰饼之间的厚度为准，用与灰饼相同的砂浆冲筋，抹好冲筋砂浆后，用硬尺与冲筋通平，一次通不平，可补灰，直至通平为止。冲筋面宽50mm，底宽约80mm，墙面不大时，可只做两条竖筋。冲筋作为以后抹底、中层厚度的控制和赶平标准，应检查冲筋的垂直平整度，误差在0.5mm以上者，必须修整。

图9.3 用托线板吊垂直做灰饼

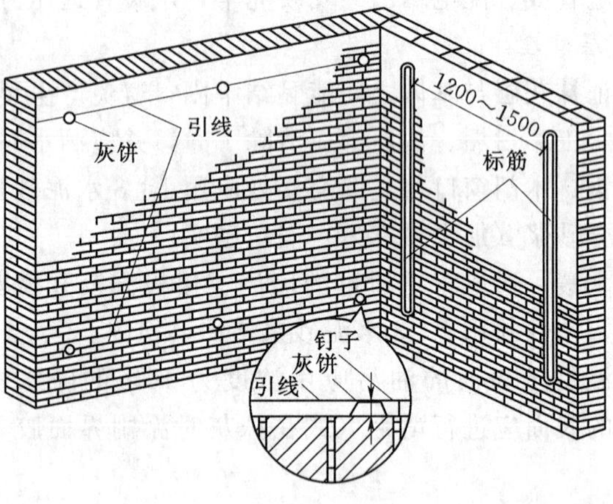

图9.4 设置标筋

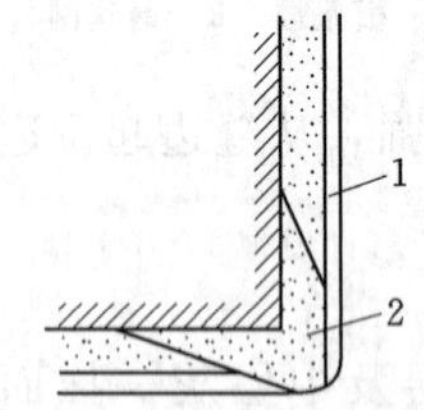

图9.5 护角
1—墙面抹灰；
2—水泥护角

（3）做护角。室内墙面、柱面和门窗洞口的阳角抹灰要线条清晰、挺直，并应防止碰撞损坏。因此，凡是与人、物经常接触的阳角部位，不论设计有无规定，在抹灰施工前都需要做护角，如图9.5所示。

护角的高度一般由地面起不低于2m，每侧宽度不小于50mm。抹护角时，以墙面标志块为依据，首先要将阳角用方尺规方，靠门框一边，以门框离墙面的空隙为准，另一边以标志块厚度为依据。最好在地面上画好准线，按准线粘好靠尺板，并用托线吊直，方尺找方，然后在靠尺板的另一边墙角面分层抹1∶2水泥砂浆，护角线的外角与靠尺板外口平齐；一边抹好后，再把靠尺板移到已抹好护角的一边，用钢筋卡子稳住，用线锤吊直靠尺板，把护角的另一面分层抹好。然后，拿下靠尺板，待护角的棱角稍干时，用阳角抹子（捋角器）和水泥浆捋出小圆角。最后，在墙面用靠尺板沿角留出50mm，多余砂浆以40°斜面切掉，墙面和门框等落地灰应清理干净。窗洞口一般虽不要求做护角，但同样也要方正一致，棱角分明，平整光滑。操作方法与做护角相同，窗口正面应按大墙面标志块抹灰，侧面应根据窗框所留灰口确定抹灰厚度。同样也应用八字靠尺找方吊正，分层涂抹，阳角处也应捋出小圆角。

3. 抹底层及中层灰

底层与中层抹灰在标志块、标筋及门窗口做好护角后即可进行，这道工序也叫装挡或刮糙。方法是将砂浆抹于墙面两标筋之间，底层要低于标筋的 1/3，待收水后再进行中层抹灰，其厚度以垫平标筋为准，并使其略高于标筋。

中层砂浆抹上后用中、短木杠按标筋刮平。使用木杠刮砂浆时，双手紧握木杠，均匀用力，由下往上移动，并使木杠前进方向的一边略微翘起。对于凹陷处要补填砂浆，然后再刮直至刮平为止。紧接着用木抹子搓磨一遍，使表面达到平整密实。

墙体的阴角处先用方尺上下核对方正，再用阴角抹子扯动抹平，以达到四角方正，如图 9.6 所示。

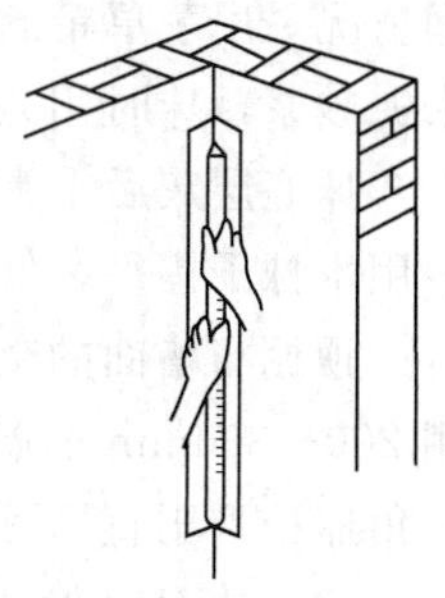

图 9.6 阴角扯方

4. 抹面层灰

一般室内砖墙面层抹灰常用纸筋石灰、麻刀石灰、石灰砂浆及刮大白腻子等。面层抹灰应在底灰稍干后进行，底灰太湿会影响抹灰面平整，还可能“咬色”；底灰太干，易使面层脱水太快而影响黏结，造成面层空鼓。

(1) 纸筋石灰面层与麻刀石灰面层。纸筋石灰面层，一般应在中层砂浆达到六七成干时进行。抹灰操作一般是使用钢抹子，两遍成活，厚度不大于 2mm。施工时，由阴角或阳角开始，自左向右进行，两人配合操作，一人先横向（或竖向）薄薄抹一层，要使纸筋石灰与中层紧密结合，另一人竖向（或横向）抹第二层，抹平，并要压平溜光。压平后，用排笔或茅草帚蘸水横刷一遍，使表面色泽一致，再用钢抹子压实、揉平、抹光一次。阴阳角分别用阴阳角抹子捋光，随手用毛刷子蘸水将门窗边口阳角、墙裙、踢脚板上口刷净。纸筋石灰罩面的另一种做法是：两遍抹后，稍干就用压子式塑料抹子顺抹子纹压光。经过一段时间，再进行检查，起泡处重新压平。

麻刀石灰面层抹灰的操作方法与纸筋石灰抹面层相同。但麻刀不像纸筋那样容易捣烂，制成比较细腻的灰浆，用麻刀制成的麻刀石灰抹面厚度按要求不得大于 3mm，这比较困难，如果厚了，则面层易产生收缩裂缝，影响工程质量。为此应采取上述两人操作方法。

(2) 石灰砂浆面层。石灰砂浆抹面层，应在中层砂浆达到五六成干时进行。如中层较干时，须洒水湿润后再进行。操作时，先用铁抹子抹灰，再用刮尺由下向上刮平，然后用木抹子搓平，最后用铁抹子压光成活。

(3) 刮大白腻子。内墙面面层有时不抹罩面灰，而用刮大白腻子。大白腻子重量配合比是：大白粉∶滑石粉∶聚酯酸乙烯乳液∶羧甲基纤维素溶液（浓度 5%）＝60∶40∶(2～4)∶75。调配时，大白粉、滑石粉、羧甲基纤维素溶液应提前按配合比搅匀浸泡。面层刮大白腻子一般不少于两遍，总厚度 1mm 左右。操作时，使用钢片或胶皮刮板，每遍按同一方向往返刮。头道腻子刮后，在基层已修补过的部位应进行复补找平，待腻子干后，用砂纸磨平，扫净浮灰。接着进行第二遍刮腻子。要求表面平整，纹理质感均匀一致。

9.1.2.3 顶棚抹灰

顶棚抹灰的施工工艺流程为：基层处理→找规矩→抹底层及中层灰→抹面层灰。

(1) 基层处理。目前，结构楼板多采用钢模板或胶合板浇筑，因此表面比较光滑。在抹灰之前需将混凝土表面的油污等清理干净，凹凸处填平或凿去，用茅草帚刷水后刮一遍水灰比为 0.4～0.5 的水泥浆进行处理。

(2) 找规矩。顶棚抹灰通常不做灰饼和标筋，而用目测的方法控制其平整度，以无高低不平及接槎痕迹为准。先根据顶棚的水平面确定抹灰厚度，然后在墙面四周与顶棚交接处弹出水平线，作为抹灰的水平标准。

(3) 抹底层及中层灰。抹底层灰前一天，用水湿润基层，抹底层灰的当天，根据顶棚湿润情况，用茅草帚洒水、湿润，接着满刷一遍 TG 胶水泥浆，随刷随抹底层灰。底层灰使用水泥砂浆，抹时用力挤入缝隙中，厚度为 2～3mm，并随手带成粗糙毛面。

抹底层灰后（常温下约 12h），采用水泥混合砂浆抹中层灰，抹完后先用刮尺顺平，然后用木抹子搓平，低洼处当即找平，使整个中层灰表面顺平。

顶棚与墙面的交接处，一般是在墙面抹灰层完成后再补做，也可在抹顶棚时，先将距顶棚 200～300mm 的墙面抹灰同时完成，用铁抹子在墙面与顶棚交角处填上砂浆，然后用木阴角器扯平压直即可。

(4) 抹面层灰。待中层抹灰达到六七成干时，开始面层抹灰。如果使用纸筋石灰或刮大白腻子，一般两遍成活，其涂抹方法及抹灰厚度与内墙抹灰相同。

9.1.2.4 外墙抹灰

外墙抹灰的施工工艺流程为：基层处理→找规矩→做灰饼和标筋→抹底层、中层灰→弹线、黏结分格条→抹面层灰。施工要点如下：

(1) 找规矩、做灰饼和标筋。与内墙抹灰一样，外墙抹灰要找规矩、做灰饼和标筋。而且由于外墙面由檐口到地面，抹灰看面大，门窗、阳台、明柱、腰线等看面都要横平竖直，因此外墙抹灰找规矩比内墙更加重要。高层建筑可利用墙大角、门窗口两边，用经纬仪打直线找垂直。多层建筑，可从顶层用大线坠吊垂直，绷铁丝找规矩。横向水平线可依据楼层标高或施工“50 线”为水平基准线进行交圈控制，然后根据抹灰的厚度做灰饼和标筋。

(2) 弹线、黏结分格条。室外抹灰时，为了增加墙面的美观，避免罩面砂浆收缩产生裂缝或大面积膨胀而空鼓脱落，需要设置分格缝，粘贴分格条。分格条在使用前要用水浸泡，这样既便于施工粘贴，又能防止其在使用过程中变形，另外，分格条水分蒸发后产生收缩也易于起出。水平分格条宜粘贴在水平线的下口，垂直分格条宜粘贴在垂线的左侧。黏结一条水平或垂直分格条后，应用直尺校正平整，并将分格条两侧用水泥浆抹成 45°或 60°八字坡形。

(3) 抹灰。外墙抹灰层要求有一定的防水性能，一般采用水泥混合砂浆（水泥∶石灰膏∶砂＝1∶1∶6）或水泥砂浆（水泥∶砂＝1∶3）。待底层砂浆具有一定强度后，再抹中层砂浆，抹时要用木杠、木抹子刮平压实，并扫毛、浇水养护。在抹面层时，先用 1∶2.5 的水泥砂浆薄薄刮一遍；第二遍再与分格条抹齐平，然后按分格条厚度刮平、搓实、压光，再用刷子蘸水按同一方向轻刷一遍，以达到颜色一致，并清刷分格条上的砂浆，以免起条时损坏抹面。起出分格条后，随即用水泥砂浆把缝勾齐。常温情况下，抹灰完成 24h 后，应开始淋水养护。

9.1.2.5 细部抹灰

(1) 窗台。砖砌窗台分外窗台和内窗台。外窗台抹灰一般用1∶2.5的水泥砂浆打底，1∶2的水泥砂浆罩面。窗台抹灰施工难度较大，因一个窗台有五个面、八个角、一条凹档、

一条滴水线或滴水槽，且质量要求比较高。外窗台抹灰一般将其上面做成向外的流水坡度(一般为10%)，底面做滴水槽或滴水线，如图9.7所示。滴水槽的做法是：在底面距边口20 mm处粘分格条，滴水槽的宽度及深度均不小于10mm，并应整齐一致。滴水线的做法是：将窗台下边口的直角改为锐角，并将角往下伸约10mm，形成滴水。用水泥砂浆抹内窗台的方法与外窗台一样，抹灰应分层进行。

(2) 阳台。阳台抹灰是室外装饰的重要部分，关系到建筑物表面的美观，要求各个阳台上下成垂直线，左右成水平线，进出一致，各个细部统一，颜色相同。

阳台抹灰找规矩的方法是：由最上层阳台的突出阳角及靠墙处阴角往下挂垂线，找出上下各层阳台进出误差及左右垂直误差，以大多数阳台进出及左右边线为依据，确定最上层阳台各部位的抹灰厚度，然后再逐层逐个找好规矩，做灰饼。最上层两头抹好后，以下都以这两个挂线为准做灰饼。灰饼做好后即可抹灰，阳台底面抹灰与顶棚抹灰相同，但要注意留好排水坡度。

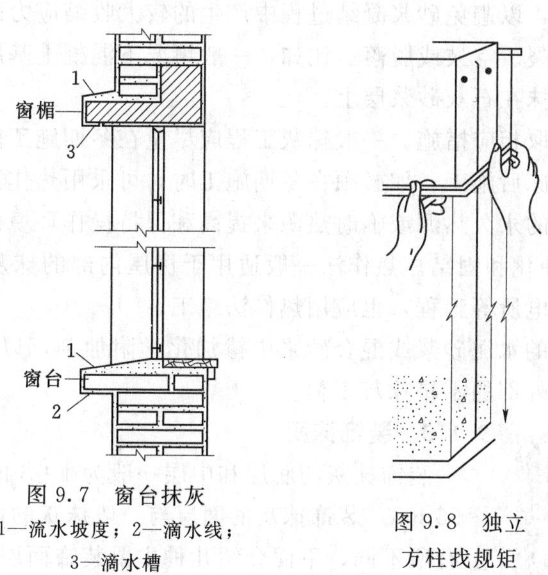

图9.7 窗台抹灰
1—流水坡度；2—滴水线；3—滴水槽

图9.8 独立方柱找规矩

(3) 柱子。室内柱子一般用石灰砂浆或水泥砂浆抹底层和中层，室外柱子一般用水泥砂浆抹灰。柱子抹灰施工的关键在于找规矩、做灰饼。

通常，对于独立方柱应按设计图样标示的柱轴线，测定柱子的几何尺寸和位置，在楼地面上弹出柱子的两条中心线，并弹上抹灰后的柱子边线，然后在柱顶卡固上短靠尺，拴上线锤往下垂吊，并调整线锤对准地面上的四角边线，根据柱子各面的垂直度和平整度情况找规矩、做灰饼，如图9.8所示。柱子四面的灰饼做好后，应在柱子侧面卡固八字靠尺，对正面和反面进行抹灰；然后再用八字靠尺卡固正、反面，对柱两侧面进行抹灰。底层和中层抹灰要用短木刮平，木抹子搓平，第二天对抹面进行压光。

9.1.2.6　一般抹灰质量要求

一般抹灰施工的面层不得有爆灰和裂缝。各抹灰层之间及抹灰层与基体之间应黏结牢固，不得有脱层、空鼓等缺陷。抹灰分格缝的宽度和深度应均匀一致、表面光滑、无砂眼；不得有错缝、缺棱掉角。一般抹灰工程质量的允许偏差和检验方法见表9.2。

表 9.2　　一般抹灰的允许偏差和检验方法

项 次	项 目	允许偏差（mm）		检 验 方 法
		普通抹灰	高级抹灰	
1	立面垂直度	4	3	用 2m 垂直检测尺检查
2	表面平整度	4	3	用 2m 靠尺和塞尺检查
3	阴阳角方正	4	3	用直角检测尺检查
4	分格条（缝）直线度	4	3	拉 5m 线，不足 5m 拉通线，用钢直尺检查
5	墙裙、勒脚上口直线度	4	3	拉 5m 线，不足 5m 拉通线，用钢直尺检查

注　1. 普通抹灰，本表第 3 项阴角方正可不检查；
2. 顶棚抹灰，本表第 2 项表面平整度可不检查，但应平顺。

9.1.2.7　一般抹灰施工注意事项

（1）底层砂浆与中层砂浆的配合比应基本相同。中层砂浆的强度不能高于底层，底层砂浆的强度不能高于基层，以避免砂浆凝结过程中产生的较大收缩应力破坏强度较低的底层或基层，使抹灰层产生开裂、空鼓或脱落。比如，一般情况下混凝土基层上不能直接抹石灰砂浆，而水泥砂浆也不能抹在石灰砂浆层上。

（2）冬期施工须采取相应措施。一般抹灰工程应尽量在冬期施工前完成，或者避开冬期施工阶段安排到初春化冻后施工。如必须在冬期施工时，可采用热作法和冷作法。

热作法是利用房屋的永久热源或临时热源来提高和保持操作环境的温度，使抹灰砂浆在5℃以上的环境温度中硬化和固结。热作法一般适用于房屋内部的抹灰工程，对质量要求较高的房屋和发电站、变电所等工程，也应用热作法施工。

冷作法是在抹灰用的水泥砂浆或混合砂浆中掺加化学附加剂，以降低抹灰砂浆的冰点。冷作法一般适用于房屋外部的零星抹灰工程。

9.1.3　装饰抹灰

装饰抹灰的底层和中层一般为 1∶3 的水泥砂浆，总厚度 14～20mm。装饰抹灰的面层与一般抹灰的面层在材料及施工方法上有所不同，下面介绍几种主要装饰面层的施工工艺。

9.1.3.1　水刷石

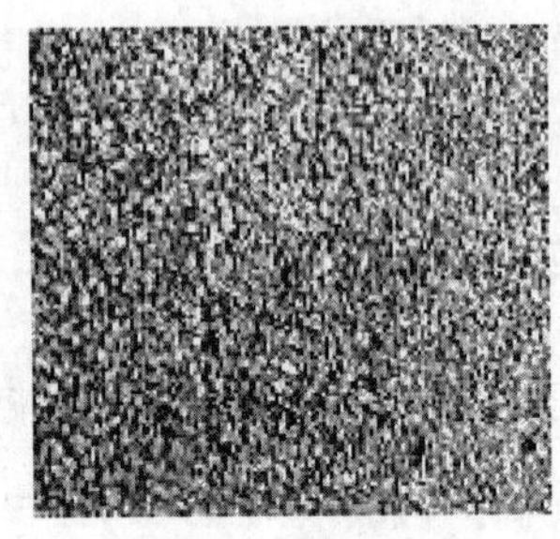

图 9.9　水刷石

水刷石是将水泥石子浆罩面中尚未干硬的水泥用水冲刷掉，使各色石子外露，形成具有“绒面感”的表面，如图 9.9 所示。水刷石是石粒类材料饰面的传统做法，具有良好的装饰效果，而且这种饰面造价较低，耐久性好，是长期以来应用广泛的外墙装饰做法之一。

1. 基体处理

水刷石装饰抹灰的基体处理方法同一般抹灰。但因水刷石装饰抹灰层总的厚度较一般抹灰为厚，若基体处理不好，抹灰层极易产生空鼓或坠裂，因此应认真将基体表面松散部分去掉再洒水润湿。抹好的中层砂浆要划毛，并在其上弹线、粘分格条，具体操作方法与一般抹灰相同。

2. 面层操作方法

（1）抹水泥石碴浆。中层砂浆终凝之后，根据中层抹灰的干燥程度浇水湿润，再用铁抹

子满刮水灰比为0.37～0.40的水泥浆一遍，随即抹面层水泥石碴浆。面层抹灰厚度也要视粒径大小而异，通常应为石碴粒径的2.5倍。水泥石碴浆或水泥石灰膏石碴浆的稠度应为50～70mm。石碴在使用前要认真过筛并用清水洗净。

抹面层时要用铁抹子一次抹平，随抹随用铁抹子压紧、揉平，但不要把石碴压得太死。每一块分格内应从下边抹起，抹完一块用直尺检查平整度，不平处应及时增补，并把露出的石子轻轻拍平。同一平面的面层要求一次完成，不留施工缝，如不得不留施工缝则应留在分格条位置上。

抹阳角时，先抹的一侧不宜用八字靠尺，需将石碴浆稍抹过转角，然后再抹另一侧。在抹另一侧时需用八字靠尺将阳角靠直找齐，这样可避免因两侧都用八字靠尺而在阳角处出现明显的接槎。

(2) 修整。待罩面水分稍干，墙面无水光时，先用铁抹子溜一遍，将小孔洞压实、挤严，分格条边的石粒要略高1～2mm，然后用软毛刷蘸水刷去表面灰浆，阳角部位要往外刷，并用抹子轻轻拍平石碴，再刷一遍，然后再压，以保证罩面分遍拍平压实，石碴分布均匀、紧密。

(3) 喷刷。罩面灰浆凝结后，用刷子刷石碴不掉时开始喷刷。喷刷分两遍进行，第一遍先用软毛刷子蘸水刷掉面层水泥浆，露出石碴；第二遍紧跟用手压喷浆机（采用大八厘石碴浆或中八厘石碴浆时）或喷雾器（小八厘石碴浆）将四周相邻部位喷湿，然后由上往下顺序喷水。喷射要均匀，喷头离墙10～20cm，不仅要把表面的水泥浆冲掉，而且要将石碴浆冲出，使石碴露出表面1/2粒径，达到清晰可见、均匀密布。然后用清水从上往下全部冲净。

喷水要快慢适度，过快混水浆冲不净，表面易呈现花斑；过慢则会出现塌坠现象。喷水时，要及时用软毛刷将水吸去，防止石碴脱落。分格缝处也要及时吸去滴挂的浮水，以防止分格缝不干净。如果水刷石面层过了喷刷时间，开始硬结，可用3%～5%的盐酸稀释溶液洗刷，然后再用清水冲净，否则，会将面层腐蚀成黄色斑点。冲刷时要做好排水工作，将水外排，使水不直接往下淌。

(4) 起分格条。喷刷面层后，即可起出分格条，然后用小溜子找平，用鸡腿刷子刷光理直缝角，并根据要求用素灰浆将缝格修补平直，颜色一致。

水刷石抹完后应进行洒水养护，养护时间不少于7d，夏季应避免太阳直接照射，以免脱水影响强度。

3. 水刷石的外观质量要求

水刷石的外观质量要求为：石粒清晰，分布均匀，紧密平整，色泽一致，不得有掉粒和接槎痕迹。

9.1.3.2 干粘石

干粘石也称干撒石或干喷石（图9.10），是在水泥砂浆面上用人工或机械喷枪均匀撒喷石粒的做法。

图9.10 干粘石

干粘石的做法是先在已经硬化的水泥砂浆中层上浇水湿润、弹线、贴分格条，分格条贴好后刷一道水灰比为0.4～0.5的水泥浆，再抹一层5mm厚的1∶2～1∶2.5水泥砂浆。然后抹一层2mm厚的1∶0.5水泥石灰膏黏结层，待黏结层干湿情况适宜时即可人工甩石粒或用机械喷黏石粒，并拍平压实。石碴为不同颜色或同色的粒径 4～6mm 的石子或色豆石及绿豆砂，石子使用前应洗净晾干。人工甩石粒或机械喷黏石粒时应严密、均匀，拍平压实不得将灰浆溢出，以免影响美观。石子嵌入深度不小于石子粒径的 1/2，待有一定强度后洒水养护。

干粘石的装饰效果与水刷石差不多，但湿作业量少，节约原材料，又能明显提高工效。干粘石一般用于外墙饰面，但房屋底层勒脚等部位不宜采用。

干粘石施工的质量要求为：干粘石表面应色泽一致，不露浆，不漏粘，石粒应黏结牢固、分布均匀，阳角处应无明显黑边。

9.1.3.3 斩假石

斩假石又称剁斧石，是将掺入石屑及石粉的水泥砂浆涂抹在建筑物表面，在硬化后用剁斧等专用工具斩凿使之成为有纹路的石面样式。

斩假石的施工工艺流程：基层处理→抹底、中层灰→弹线、贴分格条→抹面层水泥石子浆→养护→斩剁面层。

(1) 抹面层。在已硬化的水泥砂浆中层（1∶2 水泥砂浆）上，洒水湿润，弹线并贴好分格条，刷素水泥浆一遍，随即抹厚度为 10～12mm 的 1∶1.25 面层石粒浆（稠度为 50～60mm，骨料采用 2mm 粒径的米粒石，内掺 0.15～1mm 粒径的石屑），然后用木抹子打磨拍平出浆，上下溜直，在每分格内一次抹完。抹完后，随即用软毛刷蘸水顺着剁纹的方向轻刷水泥浆露出石粒，不要用力过重，以免石粒松动。抹完 24h 后浇水养护。

(2) 斩剁面层。面层抹好后，在常温（15～30℃）下，养护 2～3d 即可试剁，试剁时以石粒不脱掉、较易剁出斧迹为准。斩剁的顺序一般为先上后下，由左至右，先剁转角和四周边缘，后剁中间，在分格缝和阴、阳角周边应留出 15～20mm 的周边不剁。剁的方向要一致，剁纹深浅要均匀，深度以 1/3 石粒粒径为宜。斩剁时一般两遍成活，先轻剁一遍，再盖着前一遍的斧纹剁深痕，用力须均匀，移动速度要一致，不得漏剁。斩剁完后，墙面应用清水冲刷干净。

斩假石的表观质量要求为：斩假石表面剁纹应均匀顺直、深浅一致，应无漏剁处；阳角处应横剁并留出宽窄一致的不剁边条，棱角应无损坏；分格缝宽度和深度均匀一致，条（缝）平整光滑，楞角整齐，横平竖直、通顺。

9.1.3.4 假面砖

假面砖是用彩色砂浆抹成相当于外墙面砖分块形式与质感的装饰抹灰面。这种工艺造价低、用工少、操作简单、效果好，特别适用于装配式墙板外墙饰面。

假面砖的做法是抹底、中层水泥砂浆（工序与一般抹灰相同）后，先浇水湿润中层，弹水平线控制面层平直度，抹 3mm 厚的 1∶1 水泥砂浆垫层，接着抹 3～4mm 厚的面层砂浆[水泥∶石灰∶氧化铁黄∶氧化铁红∶砂＝100∶20∶(6～8)∶1.2∶150]。待面层稍收水后用铁梳子沿靠尺由上向下划纹，深度不超过 1mm，最后用铁钩子根据面砖尺寸划沟，深度以露出垫层砂浆为准，最后清扫墙面。

假面砖的质量要求为：假面砖表面应平整、沟纹清晰、留缝整齐、色泽一致，应无掉角、脱皮、起砂等缺陷。

装饰抹灰的允许偏差和检验方法见表 9.3。

表 9.3　　装饰抹灰的允许偏差和检验方法

项　目	允许偏差（mm）								检验方法
	水刷石	干粘石	斩假石	假面砖	水磨石	喷涂	滚涂	弹涂	
表面平整度	3	5	3	4	2	4	4	4	用2m靠尺和塞尺检查
立面垂直度	5	5	4	5	3	5	5	5	用2m垂直检测尺检查
阴阳角方正	3	4	3	4	2	4	4	4	用直角检测尺检查
分格条（缝）直线度	3	3	3	3	2	3	3	3	拉5m线，不足5m拉通线，用钢直尺检查
墙裙、勒脚上口直线度	3	3	—	—	3	—	—	—	拉5m线，不足5m拉通线，用钢直尺检查

9.2　饰面板（砖）工程

饰面板（砖）工程主要指在墙、柱表面镶贴或安装石材类、陶瓷类、木质类、金属类及玻璃类等板块以形成装饰面层。饰面材料的种类繁多，但依其块体大小可分为饰面砖和饰面板两大类。一般情况下，饰面砖的饰面施工多采用粘贴的方法，而饰面板的饰面施工多采用挂贴或干挂的方法。

9.2.1 饰面板施工

9.2.1.1　饰面板

通常所说的饰面板是指边长在400mm以上的饰面板材，包括天然大理石、花岗岩板材和人造石饰面板材、金属饰面板等。

天然花岗岩板材具有材质坚硬、密实，强度高，耐酸性好等特点，属硬石材。常用规格有400mm×400mm、600mm×600mm、600mm×900mm、750mm×1070mm等，厚度为20mm。可用于室内、外墙地面装饰。

人造石饰面板材有聚酯型人造大理石饰面板、水磨石饰面板和水刷石饰面板等。聚酯型人造石饰面板是以不饱和聚酯为胶凝材料，以石英砂、碎大理石、方解石为骨料，经搅拌、入模成型、固化而成的人造石材。其产品光泽度高，颜色可随意调配，耐腐蚀性强，规格尺寸可根据要求预制，板面尺寸较大。

9.2.1.2　大块料饰面板施工

大块料饰面板的施工工艺有湿作业法、干挂法等。

1. 湿作业法

湿作业法（图9.11）是一种传统的安装方法，又称湿挂法，该法施工简单，但速度慢，且易产生空鼓和“泛碱”现象，严重影响建筑物室内外石材饰面的装饰效果。因此，为了防止出现

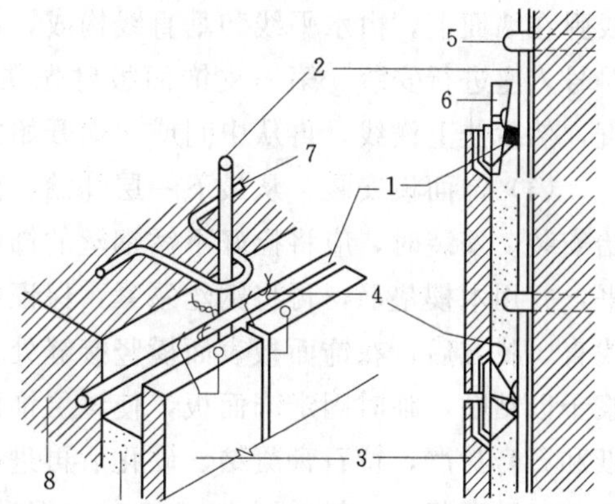

图9.11　湿作业法饰面板安装

1—横筋；2—立筋；3—石材饰面板；4—铜丝或不锈钢丝；5—铁环；6—定位木楔；7—铁环（卧于墙内）；8—墙体

以上问题，要求湿作业法施工时饰面板与基体之间的灌注材料应饱满、密实，石材应采用“防碱背涂剂”进行背涂处理。

湿作业法的施工工艺流程：材料准备→基层处理、挂钢筋网→弹线→饰面板安装定位→灌浆→清理、嵌缝。

饰面板材安装前，应分选检验并试拼，使板材的色调、花纹基本一致，试拼后按部位进行编号，以便于施工安装。对已选好的饰面板材进行开槽或钻孔，以系固铜丝或不锈钢丝。每块板材的上、下边开槽个数或钻孔个数均不得少于2个。板材开槽方式因工效高而被广泛采用，如图9.12所示。

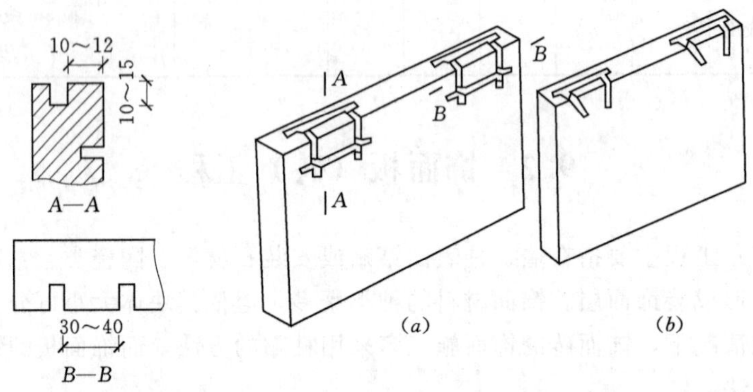

图9.12　湿作业法饰面板开槽示意图
(a) 四道槽；(b) 三道槽

(1) 基层处理、挂钢筋网。将墙面清扫干净，剔出预埋件或预埋筋，无预埋件可在墙面钻孔固定金属膨胀螺栓。对于加气混凝土或陶粒混凝土等轻型砌块砌体，应在预埋件固定部位加砌黏土砖或局部用细石混凝土填实，然后用Φ6钢筋纵横绑扎成网片与预埋件焊牢。纵向钢筋间距500～1000mm，横向钢筋间距视板面尺寸而定。第一道钢筋应高于第一层板的下口100mm处，以后各道均应在每层板材的上口以下10～20mm处设置。

(2) 弹线。弹线分为板面外轮廓线和分块线。外轮廓线弹在地面，距墙面50mm。分块线弹在墙面上，由水平线和垂直线构成，系每块板材的定位线。根据预排编号的饰面板材，对号入座进行安装。第一皮饰面板材先在墙面两端以外皮弹线为准固定两块板材，找平找直，然后挂上横线，再从中间或一端开始安装。

(3) 饰面板安装。从最下一层开始，两端用板材找平找直，拉上横线再从中间或一端开始安装。安装时，应将拴好不锈钢丝的饰面板下口绑在横筋上，再绑上口，用托线板靠直靠平，并用木楔垫稳，再将钢丝系紧，保证板与板交接处四角平整。安装完一层，要在找平、找直、找方后，在饰面板表面横竖接缝处每隔100～150mm用板材碎块涂抹调成糊状的石膏浆予以粘贴，临时固定饰面板，使该层饰面板成一整体，以防发生位移。余下板的缝隙，用纸和石膏封严，待石膏凝结、硬化后再进行灌浆。

(4) 灌浆。一般采用1∶2.5的水泥砂浆，稠度为80～150mm。灌注前，应浇水将饰面板及基体表面润湿，然后将砂浆灌入板背面与基层间的缝隙。灌浆应分层施工，第一层浇灌高度0～150mm，应不大于1/3板高；第一层浇灌完1～2h后，再浇灌第二层砂浆，高度100mm左右，即板高的1/2左右；第三层灌浆后的砂浆高度应低于板材上口50～80mm，

此处余量用以与上层板材灌浆连接。灌浆时应随灌随插捣密实，并注意不得漏灌。当块材为浅色大理石或其他浅色板材时，灌浆材料应采用白水泥、白石屑浆，以防透底，影响饰面效果。

（5）嵌缝与清理。全部石材安装固定后，用与饰面板相同颜色水泥砂浆嵌缝，并及时对表面进行清理。

2. 干挂法

饰面板的干挂法分为普通干挂法和复合墙板干挂法（G. P. C 法），能够解决湿作业法工序多，操作复杂，易造成黏结不牢，表面接槎不平以及“泛碱”等问题。多用于钢筋混凝土外墙或有钢骨架的外墙饰面。

（1）普通干挂法。普通干挂法是直接在饰面板厚度面和反面剔槽或孔，然后用不锈钢连接器与安装在钢筋混凝土墙体内的膨胀金属螺栓或钢骨架相连接。饰面板背面与墙面间距80～100mm，板缝间加泡沫塑料阻水条，外用防水密封胶作嵌缝处理。该种方法多用于30m以下的建筑外墙饰面。

普通干挂法的施工关键是不锈钢连接器安装尺寸的准确和板面剔槽（孔）位置精确。特别是金属连接器不能用普通的碳素角钢制作，因碳素钢耐腐蚀性差，使用中易发生锈蚀，污染板面，尤其是受潮或漏水后会产生锈流纹，很难清洗。普通干挂法的构造如图9.13所示。

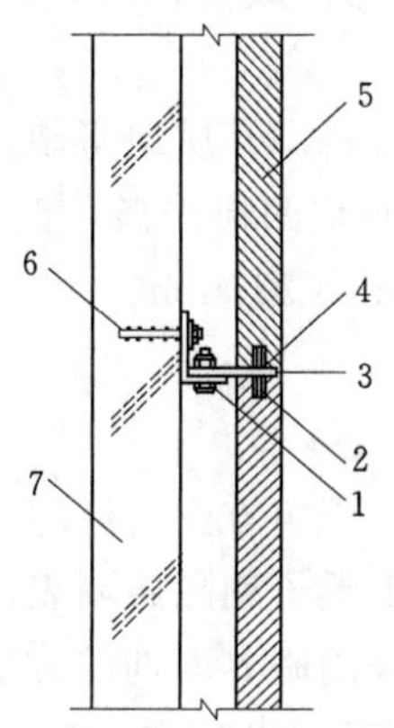

图 9.13 普通干挂法的构造
1—不锈钢连接器；2—不锈钢合缝销；3—嵌缝油膏；4—聚氯乙烯垫；5—花岗岩板；6—不锈钢膨胀螺栓；7—钢筋混凝土墙

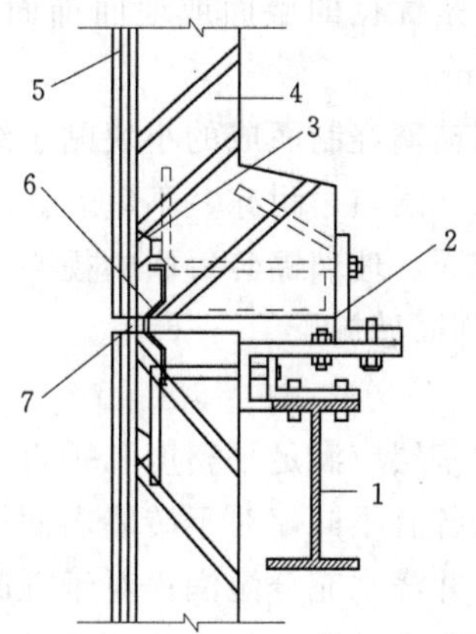

图 9.14 G. P. C 法的构造
1—钢大梁；2—锚固件；3—不锈钢连接环；4—复合钢筋混凝土板；5—花岗石；6—不锈钢连接环状二次封水；7—一次封水

（2）复合墙板干挂法（G. P. C 法）。复合墙板干挂法是以钢筋细石混凝土作衬板，磨光花岗岩薄板为面板，经浇筑形成一体的复合板饰面，并在浇筑前放入预埋件，安装时用连接器将板材与主体结构的钢架连接。复合板可根据使用要求加工成不同的规格，常做成一开间一块的大型板材。加工时花岗岩面板通过不锈钢连接环与钢筋混凝土衬板接牢，形成一个整体，为防止雨水的渗漏，上下板材的接缝处设两道密封防水层，第一道在上、下花岗岩面板间，第二道在上、下钢筋混凝土衬板间。复合墙板与主体结构间应保持一定空腔。该方法施工方便，效率高，节约石材，但对连接件质量要求较高。连接件可用不锈钢制作，国内施工单位也有采用涂刷防腐防锈涂料后进行高温固化处理（400℃）的碳素钢连接件，效果良好。

花岗石 G. P. C 法的构造如图 9.14 所示。G. P. C 法多用于 30m 以上建筑的外墙饰面，费用低于普通干挂法。

9.2.2 饰面砖施工

饰面砖一般指边长小于 400mm 的小规格材料，主要包括釉面砖、外墙面砖、陶瓷锦砖和玻璃锦砖等，多采用镶贴的方法施工。

9.2.2.1 小块料饰面砖材料

(1) 釉面砖。釉面砖采用瓷土或优质陶土烧制而成，表面光滑，易于清洗，色泽多样，美观耐用。釉面砖因其坯体和表面釉层的吸水率、膨胀率相差较大，若受日晒雨淋和温度变化，易引起釉面开裂、脱落，故一般只用于室内墙面。釉面砖的常见规格有 152mm×152mm×5mm、200mm×250mm×6mm、300mm×200mm×6mm 等多种。

(2) 外墙面砖。外墙面砖是以陶土为原料，半干压法成型，经 1100℃左右煅烧而成的粗炻类制品。表面可上釉或不上釉。其质地坚实，吸水率较小（不大于 10%），色调美观，耐水抗冻，经久耐用。有 150mm×75mm×12mm、200mm×100mm×12mm、260mm×65mm×8mm 等规格。

(3) 陶瓷锦砖和玻璃锦砖。陶瓷锦砖（俗称马赛克）是以优质瓷土烧制成片状小瓷砖再拼成各种图案反贴在底纸板上的饰面材料。其质地坚硬，经久耐用，耐酸、耐碱、耐磨，不渗水，吸水率小，是优良的墙面或地面饰面材料。陶瓷锦砖成联供应，一般每联的尺寸为 305.5mm×305.5mm。

玻璃锦砖是用玻璃烧制而成的小块贴于纸板而成的材料。其质地坚硬，性能稳定，表面光滑，耐大气腐蚀，耐热、耐冻、不龟裂。玻璃锦砖背面呈凹形线条，四周有八字形斜角，与基层砂浆结合牢固。玻璃锦砖每联的规格一般为 325mm×325mm。

9.2.2.2 小块料饰面砖施工

1. 基层处理

饰面砖的镶贴基层应满足平整度和垂直度要求，阴、阳角方正，洁净并湿润。对不同基体的表面处理方法各有不同，对于砖墙表面处理，应用钢錾子剔除砖墙表面多余灰浆，再用钢丝刷清除浮土，并浇水充分湿润；对于混凝土墙面可采用刷界面剂的方法，如果混凝土面较光滑，可先进行凿毛处理，凿毛面积不小于 70%，每平方米打点 200 个以上，再用钢丝刷清扫一遍，并用清水冲洗干净，也可用碱液清洗后甩浆进行“毛化处理”；对于加气混凝土墙面在基体清理干净后，刷界面剂一道，再铺钉金属网；对旧墙面翻新，应全部拆除旧面层，重新抹水泥砂浆；对已粉刷涂料的墙面，应将面层清理干净至露出原水泥面，并凿毛后方可镶贴瓷砖，以保证块料镶贴牢固。

釉面砖和外墙面砖镶贴前应按其颜色的深浅进行挑选分类，并用自制套模（图 9.15）对面砖的几何尺寸进行分选，以保证镶贴质量。然后浸水润砖 2h 以上后，将其取出阴干至表面无水膜（以手摸无水感为宜）时待用。

2. 镶贴施工

(1) 内墙釉面砖。镶贴前，应在水泥砂浆基层上弹线分格，弹出水平、垂直控制线。在同一墙面上的横、竖排列中，不宜有一行以上的非整砖，非整砖行应安排在次要部位或阴角处。在镶贴釉面砖的基层上用废面砖按镶贴厚度分别做上下标志块（即灰饼），并用托线板将上下校正垂直，横向用线绳拉平，按 1500mm 间距补做中间标志块。阳角处做标志块的

面砖正面和侧边均应吊垂直，即所谓双面挂直（图 9.16）。

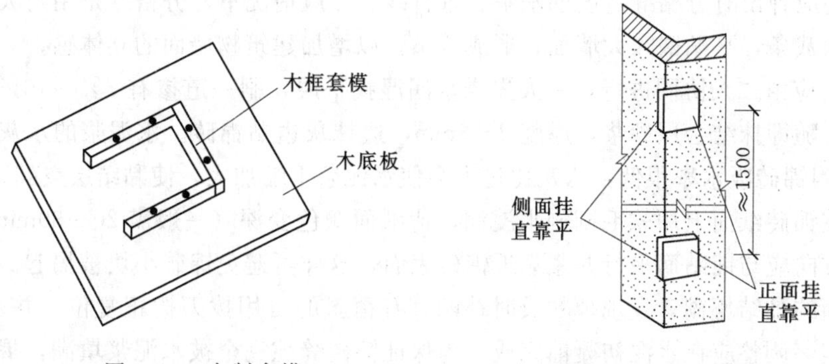

图 9.15 自制套模

图 9.16 双面挂直

镶贴用砂浆一般为 1∶2（体积比）的水泥砂浆，为改善砂浆的和易性，可掺入适量的石灰膏制成水泥混合砂浆。此外，釉面砖的镶贴也可采用专用胶黏剂或聚合物水泥浆，聚合物水泥浆的配合比（重量比）为水泥∶胶∶水＝10∶0.5∶2.6。采用聚合物水泥浆不但可提高其黏结强度，而且可使水泥浆缓凝，利于镶贴时的压平和调整操作。

镶贴前，应沿最下层一皮釉面砖的下口放好垫尺，并用水平尺找平。确保在贴第一行釉面砖时，釉面砖下口能够坐在垫尺上，防止釉面砖因自重而向下滑移，以使其横平竖直。

镶贴时，先在釉面砖背面满刮砂浆，按所弹尺寸线将釉面砖贴于墙面，用小铲把轻轻敲击，使其与中层黏结密实牢固，并用靠尺按标志块将其表面移正平整，理直灰缝，使接缝宽度控制在设计要求范围，且保持宽窄一致。水泥混合砂浆的黏结层厚度宜为 5～8mm。镶贴釉面砖的基层表面如有突出的管线、灯具、卫生设备等，应用整砖套割吻合，不得用非整砖拼凑镶贴。同时在墙裙、浴盆、水池的上口和阴、阳角处应使用配件砖，以便过渡圆滑、美观，同时不易碰损。对阳角处也可将两交接处釉面砖侧边进行 45°磨角后（倒角）粘贴，使墙面连续美观；还可用 0.8mm 厚的不锈钢或铝合金槽条内灌水泥浆包嵌釉面砖侧边进行粘贴，这样不但美观，还能起到护角作用。

整行铺贴完后，应再用长靠尺横向校正一次，对于高于标志块的釉面砖，可轻轻敲击，使其平齐；对于低于标志块的釉面砖，应取下重贴，不得在砖口处塞灰，以免造成空鼓。全部铺贴完毕后，用棉丝将釉面砖表面擦洗干净，用与釉面砖相同颜色的石膏或水泥浆嵌缝。若表面有水泥浆污染，可用稀盐酸刷洗，再用清水冲刷。完工 24h 后，墙面应洒水湿润以防早期脱水。

（2）外墙面砖粘贴。外墙面底、中层灰抹完后，养护 1～2d 即可镶贴施工。镶贴前应在基层上弹基准线，以基准线为准进行排砖，然后按预排大样先弹出顶面水平线，再每隔约 1000mm 弹一垂线。在层高范围内按预排实际尺寸和面砖块数弹出水平分缝、分层皮数线。一般要求外墙面砖的水平缝与窗台面在同一水平线上，阳角到窗口都是整砖。外墙面砖一般都为离缝镶贴，可通过调整分格缝的尺寸（一个墙面分格缝尺寸应统一）来保证不出现非整砖。在镶贴面砖前应做标志块灰饼并洒水润湿墙面。镶贴外墙面砖的顺序是整体自上而下分层分段进行，每段自上而下镶贴，先贴墙柱、腰线等墙面突出物，然后再贴大片外墙面。

（3）陶瓷锦砖和玻璃锦砖。由于锦砖的粘贴砂浆层较薄，故对找平层抹灰的平整度要求更高一些。弹线一般根据锦砖联的尺寸和接缝宽度进行，水平线每联弹一道，垂直线可每 2～3

联弹一道。不是整联的应排在次要部位，同时要避免非整块锦砖的出现。当墙面有水平、垂直分格缝时，还应弹出有分格缝宽度的水平、垂直线。一般情况下，分格缝是用与大面颜色不同的锦砖非整联裁条，平贴嵌入大墙面，形成线条，以增加建筑物墙面的立体感。

镶贴施工应由二人协同进行，一人先浇水润湿找平层，刷一道掺有7%～10%的108胶聚合物水泥浆，随即抹结合层砂浆，厚度2～3mm，边抹灰边贴锦砖。水泥浆的水灰比应控制在0.3～0.35，因锦砖吸水率很低，水灰比过大会使水泥浆干缩加大，使黏结层空鼓。镶贴后0.5～1h，即可在锦砖纸面上用软毛刷刷水浸润，待纸面颜色变深（一般需20～30min）后便可揭纸，揭纸的方向应与铺贴面平行并紧靠近锦砖表面，这样可避免锦砖小块被揭起。揭纸后及时清除锦砖表面的黏结糨糊，发现掉粒及时补贴，有歪斜的可用拨刀拨正复位，并及时用拍板、木锤敲打压实，调整应在水泥初凝前完成。为保证锦砖缝隙完全被水泥浆填满，揭纸后可在表面用橡皮刮板刮与原粘贴砂浆同颜色、同稠度的砂浆，并撒上少许细砂，反复推擦，直至缝隙密实、表面洁净。擦缝后应及时清洗表面，隔日可喷水养护。

9.2.3 饰面板（砖）施工质量检验

饰面板（砖）工程施工质量的允许偏差和检验方法，见表9.4和表9.5。

表9.4　饰面板安装的允许偏差和检验方法

项次	项目	允许偏差（mm）							检验方法
		石材			瓷板	木材	塑料	金属	
		光面	剁斧石	蘑菇石					
1	立面垂直度	2	3	3	2	1.5	2	2	用2m垂直检测尺检查
2	表面平整度	2	3	—	1.5	1	3	3	用2m靠尺和塞尺检查
3	阴阳角方正	2	4	4	2	1.5	3	3	用直角检测尺检查
4	接缝直线度	2	4	4	2	1	1	1	拉5m线，不足5m拉通线，用钢直尺检查
5	墙裙、勒脚上口直线度	2	3	3	2	2	2	2	拉5m线，不足5m拉通线，用钢直尺检查
6	接缝高度差	0.5	3	—	0.5	0.5	1	1	用钢直尺和塞尺检查
7	接缝宽度	1	2	2	1	1	1	1	用钢直尺检查

表9.5　饰面砖粘贴的允许偏差和检验方法

项次	项目	允许偏差（mm）		检验方法
		外墙面砖	内墙面砖	
1	立面垂直度	3	2	用2m垂直检测尺检查
2	表面平整度	4	3	用2m靠尺和塞尺检查
3	阴阳角方正	3	3	用直角检测尺检查
4	接缝直线度	3	2	拉5m线，不足5m拉通线，用钢直尺检查
5	接缝高低差	1	0.5	用钢直尺和塞尺检查
6	接缝宽度	1	1	用钢直尺检查

9.3 涂饰与裱糊工程

涂饰工程是指将涂料涂敷于木料、金属、抹灰层或混凝土等表面，干燥后形成一层与基层牢固黏结的坚韧涂膜，起到增强建筑装饰效果、保护构件和改善使用环境的作用。

裱糊工程是指采用粘贴的方法将壁纸、墙布固定在墙、柱、顶棚表面上。裱糊装饰施工简单、进度快，而且色彩丰富、质感强，既耐用又易于清洗，多用于室内高级装饰。

9.3.1 涂饰工程

涂饰工程即是指装饰涂料工程，是建筑物内外最简便、经济、易于维修更新的一种装饰方法，而且色彩丰富、质感多变、耐久性好、施工效率高。装饰涂料种类各式各样：按用途分，有外墙涂料、内墙涂料、地面涂料、顶棚涂料等；按成膜物质分，有无机涂料、有机涂料和复合型涂料；按涂层质感分，有薄质涂料、厚质涂料、复层涂料等。其中，有机涂料又分为水溶性涂料、乳液型涂料、溶剂型涂料。随着，绿色环保型装饰材料的积极推广应用，内墙乳胶漆涂料和外墙弹性涂料已成为当今世界涂料工业发展的方向。

9.3.1.1 涂饰工程施工准备

1. 涂料的选择

若要达到良好的建筑装饰效果，合理的经济性和耐久性，涂料选择非常重要。选择涂料应考虑以下几点：

(1) 涂饰施工部位。建筑外墙因长年处于风吹日晒、雨淋之中，故外墙涂料必须选择使用具有良好的耐久性、抗玷污性和抗冻融性的涂料，才能保证有较好的装饰效果。内墙涂料除了对色彩、平整度、丰满度等有一定的要求外，还应要求具有较好的耐干、湿擦洗性能及相当的硬度。地面涂料除改变水泥地面硬、冷、易起灰等弊病外，还应具有较好的隔声作用。

(2) 涂饰施工结构材料的性质。建筑结构的材料种类很多，有混凝土、水泥砂浆、石灰砂浆、砖、木材、钢铁和塑料等。不同材料其基层性质不同，对涂料的要求也不同。例如，混凝土和水泥砂浆等无机硅酸盐材料基层所用的涂料，必须具有较好的耐碱性，并能防止基层材料的碱分析出涂膜表面，造成盐析现象而影响装饰效果。

(3) 地理位置。建筑物所处的地理位置不同，其饰面所经受的气候条件也不同。例如，炎热多雨的南方，所用的涂料不仅要求具有较好的耐水性，且要有较好的防霉性；严寒的北方，则对涂料的耐冻性有较高的要求。

(4) 涂料的施工季节。建筑物涂料饰面施工季节的不同，其耐久性也不同，雨期施工时，应选择干燥迅速并具有较好初期耐水性的涂料；冬期施工时，应特别注意涂料的最低成膜温度，应选择成膜温度低的涂料。

(5) 建筑标准。对于高级建筑，可选择高档涂料，施工时可采用3道成活的施工工艺，即底层为封闭层，中间层形成具有较好质感的花纹和凹凸状，面层则使涂膜具有较好的耐水性、耐玷污性和耐久性，从而达到最佳装饰效果。对于一般的建筑，可采用中档和低档涂料，采用1道或2道成活的施工工艺。

2. 基层处理

基层处理是涂饰工程中一个非常重要的环节。基层的干燥程度、基底的碱性、油迹以及黏附杂物的清除、孔洞填补等情况处理的好坏，均会对涂饰工程施工质量带来很大的影响。

基层处理的质量要求是：

(1) 基层表面应平整，不得有大的孔洞、裂缝等缺陷。

(2) 基层表面应干净、无污渍。

当基层被玷污后会影响涂料对基层的黏附力。如钢制模板，常用油质材料作脱膜剂，脱模后的基层表面会玷污上油质材料，使乳胶类涂料黏附不好。为此，在涂料施工前需对被玷污的基层表面彻底去污处理。

(3) 含水率适当。涂料涂饰的基层，必须尽可能干燥，一般在含水率小于10%即基层表面泛白时，才能进行涂料施工，而木基层的含水率不得大于12%。当然，不同涂料对基层含水率的要求也不一样，溶剂型涂料要求含水率低些，应小于8%；水溶性和乳液型涂料则适当高些，应小于10%。

(4) 基层碱性不可过高。涂饰施工一般要求混凝土或水泥砂浆等碱性基层的pH值宜小于10。

3. 施工环境条件

涂料的干燥、结膜，都需要在一定的温度和湿度条件下进行，不同类型的涂料有其最佳的成膜条件。为了保证涂层的质量，应注意施工环境条件。

(1) 气温。通常溶剂型涂料宜在5～30℃的气温条件下施工，水溶性和乳液型涂料宜在10～35℃的条件下施工，最低温度不得低于5℃。冬期施工时，应采取保温和采暖措施，室温要最终保持均衡，不得变化剧烈。

(2) 湿度。建筑涂料适宜的施工湿度为60%～70%，在高湿环境下或降雨之前一般不宜施工。通常，湿度低有利于涂料的成膜和提高施工进度，如果湿度太低，空气太干燥，溶剂性涂料溶剂挥发过快，水溶性和乳液型涂料干燥也快，均会使结膜不够完全，因此，也不宜施工。

(3) 光照。在光照条件下基层表面温度太高，涂层脱水或溶剂挥发过快，会使成膜不良，影响涂饰施工质量。

(4) 风。大风会加速溶剂或水分的蒸发过程，使成膜不良，又会玷污尘土。当风力级别等于或超过4级时，应停止建筑涂料的施工。

综上所述，建筑涂料施工以晴天为好，当施工周围环境的温度低于5℃，阴雨天气及4级以上大风时应停止施工，以确保建筑涂料的施工质量。

9.3.1.2 内墙、顶棚表面涂饰工程施工

内墙、顶棚涂饰涂料常采用高档乳胶漆，该种涂料具有表面感观好、低温状态下不凝聚、不结块、不分离，耐碱、耐水性好等优点。

内墙与顶棚表面涂饰施工的顺序是先顶棚后内墙，两者的施工工艺流程相似。其工艺流程为：基层处理→第一遍满刮腻子、磨光→第二遍满刮腻子→复补腻子、磨光→第一遍涂料、磨光→第二遍涂料。

1. 基层处理

基层表面应坚实平整，无油污、灰尘、溅沫及砂浆流痕等杂物，阴、阳角应密实，轮廓分明。混凝土和砂浆抹灰基层的pH值应小于10，含水率应满足施工要求。基层如有空鼓、酥松、起泡、起砂、孔洞、裂缝等缺陷，应进行处理。

根据实际问题的不同，混凝土和砂浆抹灰基层应采取相应的处理方法。

(1) 水泥砂浆基层分离的处理。一般情况下应将其分离部分铲除，重新做基层。当其分

离部分不能铲除时，可用电钻钻孔，往缝隙中注入低黏度的环氧树脂，使其固结。

(2) 表面不平整的处理。表面凸出部分可用錾子凿平或用砂轮机研磨平整，凹入部分用聚合物砂浆填平。待硬化后，整体打磨一次，使之平整。

(3) 孔洞的处理。对于直径小于 3 mm 的孔洞可用水泥聚合物腻子填平，大于 3 mm 的孔洞可用聚合物砂浆填充。待固结硬化后，用砂轮机打磨平整。

(4) 裂缝的处理。大裂缝的处理应用手持砂轮或錾子将裂缝打磨或凿成 V 形缺口，清洗干净，干燥后沿缝隙涂刷一层底层涂料；然后，用嵌缝枪或其他工具将密封防水材料嵌填于缝隙内，用竹板等工具将其压平，之后在密封材料的外表用合成树脂或水泥聚合物腻子抹平；最后用砂纸打磨平整。小裂缝的处理应用防水腻子嵌平，然后用砂纸将其打磨平整。

2. 刮腻子

表面清扫后，用水和醋酸乙烯乳胶（配合比为 10：1）的稀释溶液调制适合稠度的腻子，来填补墙面、顶棚面的洞眼、蜂窝、麻面、残缺处，腻子干透后，先用开刀将多余腻子铲平，再用粗砂纸磨平。之后方可进行以下工作：

(1) 第一遍满刮腻子及打磨。使用批嵌工具满刮腻子一遍，所有微小砂眼及收缩裂缝均需刮满，以密实、平整、线角棱边整齐为好；同时，应顺次沿着墙面、顶棚面横刮，不得漏刮，接头不得留槎。腻子干透后，用粗砂纸裹着小平木板，将腻子渣及不平处打磨平整，之后清扫干净。

(2) 第二遍满刮腻子及打磨。方法同第一遍腻子，但要求此遍腻子与前遍腻子刮抹方向互相垂直，将面层进一步刮满及打磨平整直至光滑为止。

(3) 复补腻子。第二遍腻子干后，全面检查一遍，如发现局部有缺陷，应局部复补腻子一遍，并用牛角刮刀刮抹，以免损伤其他部位。

(4) 磨光。复补腻子干透后，用细砂纸将涂料面磨平、磨光，最后，将表面清扫干净。

3. 第一遍涂料、磨光

涂料涂饰方法有刷涂、滚涂、喷涂等，常用工具如图 9.17 所示。

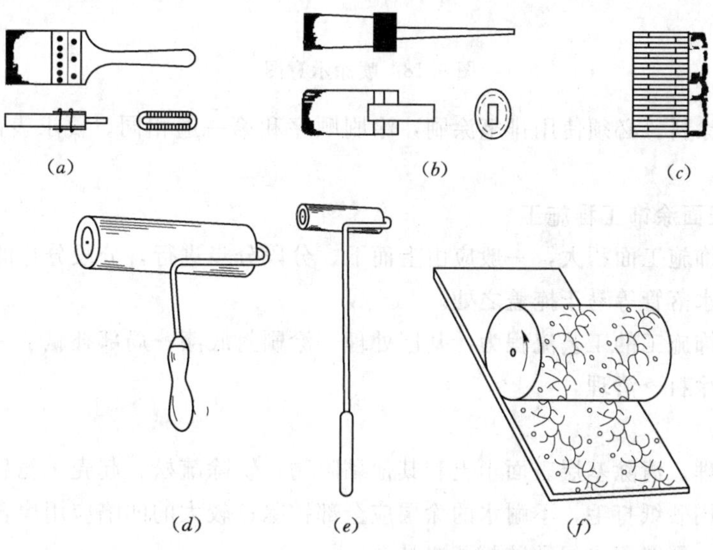

图 9.17 常用涂饰工具

(a) 板刷；(b) 圆刷；(c) 排笔；(d) 手滚；(e) 长柄滚；(f) 压花滚

(1) 刷涂。刷涂是用毛刷在基层表面人工进行涂料覆涂施工的一种方法。除少数流动性差或干燥太快的涂料不宜采用刷涂外，大部分薄质涂料和厚质涂料均可采用。刷涂的顺序是先左后右，先上后下，先难后易，先边后面。一般是两道成活，高中级装饰可增加1～2道刷涂。刷涂的质量要求是薄厚均匀，颜色一致，涂层丰富，无漏刷、流淌和刷纹。

(2) 滚涂。滚涂是利用软毛辊（羊毛或人造毛）、花样辊进行施工。该种方法具有设备简单、操作方便、工效高、涂饰效果好等优点。滚涂的顺序基本与刷涂相同，滚涂的质量要求是涂膜薄厚均匀、平整光滑、不流挂、不漏底；花纹图案完整清晰、匀称一致、颜色协调。

(3) 喷涂。喷涂是利用喷枪（或喷斗）将涂料喷于基层上的机械施涂方法。其特点是外观质量好，工效高，适于大面积施工，通过调整涂料的黏度、喷嘴口径大小及喷涂压力可获得平壁状、颗粒状或凹凸花纹状的涂层。喷涂的压力一般控制在0.4～0.8MPa，喷涂时喷枪嘴与被喷涂面的距离应控制在400～600mm，出料口应与被喷涂面保持垂直，每次直线喷涂长度为700～800mm后转回来喷涂下一行，喷枪移动速度均匀一致（图9.18）。除喷涂复层涂料的主涂料时应一道成活外，其他涂料一般两道成活，喷涂面的搭接宽度应控制在喷涂宽的1/3左右。喷涂的质量要求为厚度均匀，平整光滑，不出现露底、皱纹、流挂、针孔、气泡和失光现象。

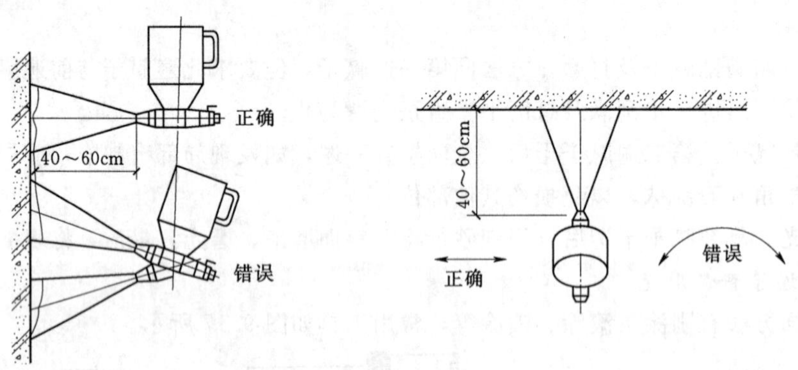

图9.18 喷涂示意图

(4) 第二遍涂料。必须使用排笔涂刷，涂刷顺序和第一遍相同。要求表面更美观细腻，无明显接头痕迹。

9.3.1.3 外墙表面涂饰工程施工

外墙表面涂饰施工面积大，一般应由上而下、分段分步进行，分段分片的部位应选择在门、窗、拐角、水落管等易于掩盖之处。

外墙表面涂饰施工的工艺流程为：基层处理→涂刷封底漆→局部补腻子→满刮腻子→刷底涂料→刷面层涂料→清理。

1. 施工要点

(1) 基层处理。清除基层表面尘土和其他黏附物；铲除疏松、起壳、脆裂的旧涂层，黏附牢固的旧涂层用砂纸打毛，不耐水的涂层应全部铲除；较大的凹陷应用聚合物水泥砂浆抹平，较小的孔洞、裂缝用水泥乳胶腻子修补。

(2) 涂刷封底漆。如果墙面较疏松，吸收性强，可用辊筒均匀地涂刷1～2遍胶水打底

（丙烯酸乳液或水溶性建筑胶水加3～5倍水稀释制成）。

（3）局部补腻子。基层打底干燥后，用腻子找补不平之处，干后用磨砂纸打磨平滑。

（4）满刮腻子。视基层情况和装饰要求刮涂腻子2～3遍，每遍腻子不可过厚。腻子干后应及时用砂纸打磨，不得磨出波浪形，也不能留下磨痕，打磨完毕后扫去浮灰。

（5）刷底涂料。将底涂料均匀地涂刷一遍，不要有遗漏，也不要涂得过厚。底涂料干后用磨砂纸打磨平滑。

（6）刷面层涂料。将面层涂料按产品说明书要求的比例进行稀释并搅拌均匀。涂饰时一人先用滚筒刷蘸涂料均匀涂布，另一人随即用排笔刷展平涂痕和溅沫，防止透底和流坠。每个涂刷面均应从边缘开始向另一侧涂刷，并应一次完成，以免出现接痕。第一遍干透后，再涂第二遍涂料。视不同情况，一般需涂刷2～3遍。

2. 装饰涂料工程的质量要求

（1）水性涂料涂饰工程的施工质量要求及检验见表9.6。

（2）溶剂性涂料涂饰工程的施工质量要求及检验见表9.7。

表9.6　水性涂料涂饰工程的施工质量要求及检验

项次	项目内容	质量要求	质量检验
1	材料质量	水性涂料涂饰工程所用材料的品种、型号和性能符合设计要求	检查产品合格证书、性能检测报告和进场报告
2	涂饰颜色和图案	水性涂料涂饰工程的颜色和图案符合设计要求	观察
3	涂饰综合质量	水性涂料涂饰工程应涂饰均匀、黏结牢固，不得漏涂透底、起皮和掉粉	观察，手摸检查
4	基层处理	水性涂料涂饰工程基层处理符合规范，即本节建筑涂料工程施工中基层处理的要求	观察，手摸检查，检查施工记录

表9.7　溶剂性涂料涂饰工程的施工质量要求及检验

项次	项目内容	质量要求	质量检验
1	涂料质量	溶剂性涂料涂饰工程所用涂料的品种、型号和性能符合设计要求	检查产品合格证书、性能检测报告和进场报告
2	颜色、光泽、图案	溶剂性涂料涂饰工程的颜色、光泽、图案符合设计要求	观察
3	涂饰综合质量	溶剂性涂料涂饰工程应涂饰均匀、黏结牢固，不得漏涂透底、起皮和反锈	观察，手摸检查
4	基层处理	溶剂性涂料涂饰工程基层处理符合规范，即本节建筑涂料工程施工中基层处理的要求	观察，手摸检查，检查施工记录。

9.3.2 裱糊工程

裱糊工程是指将壁纸、墙布等，用胶黏剂裱糊在室内抹灰面或木材面上的一种装饰工程。其施工进度快，湿作业量小，且美观耐用，增加了装饰效果。按其装饰效果一般有仿锦缎、印花、压花、仿木、仿石等。

9.3.2.1 壁纸和墙布的类型

（1）纸质壁纸。这是一种纸基壁纸，有良好的透气性，价格便宜，自然环保，舒适亲切。但不能清洗，耐久性差，易断裂，目前已很少使用。

（2）聚氯乙烯塑料壁纸。以聚氯乙烯塑料薄膜为面层，以专用纸为基层，在纸上涂布或热压复合成型。特点是强度高，耐脏，耐擦洗，使用较广泛。

（3）纺织纤维墙布。用玻璃纤维、丝、羊毛、棉麻等纤维织成的壁纸。具有强度高，视觉舒适、质感柔和，典雅、高贵，吸音、透气等特点。

（4）金属壁纸。金属壁纸是一种通过印花、压花、涂金属粉等工序加工而成的高档壁纸，特点是华丽、高贵，防火、防水，一般用于高级装修工程。

（5）天然材质类壁纸。用天然材质如草、木、藤、竹、叶等纺织而成，特点是亲切自然、休闲、舒适、环保。

目前，纸质壁纸已逐步被淘汰，取而代之的是后几类壁纸，这几类壁纸以高档、绿色为特点，恰好迎合了人们的心理，并已渐渐成为裱糊工程施工的主流产品。

9.3.2.2 裱糊工程施工

裱糊工程施工包括顶棚裱糊和墙面裱糊，原则上是先裱糊顶棚后裱糊墙面。壁纸裱糊施工的工艺流程（不再包含纸质壁纸）为：基层处理→吊直、套方、找规矩、弹线→计算用料、裁纸→刷胶→粘贴壁纸→壁纸修整。

1. 基层处理

裱糊工程要求基层洁净、干燥，表面应坚实、平滑、无飞刺、无砂粒。混凝土和抹灰层的含水率不得大于8%，木材制品含水率不得大于12%。对新建工程的混凝土或抹灰面在刮腻子前应涂刷抗碱封闭底漆，旧墙面在裱糊前应清除疏松的旧装修层并涂刷界面剂。

混凝土墙面，可根据原基层质量的好坏，在清扫干净的墙面上满刮1～2道石膏腻子，干燥后用砂纸磨平、磨光；抹灰墙面，可满刮大白腻子1～2道找平、磨光，但不可磨破灰皮；石膏板墙，用嵌缝腻子将缝堵实堵严，粘贴玻璃网格布或丝绸条、绢条等，然后局部刮腻子补平。腻子刮完后应做基层封闭处理，涂刷封底涂料或底胶不少于两遍，目的是克服基层吸水太快，引起胶黏剂脱水而影响黏结效果。

2. 吊垂直、套方、找规矩、弹线

首先应将房间四角的阴阳角通过吊垂直、套方、找规矩，并从阴角开始按照壁纸的尺寸进行分块弹线控制，习惯做法是进门左阴角处开始铺贴第一张。有挂镜线的按挂镜线，没有挂镜线的按设计要求弹线控制。

3. 计算用料、裁纸

按已量好的墙体高度约放大2～3cm，按尺寸计算用料、裁纸，将裁好的纸用湿温毛巾擦后，折好待用。

4. 刷胶

根据壁纸和墙纸的品种特点，胶黏剂的施涂方法有三种，只在基层刷胶、在基层和纸布背面刷胶、只在纸布背面刷胶。常见壁纸和墙布的刷胶方法如下：

（1）聚氯乙烯塑料壁纸。墙面裱糊时应在壁纸背面涂刷胶黏剂；顶棚裱糊时，基层和壁纸背面均应涂刷胶黏剂。

（2）纺织纤维墙布。粘接时应选用粘接强度较高的胶黏剂，裱糊前应在基层表面涂胶，墙布背面不涂胶。

(3) 金属壁纸。裱糊前应浸水 1～2min，阴干 5～8min 后在其背面刷胶。刷胶应使用专用的壁纸粉胶，一边刷胶，一边将刷过胶的部分，向上卷在发泡壁纸卷上。

(4) 复合壁纸。应先在壁纸背面涂刷胶黏剂，放置数分钟，裱糊时，基层表面应涂刷胶黏剂。

5. 粘贴壁纸

(1) 墙面裱糊应采用整幅裱糊，先垂直面后水平面，先细部后大面，先保证垂直后对花拼逢。垂直面是先上后下，先长墙面后短墙面；水平面是先高后低。

(2) 裱糊前，应先卸去开关、插座等突出墙面的电气盒盖。

(3) 裱糊时用的小工具可放在围裙袋中或手边。

(4) 裱糊时，先将壁纸的下半截向上折一半，握住顶端的两角，展开上半截，凑近墙壁，使边缘靠着垂线成一直线，轻轻压平，由中间向外用刷子将上半截敷平，在壁纸顶端作出记号，然后用纸刀（或剪刀）将多出壁纸裁割去，如图 9.19 所示。再按上法同样处理下半截，修齐踢脚板与墙壁间的角落。用海绵擦掉粘在踢脚板上的胶糊。壁纸基本贴平后，再用刮板由上而下、由中间向两边抹刮，使壁纸平整贴实。

(5) 一般无花纹的壁纸，纸幅间可拼缝重叠 20mm，并用直钢尺在接缝处从上而下用锋利的壁纸刀，在壁纸重叠部分的中间切断。在切割时用力要均匀，并且要适中避免重割。有花纹的壁纸，则采取两副壁纸花纹重叠，对好花，用钢尺在重叠处拍实，从壁纸搭口中间自上而下切割，除去切下的余纸后用橡胶刮板刮平，如图 9.20 所示。切纸拼缝应在壁纸裱糊后半小时才能进行。

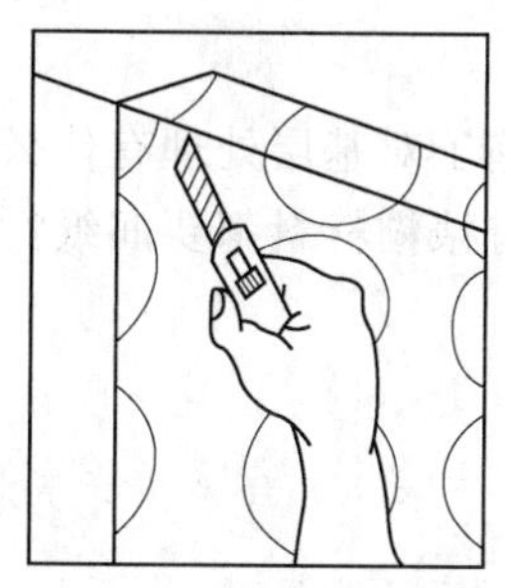

图 9.19 裱糊后割去多余部分壁纸

图 9.20 对花切割搭接处余纸

(6) 裱糊壁纸时，注意在阴角处接缝应搭接，在阳角处应包角不得有接缝。阴角壁纸搭缝时，应先裱糊压在里面的转角壁纸，再粘贴非转角的正常壁纸。搭接面应根据阴角垂直度而定，搭接宽度一般不小于 2～3mm，并且要保持垂直无毛边。

(7) 裱糊前，应先卸去开关、插座等突出墙面的电气盒盖。裱糊时，先将壁纸盖上然后用木柄刷刷平，用美工刀在上面以对角线画十字，然后用刮刀抵住开关的边缘，用美工刀顺势割去多余部分的壁纸，最好用橡胶刮子刮平，并擦去刮出的胶液。

6. 壁纸修整

壁纸裱糊后应认真检查，对墙纸的翘边翘角、气泡、皱折及胶痕未擦净等现象，应及时处理和修整。如接缝处刷胶少，局部漏胶，边缝没压实，应及时刷胶辊压修补好；如基层含水率大，抹灰层未干就粘贴壁纸，多余水分气化会将壁纸拱起成泡，可用注射器将泡刺破并注入胶液，用辊压实。壁纸在粘贴过程中应及时用湿温毛巾将胶痕擦净，以免影响美观。

对湿度较大房间和经常潮湿的墙体应采用防水性的壁纸及胶黏剂，有酸性腐蚀的房间应采用防酸壁纸及胶黏剂。

冬期施工应在采暖条件下进行，室内操作温度不应低于5℃，门窗缝隙要封闭，并设专人负责测温、排湿、换气，严防寒气进入冻坏成品。潮湿季节白天应开窗通风，夜晚关窗以防潮气侵入。

9.3.2.3 质量要求

壁纸墙布必须黏结牢固，无空鼓、翘边、皱折等缺陷；表面平整，无波纹起伏。壁纸、墙布与挂镜线、贴脸板和踢脚板紧接，无缝隙；壁纸墙布色泽一致，无斑污，正斜视、无胶痕，无明显压痕。各幅拼接应横平竖直，图案端正，拼缝处图案花纹吻合，距墙1.5m处正视不显拼缝，阴角处搭接顺光，阳角无接缝，角度方正，边缘整齐无毛边。裱糊与挂镜线、贴脸板、踢脚板、电气槽盒等交接处应交接严密，无缝隙，无漏贴和补贴，不糊盖需拆卸的活动件，活动件四周及挂镜线、贴脸板、踢脚板等处边缘切割整齐、顺直，无毛边。玻纤壁纸、无纺布及锦缎裱糊应表面平整挺秀，拼花正确，图案完整，连续对称，无色差、无胶痕，面层无飘浮，经纬线顺直。

思 考 题

9.1 装饰工程与装修工程是不是一回事？

9.2 墙面抹灰怎样做灰饼和标筋？

9.3 普通干挂法和G.P.C法有什么不同？

9.4 涂料有几种施工方法？如何施工？

9.5 建筑装饰涂料的施工环境有什么要求？涂料施工对基层处理有什么要求？

9.6 聚氯乙烯塑料壁纸为什么要润纸？是不是所有裱糊材料都要润纸？

9.7 水刷石和干粘石有何异同？

习 题

9.1 试述抹灰的灰层组成与作用。

9.2 抹灰分为哪几类？一般抹灰分几级，具体要求如何？

9.3 抹灰前对其基体应做哪些处理？

9.4 一般抹灰的施工顺序有何要求？

9.5 试述水刷石的施工工艺及要点。

9.6 简述饰面板的湿作业法和干挂法施工方法。

9.7 何时要对石材做防碱背涂处理？目的是什么？

9.8 裱糊施工方法及质量要求是什么？

9.9 瓷砖铺贴前为何要选砖和浸水阴干，有何要求？

9.10 墙面饰面板安装方法有哪些？各有何特点及利弊？

9.11 裱糊及涂料施工工艺顺序有何异同？其作业条件各有哪些？

第10章 施工组织概述

10.1 基本建设项目与基本建设程序

10.1.1 基本建设项目

10.1.1.1 基本建设

基本建设是指以固定资产扩大再生产为目的，国民经济各部门、各单位购置和建造新的固定资产的经济活动以及与其有关的工作。简言之，即是形成新的固定资产的过程。基本建设为国民经济的发展和人民物质文化生活的提高奠定了物质基础。基本建设主要是通过新建、扩建、改建和重建工程，特别是新建和扩建工程的建造以及与其有关的工作来实现的。因此，建筑施工是完成基本建设的重要活动。

基本建设是一种综合性的宏观经济活动，还包括工程的勘察与设计、土地的征购、物资的购置等。它横跨于国民经济各部门，包括生产、分配和流通各环节。其主要内容有：建筑工程、安装工程、设备购置、列入建设预算的工具及器具购置、列入建设预算的其他基本建设工作。

10.1.1.2 基本建设项目及其组成

基本建设项目，简称建设项目，是指有独立计划和总体设计文件，并能按总体设计要求组织施工，工程完工后可以形成独立生产能力或使用功能的工程项目。在工业建设中，一般以拟建的厂矿企业单位为一个建设项目，例如一个制药厂、一个客车厂等。在民用建设中，一般以拟建的企事业单位为一个建设项目，例如一所学校、一所医院等。

各建设项目的规模和复杂程度各不相同。一般情况下，将建设项目按其组成内容从大到小划分为若干个单项工程、单位工程、分部工程和分项工程等项目。

1. 单项工程

单项工程是指具有独立的设计文件，能独立组织施工，竣工后可以独立发挥生产能力和效益的工程，又称为工程项目。一个建设项目可以由一个或几个单项工程组成。例如一所学校中的教学楼、实验楼和办公楼等。

2. 单位工程

单位工程是指具有单独设计图纸，可以独立施工，但竣工后一般不能独立发挥生产能力和经济效益的工程。一个单项工程通常都由若干个单位工程组成。例如，一个工厂车间通常由建筑工程、管道安装工程、设备安装工程、电器安装工程等单位工程组成。

3. 分部工程

分部工程一般按单位工程的部位、构件性质、使用的材料或设备种类等不同而划分的工程。例如，一幢房屋的土建单位工程，按其部位可以划分为基础、主体、屋面和装修等分部工程，按其工种可以划分为土石方工程、砌筑工程、钢筋混凝土工程、防水工程和抹灰工程等。

4. 分项工程

分项工程一般是按分部工程的施工方法、使用材料、结构构件的规格等不同因素划分的，用简单的施工过程就能完成的工程。例如房屋的基础分部工程，可以划分为挖土、混凝土垫层、砌毛石基础和回填土等分项工程。

10.1.2 基本建设程序

基本建设程序是指一个建设项目在整个建设过程中各项工作必须遵循的先后次序。它是客观存在的自然规律和经济规律的正确反映，是经过多年实践的科学总结。

基本建设程序可分为4个阶段8个环节。

10.1.2.1 基本建设的4个阶段

1. 计划任务书阶段

这个阶段主要是根据国民经济的规划目标，确定基本建设项目内容、规模和地点，编制计划任务书（也叫设计任务书）。该阶段要做大量的调查、研究、分析和论证工作。

2. 设计和准备阶段

这个阶段主要是根据批准的计划任务书，进行建设项目的勘察和设计，做好建设准备，安排建设计划，落实年度基本建设计划，做好设备订货等工作。

3. 施工和生产阶段

这个阶段主要是根据设计图纸进行土建工程施工、设备安装工程施工和做好生产或使用的准备工作。

4. 竣工验收和交付使用阶段

这个阶段主要是指单项工程或整个建设项目完工后，进行竣工验收工作，移交固定资产，交付建设单位使用。

10.1.2.2 基本建设的8个环节

1. 可行性研究

可行性研究是根据国民经济发展规划和项目建议书，对建设项目投资决策前进行的技术经济论证。其目的就是要从技术、工程和经济等方面论证建设项目是否适当，以减少项目投资决策的盲目性，提高科学性。

可行性研究主要包括以下内容：①建设项目提出的背景和依据；②建设规模、产品方案；③技术工艺、主要设备、建设标准；④资源、原材料燃料供应、动力、运输、供水等协作配合条件；⑤建设地点、场区布置方案、占地面积；⑥项目设计方案、协作配套工程；⑦环保、防震等要求；⑧劳动定员和人员培训；⑨建设工期和实施进度；⑩投资估算和资金筹措方式；⑪经济效益和社会效益分析。

2. 编制计划任务书，选定建设地点

计划任务书又称设计任务书，是确定建设项目和建设方案的基本文件。

各类建设计划任务书的内容不尽相同，大、中型项目一般包括：建设目的和依据；建设规模、产品方案、生产方法或工艺原则；矿产资源、水文地质和工程地质条件；资源综合利用、环境保护与“三废”治理方案；建设地区、地点和占地面积；建设工期；投资总额；劳动定员控制数；要求达到的经济效益和技术水平。

3. 编制设计文件

设计文件是安排建设项目和组织施工的主要依据，通常由主管部门和建设单位委托设计

单位编制。

一般建设项目，按扩大初步设计和施工图设计两个阶段进行。技术复杂、缺乏经验的项目，可按初步设计、技术设计和施工图设计3个阶段进行。根据初步设计编制设计概算，根据技术设计编制修正概算，根据施工图设计编制施工预算。

4. 制定年度计划

初步设计和设计概算批准后，即列入国家年度基本建设计划。它是进行基本建设拨款或贷款、分配资源和设备的主要依据。

5. 建设准备

建设项目开工前要进行主要设备和特殊材料申请订货和施工准备工作。

6. 组织施工

组织施工是将设计的图纸变成确定的建设项目的活动。为确保工程质量，必须严格按照施工图纸、技术操作规程和施工验收规范进行，完成全部的建设工程。

7. 生产准备

在全面施工的同时，要按生产准备的内容做好各项生产准备工作，以确保及时投产，尽快达到生产能力。

8. 竣工验收，交付使用

竣工验收是对建设项目的全面考核。竣工验收程序一般分两步：单项工程已按设计要求完成全部施工内容，即可由建设单位组织验收；在整个建设项目全部建成后，按有关规定，由负责验收单位根据国家或行业颁布的验收规程组织验收。双方签证交工验收证书，办理交工验收手续，正式移交使用。

10.2 建筑产品与建筑施工的特点

建筑产品是指建筑企业通过施工活动生产出来的产品，主要包括各种建筑物和构筑物。建筑产品与一般其他工业产品相比较，其本身和施工过程都具有一系列的特点。

10.2.1 建筑产品的特点

1. 建筑产品的固定性

一般建筑产品均由基础和主体两部分组成。基础承受全部荷载，并传给地基，同时将主体固定在地面上。任何建筑产品都是在选定的地点使用，它在空间上是固定的。

2. 建筑产品的多样性

建筑产品不仅要满足复杂的使用功能的要求，建筑产品所具有的艺术价值还要体现出地方的或民族的风格、物质文明和精神文明程度等。同时，还受到地点的自然条件诸因素的影响，而使建筑产品在规模、建筑形式、构造和装饰等方面具有千变万化的差异。

3. 建筑产品的体积庞大性

无论是复杂还是简单的建筑产品，均是为构成人们生活和生产的活动空间或满足某种使用功能而建造的。建造一个建筑产品需要大量的建筑材料、制品、构件和配件。因此，一般的建筑产品要占用大片的土地和高耸的空间。建筑产品与其他工业产品相比较，体积格外庞大。

10.2.2 建筑施工的特点

由于建筑产品本身的特点，决定了建筑产品生产过程具有以下特点。

1. 建筑施工的流动性

建筑产品的固定性决定了建筑施工的流动性。在建筑产品的生产过程中，工人及其使用的材料和机具不仅要随建筑产品建造地点的不同而流动，而且在同一建筑产品的施工中，要随产品进展的部位不同移动施工的工作面。

2. 建筑施工的单件性

建筑产品地点的固定性和类型的多样性决定了产品生产的单件性。每个建筑产品应在选定的地点上单独设计和施工。

3. 建筑施工的周期长

建筑产品的庞体性决定了施工的周期长。建筑产品体积庞大，施工中要投入大量的劳动力、材料、机械设备等。与一般的工业产品比较，其施工周期较长，少则几个月，多则几年。

4. 建筑施工的复杂性

建筑产品的固定性、庞体性及多样性决定了建筑施工的复杂性。在建筑产品方面，施工活动中还有大量的高空作业、地下作业以及建筑产品本身的多种多样，造成建筑施工的复杂性。这就要求事先有一个全面的施工组织设计，提出相应的技术、组织、质量、安全、节约等保证措施，避免发生质量和安全事故。

为此，在工程建设中，必须强化施工组织工作，充分做好施工准备，编好施工组织设计，拟定有效的施工方案，合理地规划、部署，确保施工能正常连续进行。这些问题的解决，既涉及施工全局性的规律，也涉及施工局部性的规律。

所谓局部性的施工规律，系指每一个工种工程的工艺原理、施工方法、操作技术、机械选用、劳动组织、工作场地布置等方面的规律。

所谓全局性的施工规律，系指凡是带有需要照顾施工的各个方面和各个阶段的联系配合问题，如全场性的施工部署、开工程序、进度安排、材料供应、生产和生活基地的规划等问题。所以，在组织施工时，一定要针对建筑施工的特点，遵循施工局部和全局的规律，从系统观点出发，深入地进行分析、论证，才能作出正确的决策，有效地、科学地组织施工。

10.3 施工组织设计

10.3.1 施工组织设计的作用和任务

施工组织设计是用以指导施工组织与管理、施工准备与实施、施工控制与协调、资源的配置与使用等全面性的技术、经济文件；是对施工活动的全过程进行科学管理的重要手段。通过编制施工组织设计，可以针对工程的特点，根据施工环境的各种具体条件，按照客观的施工规律，制订拟建工程的施工方案，确定施工顺序、施工方法、劳动组织和技术组织措施；可以确定施工进度，控制工期；可以有序地组织材料、机具、设备、劳动力需要量的供应和使用；可以合理地利用和安排为施工服务的各项临时设施；可以合理地部署施工现场，确保文明施工、安全施工；可以分析施工中可能产生的风险和矛盾，以便及时研究解决问题的对策、措施；可以将工程的设计与施工、技术与经济、施工组织与施工管理、施工全

局规律与施工局部规律、土建施工与设备安装、各部门之间、各专业之间有机的结合，相互配合，统一协调。

1. 施工组织设计的作用

施工组织设计是对施工过程实行科学管理的重要手段，是检查工程施工进度、质量、成本三大目标的依据。通过编制施工组织设计，明确工程的施工方案、施工顺序、劳动组织措施、施工进度计划及资源需要量计划，明确临时设施、材料、机具的具体位置，可以有效地使用施工现场，提高经济效益。

2. 施工组织设计的任务

根据国家的各项方针、政策、规程和规范，从施工的全局出发，结合工程的具体条件，确定经济合理的施工方案，对拟建工程在人力和物力、时间和空间、技术和组织等方面统筹安排，以期达到耗工少、工期短、质量高和造价低的最优效果。

实践证明，在工程投标阶段编好施工组织设计，充分反映施工企业的综合实力，是实现中标、提高市场竞争力的重要途径；在工程施工阶段编好施工组织设计，是实现科学管理、提高工程质量、降低工程成本、加速工程进度、预防安全事故的可靠保证。

10.3.2 施工组织设计的分类

施工组织设计一般根据工程规模的大小，建筑结构的特点，技术、工艺的难易程度及施工现场的具体条件，可分为施工组织设计大纲、施工组织总设计、单位工程施工组织设计及分部或分项工程作业设计。

10.3.2.1 施工组织设计大纲

施工组织设计大纲是以一个投标工程项目为对象编制的，用以指导其投标全过程各项实施活动的技术、经济、组织、协调和控制的综合性文件。它是编制工程项目投标书的依据，其目的是为了中标。主要内容包括：项目概况、施工目标、施工组织和施工方案、施工进度、施工质量、施工成本、施工安全、施工环保和施工平面等计划，以及施工风险防范。它是编制施工组织总设计的依据。

10.3.2.2 施工组织总设计

施工组织总设计是以整个建设项目或民用建筑群为对象编制的。它是对整个建设工程的施工过程和施工活动进行全面规划，统筹安排，据以确定建设总工期、各单位工程开展的顺序及工期、主要工程的施工方案、各种物资的供需计划、全工地暂设工程及准备工作、施工现场的布置和编制年度施工计划。由此可见，施工组织总设计是总的战略部署，是指导全局性施工的技术、经济纲要。

10.3.2.3 单位工程施工组织设计

单位工程施工组织设计，是以各个单位工程为对象编制的，用以直接指导单位工程的施工活动，是施工单位编制作业计划和制定季、月、旬施工计划的依据。

单位工程施工组织设计，根据工程规模、技术复杂程度的不同，其编制内容的深度和广度亦有所不同；对于简单单位工程，一般只编制施工方案并附以施工进度和施工平面图，即“一案、一图、一表”。

10.3.2.4 分部（分项）工程作业设计

分部（分项）工程作业设计（即施工设计），是针对某些特别重要的、技术复杂的，或采用新工艺、新技术施工的分部（分项）工程，如深基础、无黏结预应力混凝土、特大构件的吊装、大量土石方工程、定向爆破或冬、雨期施工等为对象编制的，其内容具体、详细，可操作性强，是直接指导分部（分项）工程施工的依据。

10.3.3 施工组织设计的内容

施工组织设计的内容，要结合工程的特点、施工条件和技术水平进行综合考虑，做到切实可行、简明易懂。其主要内容如下：

（1）工程概况。工程概况中应概要地说明工程的性质、规模，建设地点，结构特点，建筑面积，施工期限，合同的要求；本地区地形、地质、水文和气象情况；施工力量，劳动力、机具、材料、构件等供应情况；施工环境及施工条件等。

（2）施工部署及施工方案。全面部署施工任务，确定质量、安全、进度、成本目标，合理安排施工顺序，拟定主要工程的施工方案；施工方案的选择应技术可行，经济合理，施工安全；应结合工程实际，拟定可能采用的几种施工方案，进行定性、定量的分析，通过技术经济评价，择优选用。

（3）施工进度计划。施工进度计划反映了最佳施工方案在时间上的安排。采用计划的形式，使工期、成本、资源等方面通过计算和调整达到优化配置，符合目标的要求；使工程有序地进行，做到连续施工和均衡施工。据此，即可安排资源供应计划，施工准备工作计划。

（4）资源供应计划。它包括劳动力需求计划，主要材料、机械设备需求计划，预制品订货和需求计划，大型工具、器具需求计划。

（5）施工准备工作计划。它包括施工准备工作组织和时间安排，施工现场内外准备工作计划，暂设工程准备工作计划，施工队伍集结、物质资源进场准备工作计划等。

（6）施工平面图。它是施工方案及进度计划在空间上的全面安排。它是把投入的各种资源，如材料、机具、设备、构件、道路、水电网络和生产、生活临时设施等，合理地定置在施工现场，使整个现场能进行有组织、有计划地文明施工。

（7）技术组织措施计划。它包括保证和控制质量、进度、安全、成本目标的措施，季节性施工的措施，防治施工公害的措施，保护环境和生态平衡的措施，强化科学施工、文明施工的措施等。

（8）工程项目风险。它包括风险因素的识别，风险可能出现的概率及危害程度，风险防范的对策，风险管理的重点及责任等。

（9）项目信息管理。它包括信息流通系统，信息中心建立规划，工程技术和管理软件的选用和开发，信息管理实施规划等。

（10）主要技术经济指标。技术经济指标是用以评价施工组织设计的技术水平和综合经济效益，一般用施工周期、劳动生产率、质量、成本、安全、机械化程度、工厂化程度等指标表示。

10.3.4 施工组织设计的贯彻、检查和调整

施工组织设计的编制只是为实施拟建工程施工提供了一个可行的理想方案。这个方案正确与否，必须通过实践去检验。为此，更重要的是在施工实践中要认真贯彻、执行施工组织设计，这就要求在开工以前应组织有关人员熟习和掌握施工组织设计的内容，逐级进行交底，提出对策措施，保证施工组织设计的贯彻执行；要建立和完善各项管理制度，明确各部门的职责范围，保证施工组织设计的顺利实施；要加强动态管理，及时处理和解决施工中发生的突变事件和出现的主要矛盾；要不断地对施工组织设计进行检查、调整和补充，以适应

变化的、动态的施工活动，达到控制目标的要求。

施工组织设计的贯彻、检查和调整，是一项经常性的工作，必须随着施工的进展情况，不断地反复进行，贯穿拟建工程项目施工过程的始终。

10.4 编制施工组织设计的基本原则

在进行施工组织时，一般应遵循以下基本原则。

10.4.1 贯彻执行《中华人民共和国建筑法》，坚持建设程序

《中华人民共和国建筑法》（以下简称《建筑法》）是规范建筑活动的大法，它将我国多年来的改革与管理实践中一些行之有效的重要制度，诸如：施工许可制度、从业资格管理制度、招标投标制度、总承包制度、发承包合同制度、工程监理制度、建筑安全生产管理制度、工程质量责任制度、竣工验收制度等给予了法律肯定，这对建立和完善建筑市场的运行机制，加强建筑活动的实施与管理，提供了重要的法律依据。为此，我们在进行施工组织时，必须认真地学习《建筑法》，充分理解《建筑法》，严格贯彻执行《建筑法》，以《建筑法》作为指导建设活动的准绳。

建设程序，是指建设项目从决策、设计、施工到竣工验收整个建设过程中的各个阶段及其先后顺序。上一阶段的工作为开展下一阶段创造条件，而下一阶段的实践，又检验上一阶段的设想；前后、左右、上下之间有着不容分割的联系，但不同的阶段有着不同的内容，既不能相互代替，也不许颠倒或跳越。如没有计划，设计就失去了设计的课题；而没有设计，施工就失去了技术依据；不经过竣工验收，就无法保证整个建设项目的成套投产和工程质量。实践证明，凡是坚持建设程序，基本建设就能顺利进行，就能充分发挥投资的经济效益；反之，违背了建设程序，就会造成施工混乱，影响质量、进度和成本，甚至对建设工作带来严重的危害。因此，坚持建设程序，是工程建设顺利进行的有力保证。

10.4.2 合理安排施工顺序

施工顺序的安排应符合施工工艺，满足技术要求，有利于组织立体交叉、平行流水作业，有利于对后续工程施工创造良好的条件，有利于充分利用空间、争取时间。例如，先准备工作，后正式工程施工；准备工作应从全场性工程开始，应先场外，后场内；先地下工程，后地上工程，地下工程又应先深后浅；先基础，后主体；先主体后装饰等。这些施工顺序，均反映了施工本身的客观规律，必须予以遵守。

10.4.3 用流水作业法和网络计划技术组织施工

流水作业法，是组织建筑施工的有效方法，可使施工连续地、均衡地、有节奏地进行，以达到合理地使用资源，充分利用空间、争取时间的目的。

网络计划技术是当代计划管理的有效方法，具有逻辑严密、层次清晰、关键问题明确，可进行计划方案优化、控制和调整，有利于电子计算机在计划管理中的应用等优点。

10.4.4 加强季节性施工措施，确保全年连续施工

为了确保全年连续施工，减少季节性施工的技术措施费用，在组织施工时，应充分了解当地的气象条件和水文地质条件。尽量避免把土方工程、地下工程、水下工程安排在雨季和洪水期施工，把混凝土现浇结构安排在冬期施工；高空作业、结构吊装则应避免在风季施工。对那些必须在冬雨期施工项目，则应采用相应的技术措施，既要确保全年连续施工、均

衡施工，更要确保工程质量和施工安全。

10.4.5　贯彻工厂预制和现场预制相结合的方针，提高建筑工业化程度

建筑技术进步的重要标志之一是建筑工业化，建筑工业化的前提条件是广泛采用预制装配式构件。在拟定构件预制方案时，应贯彻工厂预制和现场预制相结合的方针，把受运输和起重机设备限制的大型、重型构件放在现场预制，将大量的中小型构件由工厂预制。这样，既可发挥工厂批量生产的优势，又可解决受运输、起重设备限制的主要矛盾。

10.4.6　充分发挥机械效能，提高机械化程度

机械化施工可加快工程进度，减轻劳动强度，提高劳动生产率。为此，在选择施工机械时，应充分发挥机械的效能，并使主导工程的大型机械，如土方机械、吊装机械能连续作业，以减少机械台班费用；同时，还应使大型机械与中小型机械相结合，机械化与半机械化相结合，扩大机械化施工范围，实现施工综合机械化，以提高机械化施工程度。

10.4.7　采用国内外先进的施工技术和科学的管理方法

采用先进的施工技术和科学的管理方法，是促进技术进步、提高企业素质、保证工程质量、加速工程进度、降低工程成本的有力措施。为此，在拟定施工方案时，应尽可能采用行之有效的新材料、新工艺、新技术和现代化管理方法。

10.4.8　合理地部署施工现场，尽可能地减少暂设工程

精心地进行施工总平面图的规划，合理地部署施工现场，是节约施工用地，实现文明施工，确保安全生产的重要环节。

尽量利用正式工程、原有建筑物、已有设施、地方资源为施工服务，是减少暂设工程费用、降低工程成本的重要途径。

综合上述原则，既是建筑产品生产的客观需要，又是加快施工进度、缩短工期、保证工程质量、降低工程成本、提高建筑施工企业和工程项目建设单位的经济效益的需要，所以必须在组织施工项目施工过程中认真地贯彻执行。

10.5　原始资料调查

原始资料是工程设计、施工组织设计、施工方案选择的重要依据之一。原始资料调查包括工程勘察和技术经济调查两大部分。

10.5.1　工程勘察

工程勘察的目的，是为了查明建设地区的自然条件，以便提供有关资料，作为设计和施工的依据，其内容有地形勘察、工程地质勘察、水文地质勘察和气象勘察。

10.5.1.1　地形勘察

地形勘察应提供的资料主要有建设区域地形图和建设地点地形图。

（1）建设区域地形图。建设区域地形图应标明邻近的居民区、工业企业、车站、码头、铁路、公路、河流湖泊、电力网路、给排水管网、采砂（石）场、建筑材料基地等，以及其他公共福利设施的位置。主要用于规划施工现场，确定工人居住区、生产基地、各项临时设施的位置，确定道路、管网的引入及其布置。图的比例一般为1∶10000～1∶25000，等高线的高差为5～10m。

（2）建设地点地形图。建设地点地形图是设计施工平面图的重要依据，其比例为1∶

2000 或 1：1000，等高线高差为 0.5～1m。图上应标明主要水准点和坐标距为 100m 或 200m 的方格网，以便于进行测量放线、竖向布置、计算土方量。此外，还应标明现有的一切房屋，地上地下管道、线路和构筑物，绿化地带，河流周界线及水面标高，最高洪水位境界线等。

10.5.1.2 工程地质勘察

工程地质勘察的目的是为了查明建设地区的工程地质条件和特征。应提供的资料有：建设地区钻孔布置图，工程地质剖面图，土壤物理力学性质，土壤压缩试验和承载力的报告，古墓、溶洞的探测报告等。

勘察工作是采用探孔或钻孔的方法，勘探点的间距视地质复杂情况而定，简单的地质为 100～200 m，中等复杂的为 50～100m，复杂的应小于 50m。当对单个建筑物勘探时，每个建筑物范围内不得少于两个勘探点。勘探点的深度，取决于地基受压层的深度和地质条件，或根据基础承受荷载的大小按规范决定。

10.5.1.3 水文地质勘察

水文地质勘察所提供的资料主要有如下两方面：

(1) 地下水文资料。包括：地下水位高度及变化范围，地下水的流向、流速及流量，地下水的水质分析，地下水对基础有无冲刷、侵蚀影响。

(2) 地面水文资料。包括：最高、最低水位，流量及流速，洪水期及山洪情况，水温及冰冻情况，航运及浮运情况，湖泊的储水量，水质分析等。

10.5.1.4 气象勘察

气象勘察的资料包括如下三方面：

(1) 降雨、降水资料。包括：全年降雨量、降雪量，一日最大降雨量，雨季起止日期，年雷暴日数等。

(2) 气温资料。包括：年平均气温、最高气温、最低气温，最冷月、最热月的逐月平均温度，冬夏室外计算温度，不大于－3℃、0℃、5℃的天数及起止日期等。

(3) 风向资料。包括：主导风向、风速、风的频率；不小于 8 级风全年天数。并应将风向资料绘成风玫瑰图。

10.5.2 技术经济调查

技术经济调查的目的，是为了查明建设地区地方工业、资源、交通运输、动力资源和生活福利设施等地区经济因素，获取建设地区技术经济条件资料，以便在施工组织中，尽可能利用地方资源和生活福利设施为工程建设服务。调查的主要内容有：

(1) 地方建筑工业企业情况。有无采料场，建筑材料、构配件生产企业；企业的规模、位置；产品名称、规格、价格，生产、供应能力；产品运往工地的方法及运费等。

(2) 地方资源情况。当地有无可利用的石灰石、石膏石、块石、卵石、河砂、矿渣、粉煤灰等地方资源，能否满足建筑施工的要求；开采、运输和利用的可能性及经济合理性。

(3) 交通运输条件。铁路、公路、航运情况，车站、码头的位置，运输部门的设施及能力等。

(4) 供水、供电条件。当地有无水厂、发电站和变压站，管网线路的负荷能力，可供施工利用的程度，电信设备的情况等。

(5) 建筑基地情况。建设地区附近有无建筑机械化基地、机械租赁站及修配厂，有无金属结构及配件加工厂，有无商品混凝土搅拌站和预制构件厂等。

(6) 劳动力和生活设施情况。社会劳动力可招工的数量，有无能工巧匠；建设地区已有的、可供施工期间用作工人宿舍、食堂、医院、俱乐部等生活福利房屋的数量，并应查明所在地点及设备条件。

(7) 施工企业情况。施工企业的资质等级、技术装备、管理水平、施工经验、社会信誉等有关情况。

10.6 施工准备工作

施工准备工作，是为拟建工程的施工创造必要的技术、物资条件，统筹安排施工力量和部署施工现场，确保工程施工顺利进行。认真做好施工准备工作，对于发挥企业优势，强化科学管理，实现质量、工期、成本、安全四大目标的控制，提高企业的综合经济效益，赢得企业社会信誉等方面，均具有极其重要的意义。

施工准备工作必须有计划、有步骤、分期和分阶段地进行，贯穿于整个建设过程的始终。其内容包括：基础工作准备，全工地性施工准备，单位工程施工条件准备，分部、分项工程作业条件准备等四个方面。

10.6.1 基础工作准备

当施工单位与业主签订承包合同、承接工程任务后，首先要做好一系列的基础工作，这些工作包括：

(1) 研究施工项目组织管理模式，筹建项目经理部，明确各部门的职责。

(2) 落实分包单位，审查分包单位的资质，签订分包合同。

(3) 分析掌握工程的特点及要求，抓住主要矛盾及关键问题，制订相应的对策、措施。

(4) 调查分析施工地区的自然条件、技术经济条件和社会生活条件，有哪些因素会对施工造成不利的影响，有哪些因素能充分利用，为施工服务。

(5) 取得工程施工的法律依据。因工程施工涉及面广，与城规、环卫、交通、电业、消防、市政、公用事业等部门都有直接关系，应事先与这些部门办理申请手续，取得有关部门批准的法律依据。

(6) 建立健全质量管理体系和各项管理制度，完善技术检测设施。

(7) 规划施工力量的集结与任务安排，组织材料、设备的加工订货。

(8) 办理施工许可证，提交开工申请报告。充分进行施工准备的同时，应及时地向主管部门办理施工许可证，向社会监理单位提交开工申请报告。

10.6.2 全工地性施工准备

全工地性施工准备，是以整个建设群体项目为对象所进行的施工准备工作。它不仅要为全场性的施工活动创造有利条件，而且要兼顾单位工程施工条件的准备。其内容有：

(1) 编制施工组织总设计，这是指导全工地性施工活动的战略方案。

(2) 进行场区的施工测量，设置永久性经纬坐标桩、水准基桩和工程测量控制网。

(3) 搞好“三通一平”，即水通、电通、道路通和场地平整。

(4) 建设施工使用的生产基地和生活基地，包括附属企业、加工厂站、仓库堆场以及办公、生活、福利用房等。

(5) 组织物资、材料、机械、设备的采购、储备及进场。

(6) 对所采用的施工新工艺、新材料、新技术进行试验、检验和技术鉴定。

(7) 强化安全管理和安全教育，在施工现场要设安全纪律牌、施工公告牌、安全标志牌和安全标语牌。

(8) 对工地的防火安全、施工公害、环境保护、冬雨期施工等均应有相应的对策措施。

10.6.3 单位工程施工条件准备

系指以一个建筑物或构筑物为施工对象而进行的施工准备工作。它不仅指该单位工程在开工前应做好一切准备，而且也要为分部、分项工程的作业条件作准备。其主要内容有：

(1) 编制单位工程施工组织设计，这是指导该单位工程全施工过程的各项施工活动的作战方案。

(2) 编制单位工程施工预算和主要物资供需计划。

(3) 熟习和会审图纸，进行图纸交底。

(4) 组织施工方案论证，进行技术安全交底。

(5) 修建单位工程必要的暂设工程。

(6) 组织机械、设备、材料进场和检验。

(7) 建筑物定位、放线、引入水准控制点。

(8) 拟定和落实冬雨期施工作业措施。

10.6.4 分部、分项工程作业条件准备

对某些施工难度大、技术复杂的分部、分项工程，如地下连续墙、大体积混凝土、人工降水、深基础、大跨度结构的吊装等，还要单独编制工程作业设计，对其所采用的施工工艺、材料、机具、设备及其安全防护设施等分别进行准备。

10.7 优化施工现场管理

优化施工现场管理是实现科学施工、文明施工、绿色施工的重大举措，是提高工程质量，加快工程进度，降低工程成本，确保施工安全的有力保证，也是展示企业的综合素质、扩大影响、赢得信誉、提高市场竞争力的有效途径。

优化施工现场管理应遵循以下原则。

10.7.1 经济效益原则

施工现场管理要树立以提高经济效益为中心的指导思想，要克服只抓施工形象进度、片面地强调提高生产效率而不顾质量、安全和成本的单纯生产观点。在施工过程中，处处精打细算，厉行节约，杜绝浪费，做到少投入多产出，这是提高经济效益最直接的方法。所谓向管理要效益，就是向施工现场管理要效益。因为现场多种生产要素的优化组合和生产活动的正常运转，都要通过加强施工现场管理才能实现，现场管理混乱就难以保证高质量和高效益。一般来说，管理水平和经济效益是一致的，狠抓施工现场现代化管理就能取得良好的经济效益。

10.7.2 科学化原则

科学技术是第一生产力。施工现场的多项工作都应按科学规律办事。管理者要树立科学发展观，其指导思想、组织模式、管理体制、工作方法和手段都要具有科学性。施工现场有

许多问题都需深入研究和探讨，诸如施工规范、操作规程、管理法规的制定；新工艺、新技术、新材料的研制和应用；资源的优化配置、劳动力的优化组合；文明施工、绿色施工、施工文化的建设等，均要涉及有关学科的综合应用和现代化管理理论。为此，施工现场管理必须强调管理科学化的原则。

10.7.3 规范化原则

规范化、标准化是现代化管理的基础。施工现场管理必须遵循全局性施工规律和局部性施工规律；必须按照有关法律、法规、规范、标准和操作规程进行管理；必须根据施工组织设计和管理规章制度进行施工现场布置，根据施工质量验收规范、质量评定标准对工程质量进行检查验收。由此可见，规范化、标准化是建立正常的生产秩序和工作秩序的前提，是检验和评价工程建设成败的尺度，是施工现场管理的重要依据。

10.7.4 服务性原则

现场管理的服务性原则是指企业管理的领导机构、各职能科室要为施工现场服务，亦即企业要把管理工作的重点转移到加强施工现场方面来。要深入现场，了解现场情况，采取有效的对策措施保证施工现场所需的物资供应，及时解决和处理施工中的问题；要关心工人的生活健康，改善施工条件，为确保工程质量、施工安全，创建文明施工、绿色施工所需的技术装备提供后勤保障。

思 考 题

10.1 试述建筑施工组织课程的研究对象和任务。

10.2 试述基本建设、基本建设程序、建筑施工程序、基本建设项目组成的概念。

10.3 试述建筑产品的特点及建筑施工的特点。

10.4 试述施工组织设计的作用和分类。

10.5 编制施工组织设计应遵循哪些基本原则？

10.6 原始资料包括哪些内容？在组织施工中如何利用这些资料？

10.7 施工准备工作有哪些主要内容？试述施工准备工作的重要意义。

10.8 施工组织设计有几种类型？其基本内容有哪些？

10.9 试述施工组织设计的作用。如何贯彻、执行？

10.10 如何对施工组织设计进行检查和调整？

10.11 如何进行施工现场管理？

第11章 流 水 施 工 原 理

11.1 流水施工的基本概念

11.1.1 流水施工方式介绍

流水施工又叫流水作业，是组织产品生产的科学理想的方法。建筑工程中的流水作业与一般工业生产流水线的作业方式十分相似：将产品的生产过程合理分解，恰当地处理好时间与空间关系，科学组织，使施工（生产）连续、均衡地进行，以实现节省工期（时间）、降低生产成本、提高经济效益的控制目标。

除流水施工方式之外，常见的施工组织方式还有依次施工和平行施工。下面通过例子分别进行说明。

【例 11.1】 现有三幢相同的建筑物的基础施工，施工过程为挖土、垫层、基础混凝土和回填土。每个施工过程在每段上的作业时间均为 1 天。每个施工过程所对应的施工人员分别为 6、12、10、8，分别采用三种组织方式施工，并加以比较。

1. 依次施工

依次施工也称顺序施工，是指各施工队依次开工、依次完成的一种施工组织方式，如图 11.1、图 11.2 所示。

施工过程	班组人数	施工进度计划(d)											
		1	2	3	4	5	6	7	8	9	10	11	12
挖土	6	①				②				③			
垫层	12		①				②				③		
基础	10			①				②				③	
回填	8				①				②				③
劳动力动态变化曲线	10 5												

图 11.1 按幢（或施工段）依次施工

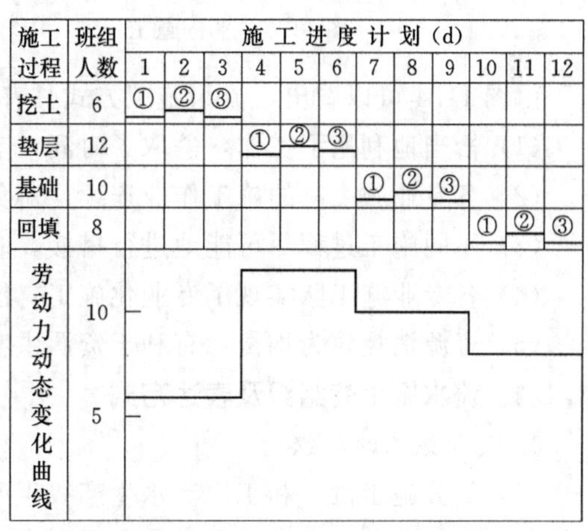

图 11.2 按施工过程依次施工

由图 11.1、图 11.2 可以看出，依次施工是按照单一的顺序组织施工，单位时间内投入的劳动力等物资资源比较少，有利于资源供应的组织工作，现场管理也比较简单。同时可以看出，采用依次施工方式组织施工要么是各专业施工队的作业不连续，要么是工作面有间歇，时空关系没有处理好，工期拉得很长。因此，依次施工方式适用于规模较小、工作面有限和工期不紧的工程。

2. 平行施工

平行施工是指所有的三幢房屋的同一施工过程，同时开工、同时完工的一种组织方式（图 11.3）。由图 11.3 可以看出，平行施工的总工期大大缩短，但是各专业施工队的数目成倍增加，单位时间内投入的劳动力等资源以及机械设备也大大增加，资源供应的组织工作难度剧增，现场组织管理相当困难。因此，该方法通常只用于工期十分紧迫的施工项目，并且资源供应有保证以及工作面能满足要求。

3. 流水施工

流水施工是将三幢房屋按照一定的时间依次搭接（如挖土②和垫层①搭接，挖土③、垫层②、基础①搭接等），各施工段上陆续开工、陆续完工的一种组织方式如图 11.4 所示。

施工过程	班组人数	施工进度计划(d) 1	2	3	4
挖土	6				
垫层	12				
基础	10				
回填	8				
劳动力动态变化曲线	50 40 30 20 10				

图 11.3 平行施工

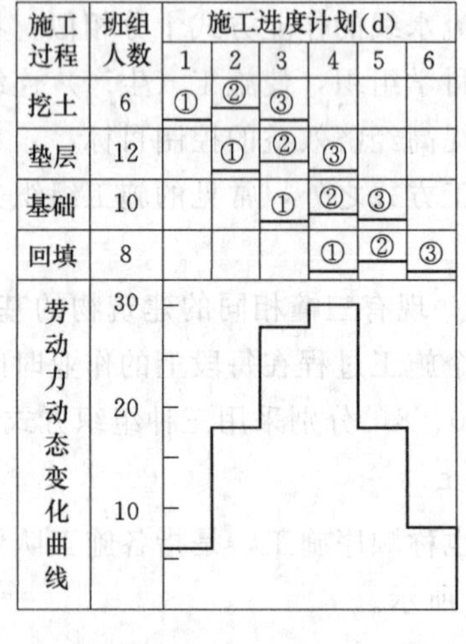

图 11.4 流水施工

由图 11.4 可以看出，流水施工方式具有以下特点：

（1）恰当地利用了工作，争取了时间，节省了工期，工期比较合理。

（2）各专业施工队的施工作业连续，避免或减少了间歇、等待时间。

（3）不同施工过程尽可能地进行搭接，时空关系处理得比较理想。

（4）各专业施工队实现了专业化施工，能够更好地保证质量和提高劳动生产率。

（5）资源消耗较为均衡，有利于资源供应的组织工作。

11.1.2 流水施工的组织及表达方式

1. 流水施工的组织

（1）划分施工段。和工厂流水生产线生产大批量产品一样，建筑工程流水施工也需要具备批量产品，倘若是一幢建筑物，如何实现批量产品呢？这时需要将单件产品（如基础挖土）在平面上或空间上划分为若干个大致相等的部分，即划分施工段，从而实现批量生产。

（2）划分施工过程。工厂流水生产线上的产品需经过若干个生产过程（即多道生产工序），同样，建筑产品的生产过程也需要有若干个生产工序，即施工过程。因此，组织流水施工需要划分施工过程。

（3）每个施工过程应组织独立的施工班组。每个施工过程组织独立的施工班组方能保证各个施工班组能够按照施工顺序依次、连续均衡地从一个施工段转移到下一个施工段进行相同的专业化施工。

（4）主导施工过程的施工作业要连续。有时，由于条件限制，不能够做到所有施工过程均能进行连续施工，此时，应保证工程量大、施工作业时间长的施工过程能够进行连续施工，其他的施工过程可以从缩短工期的角度来考虑组织间断施工。

（5）相关施工过程之间应尽可能地进行搭接。按照施工顺序要求，在工作面许可的条件下，除必要的间歇时间外，应尽可能地组织搭接施工，以利于缩短工期。

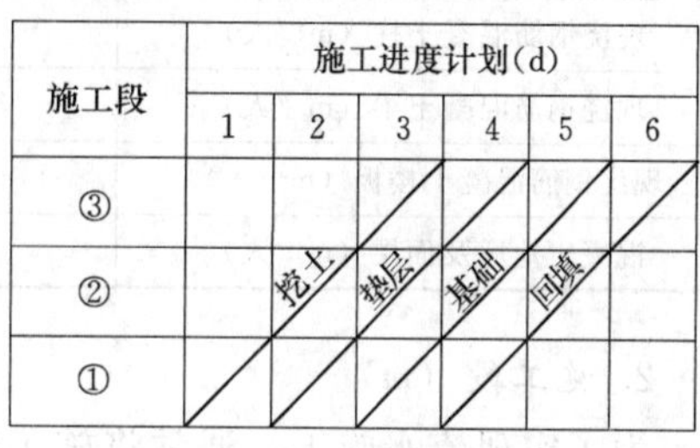

图 11.5 用斜线图表达的流水施工进度计划

2. 流水施工的表达形式

（1）横道图。如图 11.1～图 11.4 所示，亦称甘特图或水平图表。它的优点是简单、直观、清晰明了。

（2）斜线图。如图 11.5 所示，亦称垂直图表。斜线图以斜率形象地反映各施工过程的施工节奏性（速度）。

（3）网络图。其形式见第 12 章，网络图的优点在于逻辑关系表达清晰，能够反映出计划任务的主要矛盾和关键所在，并可利用计算机进行全面地管理。

11.2 流 水 施 工 参 数

为了表达或描述流水施工在施工工艺、空间布置和时间安排上所处的状态而引入的一些参数，称为流水施工参数，包括工艺参数、空间参数和时间参数。

11.2.1 工艺参数

1. 施工过程数（n）

施工过程是指用来表达流水施工在工艺上开展层次的相关过程。其数目的多少与施工计划的性质和作用、施工方案、劳动力组织与工程量的大小等因素有关。

2. 流水强度（V）

流水强度是指某施工过程在单位时间内所完成的工程数量。分为如下两种：

（1）机械施工过程的流水强度。

$$V=\sum N_i P_i$$

式中 N——投入施工过程的某种机械台数；

P——投入施工过程的某种机械产量定额。

（2）人工操作施工过程的流水强度。

$$V=\sum N_i P_i$$

式中 N——投入施工过程的专业工作队人数；

P——投入施工过程的工人的产量定额。

11.2.2 空间参数

1. 工作面（a）

工作面是指某专业工种进行施工作业所必须的活动空间。主要工种工作面的参考数据，见表 11.1。

表 11.1　　主要工种工作面的参考数据

工　作　项　目	工作面大小	工　作　项　目	工作面大小
砌砖墙（m/人）	8.5	预制钢筋混凝土柱、梁（m^3/人）	3.6
现浇钢筋混凝土墙（m^3/人）	5	预制钢筋混凝土平板、空心板（m^3/人）	1.91
现浇钢筋混凝土柱（m^3/人）	2.45	卷材屋面（m^2/人）	18.5
现浇钢筋混凝土梁（m^3/人）	3.2	门窗安装（m^2/人）	11
现浇钢筋混凝土楼板（m^3/人）	5.3	内墙抹灰（m^2/人）	18.5
混凝土地坪及面层（m^2/人）	40	外墙抹灰（m^2/人）	16

2. 施工段（m）

为了实现流水施工，通常将施工项目划分为若干个相等的部分，即施工段。施工段数目的多少将直接影响流水施工的效果，合理地划分施工段应遵守以下原则：

（1）施工段的数目及分界要合理。

（2）各施工段上的劳动量应大致相等。

（3）满足各专业工种对工作面的要求。

（4）建筑（构筑）物为若干层时，施工段的划分要同时考虑平面方向和竖直方向。

应特别指出，当存在层间关系时 m 需满足：$m \geqslant n$。

11.2.3　时间参数

1. 流水节拍（t_i）

各专业施工班组在某一施工段上的作业时间称为流水节拍，用 t_i 表示。流水节拍的大小可以反映施工速度的快慢、节奏感的强弱和资源消耗的多少。

流水节拍的确定，通常可以采用以下方法：

（1）定额计算法。

$$t_i = Q_i/S_iR_iN_i = P_i/R_iN_i$$

式中　Q_i——施工过程 i 在某施工段上的工程量；

S_i——施工过程 i 的人工或机械产量定额；

R_i——施工过程 i 的专业施工队人数或机械台班；

N_i——施工过程 i 的专业施工队每天工作班次；

P_i——施工过程 i 在某施工段上的劳动量。

（2）经验估算法。

$$t_i = (a + 4c + b)/6$$

式中　a——最长估算时间；

b——最短估算时间；

c——正常估算时间。

（3）工期计算法。

1）根据工期倒排进度，确定某施工过程的工作持续时间 D_i。

2）确定某施工过程在某施工段上流水节拍 t_i。

$$t_i = D_i/m$$

需要说明一下，在确定流水节拍时应考虑以下几点：①满足最小劳动组合和最小工作面的要求；②工作班制要适当；③机械的台班效率或台班产量的大小；④先确定主导工程的流水节拍；⑤计算结果取整数。

2. 流水步距（K）

流水步距是指相邻两个施工过程开始施工的时间间隔，用 $K_{i,i+1}$ 表示。流水步距可反映出相邻专业施工过程之间的时间衔接关系。通常，当有 n 个施工过程，则有（$n-1$）个流水步距值。流水步距在确定时，需注意以下几点：

（1）要满足相邻施工过程之间的相互制约关系。

（2）保证各专业施工班组能够连续施工。

（3）以保证质量和安全为前提，对相邻施工过程在时间上进行最大限度地、合理地搭接。

3. 间歇时间（Z）

根据工艺、技术要求或组织安排，而留出的等待时间。按其性质分为技术间歇 t_j 和组织间歇 t_z。技术间歇时间按其部位，又可分为施工层内技术间歇时间 t_{j1}、施工层间技术间歇时间 t_{j2} 和施工层内技术组织时间 t_{z1}、施工层间组织间歇时间 t_{z2}。

4. 搭接时间（t_d）

前一个工作队未撤离，后一施工队即进入该施工段。两者在同一施工段上同时施工的时间称为平行搭接时间。以 t_d 表示。

5. 流水工期（T_L）

自参与流水的第一个队组投入工作开始，至最后一个队组撤出工作面为止的整个持续时间。

$$T_L = \sum K + T_n$$

式中 K——流水步距；

T_n——最后一个施工过程的作业时间。

11.3 流水施工的基本方式

根据流水节拍的特征，可将流水施工方式划分如下。

11.3.1 全等节拍流水

顾名思义，所有施工过程在任意施工段上的流水节拍均相等，也称固定节拍流水。根据其有无间歇时间，而将全等节拍流水分为无间歇全等节拍流水和有间歇全等节拍流水。

11.3.1.1 无间歇全等节拍流水

1. 无间歇全等节拍流水施工方式的特点

（1）$t_i = t$（常数）。

（2）$K_{i,i+1} = t_i = t$（常数）。

（3）专业工作队数目等于施工过程数，即 $N = n$。

（4）各专业工作队均能连续施工，工作面没有停歇。

2. 无间歇全等节拍流水的工期计算

(1) 不分层施工。

$$T_L=\sum K+T_n$$
$$=(n-1)t+mt$$
$$=(m+n-1)t$$

式中　T_L——流水施工工期；

m——施工段数；

n——施工过程数；

t——流水节拍。

(2) 分层施工。

$$T_L=(mr+n-1)t$$

式中　r——施工层数；

其他符号意义同前（图 11.6）。

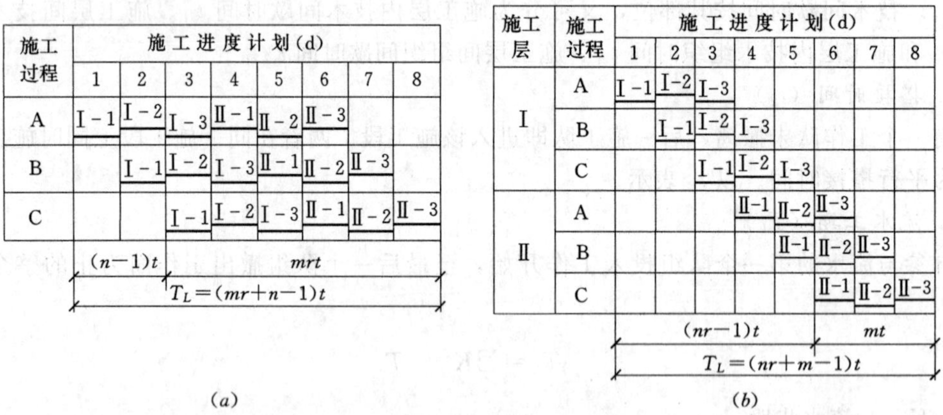

施工过程	施工进度计划(d)							
	1	2	3	4	5	6	7	8
A	Ⅰ-1	Ⅰ-2	Ⅰ-3	Ⅱ-1	Ⅱ-2	Ⅱ-3		
B		Ⅰ-1	Ⅰ-2	Ⅰ-3	Ⅱ-1	Ⅱ-2	Ⅱ-3	
C			Ⅰ-1	Ⅰ-2	Ⅰ-3	Ⅱ-1	Ⅱ-2	Ⅱ-3

$(n-1)t$　　mrt

$T_L=(mr+n-1)t$

(a)

施工层	施工过程	施工进度计划(d)							
		1	2	3	4	5	6	7	8
Ⅰ	A	Ⅰ-1	Ⅰ-2	Ⅰ-3					
	B		Ⅰ-1	Ⅰ-2	Ⅰ-3				
	C			Ⅰ-1	Ⅰ-2	Ⅰ-3			
Ⅱ	A				Ⅱ-1	Ⅱ-2	Ⅱ-3		
	B					Ⅱ-1	Ⅱ-2	Ⅱ-3	
	C						Ⅱ-1	Ⅱ-2	Ⅱ-3

$(nr-1)t$　　mt

$T_L=(nr+m-1)t$

(b)

图 11.6　施工进度计划（分层）（注：表中Ⅰ、Ⅱ分别表示两相邻施工层编号）
(a) 水平排列；(b) 竖直排列

11.3.1.2　有间歇全等节拍流水

1. 特点

(1) $t_i=t$（常数）。

(2) $K_{i,i+1}$ 与 t_i 未必相等。

(3) 专业工作队数目等于施工过程数，即 $N=n$。

(4) 有间歇或同时有搭接时间。

2. 有间歇全等节拍流水的工期计算

(1) 不分层施工。

$$T_L=\sum K+T_n$$
$$=(n-1)t+Z_1-\sum t_d+mt$$
$$=(m+n-1)t+Z_1-\sum t_d$$

其中
$$Z_1=\sum t_{j1}+\sum t_{z1}$$

式中 Z_1——层内间歇时间之和；

$\sum t_d$——搭接时间之和；

$\sum t_{j1}$、$\sum t_{z1}$——层内技术间歇时间和层内组织间歇时间，详见图 11.7；

其他符号意义同前。

（2）分层施工。

$$T_L=\sum K+T_n=(n-1)t+Z_1-\sum t_d+mrt$$
$$=(mr+n-1)t+Z_1-\sum t_d$$

或

$$T_L=(nr-1)t+Z_1+Z_2-\sum t_d+mt$$
$$=(m+nr-1)t+Z_1+Z_2-\sum t_d$$

其中

$$Z_1=\sum t_{j1}+\sum t_{z1}$$
$$Z_2=\sum t_{j2}+\sum t_{z2}$$

式中 Z_1——层内间歇时间之和；

Z_2——层间间歇时间之和；

t_{z1}——层内组织间歇时间；

t_{j2}——层间技术间歇时间；

t_{z2}——层间组织间歇时间，(如图 11.7、图 11.8 所示)；

其他符号意义同前。

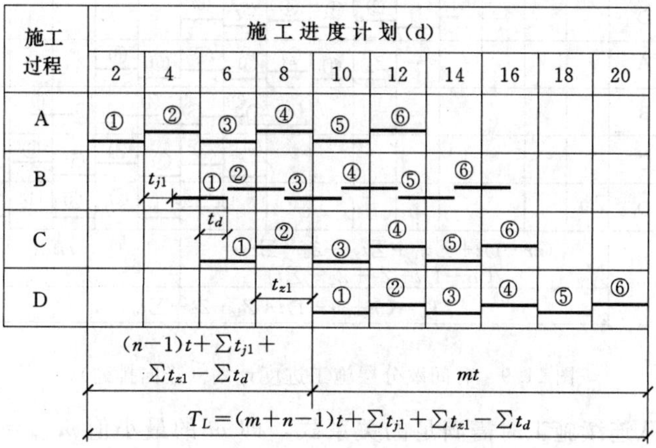

施工过程	施工进度计划(d)									
	2	4	6	8	10	12	14	16	18	20
A	①	②	③	④	⑤	⑥				
B	t_{j1}		① ②	③	④	⑤	⑥			
C			t_d ①	②	③	④	⑤	⑥		
D				t_{z1}	①	②	③	④	⑤	⑥

$(n-1)t+\sum t_{j1}+\sum t_{z1}-\sum t_d$　　mt

$T_L=(m+n-1)t+\sum t_{j1}+\sum t_{z1}-\sum t_d$

图 11.7 有间歇不分层施工进度计划

3. 分层施工时 m 与 n 之间的关系讨论

由图 11.8 和图 11.9 可以看出，当 $r=2$ 时，有

$$T_L=(mr+n-1)t+Z_1-\sum t_d=(2m+n-1)t+t_{j1}+t_{z1}-t_d$$

或

$$T_L=(m+nr-1)t+Z_1+Z_2-\sum t_d=(m+2n-1)+2t_{j1}+2t_{z1}+Z_2-2t_d$$

可得等式

$$(2m+n-1)t+t_{j1}+t_{z1}-t_d=(m+2n-1)+2t_{j1}+2t_{z1}+Z_2-2t_d$$

即

$$(m-n)t=t_{j1}+t_{z1}+Z_2-t_d=Z_1+Z_2-t_d$$

将 $K=t$ 代入上式，得到 $(m-n)K=Z_1+Z_2-t_d$。

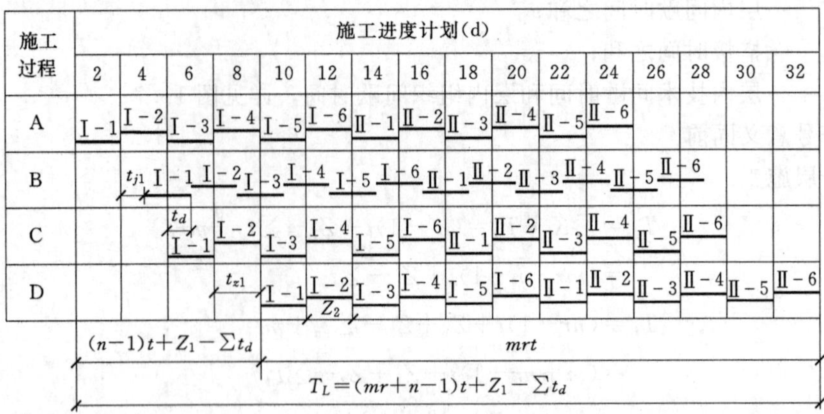

图 11.8　有间歇分层施工进度计划（横向排列）

最终可得 $m=n+(Z_1+Z_2-t_d)/K$。

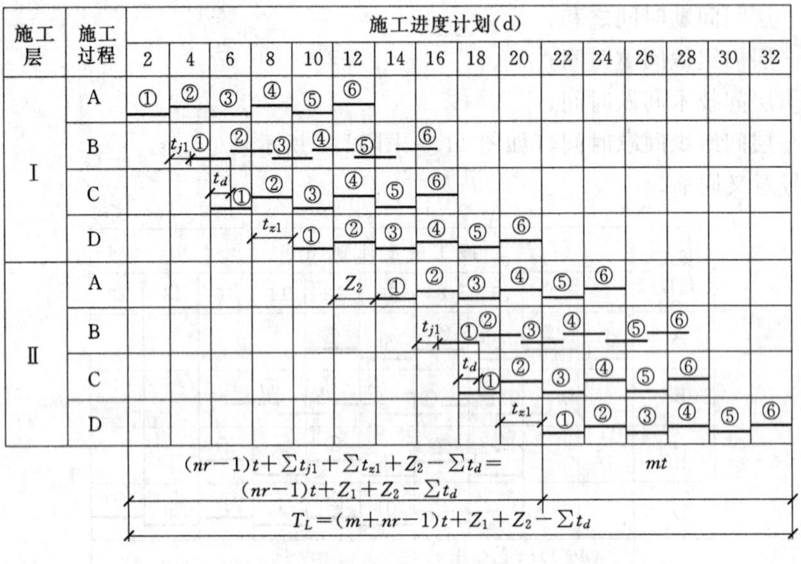

施工层	施工过程	2	4	6	8	10	12	14	16	18	20	22	24	26	28	30	32
Ⅰ	A	①	②	③	④	⑤	⑥										
	B		t_{j1} ①	②	③	④	⑤		⑥								
	C			t_d ①	②	③	④	⑤	⑥								
	D				t_{z1}	①	②	③	④	⑤	⑥						
Ⅱ	A						Z_2	①	②	③	④	⑤	⑥				
	B								t_{j1}	①②	③	④		⑤	⑥		
	C									t_d ①	②	③	④	⑤	⑥		
	D										t_{z1}	①	②	③	④	⑤	⑥

$(nr-1)t+\sum t_{j1}+\sum t_{z1}+Z_2-\sum t_d=(nr-1)t+Z_1+Z_2-\sum t_d$　　mt

$T_L=(m+nr-1)t+Z_1+Z_2-\sum t_d$

图 11.9　有间歇分层施工进度计划（竖向排列）

此为专业工作队连续施工时需满足的关系式，即 m 的最小值 $m_{\min}=n+(Z_1+Z_2-t_d)/K$。若施工有间歇，则 $m>n$（图 11.7）；若没有任何间歇和搭接，则 $m=n$（图 11.6）。

11.3.1.3　全等节拍流水适用范围

全等节拍流水方式比较适用于施工过程数较少的分部工程流水，主要见于施工对象结构简单、规模较小的房屋工程或线性工程。因其对于流水节拍要求比较严格，组织起来比较困难，所以实际施工中应用不是很广泛。

11.3.2　成倍节拍流水

成倍节拍流水是指同一个施工过程的节拍全都相等；不同施工过程之间的节拍不全等，但为某一常数的倍数。

11.3.2.1　示例

【例 11.2】　某分部工程施工，施工段为 6，流水节拍为：$t_A=6d$；$t_B=2d$；$t_C=4d$。试

组织流水作业。

解 本例所述施工组织方式，可有如下几种：

(1) 考虑充分利用工作面（工期短），如图 11.10 所示。

(2) 考虑施工队施工连续（工期长），如图 11.11 所示。

(3) 考虑工作面及施工均连续（即成倍节拍流水），如图 11.12 所示。

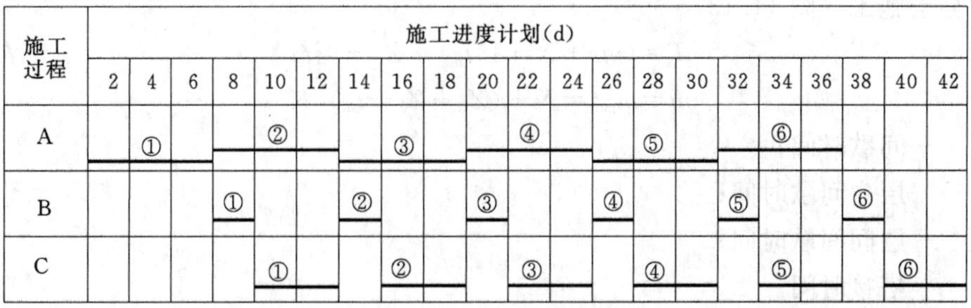

施工过程	施工进度计划(d)																				
	2	4	6	8	10	12	14	16	18	20	22	24	26	28	30	32	34	36	38	40	42
A		①			②			③			④			⑤			⑥				
B				①			②			③			④			⑤			⑥		
C					①			②			③			④			⑤			⑥	

图 11.10 工作面不停歇施工进度计划（间断式）

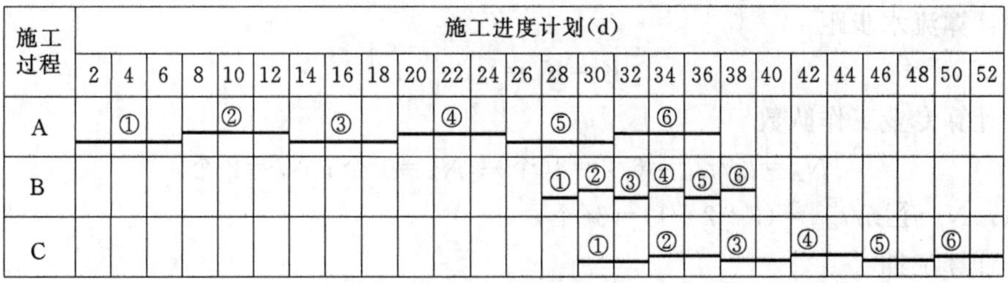

施工过程	施工进度计划(d)																									
	2	4	6	8	10	12	14	16	18	20	22	24	26	28	30	32	34	36	38	40	42	44	46	48	50	52
A		①			②			③			④			⑤			⑥									
B														①	②	③	④	⑤	⑥							
C															①		②		③		④		⑤		⑥	

图 11.11 施工队不停歇施工进度计划（连续式）

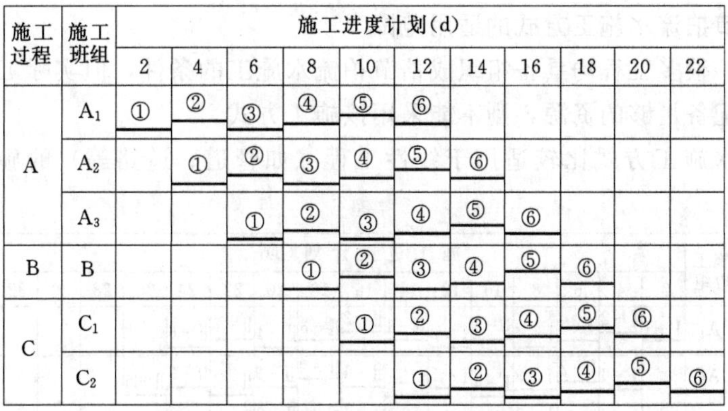

施工过程	施工班组	施工进度计划(d)										
		2	4	6	8	10	12	14	16	18	20	22
A	A_1	①	②	③	④	⑤	⑥					
	A_2		①	②	③	④	⑤	⑥				
	A_3			①	②	③	④	⑤	⑥			
B	B				①	②	③	④	⑤	⑥		
C	C_1					①	②	③	④	⑤	⑥	
	C_2						①	②	③	④	⑤	⑥

图 11.12 成倍节拍流水施工进度计划

11.3.2.2 成倍节拍流水施工方式的特点

通过图 11.12 所述成倍节拍流水施工方式，可以得出以下特点：

(1) 同一个施工过程的流水节拍全都相等。

(2) 各施工过程之间的流水节拍不全等，但为某一常数的倍数。

(3) 若无间歇和搭接时间流水步距 K 彼此相等，且等于各施工过程流水节拍的最大公约数 K_b（即最小流水节拍 t_{min}）。

（4）需配备的专业工作队数目 $N=\sum t_i/t_{\min}$ 大于施工过程数，即 $N>n$。

（5）各专业施工队能够连续施工，施工段没有间歇。

11.3.2.3 成倍节拍流水施工的计算

（1）不分层施工（图 11.12）。

流水工期 $$T=(m+N-1)t_{\min}+Z-\sum t_d$$

（2）分层施工（图 11.13）。

$$T=(mr+N-1)t_{\min}+Z_1-\sum t_d$$

其中 $$m=m_{\min}=N+(Z_1+Z_2-t_d)/K$$

式中 Z ——间歇时间；

Z_1——层内间歇时间；

Z_2——层间间歇时间；

t_d——搭接时间。

11.3.2.4 举例（题意同［例 11.2］）

解 根据题意可组织成倍节拍流水。

（1）计算流水步距

$$K=K_b=t_{\min}=2\text{d}$$

（2）计算专业工作队数

$$N_A=t_A/t_{\min}=6/2=3(\text{个})；N_B=1\text{ 个}；N_C=2\text{ 个}$$

所以，$N=\sum t_i/t_{\min}=(3+2+1)=6(\text{个})$

（3）计算工期

$$T=(m+N-1)t_{\min}+Z-\sum t_d=(3+6-1)\times 2=16(\text{d})$$

（4）绘制施工进度计划表，如图 11.12 所示。

11.3.2.5 成倍节拍流水施工方式的适用范围

从理论上讲，很多工程均具备组织成倍节拍流水施工的条件，但实际工程若不能划分成足够的流水段或配备足够的资源，则不能采用该施工方式。

成倍节拍流水施工方式比较适用于线性工程（如管道、道路等）的施工。如图 11.13 所示。

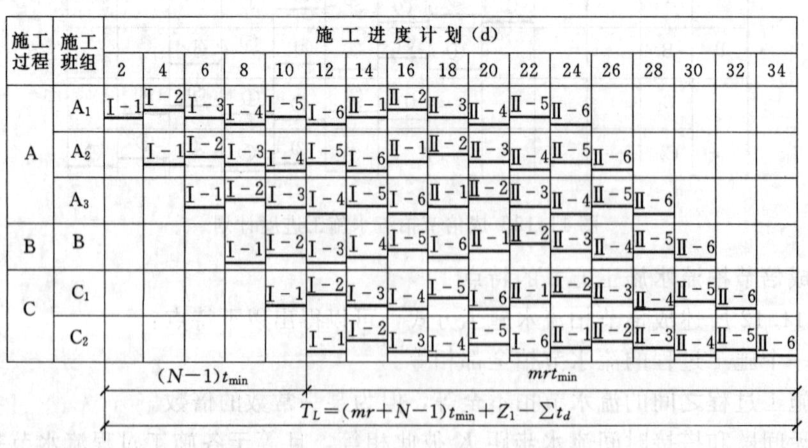

图 11.13 成倍节拍流水施工进度计划（分层）

11.3.3 异节拍流水

11.3.3.1 示例

【例 11.3】 某分部工程有 A、B、C、D 4 个施工过程，分 3 段施工，每个施工过程的节拍值分别为 3d、2d、3d、2d。试组织流水施工。

解 由流水节拍的特征可以看出，既不能组织全等节拍流水施工，也不能组织成倍节拍流水施工。

(1) 考虑施工队施工连续施工计划如图 11.14 所示。

(2) 考虑充分利用工作面施工计划如图 11.15 所示。

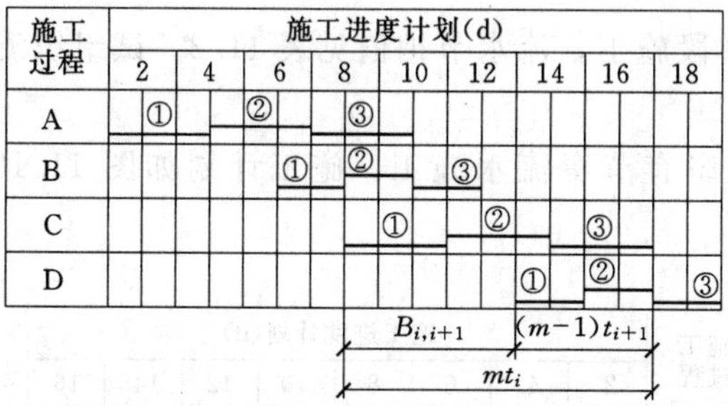

施工过程	施工进度计划(d)								
	2	4	6	8	10	12	14	16	18
A	①		②	③					
B			①	②		③			
C					①	②		③	
D							①	②	③

$B_{i,i+1}$　$(m-1)t_{i+1}$　mt_i

图 11.14　异节拍流水施工进度计划（连续式）

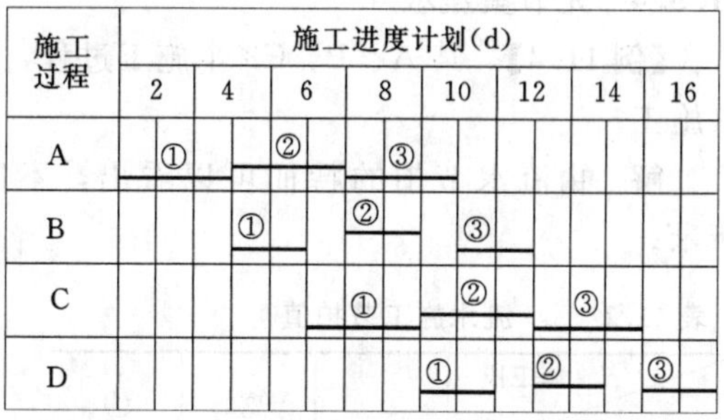

施工过程	施工进度计划(d)							
	2	4	6	8	10	12	14	16
A	①		②	③				
B		①		②	③			
C				①	②		③	
D					①	②		③

图 11.15　异节拍流水施工进度计划（间断式）

11.3.3.2 异节拍流水施工方式的特点

通过上述示例可以得出异节拍流水的特点如下：

(1) 同一施工过程流水节拍值相等。

(2) 不同施工过程之间流水节拍值不完全相等，且相互间不完全成倍比关系（即不同于成倍节拍）。

(3) 专业工程队数与施工过程数相等（即 $N=n$）。

11.3.3.3 流水步距的确定

图 11.15 所示间断式异节拍流水施工方式，流水步距的确定比较简单，此处略。而图 11.14 所示连续式异节拍流水施工方式，其流水步距的确定则有些复杂，可分两种情形进行：

(1) 当 $t_i \leqslant t_{i+1}$ 时，$K_{i,i+1}=t_i$。

(2) 当 $t_i > t_{i+1}$ 时，$K_{i,i+1}=m\,t_i-(m-1)\;t_{i+1}$。

说明：这里所说的是不含间歇时间和搭接时间的情形，若有则需将它们考虑进去（加上间歇时间，减去搭接时间），此处不再赘述。

11.3.3.4 流水工期的确定（连续式）

$$T=\sum K_{i,i+1}+mt_n+Z-\sum t_d$$

11.3.3.5 示例（题意见 [例 11.3]）

解 根据题意知该施工组织方式为异节拍流水施工。

(1) 确定流水步距（连续式）。

$$K_{A,B}=mt_A-(m-1)t_B=3\times3-2\times2=5(\mathrm{d})$$

$$K_{B,C}= t_B = 2\text{d};K_{C,D}= 3\times3-2\times2=5(\text{d})。$$

(2) 确定流水工期。

$$T=(5+2+5)+3\times2=18(\text{d})$$

(3) 绘制施工计划(图 11.14)。

11.3.3.6 异节拍流水施工方式的适用范围

异节拍流水施工方式对于不同施工过程的流水节拍限制条件较少，因此在计划进度的组织安排上比全等节拍和成倍节拍流水施工灵活得多，实际应用更加广泛。

11.3.4 无节奏流水

【例 11.4】 某 A、B、C3 个施工过程，分 3 段施工，流水节拍值见表 11.2。试组织流水施工。

解 由流水节拍的特征可以看出，不能组织有节奏流水施工。施工计划如图 11.16 所示。

表 11.2 流水施工节拍值

施工过程 \ 施工段	①	②	③
A	1	4	3
B	3	1	3
C	5	1	3

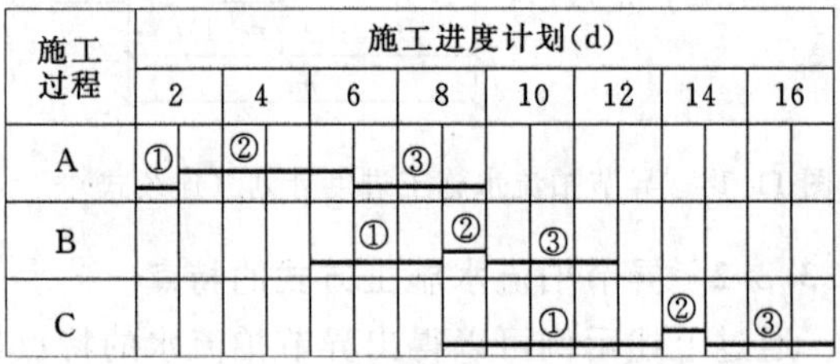

施工过程	2	4	6	8	10	12	14	16
	施工进度计划(d)							
A	①	②		③				
B			①	②	③			
C					①		②	③

图 11.16 无节奏流水施工进度计划

11.3.4.1 无节奏流水施工方式的特点

通过上述示例可以得出无节奏流水的特点：

(1) 同一施工过程流水节拍值未必全等。

(2) 不同施工过程之间流水节拍值不完全相等。

表 11.3 累 加 结 果

A	1	5	8
B	3	4	7
C	5	6	9

(3) 专业工程队数与施工过程数相等(即 $N=n$)。

(4) 各专业施工队能够连续施工，但施工段可能有闲置。

11.3.4.2 流水步距的确定

用"潘特考夫斯基法"求流水步距，即"累加－斜减－取大差"法，以例[11.4]为例，进行求解。

(1) 累加(流水节拍值逐段累加)。累加结果见表 11.3。

(2) 斜减(亦或错位相减)，见表 11.4。

(3) 取大差。

$$K_{A,B}=\max\{1,2,4,-7\}= 4(\text{d})$$
$$K_{B,C}=\max\{3,-1,1,-9\}=3(\text{d})$$

11.3.4.3 流水工期的确定

仍以[例 11.4]为例，进行求解。

表 11.4　　斜减结果

A—B	1	5	8	
	—	3	4	7
	1	2	4	−7
			√	
B—C	3	4	7	
	—	5	6	9
	3	−1	1	−9
	√			

$$T=\sum K_{i,i+1}+T_n=(4+3)+9=16(\mathrm{d})$$

于是，可以绘出施工进度计划如图 11.16 所示。

11.3.4.4　无节奏流水施工方式的使用范围

无节奏流水施工方式的流水节拍没有时间约束，在施工计划安排上比较自由灵活，因此能够适应各种结构各异、规模不等、复杂程度不同的工程，具有广泛的应用性。在实际施工中，该施工方式比较常见。

11.4　流水施工应用实例

某四层学生公寓，建筑面积 3277.88m^2。基础为钢筋混凝土独立基础，主体工程为全现浇框架结构。装修工程为铝合金窗、胶合板门；外墙贴面砖；内墙为中级抹灰，普通涂料刷白；底层顶棚吊顶，楼地面贴地板砖；屋面用 200mm 厚加气混凝土块做保温层，上做 SBS 改性沥青防水层，其劳动量一览表见表 11.5。

表 11.5　　某幢四层框架结构公寓楼劳动量一览表

序号	分项工程名称	劳动量（工日或台班）	序号	分项工程名称	劳动量（工日或台班）
	基础工程		14	砌空心砖墙（含门窗框）	1095
1	机械开挖基础土方	6		屋面工程	
2	混凝土垫层	30	15	加气混凝土保温隔热层（含找坡）	236
3	绑扎基础钢筋	59	16	屋面找平层	52
4	基础模板	73	17	屋面防水层	49
5	基础混凝土	87		装饰工程	
6	回填土	150	18	顶棚墙面中级抹灰	1648
	主体工程		19	外墙面砖	957
7	脚手架	313	20	楼地面及楼梯地砖	929
8	柱筋	135	21	顶棚龙骨吊顶	148
9	柱、梁、板模板（含楼梯）	2263	22	铝合金窗扇安装	68
10	柱混凝土	204	23	胶合板门	81
11	梁、板筋（含楼梯）	801	24	顶棚墙面涂料	380
12	梁、板混凝土（含楼梯）	939	25	油漆	69
13	拆模	398	26	水、电	

由于本工程各分部的劳动量差异较大，因此先分别组织各分部工程的流水施工，然后再考虑各分部之间的相互搭接施工。具体组织方法如下。

11.4.1 基础工程

基础工程包括基槽挖土、混凝土垫层、绑扎基础钢筋、支设基础模板、浇筑基础混凝土、回填土等施工过程。其中基础挖土采用机械开挖，考虑到工作面及土方运输的需要，将机械挖土与其他手工操作的施工过程分开考虑，不纳入流水。混凝土垫层劳动量较小，为了不影响其他施工过程的流水施工，将其安排在挖土施工过程完成之后，也不纳入流水。

基础工程平面上划分两个施工段组织流水施工（$m=2$），在6个施工过程中，参与流水的施工过程有4个，即$n=4$，组织全等节拍流水施工如下：

基础绑扎钢筋劳动量为59个工日，施工班组人数为10人，采用一班制施工，其流水节拍为：

$$t_{筋}=\frac{59}{2\times10\times1}=3(\text{d})$$

尝试组织全等节拍流水施工，即各施工过程的流水节拍均取3d，施工班组人数选择如下：

基础支模板施工班组人数

$$R_{木}=\frac{73}{2\times3}=12(人)(可行)$$

浇筑混凝土施工班组人数

$$R_{混凝土}=\frac{87}{2\times3}=15(人)(可行)$$

回填土施工班组人数

$$R_{回填}=\frac{150}{2\times3}=25(人)(可行)$$

于是，可以计算流水工期

$$T=(m+n-1)t=(2+4-1)\times3=15(\text{d})$$

考虑另外两个不纳入流水施工的施工过程——基槽挖土和混凝土垫层，其组织如下：

基槽挖土劳动量为6个台班，用一台机械二班制施工，则作业持续时间为6/2=3（d）；

混凝土垫层劳动量为30个工日，15人采用一班制施工，其作业持续时间为30/15=2（d）。

于是，可得基础工程的工期

$$T_1=3+2+15=20(\text{d})$$

11.4.2 主体工程

主体工程包括立柱子钢筋，安装柱、梁、板模板，浇筑柱子混凝土，梁、板、楼梯钢筋绑扎，浇筑梁、板、楼梯混凝土，搭脚手架，拆模板，砌空心砖墙等施工过程。由于主体工程有层间关系，要保证施工过程能够实现流水施工，必须使$m\geqslant n$。而本工程中平面上划分为两个施工段（即$m=2$），因此只能是$n=1$或2。要保证主体工程全部施工过程连续作业是不可能的，此时，只要保证主导施工过程能够流水施工即可。主导施工过程为柱、梁、板模板安装仅一个（即$n=1$），满足$m\geqslant n$的要求。其他施工过程应根据施工工艺要求，尽量搭接施工即可，不纳入流水施工。具体流水节拍计算列于表11.6。

表 11.6 主体工程施工流水节拍计算列表

施工过程	劳动量	班组人数	班制	施工层数	施工段数	流水节拍（d）
柱筋	135	17	1	4	2	1
柱、梁、板模板（含楼梯）	2263	25	2	4	2	6
柱混凝土	204	14	2	4	2	1
梁、板筋（含楼梯）	801	25	2	4	2	2
梁、板混凝土（含楼梯）	939	20	3	4	2	2
拆模	398	25	1	4	2	2
砌空心砖墙（含门窗框）	1095	25	1	4	2	3

说明：拆模施工过程计划须在梁、板混凝土浇捣养护 12d 后进行。

主体工程的工期为：$T_2=1+6\times8+1+2+2+12+2+3=71$(d)。

11.4.3 屋面工程

屋面工程包括屋面保温隔热层、找平层和防水层 3 个施工过程。考虑屋面防水要求高，因此，施工时不分段，采用依次施工的组织方式，具体流水节拍计算列于表 11.7。

表 11.7 屋面工程施工流水节拍计算列表

施 工 过 程	劳动量	班组人数	班制	施工段数	流水节拍（d）
屋面保温层（含找坡）	236	40	1	1	6
屋面找平层	52	18	1	1	3
屋面防水层	49	10	1	1	5

说明：屋面找平层完成后，安排 7d 的养护和干燥时间，之后方可进行屋面防水层的施工。

11.4.4 装饰工程

装饰工程包括顶棚墙面抹灰、外墙面砖、楼地面及楼梯地砖、一层顶棚龙骨吊顶、铝合金窗扇安装、胶合板门安装、内墙涂料、油漆等施工过程。装修工程采用自上而下的施工流向。结合装修工程的特点，把每一楼层视为一个施工段，共 4 个施工段（$m=4$）。具体流水节拍计算列于表 11.8。

表 11.8 装饰工程施工流水节拍计算表

施 工 过 程	劳动量	班组人数	班制	施工段数	流水节拍（d）
顶棚墙面中级抹灰	1648	60	1	4	7
外墙面砖	957	34	1	4	7
楼地面及楼梯地砖	929	33	1	4	7
一层顶棚龙骨吊顶	148	15	1	1	10
铝合金窗扇安装	68	6	1	4	3
胶合板门	81	7	1	4	3
顶棚墙面涂料	380	30	1	4	3
油漆	69	6	1	4	3

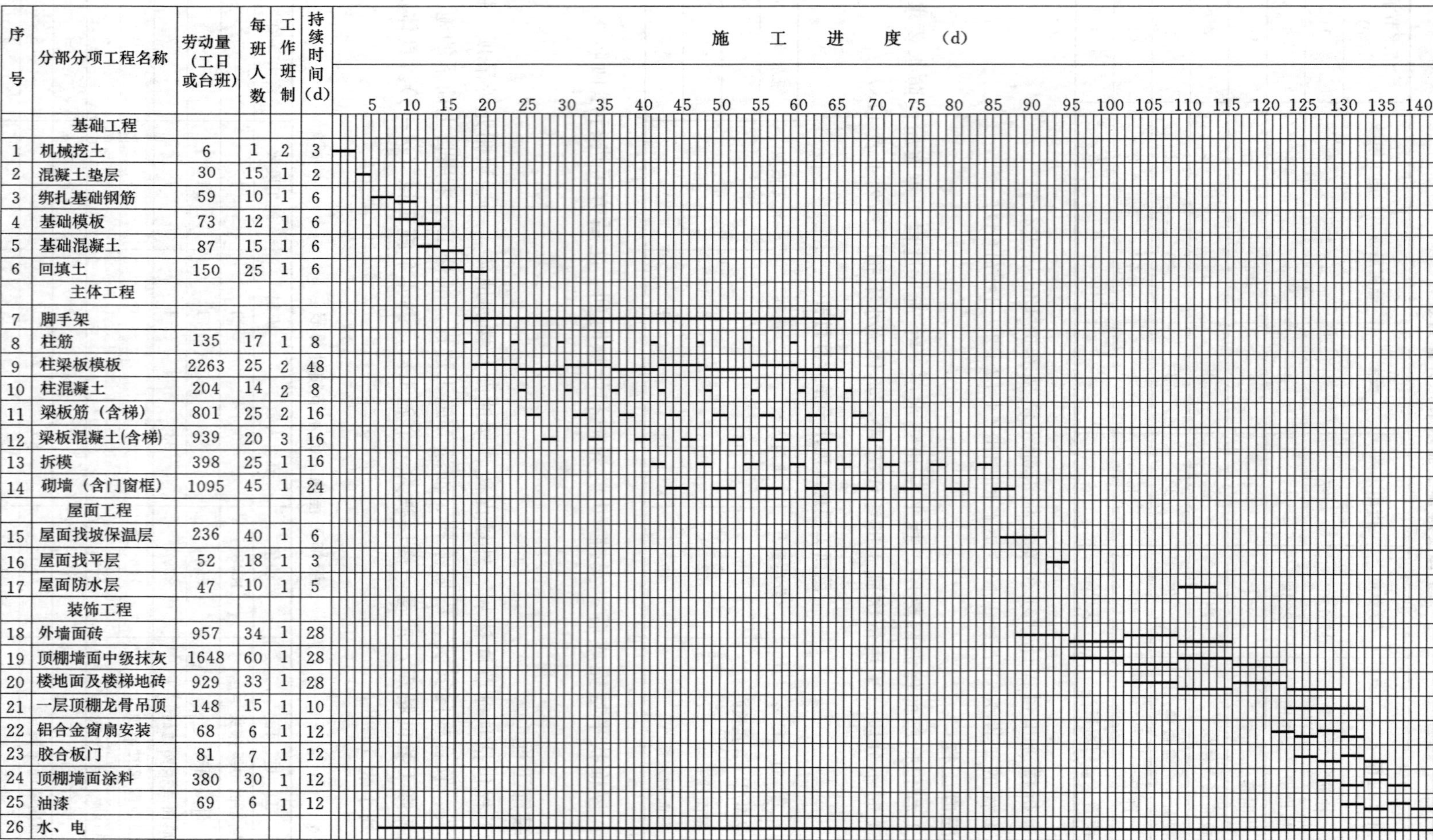

序号	分部分项工程名称	劳动量（工日或台班）	每班人数	工作班制	持续时间（d）
	基础工程				
1	机械挖土	6	1	2	3
2	混凝土垫层	30	15	1	2
3	绑扎基础钢筋	59	10	1	6
4	基础模板	73	12	1	6
5	基础混凝土	87	15	1	6
6	回填土	150	25	1	6
	主体工程				
7	脚手架				
8	柱筋	135	17	1	8
9	柱梁板模板	2263	25	2	48
10	柱混凝土	204	14	2	8
11	梁板筋（含梯）	801	25	2	16
12	梁板混凝土(含梯)	939	20	3	16
13	拆模	398	25	1	16
14	砌墙（含门窗框）	1095	45	1	24
	屋面工程				
15	屋面找坡保温层	236	40	1	6
16	屋面找平层	52	18	1	3
17	屋面防水层	47	10	1	5
	装饰工程				
18	外墙面砖	957	34	1	28
19	顶棚墙面中级抹灰	1648	60	1	28
20	楼地面及楼梯地砖	929	33	1	28
21	一层顶棚龙骨吊顶	148	15	1	10
22	铝合金窗扇安装	68	6	1	12
23	胶合板门	81	7	1	12
24	顶棚墙面涂料	380	30	1	12
25	油漆	69	6	1	12
26	水、电				

图11.17　某四层框架结构公寓楼施工进度计划

通过流水节拍值的计算，可以看出装饰工程施工除一层顶棚龙骨吊顶宜组织穿插施工，不参与流水作业外，其余施工过程宜组织异节拍流水施工。装饰分部流水施工工期计算如下：

$$K_{外墙、抹灰}=K_{抹灰、地面}=7(d)$$

$$K_{地面、窗扇}=4\times7-(4-1)\times3=19(d)$$

$$K_{窗扇、门}=K_{门、涂料}=K_{涂料、油漆}=3(d)$$

所以 $$T_3=(7+7+19+3+3+3)+4\times3=54(d)$$

将以上4个分部工程进行合理穿插搭接，将脚手架及水电视作辅助工作配合进行，即可完成本工程的流水施工进度计划安排，如图11.17所示。

思　考　题

11.1　组织施工有哪几种方式？各有什么特点？

11.2　组织流水施工需要具备哪些条件？

11.3　流水施工中，主要参数有哪些？试分别叙述它们的含义。

11.4　施工段划分的基本要求是什么？如保正确划分施工段？

11.5　工作面有什么含义？如何确定？

11.6　流水施工的时间参数如何确定？

11.7　流水节拍的确定应考虑哪些因素？

11.8　流水施工的基本方式有哪几种，各有什么特点？

11.9　如何组织全等节拍流水施工？

11.10　如何组织异节拍流水施工？

11.11　组织无节奏流水时如何确定其流水步距？

11.12　成倍节拍和全等节拍有何异同？

11.13　无节奏流水施工方式在什么情况下可能实现？在一个分部工程中可否组织？

11.14　有节奏流水施工流水步距可否用潘特考夫斯基法求解？

11.15　组织无节奏流水施工流水时如果遇到了间歇时间或搭接时间该如何处理？

11.16　流水施工不提倡间断式施工，请问是不是几乎没有可能采用间断式施工？

习　题

11.1　某工程有A、B、C 3个施工过程，分4个施工段组织施工，设$t_A=2d$，$t_B=4d$，$t_C=3d$。试分别组织计算依次施工、平行施工及流水施工，并绘出施工进度计划。

11.2　已知某工程任务划分为4个施工过程，分5段组织流水施工，流水节拍均为3d，在第二个施工过程结束后有2d的间歇时间，试计算其工期并绘制进度计划。

11.3　某工程项目由Ⅰ、Ⅱ、Ⅲ 3个分项工程组成，分为4个施工段。各分项工程在各个施工段上的持续时间依次为：6d、2d和4d。为了加快流水施工速度，试编制工期最短的流水施工方案。

11.4 某工程由甲、乙、丙和丁4个分项工程组成，在平面上划分为4个施工段。各分项工程的流水节拍依次为4d、2d、4d、2d。试组织成倍节拍和异节拍流水施工，并比较各自的特点。

11.5 某建筑工程组织流水施工，经施工设计确定的施工方案规定为4个施工过程，划分4个施工段，各施工过程在不同施工段的流水节拍见表11.9，试计算流水步距并绘制施工进度计划表。

表 11.9　各施工过程在不同施工段的流水节拍

施 工 段	施 工 过 程			
	A	B	C	D
Ⅰ	5	4	2	3
Ⅱ	3	4	5	3
Ⅲ	4	5	3	2

11.6 同习题11.5，若A、B施工过程之间有1d的搭接时间，C、D施工过程之间有3d的间歇时间，试计算流水步距并绘制施工进度计划表。

第12章　网络计划技术

12.1　网络计划技术概述

12.1.1　网络计划技术的概念

网络计划技术是指用网络计划对任务的工作进度进行安排和控制，以保证实现预定目标的科学的计划管理技术。其中，网络计划是指用网络图表达任务构成、工作顺序并加注工作时间参数的施工进度计划。而网络图是指由箭线和节点组成、用来表达工作流程的有向、有序的网状图形，包括单代号网络图和双代号网络图，如图12.1所示。

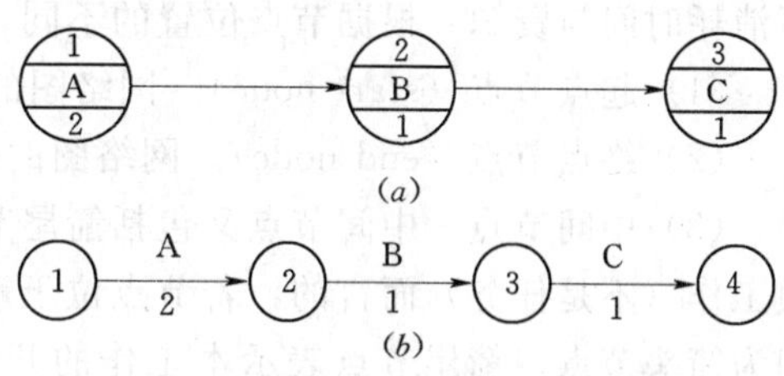

图12.1　单代号、双代号网络图
(a) 单代号网络图；(b) 双代号网络图

顾名思义，单代号网络图是指以一个节点及其编号（即一个代号）表示工作的网络图；双代号网络图是指以两个代号表示工作的网络图。由于工程中最为常见的是双代号网络图，因此，本文以下所述网络图如无特别说明均指双代号网络图。

12.1.2　网络计划技术的基本内容与基本原理

1. 网络计划技术的基本内容

(1) 网络图。网络图是指网络计划技术的图解模型，是由节点和箭线组成的、用来表示工作流程的有向、有序网状图形。网络图的绘制是网络计划技术的基础工作。

(2) 时间参数。在实现整个工程任务过程中，需要借助时间参数反映人、事、物的运动状态，包括：各项工作的作业时间、开工与完工的时间、工作之间的衔接时间、完成任务的机动时间及工期等。

通过计算网络图中的时间参数，求出工程工期并找出关键路径和关键工作。关键工作完成的快慢直接影响着整个计划的工期，在计划执行过程中关键工作是管理的重点。

(3) 网络优化。网络优化是指根据关键路线法，通过利用时差，不断改善网络计划的初始方案，在满足一定的约束条件下，寻求管理目标达到最优化的计划方案。网络优化是网络计划技术的主要内容之一，也是较其他计划方法优越的主要方面。

(4) 实施控制。前面所述计划方案毕竟只是计划性的东西，在计划执行过程中往往由于种种因素的影响，需要对原有网络计划进行有效的监督与控制，并不断地进行适时调整、完善，保证合理地使用人力、物力和财力，以最小的消耗取得最大的经济效果。

2. 网络计划技术的基本原理

(1) 理清某项工程中各施工过程的开展顺序和相互制约、相互依赖的关系，正确绘制出网络图。

(2) 通过对网络图中各时间参数进行计算，找出关键工作和关键线路。

(3) 利用最优化原理，改进初始方案，寻求最优网络计划方案。

(4) 在计划执行过程中，通过信息反馈进行监督与控制，以保证达到预定的计划目标，确保以最少的消耗，获得最佳的经济效果。

12.2 双代号网络图的绘制

12.2.1 双代号网络图的构成

双代号网络图由节点、箭线以及线路构成。

1. 节点

节点用圆圈或其他形状的封闭图形画出，表示工作或任务的开始或结束，起连接作用，不消耗时间与资源。根据节点位置的不同，分为起点节点、终点节点和中间节点。

(1) 起点节点 (start node)。网络图的第一个节点，表示一项任务的开始。

(2) 终点节点 (end node)。网络图的最后一个节点，表示一项任务的完成。

(3) 中间节点。中间节点又包括箭尾节点和箭头节点。箭尾节点和箭头节点是相对于一项工作（不是任务）而言的，若节点位于箭线的箭尾即为箭尾节点；若节点位于箭线的箭头即为箭头节点。箭尾节点表示本工作的开始、紧前工作的完成，箭头节点表示本工作的完成、紧后工作的开始。

2. 箭线

箭线与其两端节点表示一项工作，有实箭线和虚箭线之分。实箭线表示的工作有时间的消耗或同时有资源的消耗，被称为实工作（图 12.2）；虚箭线表示的是虚工作（图 12.3），它没有时间和资源的消耗，仅用以表达逻辑关系。

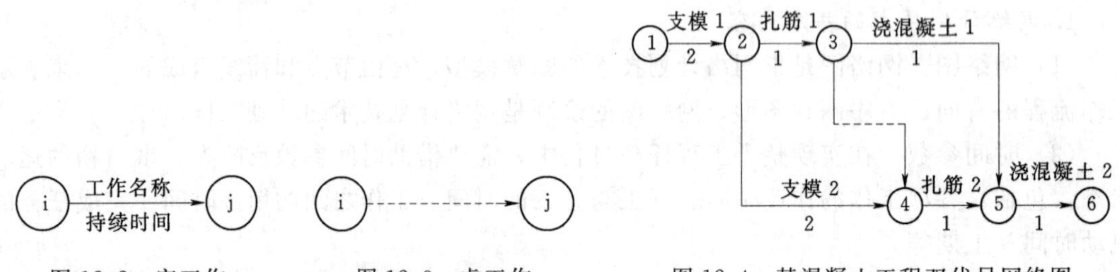

图 12.2 实工作　　图 12.3 虚工作　　图 12.4 某混凝土工程双代号网络图

网络图中的工作可大可小，可以是单位工程，也可以是分部（分项）工程。网络图中，工作之间的逻辑关系分为工艺逻辑关系和组织逻辑关系两种，具体表现为：紧前、紧后关系，先行、后续关系以及平行关系，如图 12.4 所示。

相对于某一项工作（称其为本工作）来讲，紧挨在其前边的工作称为紧前工作（如扎筋 1 是浇混凝土 1 的紧前工作，同时扎筋 1 也是扎筋 2 的紧前工作）；紧挨在其后边的工作称为紧后工作（如浇混凝土 1 是扎筋 1 的紧后工作，同时，扎筋 2 也是扎筋 1 的紧后工作）；与本工作同时进行的工作称为平行工作（如扎筋 1 和支模 2 互为平行工作）；从网络图起点节点开始到达本工作之前为止的所有工作，称为本工作的先行工作；从紧后工作到达网络图终点节点的到达网络图终点节点的所有工作，称为本工作的后续工作。

3. 线路

网络图中，由起点节点出发沿箭头方向顺序通过一系列箭线与节点，到达终点节点的通路称为线路。其中，线路上总的工作持续时间最长的线路称为关键线路，关键线路上的工作

称为关键工作，用粗箭线、红色箭线或双箭线画出。关键线路上的各工作持续时间之和，代表整个网络计划的工期。

12.2.2　双代号网络图的绘制（非时标网络计划）

1. 要正确表达逻辑关系（表 12.1）

表 12.1　　各工作之间逻辑关系的表示方法

序号	各工作之间的逻辑关系	双代号表示方法
1	A、B、C依次进行	A B C
2	A完成后进行B和C	A B C
3	A和B完成后进行C	A B C
4	A完成后同时进行B、C，B和C完成后进行D	A B C D
5	A、B完成后进行C和D	A B C D
6	A完成后，进行C； A、B完成后进行D	A C B D
7	A、B活动分成三段进行流水施工	A_1 A_2 A_3 B_1 B_2 B_3

2. 遵守网络图的绘制规则

(1) 在同一网络图中，工作或节点的字母代号或数字编号，不允许重复（图 12.5）。

(2) 在同一网络图中，只允许有一个起点节点和一个终点节点（图 12.6）。

(3) 在网络图中，不允许出现循环回路（图 12.7）。

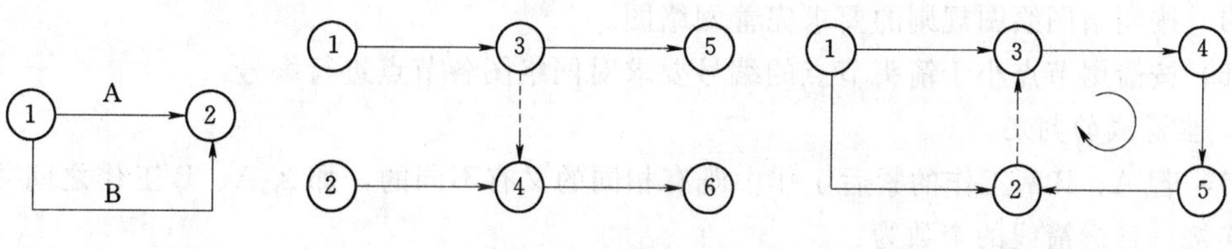

图 12.5　编号重复　　图 12.6　起点、终点不唯一　　图 12.7　出现循环回路

(4) 网络图的主方向是从起点节点到终点节点的方向，绘制时应尽量做到横平竖直。

(5) 严禁出现无箭头和双向箭头的连线，(图 12.8)。

(6) 代表工作的箭线，其首尾必须有节点，(图 12.9)。

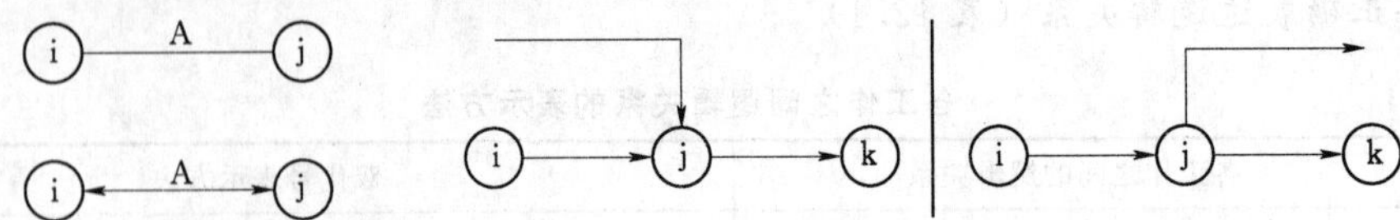

图 12.8 无箭头和双向箭头　　图 12.9 少节点

(7) 绘制网络图时，应尽量避免箭线交叉。避免箭线交叉时可采用过桥法或指向法（图 12.10、图 12.11)。

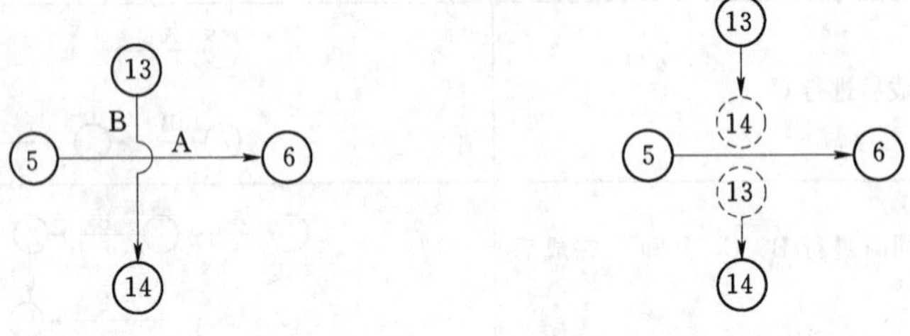

图 12.10 过桥法　　图 12.11 指向法

(8) 当某一节点与多个（4 个或以上）内向或外向箭线相连时应采用母线法绘制（图 12.12)。

另，网络图中不应出现不必要的虚箭线（图 12.13)。

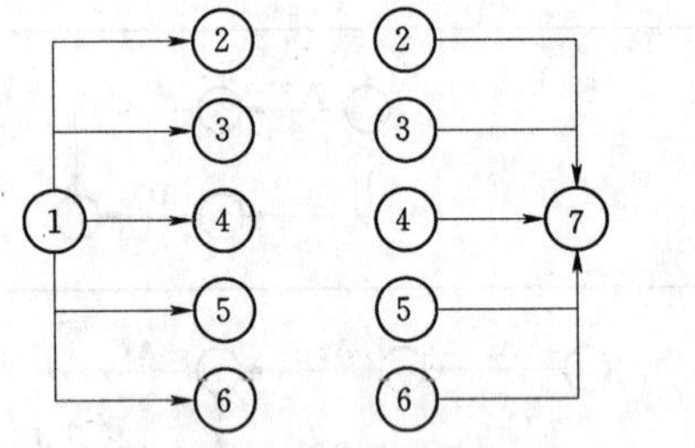

图 12.12 母线法

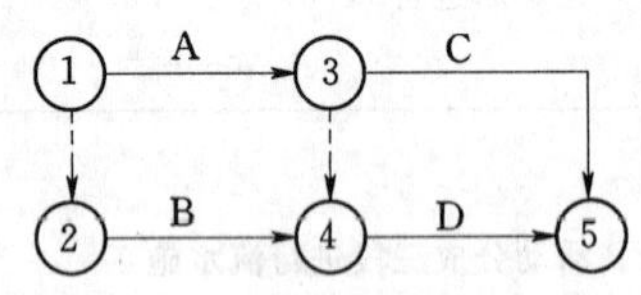

图 12.13 ①～②间有多余虚箭线

3. 双代号网络图绘制方法与步骤

(1) 按网络图的类型，合理确定排列方式与布局。

(2) 从起始工作开始，自左至右依次绘制，直到全部工作绘制完毕为止。

(3) 检查工作和逻辑关系有无错漏并进行修正。

(4) 按网络图绘图规则的要求完善网络图。

(5) 按箭尾节点小于箭头节点的编号要求对网络图各节点进行编号。

4. 虚箭线的判定

(1) 若 A、B 两工作的紧后工作中既有相同的又有不同的，那么 A、B 工作之间须用虚箭线连接。且虚箭线的个数为：

1) 当只有一方有区别于对方的紧后工作时，用 1 个虚箭线（图 12.14)。

2）当双方互有区别于对方的紧后工作时，用 2 个虚箭线（图 12.14）。

（2）若有 n 个工作同时开始、同时结束（即为并行工作），那么这 n 个工作之间须用 $n-1$ 个虚箭线连接。如图 12.15 所示。

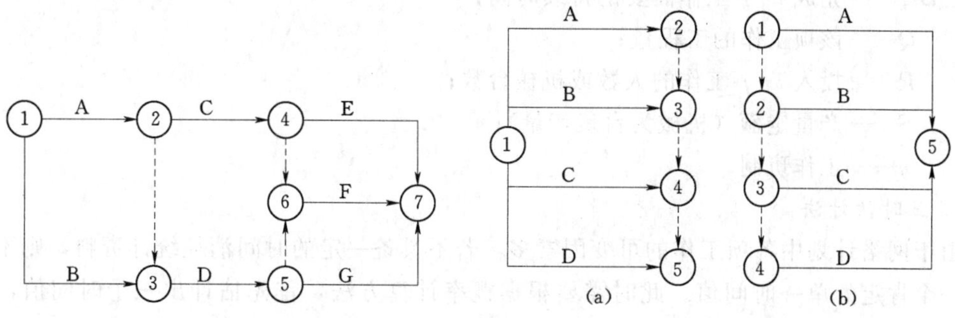

图 12.14　例 12.1 网络图　　　图 12.15　例 12.2 之双代号网络图

5. 双代号网络图绘制示例

【例 12.1】 工作关系明细见表 12.2，试绘制双代号网络图。

表 12.2　　　**工 作 关 系 明 细 表（一）**

本 工 作	A	B	C	D	E	F	G
紧前工作	—	—	A	A、B	C	C、D	D
紧后工作	C、D	D	E、F	F、G	—	—	—

解　由虚箭线的判定（1）可以判断工作 A、B 间有 1 个虚箭线，工作 C、D 间有 2 个虚箭线，于是可画出网络图如图 12.14 所示。

【例 12.2】 工作关系明细见表 12.3，试绘制双代号网络图。

表 12.3　　　**工 作 关 系 明 细 表（二）**

本 工 作	A	B	C	D
紧前工作	—	—	—	—
紧后工作	—	—	—	—

解　由虚箭线的判定（2）可以画出网络图如图 12.15（a）、（b）所示。

12.3　双代号网络图的时间参数计算

12.3.1　基本时间参数

12.3.1.1　工作持续时间（duration）

工作持续时间是指一项工作从开始到完成的时间，用 D_{i-j} 表示。工作持续时间 D_{i-j} 的计算，可采用公式计算法、三时估计法、倒排计划法等方法计算。

1. 公式计算法

公式计算法为单一时间计算法，主要是根据劳动定额、预算定额、施工方法、投入的劳

动力、机具和资源量等资料进行确定的。计算公式如下

$$D_{i\text{-}j} = \frac{Q}{SRn} \tag{12.1}$$

式中 $D_{i\text{-}j}$——完成 $i-j$ 工作需要的持续时间；

Q——该项工作的工程量；

R——投入 $i-j$ 工作的人数或机械台数；

S——产量定额（机械为台班产量）；

n——工作班制。

2. 三时估计法

由于网络计划中各项工作的可变因素多，若不具备一定的时间消耗统计资料，则不能确定出一个肯定的单一时间值。此时需要根据概率计算方法，首先估计出三个时间值，即最短、最长和最可能持续时间，再加权平均算出一个期望值作为工作的持续时间。这种计算方法称为“三时估计法”，其计算公式如下

$$m = \frac{a + 4c + b}{6} \tag{12.2}$$

式中 m——工作的平均持续时间；

a——最短估计时间（亦称乐观估计时间）；

b——最长估计时间（亦称悲观估计时间）；

c——最可能估计时间（完成某项工作最可能的持续时间）。

12.3.1.2 工期

（1）计算工期（calculated project duration）。是指通过计算求得的网络计划的工期，用 T_c 表示。

（2）要求工期（required project duration）。是指任务委托人所提出的指令性工期，用 T_r 表示。

（3）计划工期（planned project duration）。是指根据要求工期和计算工期所确定的作为实施目标的工期，用 T_p 表示。通常，$T_p \leqslant T_r$ 或 $T_p = T_c$。

12.3.2 工作的时间参数

（1）工作的最早开始时间（earliest start time）。是指各紧前工作全部完成后，本工作有可能开始的最早时刻，用 ES_{i-j} 表示。

（2）工作的最早完成时间（earliest finish time）。是指各紧前工作全部完成后，本工作有可能完成的最早时刻，用 EF_{i-j} 表示。

（3）工作的最迟开始时间（latest start time）。是指在不影响整个任务按期完成的前提下，工作必须开始的最迟时刻，用 LS_{i-j} 表示。

（4）工作的最迟完成时间（latest finish time）。是指在不影响整个任务按期完成的前提下，工作必须完成的最迟时刻，用 LF_{i-j} 表示。

（5）工作的自由时差（free float）。是指在不影响其紧后工作最早开始时间的前提下，本工作可以利用的机动时间，用 FF_{i-j} 表示。

（6）工作的总时差（total float）。是指在不影响总工期的前提下，本工作可以利用的机动时间，用 TF_{i-j} 表示。

说明：以上所说工作均指的是实工作，虚工作本身不是工作不做时间计算。这一点有别于《工程网络计划技术规程》(JGJ/T 121—99)。

12.3.3 节点的时间参数

(1) 节点的最早时间 (earliest event time)。是指双代号网络计划中，以该节点为开始节点的各项工作的最早开始时间，用 ET_i 表示。

(2) 节点的最迟时间 (latest event time)。是指双代号网络计划中，以该节点为完成节点的各项工作的最迟完成时间，用 LT_i 表示。

12.3.4 双代号网络计划时间参数计算

12.3.4.1 按工作计算法计算时间参数

按工作计算法是指以网络计划中的工作为对象直接计算工作的 6 个时间参数，并将计算结果标注在箭线上方，如图 12.16 所示。

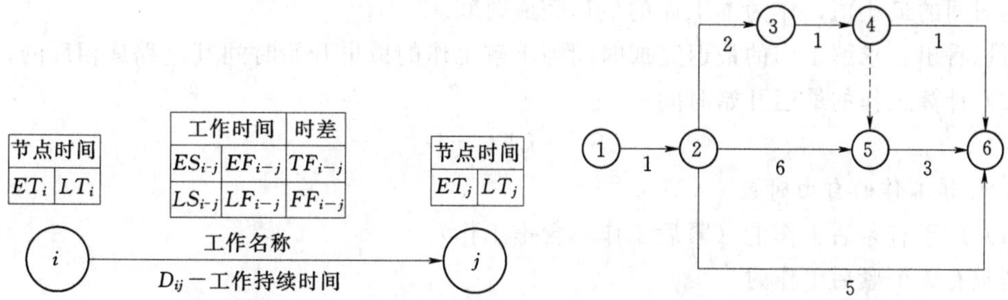

图 12.16 工作计算法时间参数的标注　　图 12.17 双代号网络计划

下面以图 12.17 为例介绍一下按工作计算法计算时间参数的过程，并将计算结果标示于图 12.18。

1. 计算工作的最早时间

工作的最早时间即最早开始时间和最早完成时间。计算时应从网络计划的起点节点开始，顺箭线方向逐个进行计算。具体计算步骤为：

(1) 最早开始时间。

1) 以起点节点为开始节点的工作，其最早开始时间若未规定则为零。

2) 其他工作的最早开始时间：

若其紧前工作只有 1 个时，$ES_{i\text{-}j}=EF_{h\text{-}i}=ES_{h\text{-}i}+D_{h\text{-}i}$；

若其紧前工作有 2 个或以上时，$ES_{i\text{-}j}=\max\{EF_{x\text{-}i}\}=\max\{ES_{x\text{-}i}+D_{x\text{-}i}\}$。

式中 $EF_{h\text{-}i}$、$EF_{x\text{-}i}$——工作 i-j 的紧前工作的最早完成时间；

$ES_{h\text{-}i}$、$ES_{x\text{-}i}$——工作 i-j 的紧前工作的最早开始时间；

x——工作 i-j 所对应的紧前工作的开始节点。

以上求解工作最早开始时间的过程可以概括为“顺线累加，逢内取大”。

(2) 最早完成时间。

$$EF_{i\text{-}j}=ES_{i\text{-}j}+D_{i\text{-}j}$$

应指出：$T_c=\max\{EF_{x\text{-}n}\}=10$，通常 ($T_p=T_c$)。

式中 x——与终点节点 n 所对应的工作的开始节点。

2. 计算工作的最迟时间

(1) 计算工作的最迟完成时间

1) 以终点节点为结束节点的工作的最迟完成时间

$$LF_{x\text{-}n}=T_p$$

2) 其他工作的最迟完成时间：

若只有1个紧后工作时，$LF_{i\text{-}j}=LF_{j\text{-}k}-D_{j\text{-}k}=LS_{j\text{-}k}$；

若有2个或以上紧后工作时，$LF_{i\text{-}j}=\min\{LF_{j\text{-}x}-D_{j\text{-}x}\}=\min\{LS_{j\text{-}x}\}$。

式中　x——与工作 i-j 的紧后工作所对应的工作的结束节点。

以上求解工作最迟完成时间的过程可以概括为“逆线递减，逢外取小”。其意思为逆着箭线方向将依次经过的工作的持续时间逐步递减，若是遇到外向节点（即有2个或以上箭线流出的节点，如图12.17中的节点②和节点④），则应取经过各外向箭线的所有线路上工作的持续时间的最小值，作为本工作的最迟完成时间。

可以看出：求解工作的最迟完成时间与求解工作的最早开始时间其过程是相反的。

(2) 计算工作的最迟开始时间

$$LS_{i\text{-}j}=LF_{i\text{-}j}-D_{i-j}$$

3. 计算工作的自由时差

(1) 对于有紧后工作的（紧后工作不含虚工作）：

若只有1个紧后工作时

$$FF_{i\text{-}j}=ES_{j\text{-}k}-EF_{i-j}=ES_{j\text{-}k}-ES_{i\text{-}j}-D_{i\text{-}j}=LAG_{i\text{-}j,j\text{-}k};$$

若有2个或以上紧后工作时

$$FF_{i-j}=\min\{LAG_{i-j,j-x}\}$$

式中　x——工作 $i-j$ 所对应的紧后工作的结束节点；

$LAG_{i-j,j-x}$——工作 $i-j$ 与其紧后工作之间的时间间隔，紧前、紧后两个工作之间的时间间隔等于紧后工作的最早开始时间减去本工作的最早完成时间，即

$$LAG_{i-j,j-k}=ES_{i-k}-EF_{i-j}$$

(2) 对于无紧后工作的：

$$FF_{x-n}=T_p-EF_{x-n}=T_p-ES_{x-n}-D_{x-n}$$

4. 计算工作的总时差

$$TF_{i-j}=LF_{i-j}-EF_{i-j}=LS_{i-j}-ES_{i-j}$$

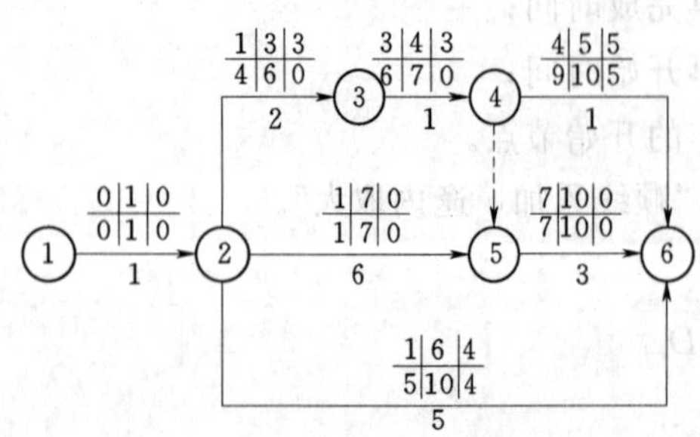

图12.18　双代号网络计划计算结果

5. 确定关键工作和关键线路

总时差为0的工作为关键工作如工作①→②、②→⑤、⑤→⑥。由关键工作形成的线路即为关键线路，如图12.18所示。线路①→②→⑤→⑥为关键线路。

12.3.4.2　按节点计算法

1. 计算节点的最早时间和最迟时间

(1) 节点最早时间。是指该节点所有紧后工

作的最早可能开始时刻。

1）起点节点：令 $ET_1=0$。

2）其他节点：

若该节点不是内向节点，$ET_j=ET_i+D_{i\text{-}j}$；

若该节点是内向节点，则 $ET_j=\max\{ET_i+D_{i\text{-}j}\}$ 。

式中 ET_j——工作 i-j 的完成节点 j 的最早时间；

ET_i——工作 i-j 的开始节点 i 的最早时间；

D_{i-j}——工作 i-j 的持续时间。

可见，计算节点的最早时间可按照前面的方法——“顺线累加，逢内取大”进行。

(2) 节点最迟时间。是指该节点所有紧前工作最迟必须结束的时刻。它应是以该节点为完成节点的所有工作最迟必须结束的时刻。若迟于这个时刻，紧后工作就要推迟开始，整个网络计划的工期就要延迟。

由于终点节点代表整个网络计划的结束，因此要保证计划总工期，终点节点的最迟时间应等于此工期。

1）令终点节点的最迟时间 $LT_n=ET_n$。

2）其他节点的最迟时间：

若该节点不是外向节点，$LT_i=LT_j-D_{i\text{-}j}$；

若该节点是外向节点，则 $LT_i=\min\{LT_x-D_{i\text{-}j}\}$。

式中 LT_i——工作 i-j 的开始节点 i 的最迟时间；

LT_j——工作 i-j 的完成节点 j 的最迟时间；

D_{i-j}——工作 i-j 的持续时间；

x——与 i 节点所对应的箭头节点。

计算节点的最迟时间可按照前面的方法——“逆线递减，逢外取小”进行。节点时间参数计算结果如图 12.19 所示。

2. *采用节点的时间参数计算工作的时间参数*

(1) 利用节点计算工作的最早开始、完成时间。

$$ES_{i-j}=ET_i$$

$$EF_{i-j}=ES_{i-j}+D_{i-j}=ET_i+D_{i-j}$$

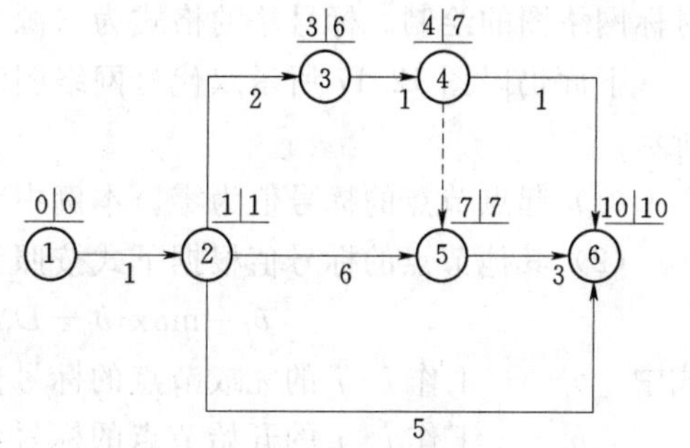

图 12.19 节点时间参数计算

(2) 利用节点计算工作的最迟完成、开始时间。

$$LF_{i-j}=LT_j$$

$$LS_{i-j}=LF_{i-j}-D_{i-j}=LT_j-D_{i-j}$$

(3) 利用节点计算工作的自由时差。

$$FF_{i-j}=\min\{ES_{j-k}-EF_{i-j}\}=\min\{ES_{j-k}-ES_{i-j}-D_{i-j}\}=\min\{ES_{j-k}\}-ES_{i-j}-D_{i-j}$$
$$=\min\{ET_j\}-ET_i-D_{i-j}$$

(4) 利用节点计算工作的总时差。

$$TF_{i-j}=LF_{i-j}-EF_{i-j}=LT_j-(ES_{i-j}+D_{i-j})$$

$$=LT_j-ET_i-D_{i-j}$$

12.3.4.3 按“图上法”直接计算

利用图12.16中节点时间和工作时间以及工作时差之间的位置关系直接从图上计算，计算方法如图12.20所示。计算之前必须先准确计算出各节点时间参数。

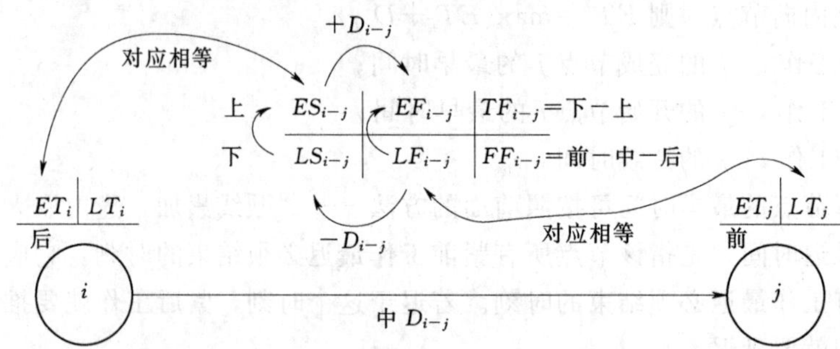

图12.20 “图上法”直接计算工作时间参数

12.3.5 时标网络计划的时间参数计算

12.3.5.1 时标网络计划的绘制

1. 时间坐标网络计划的基本概念

时间坐标网络计划是吸取了横道计划的优点，以时间坐标（工程标尺）为尺度绘制的网络计划。在时标网络图中，用工作箭线的水平投影长度表示其持续时间的多少，从而使网络计划具备直观、明了的特点，更加便于使用。

2. 时标网络计划的绘制

绘制（早）时标网络计划时，通常采用标号法，采用此法可以迅速确定节点的标号值（即坐标或位置），同时还可以迅速地确定关键线路和计算工期，确保能够快速、正确地完成时标网络图的绘制。标号法的格式为（源节点，标号值）。

下面仍以图12.17所示双代号网络图为例说明标号法的操作方法，计算结果如图12.19所示。

（1）起点节点的标号值为零。本例中节点①的标号值为零，即 $b_1=0$。

（2）其他节点的标号值根据下式按照节点编号由小到大的顺序逐个计算：

$$b_j=\max\{b_i+D_{i\text{-}j}\}\text{（顺线累加，逢内取大）}$$

式中 b_j——工作 i-j 的完成节点的标号值；

b_i——工作 i-j 的开始节点的标号值；

$D_{i\text{-}j}$——工作 i-j 的持续时间。

求解其他节点标号值的过程，可用“顺线累加，逢内取大”来概括，即顺着箭线方向将流向待求节点的各个工作的持续时间累加在一起，若是该节点为内向节点（有2个或以上箭线流入的节点称为内向节点，如节点⑤和节点⑥），则应取各线路工作持续时间累加结果的最大值。本例中，各节点的标号值为：

$$b_2=b_1+D_{1-2}=0+1=1;\quad b_3=b_2+D_{2-3}=1+2=3;\quad b_4=b_3+D_{3-4}=3+1=4$$

$$b_5=\max\{b_2+D_{2-5},\ b_4+D_{4-5}\}=\max\{1+6,4+0\}=7$$

$$b_6=\max\{b_2+D_{2-6},\ b_4+D_{4-6},\ b_5+D_{5-6}\}=10$$

（3）终点节点的标号值即为网络计划的计算工期。本例中终点节点⑥的标号值10即为该网络计划的计算工期。

（4）通过标号计算，逆着箭线根据源节点，还可以确定网络计划的关键线路。如本例中，可以找出关键线路：①→②→⑤→⑥，标示于图12.21。

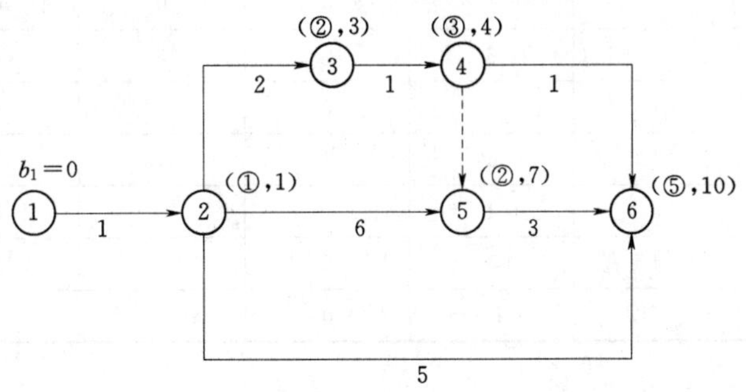

图12.21　某双代号网络图标号值

通过采用标号法计算出各节点的标号值之后，根据标号值里的节点最早时间将各节点定位在时间坐标上，然后根据关键线路划出关键工作。非关键工作在连接时应根据其工作持续时间连接开始与结束节点，除去工作持续时间之后，时间刻度如有剩余则划波形线。绘图结果如图12.22所示。

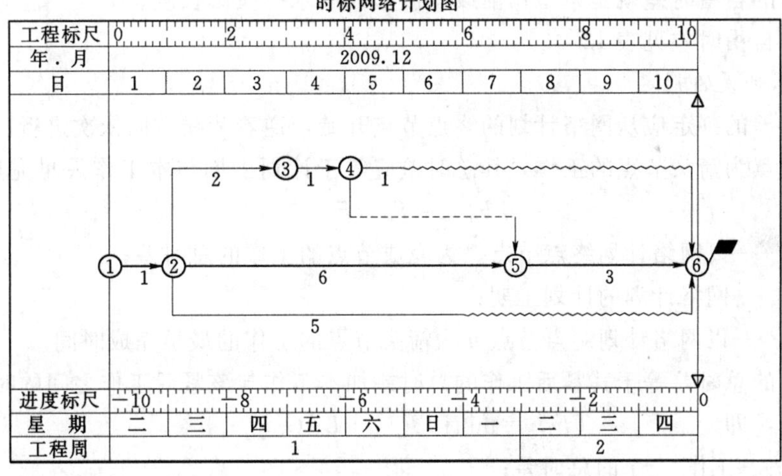

图12.22　某双代号网络图之早时标网络图

12.3.5.2　时标网络计划时间参数计算

实际工程上所用网络计划为时标网络计划，因此切不可忽视时标网络计划的时间参数计算。这里仍然以图12.17为例，进行时间参数计算。

1. 工作最早开始时间和最早完成时间

图12.22所示时标网络图为早时标网络图，早时标网络图即是以工作的最早开始时间进行绘制的。因此，工作箭线左端节点中心所对应的时标值（工程标尺）即为该工作的最早开始时间。工作箭线实线部分右端点所对应的时标值即为该工作的最早完成时间。各工作（不包括虚工作）的最早开始时间和最早完成时间见表12.4。

表 12.4　　　　时间参数表

工　作	时间参数						
	工作持续时间 D	最早开始时间 ES	最早完成时间 EF	自由时差 FF	总时差 TF	最迟开始时间 LS	最迟完成时间 LF
①－②	1	0	1	0	0	0	1
②－③	2	1	3	0	3	4	6
②－⑤	6	1	7	0	0	1	7
②－⑥	5	1	6	4	4	5	10
③－④	1	3	4	0	3	6	7
④－⑥	1	4	5	5	5	9	10
⑤－⑥	3	7	10	0	0	7	10

2. 工作自由时差的判定

以终点节点为箭头节点的工作，其自由时差应等于计划工期与工作最早完成时间之差，即

$$FF_{x-n}=T_P-EF_{x-n}$$

式中 FF_{x-n}——以网络计划终点节点 n 为箭头节点的工作的总自由差；

T_P——网络计划的计划工期；

EF_{x-n}——以网络计划终点节点 n 为箭头节点的工作的最早完成时间。

其他工作的自由时差就是该工作箭线中波形线的水平投影长度。

各工作的自由时差见表 12.4。

3. 工作总时差的判定

工作总时差的判定应从网络计划的终点节点开始，逆着箭线方向依次进行。

以终点节点为箭头节点的工作，其总时差应等于计划工期与本工作最早完成时间之差，即

$$TF_{x-n}=T_P-EF_{x-n}$$

式中 TF_{x-n}——以网络计划终点节点。为完成节点的工作的总时差；

T_P——网络计划的计划工期；

EF_{x-n}——以网络计划终点节点 n 为箭头节点的工作的最早完成时间。

其他工作的总时差等于其紧后工作的总时差加本工作与该紧后工作之间的时间间隔所得之和的最小值，即

$$TF_{i-j}=\min\{TF_{j-x}+LAG_{i-j,j-x}\}$$

式中 TF_{i-j}——工作 $i-j$ 的总时差；

TF_{j-x}——工作 $i-j$ 的紧后工作 $j-x$（不包括虚工作）的总时差；

$LAG_{i-j,j-x}$——工作 $i-j$ 与其紧后工作 $j-x$（不包括虚工作）之间的时间间隔。

各工作的总时差见表 12.4。

4. 工作最迟开始时间和最迟完成时间的判定

工作的最迟开始时间等于本工作的最早开始时间与其总时差之和，即

$$LS_{i-j}=ES_{i-j}+TF_{i-j}$$

工作的最迟完成时间等于本工作的最早完成时间与其总时差之和，即

$$LF_{i-j}=EF_{i-j}+TF_{i-j}$$

各工作的最迟开始时间和最迟完成时间，见表 12.5。

表 12.5　　各工作的最迟时间参数表

工　作	①—②	②—③	②—⑤	②—⑥	③—④	④—⑥	⑤—⑥
最迟开始时间 LS	0	4	1	5	6	9	7
最迟完成时间 LF	1	6	7	10	7	10	10

12.4 网络计划的优化

网络计划的优化是指在一定的约束条件下，按照既定目标对网络计划进行不断地完善与调整，直到寻找出满意的结果。根据既定目标的不同，网络计划优化的内容分为工期优化、费用优化和资源优化三个方面。

12.4.1 工期优化

1. 工期优化的基本原理

工期优化就是通过压缩计算工期，以达到既定工期目标，或在一定约束条件下，使工期最短的过程。

工期优化一般是通过压缩关键线路（关键工作）的持续时间来满足工期要求的。在优化过程中要保证被压缩的关键工作不能变为非关键工作，使之仍能够控制住工期。当出现多条关键线路时，如需压缩关键线路支路上的关键工作，必须将各支路上对应关键工作的持续时间同步压缩某一数值。

2. 工期优化的方法与步骤

(1) 找出关键线路，求出计算工期 T_c。

(2) 根据要求工期 T_r，计算出应缩短的时间 $\Delta T = T_c - T_r$。

(3) 缩短关键工作的持续时间，在选择应优先压缩工作持续时间的关键工作时，须考虑下列因素：

1) 该关键工作的持续时间缩短后，对工程质量和施工安全影响不大。

2) 该关键工作资源储备充足。

3) 该关键工作缩短持续时间后，所需增加的费用最少。

通常，优先压缩优选系数最小或组合优选系数最小的关键工作或其组合。

(4) 将应优先压缩的关键工作的持续时间压缩至某适当值，并找出关键线路，计算工期。

(5) 若计算工期不满足要求，重复上述过程直至满足要求工期或工期无法再缩短为止。

3. 工期优化示例

【例 12.3】 已知网络计划如图 12.23 所示。箭线下方括号外数据为该工作的正常持续时间，括号内数据为该工作的最短持续时间，各工作的优选系数见表 12.6。根据实际情况并考虑选择优选系数（或组合优选系数）最小的关键工作缩短其持续时间。假定要求工期为 T_r=19d，试对该网络计划进行工期优化。

表 12.6　　各工作的优选系数

工　作	A	B	C	D	E	F	G	H
优选系数	7	8	5	2	6	4	1	3

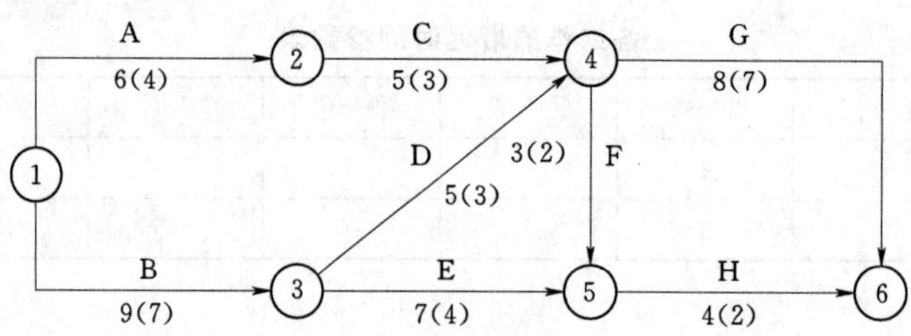

图 12.23　原始网络计划

解　(1) 确定关键线路和计算工期。

原始网络计划的关键线路和工期 $T_c=22$d，如图 12.24 所示。

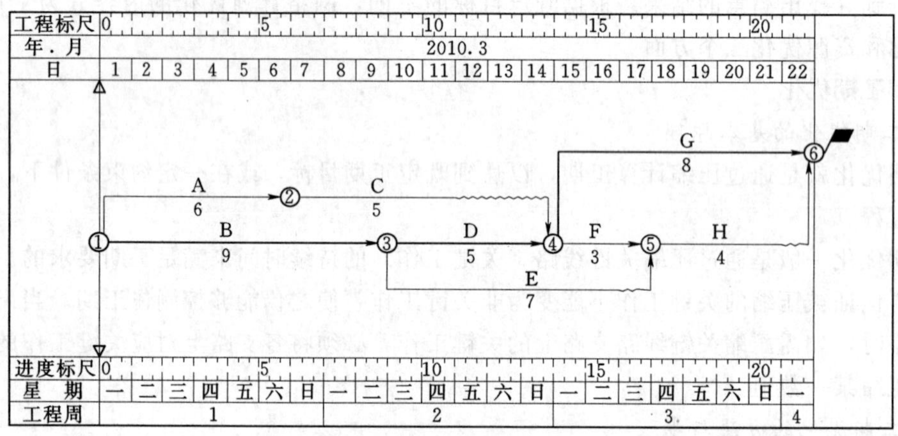

图 12.24　原始网络计划的关键线路和工期

(2) 计算应缩短工期。

$$\Delta T = T_c - T_r = 22-19=3(\mathrm{d})$$

(3) 确定工作 G 的持续时间压缩 1d 后的找出关键线路和工期，如图 12.25 所示。

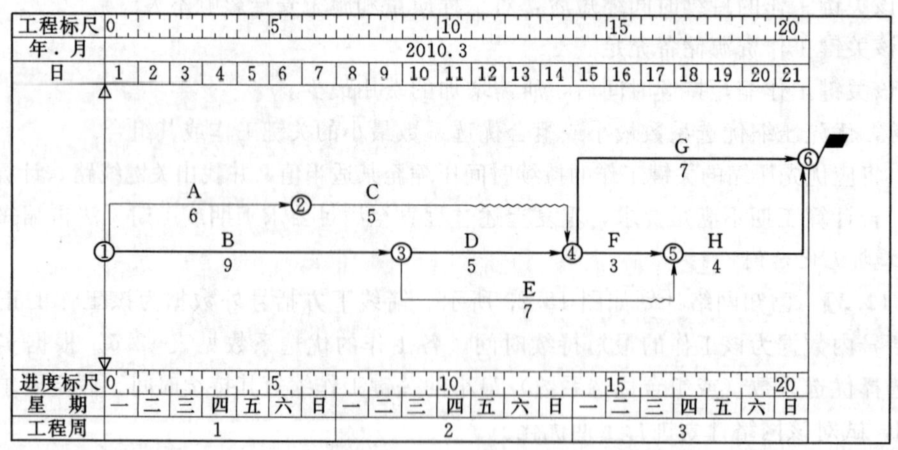

图 12.25　工作 G 压缩 1d 后的关键线路和工期

(4) 继续压缩关键工作。

将工作 D 压缩 1d，网络计划如图 12.26 所示。

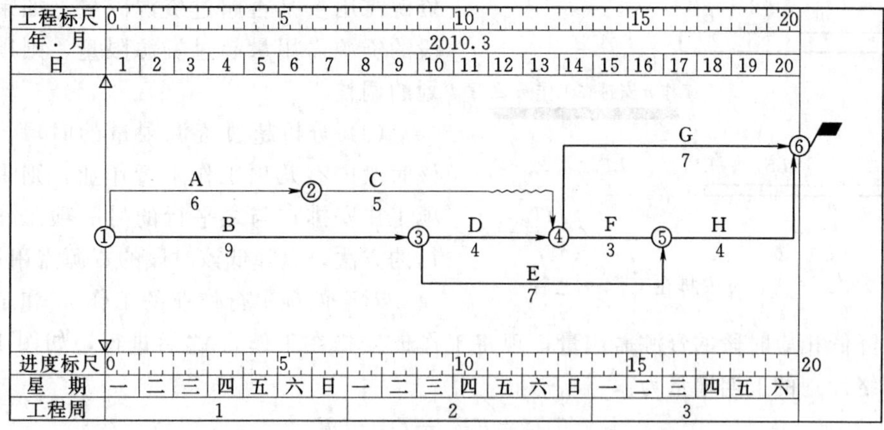

图 12.26 工作 D 压缩 1d 后的关键线路和工期

(5) 继续压缩关键工作。

将工作 D、H 同步压缩 1d，此时计算工期为 20－1＝19 (d)，满足要求工期。最终优化结果如图 12.27 所示。

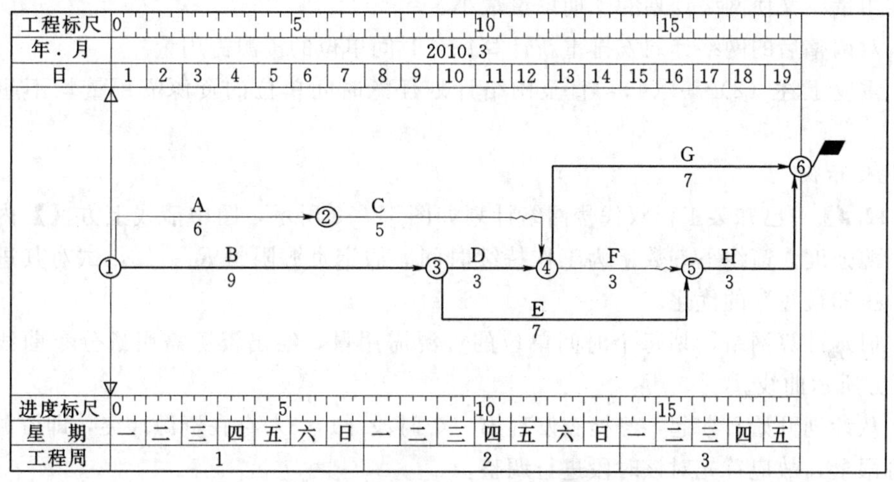

图 12.27 工作 D、H 同步压缩 1d 后的关键线路和工期（最终结果）

12.4.2 资源优化

计划执行过程中，所需的人力、材料、机械设备和资金等统称为资源。资源优化的目标是通过调整计划中某些工作的开始时间，使资源分布满足要求。

12.4.2.1 资源有限—工期最短的优化

资源有限—工期最短的优化是指在满足有限资源的条件下，通过调整某些工作的作业开始时间，使工期不延误或延误最少。

1. 优化步骤与方法

(1) 按照各项工作的最早开始时间安排进度计划，并计算网络计划每个时间单位的资源需用量。

(2) 从计划开始日期起，逐个检查每个时段（每个时间单位资源需用量相同的时间段）

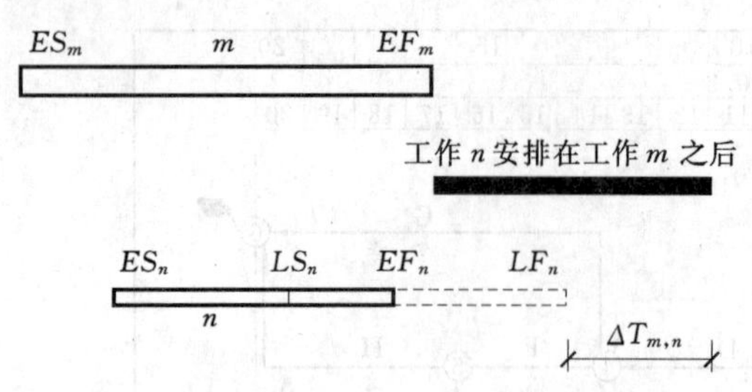

图 12.28 工作 n 安排在工作 m 之后

资源需用量是否超过资源限量。如果某个时段的资源需用量超过资源限量，则须进行计划的调整。

(3) 分析超过资源限量的时段。如果在该时段内有几项工作平行作业，则采取将一项工作安排在与之平行的另一项工作之后进行的方法，以降低该时段的资源需用量。

对于两项平行作业的工作 m 和工作 n 来说，为了降低相应时段的资源需用量，现将工作 n 安排在工作 m 之后进行，如图 12.28 所示，则网络计划的工期增量为：

$$\begin{aligned}\Delta T_{m,n} &= EF_m + D_n - LF_n \\ &= EF_m - (LF_n - D_n) \\ &= EF_m - LS_n \end{aligned} \tag{12.3}$$

这样，在有资源冲突的时段中，对平行作业的工作进行两两排序，即可得出若干个 $\Delta T_{m,n}$，选择其中最小的 $\Delta T_{m,n}$，将相应的工作 n 安排在工作 m 之后进行，既可降低该时段的资源需用量，又使网络计划的工期增量最小。

(4) 对调整后的网络计划安排重新计算每个时间单位的资源需用量。

(5) 重复上述 (2) ～ (4)，直至网络计划任意时间单位的资源需用量均不超过资源限量。

2. 优化示例

【例 12.4】 已知某工程双代号网络计划如图 12.29 所示，图中箭线上方【】内数字为工作的资源强度，箭线下方数字为工作持续时间。假定资源限量 $R_a=12$，试对其进行“资源有限－工期最短”的优化。

解 (1) 计算网络计划每个时间单位的资源需用量，绘出资源需用量分布曲线，即图 12.29 下方所示曲线。

(2) 从计划开始日期起，经检查发现第一个时段 [1, 3] 存在资源冲突，即资源需用量超过资源限量，故应首先对该时段进行调整。

(3) 在时段 [1, 3] 有工作 C、工作 A 和工作 B 三项工作平行作业，利用式 (12.3) 计算 ΔT 值，其计算结果见表 12.7。

表 12.7　在时段 [1, 6] 中计算 ΔT 值

工作名称	工作序号	最早完成时间 EF	最迟开始时间 LS	$\Delta T_{1,2}$	$\Delta T_{1,3}$	$\Delta T_{2,1}$	$\Delta T_{2,3}$	$\Delta T_{3,1}$	$\Delta T_{3,2}$
C	1	5	4	5	0				
A	2	4	0			0	−1		
B	3	3	5					−1	3

由表 12.7 可知工期增量 $\Delta T_{2,3}=\Delta T_{3,1}=-1$ 最小，说明将 3 号工作（工作 B）安排在 2 号工作（工作 A）之后或将 1 号工作（工作 C）安排在 3 号工作（工作 B）之后工期不延长。但从资源强度来看，应以选择将 3 号工作（工作 B）安排在第 2 号工作（工作 A）之后

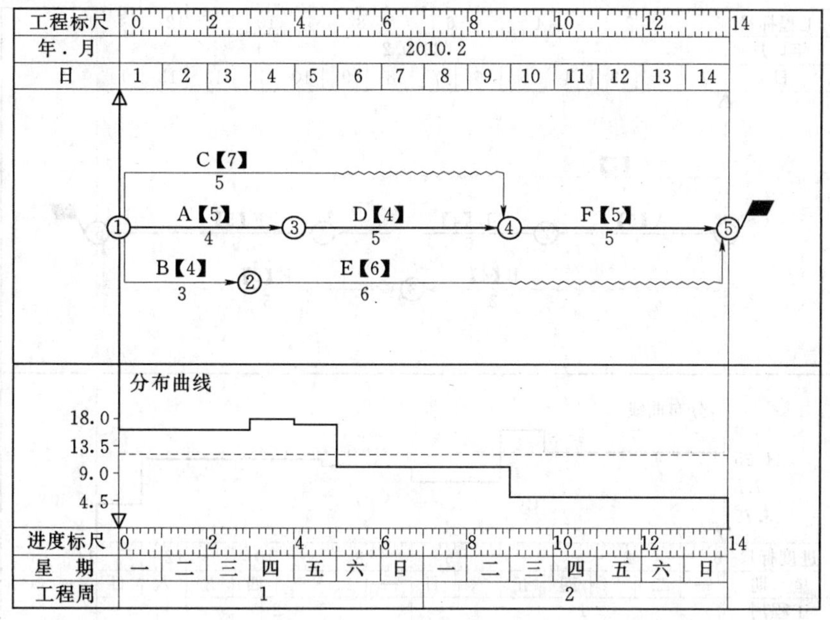

图 12.29 初始网络计划

进行为宜。因此将工作 B 安排在工作 A 之后，调整后的网络计划如图 12.30 所示，工期不变。

(4) 重新计算调整后的网络计划每个时间单位的资源需用量，绘出资源需用量分布曲线，如图 12.30 下方曲线所示。从图中可知在第二个时段【5】存在资源冲突，故应该调整该时段。工作序号与工作代号见表 12.8。

表 12.8　时段【5】的 $\Delta T_{m,n}$ 表

工作代号	工作序号	最早完成时间 EF	最迟开始时间 LS	$\Delta T_{1,2}$	$\Delta T_{1,3}$	$\Delta T_{2,1}$	$\Delta T_{2,3}$	$\Delta T_{3,1}$	$\Delta T_{3,2}$
C	1	5	4	1	0				
D	2	9	4			5	4		
B	5	7	5					3	3

(5) 在时段【5】有工作 C、工作 D 和工作 B 三项工作平行作业。对平行作业的工作进行两两排序，可得出 $\Delta T_{m,n}$ 的组合数为 3×2＝6 个，见表 12.8。选择其中最小的 $\Delta T_{m,n}$，即 $\Delta T_{1,3}=0$，故将相应的工作 B 移到工作 C 后进行，因 $\Delta T_{1,3}=0$，工期不延长，如图 12.30 所示。

(6) 重新计算调整后的网络计划每个时间单位的资源需要量，并绘出资源需用量分布曲线，如图 12.31 下方曲线所示。由于此时整个工期范围内的资源需用量均未超过资源限量，因此图 12.31 所示网络计划即为优化后的最终网络计划，其最短工期为 14d。

12.4.2.2 工期固定—资源均衡的优化

在工期不变的条件下，尽量使资源需用量保持均衡。这样既有利于工程施工组织与管理，又有利于降低工程施工费用。

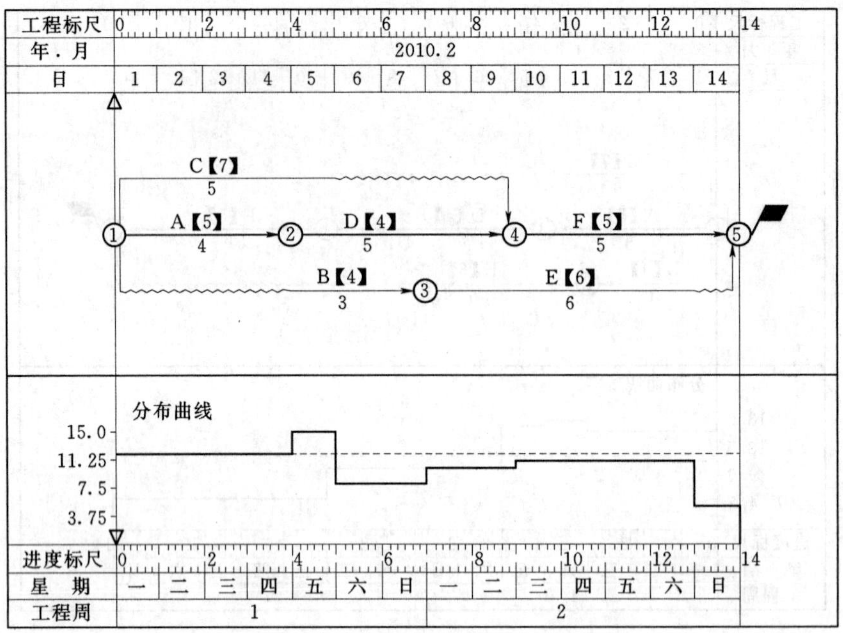

图 12.30　第一次调整后的网络计划

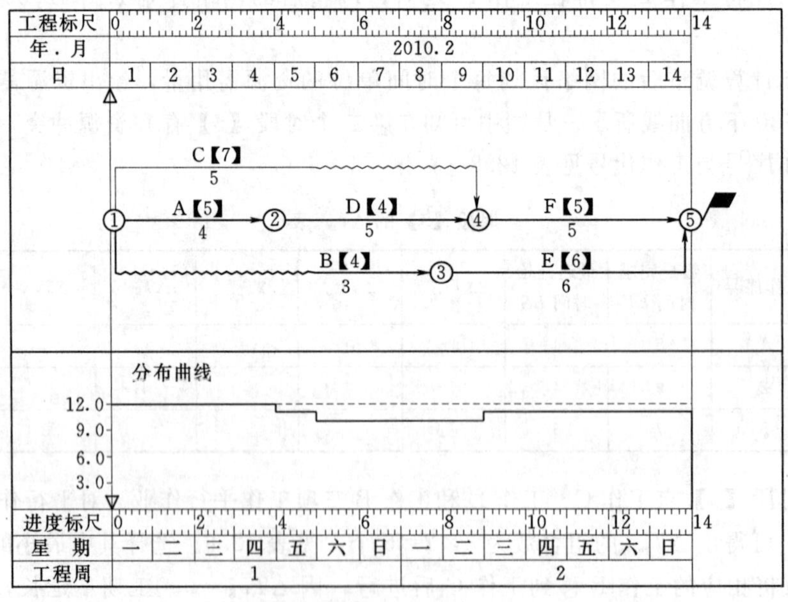

图 12.31　第二次调整后的网络计划（最终优化结果）

"工期固定—资源均衡"的优化方法有多种，这里仅介绍方差值最小法。

1. 方差值最小法

对于某已知网络计划的资源需用量，其方差为

$$\sigma^2 = \frac{1}{T}\sum_{t=1}^{T}(R_t - R_m)^2 \tag{12.4}$$

式中 σ^2——资源需用量方差；

T——网络计划的计算工期；

R_t——第 t 个时间单位的资源需用量；

R_m——资源需用量的平均值。

对式（12.4）进行简化可得

$$\sigma^2 = \frac{1}{T}\sum_{t=1}^{T}(R_t - R_m)^2$$

$$= \frac{1}{T}\sum_{t=1}^{T}R_t^2 - R_m^2 \tag{12.5}$$

分析：若要使资源需用量尽可能地均衡，必须使 σ^2 为最小。而工期 T 和资源需用量的平均值 R_m 均为常数，故而可以得出应为 $\sum_{t=1}^{T}R_t^2$ 为最小。

对于网络计划中某项工作 K 而言，其资源强度为 γ_K。在调整计划前，工作 K 从第 i 个时间单位开始，到第 j 个时间单位完成，则此时网络计划资源需用量的平方和为

$$\sum_{t=1}^{T}R_{t0}^2 = R_1^2 + R_2^2 + \cdots R_i^2 + R_{i+1}^2 + \cdots + R_j^2 + R_{j+1}^2 + \cdots + R_T^2 \tag{12.6}$$

若将工作 K 的开始时间右移一个时间单位，即工作 K 从第 $i+1$ 个时间单位开始，到第 $j+1$ 个时间单位完成，则第 i 天的资源需用量将减少，第 $j+1$ 天的资源需用量将增加。此时网络计划资源需用量的平方和为

$$\sum_{t=1}^{T}R_{t1}^2 = R_1^2 + R_2^2 + \cdots (R_i - \gamma_K)^2 + R_{i+1}^2 + \cdots + R_j^2 + (R_{j+1} + \gamma_K)^2 + \cdots + R_T^2 \tag{12.7}$$

将右移后的 $\sum_{t=1}^{T}R_{t1}^2$ 减去移动前的 $\sum_{t=1}^{T}R_{t0}^2$ 得

$$\sum_{t=1}^{T}R_{t1}^2 - \sum_{t=1}^{T}R_{t0}^2 = (R_i - \gamma_K)^2 - R_i^2 + (R_{j+1} + \gamma_K)^2 - R_{j+1}^2 = 2\gamma_K(R_{j+1} + \gamma_K - R_i) \tag{12.8}$$

如果式（12.8）为负值，说明工作 K 的开始时间右移一个时间单位能使资源需用量的平方和减小，也就使资源需用量的方差减小，从而使资源需用量更均衡。因此，工作 K 的开始时间能够右移的判别式是

$$\sum_{t=1}^{T}R_{t1}^2 - \sum_{t=1}^{T}R_{t0}^2 = 2\gamma_K(R_{j+1} + \gamma_K - R_i) \leqslant 0 \tag{12.9}$$

由于 $\gamma_K > 0$，因此上式可简化为 $\Delta = (R_{j+1} + \gamma_K - R_i) \leqslant 0$ （12.10）

式中 Δ——资源变化值，$\Delta = \left(\sum_{t=1}^{T}R_{t1}^2 - \sum_{t=1}^{T}R_{t0}^2\right)/2\gamma_K$。

在优化过程中，使用判别式（12.10）的时候应注意以下几点：

（1）如果工作右移 1d 的资源变化值 $\Delta \leqslant 0$，即 $(R_{j+1} + \gamma_K - R_i) \leqslant 0$，说明可以右移。

（2）如果工作右移 1d 的资源变化值 $\Delta > 0$，即 $(R_{j+1} + \gamma_K - R_i) > 0$，并不说明工作不

可以右移，可以在时差范围内尝试继续右移 nd。

1) 当右移第 nd 的资源变化值 $\Delta_n<0$，且总资源变化值 $\sum\Delta\leqslant0$。即

$(R_{j+1}+\gamma_K-R_i)+(R_{j+2}+\gamma_K-R_{i+1})+\cdots+(R_{j+n}+\gamma_K-R_{i+n-1})\leqslant0$ 时，可以右移 nd。

2)当右移 nd 的过程中始终是总资源变化值 $\sum\Delta>0$，即 $\sum\Delta>0$ 时，不可以右移。

2."工期固定—资源均衡"优化步骤和方法

(1)绘制时标网络计划，计算资源需用量。

(2)计算资源均衡性指标，用均方差值来衡量资源均衡程度。

(3)从网络计划的终点节点开始，按非关键工作最早开始时间的后先顺序进行调整。

(4)绘制调整后的网络计划。

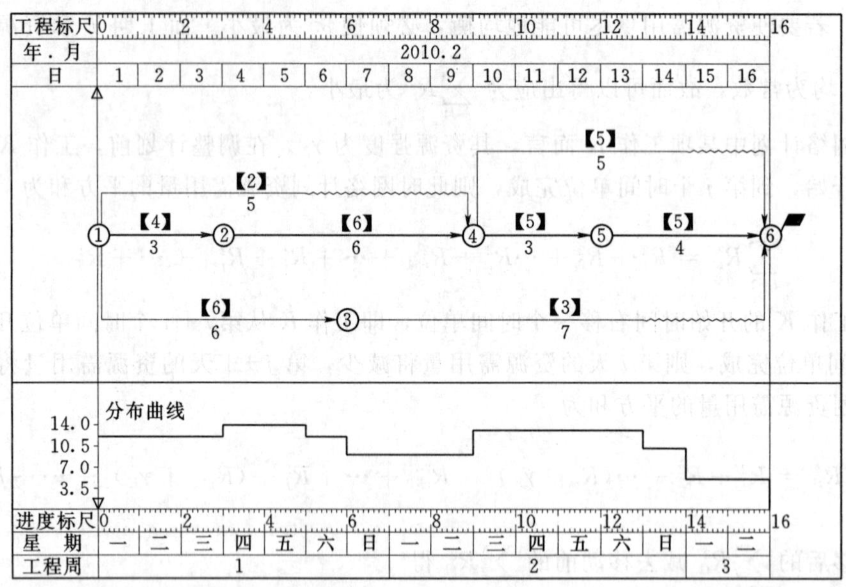

图 12.32 初始时标网络图

3. 工期固定—资源均衡优化示例(初始时标网络图见图 12.32)

为了清晰地说明工期固定—资源均衡优化的应用方法，这里通过表格来反映优化过程，见表 12.9。

表 12.9 **工期固定—资源均衡优化过程**

工　作	计算参数	判别式结果	能否右移
4—6	$R_{j+1}=R_{14+1}=5$ $\gamma_{4,6}=5$ $R_i=R_{10}=13$	$\Delta_1=5+5-13<0$	可右移 1d
	$R_{j+1}=R_{15+1}=5$ $\gamma_{4,6}=5$ $R_i=R_{11}=13$	$\Delta_2=5+5-13<0$	可右移 1d
结论	该工作可右移 2d		

工作 4—6 右移 2d 后的优化结果，如图 12.33 所示。

同理，对于其他工作，可判别结果如下：

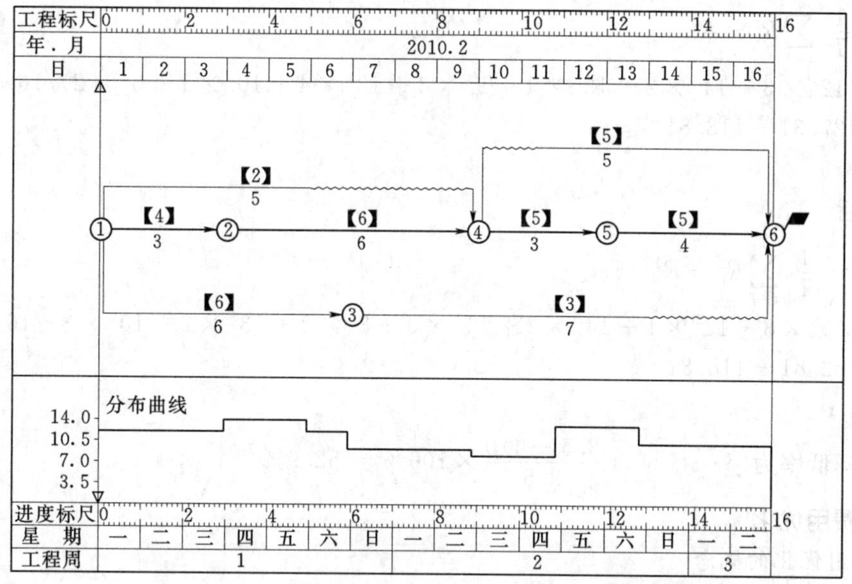

图 12.33 工作 4—6 右移 2d 后的进度计划及资源消耗计划

工作 3—6 不可移动，原网络计划不变化，如图 12.33 所示。

工作 1—4 可右移 4d，结果如图 12.34 所示。

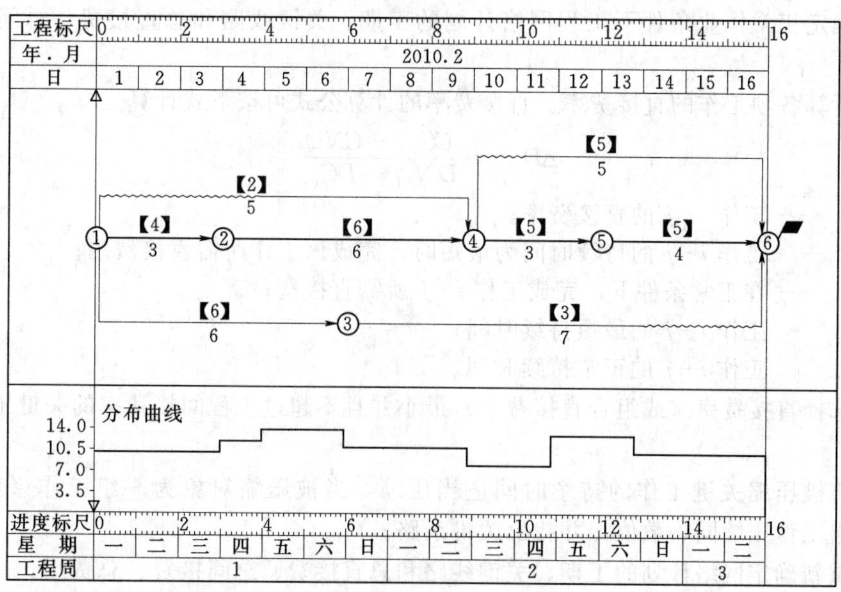

图 12.34 工作 1—4 右移 4d 后的进度计划及资源消耗计划（最终结果）

第一轮优化结束后，可以判断不再有工作可以移动，优化完毕，图 12.34 即为最终的优化结果。

最后，比较优化前后的方差值。

$$R_m = (12 \times 3 + 14 \times 2 + 12 \times 1 + 9 \times 3 + 13 \times 4 + 10 \times 1 + 5 \times 2)/16 = 10.9$$

优化前

$$\sigma^2 = \frac{1}{T}\sum_{t=1}^{T}R_t^2 - R_m^2$$
$$=(12^2\times3+14^2\times2+12^2\times1+9^2\times3+13^2\times4+10^2\times1+5^2\times2)/16-10.9^2$$
$$=127.31-118.81$$
$$=8.5$$

优化后

$$\sigma^2 = \frac{1}{T}\sum_{t=1}^{T}R_t^2 - R_m^2$$
$$=(10^2\times3+12^2\times1+14^2\times2+11^2\times3+8^2\times2+13^2\times2+10^2\times3)/16-10.9^2$$
$$=122.81-118.81$$
$$=4.0$$

方差降低率为 $$\frac{8.5-4.0}{8.5}\times100\%=52.9\%$$

12.4.3 费用优化

1. 费用优化的概念

一项工程的总费用包括直接费用和间接费用。在一定范围内，直接费用随工期的延长而减少，而间接费用则随工期的延长而增加，总费用最低点所对应的工期（T_o）就是费用优化所要追求的最优工期。

2. 费用优化的步骤和方法

(1) 确定正常作业条件下工程网络计划的工期、关键线路和总直接费、总间接费及总费用。

(2) 计算各项工作的直接费率。直接费率的计算公式可按下式计算

$$\Delta D_{i\text{-}j} = \frac{CC_{i\text{-}j} - CN_{i\text{-}j}}{DN_{i\text{-}j} - DC_{i\text{-}j}} \tag{12.11}$$

式中　$\Delta D_{i\text{-}j}$——工作 $i-j$ 的直接费率；

$CC_{i\text{-}j}$——工作 $i-j$ 的持续时间为最短时，完成该工作所需直接费用；

$CN_{i\text{-}j}$——在正常条件下，完成工作 $i-j$ 所需直接费；

$DC_{i\text{-}j}$——工作 $i-j$ 的最短持续时间；

$DN_{i\text{-}j}$——工作 $i-j$ 的正常持续时间。

(3) 选择直接费率（或组合直接费率）最小并且不超过工程间接费率的关键工作作为被压缩对象。

(4) 将被压缩关键工作的持续时间适当压缩，当被压缩对象为一组工作（工作组合）时，将该组工作压缩同一数值，并找出关键线路。

(5) 重新确定网络计划的工期、关键线路和总直接费、总间接费、总费用。

(6) 重复上述 (3) ～ (5)，直至找不到直接费率或组合直接费率不超过工程间接费率的压缩对象为止。此时即求出总费用最低的最优工期。

(7) 绘制出优化后的网络计划。

12.5 网络计划的控制

进度计划毕竟是人们的主观设想，在其实施过程中，会随着新情况的产生、各种因素的

干扰和风险因素的作用而发生变化，使人们难以执行原定的计划。为此，必须掌握动态控制原理，在计划执行过程中不断地对进度计划进行检查和记录，并将实际情况与计划安排进行比较，找出偏离计划的信息；然后在分析偏差及其产生原因的基础上，通过采取措施，使之能正常实施。如果采取措施后，不能维持原计划，则需要对原进度计划进行调整或修改，再按新的进度计划实施。这样在进度计划的执行过程中不断进行地检查和调整，以保证建设工程进度计划得到有效的实施和控制。

12.5.1 前锋线法

前锋线法是通过绘制某检查时刻工程项目实际进度前锋线，进行工程实际进度与计划进度比较的方法，它主要适用于时标网络计划。所谓前锋线，是指在原时标网络计划上，从检查时刻的时标点出发，用点划线依次将各项工作实际进展位置点连接而成的折线。

前锋线法就是通过实际进度前锋线与原进度计划中各工作箭线交点的位置来判断工作实际进度与计划进度的偏差，进而判定该偏差对后续工作及总工期影响程度的一种方法。

1. 前锋线法的使用步骤

(1) 绘制时标网络计划图。工程项目实际进度前锋线在时标网络计划图上标示。为清楚起见，可在时标网络计划图的上方和下方各设一时间坐标。

(2) 绘制实际进度前锋线。一般从时标网络计划图上方时间坐标的检查日期开始绘制，依次连接相邻工作的实际进展位置点，最后与时标网络计划图下方坐标的检查日期相连接。

(3) 进行实际进度与计划进度的比较。前锋线可以直观地反映出检查日期有关工作实际进度与计划进度之间的关系。对某项工作来说，其实际进度与计划进度间的关系可能存在以下三种情况：

1) 工作实际进展位置点落在检查日期的左侧，表明该工作实际进度拖后，拖后时间为两者之差。

2) 工作实际进展位置点与检查日期重合，表明该工作实际进度与计划进度一致。

3) 工作实际进展位置点落在检查日期的右侧，表明该工作实际进度超前，超前的时间为两者之差。

(4) 预测进度偏差对后续工作及总工期的影响。通过实际进度与计划进度的比较确定进度偏差后，还可根据工作的自由时差和总时差预测该进度偏差对后续工作及项目总工期的影响。由此可见，前锋线比较法既适用于工作实际进度与计划进度之间的局部比较，又可用来分析和预测工程项目整体进度状况。

2. 示例

【例 12.5】 某工程项目时标网络计划如图 12.35 所示。该计划执行到第 6d 末检查实际进度时，发现工作 A 和工作 B 已经全部完成，工作 D、E 分别完成计划任务量的 80%和 20%，工作 C 尚需 1d 完成，试用前锋线法进行实际进度与计划的比较。

解 根据第 5d 末实际进度的检查结果绘制前锋线，如图 12.35 所示，通过比较可看出：

(1) 工作 D 实际进度提前 1d，可使其后续工作 F 的最早开始时间提前 1d。

(2) 工作 E 实际进度滞后 1d，将使其后续工作 H 的最早开始时间推迟 1d，最终将影响工期，导致工期拖延 1 天。

(3) 工作 C 实际进度正常，既不影响其后续工作的正常进行，也不影响总工期。

由于工作 H 的开始时间推迟，从而使总工期延长 1d。综上所述，如果不采取措施加快进度，该工程项目的总工期将延长1d。

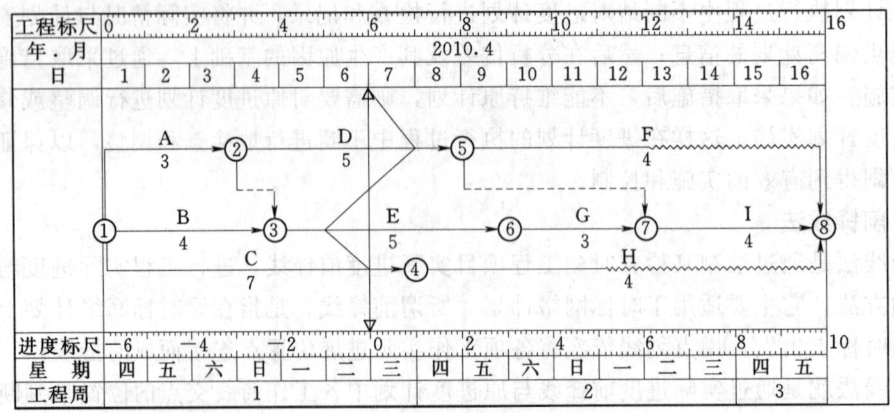

图 12.35 实际进度前锋线

12.5.2 进度计划的调整

在工程项目实施过程中，当通过实际进度与计划进度的比较，发现有进度偏差时，应根据偏差对后续工作及总工期的影响，采取相应的调整方法措施对原进度计划进行调整，以确保工期目标的顺利实现。

1. 分析进度偏差对后续工作及总工期的影响

进度偏差的大小及其所处的位置不同，对后续工作和总工期的影响程度是不同的，分析时需要利用网络计划中工作总时差和自由时差的概念进行判断。分析步骤如下：

(1) 分析出现进度偏差的是否为关键工作。如果出现进度偏差的工作为关键工作，则无论其偏差有多大，都将对后续工作和总工期产生影响，必须采取相应的调整措施；如果出现偏差的工作为非关键工作，则需要根据进度偏差值与总时差和自由时差的关系作进一步分析。

(2) 分析进度偏差是否超过总时差。如果工作的进度偏差大于该工作的总时差，则此进度偏差必将影响其后续工作和总工期，必须采取相应的调整措施；如果工作的进度偏差未超过该工作的总时差，则此进度偏差不影响总工期。至于对后续工作的影响程度，还需要根据偏差值与其自由时差的关系作进一步分析。

(3) 分析进度偏差是否超过自由时差。如果工作的进度偏差大于该工作的自由时差，则此进度偏差将对其后续工作的最早开始时间产生影响，此时应根据后续工作的限制条件确定调整方法；如果工作的进度偏差未超过该工作的自由时差，则此进度偏差不影响后续工作，因此，原进度计划可以不作调整。

2. 进度计划的调整方法

(1) 缩短某些工作的持续时间。通过检查分析，如果发现原有进度计划已不能适应实际情况时，为了确保进度控制目标的实现或需要确定新的计划目标，就必须对原进度计划进行调整，以形成新的进度计划，作为进度控制的新依据。这种方法的特点是不改变工作之间的先后顺序，通过缩短网络计划中关键线路上工作的持续时间来缩短工期，并考虑经济影响，实质是一种工期费用优化。

一般来说，缩短某些工作的持续时间都会增加费用。因此，在调整施工进度计划时，应选择费用增加量最小的关键工作作为压缩对象。

(2) 改变某些工作间的逻辑关系。当工程项目实施中产生的进度偏差影响到总工期，且有关工作的逻辑关系允许改变时，不改变工作的持续时间，可以改变关键线路和超过计划工期的非关键线路上的有关工作之间的逻辑关系，达到缩短工期的目的。例如，将依次进行的工作改为平行作业、搭接作业或者分段组织流水作业等方法来调整施工进度计划，有效地缩短工期。

(3) 其他方法。除采用上述方法来缩短工期外，当工期拖延得太多时，还可以同时采用缩短工作持续时间和改变工作之间的逻辑关系的方法对同一施工进度计划进行调整，以满足工期目标要求。

思 考 题

12.1 什么是网络图？

12.2 什么是工作？工作和虚工作有何不同？

12.3 什么是工艺关系和组织关系？试举例说明。

12.4 简述网络图的绘制规则。

12.5 什么是工作的总时差和自由时差？

12.6 关键线路和关键工作的确定方法有哪些？

12.7 双代号时标网络计划的特点有哪些？

12.8 网络计划的优化内容有哪些？怎样进行工期优化？

习 题

12.1 设某分部工程包括 A、B、C、D、E、F 6 个分项工程，各工序的相互关系为：①A 完成后，B 和 C 可同时开始；②B 完成后 D 才能开始；③E 在 C 后开始；④在 F 开始前，E 和 D 都必须完成。试绘制双代号网络图。

12.2 绘出下列各工序的双代号网络图。

工序 C 和 D 都紧跟在工序 A 的后面。

工序 E 紧跟在工序 C 的后面，工序 F 紧跟在工序 D 的后面。

工序 B 紧跟在工序 E 和 F 的后面。

12.3 根据表 12.10，绘出双代号时标网络图。

表 12.10 **习 题 12.3 表**

本 工 作	A	B	C	D	E	G	H
持续时间	9	4	2	5	6	4	5
紧前工作	—	—	—	B	B、C	D	D、E
紧后工作	—	D、E	E	G、H	H	—	—

12.4 已知网络图各工作之间的逻辑关系见表 12.11，试绘出其双代号网络图。

表 12.11　　　　习 题 12.4 表

工 作	A	B	C	D	E	G	H	I	J
紧后工作	E	H、A	J、G	H、I、J	无	H、A	无	无	无

12.5　某分部工程有 A、B、C 三个施工过程，若分为三个施工段施工，流水节拍值分别为 $t_A=2$d、$t_B=1$d、$t_C=1$d。请组织异节拍流水施工，绘出双代号时标网络图，并找出关键线路。

12.6　某施工网络计划图 12.36 所示，在施工过程中发生以下的事件：工作 A 因业主原因晚开工 2d；工作 B 承包商用了 21d 才完成；工作 H 由于不可抗力影响晚开工 3d；工作 G 由于业主方指令延误晚开工 5d。试问，承包商可索赔的工期为多少天？

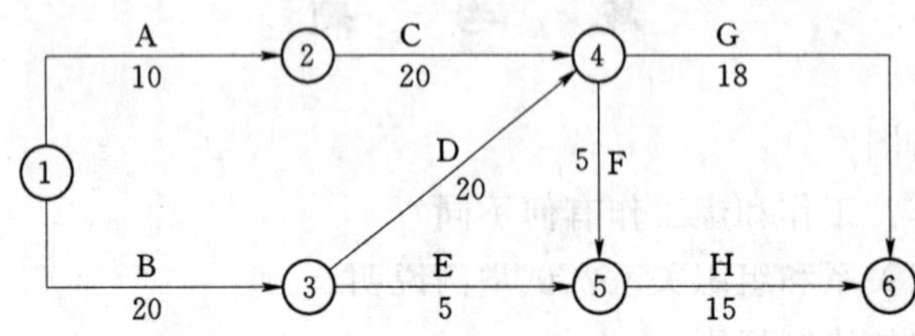

图 12.36　习题 12.6 图

第13章　施工组织总设计

13.1　施工组织总设计编制程序及依据

施工组织总设计是以整个建设项目为编制对象，它是指导全局及施工全过程的作战方案。它对整个建设项目实现科学管理、文明施工、取得良好的综合经济效益，具有决定性的影响。

13.1.1　施工组织总设计编制程序

施工组织总设计的编制程序，如图13.1所示。从编制程序可知：

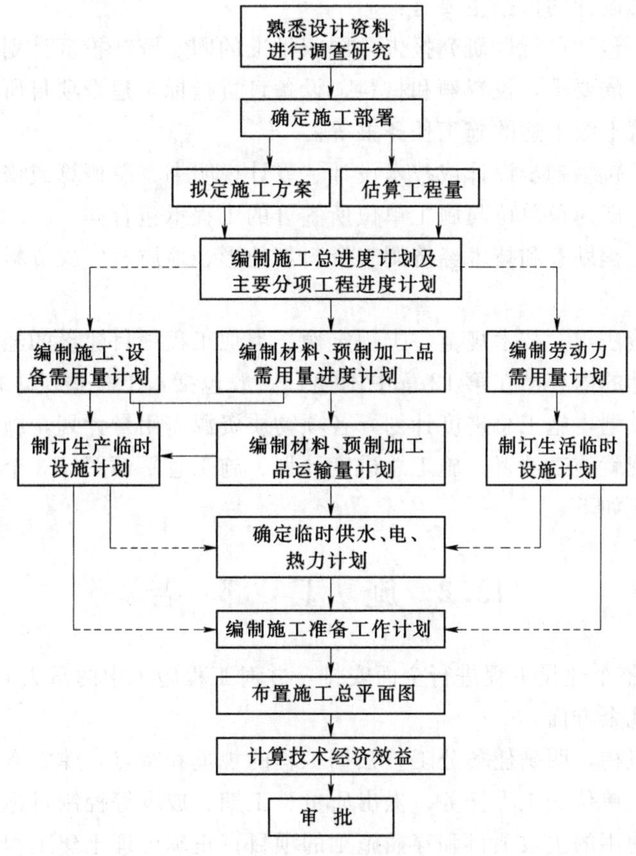

图13.1　施工组织总设计编制程序

（1）施工组织总设计，首先是从战略的全局出发，对建设地区的自然条件和技术经济条件，对工程特点和施工要求进行全面系统的分析研究，找出主要矛盾，发现薄弱环节，以便在确定施工部署时采取相应的对策、措施，及早克服和清除施工中的障碍，避免造成损失和浪费。

（2）根据工程特点和生产工艺流程，合理安排施工总进度，确保施工能均衡连续进行，确保建设项目能分期分批投产使用，充分发挥投资效益。

(3) 根据施工总进度计划，提出资金、材料、设备、劳力等物质资源分年度供需计划。

(4) 为了保证总进度计划的实现，应制订机械化、工厂化、冬雨期施工的技术措施和主要工程项目的施工方案，主要工种工程施工的流水方案。

(5) 编制施工组织总设计尤应重视施工准备工作，包括附属企业、加工厂站，生活、办公临时设施，交通运输、仓库堆场，供水、供电，排水、防洪，通信系统等的规划和布置，这些是保证工程顺利施工的物质基础。

(6) 施工组织总设计系编制各项单位工程施工组织设计的纲领和依据，并为制定作业计划，实现科学管理，进行质量、进度、投资三大目标控制创造了条件。施工组织总设计使各项准备工作有计划、有预见地做在开工之前，使所需各种物资供应有保证，避免停工待料，并可根据当地气候条件，采取季节性技术组织措施，做到常年不间断地连续施工。

13.1.2 施工组织总设计编制依据

编制施工组织总设计的依据主要有：

(1) 计划文件。包括可行性研究报告，国家批准的固定资产投资计划，单位工程项目一览表，分期分批投产的要求，投资额和材料、设备订货指标，建设项目所在地区主管部门的批件，施工单位主管上级下达的施工任务书等。

(2) 设计文件。包括初步设计或技术设计、设计说明书、总概算或修正总概算等。

(3) 合同文件。即建设单位与施工单位所签订的工程承包合同。

(4) 建设地区工程勘察和技术经济调查资料如地形、地质、气象资料和地区技术经济条件等。

(5) 有关的政策法规、技术规范、工程定额、类似工程项目建设的经验等资料。

施工组织总设计的内容已在第12章中阐述，一般包括：工程概况，施工部署和施工方案，施工准备工作计划，施工总进度计划，各项物质资源需用量计划，施工总平面图，技术经济指标等部分。现就施工部署、施工总进度计划、施工总平面图等3个主要部分的编制步骤、方法和要点简述如下。

13.2 施工部署

施工部署是对整个建设工程进行全面安排，并对工程施工中的重大问题进行战略决策，其内容主要有以下几个方面。

(1) 建立组织机构，明确任务分工。根据工程的规模和特点，建立有效的组织机构和管理模式；明确各施工单位的工程任务，提出质量、工期、成本等控制目标及要求；确定分期分批施工交付投产使用的主攻项目和穿插施工的项目；正确处理土建工程、设备安装及其他专业工程之间相互配合协调的关系。

(2) 重点工程的施工方案。对于重点的单位工程、分部工程或特种结构工程，应在施工组织总设计中拟定其施工方案，如深基础的桩基、人工降水、支护结构、大体积混凝土浇筑的方案，高层建筑主体结构所采用的浇筑方案，重型构件、大跨度结构、整体结构的组运、吊装方案等，以便事先进行技术和资源的准备，为工程施工的顺利开展和施工现场的合理布局提供依据。

(3) 主要工种工程施工方法。重点应拟定工程量大、施工技术复杂的工种工程，如土方工程、打桩工程、混凝土结构工程、结构安装工程等工厂化、机械化施工方法，以扩大预制装配程度、提高机械化施工水平，并确保主导工种工程和机械设备能连续施工，充分发挥机械效能，减少机械台班费。

(4) 施工准备工作规划。主要指全场性的准备工作，如土地征购，居民迁移，“三通一平”，测量控制网的设置，生产、生活基地的规划，材料、设备、构件的加工订货及供应，加工厂站、材料仓库的布置，施工现场排水、防洪、环保、安全等所采取的技术措施。

13.3 施工总进度计划

13.3.1 施工总进度计划编制的原则

施工总进度计划是根据施工部署的要求，合理地确定工程项目施工的先后顺序、施工期限、开工和竣工的日期，以及它们之间的搭接关系和时间。据此，便可确定建筑工地上劳动力、材料、成品、半成品的需要量和分批供应的日期；确定附属企业、加工厂站的生产能力，临时房屋和仓库、堆场的面积，供电、供水的数量等。

正确地编制施工总进度计划，不仅是保证各工程项目能成套地交付使用的重要条件，而且在很大程度上直接影响投资的综合经济效益。据此，必须引起足够的重视。在编制施工总进度计划时，除应遵循第12章中所述的施工组织基本原则外，还应考虑以下要点：

(1) 严格遵守合同工期，把配套建设作为安排总进度的指导思想。这是使建设项目形成新的生产力，充分发挥投资效益的有力保证。因此，在工业建设项目的内部，要处理好生产车间和辅助车间之间、原料与成品之间、动力设施和加工部门之间、生产性建筑和非生产性建筑之间的先后顺序，有意识地做好协调配套，形成完整的生产系统；在外部则有水源、电源、市政、交通、原料供应、三废处理等项目需要统筹安排。民用建筑不解决好供水、供电、供暖、通信、市政、交通等工程也不能交付使用。

(2) 以配套投产为目标，区分各项工程的轻重缓急，把工艺调试在前的、占用工期较长的、工程难度较大的项目排在前面；把工艺调试靠后的、占用工期较短、工程难度一般的项目排列在后。所有单位工程，都要考虑土建、安装的交叉作业，组织流水施工，力争加快进度，合理压缩工期。这样分批开工，分批竣工，在组织施工中可体现均衡施工的原则，平缓物资设备的供应，避免过分集中，有效地削减高峰工程量；也可使调整试车分批进行、先后有序，从而保证整个建设项目能按计划、有节奏地实现配套投产。

(3) 从货币时间价值观念出发，在年度投资额分配上应尽可能将投资额少的工程项目安排在最初年度内施工；投资额大的工程项目安排在最后年度内施工，以减少投资贷款的利息。

(4) 充分估计设计出图的时间和材料、设备、配件的到货情况，务使每个施工项目的施工准备、土建施工、设备安装和试车运转的时间能合理衔接。

(5) 确定一些调剂项目，如办公楼、宿舍、附属或辅助车间等穿插其中，以达到既能保证重点，又能实现均衡施工的目的。

(6) 将土建工程中的主要分部分项工程（土方、基础、现浇混凝土、构件预制、结构吊装、砌筑和装修等）和设备安装工程分别组织流水作业、连续均衡施工，以此达到土方、劳

动力、施工机械、材料和构件的五大综合平衡。

（7）在施工顺序安排上，除应本着先地下后地上，先深后浅，先干线后支线，先地下管线后道路的原则外，还应使为进行主要工程所必需的准备工程及时完成；主要工程应从全工地性工程开始；各单位工程应在全工地性工程基本完成后立即开工；充分利用永久性建筑和设施为施工服务，以减少暂设工程费用开支；充分考虑当地气候条件，尽可能减少雨季、冬季施工的附加费用。如大规模土方和深基础施工应避开雨季，现浇混凝土结构应避开冬季，高空作业应避开风季等。

此外，总进度计划的安排还应遵守技术法规、标准，符合安全、文明施工的要求，并应尽可能做到各种资源的平衡。

13.3.2　施工总进度计划编制方法

施工总进度计划的编制方法如下。

13.3.2.1　计算工程量

根据工程项目一览表，分别计算主要实物工程量，以便选择施工方案和施工机械，确定工期，规划主要施工过程的流水施工，计算劳动力及技术物资的需要量。工程量计算可按初步（或扩大初步）设计图纸，采用概算指标和扩大结构定额，类似工程的资料等进行粗略的计算。

13.3.2.2　确定各单位工程的施工期限

影响单位工程工期的因素较多，它与建筑类型、施工方法、结构特征、施工技术和管理水平，以及现场的地形、地质条件等有关。因此，在确定各单位工程工期时，应参考有关工期定额，针对上述因素进行综合考虑。

13.3.2.3　确定各单位工程开竣工时间和相互搭接关系

在安排各单位工程开竣工时间和相互搭接关系时，既要保证在规定工期内能配套投产使用，又要避免人力、物力分散；既要考虑冬雨期施工的影响，又要做到全年均衡施工；既要使土建施工、设备安装、试车运转相互配合，又要使前、后期工程有机地衔接；应使准备工程和全场性工程先行，充分利用永久性建筑和设施为施工服务；应使主要工种工程能流水施工，充分发挥大型机械设备的效能。

13.3.2.4　编制施工总进度计划表

施工总进度计划常以网络图或横道图表示，主要起控制总工期的作用，不宜过细，过细不利于调整。对于跨年度的工程，通常第一年按月划分，第二年以后则均按季划分。

图13.2即为某汽车制造厂施工总进度计划的示例。从图中可知，该厂分为三期建设，第一期工程包括可供施工服务的修理车间、车库和部分仓库；能够单独生产零件和产品的轮胎车间、弹簧车间和锻压车间的一部分；为配套投产和为施工服务的部分动力构筑物及管网。第二期工程包括其余的制品车间（铸工车间、锻工车间），其产品还需进一步加工；为前一类车间产品再进行加工的机械车间。第三期工程，包括其他车间及建筑物，修筑道路，敷设上下水管道、电力网以及全场性工程。第三期工程均应配合各期主要工程施工，为主要工程顺利开展创造条件，并保证各车间竣工后能配套投入生产。

为了使主要工种工程量及劳动力均衡，已将第一期的进度进行了调整，把原进度（图中的虚线）改为实际采用的进度（图中实线）。这样使土方工程、混凝土工程和吊装工程的工程量都很均衡，因而也就保证了第一期工程施工的均衡性。

序号	工程名称	工程数量（m^3）	造价（万元）	1979年（月）4 5 6 7 8 9 10 11 12	1980年（月）1 2 3 4 5 6 7 8 9 10 11 12	1981年（月）1 2 3 4 5 6 7 8 9 10 11 12
1	准备工程		12			
2	平整场地		7			
3	1号锻压车间	860	30			
4	轮胎车间	350	35			
5	弹簧车间	60	7			
6	机械车间	560	28			
7	锻工车间	250	20			
8	生铁铸间	220	22			
9	灰生铁铸间	120	12			
10	有色金属铸间	150	15			
11	2号锻压车间	380	38			
12	机械装配车间	540	43			
13	工具模压车间	350	35			
14	木工车间	40	4			
15	修理车间	50	5			
16	仓库	100	5			
17	成品汽车仓库	40	2			
18	热电站	90	18			
19	降压变电站	—	1			
20	筑路工程	—	13			
21	汽车仓库	50	4			
22	地下管网	—	20			
23	办公主楼	30	4			
24	福利设施	—	15			

图 13.2　某汽车制造厂施工总进度计划

根据当地的气候条件，土方、基础及道路工程均应在四月初开工，才能避开季节性影响。此外，在安排进度时，还应考虑有两个月的时间作为竣工投产的试运转。

总进度计划编制定案后，即可据以编制材料、预制构件、加工品、劳动力、施工机具设备等需要量计划；制订生产、生活临时设施计划；从而便可确定生产企业的规模，所需临时房屋、仓库、堆场的面积，以及供水、供电的数量等。

13.4 临 时 设 施 工 程

为了确保施工顺利进行，在工程正式开工前，应及时完成加工厂（站），仓库堆场，交通运输道路，水、电、动力管网，行政、生活福利设施等各项大型临时设施。现就上述设施的组织要点简述如下。

13.4.1 加工厂（站）组织

工地上常设的加工厂（站）有混凝土搅拌站、砂浆搅拌站、钢筋加工厂、木材加工厂、金属结构厂等。其结构类型应根据地区条件和使用期限而定，使用期短的则采用简易的竹木结构，使用期长的可采用砖木结构或装拆式的活动房屋。其各类加工厂所需要的建筑面积，可参照《施工手册》中有关指标进行计算。

13.4.2 建筑工地运输业务组织

建筑工地运输业务组织的内容包括：确定运输量，选择运输方式，计算运输工具需要量。当货物由外地利用公路、水路或铁路运来时，一般由专业运输单位承运，施工单位往往只解决工程所在地区及工地范围内的运输。

13.4.3 建筑工地仓库业务组织

建筑工地所用仓库，按其用途分有：①转运仓库，设在火车站或码头附近，供材料转运储存用；②中心仓库，用以储存整个企业或大型施工现场的材料；③工地仓库，专为某一工程服务。按材料保管方式分有露天仓库、库棚和封闭式仓库。

正确的仓库业务组织，应在保证施工需要的前提下，使材料的储备量最少，储备期最短，装卸及转运费用最省。此外，还应选用经济而适用的仓库形式及结构，尽可能利用原有的或永久性建筑物，以减少修建临时仓库的费用，并应遵守防火条例的要求。

组织仓库业务时，所需材料的储备量、仓库的面积和类型，可根据材料的种类、每日需用材料的数量，参照表13.1中所列的各项系数及要求计算确定。

表13.1 计算仓库面积的有关系数

序号	材料及半成品	储备天数 T_c	不均衡系数 K_i	每平方米储存定额 q	有效利用系数 K	仓库类别	备注
1	水泥	30～60	1.3～1.5	1.5～1.9	0.65	封闭式	堆高10～12袋
2	生石灰	30	1.4	1.7	0.7	棚	堆高2m
3	砂子（人工堆放）	15～30	1.4	1.5	0.7	露天	堆高1～1.5m
4	砂子（机械堆放）	15～30	1.4	2.5～3	0.8	露天	堆高2.5～3m
5	石子（人工堆放）	15～30	1.5	1.5	.0.7	露天	堆高1～1.5m
6	石子（机械堆放）	15～30	1.5	2.5～3	0.8	露天	堆高2.5～3m
7	块石	15～30	1.5	10	0.7	露天	堆高1.0m
8	预制钢筋混凝土槽型板	30～60	1.3	0.20～0.30	0.6	露天	堆高4块
9	梁	30～60	1.3	0.8	0.6	露天	堆高1.0～1.5m
10	柱	30～60	1.3	1.2	0.6	露天	堆高1.2～1.5m
11	钢筋（直筋）	30～60	1.4	2.5	0.6	露天	占全部钢筋的80%，堆高0.5m
12	钢筋（盘筋）	30～60	1.4	0.9	0.6	封闭库或棚	占全部钢筋的20%，堆高1m
13	钢筋成品	10～20	1.5	0.07～0.1	0.6	露天	
14	型钢	45	1.4	1.5	0.6	露天	堆高0.5m
15	金属结构	30	1.4	0.2～0.3	0.6	露天	
16	原木	30～60	1.4	1.3～1.5	0.6	露天	堆高2m
17	成材	30～45	1.4	0.7～0.8	0.5	露天	堆高1m
18	废木料	15～20	1.2	0.3～0.4	0.5	露天	废木料约占锯木量的10%～15%
19	门窗扇	30	1.2	45	0.6	露天	堆高2m
20	门窗框	30	1.2	20	0.6	露天	堆高2m
21	木屋架	30	1.2	0.6	0.6	露天	
22	木模板	10～15	1.4	4～6	0.7	露天	
23	模板整理	10～15	1.2	1.5	0.65	露天	
24	砖	15～30	1.2	0.7～0.8	0.6	露天	堆高1.5～1.6m
25	泡沫混凝土制件	30	1.2	1	0.7	露天	堆高1m

注 储备天数根据材料来源、供应季节、运输条件等确定。一般就地供应的材料取表中之低值，外地供应采用铁路运输或水运者取高值。现场加工企业供应的成品、半成品的储备天数取低值，工程处的独立核算加工企业供应者取高值。

13.4.4 行政管理、生活福利房屋的组织

在工程建设期间，必须为施工人员修建一定数量的临时房屋，以供行政管理和生活福利用，这类房屋应尽可能利用已有的或拟拆除的房屋，并充分利用先行修建能为施工服务的永久性建筑，以减少暂设工程费用开支。

临时房屋应按经济、适用、装拆方便的原则，根据当地气候条件、工期长短确定结构形式。通常有帐篷、装配式活动房屋，或利用地方材料修建的简易房屋等。

13.4.5 建筑工地临时供水

建筑工地敷设临时供水系统，以满足生产、生活和消防用水的需要。在规划临时供水系统时，必须充分利用永久性供水设施为施工服务。

工地各类用水的需水量计算如下。

(1) 一般生产用水。

$$q_1 = 1.1 \times \frac{\sum Q_1 N_1 K_1}{t \times 8 \times 3600} \tag{13.1}$$

式中 q_1——生产用水量，L/s；

Q_1——年（季、月）度工程量，可从总进度计划及主要工种工程量中求得；

N_1——各工种工程施工用水定额；

K_1——每班用水不均衡系数，取 1.25～1.5；

t——与 Q_0 相应的工作日，d，按每天一班计；

1.1——未预见用水量的修正系数。

(2) 施工机械用水。

$$q_2 = 1.1 \times \frac{\sum Q_2 N_2 K_2}{t \times 8 \times 3600} \tag{13.2}$$

式中 q_2——施工机械用水量，L/s；

Q_2——同一种机械台班数；

N_2——该种机械台班的用水定额；

K_2——施工机械用水不均衡系数，取 1.1～2；

1.1——未预见用水量的修正系数。

(3) 生活用水。

$$q_3 = 1.1 \times \frac{P N_3 K_3}{24 \times 3600} \tag{13.3}$$

式中 q_3——生活用水量，L/s；

P——建筑工地最高峰工人数；

N_3——每人每日生活用水定额；

K_3——每日用水不均衡系数，取 1.5～2.5；

1.1——未预见用水量的修正系数。

(4) 消防用水。消防用水量 q_0 应根据建筑工地大小及居住人数确定，可参考表 13.2 取值。

(5) 总用水量 Q。

1）当 $q_1+q_2+q_3\leqslant q_4$ 时，则

$$Q=q_4+\frac{1}{2}(q_1+q_2+q_3) \tag{13.4}$$

2）当 $q_1+q_2+q_3>q_4$ 时，则

$$Q=q_1+q_2+q_3 \tag{13.5}$$

表 13.2 消防用水量 单位：L/s

序号	用水名称		火灾同时发生次数	用水量
1	居民区消防用水	5000 人以内	一次	10
		10000 人以内	二次	10～15
		25000 人以内	二次	15～20
2	施工现场消防用水	施工现场在 $25hm^2$ 以内	一次	10～15
		每增加 $25hm^2$ 递增		5

3）当工地面积小于 $5hm^2$，且 $q_1+q_2+q_3<q_4$ 时，则

$$Q=q_4 \tag{13.6}$$

至于供水管径的大小，则根据工地总的需水量经计算确定，即

$$D=\sqrt{\frac{4Q\times1000}{\pi v}} \tag{13.7}$$

式中 D——供水管直径，mm；

Q——总用水量，L/s；

v——管网中的水流速度，m/s，考虑消防供水时取 2.5～3。

13.4.6 建筑工地临时供电

建筑工地临时供电组织有计算用电量、选择电源、确定变压器、布置配电线路等。

13.4.6.1 用电量计算

施工用电主要分动力用电和照明用电两部分，其用电量为：

$$P=(1.05\sim1.1)\left(K_1\frac{\sum P_1}{\cos\varphi}+K_2\sum P_2+K_3\sum P_3+K_4\sum P_4\right) \tag{13.8}$$

式中 P——供电设备总需要容量，kV·A；

P_1——电动机额定功率，kW；

P_2——电焊机额定容量，kV·A；

P_3——室内照明容量，kW；

P_4——室外照明容量，kW；

$\cos\varphi$——电动机的平均功率因素，一般为 0.65～0.75，最高为 0.75～0.78；

K_1、K_2、K_3、K_4——需要系数，表 13.3。

施工现场的照明用电量所占的比重较动力用电量要少得多，所以在估算总用电量时可以不考虑照明用电量，只要在动力用电量之外再加上 10%作为照明用电量即可。

表 13.3　需要系数（K 值）

用电名称	数　量	需要系数				备　注
		K_1	K_2	K_3	K_4	
电动机	3～10 台	0.7				如施工上需要电热时，将其用电量计算进去。式中各动力照明用电应根据不同工作性质分类计算
	11～30 台	0.6				
	30 台以上	0.5				
加工厂动力设备		0.5				
电焊机	3～10 台		0.6			
	10 台以上		0.5			
室内照明				0.8		
主要道路照明					1.0	
警卫照明					1.0	
场地照明					1.0	

13.4.6.2 选择电源

工地临时供电的电源，应优先选用城市或地区已有的电力系统，只有无法利用或电源不足时，才考虑设临时电站供电。一般是将附近的高压电通过设在工地的变压器引入工地，这是最经济的方案，但事先应将用电量向供电部门申请批准。变压器的功率则可按下式计算

$$P=K\left(\frac{\sum P_{max}}{\cos\varphi}\right) \tag{13.9}$$

式中　P——变压器的功率，kV·A；

K——功率损失系数，取 1.05；

$\sum P_{max}$——施工区的最大计算负荷，kW；

$\cos\varphi$——功率因素。

根据计算所得容量，可从变压器产品目录中选用相近的变压器。

13.4.6.3 配电线路和导线截面的选择

配电线路的布置方案有枝状、环状和混合式三种，主要根据用户的位置和要求、永久性供电线路的形状而定。一般 3～10kV 的高压线路宜采用环状，380V 或 220V 的低压线路可用枝状。线路中的导线截面，则应满足机械强度、允许电流和允许电压降的要求。通常导线截面是先根据负荷电流的大小选择，然后再以机械强度和允许的电压损失值进行换算。

（注：本节所用各种定额，可查《建筑施工手册》及有关资料。）

13.5 施工总平面图

施工总平面图是具体指导现场施工部署的行动方案，对于指导现场进行有组织、有计划的文明施工具有重大的意义。它是按照施工部署、施工方案和施工总进度计划，将各项生产、生活设施（包括房屋建筑、临时加工预制厂、材料仓库、堆场、水电动力管线和运输道路等），根据布置原则和要求，将其规划布置在建筑总平面图上。对有的大型建设项目，当施工期限较长或受场地所限，必须几次周转使用场地时，应按照几个阶段布置施工总平面图。

13.5.1　施工总平面图的内容

施工总平面图应表明的内容如下：

（1）一切地上、地下已有和拟建的建筑物、构筑物及其他设施的位置和尺寸。

（2）一切为施工服务的临时设施的布置，其中包括：

1）工地上各种运输业务用的建筑物和道路。

2）各种加工厂、半成品制备站及机械化装置。

3）各种建筑材料、半成品、构配件的仓库及堆场。

4）行政管理用的办公室、施工人员的宿舍以及文化福利用的临时建筑物。

5）临时给、排水的管线，动力、照明供电线路。

6）保安及防火的设施等。

7）取土及弃土的位置。

8）地形、地貌及坐标位置。

13.5.2　设计施工总平面图的资料

设计施工总平面图所需的资料，主要有：

（1）设计资料。包括建筑总平面图、主要工程项目及结构特征、场地的竖向规划、地上和地下各种管网布置等。

（2）建设地区资料。包括工程勘察和技术经济调查资料，以便充分利用当地自然条件和技术经济条件为施工服务，用以正确确定仓库和加工厂的位置、工地运输道路、给排水管路的铺设等问题。

（3）整个建设项目的施工方案、施工进度计划，以便了解各施工阶段情况，从而有效地进行分期规划，充分利用场地。

（4）各种建筑材料、构件、加工品、施工机械和运输工具需要量一览表，以便规划工地内部的储放场地和运输线路。

（5）构件加工厂、仓库等临时建筑一览表。

13.5.3　设计施工总平面图的原则

（1）在保证顺利施工的前提下，尽量不占、少占或缓占良田好土，应充分利用山地、荒地，重复使用空地。

（2）尽可能降低临时工程费用，充分利用已有或拟建房屋、管线、道路和可缓拆、暂不拆除的项目为施工服务。

（3）在保证运输方便的前提下，运输费用最少。这就要求合理布置仓库、附属企业、起重设备等临时设施的位置，正确选择运输方式和铺设运输道路，减少二次搬运。

（4）有利于生产，方便生活和管理，并应遵守防火、安全、消防、环保、卫生等有关技术标准、法规。

13.5.4　施工总平面图设计的步骤和方法

设计施工总平面图时，可按以下步骤进行：

（1）解决宽轨铁路的引入和布置。

（2）确定仓库及附属企业的位置。

（3）布置工地内部运输道路。

（4）确定临时行政管理及文化生活福利等房屋的位置。

（5）布置临时水电管网及动力线路。

（6）布置消防、安全、保卫设施。

在设计施工总平面图时，应从研究大宗材料的供应情况及运输方式开始。当大宗材料由铁路运输时，由于铁路的转弯半径大，坡度有限制，因此首先应解决铁路从何处引入及可能引到何处的方案，并尽可能考虑利用该企业永久铁路支线。铁路线的布置最好沿着工地周边或各个独立施工区的周边铺设，以免与工地内部运输线交叉，妨碍工地内部运输。

假如大宗材料由公路或水路运输时，因公路布置较灵活，则应先解决仓库及附属企业的位置，使其布置在最合理经济的地方，然后再布置通向工地外部的道路；对水路来讲，因河流位置已定，通常考虑在码头附近布置附属企业或转运仓库。

仓库布置一般应接近使用地点；铁路运输时，应沿铁路线布置在靠工地内侧；水泥库和砂石堆场应布置在搅拌站附近；砖、预制构件应布置在垂直运输设备工作范围内；钢筋、木材应布置在加工厂附近；车库、机械站应布置在现场入口处；油料、氧气、炸药库等应布置在远离施工点的安全地带；易燃、有毒材料库应布置在工地的下风方向。

决定附属企业或加工厂（站）位置时，总的要求是材料运入方便，加工品运至使用点的运费最少；工艺流程合理，生产、施工互不干扰。一般说来，某些加工企业最好集中布置在一个地区，这样既便于管理和简化供应工作，又能降低铺设道路、水、电、动力管网等费用。例如，混凝土搅拌站，预制构件场地，钢筋、模板加工厂等可以布置在一个地区中；金属材料仓库，机械加工，焊接、锻工、管道等加工厂也常布置在一起。对于固定的混凝土搅拌站，应设在混凝土工程量较大的项目附近，零星工程则可采用移动式搅拌机，更宜优先采用商品混凝土。

当确定了仓库、附属生产企业位置及场外道路的入口后，即可布置场内运输道路。场内运输道路应尽可能地提前修建永久性道路为施工服务；临时道路要将仓库、加工厂、施工点贯通；尽可能减少尽头死道及交叉点，避免交通堵塞、中断；对于具有尽头的单车道，应在末端设置回车场。

临时行政及文化生活福利用房，应尽可能地利用永久性建筑为施工服务，并应将全工地行政管理办公室设在工地出入口；施工人员办公室尽可能靠近施工对象；为工人服务的生活福利房屋及设施，如商店、俱乐部等应设在工人聚集较多或出入必经之处；对于居住和文化福利房屋，则应集中布置在现场外，组成一工人村，其距离最好在 500～1000 m 内，以利工人往返。

临时水、电管网的布置分两种情况：一种情况是利用已有的水源、电源，此时应从外部接入工地，沿主要干道布置干管主线，然后与各用户接通。但从高压电线引入时，需在引入处设变压站，其位置应在较隐蔽的地方，并要采取安全防护措施。另一种情况是无法利用现有的水源、电源时，则应另行规划临时供水设施、发电站和管网线路。主要水、电管网应环状布置；供电线路应避免与其他管道设在同一侧；按消防规定设置消防栓、消防站，并有畅通的道路能使消防车行驶。

施工总平面的布置是一项系统工程，应全面分析、综合考虑，正确处理各项内容的相互联系和相互制约关系，使其施工用地、临时建筑面积少；临时道路、水电管网短；材料、设备运输成本低；施工场地的利用率高。

图 13.3 为某开发小区施工总平面分区布置图，图中西区的商业大厦正在施工中。该施

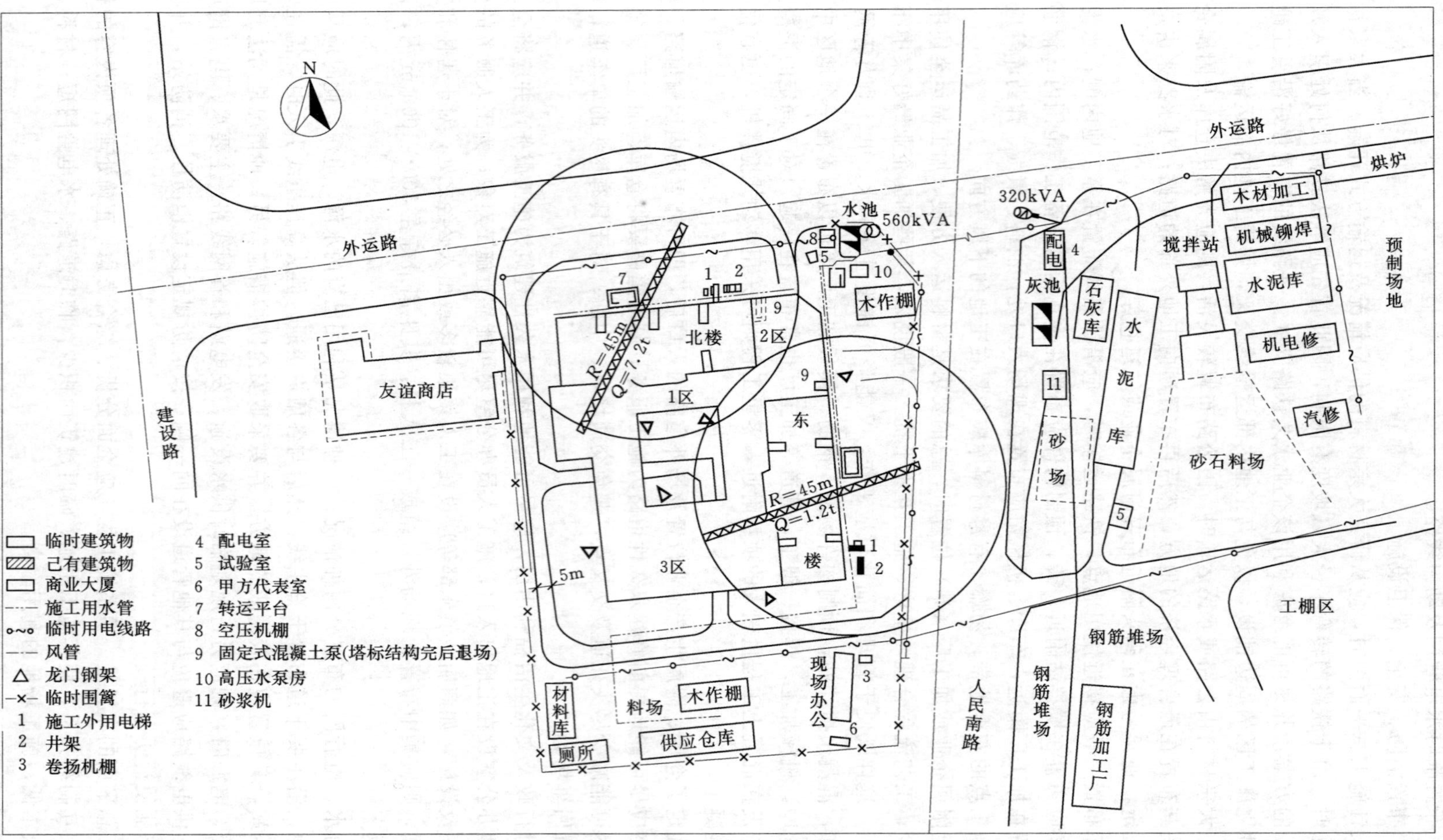

图 13.3 某开发小区施工平面图

工总平面图的特点是充分利用东区和西区之间的绿化带布置为施工服务的临时设施，有利于东区、西区的分期施工。为了便于运输，将临时道路分区按环状布置；为了便于管理，充分利用施工场地，将加工厂（站）、仓库、堆场均集中布置在规划的绿化带上。将混凝土搅拌站、钢筋加工厂、预制场、木作棚等紧靠塔吊同侧布置，而砂石堆场、水泥库、化灰池等又紧靠混凝土和砂浆搅拌站。为了有利于生产，方便生活，将常用的材料库和工地办公室直接设在东、西两区的现场上；将生活区紧靠生产区。为了节约暂设工程费用，水源、电源均由城市给水干管和电网引入工地，仅在工地设加压站和配电室，并修建了永久性道路和水电管网，以供施工期使用。

13.5.5 施工总平面图的管理

加强施工总平面图的管理，对合理使用场地，科学地组织文明施工，保证现场交通道路、给排水系统的畅通，避免安全事故，以及美化环境、防灾、抗灾等均具有重大意义。为此，必须重视施工总平面图的管理。

（1）建立统一管理施工总平面图的制度。首先划分总图的使用管理范围，实行场内、场外分区分片管理；要设专职管理人员，深入现场，检查、督促施工总平面图的贯彻；要严格控制各项临时设施的拟建数量、标准，修建的位置、标高。

（2）总承包施工单位应负责管理临时房屋、水电管网和道路的位置，挖沟、取土、弃土地点，机具、材料、构件的堆放场地。

（3）严格按照施工总平面图堆放材料、机具、设备，布置临时设施；施工中做到余料退库，废料入堆，现场无垃圾、无坑洼积水，工完场清；不得乱占场地、擅自拆迁临时房屋或水电线路、任意变动总图；不得随意挖路断道、堵塞排水沟渠。当需要断水、断电、堵路时，须事先提出申请，经有关部门批准后方可实施。

（4）对各项临时设施要经常性维护检修，加强防火、保安和交通运输的管理。

13.6 施工组织总设计的技术经济指标

为了评价施工组织总设计的编制和执行效果，还应计算下列技术经济指标。

1. 施工周期

施工周期是指建设项目从施工准备到竣工投产使用的持续时间。应计算的指标有：

（1）施工准备期。从施工准备开始到主要项目开工止的全部时间。

（2）部分投产期。从主要项目开工到第一批项目投产使用止的全部时间。

（3）单位工程工期。指整个建设项目中各个单位工程从开工到竣工的全部时间。

2. 劳动生产率

（1）全员劳动生产率［元/（人·年）］。

（2）单位用工（工日/m^2 竣工面积）。

（3）劳动力不均衡系数。

$$劳动力不均衡系数=\frac{施工期高峰人数}{施工期平均人数} \tag{13.10}$$

3. 工程质量

说明合同要求达到的质量等级和分项、分部、单位工程项目质量评定等级。

4. 降低成本

(1) 降低成本额。

$$降低成本额=承包成本-计划成本 \tag{13.11}$$

(2) 降低成本率。

$$降低成本率=\frac{降低成本额}{承包成本额} \tag{13.12}$$

5. 安全指标

以发生的安全事故频率控制数表示。

6. 机械指标

(1) 机械化程度。

$$机械化程度=\frac{机械化施工完成工作量}{总工作量} \tag{13.13}$$

(2) 施工机械完好率。

(3) 施工机械利用率。

7. 预制化施工水平

$$预制化施工程度=\frac{在工厂及现场预制的工作量}{总工作量} \tag{13.14}$$

8. 临时工程

$$临时工程投资比=\frac{全部临时工程投资}{建安工程总值} \tag{13.15}$$

思　考　题

13.1　试述施工组织总设计编制的程序及依据。

13.2　施工部署包括哪些内容？

13.3　试述施工总进度计划的作用、编制原则和方法。

13.4　试分析施工总进度计划与基本建设投资经济效益的关系。

13.5　如何根据施工总进度计划编制各种资源供应计划？

13.6　暂设工程包括哪些内容？如何进行组织？

13.7　设计施工总平面图时应具备哪些资料？考虑哪些因素？

13.8　试述施工总平面图设计的步骤和方法。

13.9　如何加强施工总平面图的管理？

13.10　评价施工组织总设计有哪些技术经济指标？

第14章 单位工程施工组织设计

14.1 单位工程施工组织设计的内容和编制程序

单位工程施工组织设计的主要内容有工程概况、施工方案、施工进度计划和施工平面图。另外，单位工程施工组织设计的内容还包括劳动力、材料、构件、施工机械等需用量计划，主要技术经济指标，确保工程质量和安全的技术组织措施，风险管理、信息管理等。如果工程规模较小，可以编制简单的施工组织设计，其内容包括施工方案、施工进度计划、施工平面图，简称“一案一表一图”。

单位工程施工组织设计的编制程序如图14.1所示。其编制依据包括：

（1）工程施工合同。

（2）施工组织总设计对该工程的有关规定和安排。

（3）施工图纸及设计单位对施工的要求。

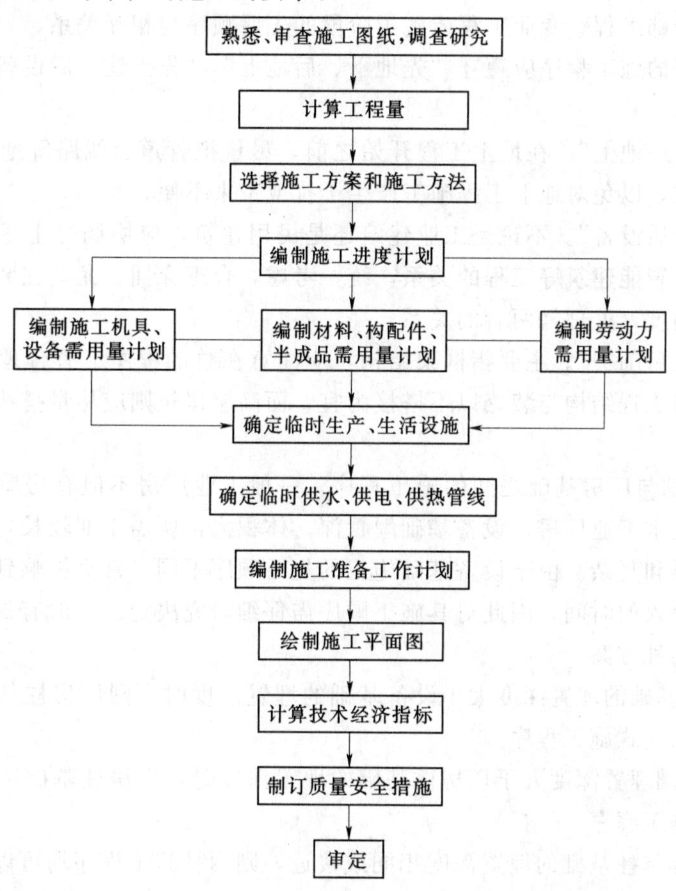

图14.1 单位工程施工组织设计的编制程序

(4) 施工企业年度生产计划对该工程的安排和规定的有关指标。

(5) 建设单位可能提供的条件和水、电等的供应情况。

(6) 各种资源的配备情况。

(7) 施工现场的自然条件和技术经济条件资料。

(8) 预算或报价文件。

(9) 有关现行规范、规程等资料。

14.2 施 工 方 案

施工方案是单位工程施工组织设计的核心内容，必须从单位工程施工的全局出发慎重研究确定，施工方案合理与否，将直接影响到单位工程的施工效果。应在拟定的多个可行方案中，经过分析比较，选用综合效益好的施工方案。

14.2.1 施工方案的主要内容

施工方案一般包括以下内容：确定施工程序；划分施工段，确定施工起点流向；确定施工顺序；选择施工方法和施工机械。

14.2.1.1 确定施工程序

施工程序指分部工程、专业工程或施工阶段的先后顺序与相互关系。

(1) 单位工程的施工程序应遵守“先地下、后地上”，“先土建、后设备”，“先主体、后围护”的基本要求。

1)“先地下、后地上”。在地上工程开始之前，尽量把管道、线路等地下设施和土方工程做好或基本完成，以免对地上工程施工产生干扰或带来不便。

2)“先土建、后设备”。不论是工业建筑还是民用建筑，应协调好土建与给排水、采暖与通风、强弱电、智能建筑等工程的关系，统一考虑，合理穿插，尤其在装修阶段，要从保质量、讲节约的角度，处理好两者的关系。

3)“先主体、后围护”。主要指框架结构，应注意在总的程序上有合理的搭接。一般来说，多层民用建筑工程结构与装修以不搭接为宜，而高层建筑则应尽量搭接施工，以有效地节约时间。

(2) 设备基础与厂房基础之间的施工程序。一般工业厂房不但有房屋建筑基础，还有设备基础，特别是重工业厂房，设备基础埋置深、体积大，所需工期较长，比一般房屋建筑基础的施工要困难和复杂。由于设备基础施工的先后顺序不同，常会影响到主体结构的安装方法和设备安装投入的时间，因此对其施工顺序需仔细研究决定。一般有封闭式施工程序和开敞式施工程序两种方案。

1) 当厂房柱基础的埋置深度大于设备基础的埋置深度时，则厂房柱基础先施工，设备基础后施工，即封闭式施工程序。

2) 当设备基础埋置深度大于厂房柱基础的埋置深度时，厂房柱基础和设备基础应同时施工，即开敞式施工程序。

如果设备基础与柱基础的埋置深度相同或接近，则两种施工程序均可以选择。

(3) 注意协调工艺设备安装与土建施工的程序关系。土建施工要为工艺设备安装施工提供工作面，在安装的过程中，两者要相互配合。一般在工艺设备安装以后，土建还要做许多

工作。总的来看，可以有三种程序关系：

1）封闭式施工。对于一般机械工业厂房，当主体结构完成之后，即可进行工艺设备安装。对于精密设备的工业厂房，则应在装饰工程完成后才进行设备安装。这种程序称为封闭式施工。

封闭式施工的优点是：土建施工时，工作面不受影响，有利于构件就地预制、拼装和安装，起重机械开行路线选择自由度大；设备基础能在室内施工，不受气候影响；厂房的吊车可为设备基础施工及设备安装运输服务。

封闭式施工的缺点是：部分柱基回填土要重新挖填，运输道路要重新铺设，出现重复劳动；设备基础基坑挖土难以利用机械操作；如土质不佳时，设备基础挖土可能影响柱基稳定，需要增加加固措施费；不能提前为设备安装提供工作面；土建与机械设备安装依次作业，工期较工。

2）敞开式施工。冶金、电站用房等重型厂房，一般是先安装工艺设备，然后建造厂房。由于设备安装在露天进行，故称敞开式施工。敞开式施工的优缺点与封闭式施工相反。

3）平行式施工。当土建为工艺设备安装创造了必要条件，同时又可采取措施保护工艺设备时，便可同时进行土建与安装施工，称平行式施工。

（4）确定施工程序时要注意施工最后阶段的收尾、调试，生产和使用前的准备以及交工验收工作。

14.2.1.2 划分施工段，确定施工起点流向

施工起点流向是指单位工程在平面和竖向的施工开始部位和进展方向，它主要解决施工项目在空间的施工顺序是否合理的问题。单层建筑物要确定分段（跨）在平面上的施工流向；多层建筑物除了应确定每层在平面上的施工流向外，还应确定每层或单元在竖向上的施工流向。其决定因素包括：

（1）单位工程生产工艺要求。

（2）建设单位对单位工程投产或交付使用的工期要求。

（3）单位工程各部分复杂程度，一般应从复杂部位开始。

（4）单位工程高低层并列，一般应从并列处开始。

（5）单位工程如果基础深度不同，一般应从深基础部分开始，并且考虑施工现场周边环境状况。

14.2.1.3 确定施工顺序

施工顺序是指单位工程内部各个分部分项工程之间的先后施工次序。施工顺序合理与否，将直接影响工种间配合、工程质量、施工安全、工程成本和施工速度，因此，必须科学合理地确定单位工程施工顺序。

各分项工程之间有着客观联系，但也并非一成不变，确定施工顺序有以下原则：

（1）符合施工工艺及构造的要求，如支模—浇混凝土，安门框—墙地抹灰。

（2）与施工方法及采用的机械协调，如外贴法与内贴法的顺序；发挥主导施工机械效能的顺序。

（3）符合施工组织的要求（工期、人员、机械），如地面灰土垫层是在砌墙前，还是在砌墙后施工。

（4）有利于保证施工质量和成品保护，如地面、顶棚、墙面抹灰顺序。

（5）考虑气候条件，如室外与室内的装饰装修。

（6）符合安全施工要求，如装饰与结构施工。

房屋建筑一般可分为地基与基础工程、主体结构工程、建筑装饰装修工程、建筑屋面工程 4 个阶段。其中主要的分项工程施工顺序如下。

浅基础的施工顺序为：清除地下障碍物—软弱地基处理（需要时）—挖土—垫层—砌筑（或浇筑）基础—回填土。砖基础的砌筑中有时要穿插进行地梁施工，砖基础顶面还要浇筑防潮层。钢筋混凝土基础则包括绑扎钢筋—支撑模板—浇筑混凝土—养护—拆模。如果基础开挖深度较大，地下水位较高，则在挖土前尚应进行土壁支护及降（排）水工作。

桩基础的施工顺序为：沉桩（或灌注桩）—挖土—垫层—承台—回填土。承台的施工顺序与钢筋混凝土浅基础类似。

主体结构常用的结构形式有混合结构、装配式钢筋混凝土结构（单层厂房居多）、现浇钢筋混凝土结构（框架、剪力墙、筒体）等。

混合结构的主导工程是砌墙和安装楼板。混合结构标准层的施工顺序为：弹线—砌筑墙体—过梁及圈梁施工—板底找平—安装楼板（浇筑楼板）。

装配式结构的主导工程是结构安装。单层厂房的柱和屋架一般在现场预制，预制构件达到设计要求的强度后可进行吊装。单层厂房结构安装可以采用分件吊装法或综合吊装法，但基本安装顺序都是相同的，即吊装柱—吊装基础梁、连系梁、吊车梁等—扶直屋架—吊装屋架、天窗架、屋面板。支撑系统穿插在其中进行。

现浇框架、剪力墙、筒体等结构的主导工程均是现浇钢筋混凝土。标准层的施工顺序为：弹线—绑扎柱、墙体钢筋—支柱、墙体范本—浇筑柱、墙体混凝土—拆除柱、墙体模板—支梁板模板—绑扎梁板钢筋—浇筑梁板混凝土。其中柱、墙的钢筋绑扎在支模之前完成，而梁板的钢筋绑扎则在支模之后进行。柱、墙与梁板混凝土也可以一起浇筑。此外，施工中应考虑技术间歇。

建筑屋面工程包括屋面找平、屋面防水层等。卷材屋面防水屋的施工顺序是：铺保温层（如需要）—铺找平层—刷冷底子油—铺卷材—铺隔热层。屋面工程在主体结构完成后开始，并应尽快完成，为顺序进行室内装饰工程创造条件。

一般的建筑装饰装修工程包括抹灰、勾缝、饰面、喷浆、门窗安装、玻璃安装、油漆等。装饰工程没有严格的顺序，同一楼层内的施工顺序一般为地面—天棚—墙面；有时也可以采用天棚—墙面—地面的顺序。内外装饰施工相互干扰很小，可以先外后内，也可先内后外，或者两者同时进行。

14.2.1.4　选择施工方法和施工机械

确定主要工种工程（如土方、桩基础、钢筋、范本、混凝土、预应力、砌体、结构安装等）的施工方法时，应依据相关规范要求，制定针对本工程的技术措施，做到提高生产效率，保证工程质量与施工安全，降低造价。

施工方法和施工机械的选择是紧密相关的，它们在很大程度上受结构形式和建筑特征的制约。结构造型和施工方案是不可分割的，一些大型工程，往往在结构设计阶段就要考虑施工方法，并根据施工方法确定结构计算模式。

拟定施工方法时，应着重考虑工程量大、在单位工程中占有重要地位的工程；施工技术复杂或采用新技术、新工艺及对工程质量起关键作用的工程；不熟悉的特殊结构工程或由专

业施工单位施工的特殊专业工程等的施工方法，对于常规做法的分项工程则不必详细拟定。

14.2.2 施工方案的技术经济评价

施工方案的技术经济评价方法主要有定性分析法和定量分析法两种。

14.2.2.1 定性分析法

定性分析法是结合工程施工实际经验，对多个施工方案的一般优缺点进行分析和比较，例如：施工操作上的难易程度和安全可靠性；施工机械设备的获得是否体现经济合理性的要求；方案是否能为后续工序提供有利条件；施工组织是否合理；是否能体现文明施工等。

14.2.2.2 定量分析法

定量分析法是通过对各个方案的工期指标、实物量指针和价值指针等一系列单个技术经济指针进行计算对比，从而得到最优实施方案的方法。定量分析指标通常有：

（1）施工工期。建筑产品的施工工期是指从开工到竣工所需要的时间，一般以施工天数计。当要求工程尽快完成以便尽早投入生产和使用时，选择施工方案就要在确保工程质量、安全和成本较低的条件下，优先考虑工期较短的方案。

（2）单位产品的劳动消耗量。单位产品的劳动消耗量是指完成单位产品所需消耗的劳动工日数，它反映施工机械化程度和劳动生产率水平。通常，方案中劳动量消耗越少，施工机械化程度和劳动生产率水平越高。

（3）主要材料消耗量。主要材料消耗量指标反映各施工方案主要材料消耗和节约情况，这里主要材料是指钢材、木材、水泥、化学建材等材料。

（4）成本。成本指标反映施工方案的成本高低情况。

通过对施工方案的技术经济评价，可以提高施工方案的技术、组织和管理水平，获得良好的综合效益。

14.3 单位工程施工进度计划

14.3.1 施工进度计划的作用

单位工程施工进度计划是在选定施工方案的基础上，根据规定工期和各种资源供应条件，按照施工过程的合理施工顺序及组织施工的原则，用横道图或网络图，对单位工程从开工到竣工的全部施工过程在时间上和空间上的合理安排。其主要作用有：

（1）保证在规定工期内完成符合质量要求的工程任务。

（2）确定各个施工过程的施工顺序、持续时间以及相互衔接和合理配合关系。

（3）为编制各种资源需要量计划和施工准备工作计划提供依据。

（4）是编制季、日、旬生产作业计划的基础。

14.3.2 施工进度计划的编制

14.3.2.1 施工进度计划编制依据

（1）经过审批的建筑总平面图、地形图、施工图、工艺设计图以及其他技术数据。

（2）施工组织总设计对本单位工程的有关规定。

（3）主要分部分项工程的施工方案。

（4）所采用的劳动定额和机械台班定额。

（5）施工工期要求及开、竣工日期。

（6）施工条件、劳动力、材料等资源及成品、半成品的供应情况，分包单位情况等。

（7）其他有关要求和资料。

14.3.2.2 施工进度计划的表示方法

施工进度计划一般用图表形式表示，经常采用的有两种形式：横道图和网络图。横道图形式见表16.1，此表由左、右两部分组成。左边部分一般应包括：各分部分项工程名称、工程量、劳动量、机械台班数、每天工作人数、施工时间等；右边是时间图表部分（有时需要在图表下方绘制资源消耗动态图）。

表 14.1 单位工程施工进度计划

序号	分部分项工程名称	工程量		时间定额	劳动量		需用机械		工作班次	每班人数	工作天数	施工进度						
												×月						
		单位	数量		工种	工日	名称	台班				5	10	15	20	25	5	10

网络图的表示方法详见本教材第十一章。

14.3.2.3 施工进度计划的编制过程

1. 确定施工过程

编制施工进度计划，首先应按施工图纸和施工顺序，将拟建工程的各个分部分项工程按先后顺序列出，并结合施工方法、施工条件和劳动组织等因素，加以适当调整，填在施工进度计划表的有关栏目内。通常，施工进度计划表中只列出直接在建筑物或构筑物上进行施工的建筑安装类施工过程以及占有施工对象空间、影响工期的制备类和运输类施工过程，例如钢筋混凝土柱、屋架等的现场预制。

在确定施工过程时，应注意下述问题：

（1）施工过程划分要便于指导施工，控制工程进度。为了使进度计划简明清晰，原则上应在可能条件下尽量减少工程项目的数目，可将某些次要项目合并到主要项目中去，或对在同一时间内，由同一专业工程队施工的项目，合并为一个工程项目。而对于次要的零星工程项目，可合并为其他工程一项。如门油漆、窗油漆合并为门窗油漆一项。

（2）施工过程的划分要结合所选择的施工方案。例如单层工业厂房结构安装工程，若采用分件吊装法，则施工过程的名称、数量和内容及安装顺序应按照构件来确定；若采用综合吊装法，则施工过程应按照施工单元（节间、区段）来确定。

（3）所有施工过程应基本按施工顺序先后排列，所采用的施工项目名称应与现行定额手册上的项目名称相一致。

（4）设备安装工程和水、暖、电、卫工程通常由专业工程队组织施工。因此，在一般土建工程施工进度计划中，只要反映出这些工程与土建工程间的配合关系即可。

2. 计算工程量

工程量计算应严格按照施工图纸和工程量计算规则进行。当编制施工进度计划时若已经有了预算文件，则可直接利用预算文件中有关的工程量。若某些项目的工程量有出入但相差

不大时，可按实际情况予以调整。例如土方工程施工中挖土工程量，应根据土壤的类别和采用的施工方法等进行调整。计算时应注意以下几个问题：

(1) 各分部分项工程的工程量计量单位应与现行定额手册中所规定的单位一致，以便计算劳动量和材料、机械台班消耗量时直接套用，以避免换算。

(2) 结合选定的施工方法和安全技术要求，计算工程量。例如，土方开挖工程量应考虑土的类别、挖土方法、边坡大小及地下水位等情况。

(3) 考虑施工组织的要求，按分区、分段和分层计算工程量。

(4) 计算工程量时，尽量考虑编制其他计划时使用工程量数据的方便，做到一次计算，多次使用。

3. *计算劳动量*

根据各分部分项工程的工程量、施工方法和现行劳动定额，结合施工单位的实际情况计算各分部分项工程的劳动量。人工操作，计算所需的工日数量；机械作业，计算所需的台班数量。计算公式如下

$$P=\frac{Q}{S}$$

或

$$P=QH \tag{14.1}$$

式中 P——完成某分部分项工程所需的劳动量，工日或台班；

Q——某分部分项工程的工程量，m^3，m^2，t，…

S——某分部分项工程人工或机械的产量定额，m^3/工日或台班，m^2/工日或台班，t/工日或台班，…

H——某分部分项工程人工或机械的时间定额，工日或台班/m^2，工日或台班/m^2，工日或台班/t，…

计划中的“其他工程”项目所需劳动量，可根据实际工程对象，取总劳动量的10%～20%为宜。

此外，在编制土建单位工程施工进度计划时，通常不考虑水、暖、电、卫、设备安装等工程项目的具体进度，仅表示出与一般土建工程进度的配合关系即可。

4. *确定分部分项工程的施工天数*

计算各分部分项工程的施工时间有以下两种方法。

(1) 按劳动资源的配备计算施工天数。该方法是首先确定配备在该分部分项工程施工的人数或机械台数，然后根据劳动量计算出施工天数。计算式如下

$$t=\frac{P}{Rb} \tag{14.2}$$

式中 t——完成某分部分项工程施工天数；

R——每班配备在该分部分项工程上的人数或机械台数；

b——每天工作班数；

P——该分部分项工程的劳动量。

(2) 根据工期要求计算。首先根据总工期和施工经验，确定各分部分项工程的施工天数，然后再按劳动量和班次，确定出每一分部分项工程所需工人数或机械台数，计算式如下

$$R=\frac{P}{tb} \tag{14.3}$$

在实际工作中，可根据工作面所能容纳的最多人数（即最小工作面）和现有的劳动组织来确定每天的工作人数。在安排劳动人数时，必须考虑下述几点：

1) 最小工作面。最小工作面是指每一个工人或一个班组施工时必须要有足够的工作面才能发挥高效率，保证施工安全。一个分部分项工程在组织施工时，安排人数的多少会受到工作面的限制，不能为了缩短工期，而无限制地增加工人人数，否则，会造成工作面不足而出现窝工。

2) 最小劳动组合。在实际工作中，绝大多数分项工程不能由一个人来完成，而必须由几个人配合才能完成。最小劳动组合是指某一个施工过程要进行正常施工所必需的最少人数及其合理组合。

3) 可能安排的人数。根据现场实际情况（如劳动力供应情况、技工技术等级及人数等），在最少必需人数和最多可能人数的范围内，安排工人人数。通常，若在最小工作面条件下，安排了最多人数仍不能满足工期要求时，可组织两班制或三班制。

5. 安排施工进度

在编制施工进度计划时，应首先确定主导施工过程的施工进度，使主导施工过程能尽可能连续施工，其余施工过程应予以配合，服从主导施工过程的进度要求。具体方法如下：

(1) 确定主要分部工程并组织流水施工。首先确定主要分部工程，组织其中主导分项工程的连续施工并将其他分项工程和次要项目尽可能与主导施工过程穿插配合、搭接或并行操作。例如，现浇钢筋混凝土框架主体结构施工中，框架施工为主导工程，应首先安排其主导分项工程的施工进度，即框架柱扎筋、柱梁（包括板）立模、梁（包括板）扎筋、浇混凝土等主要分项工程的施工进度。只有当主导施工过程优先考虑后，然后再安排其他分项工程施工进度。

(2) 按各分部工程的施工顺序编排初始方案。各分部工程之间按照施工工艺顺序或施工组织的要求，将相邻分部工程的相邻分项工程，按流水施工要求或配合关系搭接起来，组成单位工程进度计划的初始方案。

(3) 检查和调整施工进度计划的初始方案，绘制正式进度计划。检查和调整的目的在于使初始方案满足规定的计划目标，确定理想的施工进度计划。其内容如下：

1) 检查施工过程的施工顺序以及平行、搭接和技术间歇等是否合理。

2) 安排的工期是否满足要求。

3) 所需的主要工种工人是否连续施工。

4) 安排的劳动力、施工机械和各种材料供应是否能满足需要，资源使用是否均衡等。

经过检查，对不符合要求的部分进行调整。其方法一般有：增加或缩短某些分项工程的施工时间；在施工顺序允许的情况下，将某些分项工程的施工时间前后移动；必要时还可以改变施工方法或施工组织措施。

资源消耗的均衡程度常用资源不均衡系数和资源动态图来表示（表 16.2）。资源动态图

表 14.2

施工进度计划表

序号	分部	分部分项工程名称	单位	数量	产量定额	劳动量工(日)	需用机械 名称	需用机械 台班数	每天工作班次	工作天数	每班工人数	工作队组成
1	地下工程	墙基挖土	m^3	432	36	36	蟹斗式挖土机	12	2	6	6	3
2	地下工程	浇混凝土垫层	m^3	23	1.63	14			1	1.5	10	10
3	地下工程	绑基础钢筋	kg	5457	480	11			1	6	2	2
4	地下工程	浇基础混凝土	m^3	110	1.58	70	混凝土搅拌机		1	6	12	12
5	地下工程	砌墙基	m^3	82	1.36	60			1	6	10	10
6	地下工程	墙基与地坪回填土	m^3	399	5.3	76			1	6	12	6
7	主体结构工程	砌砖墙	m^3	1026	1.04	985	井架		1	30	32	16
8	主体结构工程	圈梁支模	m^2	381	10				1			
	主体结构工程	绑钢筋	kg	6000	150	138			1	9	15	15
	主体结构工程	浇混凝土	m^3	47	0.78		混凝土搅拌机		1			
9	主体结构工程	安楼板和楼梯	块	2436	167		拔杆		1	15	14	14
10	主体结构工程	楼板嵌缝	m	4200	85	49			1	15	3	3
11	屋面工程	抹找平层	m^2	1278	6.67	192			1	8	24	24
12	屋面工程	做隔气层	m^2	639	6.67	96			1	4	24	24
13	屋面工程	铺炉渣	m^3	128	0.46	260			1	2	130	20
14	屋面工程	铺卷材	m^2	639	6.67	96			1	8	12	12
15	装饰工程	安装钢门窗	m^2	318	2.5	127			1	15	8	8
16	装饰工程	室内地坪三合土	m^3	41	0.68	60			1	4	15	15
17	装饰工程	楼地面及楼梯抹面	m^2	2550	19.8	178			1	15	12	12
18	装饰工程	安装吊篮架子	只	54	2	27	卷扬机		1	3	9	9
19	装饰工程	外墙抹灰	m^2	1892	8.4	225	灰浆搅拌机		1	15	16	16
20	装饰工程	拆吊篮架子	只	54	3	18	卷扬机		1	2	9	9
21	装饰工程	天棚抹灰	m^2	2658	8.2	326	灰浆搅拌机		1	15	21	21
22	装饰工程	内墙抹灰	m^2	3050	11.4	268	灰浆搅拌机		1	15	18	18
23	装饰工程	安装木门	扇	210	7	30			1	15	2	2
24	装饰工程	安装玻璃	m^2	320	10	32			1	15	5	2
25	装饰工程	油漆门窗	m^2	740	9.6	77			1	15	5	5
		水电安装										10
		其他工程										10

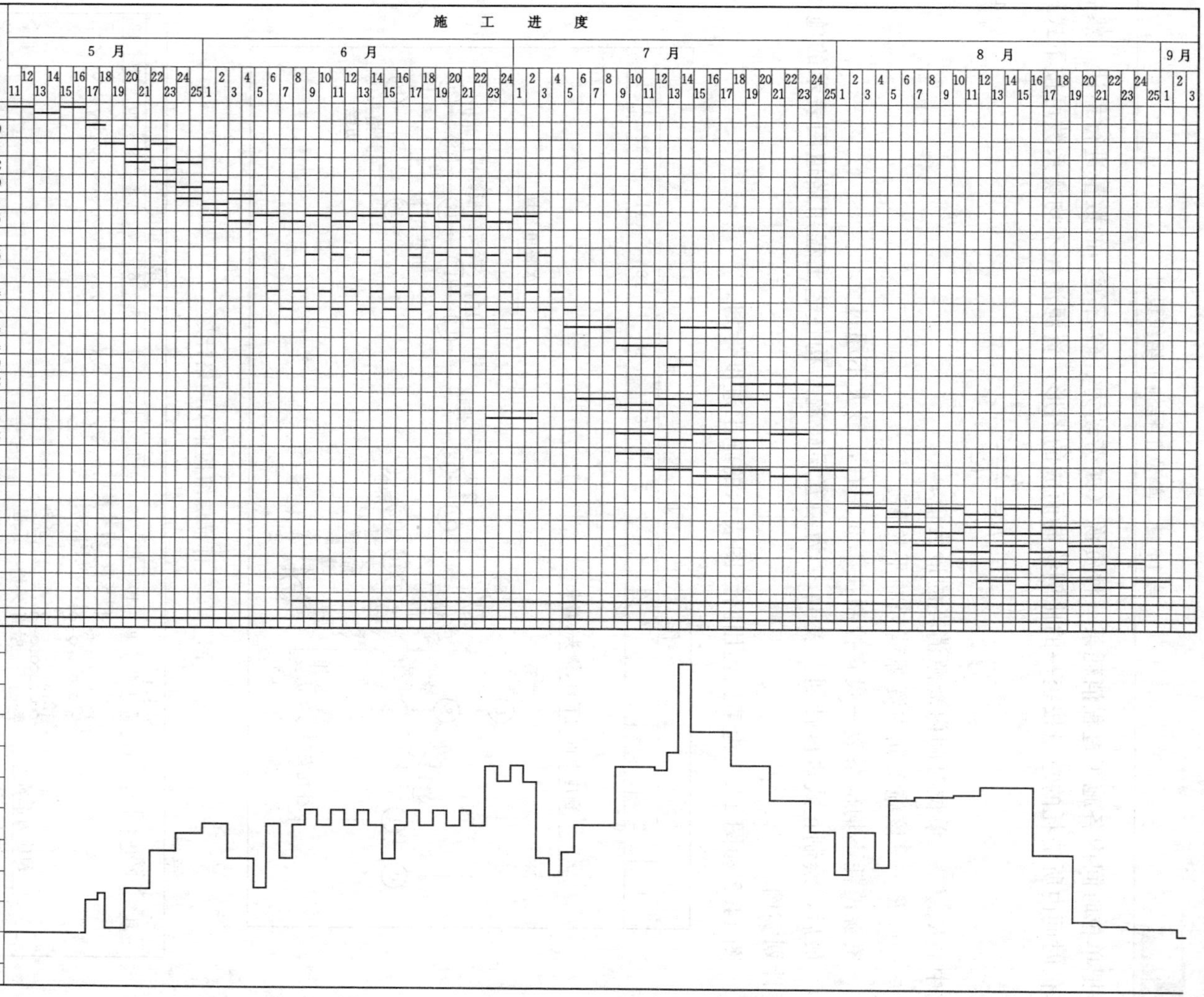
施工进度
5月
6月
7月
8月
9月
110
100
90
80
70
60
50
40
30
20
10

资源动态图

是把单位时间内各施工过程消耗某一种资源（如劳动力、砂石等）的数量进行累计，然后将单位时间内所消耗的总量按统一的比例绘制而成的图形。资源消耗不均衡系数可按下式计算

$$K=\frac{R_{max}}{\overline{R}} \tag{14.4}$$

式中　R_{max}——单位时间内资源消耗的最大值；

$\overline{R}$——该施工期内资源消耗的平均值。

资源消耗不均衡系数一般宜控制在 1.5 左右，最大不超过 2。

最后，绘制正式进度计划。表 14.2 为某五层砖混结构住宅工程用横道图表示的施工进度计划实例。

图 14.2 和图 14.3 为某工程用网络图表示的施工进度计划。

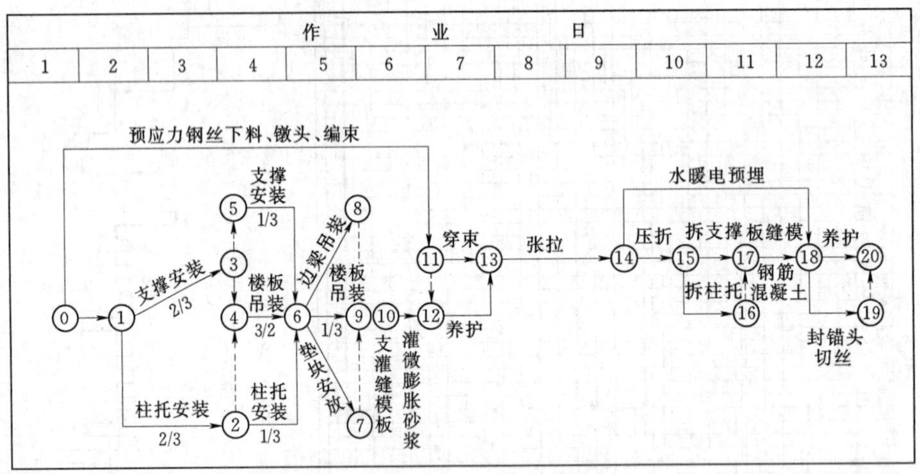

图 14.2　标准层结构施工网络计划

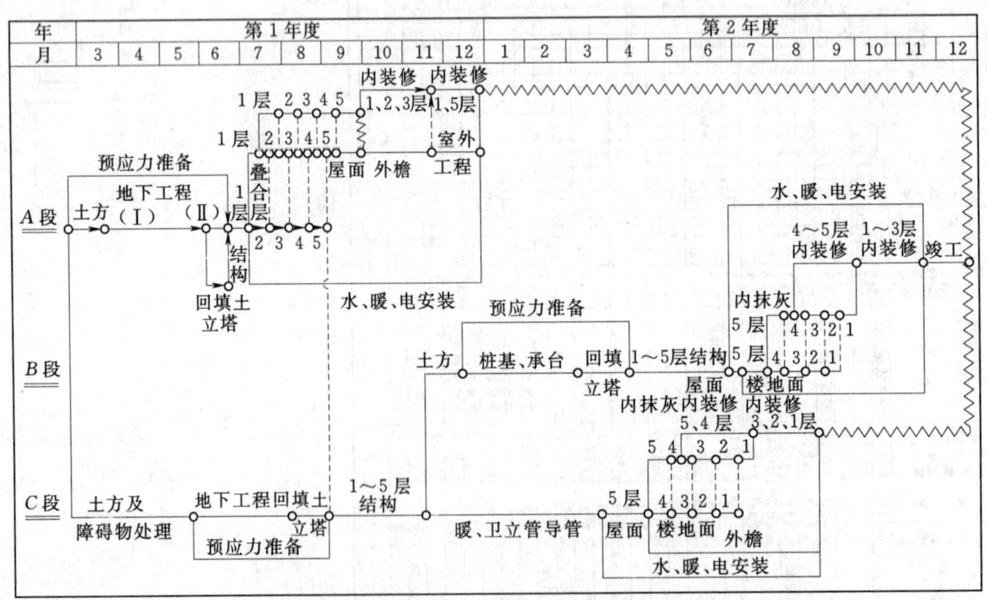

图 14.3　网络控制计划

14.3.3 施工进度计划的评估

施工进度计划的评估，其目的是看该进度计划是否满足业主对该工程项目特别是技术经济效果的要求。可使用的评估指标有：

(1) 提前时间。

$$提前时间=合同规定工期-计划工期$$

(2) 节约时间。

$$节约时间=定额工期-计划工期$$

(3) 劳动力不均衡系数。

$$劳动力不均衡系数=高峰人数/平均人数\leqslant 2$$

(4) 单方用工数。

$$总单方用工数=总用工数（工日）/建筑面积（m^2）$$

$$分部工程单方用工数=分部工程用工数（工日）/建筑面积（m^2）$$

(5) 总工日节约率。

$$总工日节约率=\frac{施工预算用工数(工日)-计划用工数(工日)}{施工预算用工数(工日)}\times 100\% \quad (14.5)$$

(6) 大型机械单方台班用量（以吊装机械为主）。

$$大型机械单方台班用量=大型机械台班用量(台班)/建筑面积(m^2)$$

(7) 建安工人日产值。

$$建安工人日产值=计划施工工程工作量(元)/[进度计划日期\times 每日平均人数(工日)]$$

上述指标一般以前三项指标为主。

值得注意的是，建筑施工过程是一个复杂的生产过程，影响计划执行的因素众多，劳动力以及施工机械和材料等物资供应往往不能满足要求，因此，在工程进行过程中，计划并不是固定不变的，应随时掌握工程状态，经常检查和调整计划，才能使工程始终处于有效的计划控制之中。

14.4 资源需要量计划

在单位工程施工进度计划确定之后，即可编制各项资源需要量计划。资源需要量计划主要用于确定施工现场的临时设施，并按计划供应材料、构件，调配劳动力和施工机械，以保证施工顺利进行。

14.4.1 劳动力需要量计划

劳动力需要量计划主要作为安排劳动力，调配和衡量劳动力消耗指标，安排生活及福利设施等的依据。其编制方法是将单位工程施工进度表内所列各施工过程每天（或旬、月）所需工人人数按工种汇总列成表格。其表格形式见表 14.3。

表 14.3 劳动力需要量计划表

序号	工程名称	人数	月份									
			1	2	3	4	5	6	7	8	9	…

14.4.2　主要材料需要量计划

材料需要量计划表是作为备料、供料，确定仓库、堆场面积及组织运输的依据。其编制方法是根据施工预算的工料分析表、施工进度计划表，材料的储备和消耗定额，将施工中所需材料按品种、规格、数量、使用时间计算汇总，填入主要材料需要量计划表。其表格形式见表 14.4。

表 14.4　　主要材料需要置计划表

序　号	材料名称	规格	需　要　量		供应时间	备　注
			单　位	数　量		

14.4.3　构件和半成品需要量计划

构件和半成品需要量计划主要用于落实加工订货单位，并按照所需规格、数量、时间，组织加工、运输和磋定仓库或堆场，可按施工图和施工进度计划编制。其表格形式见表 14.5。

表 14.5　　构件和半成品需要量计划表

序号	品名	规格	图号	需要量		使用部位	加工单位	供应日期	备注
				单位	数量				

14.4.4　施工机具需要量计划

施工机具需要量计划主要用于确定施工机具类型、数量、进场时间，以此落实机具来源和组织进场。其编制方法是将单位工程施工进度计划表中的每一个施工过程，每天所需的机具类型、数量和施工时间进行汇总，便得到施工机具需要量计划表。其表格形式见表 14.6。

表 14.6　　施工机具需要量计划表

序号	机具名称	型号	需要量		货　源	使用起止时间	备　注
			单位	数量			

14.5　单位工程施工平面图设计

单位工程施工平面图设计是对建筑物或构筑物施工现场的平面规划，是施工方案在施工现场空间上的体现，它反映了已建工程和拟建工程之间，以及各种临时建筑、设施相互之间的空间关系。施工现场的合理布置和科学管理是进行文明施工的前提，同时，对加快施工进度、降低工程成本、提高工程质量和保证施工安全有极其重要的意义。因此，每个工程在施

工之前都要进行施工现场布置和规划，在施工组织设计中，均要进行施工平面图设计。

14.5.1 单位工程施工平面图设计依据

在进行施工平面图设计前，应认真研究施工方案，对施工现场进行深入调查，对原始资料作周密分析，使设计与施工现场的实际情况相符，能对施工现场空间布置起到指导作用。布置施工平面图的依据，主要有以下三个方面的资料。

1. 设计和施工所依据的有关原始资料

(1) 自然条件数据。包括地形数据、工程地质及水文地质数据、气象数据等。主要用于确定各种临时设施的位置，布置施工排水系统，确定易燃、易爆以及有碍人体健康设施的位置等。

(2) 技术经济条件资料。包括交通运输、供水供电、地方物资资源、生产及生活基地情况等。主要用于确定仓库位置、材料及构件堆场，布置水、电管线和道路，现场施工可利用的生产和生活设施等。

2. 建筑、结构设计数据

(1) 建筑总平面图。建筑总平面图包括一切地上地下拟建和已建的房屋和构筑物。根据建筑总平面图可确定临时房屋和其他设施的位置，以及获得修建工地临时运输道路和解决施工排水等所需资料。

(2) 地下和地上管道位置。一切已有或拟建的管道，在施工中应尽可能考虑予以利用；若对施工有影响，则需考虑提前拆除或迁移；同时应避免把临地建筑物布置在拟建的管道上面。

(3) 建筑区域的竖向设计和土方调配图。这对布置水、电管线，安排土方的挖填及确定取土、弃土地点有紧密联系。

(4) 有关施工图资料。

3. 施工资料

(1) 施工方案。据以确定起重机械、施工机具、构件预制及堆场的位置。

(2) 单位工程施工进度计划。由施工进度计划掌握施工阶段的开展情况，进而对施工现场分阶段布置规划，节约施工用地。

(3) 各种材料、半成品、构件等的需要量计划。为确定各种仓库、堆场的面积和位置提供依据。

14.5.2 单位工程施工平面图设计的内容和原则

1. 设计的内容

单位工程施工平面图的比例尺一般采用1：500～1：200，图上内容包括：

(1) 建筑总平面图上已建和拟建的地上和地下的一切建筑物、构筑物和管线。

(2) 自行式起重机开行路线、轨道布置和固定式起重运输设备的位置。

(3) 测量放线标桩、地形等高线和土方取弃场地。

(4) 材料、加工半成品、构件及机具堆放场。

(5) 生产用临时设施，如加工厂、搅拌站、钢筋加工棚、木工棚、仓库等。

(6) 生活用临时设施，如办公室用房、宿舍、休息室等。

(7) 供水供电线路及道路，供气及供热管线，包括变电站、配电房、永久性和临时性道路等。

（8）一切安全及防火设施的位置。

2. 设计的原则

（1）在保证施工顺利进行的前提下，现场布置尽量紧凑，以节约土地。

（2）合理使用场地，一切临时性设施布置时，应尽量不占用拟建永久性房屋或构筑物的位置，以免造成不必要的搬迁。

（3）现场内的运输距离应尽量短，减少或避免二次搬运。

（4）临时设施的布置，应有利于工人生产和生活。

（5）应尽量减少临时设施的数量，降低临时设施费用。

（6）要符合劳动保护、技术安全和防火的要求。

单位工程施工平面图设计一般应考虑施工用地面积、场地利用系数、场内运输量、临时设施面积、临时设施成本、各种管线用量等技术经济指标。

14.5.3　单位工程施工平面图设计的步骤

设计施工平面图的一般步骤如下。

1. 熟悉、了解和分析有关资料

熟悉、了解设计图纸、施工方案和施工进度计划的要求，通过对有关资料的调查、研究及分析，掌握现场四周地形、工程地质、水文地质等实际情况。

2. 确定垂直运输机械的位置

垂直运输机械的位置直接影响到仓库、材料堆场、砂浆和混凝土搅拌站的位置，以及场内道路和水电管网的位置等。因此，应首先予以考虑。

（1）固定式垂直运输机械。固定式垂直运输机械（如井架、桅杆、固定式塔式起重机等）的布置，主要应根据机械性能、建筑物平面形状和大小、施工段划分情况、起重高度、材料和构件重量和运输道路等情况而定。应做到使用方便、安全，便于组织流水施工，便于楼层和地面运输，并使其运距短。通常，当建筑物各部位高度相同时，布置在施工段界线附近；当建筑物高度不同或平面较复杂时，布置在高低跨分界处或拐角处；当建筑物为点式高层时，采用固定式塔式起重机应布置在建筑中间或转角处；井架可布置在窗间墙处，以避免墙体留槎，井架用卷扬机不能离井架架身过近。布置塔式起重机时，应考虑塔机安拆的场地，当有多台塔式起重机时，应避免相互碰撞。

（2）移动式垂直运输机械。有轨道式塔式起重机布置应考虑建筑物的平面形状、大小和周围场地的具体情况。应尽量使起重机在工作幅度内能将建筑材料和构件运送到操作地点，避免出现死角。履带式起重机布置，应考虑开行路线、建筑物的平面形状、起重高度、构件重量、回转半径和吊装方法等。

（3）外用施工电梯。外用施工电梯又称人货两用电梯，是一种安装在建筑物外部，施工期间用于运送施工人员及建筑材料的垂直提升机械。外用施工电梯是高层建筑施工中不可缺少的关键设备之一，其布置的位置，应方便人员上下和物料集散；由电梯口至各施工处的平均距离最短；便于安装附墙装置等。

（4）混凝土泵。混凝土泵设置处，应场地平整，道路畅通，供料方便，距离浇筑地点近，便于配管，排水、供水、供电方便，在混凝土泵作用范围内不得有高压线等。

3. 选择搅拌站的位置

砂浆及混凝土搅拌站的位置，要根据房屋类型、现场施工条件、起重运输机械和运输道

路的位置等来确定。布置搅拌站时应考虑尽量靠近使用地点，并考虑运输、卸料方便，或布置在塔式起重机服务半径内，使水平运输距离最短。

4. 确定材料及半成品的堆放位置

材料和半成品的堆放是指水泥、砂、石、砖、石灰及预制构件等。这些材料和半成品的堆放位置在施工平面图上很重要，应根据施工现场条件、工期、施工方法、施工阶段、运输道路、垂直运输机械和搅拌站的位置以及材料储备量综合考虑。

搅拌站所用的砂、石堆场和水泥库房应尽量靠近搅拌站布置，同时，石灰、淋灰池也应靠近搅拌站布置。若用袋装水泥，应设专门的干燥、防潮水泥库房；若用散装水泥，则需用水泥罐储存。砂、石堆场应与运输道路连通或布置在道路边，以便卸车。沥青堆放场及熬制锅的位置应离开易燃品仓库或堆放场，并宜布置在下风向。

当采用固定式垂直运输设备时，建筑物基础和第一层施工所用材料应尽量布置在建筑物的附近；当混凝土基础的体积较大时，混凝土搅拌站可以直接布置在基坑边缘附近，待混凝土浇筑完后再转移，以减少混凝土的运输距离；同时，应根据基坑（槽）的深度、宽度和放坡坡度确定材料的堆放地点，并与基坑（槽）边缘保持一定的安全距离（≥0.5m），以避免产生土壁塌方。第二层以上用的材料、构件应布置在垂直运输机械附近。

当采用移动式起重机时，宜沿其开行路线布置在有效起吊范围内，其中构件应按吊装顺序堆放。材料、构件的堆放区距起重机开行路线不小于1.5m。

5. 运输道路的布置

现场运输道路应尽可能利用永久性道路，或先修好永久性道路的路基，在土建工程结束之前再铺路面。现场道路布置时，应保证行驶畅通并有足够的转弯半径。运输道路最好围绕建筑物布置成一条环形道路。单车道路宽不小于3.5m，双车道路宽不小于6m。道路两侧一般应结合地形设置排水沟，深度不小于0.4m，底宽不小于0.3m。

6. 临时设施的布置

临时设施分为生产性临时设施和生活性临时设施。生产性临时设施有钢筋加工棚、木工房、水泵房等；生活性临时设施有办公室、工人休息室、开水房、食堂、厕所等。临时设施的布置原则是有利生产、方便生活、安全防火。

(1) 生产性临时设施如钢筋加工棚和木工加工棚的位置，宜布置在建筑物四周稍远位置，且有一定的材料、成品堆放场地。

(2) 一般情况下，办公室应靠近施工现场，设于工地入口处，亦可根据现场实际情况选择合适的地点设置；工人休息室应设在工人作业区；宿舍应布置在安全的上风向一侧；收发室宜布置在入口处等。

7. 水、电管网的布置

(1) 施工现场临时供水。现场临时供水包括生产、生活、消防等用水。通常，施工现场临时用水应尽量利用工程的永久性供水系统，减少临时供水费用。因此在做施工准备工作时，应先修建永久性给水系的干线，至少把干线修至施工工地入口处。若系高层建筑，必要时，可增设高压泵以保证施工对水头的要求。

消防用水一般利用城市或建设单位的永久性消防设施。室外消防栓应沿道路布置，间距不应超过120 m，距房屋外墙一般不小于5 m，距道路不应大于4 m。工地消防栓2 m以内不得堆放其他物品。室外消防栓管径不得小于100 mm。

临时供水管的铺设最好采用暗铺法，即埋置在地面以下，防止机械在其上行走时将其压坏。临时管线不应布置在将要修建的建筑物或室外管沟处，以免这些项目开工时，切断水源影响施工用水。施工用水龙头位置，通常由用水地点的位置来确定。例如搅拌站、淋灰池、浇砖处等，此外，还要考虑室内外装修工程用水。

(2) 施工现场临时供电。为了维修方便，施工现场多采用架空配电线路，且要求架空线与施工建筑物水平距离不小于 10 m，与地面距离不小于 6 m，跨越建筑物或临时设施时，垂直距离不小于 2.5 m。现场线路应尽量架设在道路一侧，尽量保持线路水平，以免电杆受力不均。在低电压线路中，电杆间距应为 25～40m，分支线及引入线均应由电杆处接出，不得由两杆之间接线。

单位工程施工用电应在全工地施工总平面图中一并考虑。一般情况下，计算出施工期间的用电总数，提供给建设单位，不另设变压器，只有独立的单位工程施工时，才根据计算的现场用电量选用变压器，其位置应远离交通要道及出入口处，布置在现场边缘高压线接入处，四周用铁丝网围绕加以保护。

建筑施工是一个复杂多变的生产过程，工地上的实际布置情况会随时改变，如基础施工、主体施工、装饰施工等各阶段在施工平面图上是经常变化的。但是，对整个施工期间使用的一些主要道路、垂直运输机械、临时供水供电线路和临时房屋等，则不会轻易变动。对于大型建筑工程，施工期限较长或建设地点较为狭小的工程，要按施工阶段布置多张施工平面图；对于较小的建筑物，一般按主要施工阶段的要求来布置施工平面图即可。施工平面图的示例如图 14.4 所示。

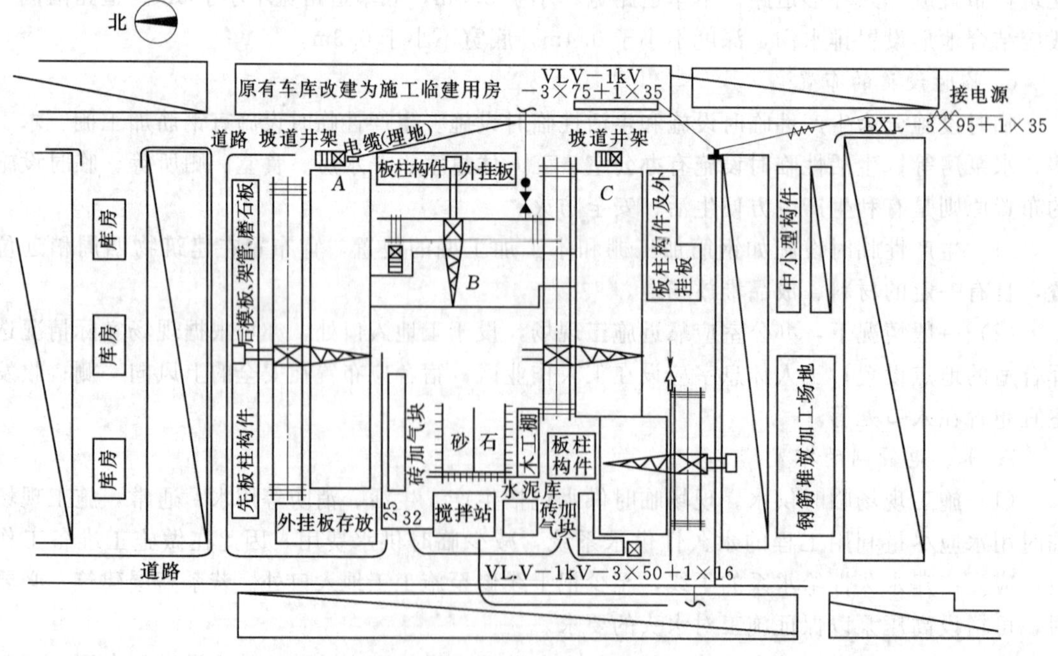

图 14.4　施工平面布置图

思　考　题

14.1　单位工程施工组织设计编制的依据有哪些？

14.2　单位工程施工组织设计包括哪些内容？它们之间有什么关系？

14.3　施工方案设计的内容有哪些？为什么说施工方案是施工组织设计的核心？

14.4　什么是施工程序？确定施工程序有什么要求？

14.5　什么是施工起点流向？其决定因素有哪些？

14.6　什么是施工顺序？确定施工顺序的原则是什么？

14.7　如何进行施工方案的技术经济评价？

14.8　试述单位工程施工进度计划的编制步骤。

14.9　什么是单位工程施工平面图？其设计内容有哪些？设计时有什么原则？

14.10　试述单位工程施工平面图的设计步骤。

附录 《混凝土结构施工图平面整体表示方法》简摘

构 件 代 号

1. 柱

KZ ——框架柱；

KZZ——框支柱；

XZ——芯柱；

LZ——梁上柱；

QZ——剪力墙上柱。

2. 剪力墙

（1）墙柱。

YDZ——约束边缘端柱；

YAZ——约束边缘暗柱；

YYZ——约束边缘翼墙柱；

YjZ——约束边缘转角墙柱；

GDZ——构造边缘端柱；

GAZ——构造边缘暗柱；

GYZ——构造边缘翼墙柱；

GJZ——构造边缘转角墙柱；

AZ——非边缘暗柱；

FBZ——扶壁柱。

（2）墙身。

Q——剪力墙。

（3）墙梁。

LL——连梁（无交叉暗撑、钢筋）；

LL（JA）——连梁（有交叉暗撑）；

LL（IG）——连梁（有交叉钢筋）；

AL——暗梁；

BKL——边框梁。

（4）墙洞。

JD——矩形洞口；

YD——圆形洞口。

3. 梁

KL——楼层框架梁；

WKL——屋面框架梁；

KZL——框支梁；

L——非框架梁；

XL——悬挑梁；

JSL——井式梁。

第1章 总 则

第1.0.1条 为了规范使用建筑结构施工图平面整体设计方法，保证按平法设计绘制的结构施工图实现全国统一，确保设计、施工质量，特制定本制图规则。

第1.0.2条 本图集制图规则适用于各种现浇混凝土结构的柱、剪力墙、梁等构件的结构施工图设计。

第1.0.3条 当采用本制图规则时，除遵守本图集有关规定外，还应符合国家现行有关规范、规程和标准。

第1.0.4条 按平法设计绘制的施工图，一般是由各类结构构件的平法施工图和标准构造详图两大部分构成，但对于复杂的工业与民用建筑，尚需增加模板、开洞和预埋件等平面图。只有在特殊情况下才需增加剖面配筋图。

第1.0.5条 按平法设计绘制结构施工图时，必须根据具体工程设计，按照各类构件的平法制图规则，在按结构（标准）层绘制的平面布置图上直接表示各构件的尺寸、配筋和所选用的标准构造详图。出图时，宜按基础、柱、剪力墙、梁、板、楼梯及其他构件的顺序排列。

第1.0.6条 在平面布置图上表示各构件尺寸和配筋的方式，分平面注写方式、列表注写方式和截面注写方式三种。

第1.0.7条 按平法设计绘制结构施工图时，应将所有

柱、墙、梁构件进行编号，编号中含有类型代号和序号等，其中，类型代号的主要作用是指明所选用的标准构造详图；在标准构造详图上，已经按其所属构件类型注明代号，以明确该详图与平法施工图中相同构件的互补关系，使两者结合构成完整的结构设计图。

第1.0.8条 按平法设计绘制结构施工图时，应当用表格或其他方式注明包括地下和地上各层的结构层楼（地）面标高、结构层高及相应的结构层号。

其结构层楼面标高和结构层高在单项工程中必须统一，以保证基础、柱与墙、梁、板等用同一标准竖向定位。为施工方便，应将统一的结构层楼面标高和结构层高分别放在柱、墙、梁等各类构件的平法施工图中。

注：结构层楼面标高系指将建筑图中的各层地面和楼面标高值扣除建筑面层及掺层做法厚度后的标高，结构层号应与建筑楼层号对应一致。

第1.0.9条 为了确保施工人员准确无误地按平法施工图进行施工，在具体工程的结构设计总说明中必须写明以下与平法施工图密切相关的内容：

一、注明所选用平法标准图的图集号（如本图集号为11G101—1），以免图集升版后在施工中用错版本。

二、写明混凝土结构的使用年限。

三、当有抗震设防要求时，应写明抗震设防烈度及结构抗震等级，以明确选用相应抗震

等级的标准构造详图；当无抗震设防要求时，也应写明，以明确选用非抗震的标准构造详图。

四、写明柱、墙、梁各类构件在其所在部位所选用的混凝土的强度等级和钢筋级别，以确定相应纵向受拉钢筋的最小锚固长度及最小搭接长度等。

五、当标准构造详图有多种可选择的构造做法时（例如框架顶层端节点配筋构造），写明在何部位选用何种构造做法。当未写明时，则为设计人员自动授权施工人员可以任选一种构造做法进行施工。

六、写明柱（包括墙柱）纵筋、墙身分布筋、梁上部贯通筋等在具体工程中需接长时所采用的接头形式及有关要求。必要时，尚应注明对钢筋的性能要求。

七、对混凝土保护层厚度有特殊要求时，写明不同部位的柱、墙、梁构件所处的环境类别。

八、当具体工程需要对本图集的标准构造详图作某些变更时，应写明变更的具体内容。

九、当具体工程中有特殊要求时，应在施工图中另加说明。以上第四、五、六、七项内容也可分别写入柱、墙、梁平法施工图的该图说明或者相应表格中。

第 1.0.10 条 对受力钢筋的混凝土保护层厚度、钢筋搭接和锚固长度，除在结构施工图中另有注明者外，均须按本图集标准构造详图中的有关构造规定执行。

第 2 章 柱平法施工图制图规则

第 1 节 柱平法施工图的表示方法

第 2.1.1 条 柱平法施工图系在柱平面布置图采用列表注写方式或截面注写方式表达。

第 2.1.2 条 柱平面布置图，可采用适当比例单独绘制，也可与剪力墙平面布置图合并绘制（剪力墙结构施工图制图规则见第 3 章）。

第 2.1.3 条 在柱平法施工图中，尚应按第 1.0.8 条的规定注明各结构层的楼面标高、结构层高及相应的结构层号。

第 2 节 柱的列表注写方式

第 2.2.1 条 列表注写方式，系在柱平面布置图上（一般只需采用适当比例绘制一张柱平面布置图，包括框架柱、框支柱、梁上柱和剪力墙上柱），分别在同一编号的柱中选择一个（有时需要选择几个）截面标注几何参数代号：在柱表中注写柱号、柱段起止标高、几何尺寸（含柱截面对轴线的偏心情况）与配筋的具体数值，并配以各种柱截面形状及其箍筋类型图的方式，来表达柱平法施工图（图 2.2.4）。

第 2.2.2 条 柱表注写内容规定如下：

一、注写柱编号，柱编号由类型代号和序号组成，应符合表 2.2.2 的规定。

表 2.2.2　　柱　编　号

柱 类 型	代 号	序 号	柱 类 型	代 号	序 号
框架柱	KZ	XX	梁上柱	LZ	XX
框支柱	KZZ	XX	剪力墙上柱	QZ	XX
芯柱	XZ	XX			

注　编号时，当柱的总高、分段截面尺寸和配筋均对应相同，仅分段截面与轴线的关系不同时，仍可将其编为同一柱号。

二、注写各段柱的起止标高，自柱根部往上以变截面位置或截面未变但配筋改变处为界分段注写。框架柱和框支柱的根部标高系指基础顶面标高；芯柱的根部标高系指根据结构实际需要而定的起始位置标高；梁上柱的根部标高系指梁顶面标高；剪力墙上柱的根部标高分两种：当柱纵筋锚固在墙顶部时，其根部标高为墙顶面标高；当柱与剪力墙重叠一层时，其根部标高为墙顶面往下一层的结构层楼面标高。

三、对于矩形柱，注写柱截面尺寸 $b\times h$ 及与轴线关系的几何参数代号 b_1、b_2 和 h_1、h_2 的具体数值，须对应于各段柱分别注写。其中 $b=b_1+b_2$，$h=h_1+h_2$。当截面的某一边收缩变化至与轴线重合或偏到轴线的另一侧时，b_1、b_2 和 h_1、h_2 中的某项为零或为负值。

对于圆柱，图 2.3.1 的表中 $b\times h$ 一栏改用在圆柱直径数字前加 d 表示。为表达简单，圆柱截面与轴线的关系也用 b_1、b_2 和 h_1、h_2 表示，并使 $d=b_1+b_2=h_1+h_2$。

对于芯柱，根据结构需要，可以在某些框架柱的一定高度范围内，在其内部的中心位置设置（分别引注其柱编号）。芯柱截面尺寸按构造确定，并按标准构造详图施工，设计中不注写；当设计者采用与本构造详图不同的做法时，应另行注明。芯柱定位随框架柱走，不需要注写其与轴线的几何关系。

四、注写柱纵筋。当柱纵筋直径相同，各边根数也相同时（包括矩形柱、圆柱和芯柱），将纵筋注写在“全部纵筋”一栏中。除此之外，柱纵筋分角筋、截面 b 边中部筋和 h 边中部筋三项分别注写（对于采用对称配筋的矩形截面柱，可仅注写一侧中部筋，对称边省略不注）。

五、注写箍筋类型号及箍筋肢数，在箍筋类型栏内注写按 2.2.3 条规定绘制柱截面形状及其箍筋类型号。

六、注写柱箍筋，包括钢筋级别、直径与间距。

当为抗震设计时，用斜线“/”区分柱端箍筋加密区与柱身非加密区长度范围内箍筋的不同间距。施工人员须根据标准构造详图的规定，在规定的几种长度值中取其最大者作为加密区长度。

例 ϕ10@100/250，表示箍筋为Ⅰ级钢筋，直径 ϕ10mm，加密区间距为 100mm，非加密区间距为 250mm。

当箍筋沿柱全高为一种间距时，则不使用“/”线。

例 ϕ10@100，表示箍筋为Ⅰ级钢筋，直径 ϕ10mm，间距为 100mm，沿柱全高加密。

当圆柱采用螺旋箍筋时，需在箍筋前加“L”。

例 Lϕ10@100/200，表示采用螺旋箍筋，Ⅰ级钢筋，直径 ϕ10mm，加密区间距为100mm，非加密区间距为 200mm。

当柱（包括芯柱）纵筋采用搭接连接，且为抗震设计时，在柱纵筋搭接长度范围内（应避开柱端的箍筋加密区）的箍筋均应按不大于 $5d$（d 为柱纵筋较小直径）及不大于 100mm 的间距加密。

当为非抗震设计时，在柱纵筋搭接长度范围内的箍筋加密，应由设计者另行注明。

第 2.2.3 条 具体工程所设计的各种箍筋类型图以及箍筋复合的具体方式，须画在表的上部或图中的适当位置，并在其上标注与表中相对应的 b、h 和编上类型号。

当为抗震设计时，确定箍筋肢数时要满足对柱纵筋“隔一拉一”以及箍筋肢距的要求。

第 2.2.4 条 图 2.2.4 为采用列表注写方式表达的柱平法施工图示例。

第 3 节 柱的截面注写方式

第 2.3.1 条 截面注写方式，系在分标准层绘制的柱平面布置图的柱截面上，分别在同一编号的柱中选择一个截面，以直接注写截面尺寸和配筋具体数值的方式来表达柱平法施工图。(图 2.3.1)。

第 2.3.2 条 对除芯柱之外的所有柱截面按第 2.2.2 条一款的规定进行编号，从相同编号的柱中选择一个截面，按另一种比例原位放大绘制柱截面配筋图，并在各配筋图上继其编号后再注写截面尺寸 $b \times h$、角筋或全部纵筋（当纵筋采用一种直径且能够图示清楚时）、箍筋的具体数值（箍筋的注写方式及对柱纵筋搭接长度范围的箍筋间距要求同第 2.2.2 条第六款），以及在柱截面配筋图上标注柱截面与轴线关系 b_1、b_2 和 h_1、h_2 的具体数值。

当纵筋采用两种直径时，须再注写截面各边中部筋的具体数值（对于采用对称配筋的矩形截面柱，可仅在一侧注写中部筋，对称边省略不注）。

当在某些框架柱的一定高度范围内，在其内部的中心位置设置芯柱时，首先按照第 2.2.2 条一款的规定进行编号，继其编号后注写芯柱的起止标高、全部纵筋及箍筋的具体数值（箍筋的注写方式及对柱纵筋搭接长度范围的箍筋间距要求同第 2.2.2 条第六款），芯柱截面尺寸按构造确定，并按标准构造详图施工，设计不注；当设计者采用与本构造详图不同的做法时，应另行注明。芯柱定位随框架柱走，不需要注写其与轴线的几何关系。

第 2.3.3 条 在截面注写方式中，如柱的分段截面尺寸和配筋均相同，仅分段截面与轴线的关系不同时，可将其编为同一柱号。但此时应在未画配筋的柱截面上注写该柱截面与轴线关系的具体尺寸。

第 2.3.4 条 图 2.3.1 为采用截面注写方式表达的柱平法施工图示例。

第 4 节 其　　他

第 2.4.1 条 当按第 2.1.2 条的规定绘制柱平面布置图时，如果局部区域发生重叠、过挤现象，可在该区域采用另外一种比例绘制予以消除。

第 2.4.2 条 当柱与填充墙需要拉结时，其构造详图应由设计者根据墙体材料和规范要求设计绘制。

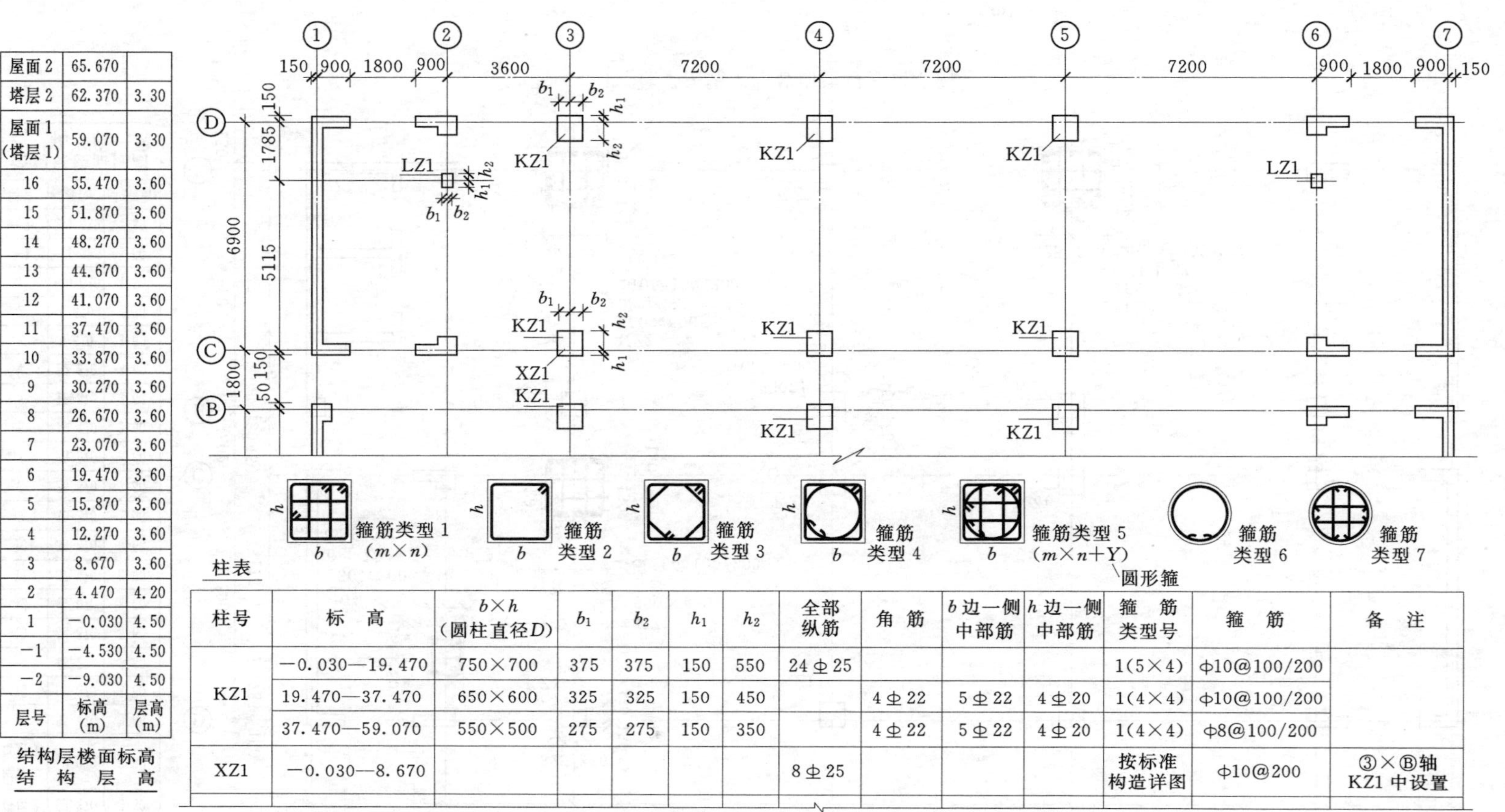

层号	标高(m)	层高(m)
屋面 2	65.670	
塔层 2	62.370	3.30
屋面 1（塔层 1）	59.070	3.30
16	55.470	3.60
15	51.870	3.60
14	48.270	3.60
13	44.670	3.60
12	41.070	3.60
11	37.470	3.60
10	33.870	3.60
9	30.270	3.60
8	26.670	3.60
7	23.070	3.60
6	19.470	3.60
5	15.870	3.60
4	12.270	3.60
3	8.670	3.60
2	4.470	4.20
1	−0.030	4.50
−1	−4.530	4.50
−2	−9.030	4.50

结构层楼面标高
结构层高

柱表

柱号	标高	$b\times h$（圆柱直径 D）	b_1	b_2	h_1	h_2	全部纵筋	角筋	b 边一侧中部筋	h 边一侧中部筋	箍筋类型号	箍筋	备注
KZ1	−0.030—19.470	750×700	375	375	150	550	24⌀25				1(5×4)	ϕ10@100/200	
	19.470—37.470	650×600	325	325	150	450		4⌀22	5⌀22	4⌀20	1(4×4)	ϕ10@100/200	
	37.470—59.070	550×500	275	275	150	350		4⌀22	5⌀22	4⌀20	1(4×4)	ϕ8@100/200	
XZ1	−0.030—8.670						8⌀25				按标准构造详图	ϕ10@200	③×Ⓑ轴 KZ1 中设置

图 2.2.4 柱平法施工图列表注写方式示例

箍筋类型 1(5×4)

注 1. 如采用非对称配筋，需在柱表中增加相应栏目分别表示各边的中部筋；

2. 抗震设计箍筋对纵筋至少隔一拉一；

3. 类型 1 的箍筋肢数可有多种组合，右图为 5×4 的组合，其余类型为固定形式，在表中只注类型号即可。

层号	标高(m)	层高(m)
屋面 2	65.670	
塔层 2	62.370	3.30
屋面 1 (塔层 1)	59.070	3.30
16	55.470	3.60
15	51.870	3.60
14	48.270	3.60
13	44.670	3.60
12	41.070	3.60
11	37.470	3.60
10	33.870	3.60
9	30.270	3.60
8	26.670	3.60
7	23.070	3.60
6	19.470	3.60
5	15.870	3.60
4	12.270	3.60
3	8.670	3.60
2	4.470	4.20
1	−0.030	4.50
−1	−4.530	4.50
−2	−9.030	4.50

结构层楼面标高
结 构 层 高

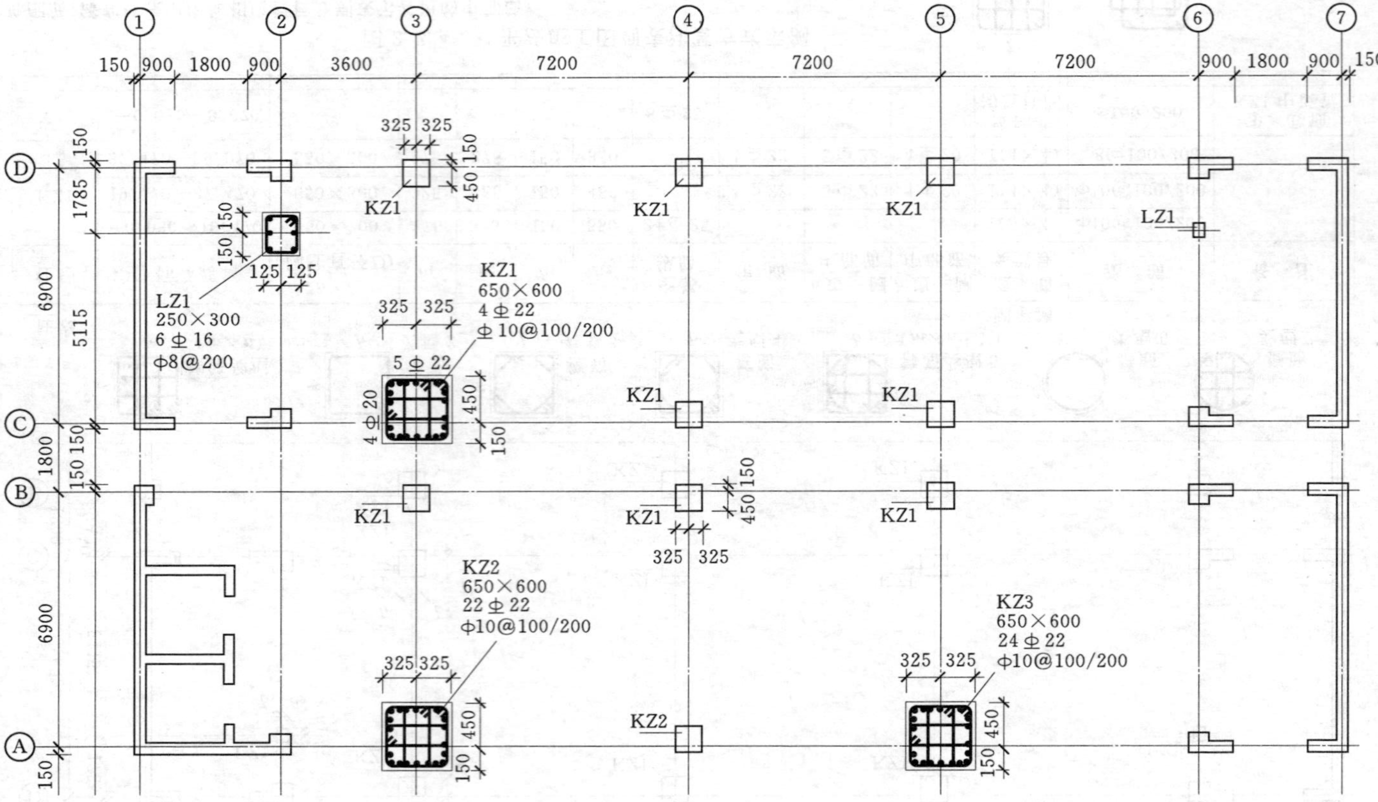

图 2.3.1 柱平法施工图截面注写方式示例

第 3 章　剪力墙平法施工图制图规则

第 1 节　剪力墙平法施工图的表示方法

第 3.1.1 条　剪力墙平法施工图系在剪力墙平面布设图上采用列表注写方式或截面注写方式表达。

第 3.1.2 条　剪力墙平面布置图可采用适当比例单独绘制，也可与柱或梁平面布置图合并绘制。当剪力墙较复杂或采用截面注写方式时，应按标准层分别绘制剪力墙平面布置图。

第 3.1.3 条　在剪力墙平法施工图中，尚应按第 1.0.8 条的规定注明各结构层的楼面标高、结构层高及相应的结构层号。

第 3.1.4 条　对于轴线未居中的剪力墙（包括端柱），应标注其偏心定位尺寸。

第 2 节　剪力墙列表注写方式

第 3.2.1 条　为表达清楚、简便，剪力墙可视为由剪力墙柱、剪力墙身和剪力墙梁三类构件构成。

列表注写方式，系分别在剪力墙柱表、剪力墙身表和剪力墙梁表中，对应于剪力墙平面布置图上的编号，用绘制截面配筋图并注写几何尺寸与配筋具体数值的方式，来表达剪力墙平法施工图，如图 3.2.6a 及图 3.2.6b 所示。

第 3.2.2 条　编号规定：将剪力墙按剪力墙柱、剪力墙身、剪力墙梁（简称为墙柱、墙身、墙梁）三类构件分别编号。

一、墙柱编号，由墙柱类型代号和序号组成，表达形式应符合表 3.2.2a 的规定。

表 3.2.2a　　**墙　柱　编　号**

墙柱类型	代号	序号	墙柱类型	代号	序号
约束边缘暗柱	YAZ	XX	构造边缘暗柱	GAZ	XX
约束边缘端柱	YDZ	XX	构造边缘翼墙（柱）	GYZ	XX
约束边缘翼墙（柱）	YYZ	XX	构造边缘转角墙（柱）	GJZ	XX
约束边缘转角墙（柱）	YJZ	XX	非边缘暗柱	AZ	XX
构造边缘端柱	GDZ	XX	扶壁柱	FBZ	XX

各类墙柱的截面形状与几何尺寸等见图 3.2.2。

二、墙身编号，由墙身代号、序号以及墙身所配置的水平与竖向分布钢筋的排数组成，其中，排数注写在括号内。表达形式为：　QXX（X 排）

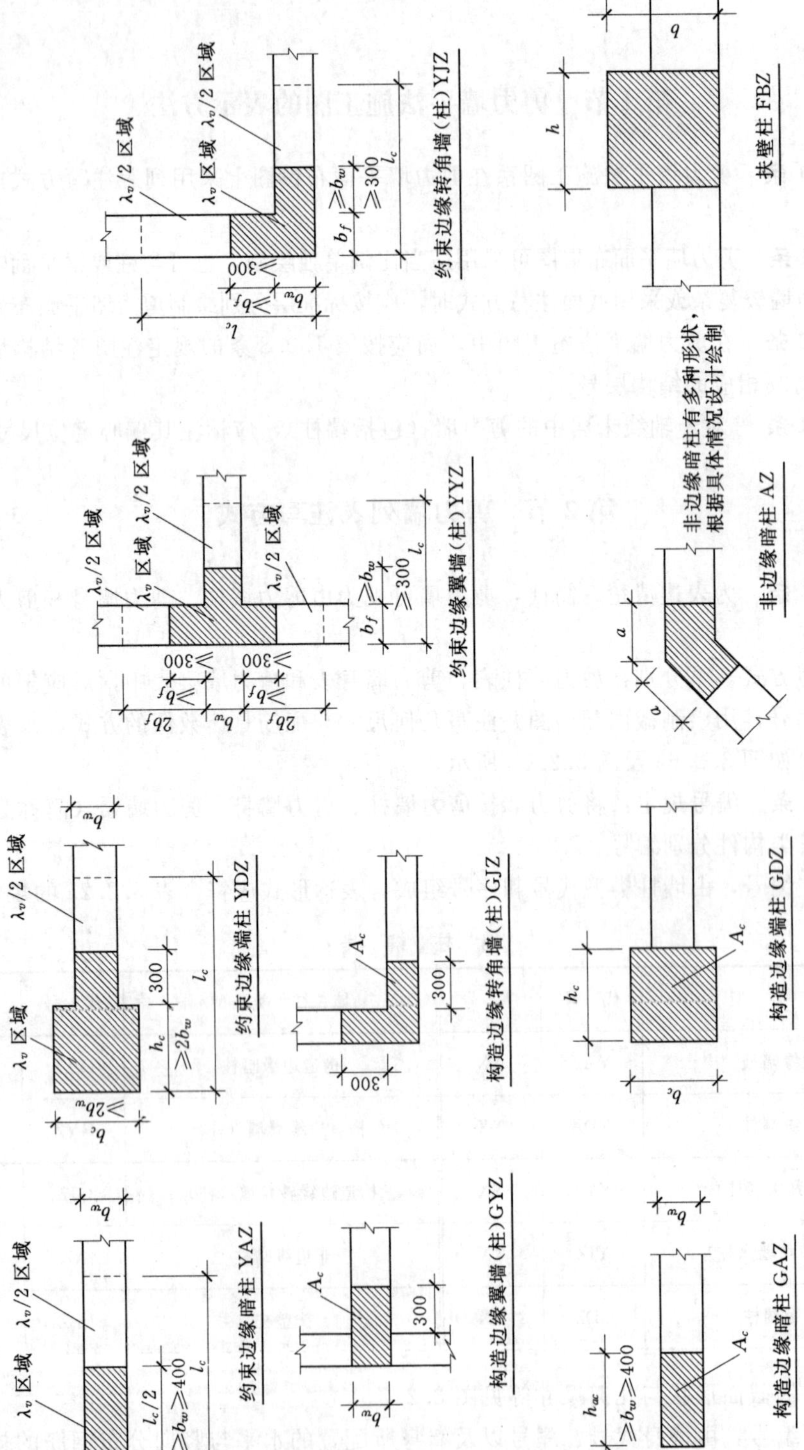

约束边缘暗柱 YAZ

约束边缘端柱 YDZ

约束边缘翼墙(柱)YYZ

约束边缘转角墙(柱)YJZ

构造边缘翼墙(柱)GYZ

构造边缘转角墙(柱)GJZ

构造边缘暗柱 GAZ

构造边缘端柱 GDZ

非边缘暗柱有多种形状，根据具体情况设计绘制

非边缘暗柱 AZ

扶壁柱 FBZ

图 3.2.2 各类墙柱的截面形状与几何尺寸

注：

1. 在编号中：如若干墙柱的截面尺寸与配筋均相同，仅截面与轴线的关系不同时，可将其编为同一墙柱号，又如若干端身的厚度尺寸和配筋均相同，仅墙厚与轴线的关系不同或墙身长度不同时，也可将其编为同一墙身号。

2. 对于分布钢筋网的排数规定：

非抗震：当剪力墙厚度大于 160mm 时，应配置双排；当其厚度不大于 160mm 时，宜配置双排。

抗震：当剪力墙厚度不大于 400mm 时，应配置双排；当剪力端厚度大于 400mm，但不大于 700mm 时，宜配置三排；当剪力墙厚度大于 700mm 时，宜配置四排。

各排水平分布钢筋和竖向分布钢筋的直径与间距应保持一致。

当剪力墙配置的分布钢筋多于两排时，剪力墙拉筋两端应钩住外排水平纵筋和竖向纵筋，还应与剪力墙内排水平纵筋和竖向纵筋绑扎在一起。

三、墙梁编号，由墙梁类型代号和序号组成，表达形式应符合表 3.2.2b 的规定。

表 3.2.2b　　墙　梁　编　号

墙 梁 类 型	代 号	序 号	墙 梁 类 型	代 号	序 号
连梁（无交叉暗撑及无交叉钢筋）	LL	XX	暗 梁	AL	XX
连梁（有交叉暗撑）	LL（JG）	XX	边框梁	BKL	XX
连梁（有交叉钢筋）	LL（JG）	XX			

注　在具体工程中，当某些墙身需设置暗梁或边框梁时，宜在剪力墙平法施工图中绘制暗梁或边框梁的平面布置简图并编号（见图 3.2.6a 示例），以明确其具体位置。

第 3.2.3 条　在剪力墙柱表中表达的内容，规定如下：

一、注写墙柱编号（见表 3.2.2a）和绘制该墙柱的截面配筋图。此外：

1. 对于约束边缘端柱 YDZ，需增加标注几何尺寸 $b_c \times h_c$。该柱在墙身部分的几何尺寸按本图集 YDZ 的标准构造详图取值，设计不注。当设计者采用与该构造详图不同的做法时，应另行注明。

2. 对于构造边缘端柱 GDZ，需增加标注几何尺寸 $b_c \times h_c$。

3. 对于约束边缘暗柱 YAZ、翼墙（柱）YYZ、转角墙（柱）YJZ，

其几何尺寸按本图集 YAZ、YYZ、732 附标准构造详图取值，设计不注。当设计者采用与该构造详图不同的做法时，应另行注明。

4. 对于构造边缘暗柱 GAZ、翼墙（柱）GYZ、转角墙（柱）G32，其几何尺寸按本图集 GAZ、GYZ、GJZ 的标准构造详图取值，设计不注。当设计者采用与该构造详图不同的做法时，应另行注明。

5. 对于非边缘暗柱 AZ，需增加标注几何尺寸。

6. 对于扶壁柱 FBZ，需增加标注几何尺寸。

二、注写各段墙柱的起止标高，自墙柱根部往上以变截面位置或截面未变但配筋改变处为界分段注写。墙柱根部标高是指基础顶面标高（如为框支剪力墙结构则为框支梁顶面标高）。

三、注写各段墙柱的纵向钢筋和箍筋，注写值应与在表中绘制的截面配筋图对应一致。纵向钢筋注总筋值；墙柱箍筋的注写方式与柱箍筋相同。对于约束边缘端柱 YDZ、约束边缘暗柱 YAZ、约束边缘翼墙（柱）YYZ、约束边缘转角墙（柱）YJZ，除注写图 3.2.2

和相应标准构造详图中所示阴影部位内的箍筋外，尚需注写非阴影区内布置的拉筋（或箍筋）。

所有墙柱纵向钢筋搭接长度范围内的箍筋间距要求同第 2.2.2 条第六款。

第 3.2.4 条 在剪力墙身表中表达的内容，规定如下：

一、注写墙身编号（含水平与竖向分布钢筋的排数），见第 3.2.2 条第二款。

二、注写各段墙身起止标高，自墙身根部往上以变截面位置或截面未变但配筋改变处为界分段注写。墙身根部标高系指基础顶面标高（框支剪力墙结构则为框支梁的顶面标高）。

三、注写水平分布钢筋、竖向分布钢筋和拉筋的具体数值。注写数值为一排水平分布钢筋和竖向分布钢筋的规格与间距，具体设置几排已经在墙身编号后面表达。

第 3.2.5 条 在剪力墙梁表中表达的内容，规定如下：

一、注写墙梁编号，见表 3.2.2b。

二、注写墙梁所在楼层号。

三、注写墙梁顶面标高高差，系指相对于墙梁所在结构层楼面标高的高差值，高于者为正值，低于者为负值，当无高差时不注。

四、注写墙梁截面尺寸 $b \times h$，上部纵筋、下部纵筋和箍筋的具体数值。

五、当连梁设有斜向交叉暗撑时［代号为 LL（JC）XX 且连梁截面宽度不小于 400］，注写一根暗撑的全部纵筋，并标注×2 表明有两根暗撑相互交叉，以及箍筋的具体数值（用斜线分隔斜向交叉暗撑箍筋加密区与非加密区的不同间距）。暗撑截面尺寸按构造确定，并按标准构造详图施工，设计不注；当设计者采用与本构造详图不同的做法时，应另行注明。

六、当连梁没有斜向交叉钢筋时［代号为 LL（JG）XX 且连梁截面宽度小于 400 但不小于 200］，注写一道斜向钢筋的配筋值，并标注×2 表明有两道斜向钢筋相互交叉。当设计者采用与本构造详图不同的做法时，应另行注明。

施工时应注意：设置在墙顶部的连梁，其箍筋构造和斜向交叉暗撑、斜向交叉钢筋构造与非顶部的连梁有所不同，应按各自相应的构造详图施工。

墙梁侧面纵筋的配锚：当墙身水平分布钢筋满足连梁、暗梁及边框梁的梁侧面纵向构造钢筋的要求时，该筋配置同墙身水平分布钢筋，表中不注，施工按标准构造详图的要求即可；当不满足时，应在表中注明梁侧面纵筋的具体数值。

第 3.2.6 条 图 3.2.6a 和图 3.2.6b 为采用列表注写方式分别表达剪力墙墙梁、墙身和墙柱的平法施工图示例。

第 3 节 剪力墙截面注写方式

第 3.3.1 条 原位注写方式，系在分标准层绘制的剪力墙平面布置图上，以直接在墙柱、墙身、墙梁上注写截面尺寸和配筋具体数值的方式来表达剪力墙平法施工图（如图 3.3.3 所示）。

第 3.3.2 条 选用适当比例原位放大绘制剪力墙平面布置图，其中对墙柱绘制配筋截面图；对所有墙柱、墙身、墙梁分别按第 3.2.2 条一、二、三款的规定进行编号，并分别在相

约束边缘构件沿墙肢的长度 l_c 及配箍特征值 λ_v				
抗震等级(设防烈度)		一级(9度)	一级(7、8度)	二级
λ_v		0.2	0.2	0.2
l_c (mm)	暗柱	$0.25h_w$、$1.5b_w$、450中的最大值	$0.2h_w$、$1.5b_w$、450中的最大值	$0.2h_w$、$1.5b_w$、450中的最大值
	端柱、翼墙或转角墙	$0.2h_w$、$1.5b_w$、450中的最大值	$0.15h_w$、$1.5b_w$、450中的最大值	$0.15h_w$、$1.5b_w$、450中的最大值

注 1. 翼墙长度小于其厚度3倍时，视为无翼墙剪力墙；端柱截面边长小于墙厚2倍时，视为无端柱剪力墙。
2. 约束边缘构件沿墙肢长度除满足上表中的要求外，当有端柱、翼墙或转角墙时，尚不应小于翼墙厚度或墙柱沿墙肢方向截面高度加300mm。
3. 约束边缘构件的箍筋或拉筋沿竖向的间距，对一级抗震等级不宜大于100mm，对二级抗震等级不宜大于150mm。
4. h_w 为剪力墙墙肢的长度。

剪力墙梁表

编号	所在楼层号	梁顶相对标高高差	梁截面 $b\times h$	上部纵筋	下部纵筋	侧面纵筋	箍筋
LL1	2—9	0.800	300×2000	4⌀22	4⌀22	同Q1水平分布筋	Φ10@100(2)
	10—16	0.800	250×2000	4⌀20	4⌀20		Φ10@100(2)
	屋面		250×1200	4⌀20	4⌀20		Φ10@100(2)
LL2	3	1.200	300×2520	4⌀22	4⌀22	同Q1水平分布筋	Φ10@150(2)
	4	−0.900	300×2070	4⌀22	4⌀22		Φ10@150(2)
	5—9	−0.900	300×1770	4⌀22	4⌀22		Φ10@150(2)
	10—屋面1	−0.900	250×1770	3⌀22	3⌀22		Φ10@150(2)
LL3	2		300×2070	4⌀22	4⌀22	同Q1水平分布筋	Φ10@100(2)
	3		300×1770	4⌀22	4⌀22		Φ10@100(2)
	4—9		300×1170	4⌀22	4⌀22		Φ10@100(2)
	10—屋面1		250×1170	3⌀22	3⌀22		Φ10@100(2)
LL4	2		250×2070	3⌀20	3⌀20	同Q2水平分布筋	Φ10@120(2)
	3		250×1770	3⌀20	3⌀20		Φ10@120(2)
	4—屋面1		250×1170	3⌀20	3⌀20		Φ10@120(2)
AL1	2.9		300×600	3⌀20	3⌀20		Φ8@150(2)
	10—16		250×500	3⌀18	3⌀18		Φ8@150(2)
BKL1	屋面1		500×750	4⌀22	4⌀22		Φ10@150(2)

剪力墙身表

编号	标高	墙厚	水平分布筋	垂直分布筋	拉筋
Q1(2排)	−0.030—30.270	300	Φ12@250	Φ12@250	Φ6@500
	30.270—59.070	250	Φ10@250	Φ10@250	Φ6@500
Q2(2排)	−0.030—30.270	250	Φ10@250	Φ10@250	Φ6@500
	30.270—59.070	200	Φ10@250	Φ10@250	Φ6@500

层号	标高(m)	层高(m)
屋面2	65.670	
塔层2	62.370	3.30
屋面1(塔层1)	59.070	3.30
16	55.470	3.60
15	51.870	3.60
14	48.270	3.60
13	44.670	3.60
12	41.070	3.60
11	37.470	3.60
10	33.870	3.60
9	30.270	3.60
8	26.670	3.60
7	23.070	3.60
6	19.470	3.60
5	15.870	3.60
4	12.270	3.60
3	8.670	3.60
2	4.470	4.20
1	−0.030	4.50
−1	−4.530	4.50
−2	−9.030	4.50

底部加强部位

结构层楼面标高
结构层高

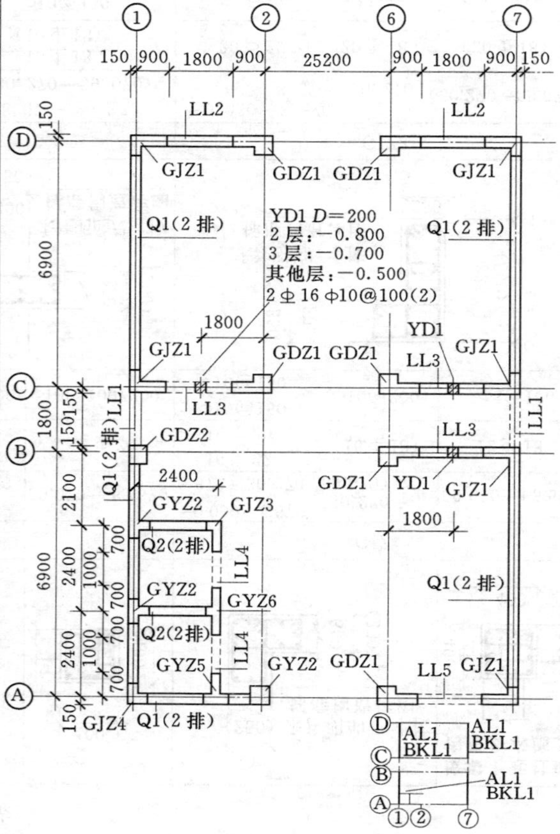

图 3.2.6a 剪力墙平法施工图列表注写方式示例

（注：可在结构层楼面标高、结构层高表中加设混凝土强度等级等栏目。）

层号	标高(m)	层高(m)
屋面2	65.670	
塔层2	62.370	3.30
屋面1(塔层1)	59.070	3.30
16	55.470	3.60
15	51.870	3.60
14	48.270	3.60
13	44.670	3.60
12	41.070	3.60
11	37.470	3.60
10	33.870	3.60
9	30.270	3.60
8	26.670	3.60
7	23.070	3.60
6	19.470	3.60
5	15.870	3.60
4	12.270	3.60
3	8.670	3.60
2	4.470	4.20
1	−0.030	4.50
−1	−4.530	4.50
−2	−9.030	4.50

底部加强部位（2、1 层）

结构层楼面标高

结构层高

剪力墙柱表

截面	1200 300(250) 600 600			600 600		400 400	300(250) 未注明的尺寸按标准构造详图 300(250)		按墙上起柱的构造要求施工 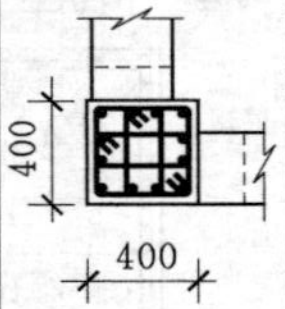 400 400
编号	GDZ1			GDZ2			GJZ4		
标高	−0.030—8.670	8.670—30.270	(30.270—59.070)	−0.030—8.670	8.670—59.070	59.070—65.670	−0.030—8.670 8.670—30.270	(30.270—59.070)	59.070—65.670
纵筋	22⌀22	22⌀20	(22⌀18)	12⌀25	12⌀22	12⌀20	16⌀22 16⌀20	(16⌀18)	12⌀18
箍筋	ϕ10@100	ϕ10@100/200	(ϕ10@100/200)	ϕ10@100	ϕ10@100/200	ϕ10@100/200	ϕ10@150 ϕ10@150	(ϕ10@200)	ϕ8@100

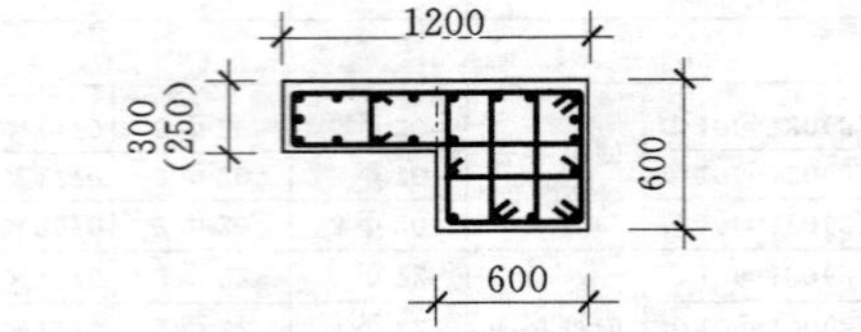

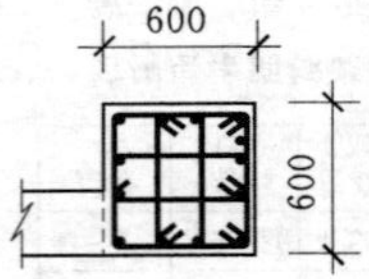

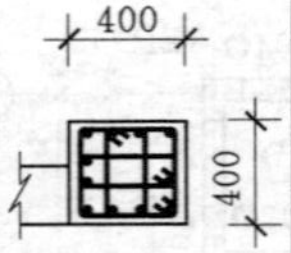

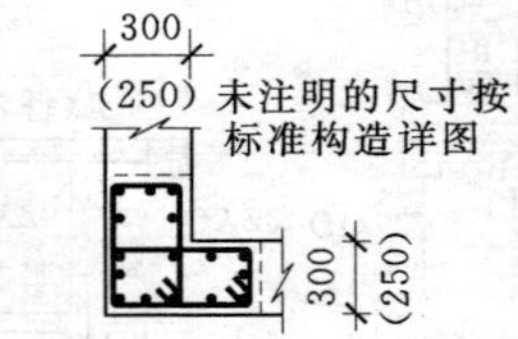

截面	1050 300(250) 300(250) 未注明的尺寸按标准构造详图			250 300 未注明的尺寸按标准构造详图	250(200) 300(250) 未注明的尺寸按标准构造详图	250(200) 825(800) 250 未注明的尺寸按标准构造详图		
编号	GJZ1			GJZ2		GJZ3		
标高	−0.030—8.670	8.670—30.270	(30.270—59.070)	−0.030—8.670	8.670—30.270 (30.270—59.070)	−0.030—8.670	8.670—30.270	(30.270—59.070)
纵筋	24⌀20	24⌀18	(24⌀16)	20⌀20	10⌀18 (10⌀18)	20⌀20	20⌀18	(20⌀18)
箍筋	ϕ10@100	ϕ10@150	(ϕ10@150)	ϕ10@100	ϕ10@150 (ϕ10@150)	ϕ10@100	ϕ10@150	(ϕ10@150)

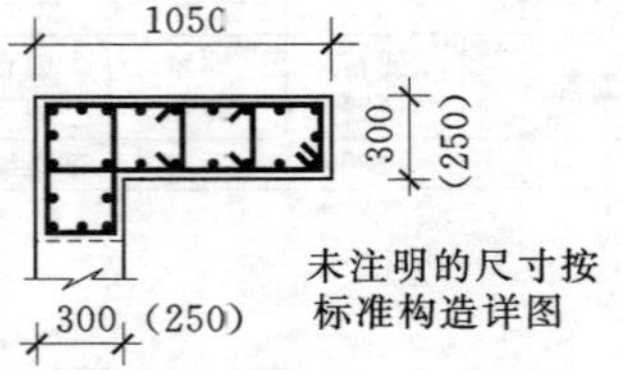

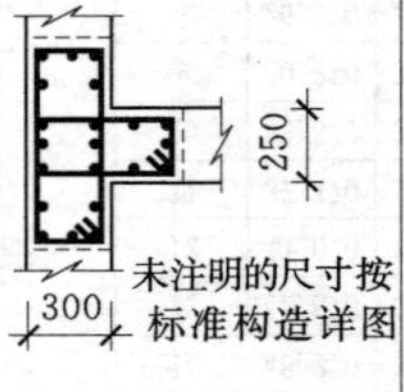

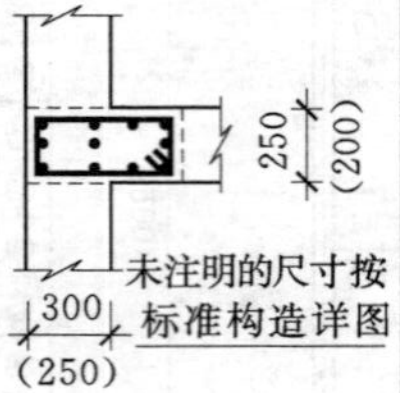

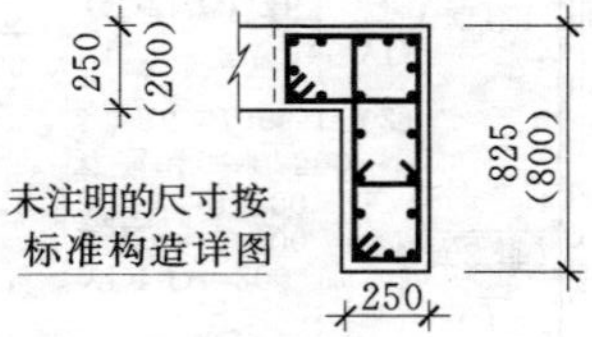

图 3.2.6b 剪力墙平法施工图列表注写方式示例(续)

同编号的墙柱、墙身、墙梁中选择一根墙柱、一道墙身、一根墙梁进行注写，其注写方式按以下规定进行。

注：同第 3.2.2 条的注。

一、从相同编号的墙柱中选择一个截面，标注全部纵筋及箍筋的具体数值（其箍筋的表达方式同第 2.2.3 条）。对墙柱纵筋搭接长度范围的箍筋间距要求同第 2.2.2 条第六款。此外，

1. 对于约束边缘端柱 YDZ，需增加标注几何尺寸 $b_c \times h_c$。该柱在墙身部分的几何尺寸按本图集 YDZ 的标准构造详图取值，设计不注。当设计者采用与该构造详图不同的做法时，应另行注明。

2. 对于构造边缘端柱 GDZ，需增加标注几何尺寸 $b_c \times h_c$。

3. 对于约束边缘暗柱 YAZ、翼墙（柱）YYZ、转角墙（柱）YJZ，其几何尺寸按本图集 YAZ、YYZ、YJZ 的标准构造详图取值，设计不注。当设计者采用与该构造详图不同的做法时，应另行注明。

4. 对于构造边缘暗柱 GAZ、翼墙（柱）GYZ、转角墙（柱）GJZ，其几何尺寸按本图集 GAZ、GYZ、GJZ 的标准构造详图取值，设计不注。当设计者采用与该构造详图不同的做法时，应另行注明。

5. 对于非边缘暗柱 AZ，需增加标注几何尺寸。

6. 对于扶壁柱 FBZ，需增加标注几何尺寸。

二、从相同编号的墙身中选择一道墙身，按顺序引注的内容为：墙身编号（应包括注写在括号内墙身所配置的水平与竖向分布钢筋的排数）、墙厚尺寸，水平分布钢筋、竖向分布钢筋和拉筋的具体数值。

三、从相同编号的墙梁中选择一根墙梁，按顺序引注的内容为：

1. 当连梁无斜向交叉暗撑时，注写：墙梁编号、端梁截面尺寸 $b \times h$、墙梁箍筋、上部纵筋、下部纵筋和墙梁顶面标高高差的具体数值。其中，墙梁顶面标高高差的注写规定同第 3.2.5 条第三款。

2. 当连梁设有斜向交叉暗撑时，还要以 JC 打头附加注写一根暗撑的全部纵筋，并标注×2 表明有两根暗撑相互交叉，以及箍筋的具体数值（用斜线分隔斜向交叉暗撑箍筋加密区与非加密区的不同间距）。交叉暗撑的截面尺寸按构造确定，并按标准构造详图施工，设计不注。

当连梁设有斜向交叉钢筋时，还要以 JG 打头附加注写一道斜向钢筋的配筋值，并标注×2 表明有两道斜向钢筋相互交叉。

当墙身水平分布钢筋不能满足连梁、暗梁及边框梁的梁侧面纵向构造钢筋的要求时，应补充注明梁侧面纵筋的具体数值，注写时，以大写字母 G 打头，接续注写直径与间距。

例 GΦ10@150，表示墙梁两个侧面纵筋对称配置为：Ⅰ级钢筋，直径 ϕ10mm，间距为 150mm。

第 3.3.3 条　图 3.3.3 为采用截面注写方式表达的剪力墙平法施工图示例。

第 4 节　剪力墙洞口的表示方法

第 3.4.1 条　无论采用列表注写方式还是截面注写方式，剪力墙上的洞口均可在剪力墙平面布置图上原位表达，如图 3.2.6a 和图 3.3.3 所示。

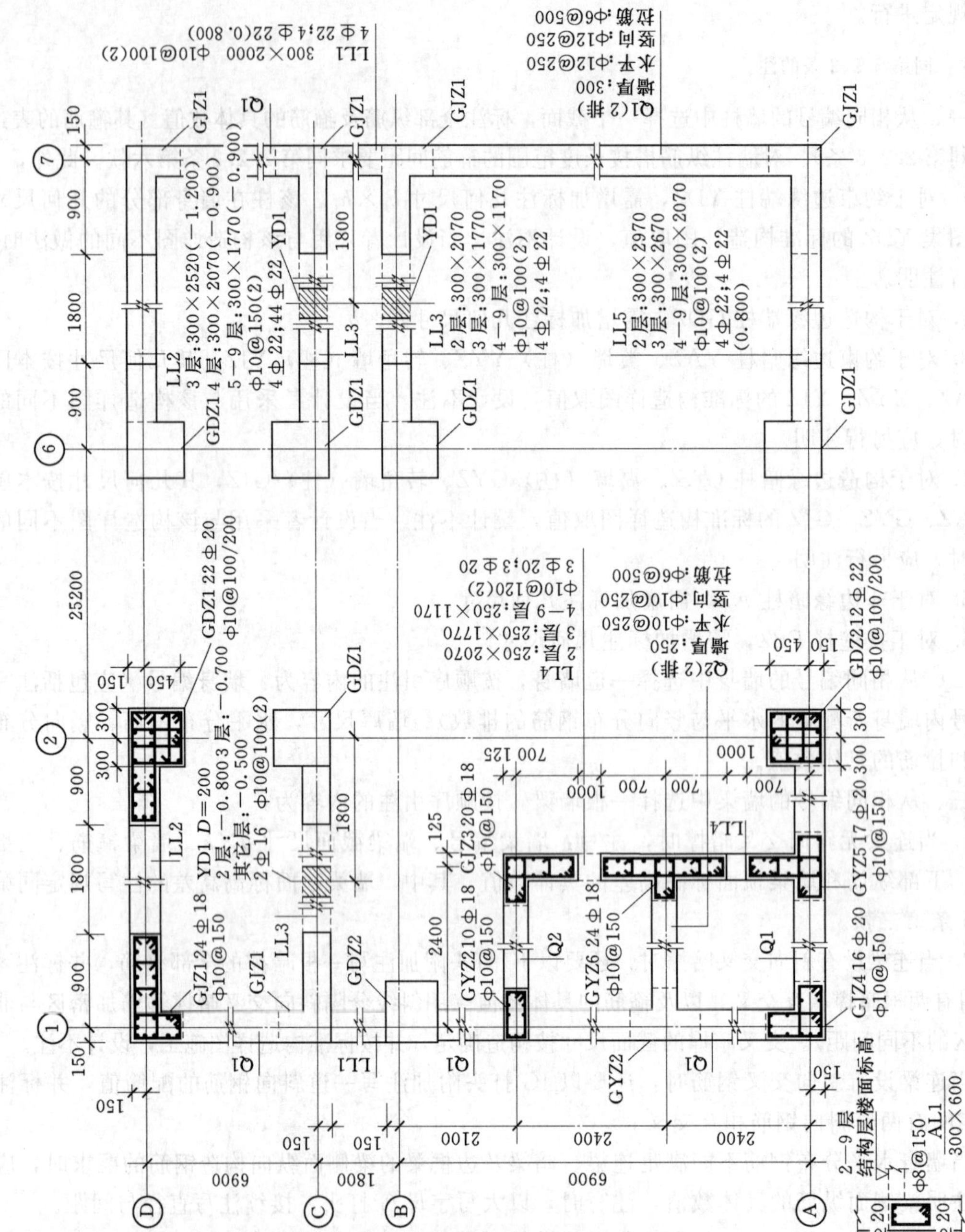

屋面2	65.670	
塔层2	62.370	3.30
屋面1（塔层1）	59.070	3.30
16	55.470	3.60
15	51.870	3.60
14	48.270	3.60
13	44.670	3.60
12	41.070	3.60
11	37.470	3.60
10	33.870	3.60
9	30.270	3.60
8	26.670	3.60
7	23.070	3.60
6	19.470	3.60
5	15.870	3.60
4	12.270	3.60
3	8.670	3.60
2	4.470	4.20
1	−0.030	4.50
−1	−4.530	4.50
−2	−9.030	4.50
层号	标高（m）	层高（m）

底部加强部位（−2～2层）

结构层楼面标高
结构层高

暗梁布置简图

AL1 300×600：3 ⌀20，3 ⌀20，⌀8@150；2—9层结构层楼面标高

图 3.3.3 剪力墙平法施工图截面注写方式示例

第 3.4.2 条　洞口的具体表示方法

一、在剪力墙平面布置图上绘制洞口示意，并标注洞口中心的平面定位尺寸。

二、在洞口中心位置引注：①洞口编号；②洞口几何尺寸；③洞口中心相对标高；④洞口每边补强钢筋共四项内容。具体规定如下：

1. 洞口编号：矩形洞口为 JD××（××为序号），圆形洞口为 YD××（××为序号）。

2. 洞口几何尺寸：矩形洞口为洞宽×洞高（$b \times h$），圆形洞口为洞口直径 D。

3. 洞口中心相对标高，系相对于结构层楼（地）面标高的洞口中心高度。当其高于结构层楼面时为正值，低于结构层楼面时为负值。

4. 洞口每边补强钢筋，分以下几种不同情况：

(1) 当矩形洞口的洞宽、洞高均不大于 800 时，如果设置构造补强纵筋，即洞口每边加钢筋≥2Φ12 且不小于同向被切断钢筋总面积的 50%，本项免注。

例 JD 3 400×300 +3.100，表示 3 号矩形洞口，洞宽 400，洞高 300，洞口中心距本结构层楼面 3100，洞口每边补强钢筋按构造配置。

(2) 当矩形洞口的洞宽、洞高均不大于 800 时，如果设置补强纵筋大于构造配筋，此项注写洞口每边补强钢筋的数值。

例 JD 2 400×300 + 3.100 3Φ14，表示 2 号矩形洞口，洞宽 400，洞高 300，洞口中心距本结构层楼面 3100，洞口每边补强钢筋为 3Φ14。

(3) 当矩形洞口的洞宽大于 800 时，在洞口的上、下需设置补强暗梁，此项注写为洞口上、下每边暗梁的纵筋与箍筋的具体数值（在标准构造详图中，补强暗梁梁高一律定为 400，施工时按标准构造详图取值，设计不注。当设计者采用与该构造详图不同的做法时，应另行注明）；当洞口上、下边为剪力墙连梁时，此项免注；洞口竖向两侧按边缘构件配筋，亦不在此项表达。

例 JD 5 1800×2100+1.800 6Φ20 Φ8@150，表示 5 号矩形洞口，洞宽 1800，洞高 2100，洞口中心距本结构层楼面 1800，洞口上、下设补强暗梁，每边暗梁纵筋为 6Φ20，箍筋为由 8@150。

(4) 当圆形洞口设置在连梁中部 1/3 范围（且圆洞直径不应大于 1/3 梁高）时，需注写在圆洞上下水平设置的每边补强纵筋与箍筋。

(5) 当圆形洞口设置在墙身或暗梁、边框梁位置，且洞口直径不大于 300 时，此项注写洞口上下左右每边布置的补强纵筋的数值。

(6) 当圆形洞口直径大于 300，但不大于 800 时，其加强钢筋在标准构造详图中系按照圆外切正六边形的边长方向布置（请参考对照本图集中相应的标准构造详图），设计仅需注写六边形中一边补强钢筋的具体数值。

第 5 节　其　　他

第 3.5.1 条　在抗震设计中，对于一、二级抗震等级的剪力墙，应注明底部加强区在剪力墙平法施工图中的所在部位及其高度范围，以便使施工人员明确在该范围内应按照加强部位的构造要求进行施工。

第 3.5.2 条　当剪力墙中有偏心受拉墙肢时，无论采用何种直径的竖向钢筋，均应采用机械连接或焊接接长，设计者应在剪力墙平法施工图中加以注明。

第 3.5.3 条 当剪力墙与填充墙需要拉结时，其构造详图应由设计者根据墙体材料和规范要求设计绘制。

第 4 章 梁平法施工图制图规则

第 1 节 梁平法施工图的表示方法

第 4.1.1 条 梁平法施工图系在梁平面布置图上采用平面注写方式或截面注写方式表达。

第 4.1.2 条 梁平面布置图，应分别按梁的不同结构层（标准层），将全部梁和与其相关联的柱、墙、板一起采用适当比例绘制。

第 4.1.3 条 在梁平法施工图中，尚应按第 1.0.8 条的规定注明各结构层的顶面标高及相应的结构层号。

第 4.1.4 条 对于轴线未居中的梁，应标注其偏心定位尺寸（贴柱边的梁可不注）。

第 2 节 梁平面注写方式

第 4.2.1 条 平面注写方式，系在梁平面布置图上，分别在不同编号的梁中各选一根梁，在其上注写截面尺寸和配筋具体数值的方式来表达梁平法施工图。

平面注写包括集中标注与原位标注，集中标注表达梁的通用数值，原位标注表达梁的特殊数值。当集中标注中的某项数值不适用于梁的某部位时，则将该项数值原位标注，施工时，原位标注取值优先，如图 4.2.1 所示。

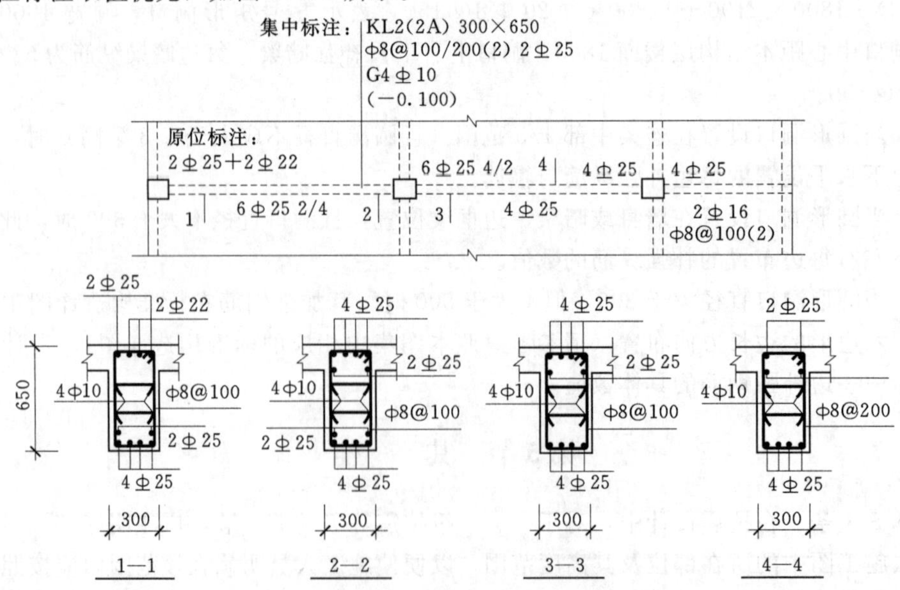

图 4.2.1 平面注写方式示例

（注：本图四个梁截面系采用传统表示方法绘制，用于对比按平面注写方式表达的同样内容。实际采用平面注写方式表达时不需绘制梁截面配筋图和图 4.2.1 中的相应截面号。）

第 4.2.2 条　梁编号由梁类型代号、序号、跨数及有无悬挑代号几项组成，应符合表 4.2.2 的规定。

表 4.2.2　　　　　　　　梁　编　号

梁　类　型	代　号	序　号	跨数及是否带有悬挑
楼层框架梁	KL	××	(××)、(××A) 或 (××B)
屋面框架梁	WKL	××	(××)、(××A) 或 (××B)
框支梁	KZL	××	(××)、(××A) 或 (××B)
非框架梁	L	××	(××)、(××A) 或 (××B)
悬挑梁	XL	××	
井字梁	JZL	××	(××)、(××A) 或 (××B)

注　(××A) 为一端有悬挑，(××B) 为两端有悬挑，悬挑不计入跨数。例 KL7 (5A) 表示第 7 号框架梁，5 跨，一端有悬挑；L9 (7B) 表示第 9 号非框架梁，7 跨，两端有悬挑。

第 4.2.3 条　梁集中标注的内容，有 5 项必注值及一项选注值（集中标注可以从梁的任意一跨引出），规定如下：

一、梁编号，见表 4.2.2，该项为必注值。其中，对井字梁编号中关于跨数的规定见第 4.2.5 条。

二、梁截面尺寸，该项为必注值。当为等截面梁时，用 $b\times h$ 表示；当为加腋梁时，用 $b\times h$　$Yc_1\times c_2$ 表示，其中 c_1 为腋长，c_2 为腋高（图 4.2.3a）；当有悬挑梁且根部和端部的高度不同时，用斜线分隔根部与端部的高度值，即为 $b\times h_1/h_2$（图 4.2.3b）。

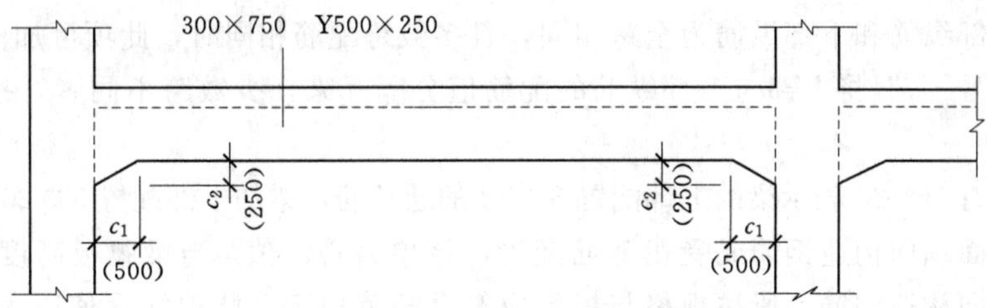

图 4.2.3a　加腋梁截面尺寸注写示意

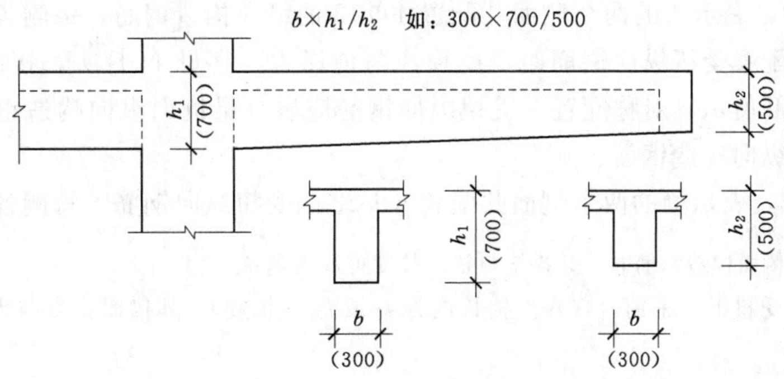

图 4.2.3b　悬挑梁不等高截面尺寸注写示意

三、梁箍筋，包括钢筋级别、直径、加密区与非加密区间距及肢数，该项为必注值。箍筋加密区与非加密区的不同间距及肢数需用斜线“/”分隔；当梁箍筋为同一种间距及肢数时，则不需用斜线；当加密区与非加密区的箍筋肢数相同时，则将肢数注写一次，箍筋肢数应写在括号内。加密区范围见相应抗震级别的标准构造详图。

例 Φ10@100/200(4)，表示箍筋为Ⅰ级钢筋，直径ϕ10mm，加密区间距为100mm，非加密区间距为200mm，均为四肢箍。

Φ8@100(4)/150(2)，表示箍筋为Ⅰ级钢筋，直径ϕ8mm，加密区间距为100mm，四肢箍；非加密区间距为150mm，两肢箍。

当抗震结构中的非框架梁、悬挑梁、井字梁，及非抗震结构中的各类梁采用不同的箍筋间距及肢数时，也用斜线"/"将其分隔开来。注写时，先注写梁支座端部的箍筋（包括箍筋的箍数、钢筋级别、直径、间距与肢数），在斜线后注写梁跨中部分的箍筋间距及肢数。

例 13Φ10@150/200(4)，表示箍筋为Ⅰ级钢筋，直径ϕ10mm；梁的两端各有13个四肢箍，间距为150mm；梁跨中部分间距为200mm，四肢箍。

18Φ12@150(4)/200(2)，表示箍筋为Ⅰ级钢筋，直径ϕ12mm；梁的两端各有18个四肢箍，间距为150mm；梁跨中部分，间距为200mm，双肢箍。

四、梁上部通长筋或架立筋配置（通长筋可为相同或不同直径采用搭接连接、机械连接或对焊连接的钢筋），该项为必注值。所注规格与根数应根据结构受力要求及箍筋肢数等构造要求而定。当同排纵筋中既有通长筋又有架立筋时，应用加号"＋"将通长筋和架立筋相联。注写时须将角部纵筋写在加号的前面，架立筋写在加号后面的括号内，以示不同直径及与通长筋的区别。当全部采用架立筋时，则将其写入括号内。

例 2Φ22用于双肢箍；2Φ22＋（4Φ12）用于六肢箍，其中2Φ22为通长筋，4Φ12为架立筋。

当梁的上部纵筋和下部纵筋为全跨相同，且多数跨配筋相同时，此项可加注下部纵筋的配筋值，用分号"；"将上部与下部纵筋的配筋值分隔开来，少数跨不同者，按第4.2.1条的规定处理。

例 3Φ22；3Φ20表示梁的上部配置3Φ22的通长筋，梁的下部配置3Φ20的通长筋。

五、梁侧面纵向构造钢筋或受扭钢筋配置，该项为必注值。当梁腹板高度$h_w \geqslant 450$mm时，须配置纵向构造钢筋，所注规格与根数应符合规范规定。此项注写值以大写字母G打头，接续注写设置在梁两个侧面的总配筋值，且对称配置。

例 G4Φ12，表示梁的两个侧面共配置4Φ12的纵向构造钢筋，每侧各配置2Φ12。

当梁侧面需配置受扭纵向钢筋时，此项注写值以大写字母N打头，接续注写配置在梁两个侧面的总配筋值，且对称配置。受扭纵向钢筋应满足梁侧面纵向构造钢筋的间距要求，且不再重复配置纵向构造钢筋。

例 N6Φ22，表示梁的两个侧面共配置6Φ22的受扭纵向钢筋，每侧各配置3Φ22。

注：1. 当为梁侧面构造钢筋时，其搭接与锚固长度可取为15d。

2. 当为梁侧面受扭纵向钢筋时，其搭接长度为l_l或l_{lE}（抗震）；其锚固长度与方式同框架梁下部纵筋。

六、梁顶面标高高差，该项为选注值。

梁顶面标高高差，系指相对于结构层楼面标高的高差值，对于位于结构夹层的梁，则指相对于结构夹层楼面标高的高差。有高差时，须将其写入括号内，无高差时不注。

注：当某梁的顶面高于所在结构层的楼面标高时，其标高高差为正值，反之为负值。例如：某结构层

的楼面标高为 44.950m 和 48.250m，当某梁的梁顶面标高高差注写为（－0.050）时，即表明该梁顶面标高分别相对于 44.950m 和 48.250m 低 0.05m。

第 4.2.4 条　梁原位标注的内容规定如下：

一、梁支座上部纵筋，该部位含通长筋在内的所有纵筋：

1. 当上部纵筋多于一排时，用斜线“/”将各排纵筋自上而下分开。

例　梁支座上部纵筋注写为 6⌀25 4/2，则表示上一排纵筋为 4⌀25，下一排纵筋为 2⌀25。

2. 当同排纵筋有两种直径时，用加号“＋”将两种直径的纵筋相联，注写时将角部纵筋写在前面。

例　梁支座上部有四根纵筋，2⌀25 放在角部，2⌀25 放在中部，在梁支座上部应注写为 2⌀25＋2⌀22。

3. 当梁中间支座两边的上部纵筋不同时，须在支座两边分别标注；当梁中间支座两边的上部纵筋相同时，可仅在支座的一边标注配筋值，另一边省去不注（图 4.2.4a）。

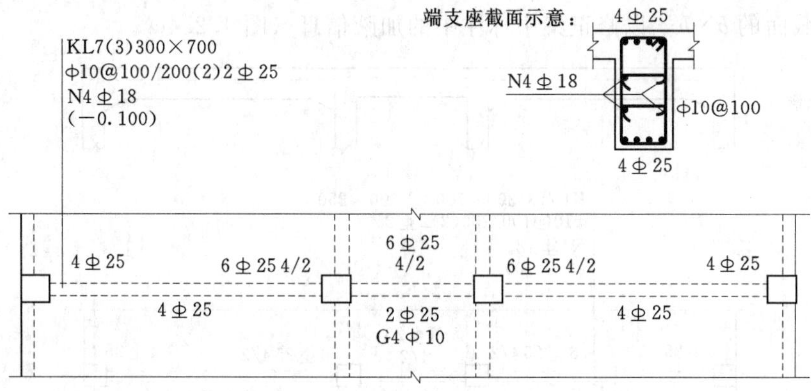

图 4.2.4a　大小跨梁的注写示例

二、梁下部纵筋：

1. 当下部纵筋多于一排时，用斜线“/”将各排纵筋自上而下分开。

例　梁下部纵筋注写为 6⌀25 2/4，则表示上一排纵筋为 2⌀25，下一排纵筋为 4⌀25，全部伸入支座。

2. 当同排纵筋有两种直径时，用加号“＋”将两种直径的纵筋相联，注写时角筋写在前面。

3. 当梁下部纵筋不全部伸入支座时，将梁支座下部纵筋减少的数量写在括号内。

例　梁下部纵筋注写为 6⌀25 2（－2）/4，则表示上排纵筋为 2⌀25，且不伸入支座；下一排纵筋为 4⌀25，全部伸入支座。

梁下部纵筋注写为 2⌀25＋3⌀22（－3）/5⌀25，则表示上排纵筋为 2⌀25 和 3⌀22，其中 3⌀22 不伸入支座；下一排纵筋为 5⌀25，全部伸入支座。

4. 当梁的集中标注中已按第 4.2.3 条第四款的规定分别注写了梁上部和下部均为通长的纵筋值时，则不需在梁下部重复做原位标注。

三、附加箍筋或吊筋，将其直接画在平面图中的主梁上，用线引注总配筋值（附加箍筋的肢数注在括号内）（图 4.2.4b），当多数附加箍筋或吊筋相同时，可在梁平法施工图上统一注明，少数与统一注明值不同时，再原位引注。

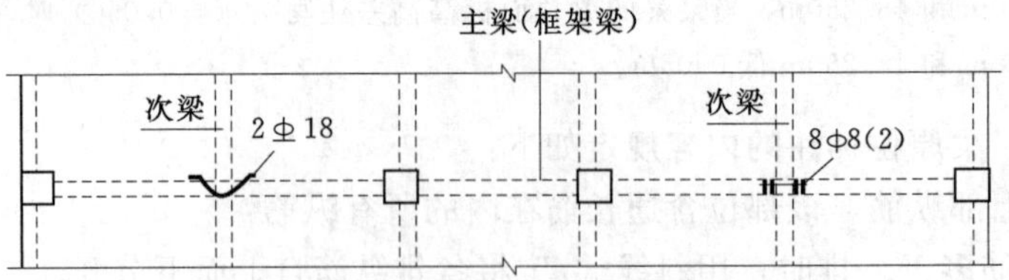

图 4.2.4b 附加箍筋和吊筋的画法示例

施工时应注意：附加箍筋或吊筋的几何尺寸应按照标准构造详图，结合其所在位置的主梁和次梁的截面尺寸而定。

四、当在梁上集中标注的内容（即梁截面尺寸、箍筋、上部通长筋或架立筋，梁侧面纵向构造钢筋或受扭纵向钢筋，以及梁顶面标高高差中的某一项或几项数值）不适用于某跨或某悬挑部分时，则将其不同数值原位标注在该跨或该悬挑部位，施工时应按原位标注数值取用。

当在多跨梁的集中标注中已注明加腋，而该梁某跨的根部却不需要加腋时，则应在该跨原位标注等截面的 $b\times h$，以修正集中标注中的加腋信息（图 4.2.4c）。

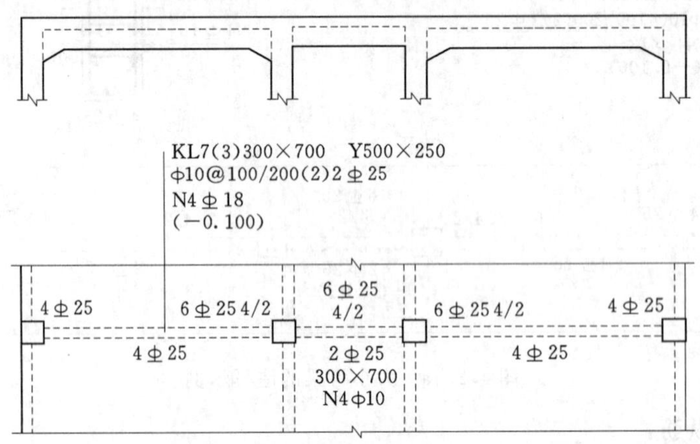

图 4.2.4c 梁加腋平面注写方式表达示例

第 4.2.5 条 井字梁通常由非框架梁构成，并以框架梁为支座（特殊情况下以专门设置的非框架大梁为支座）。在此情况下，为明确区分井字梁与框架梁或作为井字梁支座的其他类型梁，井字梁用单粗虚线表示（当井字梁顶面高出板面时可用单粗实线表示），框架梁或作为井字梁支座的其他梁用双细虚线表示（当梁顶面高出板面时可用双实细线表示）。

本图集所规定的井字梁系指在同一矩形平面内相互正交所组成的结构构件，井字梁所分布范围称为“矩形平面网格区域”（简称“网格区域”）。当在结构平面布置中仅有由四根框架梁框起的一片网格区域时，所有在该区域相互正交的井字梁均为单跨；当有多片网格区域相连时，贯通多片网格区域的井字梁为多跨，且相邻两片网格区域分界处即为该井字梁的中间支座。对某根井字梁编号时，其跨数为其总支座数减 1；在该梁的任意两个支座之间，无论有几根同类梁与其相交，均不作为支座（图 4.2.5）。

井字梁的注写规则见本节第 4.2.1～第 4.2.4 条的规定。除此之外，设计者应注明纵横两个方向梁相交处同一层面钢筋的上下交错关系（指梁上部或下部的同层面交错钢筋，何梁在上、何梁在下），以及在该相交处两方向梁箍筋的布置要求。

第 4.2.6 条　在梁平法施工图中，当局部梁的布置过密时，可将过密区用虚线框出，适当放大比例后再用平面注写方式表示。

第 4.2.7 条　图 4.2.7 为采用平面注写方式表达的梁平法施工图示例。

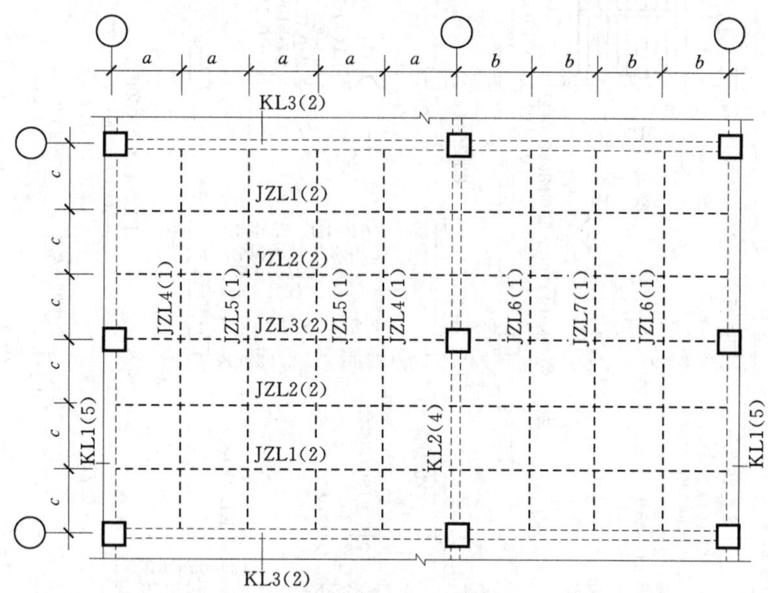

图 4.2.5　井字梁平面注写方式表达示例

第 3 节　梁截面注写方式

第 4.3.1 条　截面注写方式，系在分标准层绘制的梁平面布置图上，分别在不同编号的梁中各选择一根梁用剖面号引出配筋图，并在其上注写截面尺寸和配筋具体数值的方式来表达梁平法施工图，如图 4.3.5 所示。

第 4.3.2 条　对所有梁按表 4.2.2 的规定进行编号，从相同编号的梁中选择一根梁，先将"单边截面号"画在该梁上，再将截面配筋详图画在本图或其他图上。当某梁的顶面标高与结构层的楼面标高不同时，尚应继其梁编号后注写梁顶面标高高差（注写规定与平面注写方式相同）。

第 4.3.3 条　在截面配筋详图上注写截面尺寸 $b \times h$，上部筋、下部筋、侧面构造筋或受扭筋以及箍筋的具体数值时，其表达形式与平面注写方式相同。

第 4.3.4 条　截面注写方式既可以单独使用，也可与平面注写方式结合使用。

注：在梁平法施工图的平面图中，当局部区域的梁布置过密时，除采用截面注写方式表达外，也可采用第 4.2.6 条的措施来表达。当表达异形截面梁的尺寸与配筋时，用截面注写方式相对比较方便。

第 4.3.5 条　图 4.3.5 为应用截面注写方式表达的梁平法施工图示例。

第 4 节　梁支座上部纵筋的长度规定

第 4.4.1 条　为方便施工，凡框架梁的所有支座和非框架梁（不包括井字梁）的中间支

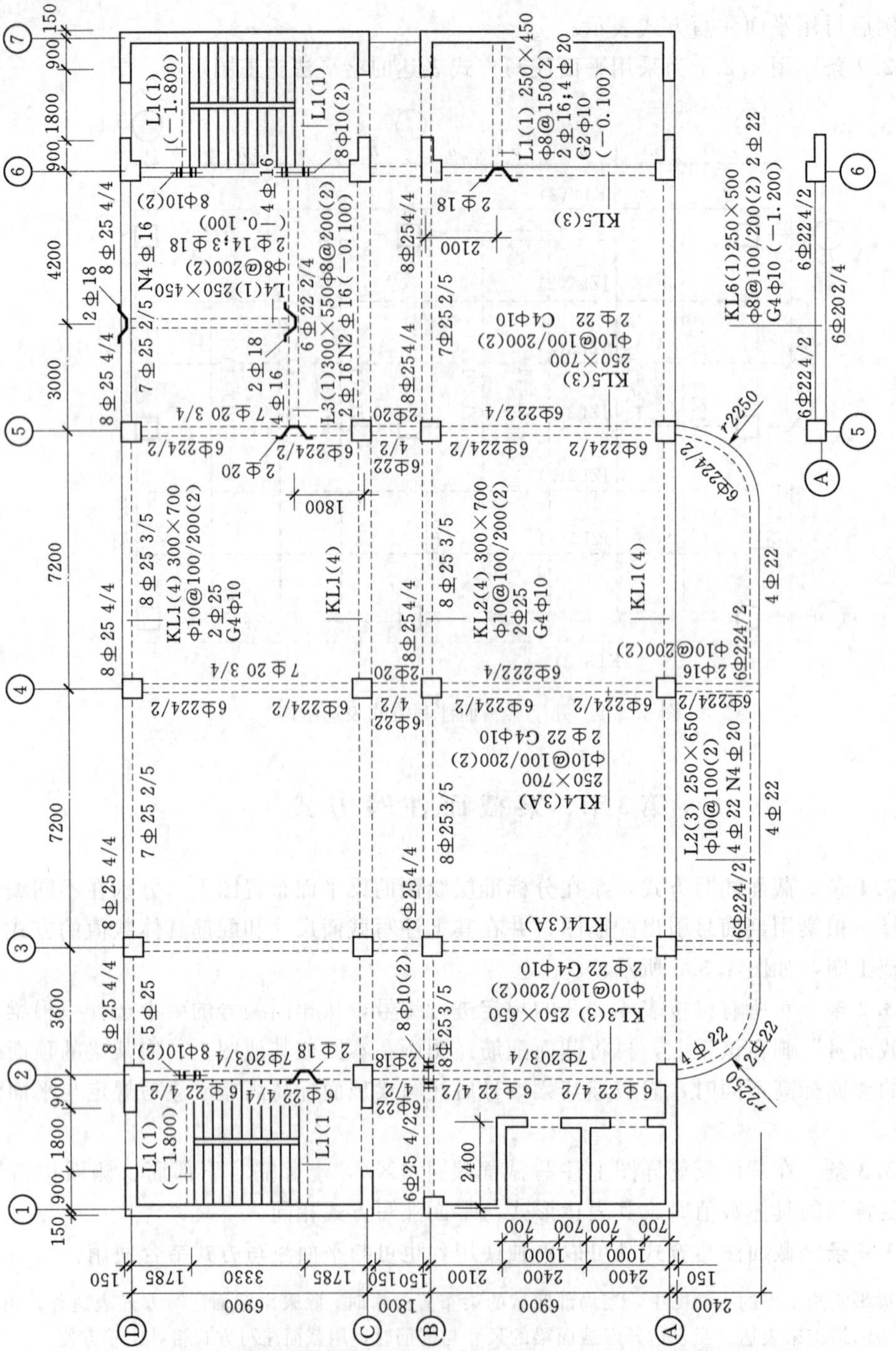

屋面2	65.670	
塔层2	62.370	3.30
屋面1 (塔层1)	59.070	3.30
16	55.470	3.60
15	51.870	3.60
14	48.270	3.60
13	44.670	3.60
12	41.070	3.60
11	37.470	3.60
10	33.870	3.60
9	30.270	3.60
8	26.670	3.60
7	23.070	3.60
6	19.470	3.60
5	15.870	3.60
4	12.270	3.60
3	8.670	3.60
2	4.470	4.20
1	−0.030	4.50
−1	−4.530	4.50
−2	−9.030	4.50
层号	标高 (m)	层高 (m)

结构层楼面标高
结 构 层 高

图 4.2.7 梁平法施工图平面注写方式示例

(注:可在结构层楼面标高、结构层高表中加设混凝土标号等栏目。)

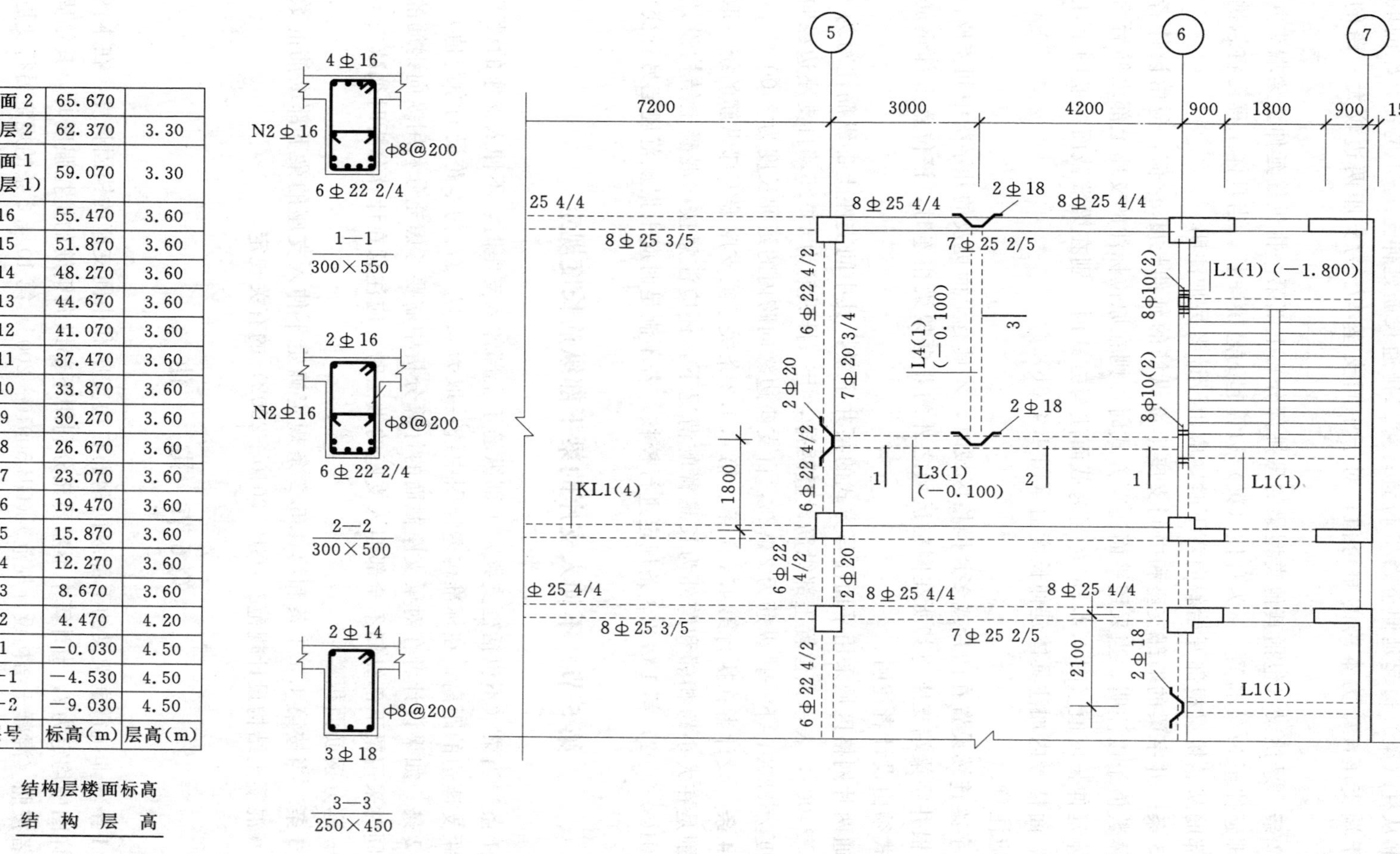

层号	标高(m)	层高(m)
屋面2	65.670	
塔层2	62.370	3.30
屋面1 (塔层1)	59.070	3.30
16	55.470	3.60
15	51.870	3.60
14	48.270	3.60
13	44.670	3.60
12	41.070	3.60
11	37.470	3.60
10	33.870	3.60
9	30.270	3.60
8	26.670	3.60
7	23.070	3.60
6	19.470	3.60
5	15.870	3.60
4	12.270	3.60
3	8.670	3.60
2	4.470	4.20
1	−0.030	4.50
−1	−4.530	4.50
−2	−9.030	4.50

结构层楼面标高
结　构　层　高

图4.3.5　梁平法施工图截面注写方式示例

（注：可在结构层楼面标高、结构层高表中加设混凝土标号等栏目。）

座上部纵筋的延伸长度 a_0 值在标准构造详图中统一取值为：第一排非通长筋及与跨中直径不同的通长筋从柱（梁）边起延伸至 $l_n/3$ 位置；第二排通长筋延伸至 $l_n/4$ 位置。l_n 的取值规定为：对于端支座，l_n 为本跨的净跨值；对于中间支座，l_n 为支座两边较大一跨的净跨值。

第 4.4.2 条 悬挑梁（包括其他类型梁的悬挑部分）上部第一排纵筋延伸至梁端头并向下弯，第二排延伸至 $3l/4$ 位置，e 为自柱（梁）边算起的悬挑净长。当具体工程需将悬挑梁中的部分上部筋从悬挑梁根部开始斜向弯下时，应由设计者另加注明。

第 4.4.3 条 井字梁的端部支座和中间支座上部纵筋的延伸长度 a_0 值，应由设计者在原位加注具体数值予以注明。当采用平面注写方式时，则在原位标注的支座上部纵筋后面括号内加注具体延伸长度值（图 4.4.3a）；当为截面注写方式时，则在梁端截面配筋图上注写的上部纵筋后面括号内加注具体延伸长度值（图 4.4.3b）。

设计时应注意：

1. 当井字梁连续设置在两片或多片网格区域时，才具有上面提及的井字梁中间支座。

2. 当某根井字梁端支座与其所在网格区域之外的非框架梁相连时，该位置上部钢筋的连续布置方式须由设计者注明。

例 贯通两片网格区域采用平面注写方式的某井字梁，其中间支座上部纵筋注写为 6Φ25 4/2(3200/2400)，表示该位置上部纵筋设置两排，上一排纵筋为 4Φ25，自支座边缘向跨内的延伸长度为 3200；下一排纵筋为 2Φ25，自支座边缘向跨内的延伸长度为 2400。

第 4.4.4 条 设计者在执行第 4.4.1 条、第 4.4.2 条关于梁支座端上部纵筋的统一取值规定时，特别是在大小跨相邻和跨外为长悬臂的情况下，还应注意按《混凝土结构设计规范》(GB 50010—2002) 第 1 0.2.3 条规定进行校核，若不满足时应根据规范规定另行变更。

第 5 节 不伸入支座的梁下部纵筋长度规定

第 4.5.1 条 当梁（不包括框支梁）下部纵筋不全部伸入支座时，不伸入支座的梁下部纵筋截断点距支座边的距离，在标准构造详图中统一取为 $0.1l_{ni}$（l_{ni} 为本跨梁的净跨值）。

第 4.5.2 条 如果设计者在对梁支座截面的计算分析中需要考虑充分利用纵向钢筋的抗压强度，且同时采用梁下部纵筋不全部伸入支座的做法时，应注意在计算分析时须减去不伸入支座的那一部分钢筋面积。

第 4.5.3 条 当按第 4.5.1 条和第 4.5.2 条规定确定不伸入支座的梁下部纵筋的数量时，应符合《混凝土结构设计规范》(GB 50010—2002) 的有关规定。

第 6 节 其　　他

第 4.6.1 条 非抗震框架梁的下部纵向钢筋在边支座和中间支座的锚固长度，在本图集的标准构造详图中均定为 l，当计算中不需要充分利用下部纵向钢筋的抗拉强度时，其锚固长度应由设计者按照《混凝土结构设计规范》(GB 50010—2002) 第 10.4.2 条的规定另行变更。

第 4.6.2 条 非框架梁的下部纵向钢筋在中间支座和端支座的锚固长度，在本图集的构造详图中分别规定：对于带肋钢筋为 $12d$；对于光面钢筋为 $15d$（d 为纵向钢筋直径）。当计

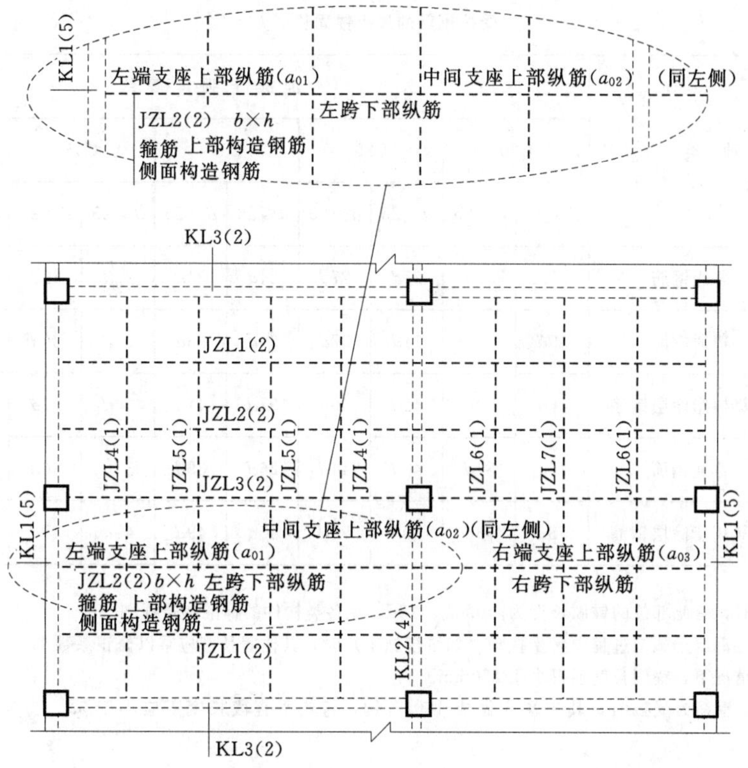

图 4.4.3a

（注：本图仅示意井字梁的注写方法（两片网格区域），未注明截面几何尺寸 $b\times h$，支座上部纵筋延伸长度值 a_{01} 至 a_{03}，以及纵筋与箍筋的具体数值。）

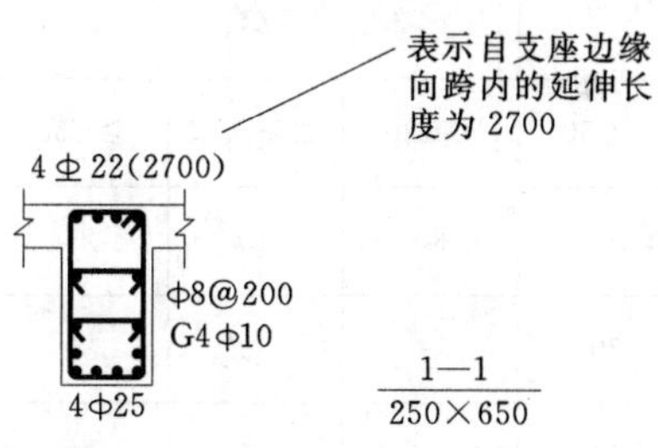

图 4.4.3b

算中需要充分利用下部纵向钢筋的抗压强度或抗拉强度，或具体工程有特殊要求时，其锚固长度应由设计者按照《混凝土结构设计规范》（GB 50010—2002）第 9.3.1 条和第 9.3.3 条的规定另行变更。

第 4.6.3 条　当两楼层之间设有层间梁时（如结构夹层位置处的梁），应将设置该部分梁的区域划出另行绘制梁结构布置图，然后在其上表达梁平法施工图。

第 4.6.4 条　各类梁的平面形状有直形与弧形两种，施工人员应根据配筋图上梁的平面形状，按照标准构造详图中相应的要求进行施工。

第 4.6.5 条　当梁与填充墙需要拉结时，其构造详图应由设计者根据墙体材料和规范要求设计绘制。

受拉钢筋的最小锚固长度 l_a

钢筋种类		混凝土强度等级									
		C20		C25		C30		C35		≥C40	
		$d\leqslant 25$	$d>25$	$d\leqslant 25$	$d>25$	$d\leqslant 25$	$d>25$	$d\leqslant 25$	$d>25$	$d\leqslant 25$	$d>25$
HPB235	普通钢筋	31d	31d	27d	27d	24d	24d	22d	22d	20d	20d
HRB335	普通钢筋	39d	42d	34d	37d	30d	33d	27d	30d	25d	27d
	环氧树脂涂层钢筋	48d	53d	42d	46d	37d	41d	34d	37d	31d	34d
HRB400 RRB400	普通钢筋	46d	51d	40d	44d	36d	39d	33d	36d	30d	33d
	环氧树脂涂层钢筋	58d	63d	50d	55d	45d	49d	41d	45d	37d	41d

注 1. 当弯锚时，有此部位的锚固长度为$\geqslant 0.4l_a+15d$，见各类构件的标准构造详图。

2. 当钢筋在混凝土施工过程中易受扰动（如滑模施工）时，其锚固长度应乘以修正系数 1.1。

3. 在任何情况下，锚固长度不得小于 250mm。

4. HPB235 钢筋为受拉时，其末端应做成 180°弯钩。弯钩平直段长度不应小于 3d。当为受压时，可不做弯钩。

受力钢筋的混凝土保护层最小厚度（mm）

环境类别		墙			梁			柱		
		≤C20	C25～C45	≥C50	≤C20	C25～C45	≥C50	≤C20	C25～C45	≥C50
一		20	15	15	30	25	25	30	30	30
二	a	—	20	20	—	30	30	—	30	30
	b	—	25	20	—	35	30	—	35	30
三		—	30	25	—	40	35	—	40	35

注 1. 受力钢筋外边缘至混凝土表面的距离，除符合表中规定外，不应小于钢筋的公称直径。

2. 机械连接接头连接件的混凝土保护层厚度应满足受力钢筋保护层最小厚度的要求，连接件之间的横向净距不宜小于 25mm。

3. 设计使用年限为 100 年的结构：一类环境中，混凝土保护层厚度应按表中规定增加 40%；二类和三类环境中，混凝土保护层厚度应采取专门有效措施。

4. 三类环境中的结构构件，其受力钢筋宜采用环氧树脂涂层带肋钢筋。

5. 板、墙、壳中分布钢筋的保护层厚度不应小于表中相应数值减 10mm，且不应小于 10mm；梁、柱中箍筋和构造钢筋的保护层厚度不应小于 15mm。

受拉钢筋抗震锚固长度 l_{aE}

钢筋种类与直径 \ 混凝土强度等级与抗震等级			C20		C25		C30		C35		≥C40	
			一、二级抗震等级	三级抗震等级	一、二级抗震等级	三级抗震等级	一、二级抗震等级	三级抗震等级	一、二级抗震等级	三级抗震等级	一、二级抗震等级	三级抗震等级
HPB235	普通钢筋		36d	33d	31d	28d	27d	25d	25d	23d	23d	21d
HRB335	普通钢筋	d≤25	44d	41d	38d	35d	34d	31d	31d	29d	29d	26d
		d>25	49d	45d	42d	39d	38d	34d	34d	31d	32d	29d
	环氧树脂涂层钢筋	d≤25	55d	51d	48d	44d	43d	39d	39d	36d	36d	33d
		d>25	61d	56d	53d	48d	47d	43d	43d	39d	39d	36d
HRB400 RRB400	普通钢筋	d≤25	53d	49d	46d	42d	41d	37d	37d	34d	34d	31d
		d>25	58d	53d	51d	46d	45d	41d	41d	38d	38d	34d
	环氧树脂涂层钢筋	d≤25	66d	61d	57d	53d	51d	47d	47d	43d	43d	39d
		d>25	73d	67d	63d	58d	56d	51d	51d	47d	47d	43d

注 1. 四级抗震等级，$l_{aE}=l_a$，其值见前一页。
2. 当弯锚时，有些部位的锚固长度为≥$0.4l_{aE}+15d$，见各类构件的标准构造详图。
3. 当 HRB335、HRB400 和 RRB400 级纵向受拉钢筋末端采用机械锚固措施时，包括附加锚固端头在内的锚固长度可取为本页表中锚固长度的 0.7 倍。
4. 当钢筋在混凝土施工过程中易受扰动(如滑模施工)时，其锚固长度应乘以修正系数 1.1。
5. 在任何情况下，锚固长度不得小于 260mm。

纵向受拉钢筋绑扎搭接长度 l_{lE}，l_l

抗震	非抗震
$l_{lE}=\zeta l_{aE}$	$l_l=\zeta l_a$

注 1. 当不同直径的钢筋搭接时，其 l_{lE} 与 l_l 值按较小的直径计算。
2. 在任何情况下 l_l 不得小于 300mm。
3. 式中 ζ 为搭接长度修正系数。

纵向受拉钢筋塔接长度修正系数 ζ

纵向钢筋搭接接头面积百分率(%)	≤25	50	100
ζ	1.2	1.4	1.6

混凝土结构的环境类别

环境类别		条件
一		室内正常环境
二	a	室内潮湿环境；非严寒和非寒冷地区的露天环境，与无侵蚀性的水或土壤直接接触的环境
	b	严寒和寒冷地区的露天环境，与无侵蚀性的水或土壤直接接触的环境
三		使用除冰盐的环境；严寒和寒冷地区冬季水位变动的环境；滨海室外环境
四		海水环境
五		受人为或自然的侵蚀性物质影响的环境

注 严寒和寒冷地区的划分应符合《民用建筑热工设计规程》JGJ 24 的规定。

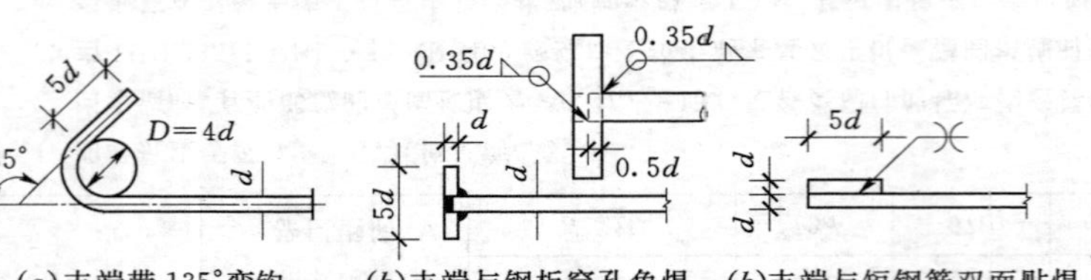

(a)末端带 135°弯钩 (b)末端与钢板穿孔角焊 (b)末端与短钢筋双面贴焊

纵向钢筋机械锚固构造

注：1. 当采用机械锚固措施时，包括附加锚固端头在内的锚固长度：抗震可为 $0.7l_{aE}$，非抗震可为 $0.7l_n$。

2. 机械锚固长度范围内的箍筋不应少于 3 个，其直径不应小于纵向钢筋直径的 0.25 倍，其间距不应大于纵向钢筋的 5 倍。当纵向钢筋的混凝土保护层厚度不小于钢筋直径的 5 倍时，可不配置上述箍筋。

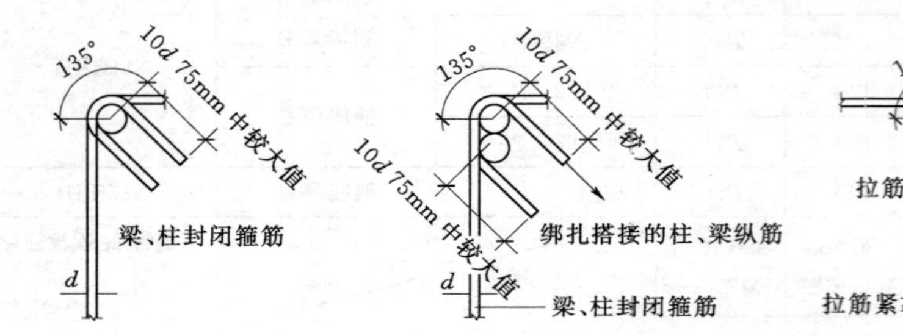

梁、柱、剪力墙箍筋和纵筋弯钩构造

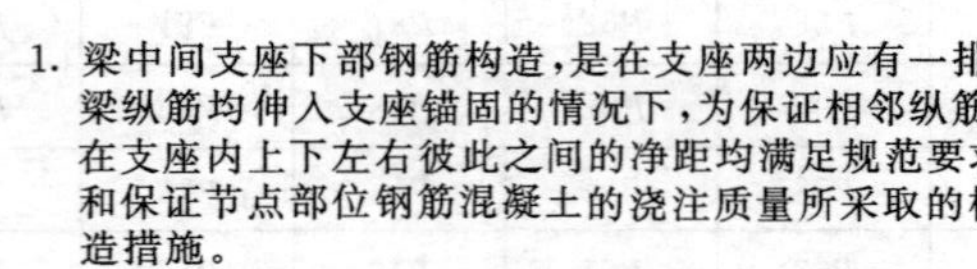

梁中间支座下部钢筋构造

（括号内为非抗震框架梁下部纵筋的锚固长度）

注 1. 梁中间支座下部钢筋构造，是在支座两边应有一排梁纵筋均伸入支座锚固的情况下，为保证相邻纵筋在支座内上下左右彼此之间的净距均满足规范要求和保证节点部位钢筋混凝土的浇注质量所采取的构造措施。

2. 梁中间支座下部钢筋构造同样适用于非框架梁，当用于非框架梁时，下部钢筋的锚固长度详见本图集相应的非框架梁构造及其说明。

3. 当梁（不包括框支梁）下部第二排钢筋不伸入支座时，设计者如果在计算中考虑充分利用纵向钢筋的抗压强度，则在计算时须减去不伸入支座的那一部分钢筋面积。

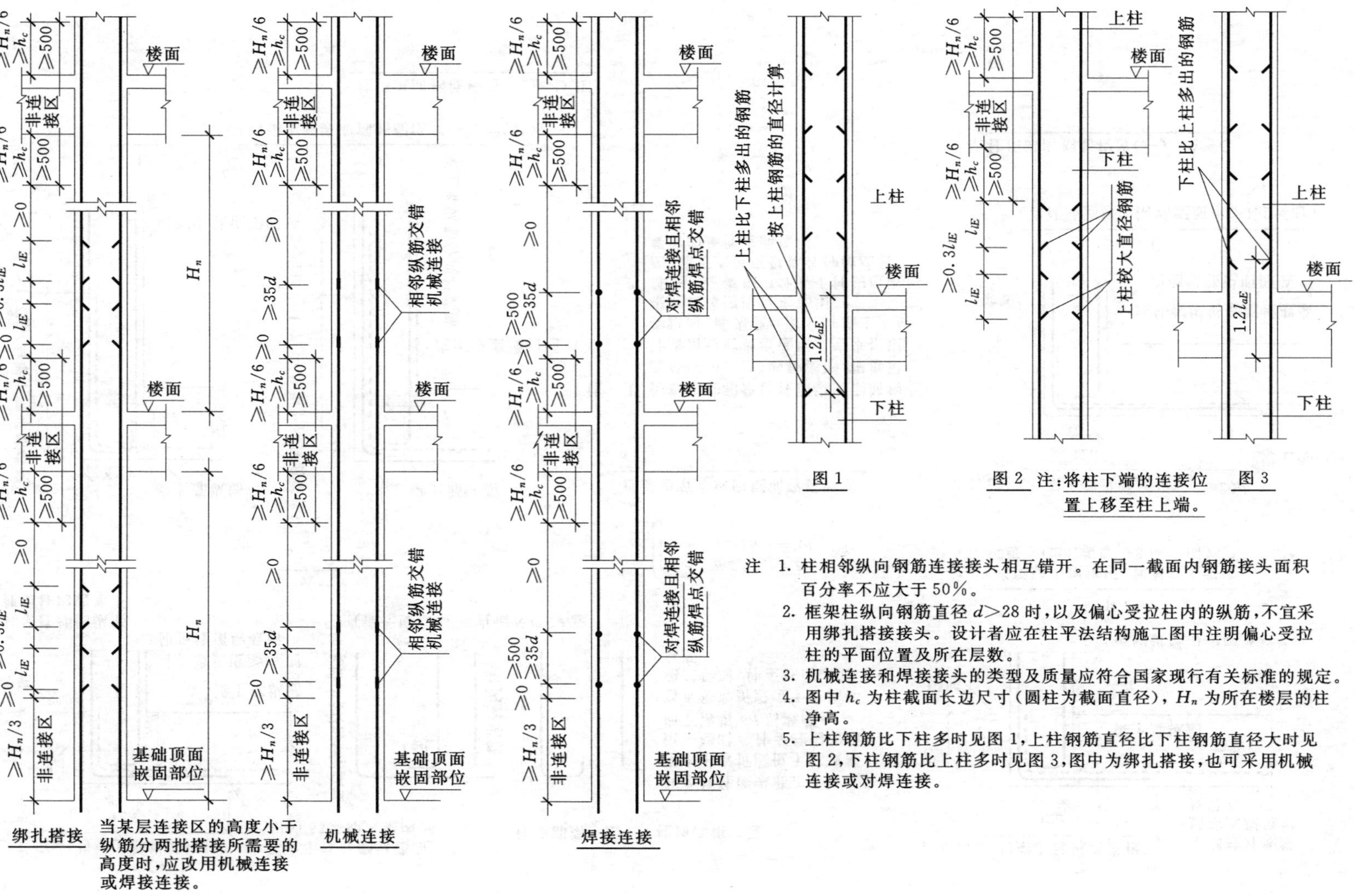

图 1

图 2　注：将柱下端的连接位置上移至柱上端。

图 3

注　1. 柱相邻纵向钢筋连接接头相互错开。在同一截面内钢筋接头面积百分率不应大于 50%。

2. 框架柱纵向钢筋直径 $d>28$ 时，以及偏心受拉柱内的纵筋，不宜采用绑扎搭接接头。设计者应在柱平法结构施工图中注明偏心受拉柱的平面位置及所在层数。

3. 机械连接和焊接接头的类型及质量应符合国家现行有关标准的规定。

4. 图中 h_c 为柱截面长边尺寸（圆柱为截面直径），H_n 为所在楼层的柱净高。

5. 上柱钢筋比下柱多时见图 1，上柱钢筋直径比下柱钢筋直径大时见图 2，下柱钢筋比上柱多时见图 3，图中为绑扎搭接，也可采用机械连接或对焊连接。

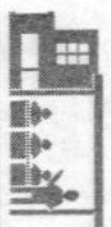

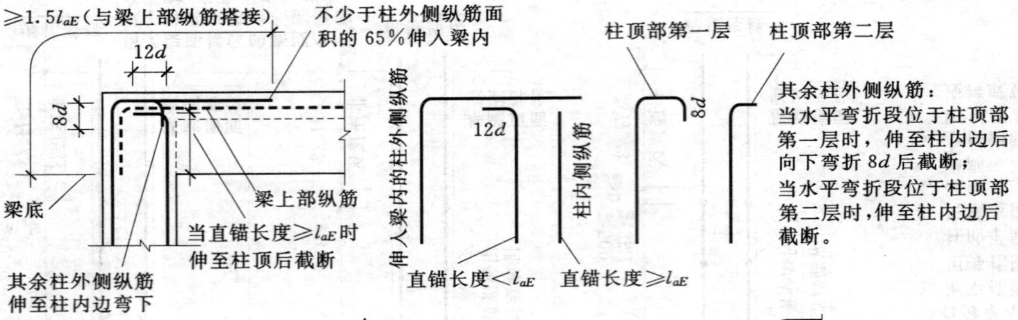

$\geqslant 1.5l_{aE}$（与梁上部纵筋搭接）
不少于柱外侧纵筋面积的 65%伸入梁内
12d
8d
梁底
梁上部纵筋
当直锚长度$\geqslant l_{aE}$时伸至柱顶后截断
其余柱外侧纵筋伸至柱内边弯下
伸入梁内的柱外侧纵筋
12d
直锚长度$<l_{aE}$
柱内侧纵筋
直锚长度$\geqslant l_{aE}$
柱顶部第一层
8d
柱顶部第二层

其余柱外侧纵筋：
当水平弯折段位于柱顶部第一层时，伸至柱内边后向下弯折 8d 后截断；
当水平弯折段位于柱顶部第二层时，伸至柱内边后截断。

A

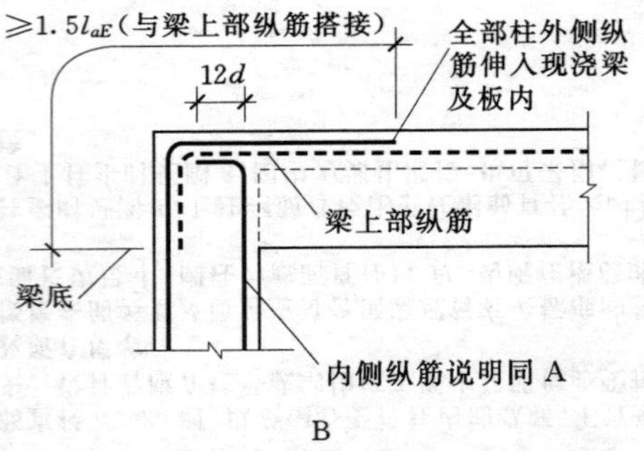

d
$d\leqslant 25, r=6d$
$d>25, r=8d$

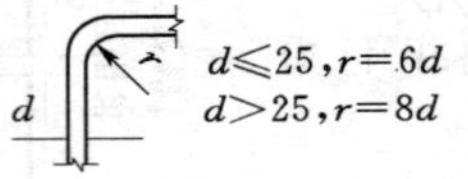

顶层边节点纵向钢筋弯折要求

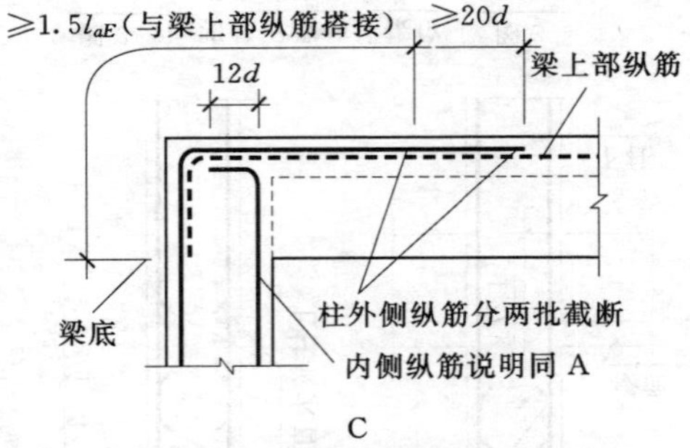

$\geqslant 1.5l_{aE}$（与梁上部纵筋搭接）
全部柱外侧纵筋伸入现浇梁及板内
12d
梁上部纵筋
梁底
内侧纵筋说明同 A

B

（当顶层为现浇板，其混凝土强度等级$\geqslant$C20，板厚$\geqslant$80mm 时）

$\geqslant 1.5l_{aE}$（与梁上部纵筋搭接）
$\geqslant 20d$
12d
梁上部纵筋
梁底
柱外侧纵筋分两批截断
内侧纵筋说明同 A

C

（当柱外侧纵向钢筋配筋率$>$1.2%时）

柱顶纵向钢筋构造（一） A～C

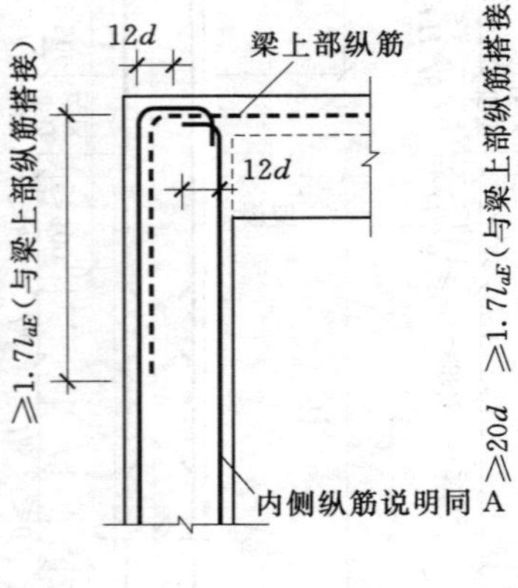

12d
梁上部纵筋
$\geqslant 1.7l_{aE}$（与梁上部纵筋搭接）
12d
内侧纵筋说明同 A

D

12d
梁上部纵筋
$\geqslant 1.7l_{aE}$（与梁上部纵筋搭接）
$\geqslant 20d$
12d
内侧纵筋说明同 A
梁上部纵筋分两批截断

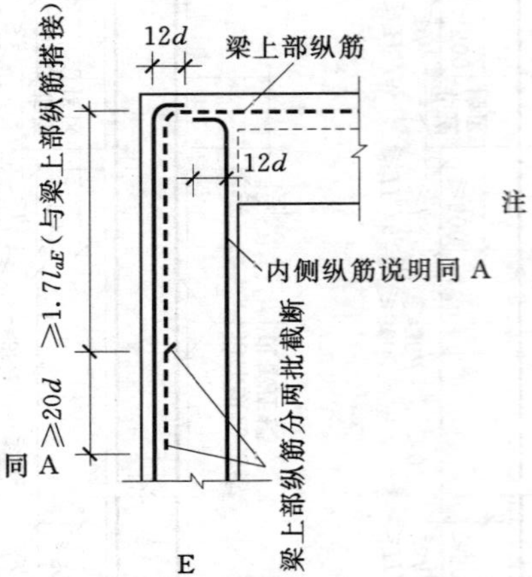

E

（当梁上部纵向钢筋配筋率$>$1.2%时）

柱顶纵向钢筋构造（二） D、E

注 1. 抗震边柱和角柱柱顶纵向钢筋构造分（一）、（二）两种类型，根据设计者指定的类型选用。当未指定类型时，即为设计者允许施工人员根据具体情况自主选用。
2. 每一构造类型中分若干种构造做法，施工人员应根据各种做法所要求的条件正确选用。

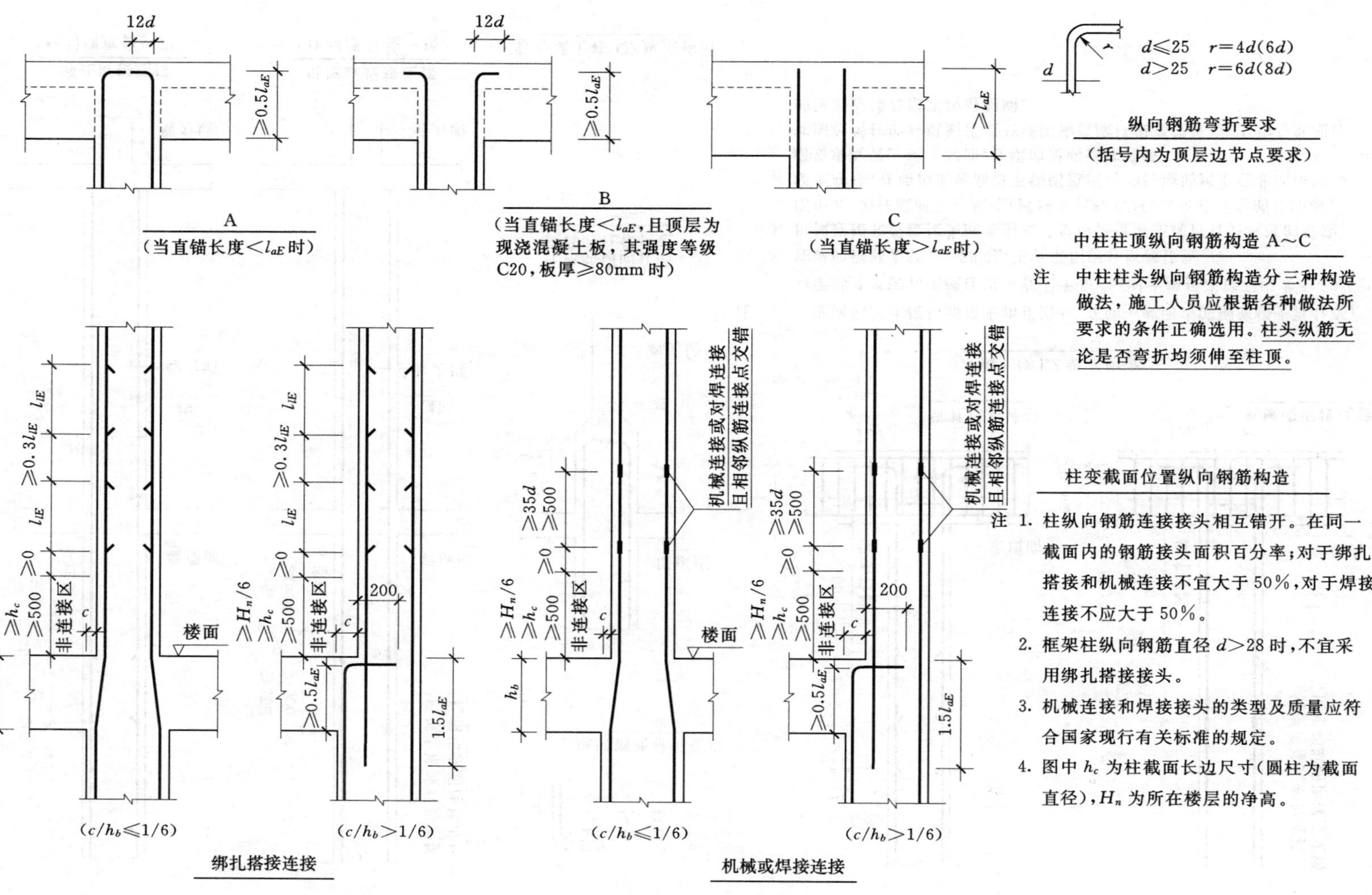

A
（当直锚长度＜l_{aE}时）

B
（当直锚长度＜l_{aE}，且顶层为现浇混凝土板，其强度等级C20，板厚≥80mm 时）

C
（当直锚长度＞l_{aE}时）

纵向钢筋弯折要求
（括号内为顶层边节点要求）

中柱柱顶纵向钢筋构造 A～C

注　中柱柱头纵向钢筋构造分三种构造做法，施工人员应根据各种做法所要求的条件正确选用。柱头纵筋无论是否弯折均须伸至柱顶。

(c/h_b≤1/6)　(c/h_b>1/6)

绑扎搭接连接

(c/h_b≤1/6)　(c/h_b>1/6)

机械或焊接连接

柱变截面位置纵向钢筋构造

注 1. 柱纵向钢筋连接接头相互错开。在同一截面内的钢筋接头面积百分率：对于绑扎搭接和机械连接不宜大于 50%，对于焊接连接不应大于 50%。
2. 框架柱纵向钢筋直径 d>28 时，不宜采用绑扎搭接接头。
3. 机械连接和焊接接头的类型及质量应符合国家现行有关标准的规定。
4. 图中 h_c 为柱截面长边尺寸（圆柱为截面直径），H_n 为所在楼层的净高。

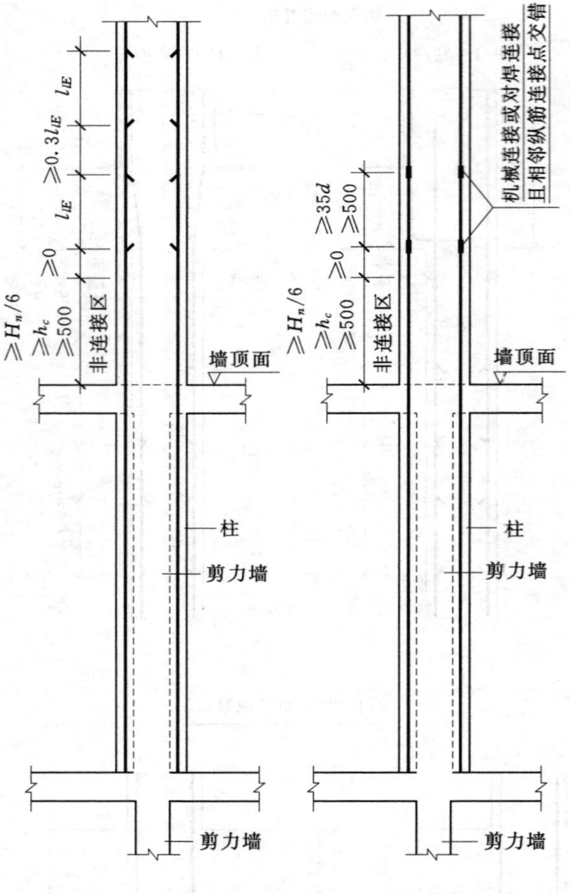

绑扎搭接连接

(柱与墙重叠一层)

机械或焊接连接

(柱与墙重叠一层)

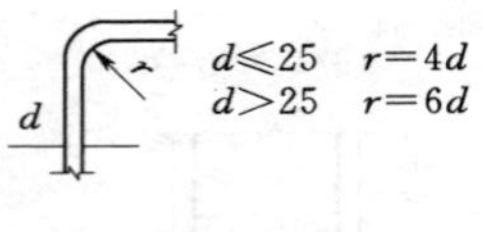

纵向钢筋弯折要求

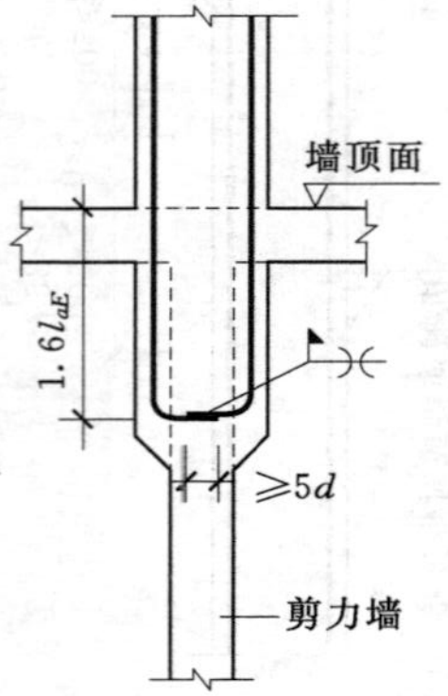

$d\leqslant 25$ $r=4d$

$d>25$ $r=6d$

柱纵筋锚固在墙顶部时柱根构造

剪力墙上柱 QZ 纵筋构造

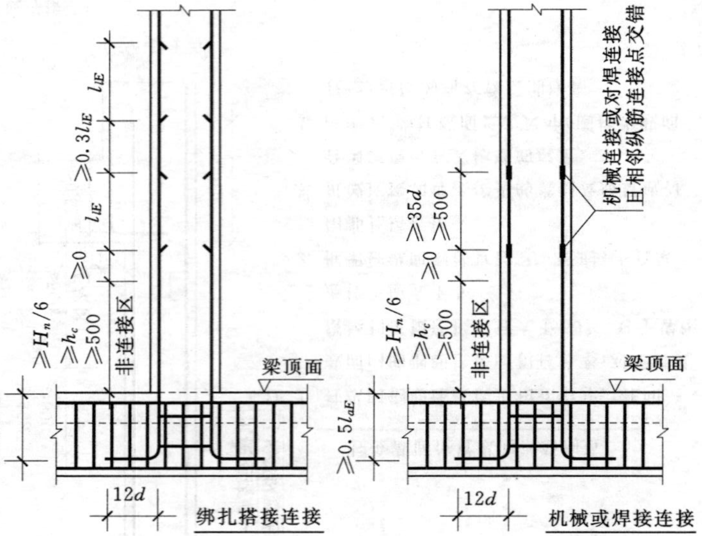

绑扎搭接连接

机械或焊接连接

梁上柱 LZ 纵筋构造

注 1. 柱纵向钢筋连接相邻接头相互错开，在同一截面内的钢筋接头百分率：对于绑扎搭接和机械连接不宜大于 50%；对于焊接连接不应大于 50%。

2. 柱纵向钢筋直径 $d>28$ 时，不宜采用绑扎搭接接头。

3. 机械连接和焊接接头的类型及质量应符合国家现行有关标准的规定。

4. 图中 h_c 为柱截面长边尺寸(圆柱为直径)，H_n 为所在楼层的柱净高。

5. 墙上起柱，在墙顶面标高以下锚固范围内的柱箍筋按上柱非加密区箍筋要求配置。梁上起柱，在梁内设两道柱箍筋。

6. 本图各类柱的柱纵筋连接及锚固构造除柱根部位外，往上均与框架柱的纵筋连接及锚固构造相同。

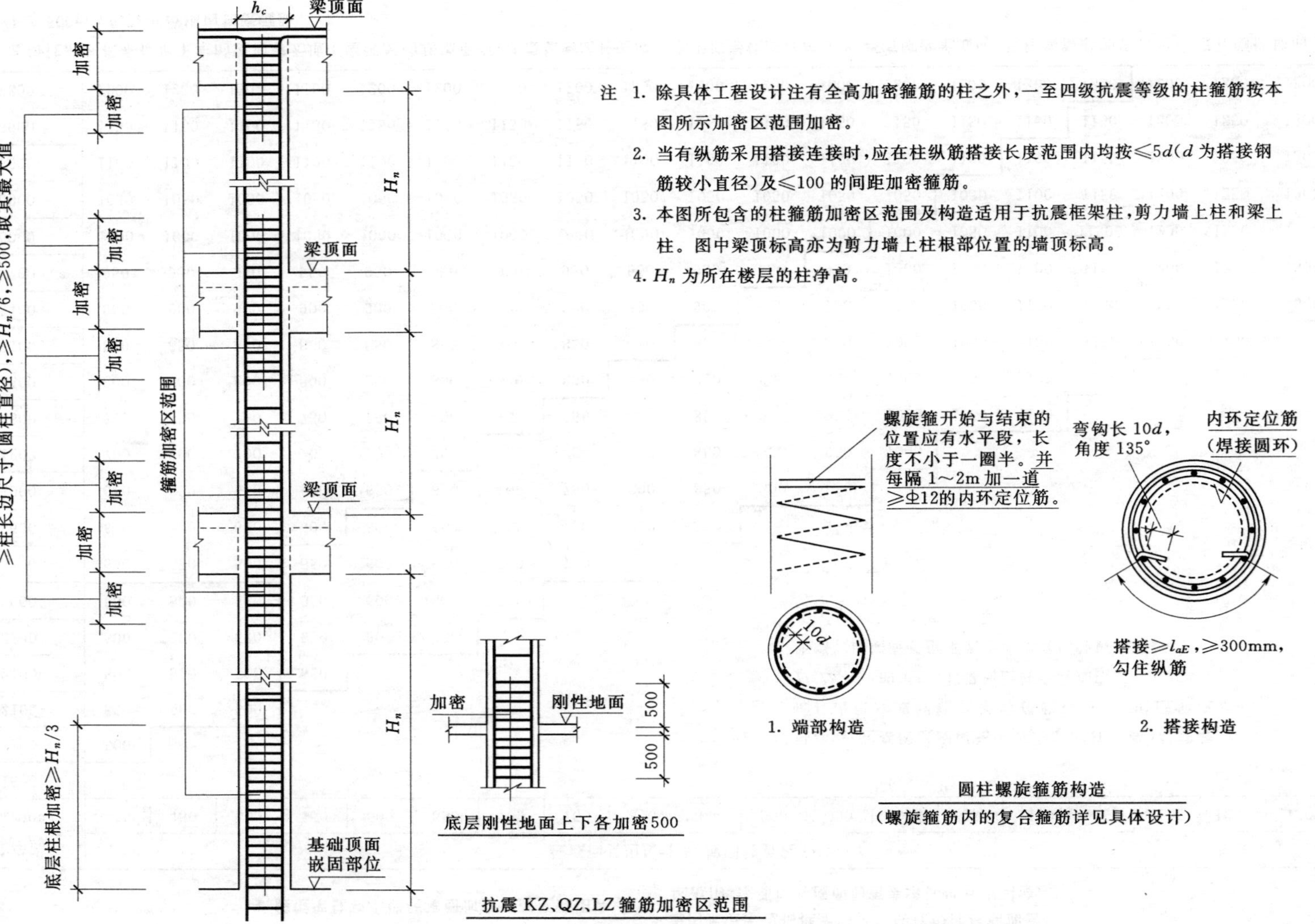

底层刚性地面上下各加密500

抗震 KZ、QZ、LZ 箍筋加密区范围

圆柱螺旋箍筋构造

（螺旋箍筋内的复合箍筋详见具体设计）

注 1. 除具体工程设计注有全高加密箍筋的柱之外，一至四级抗震等级的柱箍筋按本图所示加密区范围加密。

2. 当有纵筋采用搭接连接时，应在柱纵筋搭接长度范围内均按≤5d(d 为搭接钢筋较小直径)及≤100 的间距加密箍筋。

3. 本图所包含的柱箍筋加密区范围及构造适用于抗震框架柱，剪力墙上柱和梁上柱。图中梁顶标高亦为剪力墙上柱根部位置的墙顶标高。

4. H_n 为所在楼层的柱净高。

抗震框架柱和小墙肢箍筋加密区高度选用表

*表内数值未包括框架底层柱的柱根部箍筋加密区范围，该部位的箍筋加密要求详见本表尾注。

柱净高 H_n(mm)	柱截面长边尺寸 h_c 或圆柱直径 D(mm)																		
	400	450	500	550	600	650	700	750	800	850	900	950	1000	1050	1100	1150	1200	1250	1300
1500																			
1800	500																		
2100	500	500	500																
2400	500	500	500	550															
2700	500	500	500	550	600	650													
3000	500	500	500	550	600	650	700												
3300	550	550	550	550	600	650	700	750	800										
3600	600	600	600	600	600	650	700	750	800	850									
3900	650	650	650	650	650	650	700	750	800	850	900	950							
4200	700	700	700	700	700	700	700	750	800	850	900	950	1000						
4500	750	750	750	750	750	750	750	750	800	850	900	950	1000	1050	1100				
4800	800	800	800	800	800	800	800	800	800	850	900	950	1000	1050	1100	1150			
5100	850	850	850	850	850	850	850	850	850	850	900	950	1000	1050	1100	1150	1200	1250	
5400	900	900	900	900	900	900	900	900	900	900	900	950	1000	1050	1100	1150	1200	1250	1300
5700	950	950	950	950	950	950	950	950	950	950	950	950	1000	1050	1100	1150	1200	1250	1300
6000	1000	1000	1000	1000	1000	1000	1000	1000	1000	1000	1000	1000	1000	1050	1100	11500	1200	1250	1300
6300	1050	1050	1050	1050	1050	1050	1050	1050	1050	1050	1050	1050	1050	1050	1100	1150	1200	1250	1300
6600	1100	1100	1100	1100	1100	1100	1100	1100	1100	1100	1100	1100	1100	1100	1100	1150	1200	1250	1300
6900	1150	1150	1150	1150	1150	1150	1150	1150	1150	1150	1150	1150	1150	1150	1150	1150	1200	1250	1300
7200	1200	1200	1200	1200	1200	1200	1200	1200	1200	1200	1200	1200	1200	1200	1200	1200	1200	1250	1300

注 1. 柱净高(包括因嵌砌填充墙等形成的柱净高)与柱截面长边尺寸或圆柱直径均在此范围内，因已形成 $H_n/h_c<4$ 的短柱，其箍筋沿柱全高加密。

2. 小墙肢即墙肢长度不大于墙厚 3 倍的剪力墙。

注 底层柱的柱根系指地下室的顶面或无地下室情况的基础顶面；柱根加密区长应取不小于该层柱净高的 1/3；当有刚性地面时，除柱端箍筋加密区外尚应在刚性地面上、下各 500mm 的高度范围内加密箍筋。

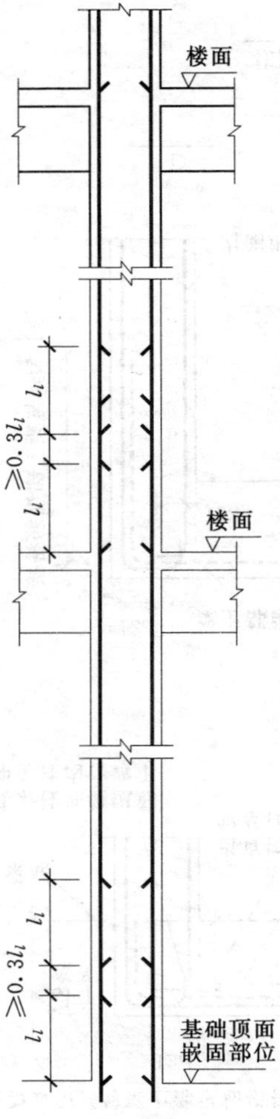

绑扎搭接 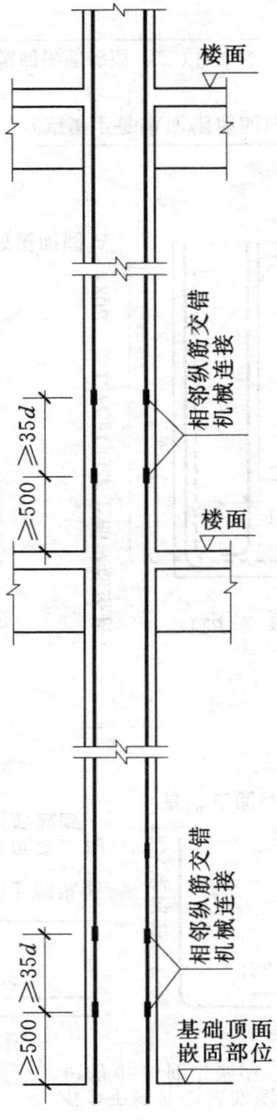　　机械连接 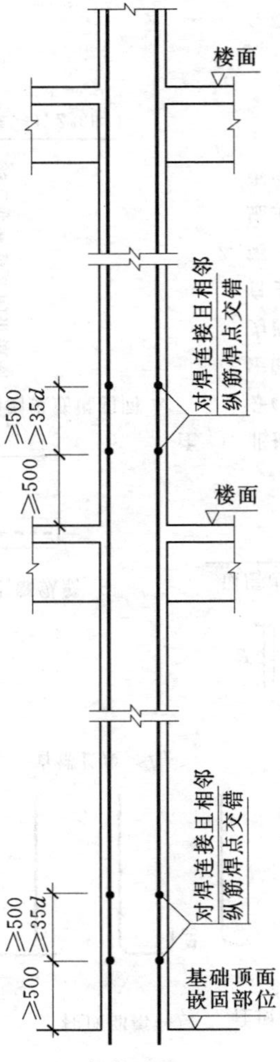　　焊接连接

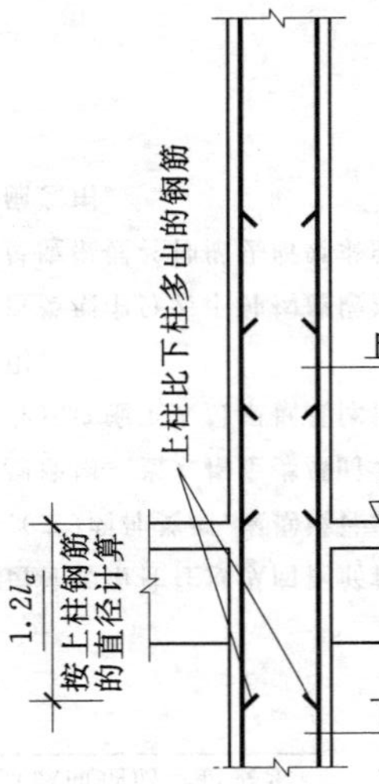

图 1 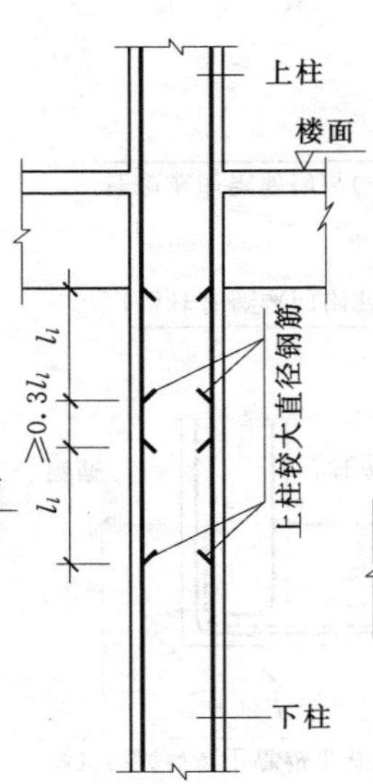　　图 2 注　将柱下端的连接位置上移至柱上端。 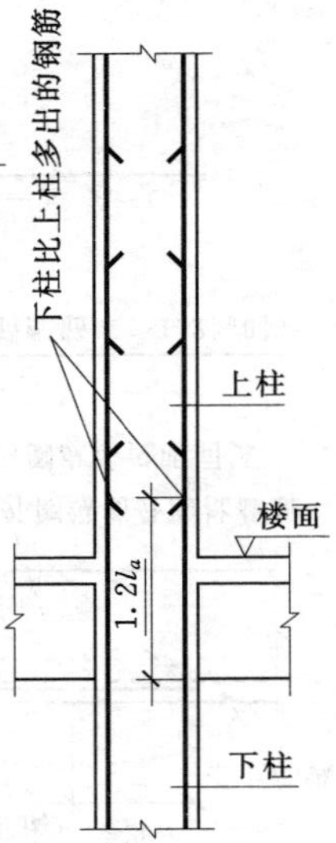　　图 3

注 1. 柱纵向钢筋连接接头相互错开。在同一截面内的钢筋接头面积百分率：对于绑扎搭接和机械连接不宜大于 50%；对于焊接连接不应大于 50%。

2. 框架柱纵向钢筋直径 $d>28$ 时，不宜采用绑扎搭接接头。

3. 机械连接和焊接接头的类型及质量应符合国家现行有关标准的规定。

4. 上柱钢筋比下柱多时见图 1，上柱钢筋直径比下柱钢筋直径大时见图 2，下柱钢筋比上柱多时见图 3。图中为绑扎搭接，也可采用机械连接或对焊连接。

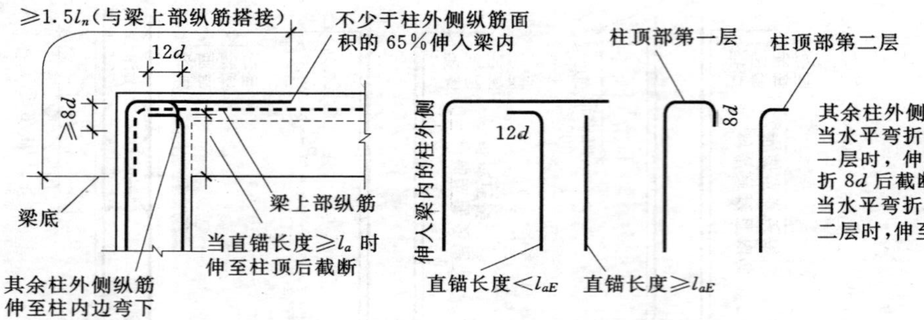

≥1.5l_n（与梁上部纵筋搭接）

不少于柱外侧纵筋面积的 65%伸入梁内

12d

≥8d

梁底

梁上部纵筋

当直锚长度≥l_a 时伸至柱顶后截断

其余柱外侧纵筋伸至柱内边弯下

伸入梁内的柱外侧

12d

直锚长度＜l_{aE}

直锚长度≥l_{aE}

柱顶部第一层

8d

柱顶部第二层

其余柱外侧纵筋：
当水平弯折段位于柱顶部第一层时，伸至柱内边向下弯折 8d 后截断。
当水平弯折段位于柱顶部第二层时，伸至柱内边后截断。

A

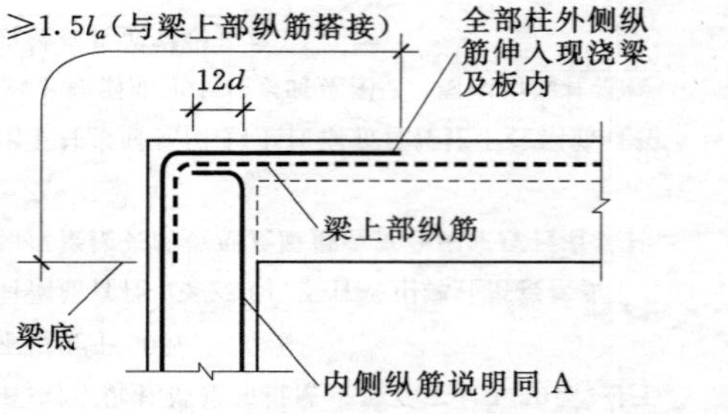

≥1.5l_a（与梁上部纵筋搭接）

全部柱外侧纵筋伸入现浇梁及板内

12d

梁上部纵筋

梁底

内侧纵筋说明同 A

B

（当顶层为现浇板，其混凝土强度等级≥C20，板厚≥80mm 时）

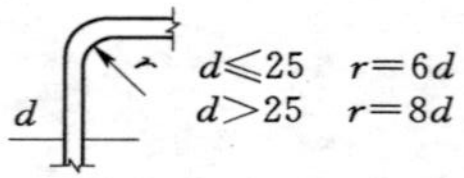

d

$d\leqslant 25$　$r=6d$
$d>25$　$r=8d$

顶层边节点纵向钢筋弯折要求

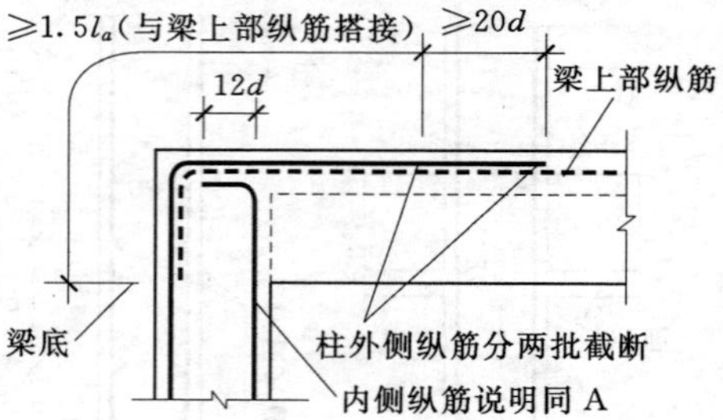

≥1.5l_a（与梁上部纵筋搭接）

≥20d

12d

梁上部纵筋

梁底

柱外侧纵筋分两批截断

内侧纵筋说明同 A

C

（当柱外侧纵向钢筋配筋率＞1.2%时）

柱顶纵向钢筋构造（一）　A～C

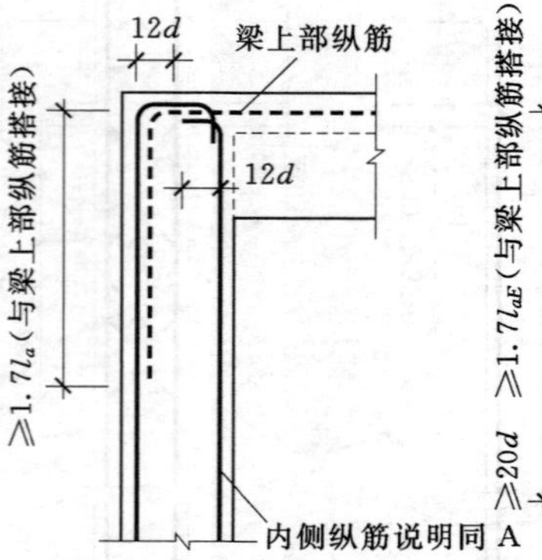

12d

梁上部纵筋

≥1.7l_a（与梁上部纵筋搭接）

12d

内侧纵筋说明同 A

D

12d

梁上部纵筋

≥1.7l_{aE}（与梁上部纵筋搭接）

12d

≥20d

内侧纵筋说明同 A

梁上部纵筋分两批截断

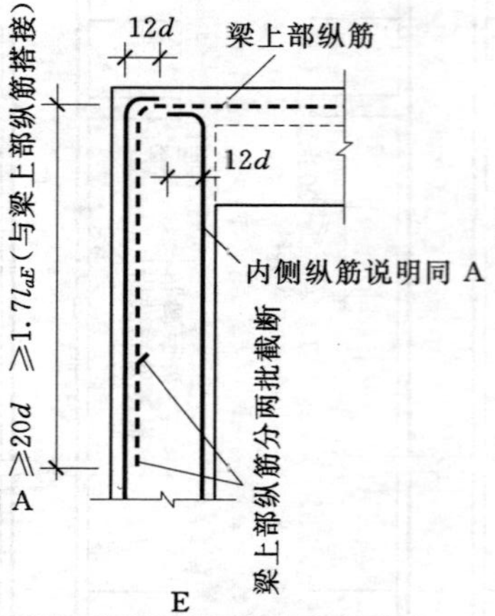

E

（当梁上部纵向钢筋配筋率≥1.2%时）

柱顶纵向钢筋构造（二）D、E

注　1. 非抗震边柱和角柱柱顶纵向钢筋构造分(一)、(二)两种类型，根据设计者指定的类型选用。当未指定类型时，即为设计者允许施工人员根据具体情况自主选用。

2. 第一构造类型中分若干种构造做法，施工人员应根据各种做法所要求的事件正确选用。

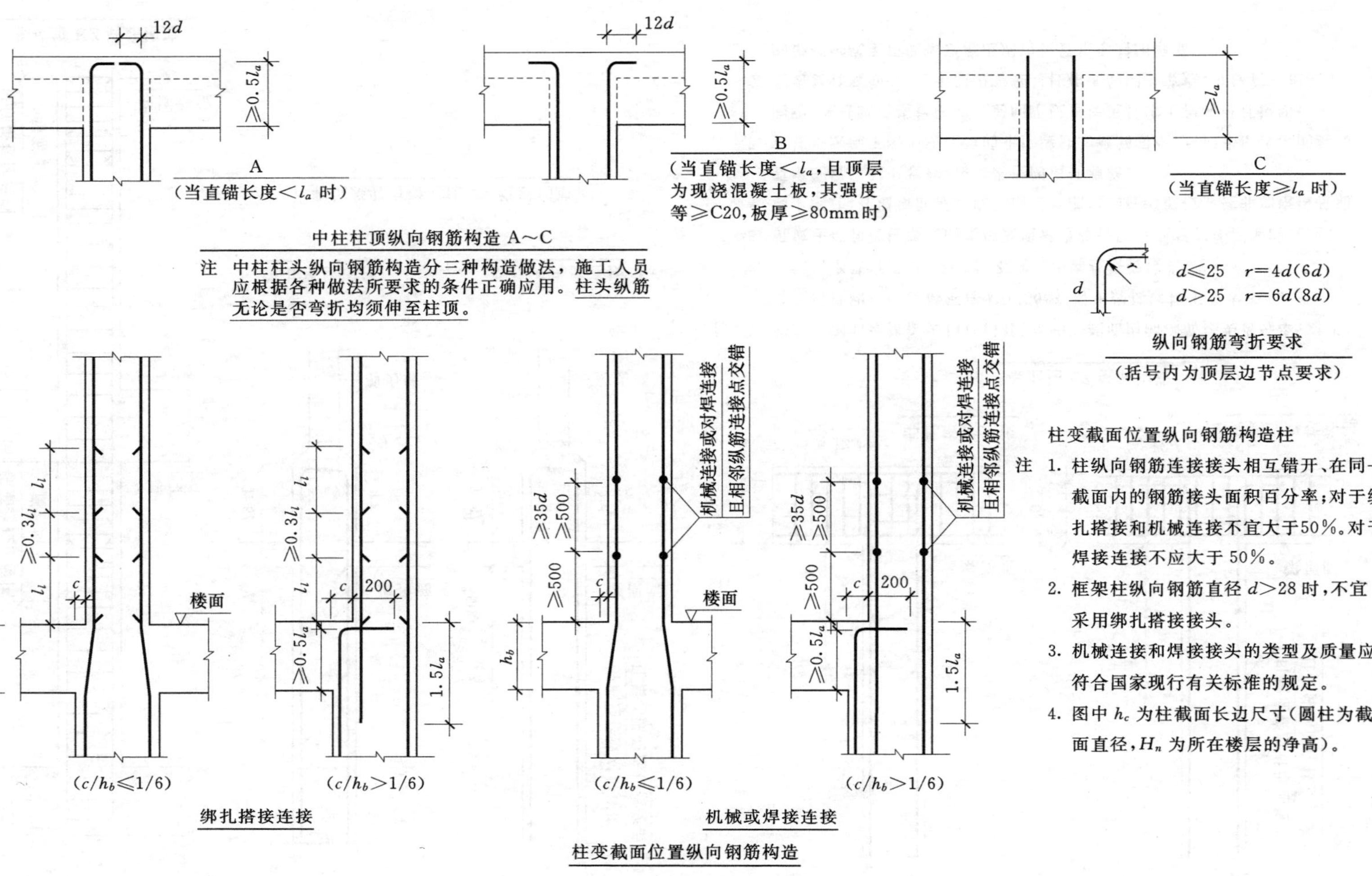

A
（当直锚长度＜l_a 时）

B
（当直锚长度＜l_a，且顶层为现浇混凝土板，其强度等≥C20，板厚≥80mm时）

C
（当直锚长度≥l_a 时）

中柱柱顶纵向钢筋构造 A～C

注　中柱柱头纵向钢筋构造分三种构造做法，施工人员应根据各种做法所要求的条件正确应用。柱头纵筋无论是否弯折均须伸至柱顶。

$d\leqslant25$　$r=4d(6d)$
$d>25$　$r=6d(8d)$

纵向钢筋弯折要求
（括号内为顶层边节点要求）

（$c/h_b\leqslant1/6$）　（$c/h_b>1/6$）
绑扎搭接连接

（$c/h_b\leqslant1/6$）　（$c/h_b>1/6$）
机械或焊接连接

柱变截面位置纵向钢筋构造

柱变截面位置纵向钢筋构造柱

注　1. 柱纵向钢筋连接接头相互错开、在同一截面内的钢筋接头面积百分率；对于绑扎搭接和机械连接不宜大于50%。对于焊接连接不应大于 50%。
2. 框架柱纵向钢筋直径 $d>28$ 时，不宜采用绑扎搭接接头。
3. 机械连接和焊接接头的类型及质量应符合国家现行有关标准的规定。
4. 图中 h_c 为柱截面长边尺寸（圆柱为截面直径，H_n 为所在楼层的净高）。

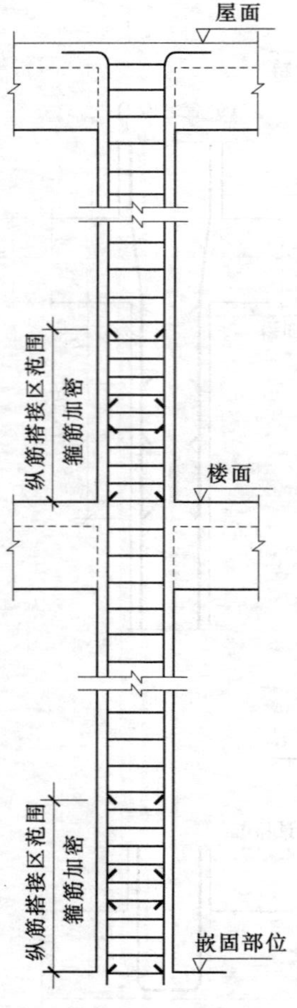
屋面
楼面
纵筋搭接区范围
箍筋加密
纵筋搭接区范围
箍筋加密
嵌固部位

非抗震 KZ 箍筋构造

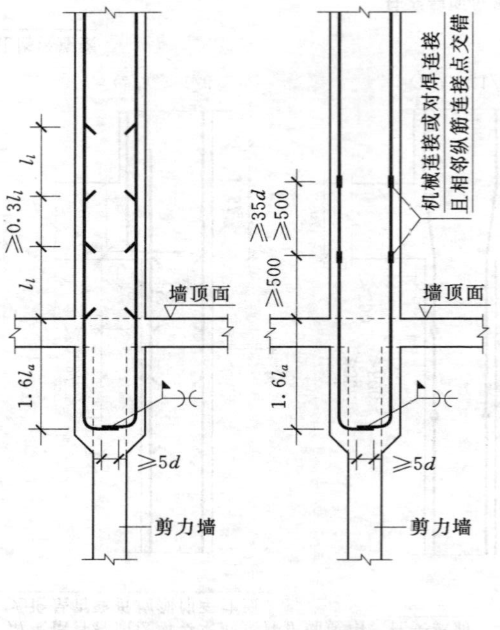
l_l
$\geqslant 0.3l_l$
l_l
墙顶面
$1.6l_a$
$\geqslant 5d$
剪力墙
绑扎搭接连接
机械连接或对焊连接
且相邻纵筋连接点交错
$\geqslant 35d$
$\geqslant 500$
$\geqslant 500$
墙顶面
$1.6l_a$
$\geqslant 5d$
剪力墙
焊接或机械连接

非抗震剪力墙上柱 QZ 纵筋构造

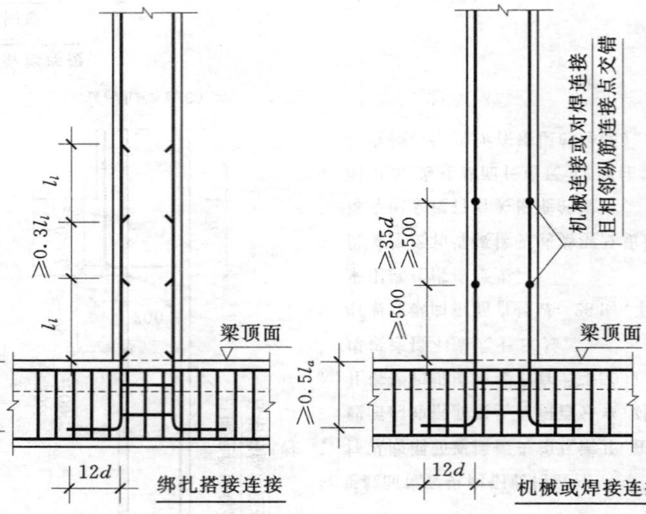
l_l
$\geqslant 0.3l_l$
l_l
梁顶面
$\geqslant 0.5l_a$
12d
绑扎搭接连接
机械连接或对焊连接
且相邻纵筋连接点交错
$\geqslant 35d$
$\geqslant 500$
$\geqslant 500$
梁顶面
$\geqslant 0.5l_a$
12d
机械或焊接连接

梁上柱 LZ 纵筋构造

注 1. 柱纵向钢筋连接接头相互错开，在同一截面内的钢筋接头百分率：对于绑扎搭接和机械连接不宜大于 50%；对于焊接连接不应大于 50%。

2. 柱纵向钢筋直径 $d>28$ 时，不宜采用绑扎搭接接头。

3. 机械连接和焊接接头的类型及质量应符合国家现行有关标准的规定。

4. 墙上起柱，在墙顶面标高以下锚固范围内的柱箍筋按上柱非加密区箍筋要求配置。梁上起柱，在梁内设两道柱箍筋。

5. 在柱平法施工图中所注写的非抗震柱的箍筋间距，系指非搭接区的箍筋间距，在柱纵筋搭接区的箍筋间距设置详见具体工程的设计说明。

6. 当为复合箍筋时，对于四边有梁与柱相连的同一节点，可仅在 4 根梁端的最高梁底至最低梁顶范围周边设置矩形封闭箍筋。

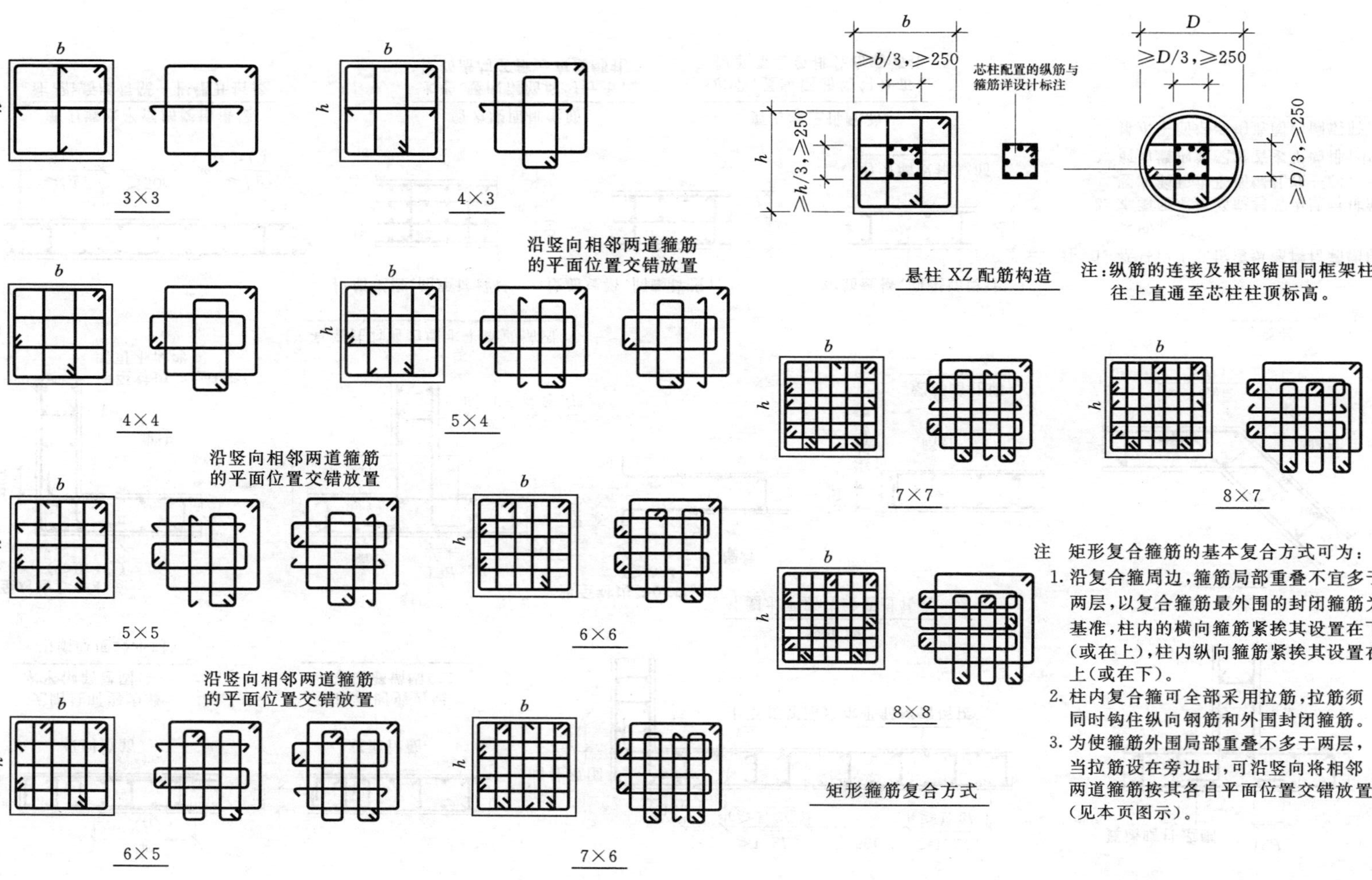

悬柱 XZ 配筋构造

注：纵筋的连接及根部锚固同框架柱，往上直通至芯柱柱顶标高。

矩形箍筋复合方式

注　矩形复合箍筋的基本复合方式可为：

1. 沿复合箍周边，箍筋局部重叠不宜多于两层，以复合箍筋最外围的封闭箍筋为基准，柱内的横向箍筋紧挨其设置在下（或在上），柱内纵向箍筋紧挨其设置在上（或在下）。
2. 柱内复合箍可全部采用拉筋，拉筋须同时钩住纵向钢筋和外围封闭箍筋。
3. 为使箍筋外围局部重叠不多于两层，当拉筋设在旁边时，可沿竖向将相邻两道箍筋按其各自平面位置交错放置（见本页图示）。

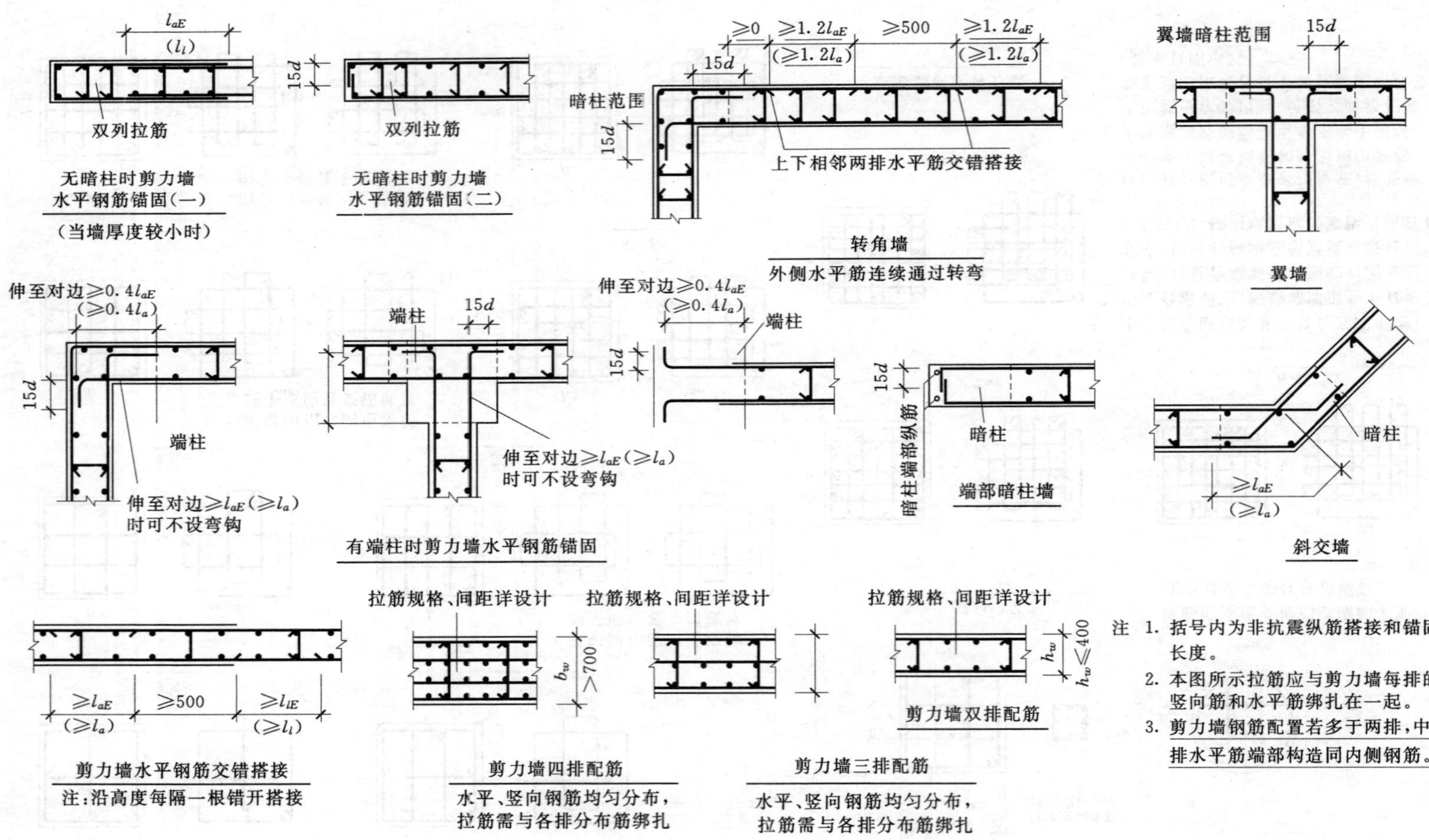

无暗柱时剪力墙
水平钢筋锚固(一)
(当墙厚度较小时)

无暗柱时剪力墙
水平钢筋锚固(二)

转角墙
外侧水平筋连续通过转弯

翼墙

有端柱时剪力墙水平钢筋锚固

端部暗柱墙

斜交墙

剪力墙水平钢筋交错搭接
注:沿高度每隔一根错开搭接

剪力墙四排配筋
水平、竖向钢筋均匀分布,
拉筋需与各排分布筋绑扎

剪力墙三排配筋
水平、竖向钢筋均匀分布,
拉筋需与各排分布筋绑扎

剪力墙双排配筋

注 1. 括号内为非抗震纵筋搭接和锚固长度。
2. 本图所示拉筋应与剪力墙每排的竖向筋和水平筋绑扎在一起。
3. 剪力墙钢筋配置若多于两排,中间排水平筋端部构造同内侧钢筋。

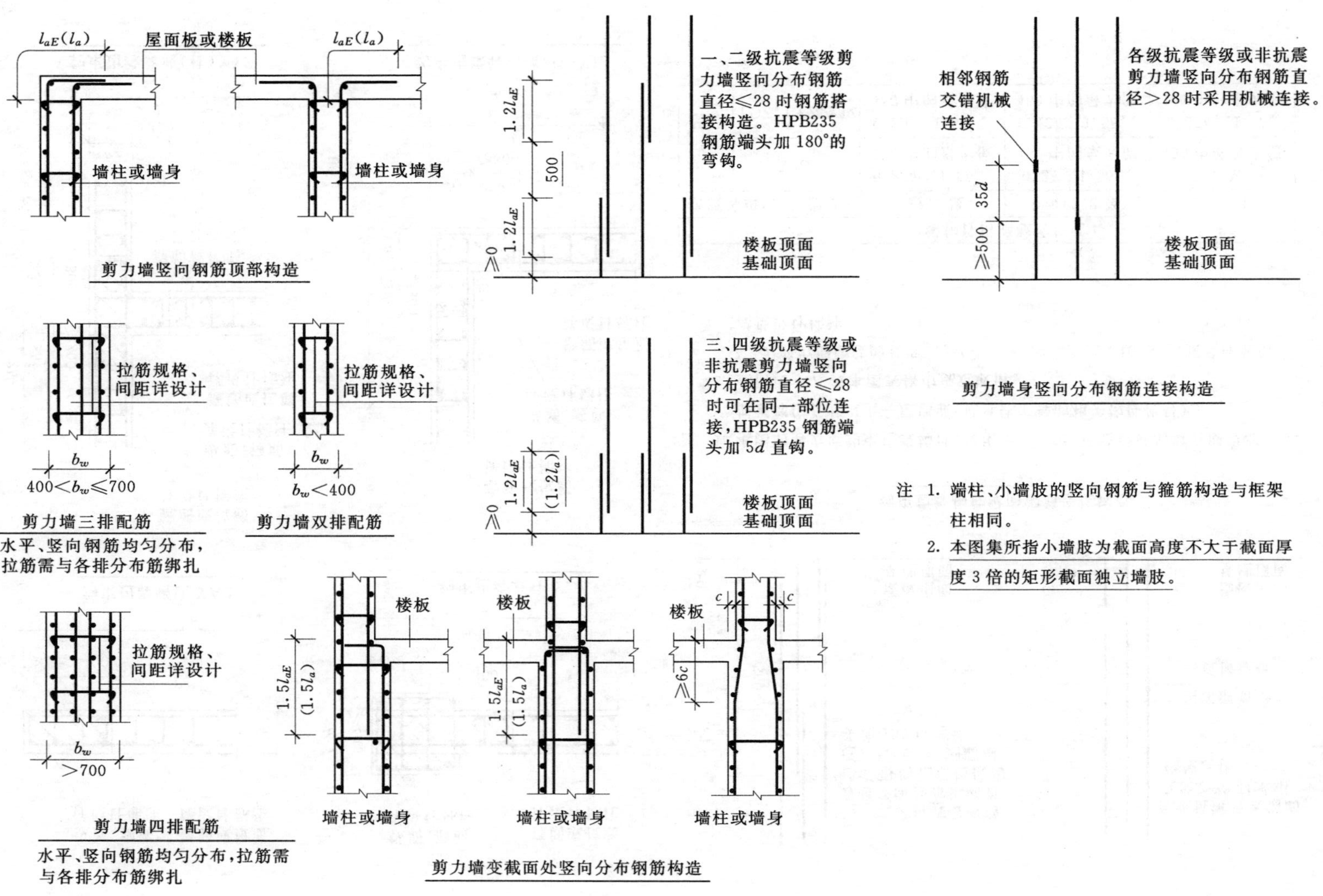
$l_{aE}(l_a)$
屋面板或楼板
$l_{aE}(l_a)$
墙柱或墙身
墙柱或墙身
剪力墙竖向钢筋顶部构造
拉筋规格、间距详设计
b_w
$400<b_w\leq700$
剪力墙三排配筋
水平、竖向钢筋均匀分布，拉筋需与各排分布筋绑扎
拉筋规格、间距详设计
b_w
$b_w<400$
剪力墙双排配筋
拉筋规格、间距详设计
b_w
>700
剪力墙四排配筋
水平、竖向钢筋均匀分布，拉筋需与各排分布筋绑扎
一、二级抗震等级剪力墙竖向分布钢筋直径≤28 时钢筋搭接构造。HPB235 钢筋端头加 180°的弯钩。
$1.2l_{aE}$
500
$1.2l_{aE}$
≥0
楼板顶面
基础顶面
三、四级抗震等级或非抗震剪力墙竖向分布钢筋直径≤28 时可在同一部位连接，HPB235 钢筋端头加 5d 直钩。
$1.2l_{aE}$
$(1.2l_a)$
≥0
楼板顶面
基础顶面
相邻钢筋交错机械连接
35d
≥500
各级抗震等级或非抗震剪力墙竖向分布钢筋直径>28 时采用机械连接。
楼板顶面
基础顶面
剪力墙身竖向分布钢筋连接构造
楼板
$1.5l_{aE}$
$(1.5l_a)$
墙柱或墙身
楼板
$1.5l_{aE}$
$(1.5l_a)$
墙柱或墙身
楼板
c
c
≥6c
墙柱或墙身
剪力墙变截面处竖向分布钢筋构造
注 1. 端柱、小墙肢的竖向钢筋与箍筋构造与框架柱相同。
2. 本图集所指小墙肢为截面高度不大于截面厚度 3 倍的矩形截面独立墙肢。

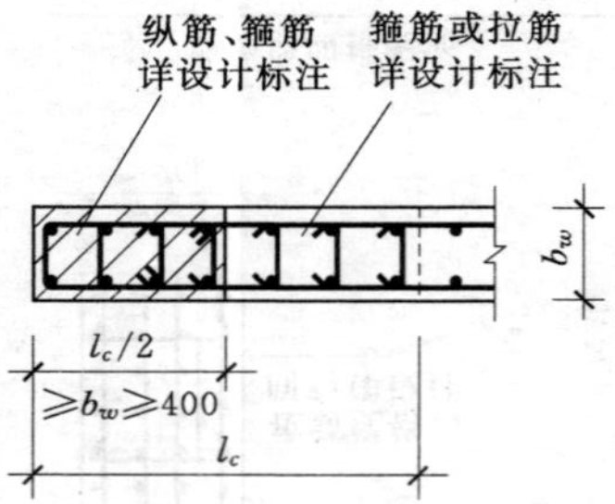

纵筋、箍筋详设计标注
箍筋或拉筋详设计标注
b_w
$l_c/2$
$\geqslant b_w \geqslant 400$
l_c

约束边缘暗柱 YAZ

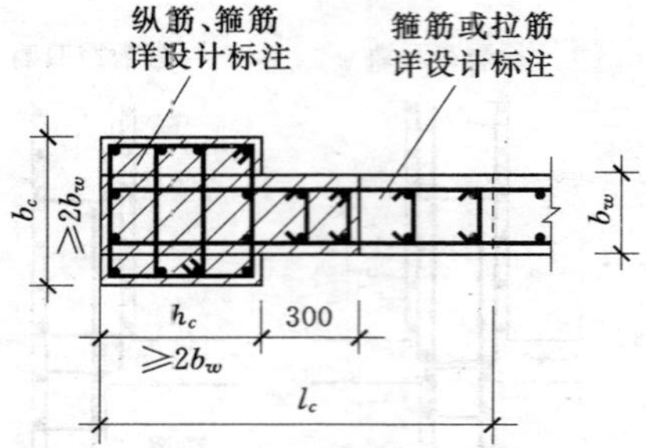

纵筋、箍筋详设计标注
箍筋或拉筋详设计标注
b_c
$\geqslant 2b_w$
b_w
h_c
300
$\geqslant 2b_w$
l_c

约束边缘端柱 YDZ

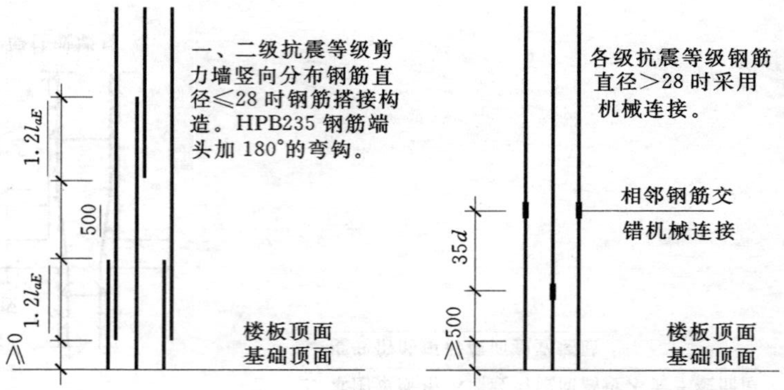

一、二级抗震等级剪力墙竖向分布钢筋直径≤28 时钢筋搭接构造。HPB235 钢筋端头加 180°的弯钩。
$1.2l_{aE}$
500
$1.2l_{aE}$
≥0
楼板顶面
基础顶面

各级抗震等级钢筋直径＞28 时采用机械连接。
相邻钢筋交错机械连接
35d
≥500
楼板顶面
基础顶面

约束边缘构件纵向钢筋连接构造

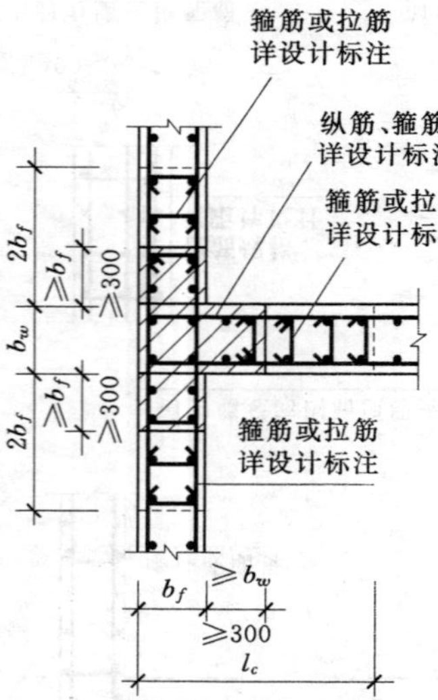

箍筋或拉筋详设计标注
纵筋、箍筋详设计标注
箍筋或拉筋详设计标注
箍筋或拉筋详设计标注
$2b_f$
$\geqslant b_f$
≥300
b_w
$\geqslant b_f$
≥300
$2b_f$
b_f
$\geqslant b_w$
≥300
l_c

约束边缘翼墙（柱）YYZ

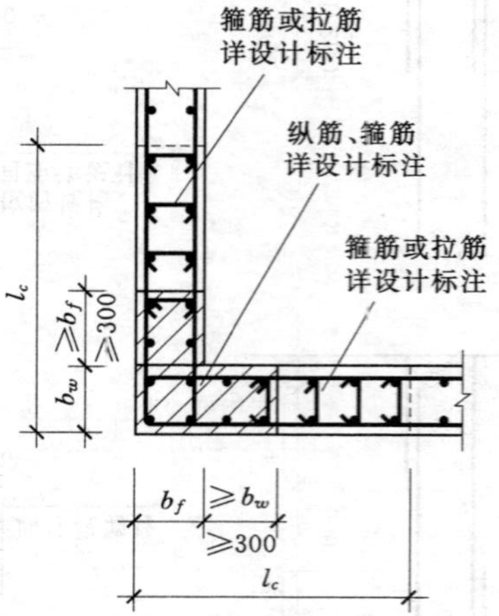

箍筋或拉筋详设计标注
纵筋、箍筋详设计标注
箍筋或拉筋详设计标注
l_c
$\geqslant b_f$
≥300
b_w
b_f
$\geqslant b_w$
≥300
l_c

约束边缘转角墙（柱）YJZ

注　1. 本图的剪力墙约束边缘构件，仅用于一、二级抗震设计的剪力墙底部加强部位及其以上一层墙肢（见具体工程的相关构件代号）。

2. 几何尺寸 l_c 按本图表格中规定取值。

3. h_w 为剪力墙墙肢的长度；b_w、b_f、h_c、b_c 的意义见本图标注，其具体数值详见设计标注。

约束边缘构件沿墙肢的长度 l_c				
抗震等级（设防烈度）		一级（9 度）	一级（7、8 级）	二　级
l_c (mm)	YAZ	0.25h_w、1.5b_w、450 中的最大值	0.2h_w、1.5b_w、450 中的最大值	0.2h_w、1.5b_w 450 中的最大值
	YDZ、YYZ、YJZ	0.2h_w、1.5b_w、450 中的最大值	0.15h_w、1.5b_w、450 中的最大值	0.15h_w、1.5b_w 450 中的最大值

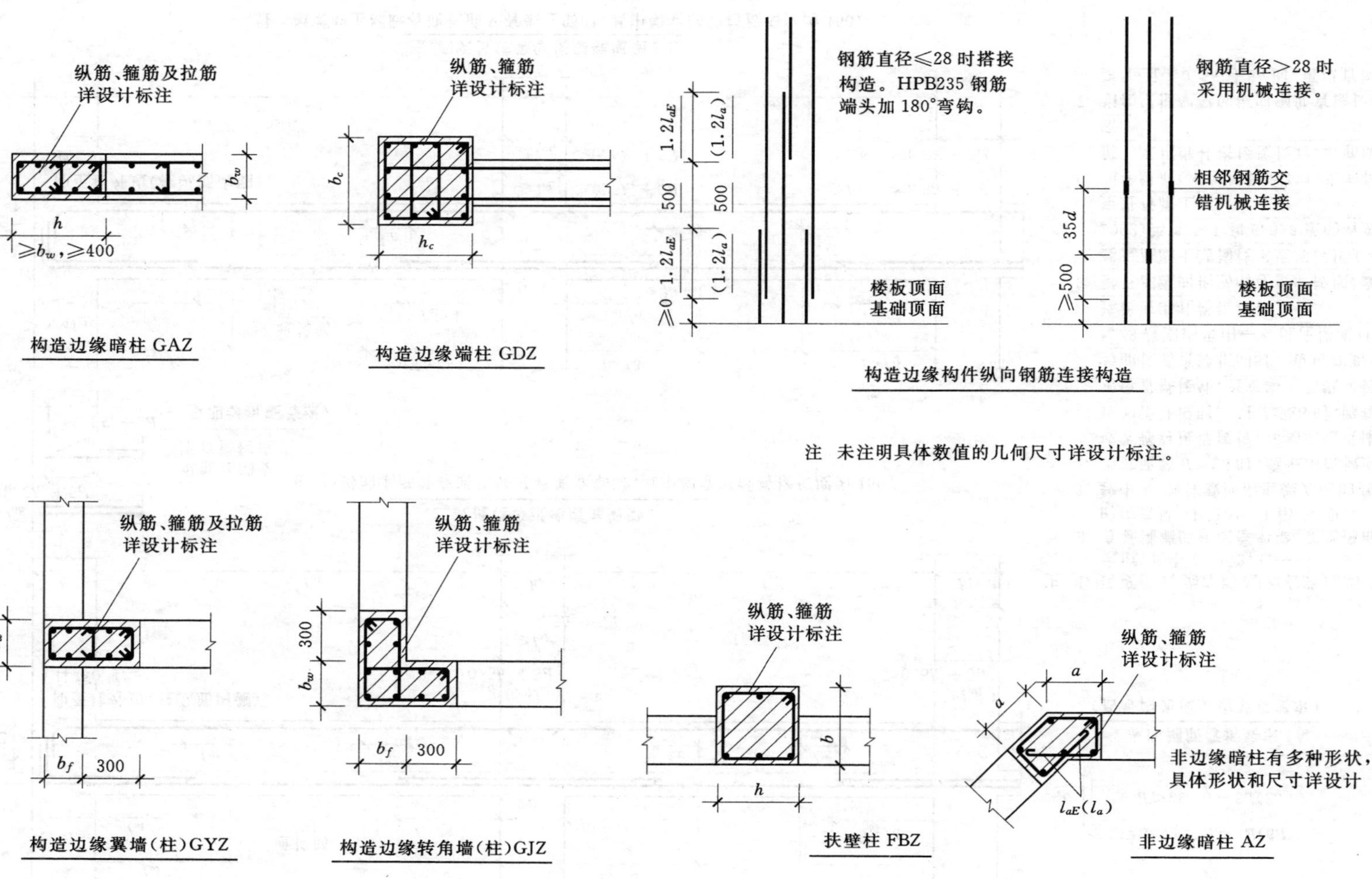

注　未注明具体数值的几何尺寸详设计标注。

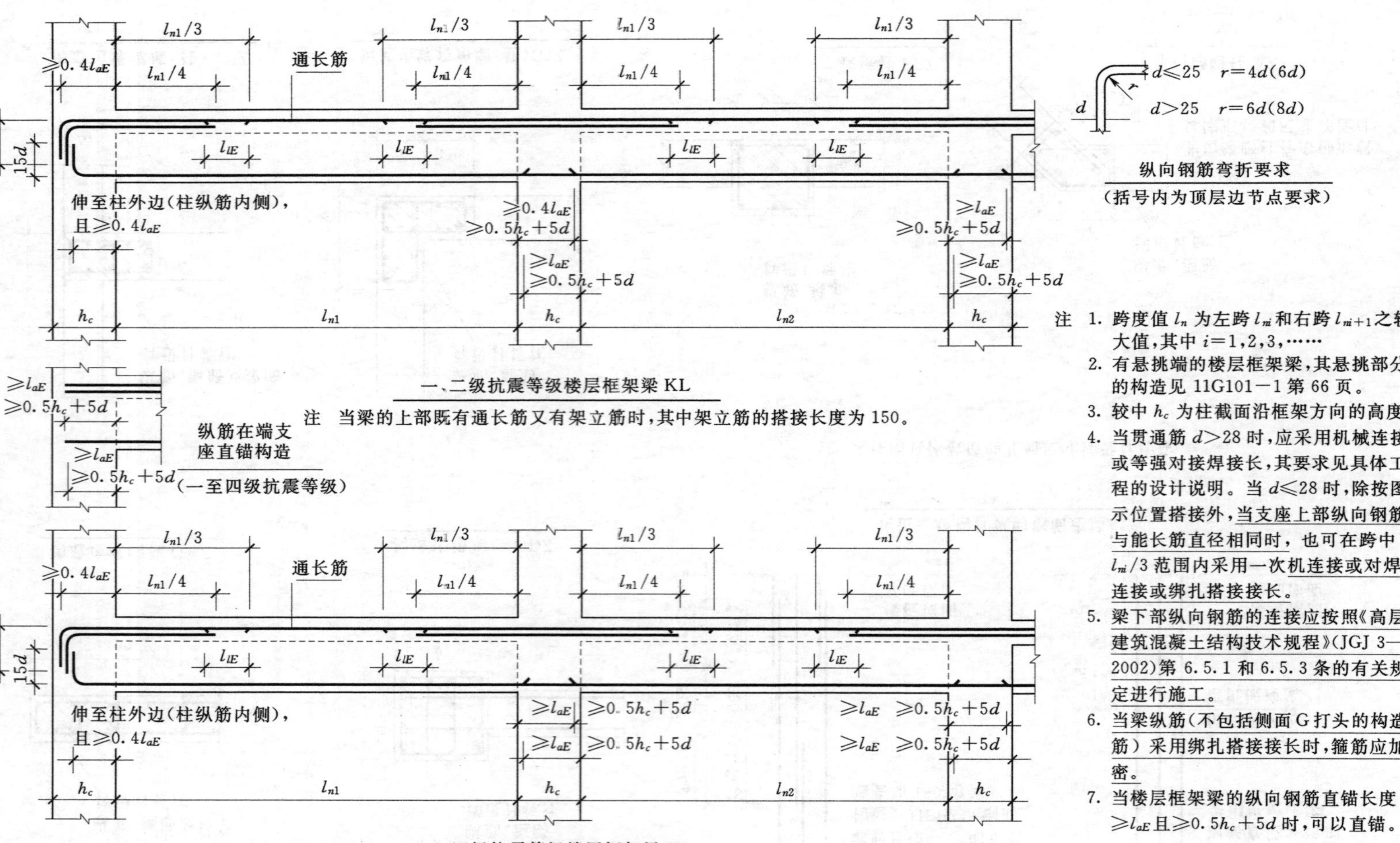

一、二级抗震等级楼层框架梁 KL

注 当梁的上部既有通长筋又有架立筋时，其中架立筋的搭接长度为150。

三、四级抗震等级楼层框架梁 KL

注 当梁的上部既有通长筋又有架立筋时，其中架立筋的搭接长度为150。

注 1. 跨度值 l_n 为左跨 l_{ni} 和右跨 l_{ni+1} 之较大值，其中 $i=1,2,3,\cdots\cdots$

2. 有悬挑端的楼层框架梁，其悬挑部分的构造见 11G101－1 第 66 页。
3. 较中 h_c 为柱截面沿框架方向的高度。
4. 当贯通筋 $d>28$ 时，应采用机械连接或等强对接焊接长，其要求见具体工程的设计说明。当 $d\leqslant 28$ 时，除按图示位置搭接外，当支座上部纵向钢筋与能长筋直径相同时，也可在跨中 $l_{ni}/3$ 范围内采用一次机连接或对焊连接或绑扎搭接接长。
5. 梁下部纵向钢筋的连接应按照《高层建筑混凝土结构技术规程》(JGJ 3—2002)第 6.5.1 和 6.5.3 条的有关规定进行施工。
6. 当梁纵筋(不包括侧面 G 打头的构造筋) 采用绑扎搭接接长时，箍筋应加密。
7. 当楼层框架梁的纵向钢筋直锚长度 $\geqslant l_{aE}$ 且 $\geqslant 0.5h_c+5d$ 时，可以直锚。

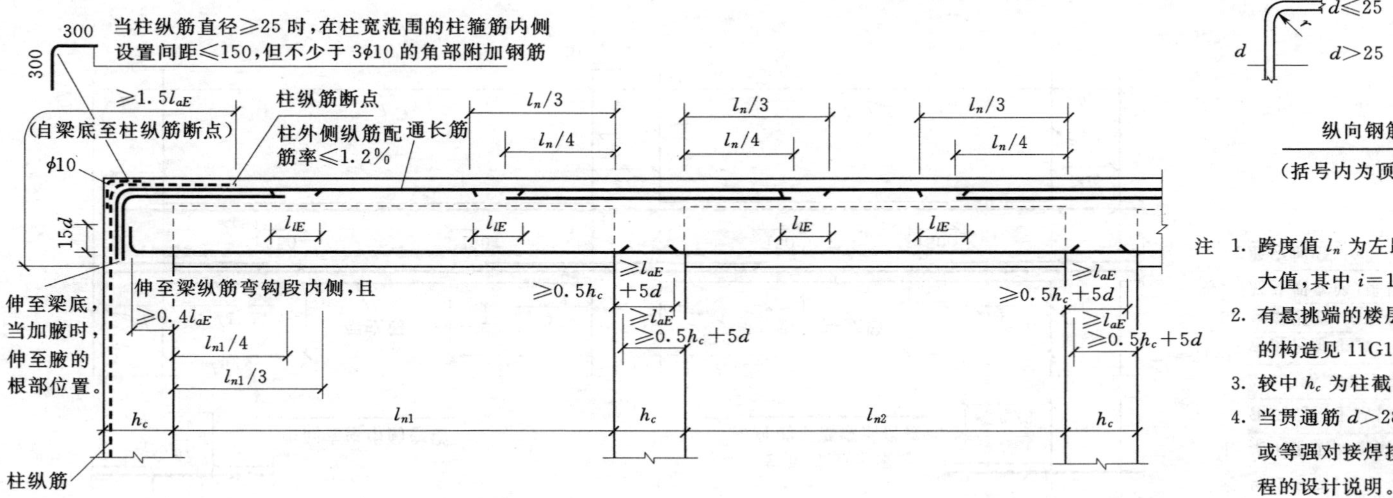

非抗震屋面框架梁 WKL 纵向钢筋构造(一)

注　当梁的上部既有通长筋又有架立筋时，其中架立筋的搭接长度为 150。

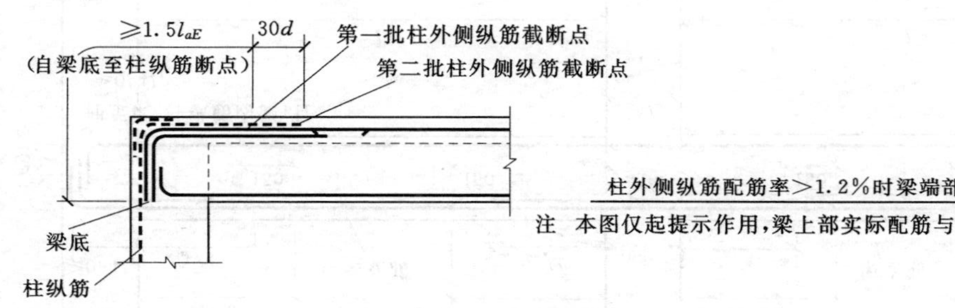

柱外侧纵筋配筋率>1.2%时梁端部构造

注　本图仅起提示作用，梁上部实际配筋与上图相同。

d　d≤25　$r=4d(6d)$

d>25　$r=6d(8d)$

纵向钢筋弯折要求

(括号内为顶层边节点要求)

注　1. 跨度值 l_n 为左跨 l_{ni} 和右跨 l_{ni+1} 之较大值，其中 $i=1,2,3,\cdots$

2. 有悬挑端的楼层框架梁，其悬挑部分的构造见 11G101－1 第 66 页。

3. 较中 h_c 为柱截面沿框架方向的高度。

4. 当贯通筋 d>28 时，应采用机械连接或等强对接焊接长，其要求见具体工程的设计说明。当 d≤28 时，除按图示位置搭接外，当支座上部纵向钢筋与通长筋直径相同时，也可在跨中 $l_{ni}/3$ 范围内采用一次机连接或对焊连接或绑扎搭接接长。

5. 梁下部纵向钢筋的连接应按照《高层建筑混凝土结构技术规程》(JGJ 3—2002)第 6.5.1 和 6.5.3 条的有关规定进行施工。

6. 当梁纵筋(不包括侧面 G 打头的构造筋)采用绑扎搭接接长时，箍筋应加密。

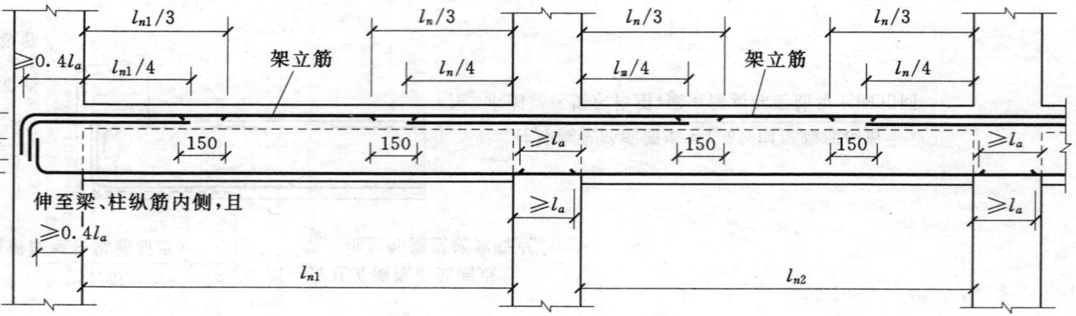

伸至梁、柱纵筋内侧，且$\geqslant 0.4l_a$

非抗震楼层框架梁 KL（端支座弯锚）

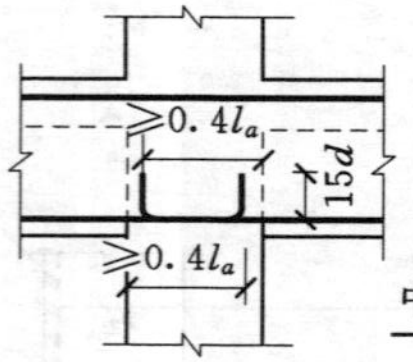

中间支座中的弯锚

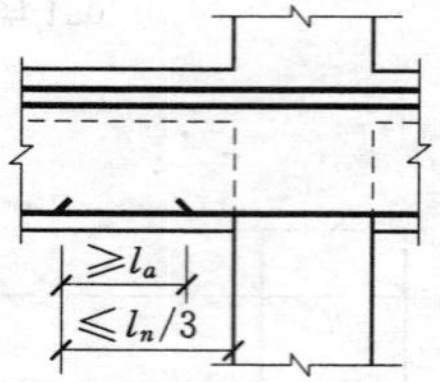

支座、节点范围之外的下部纵筋搭接

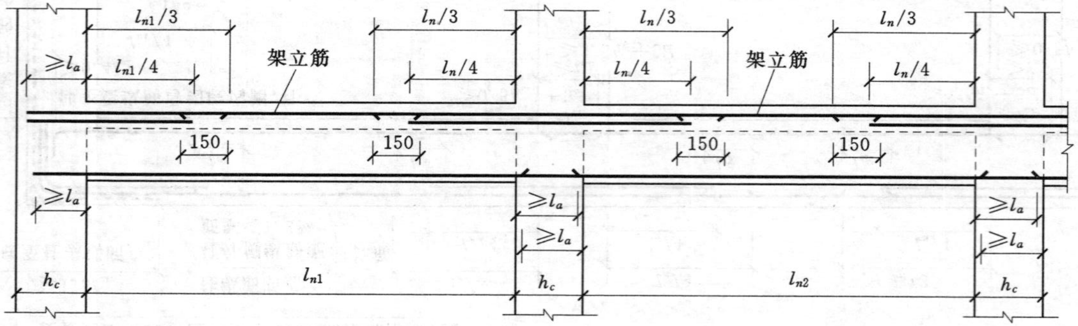

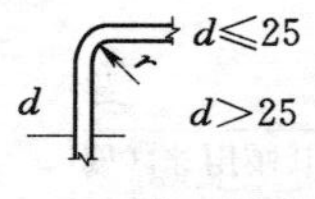

$d\leqslant 25 \quad r=4d(6d)$

$d>25 \quad r=6d(8d)$

纵向钢筋弯折要求

（括号内为顶层边节点要求）

注 1. 跨度值 l_n 为左跨 l_{ni} 和右跨 l_{ni+1} 之较大值，其中 $i=1,2,3,\cdots$

2. 有悬挑端的楼层框架梁，其悬挑部分的构造见 11G101－1 第 66 页。

3. 梁纵筋在支座或节点内即可直锚，也可以弯锚。

4. 梁下部纵向钢筋的连接应按照《高层建筑混凝土结构技术规程》（JGJ 3—2002）第 6.5.1 和 6.5.3 条的有关规定进行施工。

5. 当梁纵筋（不包括侧面 G 打头的构造筋及架立筋）采用绑扎搭接接长时，箍筋应加密。

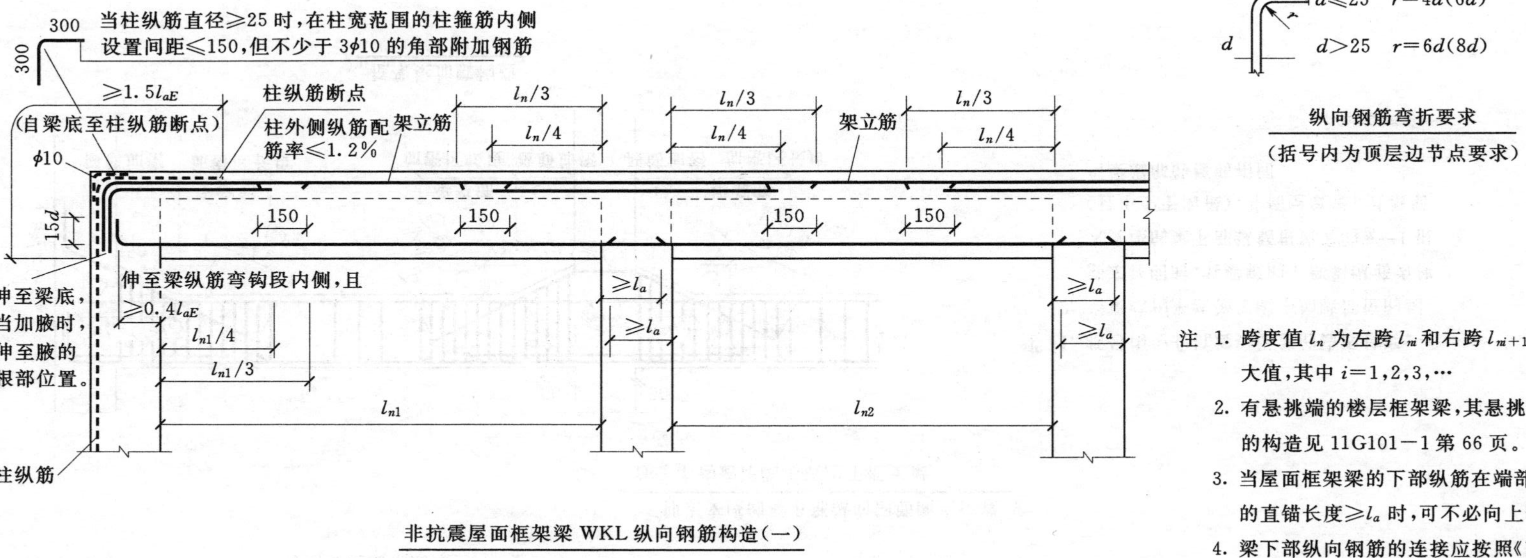

非抗震屋面框架梁 WKL 纵向钢筋构造(一)

柱外侧纵筋配筋率＞1.2%时梁端部构造

注　本图仅起提示作用，梁上部实际配筋与上图相同。

$d\leqslant25$　$r=4d(6d)$

$d>25$　$r=6d(8d)$

纵向钢筋弯折要求

(括号内为顶层边节点要求)

注 1. 跨度值 l_n 为左跨 l_{ni} 和右跨 l_{ni+1} 之较大值，其中 $i=1,2,3,\cdots$

2. 有悬挑端的楼层框架梁，其悬挑部分的构造见 11G101－1 第 66 页。

3. 当屋面框架梁的下部纵筋在端部支座的直锚长度≥l_a 时，可不必向上弯锚。

4. 梁下部纵向钢筋的连接应按照《高层建筑混凝土结构技术规程》(JGJ 3—2002)第 6.5.1 和 6.5.3 条的有关规定进行施工。

5. 当梁纵筋(不包括侧面 G 打头的构造筋及架立筋)采用绑扎搭接接长时，箍筋应加密。

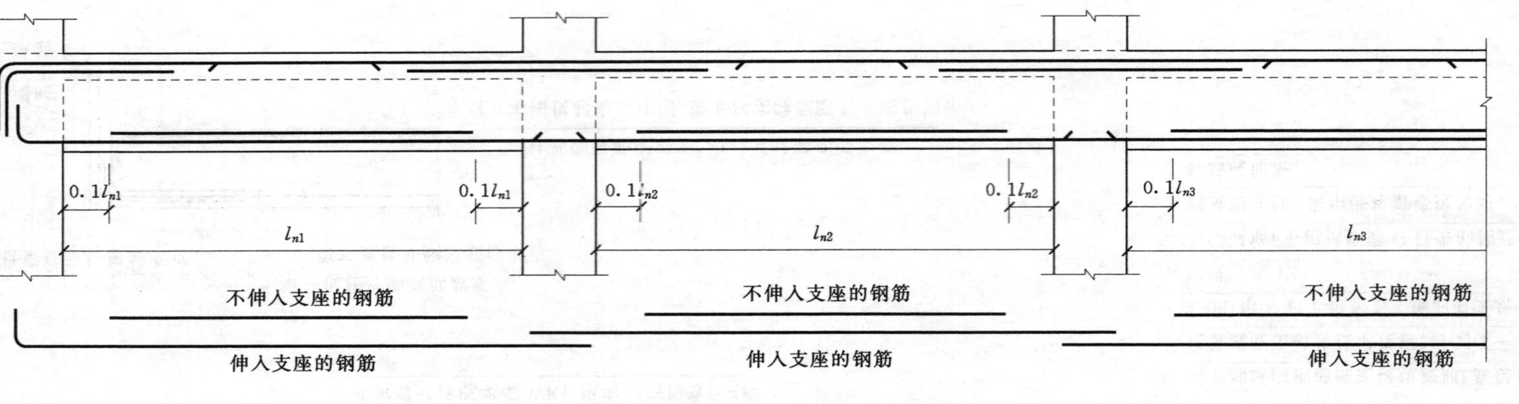

不伸入支座的梁下部纵向钢筋断点位置

注 本构造详图不适用于框支梁。

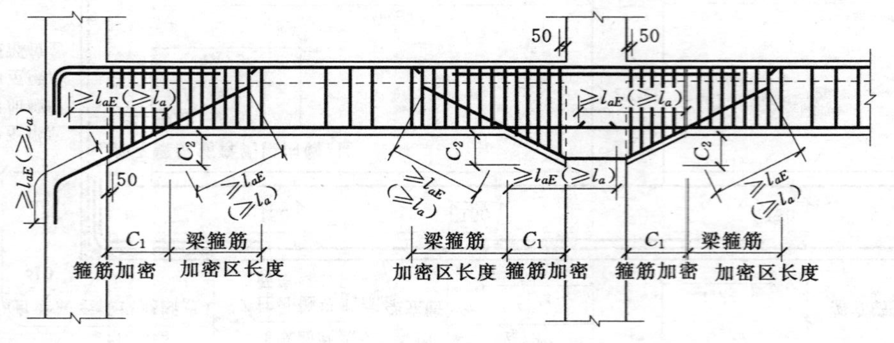

框架梁加腋构造

注 1. 括号内为非抗震梁纵筋的锚固长度。

2. 当梁结构平法施工图中加腋部位的配筋未注明时，其梁腋的下部斜纵筋为伸入支座的梁下部纵筋根数 n 的 $n-1$ 根（且不少于两根），并插空放置；其箍筋与梁端部的箍筋相同。

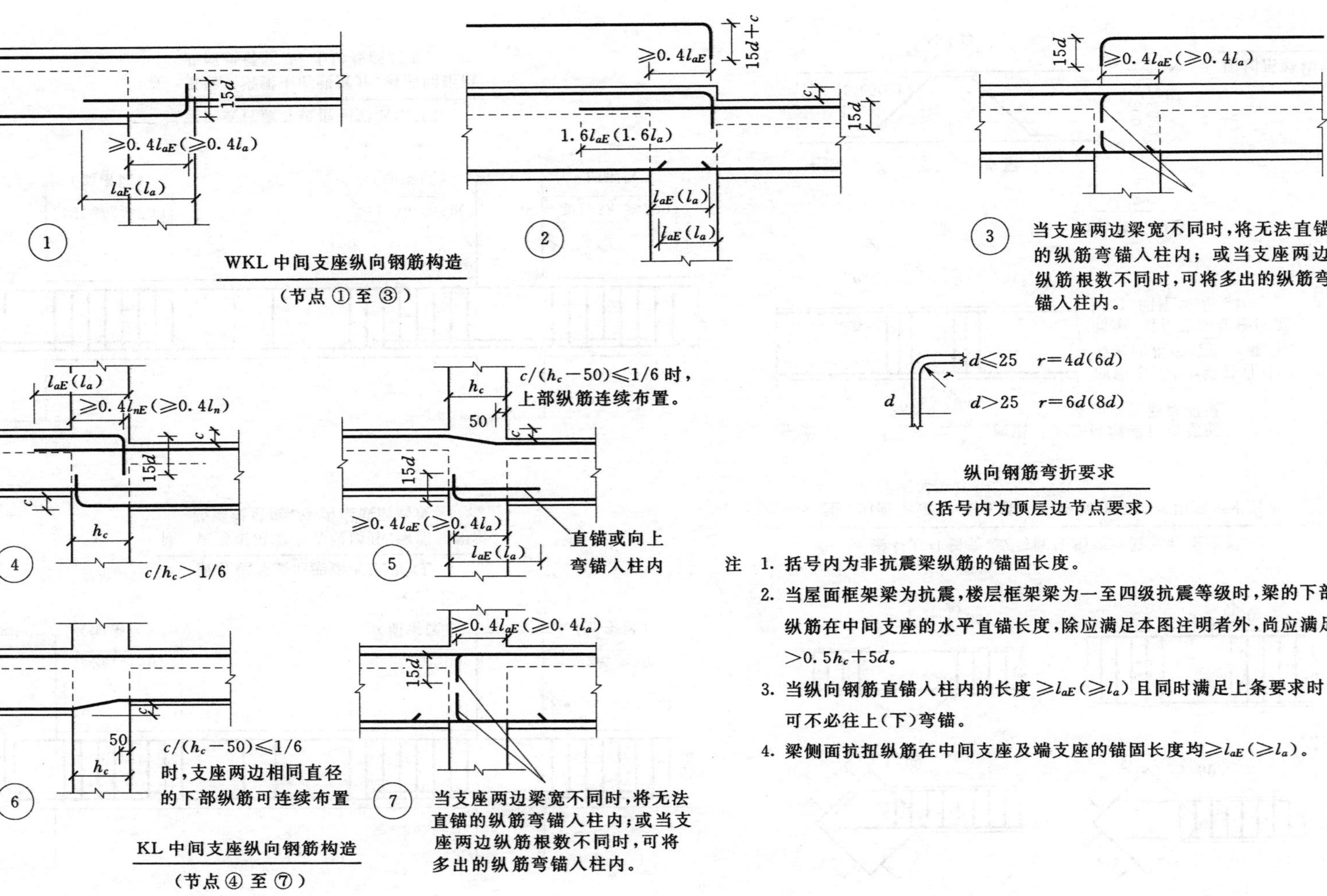

WKL 中间支座纵向钢筋构造

（节点 ① 至 ③）

KL 中间支座纵向钢筋构造

（节点 ④ 至 ⑦）

纵向钢筋弯折要求

（括号内为顶层边节点要求）

注　1. 括号内为非抗震梁纵筋的锚固长度。

2. 当屋面框架梁为抗震，楼层框架梁为一至四级抗震等级时，梁的下部纵筋在中间支座的水平直锚长度，除应满足本图注明者外，尚应满足 $>0.5h_c+5d$。

3. 当纵向钢筋直锚入柱内的长度 $\geqslant l_{aE}(\geqslant l_a)$ 且同时满足上条要求时，可不必往上(下)弯锚。

4. 梁侧面抗扭纵筋在中间支座及端支座的锚固长度均 $\geqslant l_{aE}(\geqslant l_a)$。

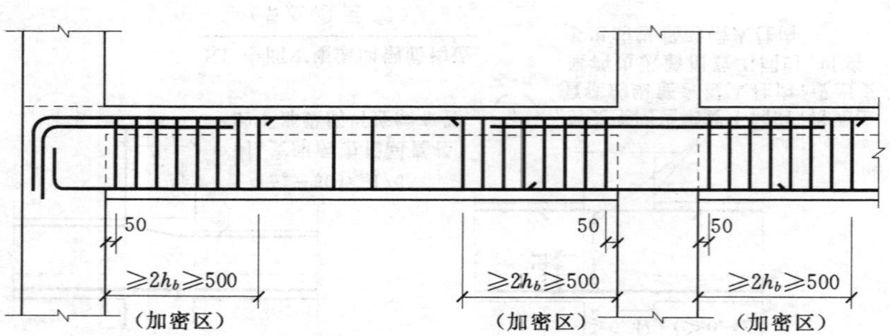

一级抗震等级框架梁 KL、WKL

注 弧形梁沿梁中心线展开，箍筋间距沿凸面线量度，h_b 为梁截面高度。

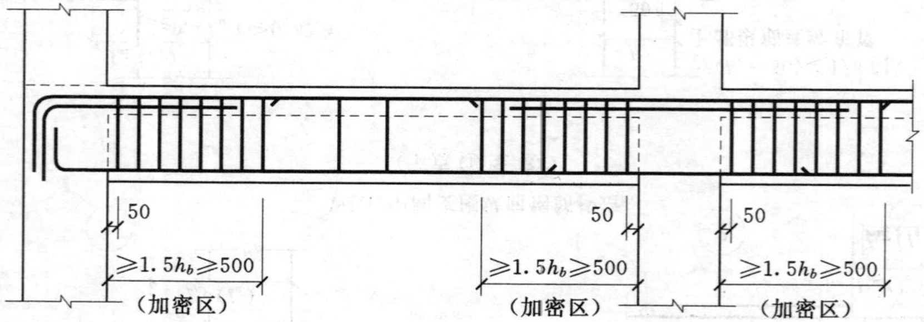

二至四级抗震等级框架梁 KL、WKL

注 弧形梁沿梁中心线展开，箍筋间距沿凸面线量度，h_b 为梁截面高度。

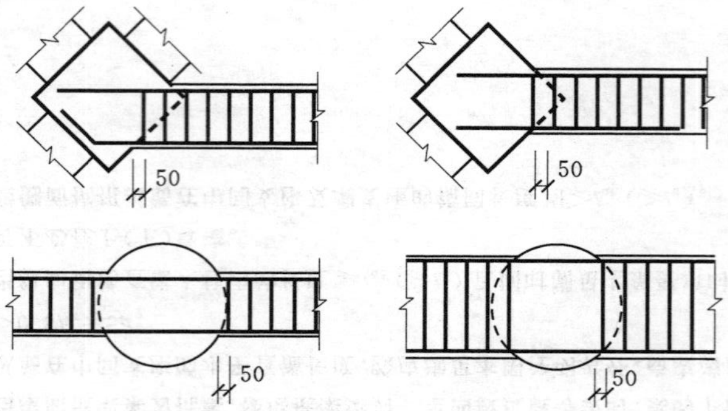

梁与方柱斜交，或与圆柱相交时箍筋起始位置

注 为便于施工，梁在柱内的箍筋在现场可用两个半套箍搭接或焊接。

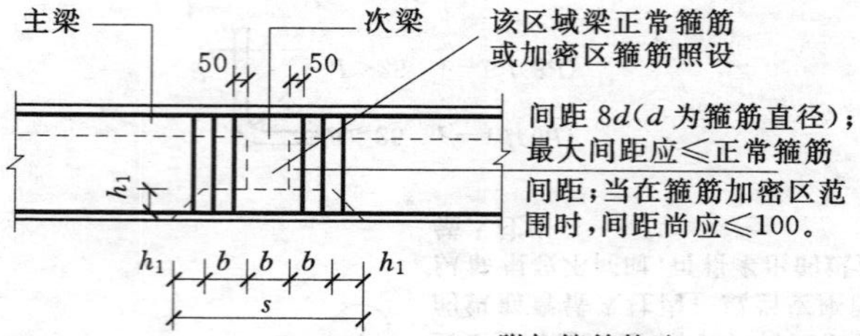

附加箍筋构造

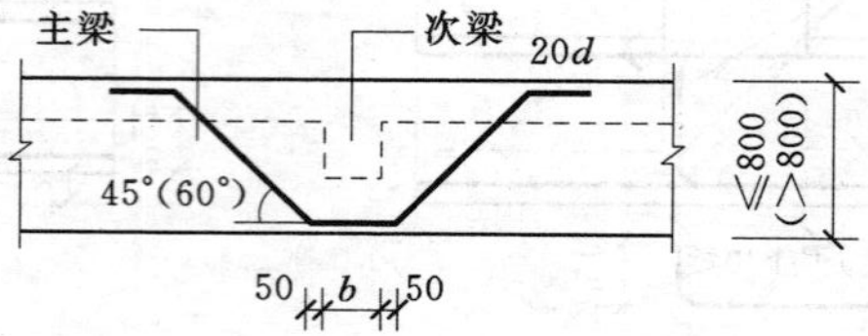

附加吊筋构造

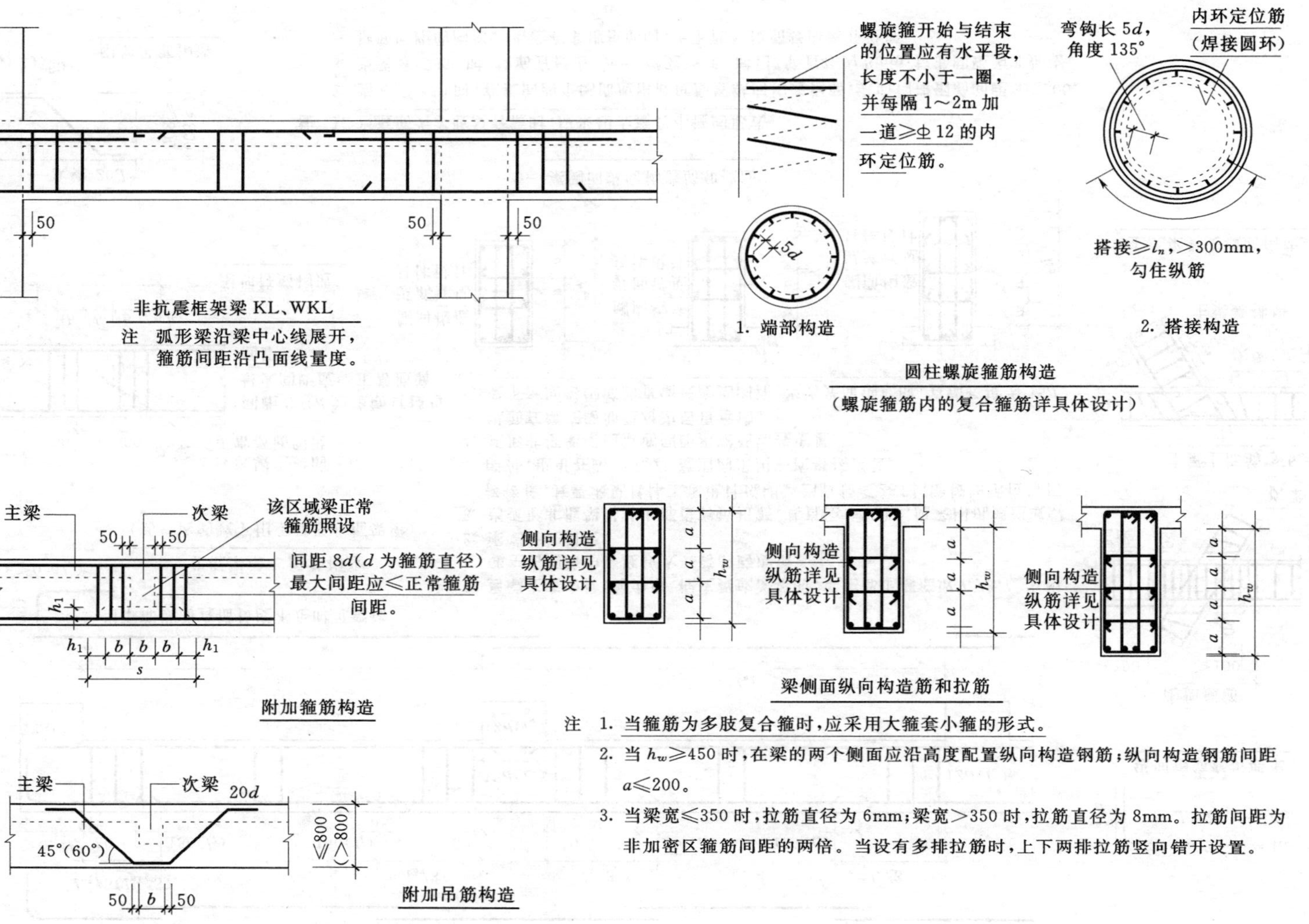
50
50
50
非抗震框架梁 KL、WKL
注　弧形梁沿梁中心线展开，箍筋间距沿凸面线量度。
螺旋箍开始与结束的位置应有水平段，长度不小于一圈，并每隔1～2m加一道≥Φ12的内环定位筋。
5d
1. 端部构造
弯钩长5d，角度135°
内环定位筋（焊接圆环）
搭接≥l_n，>300mm，勾住纵筋
2. 搭接构造
圆柱螺旋箍筋构造
（螺旋箍筋内的复合箍筋详具体设计）
主梁
次梁
该区域梁正常箍筋照设
50
50
间距8d（d为箍筋直径）最大间距应≤正常箍筋间距。
h_1
h_1
b
b
b
h_1
s
附加箍筋构造
侧向构造纵筋详见具体设计
a
a
a
h_w
侧向构造纵筋详见具体设计
a
a
a
h_w
侧向构造纵筋详见具体设计
a
a
a
a
h_w
梁侧面纵向构造筋和拉筋
注　1. 当箍筋为多肢复合箍时，应采用大箍套小箍的形式。
2. 当h_w≥450时，在梁的两个侧面应沿高度配置纵向构造钢筋；纵向构造钢筋间距a≤200。
3. 当梁宽≤350时，拉筋直径为6mm；梁宽>350时，拉筋直径为8mm。拉筋间距为非加密区箍筋间距的两倍。当设有多排拉筋时，上下两排拉筋竖向错开设置。
主梁
次梁
20d
45°(60°)
≤800
(>800)
50
b
50
附加吊筋构造

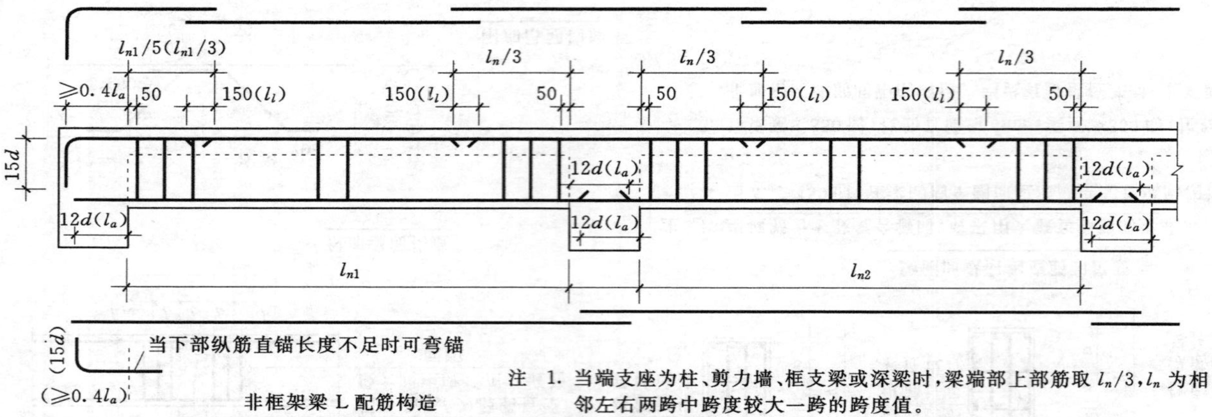

当下部纵筋直锚长度不足时可弯锚

非框架梁 L 配筋构造

（括号内的数字用于弧形非框架梁）

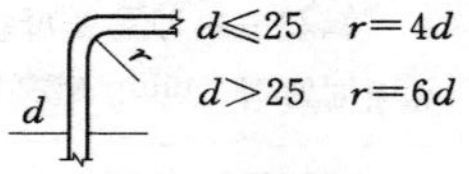

注 1. 当端支座为柱、剪力墙、框支梁或深梁时，梁端部上部筋取 $l_n/3$，l_n 为相邻左右两跨中跨度较大一跨的跨度值。
2. 梁端与柱斜交。
3. 当弧形非框架梁的上部设有抗扭筋，其直径＞28 时，应采用机械连或焊接接长，其要求见具体工程设计说明。当直径≤28 时，除按图示位置搭接外，也可在跨中 $l_{ni}/3$ 范围内采用一次搭接接长。
4. 弧形非框架梁的箍筋间距沿梁凸面线度量。
5. 纵筋在端支座伸至对边后再弯锚。
6. 梁下部肋形钢筋的直锚长度见图注：当为光面钢筋时，直锚长度为 $15d$。

纵向钢筋弯折要求

$d\leqslant 25$　$r=4d$

$d>25$　$r=6d$

主次梁斜交箍筋构造

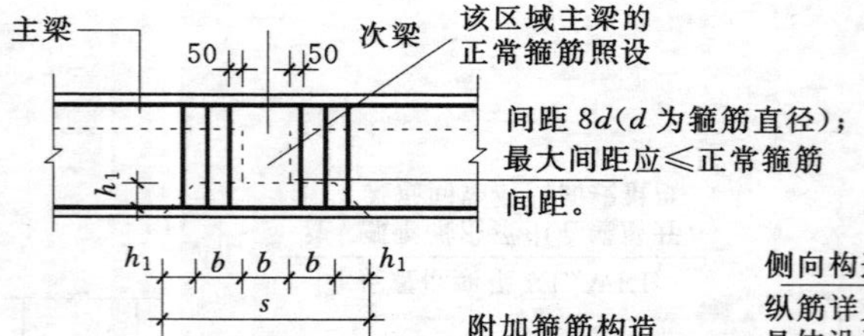

该区域主梁的正常箍筋照设

间距 $8d$（d 为箍筋直径）；最大间距应≤正常箍筋间距。

附加箍筋构造

侧向构造纵筋详见具体设计

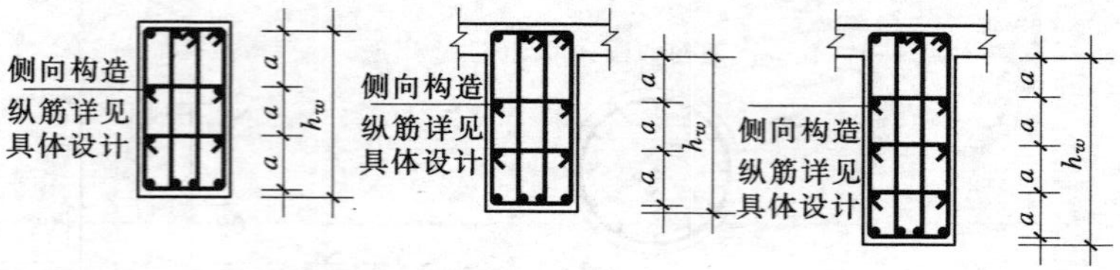

梁侧面纵向构造筋和拉筋

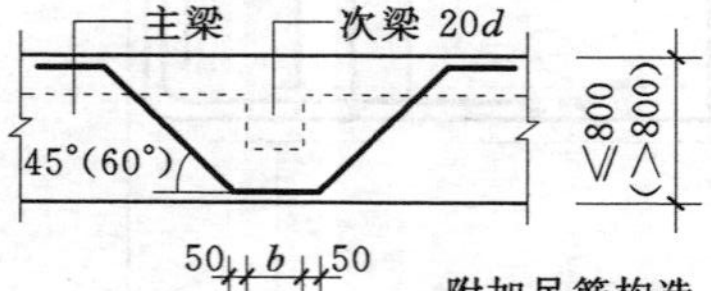

附加吊筋构造

注 1. 当箍筋为多肢复合箍时，应采用大箍套小箍的形式。
2. 当 $h_w\geqslant 450$ 时，在梁的两个侧面应沿高度配置纵向构造钢筋；纵向构造钢筋间距 $a\leqslant 200$。
3. 当梁宽≤350 时，拉筋直径为 6mm；梁宽＞350 时，拉筋直径为 8mm；拉筋间距为非加密区箍筋间距的两倍。当设有多排拉筋时，上下两排拉筋竖向错开设置。

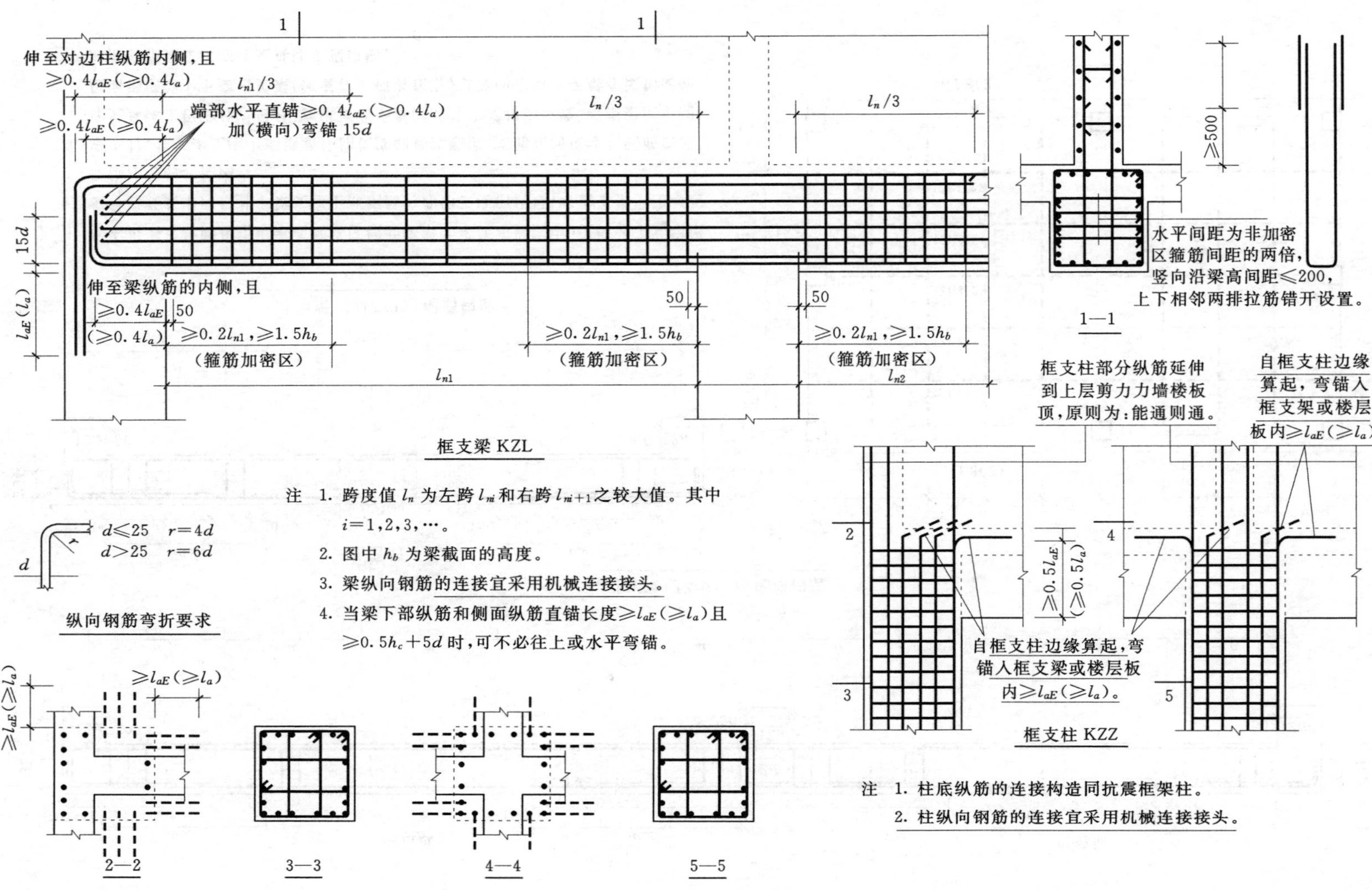

框支梁 KZL

注 1. 跨度值 l_n 为左跨 l_{ni} 和右跨 l_{ni+1} 之较大值。其中 i=1,2,3,…。
2. 图中 h_b 为梁截面的高度。
3. 梁纵向钢筋的连接宜采用机械连接接头。
4. 当梁下部纵筋和侧面纵筋直锚长度≥l_{aE}(≥l_a)且≥0.5h_c+5d时，可不必往上或水平弯锚。

框支柱 KZZ

注 1. 柱底纵筋的连接构造同抗震框架柱。
2. 柱纵向钢筋的连接宜采用机械连接接头。

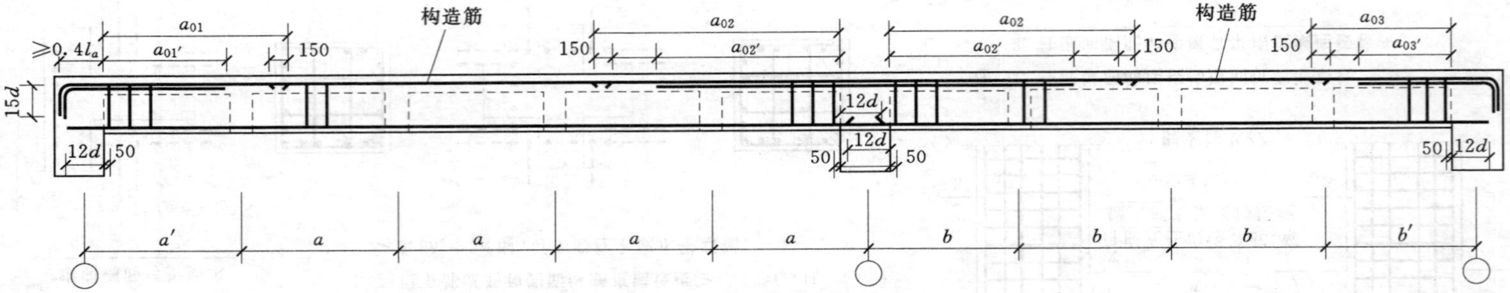

井字梁[JZL2(2)]配筋构造

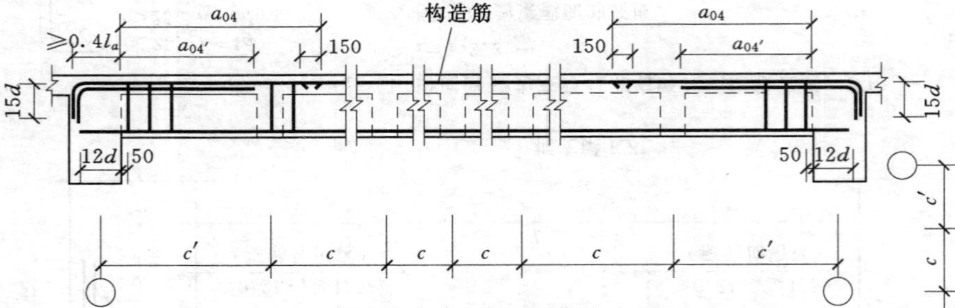

井字梁[JZL5(1)]配筋构造

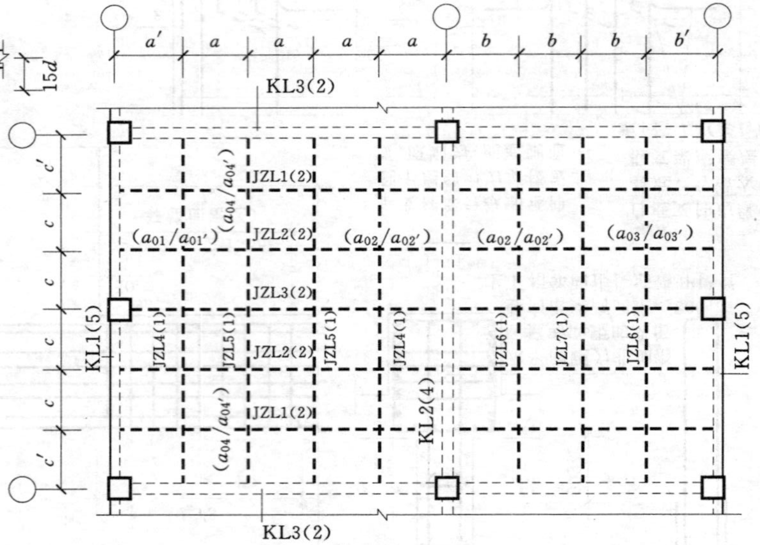

注 1. 在本页表示的两片矩形平面网格区域井字梁的平面布置图中，仅标注了井字梁编号以及其中两根井字梁支座上部钢筋的外伸长度值代号，略去了集中注写与原位注写的其他内容。

2. 施工时，井字梁支座上部钢筋外伸长度的具体数值，梁的几何尺寸与配筋数值详见具体工程设计。另外，在纵横两个方向的井字梁相交位置，两根梁位于同层面钢筋的上下交错关系（何者在上何者在下）以及两方向井字梁在该相交处的箍筋布置要求亦详见具体工程说明。

参 考 文 献

[1] 陈守兰．建筑施工技术（第三版）．北京：科技出版社，2006，8.
[2] 祖青山．建筑施工技术（修订版）．北京：中国环境科学出版社，1997.
[3] 李伟．建筑与装饰工程施工工艺．北京：中国建筑出版社，2004.
[4] 范立础．桥梁工程（上册）（第二版）．北京：人民交通出版社，1996.
[5] 余胜光，郭晓霞．建筑施工技术．武汉：武汉理工大学出版社，2004.
[6] 毛鹤琴．土木工程施工（第三版）．武汉：武汉理工大学出版社，2009.
[7] 徐占发．建筑施工．北京：机械工业出版社，2005.
[8] 朱永祥，钟汉华．建筑施工技术．北京：北京大学出版社，2008.
[9] 廖代广，孟新田．土木工程施工技术．武汉：武汉理工大学，2006.
[10] 魏瞿霖，王松成．建筑施工技术．北京：清华大学出版社，2006.
[11] 包永刚，钱武鑫．建筑施工技术．北京：中国水利水电出版社，2007.
[12] 傅敏．现代建筑施工技术．北京：机械工业出版社，2009.
[13] 穆静波，孙震．土木工程施工．北京：中国建筑工业出版社，2009.
[14] 于立君，孙宝庆．建筑工程施工组织．北京：高等教育出版社，2005.
[15] 重庆大学，同济大学，哈工大．土木工程施工．北京：中国建筑工业出版社，2009.
[16] 侯洪涛，郑建华．建筑施工技术．北京：机械工业出版，2008.
[17] 张迪．建筑施工组织与管理．北京：中国水利水电出版社，2008.
[18] GB 50204—2002 混凝土结构工程施工质量验收规范．北京：中国建筑工业出版社，2002.
[19] 建筑施工手册编写组．建筑施工手册（第四版）．北京：中国建筑工业出版社，2003.
[20] GJG 130—2001 建筑施工扣件式钢管脚手架安全技术规范（2002 年版）．北京：中国建筑工业出版社，2003.
[21] JGJ 166—2008 建筑施工碗扣式脚手架安全技术规范．北京：中国建筑工业出版社，2008.
[22] JGJ 128—2000 建筑施工门式钢管脚手架安全技术规范．北京：中国建筑工业出版社，2000.
[23] GB 50203—2002 砌体工程施工质量验收规范．北京：中国建筑工业出版社，2003.
[24] JGJ 137—2001 多孔砖砌体结构技术规范．北京：中国建筑工业出版社，2001.
[25] JGJ/T 14—2004 混凝土小型空心砌块建筑技术规程．北京：中国建筑工业出版社，2004.
[26] GB 50327—2001 住宅装饰装修工程施工规范．北京：中国建筑工业出版社，2001.
[27] GB 50210—2001 建筑装饰装修工程质量验收规范．北京：中国建筑工业出版社，2001.
[28] GB/T 13400.1—92 网络计划技术 常用术语．北京：中国建筑工业出版社，1992.
[29] GB/T 1300.2—2009 网络计划技术 网络图画法的一般规定．北京：中国建筑工业出版社，2009.
[30] JGJ/T 121—99 工程网络计划技术规程．北京：中国建筑工业出版社，1999.
[31] GB 50345—2004 屋面工程技术规范．北京：中国建筑工业出版社，2004.
[32] GB 50207—2002 屋面工程施工质量验收规范．北京：中国建筑工业出版社，2002.
[33] GB 50208—2002 地下防水工程施工质量验收规范．北京：中国建筑工业出版社，2002.
[34] 中国建筑标准设计研究院．11G101—1 混凝土结构施工图平面整体表示方法制图规则和构造详图．国家建筑标准设计图集．